MAURICE-EDOUARD BERTHON

Les grands concepts scientifiques

et leur évolution

PUBLICATION UNIVERSITAIRE

REMERCIEMENTS

Je tiens à remercier tout particulièrement Francis Penin qui a bien voulu lire mon manuscrit et attirer mon attention sur certaines inexactitudes et lacunes. Son aide amicale et ses encouragements m'ont été précieux pour mener à bien ce travail.

DU MÊME AUTEUR :

Comprendre la relativité (5e édition). Publication Universitaire, 1999.
Diffusion Technique et Documentation/Lavoisier.

Le Défi quantique. Publication Universitaire, 1997.
Diffusion Technique et Documentation/Lavoisier.

Première édition
ISBN -2-9507384-6-X
Dépôt légal 2e trimestre 2000

À mon Père

SOMMAIRE

Unités 2

Avant-propos 3

Les concepts 5

Conclusion 446

Index 450

Chronologie 475

Bibliographie 492

UNITÉS

Pour les grandeurs physiques, les unités sont fixées par le *Système International d'unités* (S.I). Ce système est fondé sur sept grandeurs fondamentales qui définissent les unités de base.

Les symboles des unités sont en écriture droite, n'ont pas de pluriel et ne sont pas suivis de point d'abréviation. Ce sont souvent des lettres minuscules, les majuscules étant réservées aux noms d'unités provenant d'un nom de personne.

Grandeur fondamentale	**Symbole**	**Unité**	**Symbole fondamental**
Longueur	l	mètre	m
Masse	m	kilogramme	kg
Temps	t	seconde	s
Intensité du courant	I	ampère	A
Température absolue (thermodynamique)	T	kelvin	K
Intensité lumineuse	I	candela	cd
Quantité de matière	n	mole	mol

On remarquera qu'on écrit m, mol, kg, s, mais qu'on écrit A,K, qui proviennent de André-Marie Ampère et de lord Kelvin.

Certains pays, comme les États-Unis ou la Grande-Bretagne, utilisent encore simultanément leurs systèmes traditionnels.

Les unités dérivées S.I. permettent d'exprimer les grandeurs dérivées. Elles ont leur propre nom et leur propre symbole.
Par ex. : la force s'exprime en newton (N), la pression, s'exprime en pascal (Pa).

$$1\ \mathrm{N} = 1\ \mathrm{kg} \cdot \mathrm{m}^{-2}$$

$$1\ \mathrm{Pa} = 1\ \mathrm{N} / \mathrm{m}^2 = 1\ \mathrm{kg} \cdot \mathrm{m}^{-1} \cdot \mathrm{s}^{-2}$$

Le système CGS, longtemps utilisé en France, a pour unités fondamentales le centimètre (cm), le gramme (g) et la seconde (s), avec 1 cm = 0,01 m, 1 g = 0,0001 kg.

Certaines unités n'appartenant pas au système S.I. sont très utilisées, comme la *minute* (min), l'*heure* (h), la *tonne* (t), le *litre* (L), le *bar*.

D'autres unités, également hors du système S.I., se rencontrent dans des domaines plus spécialisés : l'électron-volt (eV, physique atomique et nucléaire), le parsec (pc, astronomie), l'hectare (ha, topographie).

AVANT-PROPOS

Ce livre n'est pas un dictionnaire. En proposant quatre-vingt-six concepts, l'auteur n'a pas la prétention d'occuper tout le savoir scientifique acquis par l'humanité, depuis l'origine de son histoire « pensante » jusqu'à l'aube du XXIe siècle.

L'ordre alphabétique adopté peut cependant donner au lecteur le sentiment premier qu'il a à sa disposition un dictionnaire. Or, l'objectif de tout ouvrage de ce genre est, en principe, de répondre à une certaine exhaustivité. Ce n'est certes par l'ambition première du présent travail. On n'y verra pas non plus la volonté d'accumuler diverses connaissances constituant une sorte de banque de données commode.

En écrivant ce livre, l'auteur n'a poursuivi qu'un but : construire une histoire des notions scientifiques les plus fécondes, des concepts les plus fondamentaux, dont on peut souvent trouver l'origine dans les courants philosophiques ou métaphysiques dès l'Antiquité.

Quels ont été les critères qui ont déterminé le choix – forcément très délicat – de ces concepts ? En premier lieu : rassembler en un corpus maniable, sous une forme accessible, ceux qui ont non seulement transformé la « science pure », mais également ce qu'il est convenu de nommer le « savoir collectif », peut-être même et surtout la vie quotidienne jusqu'à aujourd'hui.

C'est le cas, par exemple, du concept d'*électricité*, lequel a été, comme chacun le sait, à l'origine de nombreuses découvertes sans lesquelles la vie ne serait pas ce qu'elle est devenue depuis un siècle.

La vocation seconde de cet ouvrage s'impose alors d'elle-même : non seulement analyser les concepts, mais aussi les étudier dans leur évolution, dans leur enrichissement – souvent spectaculaire – au fil du temps, parfois aussi en triomphant de la tenace opposition de la communauté scientifique elle-même, ou, comme ce fut le cas au Moyen Age, d'un dogmatisme sclérosant.

Par ailleurs, il est patent que la mise en ordre des faits d'observation et d'expérience a peu à peu conduit les scientifiques à créer, dans chaque branche, un système de concepts. Il est ainsi des notions de masse, de force en dynamique, de celles de chaleur, de température en thermodynamique, etc.

Dans ce sens, tous les concepts peuvent sans doute être mis sur le même plan. Il est donc souhaitable de parler de concepts fondamentaux auxquels on rattache, de proche en proche, les autres concepts.

Mais alors, quels sont les concepts vraiment fondamentaux ? En fait, la plupart des concepts se commandent les uns des autres dans chaque branche. Ainsi, pour rendre compte de nombreuses lois de la nature, il faudrait partir de la notion d'énergie (celle-ci pouvant prendre plusieurs formes). Malheureusement, les hommes n'ont pas commencé par mesurer l'énergie. Ils ont d'abord été confrontés avec des réalités telles que le poids terrestre d'un corps qui, en un lieu donné de la Terre, est proportionnel à sa masse. De sorte que les concepts de masse et de force sont, historiquement tout au moins, plus « fondamentaux » que celui d'énergie (on remarquera à ce propos que le concept d'*énergie* est effectivement traité aux articles : *chaleur, chute des graves, E = mc²* (i.e. $E = mc^2$), *force, gravitation, masse*, etc., et non pas au mot lui-même).

Par ailleurs, le lecteur appréciera la manière progressive adoptée dans le traitement de chaque concept, depuis les données de base indispensables jusqu'aux récents apports de la recherche, grâce auxquels se sont fait jour les applications les plus fécondes de la Science en ce début de siècle.

Il remarquera également la part importante attribuée dans ce livre à la présentation détaillée des expériences (plus de cent) qui ont apporté, tout au long de l'histoire des sciences, leur verdict à la validité des théories issues des concepts. Dans certains cas, les résultats de ces expériences furent connus pour ainsi dire en même temps, ou très peu après l'émergence de la théorie, consacrant – pour autant qu'ils fussent positifs – le bien-fondé de ladite théorie et la réputation de son auteur. Il en est ainsi de la découverte, en 1932, de l'électron positif – le positron – par l'Américain Carl Anderson, laquelle confirma, quatre ans seulement après sa publication, la théorie de Dirac qui prédisait justement cette antiparticule.

Dans de nombreux autres cas, le verdict se fit en revanche bien plus attendre, comme on le vit pour la plus célèbre des équations de la physique, $E = mc^2$, proclamant l'équivalence de la matière et de l'énergie. Ce n'est en effet qu'en 1932 que Cockcroft et Walton réussirent pour la première fois à briser des atomes, soit vingt-sept ans après la percée théorique d'Einstein, assurant, il est à vrai, à ce dernier une gloire inconstestable.

Quant au neutrino et à l'antineutrino, ils furent très « laborieusement » détectés respectivement trente-sept ans et vingt-cinq ans après que Pauli eut postulé leur existence.

Il faut enfin se souvenir que la science et la technique ne se réduisent pas aux seuls savants et techniciens cités, ni à l'« accumulation des découvertes que notre époque juge fondamentales ».

C'est pourquoi, l'auteur a souhaité terminer l'ouvrage par une *chronologie* détaillée qui propose, à côté des découvertes majeures de la physique et de la chimie, les événements historiques successifs, les faits de société (art, culture, politique), puis les objets et les tchniques, sans omettre certains aspects complémentaires qui éclairent un fait, une théorie, une découverte, une idée.

Tel qu'il se présente, l'ouvrage est donc un instrument de référence offrant un panorama des concepts scientifiques à travers l'espace et le temps. Son ambition est de répondre à la curiosité d'un large public ou de faciliter le travail de l'étudiant en sciences.

ABERRATION

Bradley, 1727.[1]

Voir aussi : Circonférence terrestre, Gravitation, Parallaxe, Rotation de la Terre.

Les philosophes de la Grèce antique ne songeaient pas à soumettre leurs théories à une vérification expérimentale systématique. Pour eux, les seuls instruments permettant d'accéder à la vérité étaient le discours philosophique et la simple observation de la nature. Notre concept actuel « d'expérience » contrôlée – l'isolement d'une partie de la nature et sa manipulation artificielle – leur fut presque totalement étranger[2].

Dans ces conditions, comment se représenter le monde dans lequel nous vivons ? Comment expliquer ce que l'on voit, la Lune, le Soleil, les étoiles et surtout les planètes qui dessinent dans le ciel un mouvement particulier et poseront aux astronomes d'épineux problèmes ?

Les astronomes grecs des IIIe et IIe siècles av. J.-C. savent que la Terre est un globe. Ils cessent donc de voir le monde comme une assiette surmontée d'une sphère mouchetée de points lumineux. L'un des principaux arguments en faveur de cette idée est que, lors des éclipses de Lune, on voit l'ombre de la Terre se projeter sur la Lune. Cette ombre apparaît toujours circulaire, quelle que soit l'heure de la nuit ; c'est donc que, regardée de n'importe où, la Terre paraît ronde.

Elle est donc sphérique, et cette sphéricité sera confirmée par la mesure de sa circonférence selon la méthode d'Ératosthène : si la hauteur du Soleil dans le ciel varie avec la latitude, c'est bien que la Terre est sphérique.

Selon l'astronomie grecque, le Soleil et les planètes tournaient autour d'une Terre immobile. Si quelques penseurs, tels les pythagoriciens et, plus tard, Aristarque de Samos[3], affirmèrent que la Terre se mouvait autour du Soleil, leur opinion ne fut guère acceptée, ni dans l'Antiquité ni au Moyen Âge. Cet aveuglement envers ce que l'on considère aujourd'hui comme la « vérité » est parfaitement compréhensible.

---

1 - Dans le cours de l'ouvrage, la date figurant derrière le nom indique l'année de la découverte à laquelle l'article se rapporte.

2 - Une exception, toutefois, doit être retenue : Archimède qui fut, avec Euclide, le plus grand mathématicien de l'Antiquité (précurseur du calcul infinitésimal), mais aussi un grand physicien, auteur de la théorie du levier (« donnez-moi un point d'appui et je soulèverai le monde »), créateur de l'hydrostatique (le « principe d'Archimède ») et un grand ingénieur (voir Densité).

3 - Aristarque de Samos (310-230 av. J.-C.) avait proposé un système héliocentrique, expliquant les mouvements apparents du Soleil par un mouvement de rotation de la Terre autour du Soleil et en même temps un mouvement de rotation de la Terre sur elle-même. Aristarque de Samos passe à juste titre pour le précurseur de Copernic.

D'une part, en effet, chacun peut constater que la Terre reste immobile sous les pieds. D'autre part, si la Terre bougeait, on devrait remarquer une variation de la position des étoiles, celles-ci apparaissant sous un angle différent à mesure que la Terre se meut. Or, dans les limites de précision accessibles au Moyen Âge, les observations astronomiques n'indiquaient aucun phénomène de ce genre.

Pour maintenir l'hypothèse de la mobilité de la Terre, on ne pouvait recourir qu'à une seule explication : les étoiles sont si éloignées que le mouvement de la Terre autour du Soleil est négligeable par rapport aux distances impliquées. Enfin, l'hypothèse du mouvement de la Terre créait des difficultés insurmontables pour la physique aristotélicienne. Son adoption aurait obligé à transformer radicalement cette physique. C'est encore l'absence de preuves – compliquée par les *a priori* de la physique aristotélicienne et le dogme théologique d'une Terre placée au centre de l'univers – qui rend extrêmement difficile, voire dangereuse, l'acceptation de la théorie de Copernic aux XVIe et XVIIe siècles.

C'est ainsi que sa défense de l'héliocentrisme vaut à Galilée les pires ennuis avec l'Église à partir de 1614. En 1632, il publie sa magistrale défense du système héliocentrique, le *Dialogue sur les deux grands systèmes du monde*. Tenu à comparaître l'année suivante devant le tribunal du Saint-Office, emprisonné, il est forcé d'abjurer ses croyances coperniciennes et se voit condamné à la réclusion à vie dans sa villa des environs de Florence.

Pourtant, une preuve indirecte de l'orbite de la Terre autour du Soleil a été donnée par Galilée en 1610. C'est sa découverte des phases de Vénus qui prouve que cette planète se meut autour du Soleil.

Mais ce qui est valable pour Vénus ne l'est pas forcément pour la Terre. On se souvient alors que, dès 1588, l'astronome danois Tycho Brahe a élaboré un système « géohéliocentrique » où les planètes tournent autour du Soleil, lui-même en orbite autour d'une Terre immobile.

L'« anomalie » de Bradley

Il faut attendre l'année 1727 pour que soit apporté un nouvel argument en faveur de la théorie héliocentrique. C'est l'année où l'astronome anglais James Bradley, l'un des meilleurs de son temps, met pour la première fois en évidence le phénomène d'aberration, dit aussi, non sans humour, l'« anomalie » de Bradley.

Bradley a choisi d'observer l'étoile Gamma du Dragon qui passe à l'aplomb direct de Londres. Utilisant un télescope de 24 pieds pointé verticalement, il observe l'étoile pendant plusieurs mois et il constate un effet totalement inattendu : un déplacement anormalement important de l'étoile (environ 40 secondes d'arc) dans le sens contraire de l'effet parallactique attendu [(1)].

Continuant ses observations deux années durant, Bradley découvre le même phénomène en observant de nombreuses autres étoiles.

1 - La parallaxe est le déplacement apparent d'une étoile dû au fait que l'observateur se trouve sur une Terre en orbite autour du Soleil.

Enfin, en 1729, il comprend que c'est le mouvement de la Terre combiné avec celui de la lumière qui provoque ce décalage apparent de la position des étoiles. Si la Terre était immobile dans l'espace, on ne devrait constater aucun décalage apparent de la position des étoiles, leur lumière « tombant droit » sur notre planète.

La déviation apparente de la lumière

Le phénomène d'aberration n'est autre que la déviation apparente de la lumière qui provient d'une étoile, déviation due au temps de déplacement de la lumière et au mouvement de translation de la Terre autour du Soleil (29 km/s)[1].

Ce mouvement est responsable de l'aberration « annuelle » : l'étoile *semble* se déplacer en décrivant en un an dans le ciel une petite ellipse (dont le centre est sa position moyenne, obtenue en faisant la moyenne de ses coordonnées en un an).

Un télescope est pointé vers une étoile ; la lumière venant de l'étoile aborde le plan d'observation un peu comme des gouttes de pluie tombant verticalement : elle pénètre dans l'objectif en O_1 et se dirige vers l'oculaire O_2 suivant l'axe du télescope. Si la Terre était immobile dans l'espace, on verrait l'étoile. Mais, pendant le temps que met la lumière pour aller de O_1 à O_2, le télescope, entraîné par le mouvement de la Terre, s'est déplacé de $O_1 O_2$ en $O'_1 O'_2$ et l'on ne peut voir l'étoile. Pour la voir, il faut incliner le télescope de telle façon que l'oculaire arrive en O'_2 juste en dessous de la position qu'avait la partie supérieure du télescope quand le rayon entrait en O_1. Ainsi, la lumière frappe l'objectif en O_1 et finit son parcours sur l'oculaire en O'_2 : sa trajectoire est toujours rectiligne.

Si la longueur du télescope est L, il faut à la lumière un temps $t = \frac{L}{c}$ pour traverser le télescope. Pendant ce temps, le télescope se déplace et la distance qu'il parcourt vaut :

$$s = vt = \frac{vL}{c}$$ (v est la vitesse du télescope, c la vitesse de la lumière).

Pour obtenir une image convenable de l'étoile, il faut incliner le télescope d'un angle α donné par :

$$\tan \alpha = \frac{v}{c}.$$

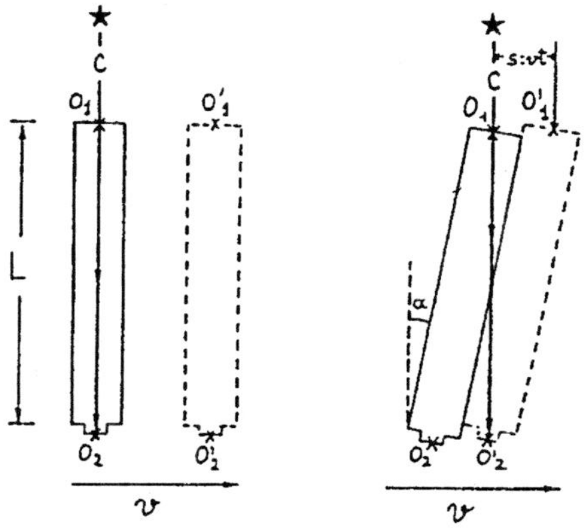

1 - C'est par un phénomène analogue que la pluie, vue d'un train en marche, semble tomber obliquement, alors qu'en fait elle tombe verticalement.

Mais comme la Terre orbite autour du Soleil, la lumière stellaire – et la position apparente des étoiles – est légèrement déviée d'un angle proportionnel au rapport de la vitesse orbitale de la Terre à celle de la lumière. Ce rapport est d'environ 1/10 000e, et il produit un déplacement maximal de 20,4 secondes d'arc. Remarquons qu'un autre mouvement, celui de la rotation de la Terre sur elle-même, produit aussi une *aberration dite diurne*. C'est à l'équateur qu'elle est la plus grande : un observateur situé à Dakar, par exemple, commettrait une erreur maximale d'un tiers de seconde d'arc (ce qui est imperceptible du point de vue des observations locales portant sur une courte période).

Quant au mouvement du système solaire dans son ensemble – il se déplace vers Véga de la Lyre –, son effet à chaque instant sur la direction d'une étoile ne peut être décelé.

Quoi qu'il en soit, l'observation faite par Bradley fournissait une preuve directe (quoique non décisive) du mouvement annuel de notre planète. Elle permit à cet astronome de génie de concevoir le principe magistral suivant, toujours en vigueur : les variations des parallaxes s'expliquent non pas intrinsèquement par les mouvements apparents des étoiles mais par un rapport entre la vitesse de la lumière et le déplacement de l'observateur.

AFFINITÉ

Berthollet, 1799.

D'une façon générale, on peut appeler *affinité chimique* la tendance que présentent deux ou plusieurs substances à se combiner chimiquement. On peut exprimer l'affinité chimique par des fonctions thermodynamiques expliquant pourquoi une réaction se produit ou ne se produit pas, indépendamment de la rapidité avec laquelle on atteint l'équilibre.

L'affinité représente un concept très ancien. Dans un commentaire sur Démocrite, publié à Padoue en 1573, Synésius employait le terme d'affinité en interprétant la possibilité d'amalgamation du mercure. Albert le Grand considérait l'affinité comme une conséquence de la « ressemblance » entre les substances, mais l'hypothèse contraire pouvait être également valable ; d'après le philosophe, médecin et chimiste Herman Boerhaave qui, selon un de ses biographes, formait « toute une faculté à lui seul », la tendance à la combinaison (ou affinité) résultait de la « dissemblance » entre les substances : dans les sels, les différentes bases et les différents métaux pouvaient se substituer entre eux selon un ordre fixe. Par rapport à un corps donné, on pouvait établir un ordre de préférence, c'est-à-dire dresser un tableau des affinités croissantes.

On tint longtemps pour invariables les affinités chimiques, mais Antoine Baumé découvrit qu'elles se différenciaient selon que l'on procède par voie ignée ou par voie aqueuse. Karl Friedrich Wenzel souligna l'effet de la concentration des substances en réaction et Lavoisier exprima clairement que, quelle que soit la voie suivie, l'affinité dépend de la température. Mais c'est avec Claude-Louis Berthollet que la notion d'affinité acquit ses meilleures bases expérimentales, tandis qu'avec Marcellin Berthelot, elle reçut sa meilleure définition quantitative [(1)].

Berthollet, un savant reconnu

Lorsque, en 1798, il accompagne Bonaparte en Égypte, Claude-Louis Berthollet a cinquante ans : il est un chimiste reconnu. C'est lui qui, dès 1789, a découvert les propriétés décolorantes des hypochlorites – l'eau de Javel – et qui les a mises à profit pour le blanchiment des toiles. Pendant la Révolution, il a cherché à rationaliser l'extraction du salpêtre qui permet de fabriquer l'indispensable poudre à canon des armées de la République. Il a participé, avec Lavoisier, Fourcroy et Guyton de Morveau à l'édification d'une nomenclature chimique rationnelle. Avec Monge, il a fondé en 1794 l'École polytechnique où il a occupé la chaire de chimie générale [(2)]. En 1798, le Directoire l'envoie en mission en Italie où il noue d'étroites relations avec Bonaparte.

---

1 - Selon Berthelot, les transformations spontanées ne devaient être qu'exothermiques (dégageant de la chaleur) et, par suite, les transformations endothermiques (avec absorption de chaleur) ne devraient pas se produire spontanément ; ce qui est vrai pour un grand nombre de réactions spontanées se produisant à température ordinaire.

2 - Enseigneront la chimie à l'École polytechnique (outre Berthollet) : Vauquelin, Guyton de Morveau et Chaptal.

Une découverte riche de conséquences

En janvier 1799, Berthollet, le général Andréossy, le mathématicien Fourier, le dessinateur Redouté et le chimiste Regnault explorent, à l'ouest du delta du Nil, les lacs de Natron et la vallée du fleuve sans eau. Ils découvrent un véritable « lac de sodium », c'est-à-dire un lac salé dont les rives sont envahies de « soude » (1). Dans son rapport lu à l'Institut d'Égypte le 4 février 1799 et intitulé *Observations sur le natrum*, Berthollet consigne : « La vallée du Natron présente aux physiciens des objets dignes d'une attention particulière. C'est un vaste laboratoire où la nature prépare une immense quantité de soude dont l'emploi sous le nom de natrum remonte aux premiers temps de l'histoire... » (2)

Les savants français en Égypte

En 1798, 154 civils, issus de toutes les disciplines, sont embarqués pour une destination inconnue qui ne leur sera révélée par Bonaparte qu'en chemin. Ils ne savent pas non plus pour combien de temps ils partent... Recrutés en trois mois par la volonté de Bonaparte, ce sont des ingénieurs, techniciens, astronomes, mathématiciens, chimistes (1), médecins, pharmaciens, naturalistes, architectes, dessinateurs, musiciens, littérateurs, orientalistes, imprimeurs, souvent très jeunes, parfois même encore étudiants.

Tout ce monde forme la *Commission des sciences et des arts de l'armée d'Orient.* Pour les militaires, ils sont les « savants ». À leur retour, on les appellera les « Égyptiens ». L'arrivée au Caire, la découverte de la ville et l'exploration de l'Égypte furent vécues par ces hommes comme trois années de découvertes, de recherche et de culture intenses.

Leurs découvertes, dont la fameuse pierre de Rosette (2), leurs croquis, leurs descriptions, préfigurent l'égyptologie moderne. La monumentale *Description de l'Égypte,* point d'orgue de cette expérience, n'en est pas l'unique fruit : de la confrontation entre deux cultures, amorcée dans les difficultés, sont nés des échanges qui ponctuent l'histoire des relations entre la France et l'Égypte.

1 - Les chimistes étaient au nombre de cinq. Il y avait, outre C.-L. Berthollet, J.-P. Champy, N. Champy, H.V. Collet-Descotils et V. Regnault.
2 - La pierre de Rosette, décret sacerdotal de Ptolémée v, rédigée en égyptien (version hiéroglyphique et version démotique) et en grec, fournit à Champollion une base sûre pour amorcer son déchiffrement.

---

1 - Actuellement, le mot « soude » n'a plus le même sens qu'il avait à l'époque : carbonate de sodium ($Na_2\,CO_3$). Aujourd'hui, ce mot désigne la base de formule Na OH que l'on tend à appeler « hydroxyde de sodium ».

2 - L'utilisation du natrum (carbonate naturel de sodium cristallisé) a évolué au cours du temps. Dans l'Égypte ancienne, les embaumeurs s'en servent pour déshydrater les momies et éviter leur décomposition. Plus tard, cette substance entre dans la fabrication du verre. À l'époque de l'expédition d'Égypte, on l'utilise couramment pour blanchir le lin et à nouveau pour fabriquer le verre. Aujourd'hui, le natrum est parfois utilisé comme déshydratant.

En observant les conditions de formation du natron, mot d'origine arabe – *natroûn* – qui désignait alors la « soude », Berthollet va poser les prémisses d'une nouvelle conception des réactions chimiques. Dans son *Mémoire sur la Vallée des lacs du Natron*, Andréossy a noté : « Le citoyen Berthollet pense que la formation de la soude est due à la décomposition du sel marin par le carbonate de chaux que l'on trouve dans la terre humide où se fait cette décomposition ». Or, Berthollet sait, comme tous les chimistes de son temps, que, *en laboratoire*, le sel ne se transfome pas spontanément en soude. La réaction spontanée se fait en sens inverse.

Le phénomène peut alors être expliqué de la façon suivante : le lac constitue un milieu réactionnel *particulier* qui fait que le sens des réactions ne dépend pas seulement des *affinités* entre les substances mais aussi des *circonstances* dans lesquelles se déroule l'expérience (ici, la concentration du sel dans l'eau, due à une évaporation importante, joue un rôle de premier ordre). Le sel et le carbonate de calcium sont présents en abondance au fond du lac. Les deux produits de réaction sont progressivement éliminés et le chlorure de calcium est drainé à travers le sol ; la « soude » se dépose sur les « rives ».

Que se passe-t-il au lac de Natron ?

L'eau du lac	Le sol	Le bord du lac
↓	↓	↓
Saturée en sel	Le sol est calcaire	Du natron se forme sur le bord du lac

Avec tous ces indices, Berthollet comprend la réaction qui s'effectue.
1 - En Égypte, la température est élevée.
2 - L'eau s'évapore et le sel se concentre dans les lacs. Ceci provoque une réaction chimique originale : une partie des substances composant le sel et le calcaire se dissocient pour se combiner autrement.
3 - Il se forme alors du chlorure de calcium et du natron.

Lors de son voyage aux lacs du Natron, Berthollet a donc observé un phénomène en contradiction avec les connaissances de l'époque. Il fit de cet exemple une thèse radicale : la direction d'une réaction n'est pas un *absolu* qui serait déterminé par les tendances électives – les affinités – des corps en présence. La distinction entre le phénomène vraiment chimique, qui correspondrait à une réaction complète, et les facteurs physiques qui expliqueraient les anomalies doit être abandonnée.

Pour Berthollet désormais, ce sont les réactions complètes qui doivent être expliquées. Il montre que chaque fois que le déplacement est complet, un produit s'échappe du milieu réactionnel. Tout corps est un mélange, dont la composition dépend des conditions de réaction. De retour à Paris en 1803, Berthollet publie son *Essai de statique chimique et Recherche sur les lois des affinités chimiques*. Il y énonce les règles qui portent son nom et qui permettent de prévoir les réactions de double décomposition entre sels, acides et bases.

Le principe de l'équilibre chimique

Au XVIIIe siècle, lorsque les chimistes mélangeaient deux substances, la réaction obtenue était le résultat, selon eux, d'une « affinité » entre ces substances. Ils n'imaginaient pas qu'une autre réaction puisse se produire. Les observations de Berthollet et les conclusions qu'il en tire l'ont amené, comme on vient de le voir, à construire une nouvelle théorie sur les réactions chimiques. Son observation reste vraie : les circonstances dans lesquelles se déroule une réaction influent sur le sens et la réaction. On peut aujourd'hui mieux l'expliquer car on connaît la structure des différents éléments et la façon dont ils interagissent.

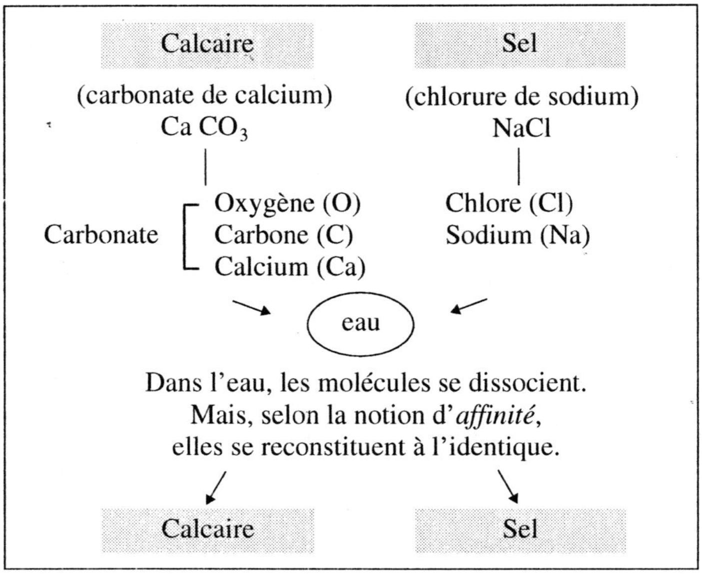

Pour qu'une réaction ait lieu, il faut *augmenter* largement la quantité de sel (par exemple, par évaporation). Ceci provoque la réaction chimique : les substances contenant le sel et le calcaire se dissocient pour se recombiner autrement. C'est le principe de l'« équilibre chimique » découvert par Berthollet en 1804 [1].

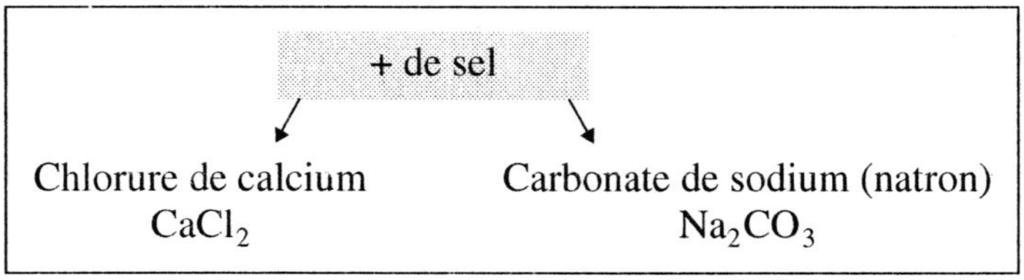

1 - Berthollet est alors devenu un de ces « grands hommes de science » que Napoléon honore. Comme Laplace, il sera sénateur et, avec ce dernier, il fondera la Société d'Arcueil que rejoindront les plus grands savants de l'époque. Ami de l'Empereur, il n'en vote pas moins, en 1814, sa déchéance, par horreur de la guerre. Nommé pair de France par la Restauration, il refuse le cordon de l'ordre de Saint-Michel.

AIR « VITAL »

Priestley, 1772 ; Lavoisier, 1774.
Voir aussi : Atome des chimistes.

Les Français se plaisent à attribuer à Antoine Laurent de Lavoisier la première place dans la création de la chimie moderne. Les Anglais ont tendance à lui préférer Henry Cavendish. D'autres attribuent cet honneur à Berthollet ou à Davy. Ces questions ne sont pas d'une importance déterminante. Toutes ces grandes figures de la science ont contribué à jeter les bases de la chimie moderne au cours des trente dernières années du XVIIIe siècle.

Plus précisément, Lavoisier est connu pour avoir renversé la théorie centenaire du « phlogistique » et mis à sa place non un principe imaginaire, mais le rôle effectif d'un constituant de l'air, cet air « vital » dont il démontra l'existence, autrement dit l'*oxygène*.

Sous la monarchie, Lavoisier appartient au puissant corps des fermiers généraux : c'est un homme riche. Sa fortune lui permet d'introduire en chimie des techniques d'expérimentation extrêmement coûteuses pour l'époque : emploi systématique de balances perfectionnées, du thermomètre, de pompes à vide, de calorimètres, etc. (1)

Vers 1771, Lavoisier entreprend des travaux destinés à élucider le rôle de l'air dans les réactions de combustion, en particulier celles du soufre et du phosphore. À sa grande surprise, il constate une augmentation de poids. Il interprète cet accroissement au fait qu'une quantité considérable d'air réagit avec les produits de départ pendant la combustion.

Presque en même temps, Joseph Priestley découvrait qu'en chauffant du salpêtre au Soleil, au moyen d'une lentille, on obtenait un « air » dans lequel les combustions étaient extrêmement vives ; cet « air », on l'obtenait aussi en chauffant de l'oxyde rouge de mercure (le minium). Observant qu'il entretenait de façon très vive la flamme d'une bougie, qu'une souris y vivait plus longtemps que dans un même volume d'air ordinaire, et que lui-même ressentait une impression de bien-être en l'inhalant, Priestley concluait que l'air commun comprenait deux composants : l'air qui active les combustions – appelé *air déphlogistiqué* (oxygène) – et un résidu, baptisé air *phlogistiqué* (azote).

Priestley, toutefois, ne devait pas saisir pleinement la portée de sa découverte. Pour lui, les deux gaz identifiés étaient toujours de l'air : l'un (oxygène) était l'air atmosphérique ayant perdu son phlogistique ; l'autre (azote) l'air atmosphérique auquel on ne pouvait plus donner de phlogistique.

---

1 - Du point de vue méthodologique, on doit aux alchimistes une opération fondamentale en chimie : la pesée. Leurs philtres exigeaient qu'on dosât avec minutie les ingrédients qu'on y mêlait ; dans leurs laboratoires « faustiques », les alchimistes ont élaboré ce qui sera plus tard la méthode quantitative.

Le mystérieux phlogistique

Au début du XVIIIe siècle, on assiste à l'émergence d'une théorie du « phlogistique »[1] élaborée par Georg Stahl sous l'influence de son maître, l'alchimiste Johann Becher. Dans sa *Physicae subterraneae* (1667), Becher distingue trois sortes de terres : La *terra lapidae* (« terre vitrifiable ») qui assure la solidité pesante des minéraux, la *terra mercurialis* (« terre mercuriale ») qui communique aux « mixtes » (mélanges) légèreté et malléabilité et la *terra pinguis* (« terre grasse »), perdue lors de la combustion.

Stahl va développer les idées de Becher ; il rebaptise la *terra pinguis* en « principe phlogistique » qu'il assimile au « principe métallique » dégagé par les métaux lors de leur corrosion ou de leur calcination. Stahl montre en fait par là-même la relation entre deux réactions inverses que l'on appelle aujourd'hui *oxydation* et *réduction*, ce qui provoque l'admiration de Lavoisier.

Lorsque, en 1766, Cavendish découvrit qu'en versant un acide sur un métal, il se dégageait un gaz inflammable (qu'on devait appeler en 1787 l'hydrogène, quand on observera qu'il peut donner naissance à de l'eau), la plupart des chimistes furent persuadés qu'on avait sous la main le mystérieux phlogistique de Stahl.

Cependant, vers le milieu du XVIIIe siècle, la réalité elle-même de la substance phlogistique commence à être l'objet de doutes. En 1772, le baron Guyton de Morveau démontre expérimentalement que les métaux gagnent en poids *après* une combustion, contrairement à la thèse de Stahl selon laquelle toute combustion entraîne une perte du phlogistique, c'est-à-dire une diminution de poids.

D'autre part, on accepte de plus en plus l'idée que la présence de l'air est indispensable à la combustion et que celle-ci ne peut avoir lieu dans des enceintes où il n'y a que peu ou pas d'air.

1 - Du grec *phlogistos* qui signifie « inflammable ».

En 1774, Lavoisier va tout simplement montrer l'inanité du principe phlogistique. Il réexamine de façon systématique le problème de l'analyse de l'air « naturel » de Priestley et le trouve effectivement composé de deux sortes de gaz : ceux qui entretiennent les flammes des bougies et la respiration des animaux, et ceux qui éteignent les premières et tuent les seconds. Le 26 mars 1775, il déclare qu'il a reconnu dans l'air naturel un composant plus propre à la respiration, un air plus pur, plus respirable que l'air de l'atmosphère[1].

Lavoisier comprend alors que l'air atmosphérique est un véritable mélange dans lequel entre pour 1/5e l'air respirable (l'oxygène) ; c'est lui qui est absorbé dans les calcinations et dans la formation des acides ; le reste est un gaz impropre à la respiration et à la combustion (l'azote)[2].

---

1 - Cet air sera baptisé oxygène en 1777.

2 - Lavoisier forme le mot *azote* à partir du mot grec *zôê*, « vie », précédé de l' « a » privatif.

Lavoisier identifie l'oxygène

L'année suivante, lors d'une expérience décisive, Lavoisier chauffe longuement, dans un ballon fermé rempli d'air, du mercure. Celui-ci s'oxyde (il absorbe l'oxygène de l'air). Puis le savant reconstitue ensuite l'air en chauffant le mercure oxydé, ce qui provoque le dégagement de l'oxygène absorbé.

À partir de cette époque, et contre l'avis de tous les chimistes de son temps, Lavoisier rejette catégoriquement la théorie du phlogistique. Les 9 avril et 3 mai 1777, il lit à l'Académie des sciences son mémoire, *Expériences sur la respiration des animaux et sur les changements qui arrivent à l'air en passant par leur poumon,* dans lequel il expose sa découverte de composition de l'air.

Différentes découvertes vont servir la démonstration de Lavoisier. Il en est ainsi, notamment, de la synthèse de l'eau, réalisée par Cavendish, à partir d'un mélange d'oxygène et d'hydrogène dans lequel le physicien anglais fait éclater une étincelle électrique. L'expérience est reprise par Lavoisier et Laplace[1]. Leur conclusion : l'eau n'est pas une substance simple mais composée. Les substances entrant dans ce corps composé sont l'air inflammable (l'hydrogène) et l'air vital (l'oxygène)[2].

En quoi Lavoisier était-il plus proche de la vérité que Stahl, Priestley ou Cavendish ? En ceci qu'au lieu d'expliquer les combustions par la « déphlogistication » d'un corps, et cela par référence à un concept peu scientifique (le phlogistique), il proposait une explication plus générale et plus précise : toute combustion consiste, pour un corps (et notamment un métal), à fixer l'« air pur », l'« air déphlogistiqué » de Priestley, en l'empruntant soit à l'air naturel dont il est l'un des deux composants, soit à un corps dans lequel il se trouve et qui est alors dit « réduit », privé de cet air qui entretient les combustions.

À ces idées, il ne manquait qu'un langage. En 1787, les chimistes français Fourcroy, Chaptal, Berthollet, convertis aux thèses de Lavoisier, promulguèrent les règles de cette grammaire de la matière.

La chimie après Lavoisier

Pendant la première moitié du XIXe siècle, la chimie avança sagement dans les sentiers tracés par Lavoisier : découvertes de nombreux corps simples, de nouvelles réactions, précisions apportées à la nomenclature, lois générales des combinaisons, etc. Deux nouveautés scientifiques de première grandeur s'imposent aux savants. La première est l'hypothèse atomique sur la constitution de la matière, liée aux travaux de l'Anglais John Dalton, du Suédois Jacob Berzelius, de l'Allemand Benjamin Richter, de l'Italien Avogadro, du Français Gay-Lussac.

---

1 - Inversement, l'immersion d'un fer rouge dans l'eau produit les deux « airs ». L'expérience fut publique et les mesures extrêmement précises pour l'époque.

2 - Par cette expérience et par quelques autres, Lavoisier a démontré que ce que l'on croyait depuis Aristote être des éléments était en fait des composés. La chimie était révolutionnée.

La seconde grande découverte est l'œuvre du chimiste allemand Friedrich Wöhler qui réalise, en 1828, la synthèse de l'urée (par chauffage d'une substance minérale, le cyanate d'ammonium). Il démontre ainsi que les corps organiques ne sont pas différents, dans la nature, des substances inorganiques (minérales).

À partir de cette découverte, la distinction entre chimie organique et chimie minérale n'avait plus de raison d'être. Néanmoins, les chimistes jugèrent plus commode d'isoler la chimie des composés du carbone de la chimie minérale, en raison de la complexité des corps qu'elle étudie et de leur comportement assez particulier.

ANTIMATIÈRE

Dirac, 1927 ; Anderson, 1932 ; Chamberlain et Segrè, 1955.
Voir aussi : Électron, Matière, Indétermination, Neutrino, Symétrie.

Le concept fondamental d'antimatière a été formulé en 1927 par l'Anglais Paul Dirac, sous la forme d'une équation qui permettait de décrire l'électron à l'intérieur de l'atome en tenant compte des effets relativistes. Une des solutions de cette équation conduisait à postuler l'existence d'une particule analogue à l'électron mais de charge opposée. Quelques années plus tard, l'Américain Carl Anderson découvrait la première particule d'antimatière, l'électron positif ou *positron*, en produisant une paire électron-positron par un impact de rayons cosmiques.

Dirac invente le concept d'antiparticule

Pour comprendre le concept d'antimatière et celui d'antiparticule, il est nécessaire de suivre le même chemin que Dirac lui-même. En effet, celui-ci postula son équation en cherchant à unifier la mécanique quantique et la relativité restreinte ; l'équation de Dirac décrivait des particules à énergie négative aussi bien que des particules à énergie positive. L'idée parut absurde et quasiment inacceptable, car, s'il est possible de concevoir une charge négative, comme pour l'électron, il est difficile de concevoir une « anti-énergie ». En particulier, il faut savoir qu'une particule à énergie négative peut remonter le temps ; or, on postule que le temps s'écoule toujours dans le même sens (flèche du temps). Il fallait donc trouver une interprétation nouvelle.

En théorie classique, et même en relativité, l'énergie d'une particule varie de façon continue de sorte qu'il n'y a pas de difficulté à imposer $E > O$ puisque la variation continue de l'énergie vient buter contre le mur de l'énergie interne m_oc^2 de la particule et ne peut le franchir (m_o est la masse au repos de la particule, c la vitesse de la lumière) (1).

En théorie quantique en revanche, l'énergie doit varier de façon discontinue, procéder par bonds, et par conséquent peut franchir l'obstacle m_oc^2, passant ainsi de $E > O$ à $E < O$ et réciproquement. Il n'y a donc pas de raison d'éliminer les solutions à énergie négative. Dirac rechercha alors un sens physique pour ces nouveaux états : « un électron dans un état d'énergie négative est un objet tout à fait étranger à notre expérience, mais que nous pouvons cependant étudier du point de vue théorique : nous pouvons, en particulier, prévoir son mouvement dans un champ électromagnétique quelconque donné. Un électron avec une énergie négative se meut dans un champ externe comme s'il transportait une charge positive. » Ce résultat devait conduire à soupçonner une relation entre l'électron à énergie négative et le proton ou noyau d'hydrogène.

---

1 - Dans l'expression relativiste de E, $m_o\,c^2$ représente l'énergie au repos de l'électron. Il n'y a pas, entre $-\,m_o\,c^2$ et $+\,m_o\,c^2$, de valeur possible pour l'électron. E est positif au-delà de $m_o\,c^2$, il est négatif en deçà de $-\,m_o\,c^2$.

Parallèlement, Dirac formula une nouvelle conception du vide, différente du vide « classique » : « Un vide parfait est une région où tous les états d'énergie positive sont inoccupés et tous les états d'énergie négative occupés, avec un électron dans chaque état, en accord avec le principe d'exclusion de Pauli ». Le vide apparaissait alors comme un océan d'électrons à énergie négative qui ne se manifestent pas. On ne peut ajouter au vide un seul électron à énergie négative. Si, par un apport d'énergie, l'une de ces particules acquiert une énergie positive, il se produit un « trou » dans la distribution des états d'énergie négative. Dirac en arriva à cette hypothèse étonnante que « les trous dans la distribution des électrons à énergie positive sont des protons. » Ainsi, les indésirables particules à énergie négative étaient remplacées par des *antiparticules* d'énergie positive.

Une particule symétrique de l'électron

En fait de protons, Dirac avait bel et bien mis le doigt sur l'existence d'électrons positifs ou *positrons*. C'est cette particule symétrique de l'électron qu'Anderson observa en 1932 sur la plaque photographique qui révélait les trajets de particules d'origine cosmique (il faut préciser qu'Anderson n'avait pas entendu parler de la théorie de Dirac, dont seuls quelques mathématiciens de très haut niveau avaient alors eu connaissance).[1]

Annihilation et création de matière

La rencontre d'une particule et de son antiparticule conduit à l'*annihilation* (ou dématérialisation) de l'une et de l'autre. Leurs masses se transforment en énergie qui est émise sous forme de rayonnement gamma. Inversement, il est possible de créer des particules-antiparticules à partir du rayonnement électromagnétique, mais le processus nécessite une concentration d'énergie très importante.

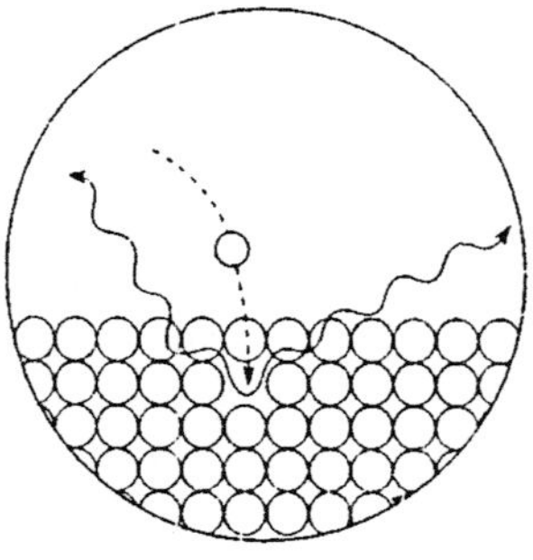

Annihilation d'une paire particule-antiparticule.

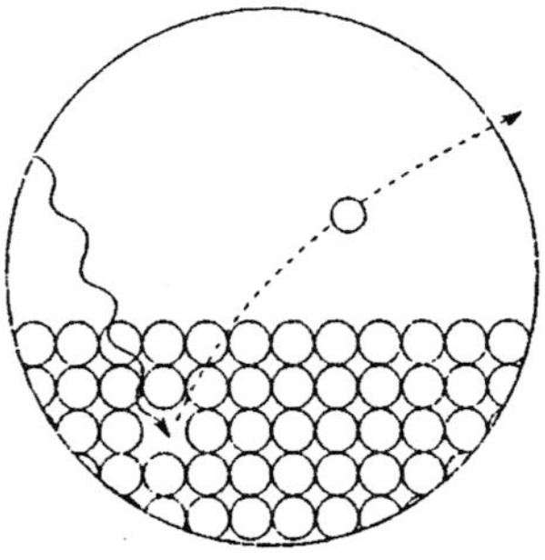

Création d'une paire particule-antiparticule.

1 - En fait Irène et Frédéric Joliot-Curie avaient observé des traces de positrons avant Anderson en étudiant le rayonnement d'une source radioactive, mais ils n'avaient pas su interpréter correctement le phénomène.

Les antiparticules et la nouvelle conception du vide qu'elles supposent modifient complètement la représentation que l'on peut se faire de la dynamique des réactions entre particules élémentaires. Le vide est un réservoir infini à partir duquel on peut créer toutes les particules que l'on veut, et c'est en même temps le néant dans lequel ces mêmes particules peuvent s'évanouir.

L'annihilation des paires électrons-positrons (par exemple) n'est pas une simple curiosité théorique. Grâce au rayonnement caractéristique qui l'accompagne, elle est utilisée dans la recherche et dans l'industrie. Quotidiennement employée dans les hôpitaux, la *caméra à positrons* permet la localisation dans le corps des sites pathogènes qui fixent spécifiquement certains *isotopes* radioactifs injectés au patient, et qui sont des émetteurs de positrons.

Depuis lors, le concept d'antimatière n'a cessé d'orienter les recherches en physique et en astrophysique. Dirac avait également postulé qu'un e^+ et un e^- auraient tendance à être attirés l'un vers l'autre en vertu de la loi de Coulomb, formant ainsi un ensemble appelé *positronium*, dont la durée de vie serait toutefois extrêmement brève (entre 10^{-7} et 10^{-10} s.), car les deux particules devraient s'annihiler en produisant un photon gamma de haute énergie. Cela aussi fut vérifié expérimentalement.

D'autres vérifications suivirent. En 1955, Owen Chamberlain, Emilio Segrè, Clyde Wiegand et Tom Ypsilantis observèrent que, selon certaines prédictions mathématiques, des collisions de protons de très haute énergie engendraient des *antiprotons* en dégageant une grande quantité d'énergie. En 1956, on découvre l'*antineutron*, qui a un moment magnétique opposé à celui du neutron normal ; puis vient le tour des *antideutérons* et de l'*antihélium* (1965). 99 noyaux d'*antitritium* sont produits au CERN en 1978. Enfin, en 1995, pour la première fois, de l'antimatière est détectée. Il s'agit de neuf atomes d'*antihydrogène* (formé d'un antiproton et d'un positron).

À l'heure actuelle, on a découvert des particules symétriques de presque toutes les particules connues. L'étape suivante devrait consister à supposer l'existence dans l'espace d'*antimatière*, constituée d'antiparticules diverses. En effet, si la matière ne peut pas être mélangée à de l'antimatière, rien n'interdit sa présence loin de nous dans l'univers. Une difficulté toutefois, et de taille : si l'on admet, dans le cadre de la théorie du Big Bang, que la matière a une origine unique, on ne voit pas comment matière et antimatière auraient pu se séparer. Et, dans le cas contraire, où serait passée l'antimatière ?

Par ailleurs, la répulsion gravitationnelle entre matière et antimatière est incompatible avec la relativité générale. Certaines expériences sur des mésons et des antimésons ont toutefois indiqué que les rapports gravitationnels entre matière et antimatière seraient les mêmes que ceux qui régissent matière et matière. Ce qui pose un autre problème : si l'agent de la gravité est l'hypothétique particule appelée graviton, il faudrait postuler qu'elle est la seule particule qui n'aurait pas de symétrique [(1)].

1 - Le graviton est à lui-même son antiparticule, mais il en est de même pour le photon, et aussi pour les pions (π^-, π^+ et π°).

Qu'est devenue l'antimatière ?

Quelles sont les lois qui ont déterminé le contenu de l'univers en matière, antimatière et radiation ? Hormis la charge électrique, les propriétés physiques de la matière et de l'antimatière sont exactement les mêmes ; l'antimatière, symétrique de la matière, est l'image de celle-ci mais vue dans un miroir qui inverse les signes des charges électriques [1].

Excepté la charge électrique, les propriétés physiques de la matière et de l'antimatière sont les mêmes. Or, l'univers qui nous entoure semble essentiellement formé de matière ; on observe en effet très peu d'antimatière. Les rayons cosmiques, qui sont des vents de particules chargées venus des confins de notre galaxie, ne contiennent pratiquement que de la matière, surtout des protons. De plus, si la matière et l'antimatière existaient en quantité égale, on devrait observer un nombre gigantesque de photons résultant de leur annihilation.

Dans l'univers actuel, il y a certes beaucoup plus de photons que de particules de matière (telles le proton) – 1 milliard contre 1 – mais ce nombre est encore loin d'être suffisant pour qu'il y ait un équilibre entre matière et antimatière. Où est donc passée l'antimatière qui était aux premiers instants de l'univers ? Les réponses apportées à cette question fondamentale sont encore loin d'être totalement satisfaisantes.

Les théories récentes de la physique des particules apportent une explication plausible de l'asymétrie constatée, au moins localement, entre matière et antimatière dans l'univers. Cette asymétrie serait une conséquence naturelle des théories de Grande Unification, dans lesquelles sont rassemblés deux ingrédients majeurs : d'une part, particules et antiparticules peuvent se changer les unes dans les autres, et, d'autre part, matière et antimatière n'ont pas exactement les mêmes interactions. L'expansion de l'univers permet alors, brièvement, le développement d'une asymétrie.

1 - Cette symétrie par rapport à un miroir est une des trois symétries fondamentales de la matière. Ce qu'on appelle la *symétrie par parité* consiste à changer de signe les coordonnées d'espace. La *symétrie par renversement du sens du temps* est, en gros, l'opération qui consiste à passer un film à l'envers. La troisième propriété de symétrie est la *conjugaison de charge,* déjà citée, c'est-à-dire l'opération qui consiste à changer chaque particule en son antiparticule.

Inversion du temps et causalité

La découverte des antiparticules a amené certains physiciens à envisager des états où l'énergie ne serait pas conservée et où le temps pourrait s'inverser. Par exemple, un positron, qui est un antiélectron, peut être considéré comme un électron négatif qui remonte le temps, c'est-à-dire allant de l'avenir vers le passé. Il en résulte que le principe de la conservation de l'énergie de la physique classique et relativiste n'existe plus. Le principe de causalité s'effondre et on est amené à considérer deux types de causalité ; la première où la cause précède l'effet (macrocausalité) et la seconde où la cause est parfois postérieure à l'effet (microcausalité) qui concerne les événements à une échelle microscopique, ceux de la mécanique quantique.

Des atomes exotiques

Au sujet d'un concept aussi ouvert sur l'avenir que l'antimatière, il ne paraît pas sans intérêt de mentionner certains développements récents sur les « interactions constructives » entre la matière et l'antimatière. Enrico Fermi et Edward Teller furent les premiers à envisager, dès 1947, la possibilité d'existence d'entités formées de particules porteuses de charges électriques opposées autres que les combinaisons usuelles constituées de protons et d'électrons. De tels « atomes exotiques » ont effectivement pu être préparés.

L'un des plus intéressants, car d'une durée de vie suffisante (quelques microsecondes) pour pouvoir être étudié par des moyens spectroscopiques, est « l'atome d'hélium antiprotonique », c'est-à-dire l'atome d'hélium dans lequel un antiproton a été substitué à un des électrons. On désigne cette nouvelle structure par le symbole pHe^+. Un tel atome métastable peut être considéré comme une « molécule diatomique exotique », dans laquelle un noyau a la charge + 2 et l'autre la charge – 1. Des recherches actives sont en cours en vue de la production de l'atome « doublement exotique » que serait l'antihydrogène, composé d'un antiproton et d'un positron.

ATOME DES CHIMISTES

Dalton, 1803-1808 ; Gay-Lussac, 1809.
Voir aussi : Liaison chimique, Molécule.

La thèse de la discontinuité de la matière chimique ne prend forme qu'à la fin du XVIIIe siècle et au début du siècle suivant, grâce essentiellement aux travaux de John Dalton. John Dalton est d'abord un physicien. Il s'intéresse notamment à la météorologie [(1)]. En 1793, il publie les *Meteorological Observations and Essays* qui font état de ses observations sur les mélanges gazeux et l'absorption de l'eau par l'air atmosphérique.

À partir de 1803, Dalton se tourne vers la chimie. Dès cette époque, se fondant sur une conception newtonienne des gaz supposant un fluide élastique constitué de petits corpuscules, ou *atomes,* qui s'attirent et se repoussent, il considère qu'il faut distinguer les atomes des gaz les uns des autres, non seulement par la taille ou la forme mais aussi par le poids. Plus exactement, les atomes que Dalton imagine sont toujours identiques entre eux pour un élément donné [(2)], mais ils diffèrent par leur masse d'un élément à l'autre ; lorsqu'ils entrent en combinaison, ils ne subissent aucune modification. Une combinaison comporte un nombre entier d'atomes puisqu'ils sont insécables. Elle a donc une masse précise : la somme des masses des atomes qui la composent.

Comment déterminer le poids relatif des atomes ?

Telle est la question qu'affronte Dalton en se tournant vers l'étude des proportions pondérales dans les combinaisons chimiques. Certaines des conceptions de Dalton reposaient, pour une part au moins, sur des données expérimentales ; d'autres sur des *a priori.* D'où le mélange de points corrects et d'inexactitudes contenus dans sa théorie.

La thèse de la discontinuité de la matière chimique ne manquait pas de partisans zélés. En 1792, un chimiste allemand, Jeremias Richter, avait montré dans ses *Éléments de Stœchiométrie* que, dans la formation de sels, telle quantité d'acide s'unit toujours à telle quantité de base. Partant de là, il avait dressé une table des équivalents. L'idée de « proportions déterminées » fut ensuite étendue à toutes les combinaisons chimiques par Joseph Proust en 1802.

1 - Dalton est peut-être surtout connu aujourd'hui du public pour avoir donné la première description de l'*achromatopsie*, notamment de l'une de ses formes dont il était lui-même affecté et qu'on appelle le *daltonisme*.
2 - Au début du XIXe siècle, William Prout avance l'idée que la diversité des éléments chimiques dérive d'une matière première unique, qu'il nomme « protyle », et assimile à l'hydrogène. Cette hypothèse, défendue en Grande-Bretagne par Thomas Thomson, est aussi défendue sur le continent par quelques chimistes, Jean-Baptiste Dumas et Jean-Charles Galissard de Marignac par exemple.

Elle est la suivante :

« Les éléments ne s'unissent entre eux pour former une combinaison que dans des proportions pondérales absolument définies. »

Autre point enfin : la « loi de Gay-Lussac » relative aux rapports dans lesquels s'unissent les volumes des éléments gazeux. Consécutive aux travaux de ce chimiste sur la dilatation des gaz et sur le lien entre leurs changements de densité et de température, cette loi fut énoncée en 1809. Elle est la suivante :

« J'ai fait voir que les combinaisons des substances gazeuses les unes avec les autres se font toujours dans les rapports les plus simples, et tels qu'en représentant l'un des termes par l'unité, l'autre est 1 ou 2 ou au plus 3. Ces rapports de volume ne s'observent point dans les substances solides et liquides, ou lorsqu'on considère les poids, et ils sont une nouvelle preuve que ce n'est effectivement qu'à l'état gazeux que les corps sont placés dans les mêmes circonstances et qu'ils présentent des lois régulières. »

Rapportant les proportions de combinaisons à une quantité choisie comme suite de référence, l'hydrogène (H = 1), Dalton énonce que si les atomes d'un élément X se combinent avec ceux d'un élément Y, seules peuvent exister les combinaisons suivantes : 1 atome de X + 1 atome de Y, 2 de X + 1 de Y, 1 de X + 2 de Y, 2 de X + 2 de Y, 2 de X + 3 de Y, etc.

Toutes les lois pondérales sont contenues dans ces expressions. Elles peuvent se résumer ainsi : si deux corps simples sont susceptibles de former, par combinaison, plusieurs composés, à la même masse de l'un s'unissent des masses de l'autre qui sont des multiples simples de la plus petite d'entre elles (*loi des proportions multiples*).

Dalton expose son « hypothèse atomique » pour la première fois, le 21 octobre 1803, au cours d'une conférence faite à la société littéraire et philosophique de Manchester... devant sept auditeurs seulement. Elle fut reprise par le chimiste Thomas Thomson qui la publia dans son ouvrage *A New System of Chemistry*. L'ouvrage de Dalton *A New System of Chemical Philosophy* ne parut, quant à lui, qu'en 1808.

> Quand un corps existe à l'état élastique[1], ses particules ultimes sont séparées les unes des autres par une distance beaucoup plus grande que dans n'importe quel autre état [...]
> Quand nous essayons de concevoir le *nombre* des particules dans une atmosphère, c'est en quelque sorte comme essayer de concevoir le nombre d'étoiles dans l'univers ; nous sommes déconcertés par cette pensée. Mais si nous limitons le sujet, en prenant un volume donné d'un gaz quelconque, nous semblons persuadés que, même si les divisions sont extrêmement petites, le nombre des particules doit être fini ; exactement comme dans un espace donné de l'univers, le nombre d'étoiles et de planètes ne peut être infini.
> L'analyse et la synthèse chimique ne vont pas plus loin que séparer les particules les unes des autres, et les réunir. [...] Tout changement que nous pouvons produire consiste dans la séparation des particules qui sont à l'état de

1 - État gazeux

cohésion ou de combinaison, et dans l'union de celles qui se tenaient auparavant à distance. Dans toutes les recherches chimiques, on a considéré à juste titre comme un sujet important d'établir les *poids* relatifs des corps simples qui constituent un composé. Mais malheureusement l'investigation s'est arrêtée là ; alors qu'à partir des poids relatifs dans la masse, les poids relatifs des particules ultimes ou atomes pourraient être induits, moyennant quoi leur nombre et poids dans divers autres composés apparaîtraient, de manière à aider et à guider les futures investigations, et à corriger leurs résultats. Maintenant, c'est un enjeu important de ce travail, que de montrer l'importance et l'avantage d'établir *les poids relatifs des particules ultimes, tant des corps simples que composés, le nombre des particules simples élémentaires qui constituent une particule composée, et le nombre des particules moins composées qui entrent dans la formation d'une particule plus composée.*

Dalton admet ainsi que l'eau, dont l'analyse montre qu'elle ne contient que de l'hydrogène et de l'oxygène, est composée d'un atome de chacun de ces deux éléments (nous l'écrivons en fait H_2O car deux atomes d'hydrogène, et non pas un seul, sont unis à un atome d'oxygène). Sur de telles bases, Dalton essaie de déterminer les poids des différents atomes. En ce qui concerne l'eau, l'analyse quantitative conduit à observer une proportion de 8g d'oxygène pour 1g d'hydrogène. L'atome d'oxygène pèse donc huit fois plus que l'atome d'hydrogène, soit si H = 1, O = 8. À partir de l'ammoniac, écrit HN (au lieu de l'écriture moderne NH_3), l'analyse permet d'établir un poids relatif N = 4,7.

Même si les chiffres proposés par Dalton sont grossiers, avec ce grand savant les atomes de chaque élément acquièrent une identité : cette identité, c'est leur poids [1]. L'atomisme a franchi une nouvelle marche épistémologique : la possibilité de déterminer désormais une constante physique fondamentale des particules ultimes. Jöns Jacob Berzelius s'attachera ensuite à développer la théorie atomique. Il déterminera la constitution chimique de nombreux corps, évaluant les poids relatifs des atomes (théorie des proportions). Tous ces travaux expérimentaux lui permettront vers 1862 de proposer une table des poids atomiques déterminés avec une grande maîtrise [2].

Une précision pour terminer : *A New System of Chemical Philosophy* contenait également une théorie de la chaleur : les atomes sont entourés d'une « atmosphère de calorique », dont l'épaisseur et la densité varient en fonction de la température et de la pression. Après une combinaison chimique, le calorique se redistribue autour de « l'atome composé ». Négligée par la communauté scientifique avant d'être consolidée par la loi des volumes de Gay-Lussac (1809) et par l'hypothèse d'Avogadro (1811), la théorie daltonienne du calorique apparaît de nos jours comme la base de toute la chimie quantitative au XIXe siècle.

---

1 - Nous appelons aujourd'hui *masse* ce que les chimistes d'autrefois appelaient *poids*.

2 - Cependant, ces exploits théoriques serviront à peine à éclairer les questions qui alimenteront les débats sur la théorie atomique. Dans les manuels de chimie du XIXe siècle, les densités des gaz et des vapeurs sont considérées comme proportionnelles aux poids atomiques, aux poids moléculaires ou aux équivalents, selon le goût de l'auteur. En 1877, Berthelot affirmera que « nous n'avons aucun moyen connu pour compter les molécules ». Les disciplines restent cloisonnées et les ambiguïtés du langage des chimistes persisteront jusqu'à la fin du siècle.

ATOME PLANÉTAIRE

Thomson, 1903 ; Perrin, 1913 ; Rutherford, 1906 ; Bohr, 1913 ; de Broglie, 1923.

Voir aussi : Atome, Atomisme, Élément, Quark.

Aux alentours de 1908, les pièces du puzzle atomique étaient sur le point de s'ajuster. Après sa découverte de l'électron, Joseph Thomson, avait, en 1903, suggéré, à titre d'essai, de considérer l'atome comme une balle chargée d'électricité positive fourrée d'électrons comme un cake l'est de raisins. Faisant preuve d'une géniale intuition, Jean Perrin avait, quant à lui, formulé l'hypothèse d'un atome planétaire où les électrons gravitent autour d'un noyau chargé positivement. Malgré la remarquable et pénétrante intuition de Perrin, il était difficile d'interpréter certains faits expérimentaux.

Les rayons cathodiques (1) traversaient si aisément une feuille de métal que les atomes devaient contenir de vastes espaces vides. Mais alors, si l'on se basait sur le modèle atomique de Thomson, il était impossible de comprendre un phénomène bien étrange, celui de la collision de certaines particules, dites particules alpha, avec les atomes.

Pour expliquer ces collisions, le physicien néo-zélandais Ernest Rutherford proposa alors un nouveau modèle atomique. Il supposa que les déflexions étaient dues à la présence de masses compactes, ou noyaux, disséminées dans l'espace.

La découverte du noyau atomique

On considère à juste titre la découverte du noyau atomique comme la plus importante découverte de Rutherford (2). Il réalisa en effet une expérience qui devait non seulement permettre de comprendre à quoi ressemble l'atome, mais aussi avoir des conséquences incalculables pour la physique en bouleversant nos conceptions de la matière.

Déjà, dès 1906, Rutherford expérimente avec des particules alpha produites par des substances naturellement radioactives comme le radium. Lors de la désintégration naturelle de ces substances, des particules (baptisées alpha) sont isolées : il s'agit d'un processus, la radioactivité alpha, qui ne sera expliqué qu'en 1928. Ces particules qui se déplacent à de grandes vitesses intriguent le savant. Aidé de son confrère Hans Geiger, il réussit à montrer que la particule alpha est un atome d'hélium entièrement ionisé, c'est-à-dire un noyau dépouillé de sa paire d'électrons

---

1 - Les rayons cathodiques sont un flux d'électrons en mouvement rapide émis par la cathode d'un tube à décharge dans un gaz raréfié. Ils furent découverts par Johann Wilhelm Hittorf en 1869.

2 - Rutherford est également connu du public pour avoir réalisé en 1919 la première transmutation provoquée, celle de l'azote en oxygène, par bombardement au moyen des rayons alpha du radium (voir Transmutation).

(donc porteur d'une double charge élémentaire positive). Désormais, Rutherford entend utiliser ces particules hautement énergétiques pour explorer la matière, car elles sont à son avis d'excellents candidats-sondes.

En 1908, des expériences de bombardement de la matière par des particules alpha mettent en évidence leur déviation ; Rutherford confie à l'un de ses élèves, Ernst Marsden, la tâche d'étudier la dispersion des particules alpha. Marsden projette des rayons alpha sur une mince feuille d'or (de 0,00006 cm d'épaisseur) servant de cible et dispose des écrans qui produisent des scintillations lorsque les particules alpha les frappent. Le résultat obtenu par Marsden est surprenant : en traversant la feuille d'or, les particules alpha ne sont, pour la plupart, que peu ou pas déviées, sauf quelques-unes dont la direction est déviée d'un grand angle. Certaines particules sont même renvoyées en arrière, comme des balles qui rebondissent.

Comme le soulignent Geiger et Marsden dans un article paru en 1909 : « Une petite fraction de particules alpha tombant sur une plaque métallique voient leur direction changer à un degré tel qu'elles réémergent au point d'incidence. »

En admettant que la déviation obtenue est due à l'attraction ou à la répulsion de charges électriques contenues dans la matière, le comportement observé indiquait la présence, dans l'or, de charges électriques très élevées sous un petit volume.

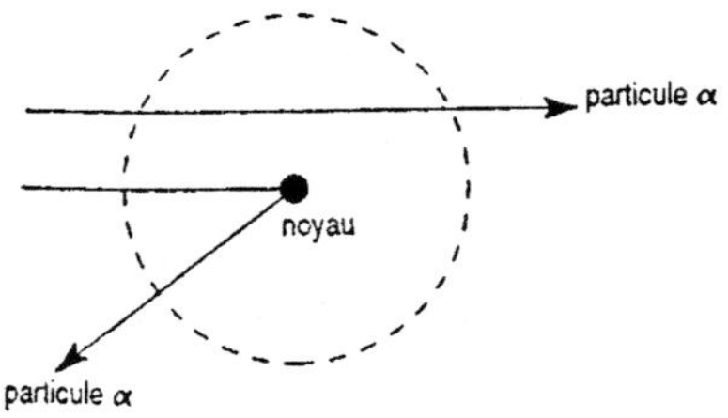

Particule alpha déviée par collision avec le noyau.

Pour deux charges électriques ponctuelles de valeur q_1 et q_2, les lois des forces électriques, connues depuis Coulomb, sont de la forme : $q_1.q_2/r^2$. Les rayons alpha portant sur une charge électrique q_1 double de celle du proton ne pouvaient être déviés que par une force importante, représentant une charge q_2 élevée. Celle-ci ne pouvait être exercée que pour une petite valeur de r, autrement dit seulement pour les rayons alpha passant assez près d'une charge q_2 élevée. Rutherford en déduisit que la feuille d'or comporte un certain nombre de points portant une charge électrique élevée, séparés par de larges intervalles où règne un champ électrique faible.

Notons que l'expérience permettait également de déduire l'augmentation de la déviation des particules alpha en fonction de la masse atomique (1) des métaux. Ainsi le plomb, de masse atomique 207, et l'or, de masse atomique 197, réfléchissent environ deux fois plus de particules que l'argent, de masse atomique 108.

---

1 - Masse de 6,02 x 10^{23} atomes d'un élément. Cette masse est de 16 g pour l'oxygène, qui a servi de base aux calculs des chimistes. À ne pas confondre avec le *numéro atomique* qui représente le nombre d'électrons satellites dans un atome ou encore le nombre de protons contenus dans le noyau.

C'est de cette expérience qu'est sorti le modèle d'atome de Rutherford. Ce modèle est dit « planétaire », constitué d'un noyau très lourd, de charge électrique positive et de très faible diamètre, autour duquel gravitent des électrons très légers, en nombre suffisant, pour neutraliser la charge du noyau (atmosphère électronique).

Cette nouvelle image de l'atome, où presque toute la masse est concentrée dans un minuscule noyau central, était révolutionnaire, car elle signifiait que notre univers est vide : « La matière solide, les tables, les chaises, les pierres et nous-mêmes sommes essentiellement constitués de rien, pourra écrire David Wilson. L'unité de base de la matière, l'atome, consiste en quelques particules orbitant dans ce qui est, à l'échelle des particules, une immensité spatiale »... Si l'on représentait le noyau par une petite bille de 1 cm de rayon, l'électron le plus proche devrait se trouver à 100 m de la bille.

À l'échelle de l'angström

L'étude des déviations des particules alpha conduisait à attribuer à l'atome un rayon de 10^{-8} cm (1 angström [1]) et au noyau un rayon 100.000 fois plus petit, de l'ordre de 0,0001 Å. On sait aujourd'hui que le noyau n'occupe effectivement que le millionième de milliardième (10^{-15}) du volume de l'atome.

Cette petitesse du noyau, comparée à l'atome, est extraordinaire. Car non seulement il contient toute la charge positive de l'atome, mais il est aussi le lieu où se concentre la quasi-totalité de la masse de chaque atome. Les recherches de Chadwick et des Joliot-Curie devaient montrer que le noyau lui-même est constitué de particules encore plus petites : les *protons* et les *neutrons*, désignés par le nom collectif de *nucléons*, qui sont maintenus ensemble par de puissantes forces de cohésion. Le nuage d'électrons occupe l'essentiel du volume de l'atome, mais, dans la masse de l'atome, les électrons comptent pour moins encore que le timbre dans celui d'un livre expédié par la poste. L'électron se comporte en fait comme une particule quasi ponctuelle.

Le noyau est minuscule mais il « fait masse » ; en son sein, des forces de liaison intenses sont à l'œuvre. De même que les électrons, tous identiques, fournissent toute la charge électrique négative de la matière, les protons renferment toute la charge positive. Les contraires électriques s'attirent : les amas de protons, qui forment le noyau central, assurent ainsi la cohésion de tout l'atome.

Le nombre des électrons de l'atmosphère électronique détermine toutes les propriétés physiques et chimiques d'un atome donné ; il varie dans la suite naturelle des éléments chimiques depuis la valeur de 1 pour l'atome d'hydrogène jusqu'à la valeur de 92 pour l'élément le plus lourd que l'on connaisse : l'uranium (sans préjudice des éléments dits « transuraniens » créés par l'homme).

À l'échelle de l'atome, et lorsque les quantités d'énergie en jeu sont comparables, en ordre de grandeur, avec une constante appelée *constante de Planck* et désignée par le symbole *h*, la théorie qui décrit le mieux ces systèmes est appelée physique quantique (aussi appelée *microphysique*).

1 - L'*angström* est une unité de longueur valant un dix-millionième de millimètre. C'est l'unité étalon de la microphysique, symbolisée Å, servant en particulier à évaluer la longueur d'onde de la lumière ou des rayons X (de Anders Angström, 1814-1874, astronome et physicien suédois, auteur de travaux sur l'analyse spectrale et le magnétisme).

Bohr introduit les quanta dans l'atome

En 1913, le physicien danois Niels Bohr proposait un modèle d'atome représentant l'incorporation des principes quantiques dans la description de la structure atomique. C'était, il faut bien l'avouer, une sorte d'hybride intellectuel, en attendant mieux.

Sans entrer dans les détails de la théorie des quanta, il convient de rappeler que celle-ci doit beaucoup à Einstein qui mit en évidence, en 1905, l'existence de *quanta* de lumière, qu'on devait appeler photons à propos de l'*effet photoélectrique*, resté jusque là inexpliqué. En 1923, l'effet Compton, qui montre que les photons cèdent une partie de leur quantité de mouvement aux électrons des corps matériels qu'ils rencontrent, constitua une illustration très éloquente de ces quanta de lumière. Cependant, l'extension décisive de la théorie des quanta est due à Bohr qui montra, en 1913, qu'il fallait introduire dans l'atome les quanta d'énergie.

En effet, la stabilité de l'atome est inexplicable [1] si l'on ne suppose pas que les électrons *n'émettent pas* de rayonnement quand ils restent sur leurs orbites (contrairement à ce qu'enseigne la théorie électromagnétique classique), et qu'ils n'en émettent *que* lorsqu'ils passent par saut énergétique d'une orbite plus élevée à une orbite plus basse. L'énergie émise est alors égale à la différence des énergies quantifiées des deux orbites.

L'atome de Bohr (1913)

Le modèle d'atome de Niels Bohr – plus précisément le modèle d'atome d'hydrogène – s'il ne justifiait pas la stabilité des atomes, en donnait une description précise.

L'hydrogène est le plus simple des atomes : il est constitué d'un proton, son noyau, autour duquel orbite un électron. Bohr suppose que cet électron se meut uniquement sur une famille « discrète » d'orbites, à savoir celles sur lesquelles la quantité de mouvement de l'électron (le produit de sa masse par sa vitesse) multipliée par la circonférence de son orbite est un multiple entier de la constante de Planck (quantum élémentaire d'action $h = 6{,}626.10^{-34}$ joule seconde). Sur chacune de ces orbites permises, l'électron possède une certaine énergie et, pour une raison inconnue, n'émet pas de rayonnement électromagnétique.

L'électron se trouve ordinairement sur l'orbite d'énergie minimale, la plus proche du noyau. S'il absorbe un photon (un quantum de lumière), il « saute » sur une autre orbite permise, dont l'énergie est égale à celle de l'orbite de départ agmentée de l'énergie du photon absorbé. Après un certain temps, l'électron regagne son orbite initiale en émettant un photon de même énergie que le photon incident. L'énergie d'un photon déterminant la fréquence de l'onde lumineuse qui lui est associée, Bohr calcula les fréquences des ondes lumineuses absorbées ou émises par l'atome d'hydrogène et trouva les valeurs expérimentalement connues à son époque.

1 - Le modèle proposé par Bohr était conçu pour résoudre les contradictions du modèle planétaire de Rutherford. L'atome de Rutherford aurait dû logiquement s'effondrer sur lui-même, car les électrons en orbite autour du noyau atomique ne pouvaient qu'irradier continuellement de l'énergie, ce qui les aurait conduits à s'écraser sur ce noyau en spiralant autour de lui.

La corrélation du modèle de Bohr avec les données expérimentales sur le spectre de l'atome d'hydrogène fournissait une confirmation initiale de sa pertinence. Il manquait cependant une démonstration expérimentale directe. Pouvait-on, en particulier, vérifier l'existence de niveaux d'énergie discrets dans les atomes, pierre angulaire du modèle de Bohr ?

L'expérience de James Franck et Gustav Hertz[1], en 1913, allait permettre de répondre par l'affirmative à cette question.

Cette expérience était basée sur l'étude des pertes d'énergie subies par des électrons accélérés à la suite de collisions avec des atomes d'un gaz. En bombardant des atomes de vapeur de mercure par des électrons accélérés d'énergie variable, Franck et Hertz remarquent que des changements définis dans l'état des atomes ne se produisent que quand l'énergie des électrons de bombardement atteint certaines valeurs discrètes (les collisions sont dites dans ce cas « inélastiques »).

En d'autres termes, les atomes de mercure ne pouvaient absorber l'énergie des électrons incidents que lorsque ceux-ci avaient atteint une certaine valeur critique, ce qui signifiait que, dans le mercure lui-même, les électrons de l'atome opéraient une transition abrupte vers des niveaux d'énergie discrets plus élevés.

Une confirmation éclatante du modèle de Bohr (1913)

Franck et Hertz introduisent dans un cylindre de la vapeur de mercure qu'ils soumettent à un bombardement d'électrons accélérés entre un filament émetteur et une plaque collectrice P ; les électrons sont attirés par une grille à alvéoles chargée positivement G et située près de la plaque. Une partie des électrons traverse la grille et atteint la plaque.

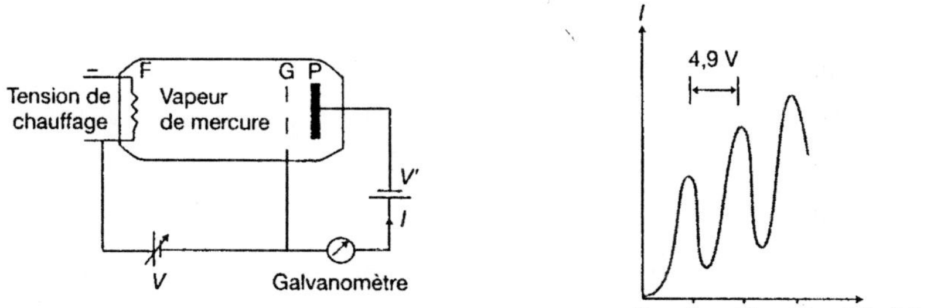

Le dispositif de James Franck et Gustav Hertz et le graphe des résultats.

L'intensité du courant produit est enregistrée par un galvanomètre. En augmentant graduellement le potentiel V entre la cathode et la grille jusqu'à 4,9 volts, Franck et Hertz découvrent que la plaque collectrice ne reçoit bientôt plus d'électrons : l'aiguille du galvanomètre tombe à zéro.

1 - Gustav Hertz était le neveu de Heinrich Hertz qui a donné son nom aux ondes hertziennes.

Franck et Hertz en déduisent (selon la théorie de Bohr) que les électrons des atomes de mercure ont absorbé toute l'énergie des électrons issus du filament, cette énergie leur permettant d'opérer leur transition vers des niveaux d'énergie supérieurs. Les électrons incidents n'ayant plus d'énergie cinétique à la suite des collisions ne peuvent plus, dès lors, atteindre la plaque collectrice. Il y a une brutale décroissance du courant au galvanomètre.

Augmentant le potentiel accélérateur au-delà de 4,9 volts, Franck et Hertz constatent qu'après avoir subi des collisions avec les atomes de mercure, les électrons possèdent à nouveau suffisamment d'énergie cinétique « résiduelle » pour atteindre la plaque, comme l'indique cette fois-ci le passage d'un courant dans le galvanomètre. Et ainsi de suite, en augmentant toujours V.

Comme l'indique la succession de pics séparés par des chutes visibles sur le graphe, les résultats obtenus par Franck et Hertz confirmaient parfaitement la théorie des niveaux d'énergie de Bohr.

L'hypothèse de Louis de Broglie

Cependant, l'histoire de l'atome planétaire ne devait pas en rester là. Même dans une forme plus élaborée où les orbites seraient elliptiques [1], ce modèle échouait dans les prévisions du comportement spectroscopique lorsque l'atome devenait complexe.

C'est alors que Louis de Broglie proposa en 1923 une hypothèse remarquable fondée sur les travaux antérieurs de Planck et d'Einstein. Selon cette hypothèse, pour toute particule de matière en mouvement, un électron par exemple, on peut établir la relation suivante (dite *formule de de Broglie*):

$$\lambda = h/mv$$

où v est la vitesse du corpuscule, m sa masse, h la constante de Planck et λ la longueur d'onde d'une onde qui lui est associée. Cette relation jetait les bases de la « mécanique ondulatoire ».

Elle mettait en évidence ce que l'on a appelé le dualisme onde-corpuscule. La matière apparaît parfois dans ses manifestations comme étant de nature corpusculaire, parfois comme étant de nature ondulatoire, donc continue. L'électron devenant onde se diluait dans l'espace. Born, Heisenberg, Schrödinger développèrent ensuite une conception de la mécanique ondulatoire selon laquelle le parcours de l'électron n'est plus déterminable de façon absolue.

Selon la nouvelle mécanique quantique, il n'était plus permis de supposer l'existence d'orbites nettement définies. La notion intuitive d'orbite disparaissait pour faire place à celle d'*orbitale*, région de l'espace où la probalilité de trouver un électron était maximale. Les surfaces qui enclosent les régions servaient à représenter les orbitales.

---

1 - En 1916, le physicien allemand Arnold Sommerfeld introduisit la notion d'orbites elliptiques et il les « quantifia ». Il montra alors qu'il fallait tenir compte d'effets relativistes et réussit de cette manière à expliquer la « structure fine » des raies spectrales.

ATOMISME

Leucippe, né vers 500 av. J.-C. ; Démocrite, né vers 460 av. J.-C. ; Boyle, 1661 ; Dalton, 1808 ; Avogadro, 1911 ; Thomson, 1898 ; Rutherford, 1911 ; Bohr, 1913.
Voir aussi : Atome des chimistes, Atome planétaire, Électron, Élément, Matière, Molécule, Particule.

De la petite boule élémentaire des anciens au modèle quantique conçu dans les années trente, l'atome a maintes fois changé de visage : d'intuitivement figurable, il est peu à peu devenu une entité impossible à transcrire en images.

Le mot atome vient du grec et signifie littéralement *insécable*. L'hypothèse atomiste, théorie selon laquelle la matière serait faite d'entités indivisibles, a été citée pour la première fois, semble-t-il, dans des œuvres de Leucippe de Milet, en 420 av. J.-C. On la retrouve dans les œuvres de Démocrite qui explique que la matière est constituée d'une infinité de petits corpuscules dotés de qualités idéales (ils sont indivisibles, insécables, pleins et éternels) ; l'espace qui entoure les atomes est vide.

Un siècle plus tard, Épicure remet à l'honneur la physique de Démocrite en y introduisant un premier remaniement doctrinal : le mouvement des atomes est affecté d'une légère déclinaison qui leur permet de se rencontrer, de s'assembler et de se combiner en agrégats stables (les corps visibles). Cette remarquable intuition, qui faisait de la matière une articulation de particules élémentaires, connut pendant des siècles une très longue éclipse qui laissa place au triomphe d'Aristote et de sa quaternité élémentaire (l'Eau, l'Air, la Terre, le Feu). Elle ne fut reprise qu'au XVIIe siècle, notamment par le philosophe Pierre Gassendi et le chimiste Robert Boyle. Dans son *The Sceptical Chymist* (1661), ce dernier considère la matière formée par des corps « non mélangés et simples » qui sont les « ingrédients » dont se composent les corps mélangés [1].

L'atomisme : une doctrine hérétique

Dans un essai très polémique intitulé *L'Essayeur* (*Il Saggiattore*), publié en 1623, Galilée affirmait que le livre de l'univers est écrit dans le langage mathématique, et que, derrière les sensations, il y a des formes géométriques et du mouvement. Certains passages moins connus de cet ouvrage proposent une explication des qualités sensibles (chaleur, odeur, couleur, saveur) en termes de flux de particules très petites – parfois dites insécables. Même si la réminiscence des théories atomistes demeure en fait assez vague, il y avait là de quoi inquiéter le Collège romain. En effet, à travers le dogme de la transsubstantiation adopté au Concile de Trente (1551), l'Église affirmait la présence réelle du corps et du sang du Christ dans les deux espèces consacrées, tout en laissant subsister les apparences sensibles

---

1 - Antoine Laurent de Lavoisier confirmera expérimentalement l'existence d'*éléments*, impossibles à réduire à des substances plus simples, et de *composés* dont on peut séparer les différents éléments.

ou « accidents » du pain et du vin dans la messe. Or, si l'on adhère à l'interprétation atomiste des qualités sensibles, si le goût, la couleur, la forme dépendent en fait de l'assemblage de particules « minimales », la distinction scolastique entre substance et accidents perd toute signification : la conversion des substances devient impensable.

Le 22 juin 1633, Galilée était, comme on le sait, condamné par le Tribunal d'Inquisition pour avoir défendu des opinions « contraires à la Sainte Écriture » ; il se voyait contraint d'abjurer solennellement que la Terre tourne autour du Soleil.

Les travaux récents de certains historiens tendent à montrer aujourd'hui que la cosmologie copernicienne, prônée en 1632 par Galilée dans le *Dialogue sur les deux plus grands systèmes du monde,* n'était pas le seul motif susceptible d'éveiller les soupçons contre lui. L'atomisme semble bien être un autre motif, au moins aussi sérieux.

Plus exactement, selon ces historiens, le motif explicite de condamnation au procès de 1639 – l'héliocentrisme – pourrait n'être qu'un « dérivatif » masquant une hérésie bien plus dangereuse : l'atomisme. On a retrouvé dans les archives du Vatican un document évoquant une contradiction théologique majeure. Il s'agit d'une lettre adressée à un supérieur par un religieux. On y décèle cette inquiétude profonde, cette angoisse que suscitera pendant des siècles l'atomisme, conçu au départ, dès l'Antiquité, comme une doctrine hérétique :

> « Or si l'on admet pour vraie cette philosophie des accidents, il me semble qu'elle pose de très grandes difficultés à l'existence des accidents du pain et du vin qui dans le Saint Sacrement sont séparés de leur propre substance ; car vu que l'on y retrouve les termes et les objets du toucher, de la vue, du goût, etc., il faudra selon cette doctrine dire qu'il s'y trouve aussi les particules minimales grâce auxquelles la substance du pain ébranlait auparavant nos sens : si celles-ci étaient substantielles, comme le disait Anaxagore, et comme cet auteur paraît lui aussi l'accepter, il s'ensuit que dans le Saint Sacrement se trouvent des parties substantielles de pain ou de vin, ce qui est une erreur condamnée par le Sacré Concile de Trente. »

L'atomisme : une réalité scientifique

Une période de rapide changement s'ouvrit en 1808 lorsque John Dalton entreprit la publication de *A New System of Chemical Philosophy.* Cet événement marque la naissance de la chimie moderne affirmant que toutes les formes de matière sont réductibles à un nombre fini d'espèces atomiques (on connaissait à l'époque quatre-vingts éléments). Indiquons que les atomes de Dalton correspondent à ce que nous appelons « molécules », une grande confusion régnant à l'époque au sujet de cette terminologie. En fait, malgré des résistances encore très vives, la notion d'atomisme commençait à acquérir une valeur scientifique qui sera confirmée en 1869 par le tableau périodique des éléments proposé par Mendeleïev.

Un autre développement très important conduisit à l'acceptation de l'hypothèse atomiste. Il est lié au calcul du *nombre d'Avogadro*, c'est-à-dire du nombre d'atomes contenus dans un gramme d'hydrogène. Ce nombre mesure en quelque sorte la taille des atomes par rapport aux corps macroscopiques. Il existait au début du XXe siècle plusieurs déterminations du nombre d'Avogadro, chacune fondée sur un phénomène physique différent.

Les preuves directes de la réalité moléculaire

Dès 1827, le botaniste anglais Robert Brown examinait au microscope des graines de pollen dispersées dans une goutte de liquide : il constatait qu'à la manière de crabes dans un panier, ces grains étaient animés d'un mouvement incessant, désordonné et perpétuel (*perpetuum mobile*), universellement connu aujourd'hui sous le nom de « mouvement brownien ».

Les années 1860 virent naître l'idée que la cause de cette « agitation thermique » était à chercher dans les mouvements internes du fluide. Dès lors, il ne fallut pas attendre longtemps pour qu'apparût une hypothèse plus précise : les mouvements en zigzags des particules en suspension sont dus aux collisions avec les *molécules* du fluide qui leur communiquent une partie de leur énergie cinétique.

Ils sont donc la preuve que la matière est formée de particules très petites. Si la masse de la particule heurtée est très petite (de l'ordre de 10^{-12} g), sa vitesse sera alors assez grande (de l'ordre de quelques mm/s) pour que l'on puisse percevoir un mouvement. Le mouvement des particules est en zigzag parce que les chocs, donc les transferts d'impulsion, sont nombreux. Lorsque la température baisse, le mouvement brownien est moins rapide ; il cesse à 0 kelvin, température à laquelle tout mouvement de translation, rotation et vibration, « gèle ».

Une autre contribution essentielle est due à James Clerk Maxwell qui fut, avec Rudolf Clausius, un des fondateurs de la *théorie cinétique*. Un des principes fondamentaux de cette théorie, appelé *principe d'équipartition de l'énergie*, permet d'affirmer que le nombre de molécules dans un volume donné, dans les mêmes conditions de température et de pression, est toujours le même – pour tous les gaz parfaits.

Dans le cadre de la théorie cinétique, la molécule reçoit une définition dynamique qui permet de la distinguer de l'atome. Elle est la particule à laquelle s'exercent les forces intermoléculaires et elle est la particule à laquelle s'applique l'hypothèse d'Avogadro. De ce point de vue, la définition de la molécule précède celle de l'atome, défini comme une partie constituante de la molécule.

Bien que vivement critiquée, en particulier par le botaniste suisse Carl von Naegeli et par William Ramsey, l'explication du mouvement brownien en termes de collisions moléculaires ne fut pas abandonnée. Louis Georges Gouy, dont les expériences sur le mouvement brownien comptent parmi les meilleures du XIXe siècle, conjectura que, dans les liquides, les molécules se déplacent en grappes structurées, de sorte qu'un choc individuel communiqué à une particule en suspension est dû à l'action simultanée d'un grand nombre de molécules.

En 1905, dans un mémoire sur le mouvement brownien, Einstein montra comment on peut déterminer le nombre de molécules par unité de volume, en mesurant les distances que parcourent les particules (obtention du nombre d'Avogadro). De nouvelles observations devaient être faites en 1906 par le physicien polonais Marian Smoluchowski puis par Jean Perrin ; elles vérifièrent la théorie d'Einstein. Le phénomène du mouvement brownien fut alors définitivement rangé parmi les meilleures preuves « directes » de la réalité moléculaire.

Le point important est que tous ces dénombrements arrivaient pratiquement au même résultat, proche de 6,02 x 10^{23} (6 suivis de 23 zéros !) atomes par gramme d'hydrogène. Dans son livre *Les atomes*, Perrin écrira plus tard « nous avons deux possibilités : soit nous nions l'existence des atomes et attribuons la convergence des résultats du calcul du nombre d'Avogadro au hasard ; soit, option plus raisonnable, nous concluons à l'existence des atomes, et donnons ainsi un sens physique clair au nombre d'Avogadro. »

À partir de 1820, l'hypothèse de Dalton commence à gagner du terrain, en particulier grâce aux confirmations que lui apportent la loi des chaleurs spécifiques de Dulong et Petit (cette loi permet de déterminer de nombreuses masses atomiques) et la découverte, par Mitscherlich, de la loi d'isomorphisme (suivant laquelle des corps possédant des formes cristallines semblables ont des structures chimiques analogues).

C'est alors que l'idée d'atome va être remise en question, du moins en France, pour quelques dizaines d'années. En cherchant à élargir le champ d'application de l'hypothèse d'Avogadro, jusque-là limité aux corps simples gazeux, le chimiste Jean-Baptiste Dumas parvient à un résultat inattendu ; les poids atomiques du mercure, du soufre, du phosphore ainsi calculés diffèrent de ceux trouvés par d'autres méthodes. « Si j'étais le maître, affirme Dumas, j'effacerais le mot atome de la science. La matière est peut-être composée d'agrégats d'atomes, mais comment distinguer entre les atomes chimiques et les atomes physiques ? La chimie est incapable de nous conduire à la connaissance de véritables atomes ».

Les deux grands modèles « classiques » de l'atome

L'élément décisif pour l'acceptation du concept d'atome viendra logiquement de la découverte, à partir de la fin du XIXe siècle, de nombreux phénomènes suggérant l'existence de processus physiques opérant *à l'intérieur même* de l'atome. En 1897, Thomson observait qu'un courant électrique traversant un tube à vide se comporte comme un flux de particules porteuses d'une charge électrique fixe et appelées *électrons*. S'il existait dans la nature une charge électrique élémentaire, on pouvait en déduire que la matière est formée d'unités discrètes véhiculant un champ électrique.

En 1904, Thomson proposait le premier modèle d'atome (des électrons immergés dans un matériau chargé positivement et occupant tout le volume de l'atome). Ce modèle devait toutefois poser de nombreux problèmes et obliger à faire intervenir beaucoup d'hypothèses « ad hoc »(1).

Dès 1896, Becquerel avait découvert que certains corps émettent un rayonnement radioactif qui, quelques années plus tard, se révéla être lui aussi constitué d'entités discrètes.

---

1 - Une hypothèse *ad hoc* est une hypothèse de circonstance avancée pour expliquer un phénomène unique dont l'interprétation est épineuse. L'inconvénient des hypothèses *ad hoc*, si ingénieuses soient-elles, est qu'elles n'en demeurent pas moins arbitraires.

En 1911, Rutherford proposait un autre modèle suggéré par des expériences de diffusion des noyaux d'hélium : une charge positive concentrée dans un très petit volume, le noyau, de rayon 10 000 à 100 000 fois plus petit que celui supposé de l'atome ; sous l'effet de l'attraction coulombienne exercée par ce noyau, les électrons sont supposés décrire des orbites analogues aux orbites des planètes.

Le modèle de Thomson, plus représentatif de l'époque que celui de Rutherford, s'apparentait aux diverses tentatives de description de la matière développées à la fin du XIXe siècle, et tout particulièrement à la description des gaz par la théorie cinétique (voir encadré).

Mais, dans les deux cas, ces modèles étaient des modèles classiques, mêlant mécanique et électromagnétisme. Ils obligeaient à faire des hypothèses, violant ainsi la fameuse règle newtonienne *hypotheses non fingo* (« je ne forge pas d'hypothèses »). Dans les deux cas, les critiques portèrent sur le caractère fictif des entités matérielles supposées et sur la valeur épistémologique de la catégorie de modèle.

Le mépris des images

Dans *La théorie physique, son objet et sa structure* (1900), Pierre Duhem se plaint de cette manie d'avoir recours à des modèles mécaniques et de ramener tous les phénomènes à des mouvements d'objets matériels. À cette conception trop concrète, Duhem oppose une physique abstraite dont la thermodynamique est le parangon, une physique qui tente de découvrir les principes simples d'où dérivent toutes les lois formelles par lesquelles on peut décrire les phénomènes observés.

Certaines de ces critiques sont semblables à celles adressées aux atomistes à la même époque par ceux qui furent appelés les *énergétistes*. Dans un ouvrage au titre significatif : *La déroute de l'atomisme*, le chef de file des énergétistes et l'un des principaux anti-atomistes, Wilhelm Ostwald, proclame son mépris des images concrètes : « On n'a besoin d'aucune image... Établir des rapports entre des réalités, c'est-à-dire des grandeurs mesurables, voilà la tâche de la science. »

Or, c'est ce même Ostwald qui écrira en 1908, à la suite des expériences de Perrin sur le mouvement brownien et la mesure par Thomson de la charge électrique de l'électron : « Je suis maintenant convaincu que nous avons récemment obtenu une preuve expérimentale de la nature discrète, granuleuse, de la matière, preuve qui manquait à l'hypothèse atomique depuis des centaines et des milliers d'années » (*Éléments de chimie générale*).

Les opposants à l'atome et ses modèles, la résistance des énergétistes et de Duhem aux théories atomiques ont préparé la voie à une autre conception de l'atome, celle que devaient développer les « pères fondateurs de la mécanique quantique », au premier rang desquels il faut placer Bohr, l'auteur d'un ultime modèle.

Ce modèle, mi-classique mi-quantique, sera le dernier du genre (1). Et c'est à peine si l'on peut parler de modèle à son propos puisque, précisément, l'idée d'une représentation imagée de l'atome y est fortement mise à mal.

---

1 - En 1925, Wolfgang Pauli affina ce modèle en postulant que chacune des orbites sur lesquelles se meuvent les électrons ne peut contenir qu'un nombre limité de ceux-ci (principe d'exclusion).

Mais l'héritage des critiques de l'atomisme « naïf » ne se limite pas à l'abandon des images et des modèles. Comme il apparaît clairement dans le cas du modèle de Bohr, c'est l'énergie qui devient la grandeur physique fondamentale, reléguant au second plan la nature matérielle des électrons. Un électron, dans le modèle de Bohr, n'est plus caractérisé par sa granularité, par sa position dans l'espace et l'évolution de celle-ci dans le temps, mais bien par son niveau d'énergie, par l'état stationnaire dans lequel il se trouve [(1)]. Avec Bohr, l'atome acquiert un nouveau sens ; il devient un *quantum*. Désormais, il ne désigne plus que l'impossibilité de se représenter spatio-temporellement les phénomènes, que ce soit sur le mode continu des ondes ou sur le mode discret des corpuscules.

L'histoire de la théorie quantique montrera en dernier ressort qu'il faut renoncer à toute forme d'*Anschauligkeit* (possibilité de représentation intuitive).

Au-delà du détail de la description, il importe de remarquer que l'atome de la théorie quantique, dont toute forme de représentation est donc, en définitive, par essence exclue, relève de ce que Pauli appelait la « réalité du symbole ».

Lucrèce, déjà, mettait en garde contre la tentation qui consiste à vouloir attribuer aux atomes les mêmes propriétés que les corps qu'ils constituent !

---

1 - À vrai dire, ce n'est pas le modèle de Bohr qui a mis sur le devant de la scène cette atomicité de l'énergie. En 1913, Bohr ne fait qu'exploiter les résultats des travaux de Planck et d'Einstein sur ce qu'il est convenu d'appeler la quantification de l'énergie lumineuse.

BIG BANG

Lemaître, 1931 ; Hubble, 1929 ; Gamow, 1948.
Voir aussi : Antimatière, Cordes, Échelle (de Planck), Interactions fondamentales, Neutrino, Son, Tachyon.

On pense que l'univers est né il y a environ quinze milliards d'années[1] d'une gigantesque explosion primordiale, le *Big Bang*, conséquence inéluctable de conditions de densité et de température extraordinairement élevées. En dépit des résistances idéologiques qu'il a suscitées et suscite encore, ce modèle rend compte de manière satisfaisante des principales données d'observation sur lesquelles se fonde la cosmologie moderne, comme par exemple l'expansion de l'univers.

C'est le chanoine Georges Henri Lemaître qui, en 1931, a émis l'idée de l'existence, à l'origine de l'univers, de ce qu'il appelle « l'atome primitif ». En 1948, un peu dans la même optique, le physicien américain d'origine russe George Gamow formule l'hypothèse du Big Bang. À l'instant « zéro » de l'histoire de l'univers actuel, toute la matière (sous toutes ses formes) de ce qui constituera ensuite le monde (concentrée dans un espace extrêmement petit (10^{-30} mètre) donc d'une densité inimaginable) aurait « explosé » (le terme est très faible, car le phénomène aurait été extraordinairement puissant, inconcevable pour nous).

Nous ne savons rien sur l'explosion elle-même, nos théories physiques ne pouvant être extrapolées aux conditions du Big Bang. Dans l'état actuel de nos connaissances, la description doit s'arrêter à 10^{-43} seconde après. C'est un temps inimaginablement court : « La durée d'un éternuement occuperait un milliard de milliards de milliards de fois plus de temps dans l'histoire entière de l'univers que 10^{-43} n'en occuperait dans une seconde » écrit l'astrophysicien Trinh Xuan Thuan. Le modèle du Big Bang s'est beaucoup affiné depuis George Gamow. Par ailleurs, on n'a rien trouvé de mieux, pour en rendre compte, et le justifier, que l'observation d'Edwin Hubble selon laquelle l'univers est en expansion. Cette expansion explique le phénomène de récession (fuite) des galaxies.

Dans cette expansion qui le fait « gonfler » depuis des milliards d'années, on peut admettre que l'univers est sous l'emprise de deux forces : l'une, le souffle de l'explosion initiale, tend à le faire s'étendre à l'infini ; l'autre, la gravitation, due à son propre poids, tend à le faire s'effondrer sur lui-même (*Big Crunch*). La masse de l'univers estimée actuellement est trop faible pour que cette deuxième force l'emporte : l'univers semble voué à une expansion infinie.

---

1 - Selon les hypothèses cosmologiques et les calculs effectués en modifiant certains paramètres, cette estimation peut varier dans une assez large mesure en plus ou en moins.

L'expansion de l'univers

En 1924, alors qu'il observe le rayonnement des galaxies extérieures à la nôtre, l'astronome américain Hubble constate que les raies spectrales émises par ce rayonnement sont décalées vers le rouge, et que le décalage est d'autant plus accentué que les galaxies sont plus lointaines. Il attribue ce rougissement à l'effet Doppler. Schématiquement, rappelons que cet effet peut se définir comme la modification apparente de la fréquence d'un signal. Par exemple, la fréquence d'un son perçu par un auditeur fixe varie selon que la source s'approche ou s'éloigne, devenant plus aigu dans le premier cas et plus grave dans le second.

Doppler extrapole ce phénomène à la lumière. Ainsi, la lumière des étoiles qui s'éloignent de nous paraît décalée vers le rouge, alors que celle des étoiles qui se rapprochent tend vers le bleu.

En 1929, Hubble énonce la loi qui porte son nom. Cette loi peut être traduite en termes simples : les galaxies s'éloignent les unes des autres avec une vitesse proportionnelle à leurs distances ce qui, mathématiquement, s'écrit :

$$v = Hd$$

(v étant la vitesse de fuite d'une galaxie, d la distance qui nous en sépare, et H un cœfficient de proportionnalité appelé constante de Hubble).

Malheureusement, pour les astronomes et les astrophysiciens, la valeur de H n'a pas pu, depuis 1929, être déterminée avec précision. Aujourd'hui encore, elle varie du simple au double, se situant entre 50 et 100 km par seconde et par mégaparsec (3,26 millions d'années-lumière). Cette imprécision de H pèse sur la détermination de l'âge de l'univers.

D'autre part, et ce n'est pas là son moindre intérêt, la fuite des galaxies permettra peut-être de donner ses lettres de noblesse à l'un des principaux enjeux de la cosmologie moderne : retrouver les traces fossiles des différentes phases des galaxies.

De fait, plus le décalage cosmologique est important, plus les objets sont lointains et plus leur observation nous fait remonter dans le temps. Née aux tout premiers temps de l'univers, la galaxie 4C41.17 se présente ainsi comme la plus lointaine jamais observée. Sa lumière a mis 15 milliards d'années pour nous parvenir. En l'étudiant, les astrophysiciens découvrent l'état dans lequel était l'univers à cette époque.

Le rayonnement cosmique « fossile » à 3 K [1]

Autre découverte, certainement l'une des plus importantes depuis la mise en évidence de l'expansion de l'univers : celle, en 1965, par deux radioastronomes américains, Arno Penzias et Robert Wilson, d'un rayonnement cosmique fossile, véritable vestige remontant aux tout premiers temps de l'univers. Il s'agit dans la

1 - K = degré kelvin, unité fondamentale de température. La température 0°C de l'échelle Celsius correspond pratiquement à 273,15 K et il faut donc retrancher 273,15 des températures exprimées en kelvins, et appelées températures absolues, pour obtenir les valeurs de l'échelle Celsius.

pratique d'une sorte de bruit de fond électromagnétique, perceptible dans le domaine des ondes radio, d'une intensité constante dans le temps et d'une valeur identique quelle que soit la direction d'observation. Ce rayonnement cosmique fossile représente la trace historique d'une phase extrêmement chaude et quasi explosive de l'univers. Il avait été prédit théoriquement sur la base de l'idée de Big Bang par Gamow, Alpher et Herman dès 1948. Ceux-ci avaient postulé que si l'univers fut, par le passé, immensément plus dense et plus chaud qu'aujourd'hui, et si l'histoire de son expansion est en même temps celle de son refroidissement progressif, il a dû, à l'origine être « opaque », les photons ayant une énergie suffisante pour interagir avec la matière.

C'est à la température de 3000 K que l'équilibre entre matière et lumière se serait rompu et que notre univers serait devenu transparent, les photons n'ayant plus alors d'autre histoire que celle de leur refroidissement progressif, de la dilatation de leur longueur d'onde. Cette longueur d'onde est celle que devraient avoir aujourd'hui ces photons, et c'est justement celle que calculèrent Gamow, Alpher et Herman et que confirma la mesure du rayonnement fossile à 3 K.

La découverte de Penzias et Wilson détermina le triomphe du modèle dit « standard » de l'univers, qui constitue la toile de fond des études astrophysiques actuelles relatives à la formation et à l'évolution des galaxies et des étoiles. Le rayonnement fossile ne nous fait certes pas remonter à la singularité originelle, mais 300 000 ans plus tard, à la fin du Big Bang que marque le découplage entre matière et lumière. Il implique néanmoins que l'univers a bien une origine et un âge.

L'énigme de l'obscurité de la nuit

Avec l'univers du Big Bang, un mystère aussi ancien que la connaissance, celui de la *nuit noire*, fut enfin résolu.

Pourquoi fait-il noir la nuit ? Derrière la naïveté de cette question se cache l'une des plus profondes énigmes du cosmos. Dans l'univers si vaste, sans doute infini, que nous connaissons aujourd'hui, pourquoi notre regard ne finit-il pas, en toute direction, par rencontrer la surface lumineuse d'une étoile – ce qui ferait du ciel entier, jour et nuit, une voûte aveuglante ayant l'éclat du Soleil ?

Ce paradoxe, pressenti par les astronomes de l'Antiquité, puis formulé par les modernes, a excité la sagacité des meilleurs esprits et de nombreuses solutions ont été proposées. En 1610, Kepler s'était déjà interrogé sur le secret de la nuit noire : si l'univers est infini, le ciel nocturne devrait être aussi brillant que le jour. Un univers infini doit contenir une infinité d'étoiles aussi brillantes que le Soleil. Comme au milieu d'une forêt dense où la vue est arrêtée par d'innombrables troncs d'arbres, le regard devrait toujours, où qu'il se porte, rencontrer une étoile dans la forêt stellaire d'un univers infini, et le ciel nocturne devrait posséder la brillance aveuglante du Soleil. La nuit noire signifiait donc que l'univers n'est pas infini, concluait Kepler.

Le principal défaut de l'argument de Kepler réside dans le fait, qui ne lui était évidemment pas connu, que les étoiles ont un temps de vie limité, de sorte que nous ne recevons pas en même temps le rayonnement d'une infinité d'astres et que, finalement, le ciel apparaît effectivement noir.

En 1823, l'astronome allemand Olbers, reprenant une idée du Suisse de Chéseaux, suggéra en 1823 que la lumière des étoiles devrait être absorbée pendant son voyage dans l'espace. Le ciel était noir parce que la lumière des étoiles ne nous parvenait pas entièrement. Cette explication ne pouvait être la bonne, car tout ce qui était absorbé aurait dû être réémis.

Pour sortir de ce paradoxe, il faut renoncer à l'infini de l'espace, imaginer à l'univers une limite. En 1922, Charlier donne la première interprétation logique du phénomène. L'âge fini de l'univers et le fait qu'il soit en expansion contribuent tous deux à lever le paradoxe qui n'est plus une difficulté pour la cosmologie d'aujourd'hui. Autrement dit, si la nuit est noire, c'est soit parce que l'univers n'est pas éternel, soit parce qu'il n'est pas infini.

Il est en tout cas nécessaire de lui trouver une limite, soit dans l'espace (la cosmologie relativiste, celle de l'espace courbe, admet la possibilité d'un univers fermé), soit dans le temps (et, dans cette seconde hypothèse, il faut admettre un commencement : l'univers, tel que nous le voyons, a émergé à un certain moment de notre connaissance).

La masse cachée de l'univers

Pour excellent qu'il soit, le modèle du Big Bang laisse de nombreuses questions sans réponse, notamment la quantité de matière présente dans l'univers. Les astrophysiciens tentent avec opiniâtreté d'estimer cette grandeur. La difficulté provient du fait que différentes méthodes d'estimation donnent des résultats discordants. Essentiellement, il y a une différence entre la masse des objets que l'on voit (dans un sens très général, c'est-à-dire que l'on détecte de manière relativement directe par leur émission de tel ou tel type de rayonnement) et celle que l'on estime par des arguments dynamiques, qui est en général environ dix fois plus élevée.

Il faut en effet préciser qu'il existe, de l'avis des physiciens, une primauté de la matière sur le rayonnement dans l'univers, et que cette primauté se réfère à la comparaison des valeurs de leur contenu énergétique total, selon la formule d'Einstein $E = mc^2$: l'énergie de la matière est environ quatre mille fois plus grande que celle du rayonnement. La situation est inversée si l'on compare le nombre des particules : il y a à peu près un milliard de photons pour une particule de matière. Remarquons que le même rapport du nombre de particules existait pendant l'ère de la domination du rayonnement (un million d'années) qui a précédé celle de la matière. Seulement, alors que le contenu énergétique des particules de la matière n'a pas varié pendant cette période, l'énergie des photons a décru continuellement avec l'extension et le refroidissement progressif de l'univers.

La conclusion la plus simple consiste à supposer qu'il y a bien dix fois plus de masse que ce que l'on voit, mais qu'elle est sous une forme invisible, « cachée ». Une question fondamentale se pose à propos de cette masse cachée. Est-elle constituée de matière relativement ordinaire, semblable à celle que nous connaissons ? Dans ce cas, ce sont les protons et les neutrons, le plus souvent liés dans les noyaux d'atomes, qui constituent l'essentiel de cette matière ; on la qualifie de *baryonique*.

Ou bien au contraire est-elle faite d'un très grand nombre de particules plus exotiques (non baryoniques), massives, interagissant peu, dénommées *wimps* (Weakly Interacting Massive Particles), ou encore d'objets supersymétriques qui auraient été formés aux origines (voir p. 277) ? Il y a une dizaine d'années, on a conçu et construit des détecteurs susceptibles d'enregistrer de telles particules. Il a été également tenté de détecter d'éventuels objets célestes qui pourraient constituer une partie de la masse cachée tout en étant faits de matière baryonique.

La théorie la plus audacieuse suppose que cette masse manquante de l'univers serait constituée de neutrinos, particules « passe-muraille » ayant une masse quasi nulle et dont la très faible interaction les fait échapper à nos instruments. À défaut de les voir, les scientifiques observent leurs traces, leur flux et leur direction. La théorie actuelle prédit en effet que 2×10^{38} neutrinos naissent chaque seconde rien que dans le Soleil. Pourtant, malgré une coopération internationale poussée, malgré de gigantesques pièges à neutrinos tapis au fond de mines désaffectées, seule une faible proportion d'entre eux est repérée. En attendant, il n'est pas sans intétrêt de savoir que si les neutrinos avaient une masse égale au millionième de celle de l'électron, ils domineraient la masse de l'univers. Ils seraient même susceptibles de stopper son expansion si leur masse atteignait le dix millième de celle de l'électron. Quelle que soit la solution, le problème de la masse cachée ne remet pas en cause le modèle du Big Bang.

Que s'est-il passé après le Big Bang ?

D'une manière certes un peu schématique, on peut distinguer trois ères cosmologiques à partir de la grande explosion primordiale que fut le Big Bang.

1) L'ère la plus précoce a commencé 10^{-43} s après le Big Bang. Au cours de cette « longue » période, l'univers présente alors la température phénoménale de 10^{32} K. Quatre forces indifférenciées (électromagnétique, faible, nucléaire forte, gravitationnelle) sont regroupées en une superforce unique. En même temps naît l'espace-temps à quatre dimensions tel que nous le connaissons.

2) La deuxième ère a commencé aux environs de 10^{-35} s. Les forces forte et faible se séparent, selon un processus qui brise spontanément la symétrie dite électrofaible. D'après certains physiciens, cette ère aurait vu s'épanouir la phase dite d'inflation de l'univers. Cette ère prend fin avec l'émission du rayonnement de Penzias et Wilson (10^{-12} s). C'est au cours de cette période qu'ont été synthétisés les noyaux légers comme l'hélium. Les astrophysiciens ont pu calculer que la composition chimique de l'univers devait être alors de 75 % d'hydrogène et de 25 % d'hélium, avec seulement des traces d'autres éléments (l'hélium peut être considéré comme une relique des premiers instants du Big Bang). Continuant à se refroidir, l'univers traverse tout le domaine de la physique des hautes énergies.

3) L'ère la plus récente débute environ 10^{-12} s après le Big Bang, avec le rayonnement de Penzias et Wilson, et se poursuit jusqu'à nos jours. C'est l'ère de la matière « à grande échelle » qui aurait consisté en une « soupe » formée de toutes les particules élémentaires que l'on connaît aujourd'hui (quarks, leptons, etc.). La force électrofaible laisse place à deux forces distinctes : les interactions faible et électromagnétique. Vers 10^{-3} s, les quarks s'agglomèrent en protons et neutrons, ouvrant la voie aux processus nucléaires essentiels.

Mais il faut attendre environ 1 milliard d'années pour que, du fait du rôle croissant de la gravitation, se forme l'ébauche de ce qui deviendra les galaxies et les super-amas. Le système solaire apparaît vers 10,5 milliards d'années.

L'univers primordial : un laboratoire de haute énergie

Il est intéressant de noter que les *transitions de phase* qui séparent une ère cosmologique de la suivante sont aussi les mécanismes qui convertissent la force unifiée primitive en deux forces (gravitationnelle et électronucléaire), puis trois (électrofaible, nucléaire forte, gravitationnelle), et enfin quatre : électromagnétique, nucléaire faible, nucléaire forte, gravitationnelle, au fur et à mesure que la température de l'univers décroît.

Ces transitions se produisent à des températures élevées qui font de l'univers primordial et de la cosmologie des laboratoires susceptibles, au moins indirectement, de tester nos théories.

Il est ainsi permis d'espérer que les processus qui ont eu lieu à l'aube de la création (il y a environ 15 milliards d'années) peuvent nous fournir des données importantes dans le domaine de la physique des particules.

Notons au passage que, une seconde seulement après le Big Bang, la température était de 10^{10} K, correspondant à des énergies nucléaires de 1 MeV [(1)]. Des accélérateurs de particules pouvant atteindre 1000 GeV, soit une température de 10^{16} K, permettraient de reconstituer les conditions physiques de l'univers primordial aux environs de 10^{-12} s.

1 - L'électron-volt (eV) est l'énergie acquise par un électron soumis à une tension de 1 volt. On distingue principalement ses divers multiples, entre autres le MeV (10^{6} eV) et le GeV (10^{9} eV).

Le principe cosmologique parfait

En bref, le mot Big Bang résume une théorie sur laquelle les scientifiques ont tout à dire ou à découvrir, sauf précisément sur le premier de tous les instants, entre le temps zéro et 10^{-43} s que l'incertitude quantique nous empêche d'investir. Derrière ce paravent, on est libre de choisir, selon ses goûts, le doigt du Tout-Puissant ou le *sensorium Dei* cher aux astronomes de La « Gnose de Princeton » (dans *La Gnose de Princeton*, Raymond Ruyer explique comment, à la fin des années soixante, des radioastronomes et des mathématiciens de l'observatoire du mont Palomar remirent « clandestinement » Dieu dans la science).

D'autres ont préféré éviter cette situation. L'une des tentatives les plus remarquables, à ce titre, reste le modèle cosmologique du « Steady State Universe » de Bondi, Gold et Hoyle. Ce modèle implique le « principe cosmologique parfait ». L'univers n'a pas d'âge, mais est en état de création continue. Tout observateur, dans le passé et dans le futur, attribuerait à l'univers les mêmes valeurs de température et de densité de matière. La synchronisation entre expansion et création permet de maintenir dans l'univers une densité constante de matière-énergie. Il s'agit donc d'un univers sans âge, éternel, mais en état de création continu. Ce modèle a l'avantage d'éliminer la conséquence la plus délicate du Big Bang, la nécessité d'avoir à définir un âge de l'univers.

BOSONS ET FERMIONS

Voir aussi : Fonction d'onde, Interactions fondamentales, Particule, Spin, Supra-conductivité.

Les principes de base de la théorie quantique conduisent à distinguer deux catégories de particules. Les particules de la première catégorie sont appelées *bosons* (du nom du physicien indien Satyendranath Bose). Les particules de l'autre espèce sont les *fermions* (en référence au physicien italien Enrico Fermi). La distinction entre les bosons et les fermions est essentielle et irréductible. Le concept qui permet de réaliser la dualité onde-corpuscule est celui du champ d'amplitudes de probabilité (1). Il représente l'extension quantique du concept de champ classique. Or, le champ quantique reproduit les notions devenues classiques de *particules d'interaction* (les bosons) et de *champ de matière* (les fermions).

Les bosons véhiculent les forces entre les particules de matière (les fermions) ; ils assurent en quelque sorte les relations entre celles-ci. À chaque interaction fondamentale correspondent des bosons spécifiques : le *photon* à l'électromagnétisme, le *graviton* à la gravitation, les *gluons* à l'interaction forte et les bosons dits intermédiaires W^+, W^- et Z° à l'interaction faible.

Pour décrire le comportement d'un grand nombre de bosons, les physiciens ont recours à la *statistique de Bose-Einstein*, alors que les fermions répondent à la *statistique de Fermi-Dirac*. Seul en effet le formalisme statistique permet d'expliquer toutes les propriétés collectives des bosons.

Des particules « grégaires »

Imaginons une salle de théâtre où des jeunes sont venus écouter un concert de musique moderne. Dans la partie la plus cotée de la salle, près de la scène, on remarque une poignée de sièges inoccupés. À la seconde où les projecteurs s'allument, le pubic se lève comme un seul homme et vient s'agglutiner massivement devant la scène. Toutes les particules sont rassemblées dans le même « état énergétique ». Telle est la diférence entre les fermions et les bosons. Les bosons ne se conforment pas au principe d'exclusion, qui interdit à deux fermions d'occuper le même état quantique.

Contrairement aux fermions, les bosons se comportent de façon moutonnière et obéissent à un principe de grégarité, marquant une nette préférence pour les états collectifs, construits à partir d'états individuels tous différents. Non seulement ils peuvent coexister dans un même état, mais ils s'y agglutinent en s'y attirant mutuellement

1 - Amplitude de probabilité. Les « objets » quantiques sont exactement décrits par un formalisme mathématique qui permet une description synthétique de toutes leurs propriétés. On les représente par des *états*, définis par un certain nombre de paramètres. Leur évolution est décrite en termes d'*amplitude de probabilité*, ou de *fonction d'onde*, à l'aide de l'*équation de Schrödinger*.

et ils peuvent s'accumuler en nombre dans un même état, portés par une même onde. Cette propriété est a priori compatible avec la propriété attendue d'*additivité des interactions* ; alors que le caractère individualiste des fermions empêche la « superposition » des particules de la matière et assure ainsi leur *impénétrabilité.*

Des particules « individualistes »

Transportons-nous maintenant dans une salle de théâtre à moitié vide, les sièges étant occupés de manière aléatoire, au hasard de la location préalable. Le directeur du théâtre peut autoriser les spectateurs à se rapprocher, afin que tous les fauteuils situés à proximité de la scène soient occupés, les sièges inoccupés se trouvant repoussés dans les derniers rangs. Étant cette fois-ci disciplinés, les spectateurs iront occuper les fauteuils à partir du « niveau fondamental » le plus souhaitable, près de la scène, chaque personne n'occupant évidemment qu'un siège (un état quantique).

L'amplitude de probabilité d'existence de deux fermions identiques au même endroit en même temps est exactement nulle. On dit que les fermions obéissent au principe d'exclusion de Pauli. C'est exactement la propriété attendue d'*impénétrabilité* des particules de matière. Toutes les particules « matérielles » qui nous sont familières – les électrons, les protons et les neutrons – sont des *fermions*, et, en l'absence du principe d'exclusion, la diversité des éléments chimiques et toutes les caractéristiques qui participent au monde physique n'existeraient pas.

Stabilité des édifices atomiques

La propriété certainement la plus essentielle de la nature *fermionique* des électrons (et donc du principe d'exclusion de Pauli – voir p. 136) est de garantir la stabilité des édifices atomiques, c'est-à-dire de la matière. Si le principe d'exclusion de Pauli n'intervenait pas pour tenir les électrons à distance mutuelle, la matière serait hyperdense, et ce d'autant plus que la quantité en serait plus importante. Au lieu d'exister sous la forme où nous la connaissons, c'est-à-dire fragmentée, la matière serait une sorte de magma concentré et indifférencié.

Ce n'est qu'en 1965 qu'on a réussi à démontrer cette propriété empiriquement évidente. Sans elle, l'énergie de cohésion des atomes croîtrait de manière réellement ahurissante. Ainsi, pour prendre un exemple, la matière d'une pomme, au lieu de se présenter sous la forme d'une sphère de 7 cm de diamètre environ, serait condensée dans un volume de 10^{-18} cm (le volume d'un noyau atomique est proportionellement bien supérieur).

L'effet laser ou « comment empiler les photons sur une même onde ? »

La propriété d'additivité des bosons est à l'origine d'effets tout à fait inattendus. Comme on vient de le voir, non seulement les bosons ne tendent pas à s'exclure, mais au contraire à s'agréger le plus posssible dans le même état. On sait que les états dans lesquels peuvent se trouver des atomes sont caractérisés par des niveaux d'énergie discrets. À partir du niveau fondamental, un atome peut être porté à un niveau excité, par absorption d'un photon portant la différence entre l'énergie du niveau excité et celle du niveau fondamental. Réciproquement, un atome excité peut retomber à son niveau fondamental. Dans ce dernier cas, l'atome libère une certaine quantité d'énergie sous forme d'un photon supplémentaire, qui vient s'ajouter aux photons déjà présents sur l'onde associée, *en phase* avec ceux-ci. On a donc amplifié l'onde aux dépens d'un atome (c'est le phénomène de l'*émission stimulée* découvert par Einstein en 1916 et dont de Broglie a prédit les propriétés de cohérence en 1924).

L'effet laser[1] a donc pour origine une émisson de photons de désexcitations d'atomes d'un cristal convenablement stimulés. Si on est arrivé, par un moyen quelconque, à faire passer un assez grand nombre d'atomes dans l'état excité, le milieu peut jouer le rôle d'un amplificateur de lumière. En termes purement ondulatoires, l'amplitude de l'onde associée aux photons va croître et on aura obtenu une lumière d'un type très particulier, constituée d'une onde unique de très grande énergie (car elle porte beaucoup de photons). Au contraire, les sources usuelles, même intenses, fournissent peut-être beaucoup de photons, mais dans le désordre, car ceux-ci sont portés par beaucoup d'ondes différentes.

C'est le physicien américain Charles Hard Townes qui décrivit le premier, en 1951, la possibilité d'amplification d'ondes courtes, ou *effet maser*, avant d'en faire la démonstration en 1954, et si Einstein est le père spirituel du laser, on peut dire que Townes en est le père « matériel ». En 1958, ce dernier imagina d'étendre le principe du maser aux spectres lumineux et infrarouges et, deux ans plus tard, fut réalisé le premier maser optique, ou *laser à rubis*.

L'effet laser nécessite une méthode d'activation : le *pompage optique*, inventé dès 1949 par Alfred Kastler, est un procédé qui permet d'assurer et de maintenir une population d'atomes dans un état quantique donné. Les propriétés remarquables du rayon laser (monochromaticité, directivité, cohérence) tiennent à ce que l'ensemble des milliards de milliards de photons transportés par seconde, et non plus seulement chaque photon individuel, doit être considéré comme un *objet quantique*.

Les lasers ont matérialisé l'irruption des idées quantiques dans la sphère technologique, qu'il s'agisse d'objets utilisés désormais quotidiennement dans l'industrie, ou d'objets utilisés en médecine et en biologie. L'une des applications les plus spectaculaires des lasers est l'*holographie*. Cette « stéréoscopie » permet de reconstituer une image d'un objet en trois dimensions à partir des interférences – l'hologramme – des ondes diffusées par cet objet éclairé au laser et les ondes directes émises par celui-ci.

Supraconductivité, superfluidité

Si on connaît le *spin* d'une particule, on sait imédiatement à quelle famille elle appartient : celui des bosons est toujours entier ou nul (0, 1, 2), alors qu'il est toujours demi-entier dans le cas des fermions (1/2, 3/2, etc.) Or, le spin d'une particule

1 - Laser : mot acronyme de *Light Amplification by Stimulated Emission of Radiation*, c'est-à-dire « amplification de lumière par émission stimulée de radiation ».

composite est égal à la somme des particules qui la forment : un objet composé d'un nombre pair de fermions sera donc un boson, alors qu'un assemblage de bosons restera « bosonique » dans toutes les situations. Un noyau atomique, par exemple, est formé de nucléons qui sont des fermions, mais rien n'interdit que l'ensemble soit un boson, comme c'est le cas de l'hélium IV.

Ainsi, la présence de bosons au sein de la matière n'est pas exclue. Elle explique même certaines propriétés telles que la *supraconductivité* et la *superfluidité*. Ces deux phénomènes apparaissent à des températures très basses, voisines du zéro absolu. Le premier correspond au passage du courant électrique sans aucune résistance, pratiquement sans dépense d'énergie : il est assuré par des paires d'électrons appelées « paires de Cooper »[1].

Dans le second, les atomes, ceux de l'hélium superfluide par exemple, n'ont plus de comportement individuel ; ils ont tous la même vitesse et il est impossible de les arrêter. L'hélium superfluide s'écoule sans résistance, grimpant le long des parois du récipient qui le contient et se répandant en dehors spontanément.

Fermions	*Leptons* : particules légères, de spin égal à 1/2, à interactions faibles	Électrons, neutrinos, muons (ces derniers d'abord nommés mésons μ).
	Baryons : particules lourdes, de spin 1/2 ou 3/2, à interactions fortes	Nucléons : protons, neutrons. Hypérons : lambda (Λ), sigma (Σ), xi (Ξ) et oméga (Ω).
Bosons	*Photons* : particules énergétiques *hv* à interaction électromagnétique	
	Mésons : particules à interactions fortes	Mésons π ou pions (π^+, π^-, π°). Mésons K ou kaons.

Les particules fondamentales d'après le tableau classique fondé sur les statistiques de Bose-Einstein et de Fermi-Dirac. À chacune de ces particules correspond une antiparticule, excepté le photon qui est à lui-même son antiparticule.

1 - Dès la découverte de cet effet, en 1911, on imagina les applications fécondes qui pourraient en résulter : transport de courant électrique sans aucune perte, moteurs électriques qui ne chauffent pas, production de champs magnétiques intenses.

CHALEUR

Aristote, IVe siècle av. J.-C. ; Black, 1760 ; Fourier, 1822 ; Carnot, 1830 ; Mayer, 1840 ; Joule, 1843 ; Clausius, 1850.

Voir aussi : Chaleur et travail, Énergie, Rendement, Réversibilité, Température.

De tout temps – et même encore aujourd'hui – ce que l'on désigne ordinairement par chaleur est la propriété d'un corps d'être chaud au toucher. C'est en ces termes qu'Aristote pouvait voir dans le chaud et dans le froid deux qualités élémentaires opposées, attachées respectivement à un corps chaud ou à un corps froid.

La physique actuelle, qui associe la propriété d'un corps d'être chaud ou froid non à la notion de chaleur, mais plutôt à celle de température [1], lui associe l'idée de changement. En effet, et contrairement à l'approche d'Aristote, la chaleur est perçue comme une entité physique existant en soi, le froid n'étant qu'une absence de chaleur (comme les ténèbres sont une absence de lumière). On dira d'un corps augmentant de température qu'il reçoit de la chaleur, tandis que, si sa température baisse, on ne dira pas qu'il reçoit de la froideur, mais qu'il perd de la chaleur.

La chaleur peut se transmettre d'un corps à un autre. Ce processus est irréversible : deux corps de températures différentes entrant en contact finissent toujours par avoir la même température.

En revanche, on ne verra jamais le processus inverse, où deux corps, initialement à la même température, atteindraient spontanément un état où l'un des deux corps serait chaud et l'autre froid. Cette propriété remarquable, qui autorise un certain processus et interdit le processus inverse, révèle une asymétrie fondamentale au niveau des phénomènes. Elle traduit une caractéristique essentielle de la thermodynamique.

Qu'est-ce que la chaleur ?

La première expérience calorimétrique est abordée dans le cadre de la physique d'Aristote ; elle est relatée par Morin dans l'*Astrologie gallicane* publiée en 1661. Deux masses égales d'eau, ayant chacune des degrés de chaud et froid différents, évoluent vers une même température de mélange sans destruction de qualité.

1 - Chacun sait que la température, que l'on peut apprécier grossièrement au toucher, se mesure de façon précise, à l'aide d'un thermomètre gradué en degrés Celsius ou Fahrenheit. La température est donc une propriété directement perceptible par les sens, tandis que la chaleur est un concept théorique.

À la même époque, les physiciens mécanistes insistent sur la subjectivité des sensations de chaud et froid qu'ils interprètent par des mouvements de la matière propres à « chatouiller » nos sens : la chaleur est soit un mouvement intestin ou désordonné d'une matière continue, soit un mouvement désordonné d'atomes.

Vers 1760, les travaux de Black conduisent à lever la confusion entre la chaleur et la température.

Dans l'expérience du mélange de quantités différentes d'eau à des températures différentes, Black met en évidence la conservation d'un terme d'échange, la chaleur, qui passe du corps le plus chaud au corps le plus froid. L'introduction d'un coefficient caractéristique pour chaque substance, sa capacité pour la chaleur, sa « chaleur spécifique », permet de retrouver le terme d'échange lorsqu'un corps est plongé dans l'eau en remplaçant la masse du corps par son « équivalent en eau ».

La théorie du calorique

Vers le milieu du XIXe siècle, la véritable nature de la chaleur n'est toujours pas comprise, car la thermodynamique est encore prisonnière de la *théorie du calorique*. Le calorique est un fluide hypothétique qui, pense-t-on, sert de véhicule à la chaleur. Cette « matière de la chaleur » serait, selon les physiciens de l'époque, composée de particules minuscules se repoussant les unes les autres. L'échauffement par frottement est le résultat d'une sorte d'émanation du fluide que le frottement soustrait aux corps en les faisant paraître plus froids.

Higghins, en 1775, suggère que les atomes ont une « atmosphère de chaleur ». En 1779, Cleghorn suppose que les particules de calorique, tout en se repoussant, sont diversement attirées par la matière. Lavoisier reprend cette théorie dans son *Traité élémentaire de chimie*, publié en 1789.

On considère, plus généralement, qu'il existe une certaine identité de nature entre les substances de la chaleur radiante et de la lumière ; la théorie de l'émission de la lumière de Newton renforce cette conviction de la matérialité de la chaleur.

À la fin du XVIIIe siècle, deux hypothèses s'affrontent. La première considère la chaleur comme un fluide subtil que l'on baptise le *calorique*. Ce fluide emplit l'intérieur des corps. La température mesure alors la pression ou la densité du calorique contenu dans un corps. Le calorique peut s'écouler dans le sens décroissant de sa pression et l'on explique de cette manière le transfert de chaleur entre deux corps. La seconde hypothèse s'interprète comme un mouvement. Reprenant l'interprétation mécaniste, elle affirme que la chaleur est une vibration des atomes composant la matière.

La température reflète alors l'intensité de ces vibrations, un transfert de chaleur représente une propagation de celles-ci. Quand deux corps de températures différentes sont mis en contact, le corps plus chaud communique une partie des vibrations de ses atomes à ceux du corps plus froid par l'intermédiaire de collisions. Le processus ne prend fin que lorsque les atomes des deux corps vibrent avec des intensités égales. L'état macroscopique d'équilibre traduit cette idée [(1)].

La théorie du calorique n'est plus acceptée de nos jours mais elle connut au début du XIXe siècle un succès impressionnant. Ses principaux défenseurs furent Laplace, Fourier et surtout Carnot. Dans *La Théorie analytique de la chaleur*, publiée en 1822, Fourier se laisse guider par l'image d'un fluide moléculaire indestructible et incompressible. Les relations entre le calorique et les molécules matérielles doivent recevoir des réponses aussi simples que possibles qui ne doivent pas transparaître dans les équations de propagation de la chaleur.

Carnot s'intéresse aux moteurs thermiques tels que la machine à vapeur qui produisent du travail mécanique à partir de la chaleur. Il considère qu'une puissance motrice (travail) n'est produite dans une machine que par une « chute du calorique » d'un corps chaud à un corps froid. Le calorique est l'agent thermique et non la vapeur. Il détermine ensuite le cycle qui assure le meilleur rendement de la machine. Ses *Réflexions sur la puissance motrice du feu*, publiées en 1824, ne suscitent d'abord aucun intérêt. Bien que formulées dans le cadre de la théorie du calorique, les conclusions de Carnot expriment un principe fondamental de la nature dont l'importance fut reconnue par la suite.

Le débat entre les deux théories se poursuivit jusqu'au milieu du XIXe siècle. La théorie du calorique fut alors rejetée, car elle ne parvenait pas à expliquer de manière satisfaisante certains phénomènes comme par exemple le phénomène bien connu de création de chaleur par frottement [(2)]. Par ailleurs, l'abandon de la théorie du calorique fut lié à l'émergence d'un nouveau concept, celui d'énergie, issu lui-même de la notion de *force vive* émise par Leibniz.

Dès 1840, Mayer conçoit en effet le principe de l'équivalence de la chaleur et du « travail » qu'il considère d'emblée comme un principe général de conservation de la « force » (énergie) dans la nature. Par de longues séries d'expériences effectuées entre 1842 et 1850, Joule établit l'équivalence mécanique de la chaleur et celle des différentes formes de forces (d'« énergie » : électrique, magnétique, chimique, etc.).

En 1948, la conférence internationale des poids et mesures retient le *joule* (symbole J) comme unité de quantité de chaleur.

---

1 - L'état d'équilibre est un état macroscopique qui ne tend plus à évoluer au cours du temps. C'est l'état le plus désordonné qu'un système puisse connaître. Un état ordonné d'une boîte de volume V contenant un grand nombre N de molécules gazeuses correspond, par exemple, au « rangement » des N molécules dans une portion déterminée de la boîte. Dans ce cas, la probabilité de trouver une molécule dans le reste de la boîte est nulle. En revanche, les N molécules s'étant dispersées dans la boîte de façon aléatoire, la probabilité de trouver une molécule dans une région quelconque de la boîte est la même, quelle que soit la région choisie : cet état se traduit par une distribution uniforme des molécules dans toute la boîte. On dit que l'*entropie* est maximale lorsque l'équilibre est atteint.

2 - L'échauffement par frottement était expliqué par le fait que le frottement enlève du calorique, faisant paraître les corps plus froids. En 1798, le comte Rumford avait constaté qu'en perçant l'acier des canons par alésage, l'élévation de température était moindre en utilisant un petit foret faisant beaucoup de copeaux qu'un gros foret faisant moins de copeaux. On pensait alors au contraire que plus les éclats étaient nombreux, plus la quantité de calorique dégagée devait être importante.

Dans les années 1850, la conjonction de la théorie vibratoire de la lumière, de la loi de conservation de l'énergie et de la théorie mécanique de la chaleur suscite la conviction que la chaleur est l'effet de l'agitation d'un milieu impondérable, l'*éther*. Ainsi, l'éther – ultime avatar de la chaleur – prend naturellement la place du calorique dans la théorie de la chaleur.

On sait aujourd'hui que la chaleur provient d'un mouvement désordonné des molécules et non d'un mouvement général macroscopique. Le mouvement de chaque molécule peut s'effectuer selon plusieurs possibilités : ce sont les « degrés de liberté » (1). Une molécule polyatomique libre présente trois degrés de liberté de translation et trois de rotation.

À l'intérieur d'un solide, la molécule a encore six degrés de liberté, mais les trois degrés de translation sont remplacés par trois degrés d'oscillation. Pour une température donnée, bien que chaque molécule ait une énergie différente, l'énergie moyenne est constante.

1 - Le « degré de liberté » d'un corps indique le nombre de possibilités de mouvement qu'il possède dans un système de coordonnées. Un point matériel a trois degrés de liberté ; il peut se déplacer dans l'espace le long des axes *x*, *y*, *z*. Il n'a pas de degré de liberté de rotation.

CHALEUR ET TRAVAIL

Carnot, 1824 ; Mayer, 1842 ; Joule, 1843 ; Helmholtz, 1847.
Voir aussi : Chaleur, Conservation (principe de), Évolution, Rendement, Réversibilité, Température.

Dans les *Réflexions sur la puissance motrice du feu* (1824), Carnot exprime l'idée que la puissance d'une machine thermique est liée à la « chute du calorique » (la chaleur), un peu à la manière d'une chute d'eau dans une installation hydraulique. Selon cette conception, la transformation de chaleur en travail mécanique n'est possible que grâce à l'emploi d'au moins deux sources de chaleur ayant des températures différentes. L'activité de la machine s'accompagne donc d'un transfert de chaleur de la source chaude à la source froide. Pour Carnot, le paramètre significatif est la chute de température et non pas, comme le croyaient ses contemporains, la chaleur de la pression de vapeur. Il montre également que le rendement ne dépend pas des propriétés spécifiques du fluide utilisé et que seules des raisons pratiques font utiliser l'eau ou l'air.

Mais, si Carnot parle du calorique et de sa conservation (1), il reste évasif sur la question de transformation de la chaleur en travail. En fait, Carnot ne prit que peu à peu conscience de l'équivalence du travail et de la chaleur et cette idée n'est clairement indiquée que dans ses notes posthumes où la chaleur est considérée comme un mouvement de particules :

> « La chaleur n'est autre chose que la puissance motrice ou plutôt le mouvement qui a changé de forme. C'est un mouvement dans les particules des corps ; partout où il y a destruction de puissance motrice il y a en même temps production de chaleur en quantité précisément proportionnelle à la quantité de puissance motrice détruite. Réciproquement, partout où il y a destruction de chaleur, il y a production de puissance motrice ».

L'équivalent mécanique de chaleur en travail

Au début du XIXe siècle, un ingénieur américain, Benjamin Rumford, fait une observation intéressante. Lors du forage de gueules de canon, les copeaux de métal détachés sont portés à des températures élevées, mais l'alésage ne modifie pas la capacité calorifique du métal, alors que les copeaux auraient dû, selon la doctrine du calorique, gagner en capacité calorifique. La quantité de calorique n'est donc pas une caractéristique du corps : elle peut être produite de manière inépuisable par le frottement.

1 - « On peut poser en thèse générale que la puissance motrice (dans le sens actuel d'énergie) est en quantité invariable dans la matière, qu'elle n'est jamais ni produite ni détruite ; à la vérité elle change de forme, c'est-à-dire elle produit tantôt un genre de mouvement, tantôt un autre, mais elle n'est jamais anéantie ».

Joule mesure la chaleur (1843-1848)

Présentée en 1843 dans un Mémoire à la Royal Society anglaise, l'expérience fondamentale de Joule consiste à immerger dans une cuve d'eau un treuil muni de palettes. La chute d'un poids entraîne la rotation du treuil et celle des palettes. Le frottement des palettes dans l'eau effectue un travail en résistant aux palettes. L'opération est répétée seize fois, puis la température de l'eau est déterminée à l'aide d'un thermomètre susceptible de déceler des différences de 1/100ᵉ de degré Fahrenheit.

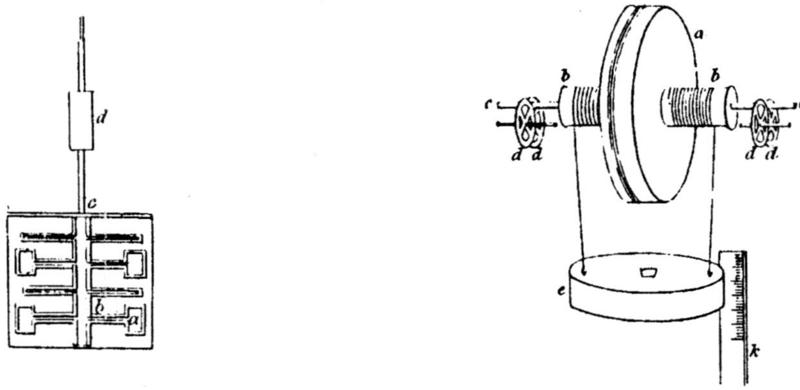

L'expérience originale de Joule utilisant le frottement dans l'eau pour déterminer l'équivalent mécanique de la chaleur.

C'est donc en définitive à une comparaison du travail fourni par la chute des poids à la quantité de chaleur apparue au niveau des palettes que se livre Joule. L'effet attendu est une élévation de température du liquide.

Joule montre que le rapport :

$$J = \frac{\textit{travail fourni}}{\textit{chaleur produite}}$$

est indépendant des conditions de l'expérience : masse du liquide, nature du liquide (eau, mercure, huile de baleine), nature des palettes (laiton, fer forgé, fonte), hauteur de chute des poids.

Grâce à cette expérience, Joule peut effectivement affirmer que le taux de transformation de chaleur en travail est fixe et « qu'il est entièrement indépendant des matériaux ou des procédés employés ». En 1848, il donne des valeurs de *J* qui, exprimées en unités actuelles, sont comprises entre 4,21 et 4,24 *J*/calorie.

Plus important peut-être, l'expérience de Joule fournit la première illustration convaincante du principe de conservation de l'énergie, l'une des lois fondamentales de la physique moderne.

En fait, il faut attendre l'année 1843 pour voir apparaître les premières mesures précises sur la création de chaleur par frottement, c'est-à-dire une mesure de l'équivalent mécanique de chaleur en travail. C'est un brasseur de bière et savant amateur, James Prescott Joule, qui en est l'auteur.

Dès 1833, Joule se préoccupe des effets thermiques du courant électrique[1]. Ensuite, il entreprend pendant quatre ans des expériences ingénieuses de frottement dans les liquides[2]. « Joule, écrit l'un de ses biographes, parvint à établir que la chaleur et le travail sont interchangeables, que le rapport entre les deux est fixe et qu'il est entièrement indépendant des matériaux ou des procédés employés ».

En 1843, Joule conçoit un dispositif qui fait intervenir des palettes immergées dans un fluide et dont la rotation est due à la chute d'un poids. Cette rotation engendre un accroissement de la température du fluide, ce qui permet au savant d'associer cet accroissement de température à la « force vive » libérée par la chute du poids, et correspondant à un travail mécanique.

Il s'ensuit que l'équivalent mécanique de la chaleur s'identifie à la constante de proportionnalité liant une quantité de travail mécanique à une quantité de chaleur. À la suite des travaux de Joule, l'équivalence chaleur-travail repose sur une assise expérimentale solide. Cependant, un certain scepticisme règne encore, jusqu'à ce que Julius Robert Mayer parvienne à des conclusions analogues.

Chaleur et métabolisme humain

En sa qualité de médecin de bord sur un navire voguant vers les Indes orientales, Mayer se livre à des observations sur le sang des marins, qui lui semble d'un rouge plus vif que la normale. Mayer ne fait rien moins que comparer le corps humain à un moteur thermique. Il interprète la coloration du sang humain plus vive sous les

L'être vivant : un délicat problème de chimie

Pour se développer, pour croître, pour subsister, l'être vivant doit puiser dans son environnement les molécules qui lui sont nécessaires. Ces molécules spécifiques de la vie, souvent grosses et complexes, peuvent contenir des milliers, voire des millions d'atomes. Ainsi, comprendre la vie revient-il avant tout à résoudre un difficile problème de chimie.

Pour fabriquer, à partir de ces molécules (pour en faire la « synthèse », comme disent les chimistes) celles qui sont indispensables à la vie, l'être vivant a besoin d'énergie. S'il s'agit d'une plante, il trouvera cette énergie dans la lumière qu'émet en abondance le Soleil sur la Terre (voir Photosynthèse). S'il est un mammifère, il l'obtiendra en « brûlant » ses aliments. On estime qu'un homme dégage sans arrêt une quantité de chaleur équivalente à celle d'un radiateur électrique d'une puissance de 200 watts, tout en maintenant sa température aux alentours de 37°C.

1 - Joule est avant tout resté dans l'histoire pour sa loi calorifique du courant électrique $W = RI^2 t$.

2 - Joule essaye également la compression des gaz, des collisions inélastiques de solides et d'autres procédés. Sa technique expérimentale était excellente. Les différences de température qu'il lui fallait mesurer étaient en général très petites, mais il avait maîtrisé l'art de telles mesures et ses chiffres ont résisté à l'épreuve du temps.

tropiques qu'en Europe par la différence de température plus faible entre le corps et l'air ambiant. Le sang des cellules musculaires est davantage chargé en oxygène, ce qui explique sa belle couleur carmin. Raisonnant toujours sur l'homme, Mayer remarque que lorsqu'un organisme vivant travaille, il doit consommer davantage d'aliments générateurs de chaleur.

Comme Joule, il croit à l'équivalence du travail mécanique et de la chaleur. De manière analogue, il postule que l'équivalent chimique de nourriture apparaissant dans les cellules vertes d'une plante est égal à l'équivalent de chaleur absorbée sous forme de lumière solaire.

Héritier de Descartes, Mayer ne distinguait pas la matière inanimée de celle composant les organismes vivants et s'opposait en cela aux « vitalistes » pour lesquels tout être vivant est habité d'une force particulière, étrangère à la matière inanimée (1). En 1842, il publie les résultats de ses travaux, mais fait douter de sa santé mentale.

Quelques années après, Helmholtz présente un important mémoire, *Sur la conservation de la force* (1847) – entendons de l'énergie –, dans lequel il donne au principe de conservation de l'énergie son sens le plus large : « l'univers possède une provision d'énergie disponible constante, qui ne peut ni croîte, ni décroître, donc éternelle ».

Chez Helmholtz, l'énergie mécanique devient le concept central de toutes les sciences de la nature, qui pourraient ainsi être unifiées. La théorie mécanique de la chaleur, la thermodynamique, jouerait alors le rôle que la mécanique ne peut remplir (2).

Un peu plus tard, en 1852, Clausius utilisera les effets calorifiques du courant électrique pour une nouvelle détermination de *J*. Cette reconnaissance très claire et généralisée du principe de conservation de l'énergie constituait une importante avancée de la thermodynamique.

---

1 - Mayer restait en fait influencé par la *Naturphilosophie* allemande qui paraissait déjà démodée à ses contemporains. Pour lui, la « force » est une entité occupant une position intermédiaire entre la matière et l'esprit. Elle gouverne les interactions de la matière, comme la logique gouverne les relations rationnelles des idées. Elle exprime donc la rationalité de la nature ; elle est unique et se conserve à travers toutes les transformations.

2 - Les articles de Helmholtz sont à l'origine du courant de pensée énergétiste qui s'épanouit à la fin du siècle (voir Atomisme). En privilégiant les « forces » et leur conservation, l'énergétisme est séduit par les interprétations dynamiques de la matière dans lesquelles la matière se réduit à un jeu de forces.

CHAMP

Faraday, 1821-1831 ; Maxwell, 1855-1873 ; Lorentz, 1892 ; Einstein, 1905.

Voir aussi : Bosons et fermions, Électricité, Électromagnétisme, Espace, Gravitation, Magnétisme, Photon.

De façon générale, on entend par le mot champ une région de l'espace où l'introduction d'un corps d'épreuve induit un mouvement de ce dernier, révélant que cette région de l'espace n'est pas inerte. Par exemple, la force d'attraction de la Terre par le Soleil révèle l'existence du champ de gravitation dû à la présence du Soleil. Réciproquement, le Soleil peut servir de test à l'existence du champ de gravitation créé par la Terre.

L'idée de champ peut être qualifiée de révolutionnaire ; comme l'écrit Einstein dans son *Autobiographie* : « À l'époque où j'étais étudiant, c'est la théorie de Maxwell et Faraday qui était l'objet de notre fascination. Ce qui nous semblait révolutionnaire, c'est le passage des forces à distance aux champs en tant que grandeurs fondamentales ».

Sous l'influence de Newton, impressionnés par le succès de son œuvre théorique, les physiciens du XVIIIe siècle avaient tenté de décrire les forces électriques et magnétiques à l'aide d'une loi calquée formellement sur la loi d'attraction gravitationnelle.

Or cette loi d'attraction exprime une action à distance : deux corps quelconques sont toujours en interaction gravitationnelle, quelle que soit la distance qui les sépare. L'idée même qu'un corps puisse agir autrement que par contact direct est difficile à accepter ; mais, avec le temps, le principe d'une action à distance avait été admis, et c'est en termes d'action opérant à distance dans le vide de l'espace que les lois de force électrique et magnétique (Coulomb) furent formulées [(1)].

Il faut comprendre que le concept de force à distance et celui de champ correspondent à deux visions du monde complètement différentes. Comme le souligne Françoise Balibar [(2)] : « Dans le premier cas, l'interaction est une relation à *deux* (les deux corps, ou particules, en interaction), dans l'autre, il s'agit d'un processus faisant intervenir *trois* acteurs : les deux corps... *et l'espace* dans lequel ils baignent.

Dans cette dernière conception, l'espace est modifié par la présence d'un premier corps *A* et c'est cette modification qu'un deuxième corps *B* ressent sous forme de force. Rien de tel dans la conception classique où l'espace qui entoure *A* et *B* joue un rôle totalement muet, est en quelque sorte totalement oublié... L'espace est insensible et ne réagit pas à la présence de *A* ou de *B*. En ce sens, il peut être qualifié d'absolu. C'est ce caractère d'être absolu, indifférent aux choses, que l'idée de champ remet en cause. »

1 - Tout au plus avait-on étendu l'idée d'*attraction* à son contraire la *répulsion*, afin de tenir compte du fait que les corps électrisés peuvent, comme chacun sait, soit s'attirer, soit se repousser.
2 - *Einstein, 1905. De l'éther aux quantas* (PUF).

Un expérimentateur inspiré

Le concept abstrait de champ fut introduit par Michael Faraday. Comme beaucoup de ses contemporains, Faraday étudiait les interactions électriques (celles qui s'exercent entre les corps que l'on dit « électrisés ») et magnétiques (celles qui s'exercent entre les aimants)(1). Aussi fin expérimentateur que peu mathématicien, Faraday fut inspiré par le phénomène suivant : lorsqu'on saupoudre de la limaille de fer autour d'un aimant, elle se dépose suivant des courbes reliant les deux pôles de l'aimant. La limaille dessine des *lignes de force* qui affectent l'espace. La concentration ou la séparation des lignes indique sans ambiguïté la « quantité relative de force », son intensité.

Si Faraday n'expliqua jamais de manière satisfaisante la nature exacte de ces lignes de force(2), son approche revenait à nier l'interaction instantanée à distance au profit d'une action se propageant de proche en proche, et c'est là le point important. L'attraction et la répulsion entre pôles d'aimants différents pouvaient s'expliquer par une affinité entre la convergence et la divergence des lignes de force et par un antagonisme des convergences et des divergences (le *champ magnétique*). Faraday interprétait de la même manière l'attraction et la répulsion entre charges électriques (le *champ électrique*). Par ailleurs, le champ de Faraday confortait la pertinence du concept d'éther cartésien.

Les physiciens du XIXe siècle reconnaissaient dans l'éther le substrat des vibrations lumineuses. Accepter les idées de Faraday revenait à imaginer l'espace rempli d'une part de lignes de force magnétiques et électriques, d'autre part d'un éther support des ondes lumineuses.

La théorie du champ de Faraday

Les idées de Faraday étaient révolutionnaires. Elles ne furent pas acceptées d'emblée. Pour les contemporains de Faraday, les phénomènes sur l'électricité et le magnétisme étaient analogues à la *gravitation* ; chaque corps agit pour lui-même et la force entre deux corps ne dépend que de leur distance. Faraday, au contraire, pensait que l'essentiel réside dans les *propriétés de l'espace entre les corps*. Dans ce modèle, l'espace entre les corps magnétiques ou chargés électriquement est rempli de *lignes de force* observables, en saupoudrant par exemple de la limaille de fer autour d'un aimant. C'était un peu comme si on pensait le jeu de rugby en termes de caractéristiques du terrain plutôt qu'en termes de joueurs. Par analogie, le modèle de Faraday est appelé « théorie du champ ».

Einstein développa la même idée dans sa théorie de la gravitation. Plus récemment, elle a été appliquée à la mécanique quantique.

---

1 - L'idée de champ n'est pas venue à Faraday en étudiant la gravitation pour la simple raison que l'interaction gravitationnelle est si faible qu'il n'est guère possible de faire dans un laboratoire des expériences significatives à son sujet.

2 - Faraday admet que l'aimant crée un tourbillon d'une matière subtile emplissant l'espace. Cette matière a une structure fibreuse ; des « tubes de force » y ont l'allure de tentacules de pieuvre et les sources électriques et magnétiques leur donnent des configurations particulières. Toute matière conduit plus ou moins bien les lignes de force : Faraday classe les substances en paramagnétiques, c'est-à-dire bonnes conductrices, et diamagnétiques, c'est-à-dire médiocrement conductrices.

Les lignes de force de Faraday ne témoignaient en définitive que d'une seule chose : l'espace entourant un corps est dans un état particulier, du fait de la présence de ce corps. Cet état – qu'on nomme aujourd'hui champ – est en chaque point caractérisé par la tangente à la ligne de force qui passe en ce point et cette tangente a une réalité physique puisque c'est selon elle que s'aligne une aiguille aimantée placée en ce point.

Le champ électromagnétique

Les contemporains de Faraday reçurent ses conceptions avec un certain scepticisme dû au caractère exclusivement qualitatif de son modèle alors que, pour la plupart mathématiciens chevronnés, ils eussent bien préféré un modèle quantitatif. Le premier pas vers cette « mathématisation » fut effectué par William Thomson, plus connu sous le nom de Lord Kelvin. Cette première approche fut reprise dès 1855 par James Clerk Maxwell. Ce brillant savant d'origine écossaise traduisit la théorie de Faraday en termes mathématiques et en dégagea de nouvelles et importantes prédictions. Celle relative à l'existence d'ondes électromagnétiques mena à la découverte des ondes radio par le physicien allemand Heinrich Hertz. Dans son *Traité sur l'électricité et le magnétisme*, paru en 1873, qui est véritablement son grand œuvre, Maxwell affirme sa conclusion que la lumière est une forme d'onde électromagnétique.(1)

Cependant, l'existence d'un « milieu électromagnétique », distinct de la matière ordinaire et occupant l'espace entre les corps, n'allait pas sans poser un certain nombre de problèmes. On le voit bien dans l'article « éther » que Maxwell fut chargé de rédiger pour l'*Encyclopedia Britannica*, à la fin de sa vie. Quelle est en particulier la constitution de cet éther(2) ? Moléculaire ou continue ? Les équations de Maxwell, en effet, en tant qu'équations aux « dérivées partielles », relèvent du continu. En conformité avec les idées de Faraday, l'énergie électromagnétique est continûment distribuée dans l'espace.

Dans ces conditions, son support ne peut être que continu ; la structure de l'éther doit, elle aussi, être continue. Or, en toute logique, cette conclusion devrait s'étendre à la matière puisque celle-ci sert aussi de support à l'énergie électromagnétique, ce qui est tout à fait contraire à la théorie atomique de la matière de plus en plus admise à l'époque. Ceci explique l'invention, par Maxwell, d'un système mécanique compliqué mais nécessaire pour sauver l'apparence du continu tout en rendant compte de l'éther.

---

1 - Il faut toutefois noter qu'à l'insu de ses contemporains Faraday était parvenu à la même conclusion bien plus tôt : en 1832, il avait déposé une enveloppe cachetée à la Royal Society qui ne fut ouverte qu'en 1937 ! Il y supposait l'existence d'ondes électromagnétiques analogues aux ondes à la surface de l'eau. C'était une expression qualitative de la prédiction mathématique de Maxwell. Ajoutons que jusqu'en 1880, on ne connaissait du monde électromagnétique qu'une petite fenêtre : la lumière visible. À cette époque, l'astronome William Herschel découvrit le rayonnement infrarouge. En 1801, le rayonnement ultraviolet fut mis en évidence par le chimiste allemand Johann Ritter. La théorie électromagnétique de Maxwell implique d'autres parties d'un spectre unique : les ondes radio (1887), les rayons X (1895) et les rayons gamma produits notamment par la radioactivité.

2 - Nous employons, sans distinction de sens particulier, les mots « champ » et « éther ».

Cet embarras est caractéristique : Maxwell bute sur un problème de fond, celui da la coexistence, au sein d'une théorie unitaire de la matière et de l'électromagnétisme, du continu et du discontinu. Ainsi, le défaut principal de la théorie de Maxwell est donc que le continu et le discontinu, le champ et la matière, n'y sont pas séparés. Cela a pour conséquence essentielle qu'il est alors impossible de penser l'interaction entre matière et champ [1].

La théorie de Lorentz

L'« acte libérateur », selon les propres termes d'Einstein, va venir de Hendrik Anton Lorentz, physicien hollandais, l'une des grandes figures de la physique du début du XIXe siècle. Lorentz était parvenu à une représentation de l'éther qui, tout en étant compatible avec les équations de Maxwell, en renouvelait complètement la conception. Dans la théorie de Lorentz, l'éther occupe tout l'espace, y compris là où se trouvent les particules. Autrement dit, Lorentz établit d'emblée une coexistence entre éther et particules, entre continu et discontinu. « Si l'on considère cette phase du développement de la théorie d'un œil critique, écrit Einstein dans son autobiographie, on est frappé par l'existence d'un dualisme lié au fait que le point matériel, au sens newtonien du terme, et le champ, considéré comme un continuum, sont tous les deux, côte à côte, utilisés comme concepts élémentaires ».

Mais cet acte libérateur va plus loin. Il permet de se faire une représentation (impossible dans la conception de Maxwell) de la production du champ électromagnétique (et donc de la lumière) par la matière seule ou plus exactement *par son seul mouvement*, l'éther ayant, pour propriété mécanique, celle d'être au contraire immobile, stationnaire.

En bref, la théorie de Lorentz a pour mérite essentiel d'avoir séparé les rôles. La matière est discontinue ; elle a, pour qualité essentielle, le mouvement qui crée le champ, lequel, une fois créé, continue d'exister conformément aux équations de Maxwell (en « oubliant » en quelque sorte l'atome qui lui a donné naissance). De plus, la théorie de Lorentz fait de l'électromagnétisme, jusqu'alors macroscopique (traitant des corps en général), une théorie dont la validité est étendue au domaine microscopique, applicable aussi bien à l'atome – et même à l'électron – qu'aux galaxies [2].

Le problème du continu et du discontinu était-il pour autant résolu ? Pas tout à fait, car la synthèse opérée par Lorentz, si elle permettait de simplifier la théorie physique en attribuant le continu à l'éther (le champ) et le discontinu à la matière (les atomes et leurs électrons), ne réglait pas pour autant la question de leur rapport mutuel.

C'est Einstein qui devait sortir la physique de l'impasse. Il entreprit, en 1905, de démontrer comment, en modifiant nos conceptions des intervalles de temps et d'espace, il est possible de bâtir un nouvel électromagnétisme « libre de contradiction »,

---

1 - C'est également dans le cadre de cette incapacité à séparer clairement l'énergie de la matière de celle du champ (et donc l'éther de la matière) que se posera, jusqu'à Einstein, le problème du mouvement de la matière par rapport à l'éther.

2 - Ce n'est pas un hasard si la théorie de Lorentz dans sa deuxième version, parue en 1892, est connue sous le nom de « théorie de l'électron » de Lorentz.

où le champ magnétique et le champ électrique ne sont que deux aspects d'un même phénomène, le *champ électromagnétique*. Mais l'important n'était pas seulement là : avec Einstein, il apparaît que l'éther n'a plus sa raison d'être, si bien que la lumière devient une entité autonome, au même titre que la matière. À ce titre, on peut dire que la relativité trouve son origine dans l'électromagnétisme.

Quoi qu'il en soit, en inventant la notion de champ, les physiciens avaient montré qu'il n'y a pas, en électromagnétisme, d'espace vide ni d'action à distance. Ils se situaient d'emblée, même si c'était à regret, du côté de Maxwell, hors de l'intelligibilité newtonienne des phénomènes mécaniques.

> « La théorie de la relativité, devait écrire Max von Laue, repose sur une conception toute nouvelle de la propagation des effets électromagnétiques dans le vide ; ces effets ne sont pas « portés » par un milieu ; ils ne se produisent pas non plus par action à distance non médiatisée. Le champ électromagnétique dans l'espace vide est une chose possédant une réalité physique autonome, indépendante de toute substance. »

La théorie du champ unifié

Ce dualisme entre la matière et le champ, Einstein le jugeait en fait transitoire, en attendant mieux. Il espérait pouvoir un jour décrire cette matière comme une structure géométrique de l'espace, plus précisément comme une zone de concentration de la courbure de l'espace-temps. En d'autres termes, Einstein était persuadé qu'il fallait éliminer, dans la description des sources du champ électromagnétique (et de celle des autres champs), toute référence à la représentation mécanique du monde donnée par Newton.

Ainsi qu'il le fit remarquer, l'introduction par Maxwell du concept de champ fut un progrès révolutionnaire qui, toutefois, n'alla pas suffisamment loin. En 1931, il exprima cette idée :

> « En [électrodynamique], le champ continu [apparaît] côte à côte avec la particule matérielle [la source] comme le représentant de la réalité physique. Ce dualisme, bien qu'il soit troublant pour un esprit méthodique, n'a pas encore aujourd'hui disparu. Depuis l'époque de Maxwell, on considère que la réalité physique [est] représentée par des champs continus, gouvernée par des équations aux dérivées partielles incompatibles avec une interprétation mécanique... Il faut reconnaître que le programme contenu dans cette idée n'a jusqu'ici pas été mené jusqu'au bout. Les systèmes physiques efficaces avancés depuis réalisent plutôt un compromis entre ces deux projets [celui de Newton et celui de Maxwell], et c'est précisément ce caractère de compromis qui en fait des systèmes provisoires et logiquement incomplets, même s'ils ont, dans leurs domaines respectifs, conduit à d'immenses progrès. »

Cette formulation est la plus claire qui puisse exister de la profonde croyance d'Einstein en une description du monde qui se ferait exclusivement en termes de champs partout continus. Un autre élément qu'il jugeait problématique était le rôle des forces électromagnétiques. Contrairement à la force gravitationnelle, celles-ci n'admettent pas de description géométrique. Leur existence séparée, sans lien apparent avec le champ gravitationnel, avait pour Einstein un caractère artificiel.

À partir de la fin des années vingt, Einstein consacra la plus grande partie de ses efforts à la construction d'une *théorie du champ unifié*. Cette théorie devait décrire les champs électromagnétique et gravitationnel au sein d'une même structure théorique plus large encore que celle de la relativité générale, tout en faisant abstraction de la mécanique quantique qu'il avait pourtant contribué à faire naître mais qu'il jugeait incomplète. Dans ses dernières années de travail à l'Institute for Advanced Studies de Princeton, Einstein, désenchanté, continua ses calculs, poursuivant obstinément son idée, en vain, tandis que la communauté des physiciens se tournait vers de nouvelles directions.

La théorie quantique des champs

Dès la fin des années 1925, plusieurs théoriciens (Heisenberg, Pauli, Dirac) cherchèrent à étendre les principes de la mécanique quantique à un nouvel objet : le champ électromagnétique. Cette démarche nouvelle se présentait comme une synthèse des concepts ondulatoire et corpusculaire : les champs électromagnétiques y étaient conçus comme un ensemble de particules, les *quanta du champ électromagnétique* (ou photons).

Imaginons que l'on donne brusquement une chiquenaude à une particule. Afin de préserver la conservation de l'énergie et de l'impulsion – c'est-à-dire de la quantité de mouvement – à tout instant, on admet que la particule impulsée crée un champ qui véhicule de l'énergie et de l'impulsion à travers l'espace ambiant et finit par en céder une partie à la particule voisine. Lorsqu'on applique la mécanique quantique à ce champ, on trouve que l'énergie et l'implulsion doivent apparaître comme des quanta finis que l'on identifie avec les particules élémentaires.

Ainsi, selon la *théorie quantique des champs* toutes les interactions se font par l'échange de particules. Autrement dit, la théorie quantique des champs affirme d'abord que, pour qu'il y ait interaction, il faut qu'il y ait échange de quelque chose. Ce quelque chose c'est un *quantum de champ*, c'est-à-dire une particule caractéristique de ce champ. D'où il advient qu'une interaction ne s'exerce entre deux particules que par l'échange d'une troisième qui « médiatise » l'interaction.

La théorie quantique des champs associe en effet aux interactions des particules médiatrices qui les véhiculent, les *bosons*(1). Si ces particules ne sont plus représentables par des points ou par des formes géométriques, c'est parce qu'un champ quantique n'évolue pas dans l'espace ordinaire, mais dans des espaces abstraits qui en sont une généralisation. Un électron, par exemple, est décrit par un champ quantique électronique qui, comme une onde classique, se répartit dans tout l'espace. Il a une valeur en chaque point. Mais l'analyse s'arrête là car sa signification n'est pas celle d'un champ classique.

La théorie quantique des champs défend l'idée que les particules ne sont finalement que les différents états d'excitation d'un champ, lequel lui-même n'est pas quelque chose de totalement « vrai », mais au mieux ce que les mathématiciens appellent un *opérateur*.

---

1 - Les particules de matière sont les *fermions*, qui forment des « champs de matière ».

CHAOS

Poincaré, 1902 ; Lorentz, 1963.

Le concept de chaos est sans doute l'un de ceux dont l'essor, en physique, est le plus récent et le plus spectaculaire. Ce « mot à tiroirs » dissimule le comportement surprenant de certains « systèmes dynamiques non linéaires »(1). Il s'agit en fait de l'impossibilité de prévoir l'évolution d'un phénomène pourtant régi par des équations tout ce qu'il y a de plus déterministes. A priori prévisibles, certains phénomènes physiques se révèlent ainsi échapper à toute loi en devenant *chaotiques*.

En fait, pour être plus exact, le chaos, en physique, n'est pas synonyme de désordre absolu. Des structures géométriques élégantes décrivent le comportement de systèmes chaotiques. Le chaos limite la prévisibilité, mais fait apparaître des relations causales là où nous n'en imaginions pas.

Avec le chaos sont apparus de nouveaux concepts de modélisation scientifique. Si la prévisibilité de ces systèmes est fondamentalement limitée, la reconnaissance du déterminisme propre au chaos permet d'ouvrir de nouvelles perspectives. De nombreux phénomènes aléatoires ont une structure et sont en réalité plus prévisibles qu'on ne le supposait : ils sont simplement... chaotiques. En conséquence, on sait aujourd'hui interpréter, avec des lois simples, d'innombrables données accumulées que l'on n'espérait plus pouvoir analyser faute d'un fil directeur.

La structure du chaos confère un ordonnancement aux phénomènes les plus variés : la circulation atmosphérique, l'écoulement des gouttes d'un robinet qui fuit, le fonctionnement du cœur, etc. De ce fait, il s'agit bien d'une révolution bouleversant de nombreuses branches de la science.

Le chaos déterministe

Les idées sur le hasard et les probabilités ont beaucoup évolué depuis les débuts de la physique moderne. Au XIXe siècle, Laplace pensait que notre univers était strictement déterministe, et donc complètement prévisible ; seule l'imperfection de nos méthodes expérimentales nous oblige, pensait-il, à utiliser des théories probabilistes.

C'est au météorologue Edward Lorentz qu'il revint, en 1963, de mettre en évidence le fameux « chaos déterministe ». Mais, déjà en 1902, Henri Poincaré avait signalé le fait dans *La Science et l'Hypothèse* : « Un dixième de degré en plus ou en moins en un point quelconque [...] un cyclone éclate ici et non pas là ». Et le mathématicien russe Andreï Kolmogorov, qui établit les bases axiomatiques du calcul des probabilités, n'avait pas manqué de faire progresser cette curieuse réflexion sans pouvoir, faute d'ordinateur assez puissant, parvenir à des conclusions spectaculaires.

---

1 - Dans une équation linéaire – du type de celles qui décrivent la physique ordinaire – les choses changent en proportion directe les unes des autres. Avec les systèmes non linéaires, ce genre de relation n'existe plus.

Le déterminisme laplacien

La relation fondamentale de la dynamique *F* = *ma* est, comme la plupart des lois, un outil de prévision. Si l'on désigne par *F* la force appliquée à un corps et par *m* la masse de ce corps, on *détermine* l'accélération *a* communiquée par la force. Quelques considérations élémentaires de dynamique indiquent alors que si l'on connaît la position et la vitesse d'un objet à un instant donné, la loi permet de déterminer ces deux variables à n'importe quel autre instant. Cette idée joua en science un rôle fondamental. Pierre Simon de Laplace l'exprima sous la forme la plus extrême en 1814 dans l'*Essai philosophique sur les probabilités* :

> « Nous devons donc envisager l'état présent de l'univers comme l'effet de son état antérieur, et comme cause de celui qui va suivre. Une intelligence qui pour un instant donné connaîtrait toutes les forces dont la nature est animée et la situation respective des êtres qui la composent, si d'ailleurs elle était assez vaste pour soumettre ses données à l'analyse, embrasserait dans la même formule les mouvements des plus grands corps de l'univers et ceux du plus léger atome : rien ne serait incertain pour elle, et l'avenir, comme le passé, serait présent à ses yeux... »

C'est donc dans le cadre d'une métaphysique matérialiste courante à la fin du XVIIIe siècle et que de nombreux auteurs, comme d'Holbach, Herschel, Condorcet puis Biot, ont également exprimée, que Laplace croit à la possibilité de la détermination des lois mathématiques de l'univers et qu'il affirme qu'une intelligence supérieure toute théorique, aux possibilités cognitives infinies, pourrait calculer tous les effets des lois de la nature. On conçoit aisément la difficulté d'un tel programme, mais, pendant plus d'un siècle, on a tenu l'idée de Laplace pour fondée, au moins dans son principe.

L'application immédiate de l'idée de Laplace au comportement humain eut des conséquences philosophiques retentissantes : le comportement humain est prédéterminé et le libre arbitre n'est qu'une illusion. En théorie quantique, en revanche, les relations d'indétermination de Heisenberg, qui expriment qu'on ne peut observer un système physique qu'en le « troublant », ont rendu caduc le déterminisme laplacien (1).

La théorie quantique connaît toutefois une autre forme d'enchaînement causal. Cette théorie décrit l'état du monde à un instant quelconque par une fonction d'onde ψ qui, normalement, varie selon une loi de causalité. Mais, à partir de la fonction d'onde ψ , on ne peut calculer que des *probabilités* de différents résultats possibles. L'opération de mesure elle-même met en jeu des phénomènes que l'on peut qualifier de fondamentalement aléatoires, conduisant à un résultat et à une évolution du système mesuré imprévisibles.

1 - Selon le célèbre principe d'incertitude de Heisenberg – un dogme central de la théorie quantique –, il est impossible de déterminer simultanément, avec une précision absolue, la vitesse et la position d'une particule. Cette relation fondamentale permet d'interpréter correctement certains phénomènes aléatoires comme la désintégration radioactive, car les noyaux sont si petits que, selon ce principe, il est impossible de déterminer précisément leurs mouvements ; de ce fait, il est également impossible de prévoir le moment où ils se désintègreront.

Concernant les sources du chaos déterministe, on ne saurait passer sous silence un problème qui préoccupait les astronomes et les mathématiciens depuis Newton. Cette question de mécanique céleste, baptisée « problème des trois corps », repose sur la difficulté qu'il y a à déterminer la trajectoire d'une planète qui subit l'attraction de deux autres corps célestes.

On observe que la trajectoire de la planète se modifie constamment, et pourtant la mécanique céleste est bien le domaine où le déterminisme paraît le moins discutable. En 1890, pour traiter la question sur un laps de temps suffisamment long, Poincaré – toujours lui – élabore de nouvelles équations auxquelles correspondent en fait une infinité de trajectoires possibles. La conclusion s'impose : les lois qui gouvernent le phénomène sont clairement déterministes mais, du fait de différents facteurs – dont entre autres l'imprécision sur la position initiale de la planète –, son « avenir » est « imprédictible ». Cet exemple fait apparaître la position de Poincaré. Plus proche que Laplace de nos conceptions modernes, il reconnaissait que d'infimes incertitudes sur l'état initial des systèmes sont amplifiées au cours du temps, de sorte qu'il est impossible de prévoir l'évolution à long terme des systèmes (le phénomène est bien connu en mathématiques sous le nom d'*instabilité exponentielle*). Il développe cette idée dans *Science et méthode* (1903) :

> « Une cause très petite, qui nous échappe, détermine un effet considérable que nous ne pouvons pas ne pas voir, et alors nous disons que cet effet est dû au hasard. Si nous connaissions exactement les lois de la nature et la situation de l'Univers à l'instant initial, nous pourrions prédire exactement la situation de ce même Univers à un instant ultérieur. Mais, lors même que les lois naturelles n'auraient plus de secret pour nous, nous ne pourrions connaître la situation initiale qu'approximativement. Si cela nous permet de prévoir la situation ultérieure avec la même approximation, c'est tout ce qu'il nous faut, nous disons que le phénomène a été prévu, qu'il est régi par des lois ; mais il n'en est pas toujours ainsi, il peut arriver que de très petites différences dans les conditions initiales en engendrent de très grandes dans les phénomènes finaux ; une petite erreur sur les premières produirait une erreur énorme sur les derniers. La prédiction devient impossible et nous avons le phénomène fortuit. »

L'effet papillon

On a étudié, depuis Poincaré, de multiples exemples de ce type de comportement aléatoire comparable au problème des trois corps (il en est bien ainsi de différents cas de turbulence). Toutes ces idées sont maintenant fort à la mode, mais c'est au mathématicien John von Neumann puis à Edward Lorentz, que revint le mérite d'avoir scientifiquement établi leur origine. Principal conseiller scientifique du gouvernement américain pendant la guerre, von Neumann avait beaucoup réfléchi aux possibilités des calculateurs électroniques, dont les premiers exemplaires furent construits à Los Alamos sous sa direction.

L'un des principaux problèmes stratégiques est de prévoir correctement le temps et, très vite, on fit appel aux nouvelles possibilités du calcul automatique. Von Neumann se rendit bientôt compte des limites de cette approche ; il comprit que la sensibilité des équations par rapport aux conditions initiales empêcherait toujours toute prévision précise à long terme.

Cherchant à comprendre pourquoi il est si difficile de faire des prévisions météorologiques fiables, Lorentz entrepris à son tour l'analyse des équations du mouvement d'un fluide (en première approximation, l'atmosphère est un fluide). En simulant l'évolution du système par ordinateur, Lorentz constata que des perturbations microscopiques étaient amplifiées et produisaient rapidement des changements macroscopiques. C'est le célèbre *effet papillon*. Ayant été obligé d'interrompre sur l'ordinateur l'exécution de la simulation météo, il stocka quelques résultats intermédiaires plutôt que de reprendre ses calculs à zéro. Il les entra dans la machine, puis refit tourner son programme à partir de l'endroit où il s'était arrêté.

Vous avez dit : « étranges » ?

L'évolution à long terme des systèmes se traduit par des figures géométriques qui caractérisent cette évolution. On les appelle des *attracteurs* : ils correspondent schématiquement à la trajectoire que décrit le système quand il est stabilisé ou à une trajectoire limite vers laquelle la trajectoire tend. Encore récemment, les seuls attracteurs connus étaient les points fixes, les cycles limites et les tores. L'attracteur le plus simple est le point fixe : il correspond, par exemple, à l'évolution des pendules réels soumis à des forces de frottement. La position d'équilibre (finale) de ce type de pendule est toujours la même ; elle est indépendante de sa position et de sa vitesse initiale. Il s'agit d'un attracteur correspondant à un système parfaitement prévisible.

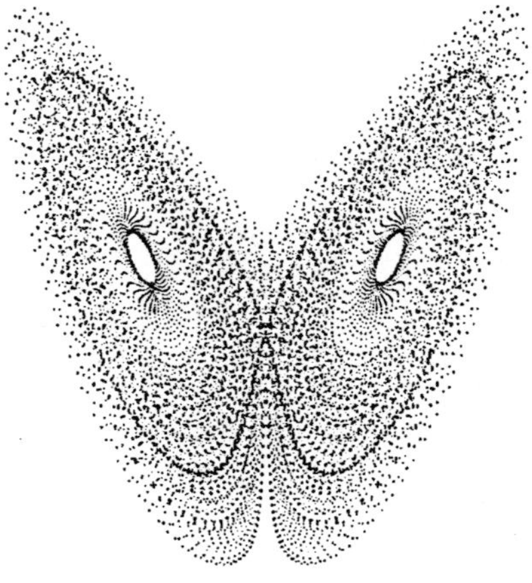

Un attracteur étrange : le papillon pointilliste de Lorentz.

Les attracteurs dits *étranges* sont des objets géométriques bien plus complexes, associés à des systèmes dont l'évolution est imprévisible. À grande échelle un attracteur étrange n'est pas une surface lisse, mais une surface repliée sur elle-même.

On peut imaginer ce qui arrive à une goutte de colorant placée dans une boule de pâte que l'on pétrit : quand on répète de nombreuses fois les opérations d'étirement et de repliement, on obtient un feuilleté où alternent les couches colorées et les couches non colorées. On calcule, par exemple, qu'il suffit de répéter les deux opérations une vingtaine de fois pour que la goutte initiale s'allonge d'un facteur égal à un million et que son épaisseur soit réduite aux dimensions moléculaires ; à ce stade on peut dire que le colorant est intimement mêlé à la pâte. Les mathématiciens appellent ce phénomène la « transformation du boulanger ». Les opérations d'étirement et de repliement des attracteurs étranges suppriment les informations initiales et les remplacent par d'autres informations : l'opération d'étirement augmente les incertitudes à petite échelle et l'opération de repliement, en rapprochant des trajectoires initialement très éloignées l'une de l'autre, supprime toutes les informations à grande échelle.

En d'autres termes, un attracteur étrange est une *fractale*, c'est-à-dire un objet dont la complexité apparaît à mesure qu'on l'observe avec un grossissement croissant. Inspiré par cette idée de mélange, Otto Rössler a découvert l'exemple le plus simple d'attracteur étrange décrivant l'écoulement d'un fluide (attracteur de Rössler).

À sa grande surprise, les résultats qu'il obtint furent très différents de ceux auxquels il était auparavant parvenu en effectuant les mêmes calculs sans interruption. Lorentz en déduisit que cette différence provenait du fait que l'ordinateur arrondissait les nombres d'une manière légèrement différente selon qu'il les stockait ou qu'il les utilisait lors d'une exécution continue. Cette erreur d'arrondi donnait une différence au niveau de la huitième décimale. Ce fut la première fois que l'on soupçonna que certains systèmes importants de la nature, telle l'atmosphère, pouvaient être extrêmement sensibles à de petites variations.

L'appellation « effet papillon » qui fut donnée par Lorentz à ce phénomène chaotique provient de la figure mathématique générée par l'ordinateur à partir des équations de la météorologie [(1)]. Chaque point de la figure représente un état de l'atmosphère à un moment donné, mais il est impossible de prévoir où se situera le point suivant. Les physiciens expriment désormais cette situation en disant que les systèmes chaotiques sont « imprédictibles ».

Ils n'entendent pas par là que, si l'on connaît l'état d'un système avec une précision absolue, on ne peut prédire quel sera son état futur (ce type de prédiction, les informaticiens qui construisent des modèles numériques en font tous les jours). Ce qu'ils veulent dire, c'est qu'étant donné l'impossibilité de réaliser un ensemble de mesures parfaites pour déterminer l'état initial d'un système chaotique, on ne peut jamais prédire son état futur.

Notons par ailleurs que tous les phénomènes météorologiques dépendent de l'échelle à laquelle on se place. À l'échelle d'une année, l'instabilité exponentielle se traduit par l'impossibilité de prédire le temps. Aucun calcul ne sera assez précis pour nous dire s'il pleuvra à Paris à la même date l'année prochaine. Si l'on se place à une échelle plus réduite, on arrive à prédire avec quelque succès le temps qu'il fera demain, et point n'est besoin d'être grand clerc pour deviner le temps qu'il fera dans une minute ou même dans une heure.

---

1 - On connaît aussi la fameuse déclaration de Lorentz : « On ne pourra jamais prévoir avec certitude le climat qu'il fera, parce que, dans certaines conditions critiques, il suffit d'un battement d'ailes de papillon à Pékin pour modifier la course d'une tornade au Mexique ».

Par contre, si l'on se place à une échelle plus grande, qui est celle du millénaire, le temps devient le climat, et l'instabilité exponentielle apparaît sous un autre jour. En effet, à cette échelle, la question n'est plus de prédire le temps, mais de déceler certaines régularités que les géographes classent et étudient sous le nom de climat.

Théorie du chaos et méthode scientifique

À qui douterait de l'influence des modes et des lobbies sur la marche de la science, le papillon de Lorentz, petit mythe moins innocent qu'il n'en a l'air, apporte, d'un seul coup d'aile, une preuve irréfutable. Et pourtant, la théorie du chaos n'est pas une panacée. Le fait de savoir qu'un système donné est élastique n'est pas nécessairement d'une valeur informative considérable. Les gaz, par exemple, avec des molécules aux collisions incessantes, présentent un comportement chaotique, mais leur évolution est imprévisible en raison du très grand nombre de molécules présentes dans tout système macroscopique. La seule description possible est de type statistique, et les propriétés que l'on dégage par cette méthode ne font pas intervenir l'attracteur associé.

L'existence du chaos remet ainsi en cause la méthode scientifique, car on teste généralement les théories en les utilisant pour faire des prévisions, puis en confrontant ces dernières aux observations expérimentales. C'est un point dont il faut dorénavant tenir compte avant de se prononcer sur la validité d'une théorie. En raison du chaos, la vérification d'une théorie devient une entreprise délicate, fondée sur l'étude des propriétés géométriques et statistiques, bien plus que sur des prévisions détaillées.

La meilleure raison de s'intéresser au chaos réside alors sans doute dans le fait qu'il remet en cause le vieux concept réductionniste qui consiste à analyser le comportement d'un système en fonction de celui des éléments qui le constituent. Cette méthode s'est imposée, en science, parce que de nombreux systèmes se comportent effectivement comme la somme de leurs constituants, mais la découverte du chaos fait comprendre qu'il existe des systèmes dont le comportement complexe résulte d'interactions non linéaires simples d'un nombre très faible de constituants.

CHUTE DES « GRAVES »

Galilée, 1638 ; Atwood, 1784 ; Borda, 1795 ; Eötvös, 1888.
Voir aussi : Gravitation, Inertie, Masse, Mouvement.

On connaît Galilée pour ses observations sur les astres, mais on ne dit pas assez que ses travaux eurent d'abord pour objet l'étude des forces et de leurs effets sur le mouvement des corps.

> « La physique de Galilée, écrit son biographe Alexandre Koyré, est une physique des graves... En effet, non seulement le mouvement de la chute des corps est conçu par Galilée comme un mouvement naturel, mais c'est encore le seul mouvement naturel qu'il admette. »

La loi universelle de chute

On peut dire que Galilée a établi les bases de la mécanique. Nous lui devons nos idées actuelles sur le mouvement. Avant Galilée, la tradition aristotélicienne dominait. Aristote postulait de manière toute subjective que les corps lourds tombent plus « vite » que les corps légers. Cette opinion était à première vue raisonnable ; on supposait alors que les corps les plus lourds sont ceux qui subissent la plus grande attraction de la part de la Terre. Malgré cette « loi » d'attraction, Galilée avait compris que tous les corps accélèrent de la même façon lorsqu'ils sont soumis à la gravité. Pour lui, tous les corps sont « graves » ; il n'y en a pas de « légers » ou de « lourds ».

Nous pouvons donc étendre à tous les corps ce qu'il nous dit du grave, et affirmer que tout corps possède un principe interne en vertu duquel il se dirige vers le centre de la Terre. La gravité peut alors se définir comme « cause » ou « principe » inhérent au corps, comme une force non seulement constante, mais aussi la même au sein de tous les corps quels qu'ils soient.

Pour Galilée, il y a donc une loi universelle de chute. Ce problème était, notons-le, très discuté depuis longtemps, entre autres à cause de ses relations avec la balistique : la notion d'*impetus* (élan) a bien dû naître de la nécessité, pour connaître la trajectoire des projectiles, de concilier les mouvements naturels de chute et les mouvements violents provoqués par les armes de jet ou les armes à feu.

L'expérience du plan incliné

On rapporte que Galilée aurait laissé tomber, du haut de la tour de Pise, deux sphères de poids différents ; les deux sphères auraient atteint le sol en même temps. Il est plus que probable qu'il n'a même pas songé à faire cette démonstration publique, mais il imagina en revanche une expérience semblable. Il fut ainsi le premier à formuler les lois fondamentales de la chute des corps, et à trouver, malgré les apparences, l'essence du mouvement réel [1]. Galilée fit donc rouler des billes de poids différents sur des rampes en position inclinée. La situation était semblable à celle des corps tombant à la verticale, mais, l'effet de la pesanteur étant atténué, les billes se déplaçaient plus lentement ; il devenait plus aisé d'observer leur mouvement.

C'est la célèbre expérience des plans inclinés dont le récit se trouve à la *Troisième journée* du *Discours concernant deux sciences nouvelles* (1638), publié en Hollande. Des diverses mesures obtenues, Galilée peut tout d'abord démontrer que la vitesse d'un corps en chute libre ne dépend pas de son poids. Il peut ensuite tirer le rapport entre la distance parcourue et le temps de chute, et de là constater que, contrairement à ce que l'on croyait jusqu'alors, la chute des corps ne se fait pas seulement selon un mouvement accéléré, mais selon un mouvement *uniformément* accéléré – à savoir qu'un corps « partant du repos [...] acquiert en des temps *égaux* des accroissements *égaux* de vitesse ».

Galilée s'autorise alors à énoncer la loi de la chute des corps : « Si un mobile, partant du repos, tombe avec un mouvement uniformément accéléré, les espaces parcourus en des temps quelconques par ce même mobile sont entre eux en raison double du temps, c'est-à-dire comme les carrés de ces mêmes temps. »

Les lois de la chute des corps

- Première loi : dans le vide, les corps tombent selon la verticale. Cette loi se vérifie aisément, même dans l'air, à l'aide d'un fil à plomb.
- Deuxième loi : dans le vide, tous les corps prennent des mouvements identiques, indépendants de leurs masses respectives. Pour un observateur situé au sol, une bille en acier et une bille en terre (plus légère) de même diamètre lâchées simultanément et sans aucune poussée préalable se déplacent verticalement de la même façon, avec la même accélération et avec la même vitesse. Le fait serait plus remarquable encore dans le vide : une bille de plomb, une feuille de papier et une plume y tombent à la même vitesse (expérience dite du « tube de Newton » dans lequel le vide a été fait).
- Troisième loi : dans le vide, ou, approximativement, dans l'air sur une petite distance, le mouvement de chute est uniformément accéléré et l'accélération est la même pour tous les corps en un lieu donné : elle ne dépend que de la latitude et de l'altitude du lieu d'observation. On désigne cette accélération par la lettre g, initiale de *gravis* (lourd). Pour expliquer ces lois, il faut faire appel au principe de gravitation universelle. Si le corps est voisin de la Terre, on peut négliger l'action gravifique du Soleil, de la Lune et des autres planètes sur le corps, pour ne considérer que celle de la Terre.

1 - Galilée veut en fait mettre un terme à la tendance « nominaliste » de la scolastique de son temps. Il entend bien obtenir des vérifications expérimentales des théories physiques. Il a, par ailleurs, connaissance des travaux de l'École d'Oxford qui a formulé la « règle dite de Merton », selon laquelle la distance couverte par un corps passant d'un état de repos à un état de chute libre est proportionnelle au carré du temps écoulé depuis le début de sa chute.

Les forces qui produisent l'accélération sont, dans une région de l'espace, parallèles (approximation valable seulement si les masses sont voisines) ; elles constituent un *champ de pesanteur* qu'on peut, dans une petite région de l'espace, considérer comme uniforme (accélération constante en intensité, direction et sens).

Quant à la *force de pesanteur*, telle qu'on l'expérimente sur la Terre, elle est la résultante : de la gravitation extra-terrestre (Soleil, Lune, planètes, etc.), de l'attraction terrestre, de la force d'inertie d'entraînement (rotation de la Terre) et de la force de Coriolis (cette accélération intervient toutes les fois que le mouvement d'entraînement n'est pas un mouvement de translation et elle a des effets particulièrement importants [1].

1 - Par exemple, la rotation de la Terre affectera aussi bien la chute des corps que le lancement des fusées ou le sens de la rotation des dépressions atmosphériques. Dans l'hémisphère nord, cette force est dirigée vers la droite dans la direction du mouvement (de Coriolis, mathématicien français, 1792-1843).

La relation galiléenne temps-distance

Le « stratagème » du plan incliné permettait à Galilée de réduire la vitesse du mouvement de descente et de la maintenir dans les limites compatibles avec les médiocres possibilités des instruments de mesure du temps dont il disposait [1]. Cela illustre parfaitement la relation d'interdépendance fonctionnelle qui existe entre les mesures du « temps » et celles de la vitesse de déplacement. Sur une même distance, la vitesse est d'autant plus grande que le « temps » est plus court. Connaissant l'une, on connaissait l'autre.

Le problème empirique posé à Galilée était d'obtenir des données expérimentales fiables sur la relation temps/distance dans le mouvement des corps suivant une pente descendante. Le dispositif expérimental que Galilée inventa lui permit de déterminer, avec plus d'exactitude que tous ses prédécesseurs, la vitesse des mouvements ou le « temps » mis par le mobile à parcourir une distance donnée. Galilée pouvait ainsi mettre à l'épreuve les anciennes hypothèses, ainsi que ses propres conjectures sur le mouvement des corps en chute libre.

En définitive, par sa volonté marquée d'obtenir des vérifications quantitatives des phénomènes naturels, Galilée fait aujourd'hui figure de créateur de la méthode expérimentale. En fondant la méthodologie scientifique moderne, il a fait entrer la physique dans son âge adulte.

Et après Galilée...

Après Galilée, la chute des corps et la pesanteur furent l'objet de nombreux travaux qui méritent d'être cités. Dans son traité fondamental, l'*Horologium oscillatorium*, publié en 1673, où il se révèle le précurseur de Newton, Christian Huygens

1 - Pour autant qu'on le sache, des chronomètres de fabrication humaine n'avaient encore jamais été utilisés comme étalon de mesure de processus physiques. La clepsydre rudimentaire dont Galilée se servait pour ses expériences était un instrument traditionnel de mesure du temps dans les affaires strictement humaines. Selon toute vraisemblance, le savant pisan eut l'idée d'utiliser son propre pouls, dont la structure était celle d'un mouvement non accéléré, se produisant à des intervalles égaux et bien marqués.

étudie la chute des graves. Reprenant la proposition de Galilée : « Les vitesses acquises par un grave en descendant un des plans diversement inclinés sont égales quand les hauteurs des plans le sont », il utilise des considérations énergétiques pour montrer qu'un corps ne peut remonter plus haut que l'altitude de départ, c'est-à-dire envisager l'équivalence entre l'énergie de vitesse et l'énergie de chute.

En 1784, un professeur à l'université de Cambridge, George Atwood, conçut un appareil simple et ingénieux, devenu classique, dont il se servit pour vérifier les lois de la chute des corps et mesurer l'intensité de la pesanteur.

Mais ce sera surtout en mesurant les oscillations de pendules et celles de masses suspendues, qui sont horizontales, que l'on déduira la valeur de cette grandeur. C'est en 1795 que le mathématicien et marin Charles de Borda a, le premier, fait de telles mesures avec le pendule.

En 1888, le baron hongrois Loránd Eötvös préconisa l'usage du pendule de torsion pour les mesures gravimétriques, sorte d'haltère suspendu par un fil, dont les oscillations dépendent de l'intensité de la pesanteur [(1)]. Puis ce sera l'invention du gravimètre pendulaire par Fernand Holweck et Pierre Lejay. Enfin, en 1920, le géophysicien néerlandais Félix Meinesz procède à de remarquables mesures de l'intensité de la pesanteur en mer, à bord d'un sous-marin en plongée, en se servant de deux pendules en opposition de phase.

1 - On doit noter l'importance théorique des mesures effectuées par Eötvös, lesquelles ont montré l'égalité de la masse inerte et de la masse grave, postulat fondamental de la théorie de la relativité générale (voir p. 269).

CIRCONFÉRENCE TERRESTRE

Ératosthène de Cyrène, IIIe/IIe siècle av. J.-C.

On a coutume de situer les débuts de la science au VIe siècle avant notre ère en Grèce. Sans doute, les Babyloniens et les Égyptiens s'étaient-ils intéressés de près aux mathématiques et à l'astronomie. Sans doute le théorème de Pythagore était-il utilisé avant Pythagore lui-même. Mais les Grecs firent preuve d'une curiosité réellement nouvelle.

Questionner le monde

Les Grecs questionnent le monde et prétendent répondre aux questions posées. Pour la première fois, il s'agit de rechercher la vérité avec méthode. Dans le domaine particulier de l'astronomie, l'essor est prodigieux. Avec les Grecs, l'astronomie devient une science mathématique.

Certes, les philosophes – notamment les présocratiques – tentent d'expliquer le monde par des systèmes cosmologiques arbitraires, mais, peu à peu, les découvertes s'affirment : dès Anaximandre (vers 570 av. J.-C.), une image géométrique de l'univers est proposée. Les astronomes de l'École d'Alexandrie, entre 230 av. J.-C. et 140 ap. J.-C., ont non seulement observé et reporté leurs observations sur des cartes célestes ou des tables, mais ils ont surtout tenté d'expliquer par des combinaisons de mouvements circulaires les mouvements des astres errants, les planètes. C'est à eux qu'on doit une première étude complète et systématique du système solaire.

Cela posé, les Grecs brilleront davantage comme philosophes que comme ingérieurs. Connaître la réalité, certes, mais quelle réalité ? La philosophie de Platon impose une distinction entre le monde visible et le monde réel et met le monde invisible – les idées – au-dessus de la réalité perçue. Cette distinction détourne de l'expérimentation sur le réel.

Connaître la réalité visible ne suscite pas la curiosité de Platon. Pour lui, les astres appartiennent au monde visible qui n'est que le reflet déformé du monde réel des idées. Travailler par exemple à déterminer les mouvements de ces corps imparfaits est en soi absurde. Il est préférable de se « concentrer sur les problèmes [abstraits] en astronomie comme en géométrie, et de négliger les corps célestes si nous devons vraiment pénétrer l'astronomie ».

Aristote, quant à lui, se permet beaucoup de déductions a priori sur la nature ; il ne prend pas la peine de mesurer le temps, les masses, les vitesses, ni aucune grandeur que ce soit. En un mot, l'expérience n'est pas utilisée par les Grecs pour trancher entre les différentes représentations du monde. Cette affirmation est toutefois à considérer avec précaution. Si c'est en astronomie que ce manque de quantitatif se fait de plus en plus cruellement sentir, on ne peut passer sous silence l'une des expériences scientifiques les plus extraordinaires de l'Antiquité : la mesure du méridien terrestre par Ératosthène de Cyrène, mathématicien et astronome de l'École d'Alexandrie (v. 275 - v. 195 av. J.-C.).

Comme le souligne Michel Rival dans *Les grandes expériences scientifiques* : « En soi, cette mesure est d'une ingéniosité remarquable, mais elle témoigne surtout du haut degré de génie rationnel atteint par les Grecs au IIIe siècle avant J.-C. La mesure effectuée par Ératosthène dans l'Égypte ptolémaïque (1) présuppose en effet deux acquisitions majeures. L'une est intellectuelle : c'est la notion de la sphéricité de la Terre ; l'autre est technique : il s'agit de disposer d'un instrument adéquat pour mesurer la longueur du méridien. »

Forme et grandeur de la Terre

Antérieurement aux Grecs, la question de la forme de la Terre était d'ordre cosmogonique. Pour les Égyptiens, la Terre avait une forme allongée et plate, véritable reflet d'un pays lui-même tout en longueur. Ce n'est qu'au VIe siècle qu'apparaissent les prémices d'une approche raisonnée du problème avec les astronomes grecs ; encore s'agit-il plus de rationalisations que de véritables démonstrations scientifiques.

La Terre de Thalès de Milet (v. 625 av. J.-C. v. 547) est « un disque plat flottant sur l'onde ». Celle d'Anaximandre (v. 610 av. J.-C. v. 547) est « semblable à une assise de colonne » ; seule sa partie supérieure est habitée. Anaximène (v. 585 av. J.-C. v. 525) professe de son côté que la Terre est pareille à une table soutenue par l'air sur ses deux faces.

C'est au début du Ve siècle que l'idée d'une Terre sphérique fait son apparition pour la première fois. Les pythagoriciens en sont les moteurs (sinon Pythagore lui-même), mais on ignore encore d'où provenait cette idée révolutionnaire, si ce n'est l'affirmation des disciples de Pythagore pour qui « la sphère est la plus belle de toutes les figures solides ». Dans son *Traité du ciel* (*De Caelo*), Aristote, au IVe siècle, est le premier à fixer la grandeur de la Terre : 400 000 stades (1 stade = environ 157 m, soit à peu près 63 000 km, ce qui est une valeur nettement excessive).

Pour Aristote, il s'agit de la longueur de la circonférence terrestre car, selon lui, la Terre est bel et bien sphérique, comme en témoigne du reste la forme circulaire de l'ombre projetée par la Terre sur la surface de la Lune lors des éclipses de Lune (2) ; comme en témoigne aussi le fait qu'un voyageur se déplaçant du nord au sud voit certaines constellations s'abaisser et disparaître, tandis que d'autres surgissent et s'élèvent devant lui. Pour Aristote, il existe enfin un troisième argument : pour des raisons d'équilibre, la Terre ne peut être que sphérique ; les sédiments qui s'y déposent en provenance de toutes les directions s'accumulent pour former une sphère.

Ainsi, peu à peu, les savants grecs pensent que la Terre est une sphère qui flotte dans l'espace. L'idée de connaître la longueur du diamètre de cette sphère (c'est-à-dire sa circonférence) ne peut les laisser indifférents. Cette fois-ci, les Grecs se

---

1 - Ayant séjourné à Athènes avant d'être appelé à Alexandrie, vers 245, par Ptolémée III, qui lui confie l'éducation de son fils, Ératosthène se voit attribuer la direction de la célèbre bibliothèque de la ville. Il est surtout connu comme mathématicien par le *crible* pour trouver les nombres premiers et par un instrument de calcul, le *mésolabe*, qu'il imagina pour résoudre le problème de la moyenne proportionnelle.

2 - Curieusement, cet argument, « le plus probant que l'Antiquité ait connu » (P. Duhem), ne sera pas repris par les cosmologues qui succéderont à Aristote.

posent en héritiers de très anciennes traditions de mesure développées avec le gnomon par les populations agricoles. Le gnomon, forme primitive du cadran solaire, est constitué d'un style ou d'une plaque percée d'un trou projetant sur une surface plane l'ombre ou l'image du Soleil, dont on peut ainsi mesurer la hauteur, ce qui permet de fixer l'heure approximative.

La méthode d'Ératosthène

C'est avec le gnomon qu'Ératosthène de Cyrène va mesurer correctement pour la première fois la circonférence de la Terre. Le récit détaillé de cette expérience sensationnelle a été relatée par un autre astronome, Cléomène, dans un ouvrage intitulé *De motu circulari corporum caelestium* (*Théorie du mouvement circulaire des corps célestes*).

Ératosthène choisit deux villes situées sous le même méridien, Alexandrie et Syène (l'actuelle Assouan). La distance Syène-Alexandrie, mesurée sur la surface de la Terre, est de 5000 stades. Syène est localisée dans l'immédiate proximité du tropique du Cancer. Le jour du solstice d'été, à midi, un gnomon n'y projette aucune ombre. Le Soleil est donc au zénith et les rayons solaires tombent sur la Terre selon les verticales fléchées sur la figure. À Alexandrie, un gnomon AG forme une ombre AB qu'on peut mesurer. La mesure de AG et de GB donne un angle φ' (AGB), angle formé par la direction du Soleil avec le zénith à Alexandrie et aussi angle φ (S_yOA) formé au centre de la Terre avec le rayon terrestre de Syène.

Or, comme le savent les géomètres de l'époque, une droite (OG sur la figure) coupant deux droites parallèles (GB et S_yO) détermine des angles alternes-internes égaux (φ et φ').

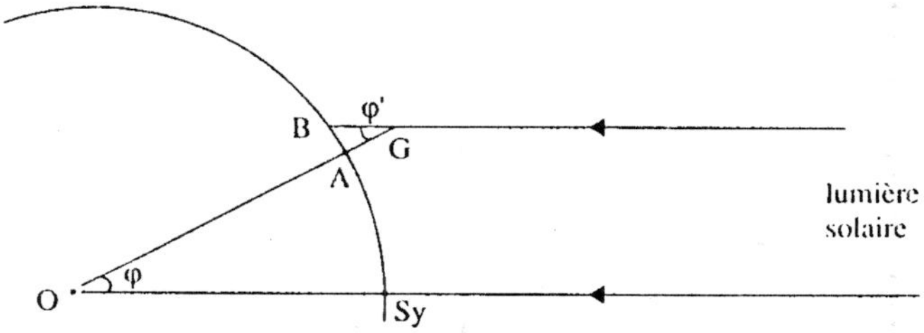

Mesure de la circonférence terrestre par Ératosthène.

Ératosthène trouva 7° 12 pour l'angle φ'. Il n'y avait plus qu'à faire une règle de trois : si 7° 12 (c'est-à-dire 1/50 de circonférence) représentent 5000 stades, alors 360° (la circonférence totale) représenteront 50 fois plus, soit 250 000 stades (ou 39 375 km). La méthode, très ingénieuse, d'Ératosthène lui permit de mesurer rigoureusement (avec les moyens de l'époque) la circonférence de la Terre. La précision de sa mesure était de 2/1 000. Aucune mesure ultérieure – au moins jusqu'à Copernic – n'atteindra une telle précision, en particulier l'estimation des distances Terre-Lune et Terre-Soleil.

CONSERVATION (Principe de)

Joule, 1843 ; Helmholtz, 1847 ; Einstein, 1905.
Voir aussi : Chaleur et travail, Désordre, E = mc², Neutrino, Rendement, Réversibilité, Température.

L'existence de grandeurs conservées semble évidente, car elle répond à une exigence fondamentale de la démarche scientifique, celle de la nécessité de régularités de fond et d'éléments *invariants*, occultés souvent derrière les multiples variations survenant dans la nature. D'où en physique le statut privilégié des lois de conservation, érigées au rang de principes.

La difficulté consiste à identifier la grandeur conservée. Elle peut être évidente, comme l'*énergie* ou la *charge électrique* qui gardent une valeur fixe malgré les transformations que diverses forces font subir au système. Il peut s'agir du produit ou du rapport de certaines grandeurs connues ne correspondant à rien d'immédiatement sensible : c'est le cas de l'*impulsion*, produit de la masse par la vitesse et du *moment cinétique* produit, pour un système en rotation autour d'un point, de l'impulsion par la distance à ce point (1).

Conservation de la matière. Conservation de l'énergie

La loi de conservation de la matière, établie au XVIIIe siècle, permit de définir, jusqu'au début du XXe siècle, ce qui composait le monde matériel. La matière, telle que la mesure son poids, reste constante lors de ses transformations physiques et chimiques.

La loi de conservation de l'énergie vit le jour bien plus tardivement. Jusqu'au XIXe siècle, les écoulements de chaleur semblaient impliquer la continuité d'un fluide impondérable, le calorique (2), et les transformations réciproques des énergies cinétique et potentielle, dans le mouvement pendulaire ou dans le cas d'une chute d'eau, semblaient indiquer la continuité de l'énergie mécanique (voir encadré).

C'est en effet dans sa propriété de *conservation* que réside l'intérêt du concept d'énergie. Il fut élaboré étape par étape dans le souci de dégager avec précision la grandeur effectivement conservée. Le *principe de la perpétuité* ou *conservation de*

1 - La conservation de l'*impulsion*, ou de la quantité de mouvement, se traduit, par exemple, par le recul des armes à feu ou la propulsion d'une fusée dans le vide. Quant à la conservation du *moment cinétique*, c'est elle qui explique la manière dont les patineurs exercent le contrôle de leur vitesse angulaire en étendant et en repliant les bras pendant la rotation.
2 - En 1798, dans un article intitulé *Étude expérimentale sur la source de chaleur engendrée par frottement*, Benjamin Thompson (comte Rumford) rendit compte devant la Royal Society des mesures de chaleur produite par un travail mécanique qui jetaient le doute sur la théorie du calorique. En 1849, James Joule soumit à cette même société un article sur *l'équivalent mécanique de la chaleur* donnant une relation plus précise entre chaleur et énergie mécanique. Entre-temps, des scientifiques tels que William Thomson (devenu plus tard lord Kelvin) avaient affiné le concept de température.

l'énergie en tant que première loi de la thermodynamique, découvert par Carnot, défendu par Joule et par Mayer et énoncé enfin dans toute sa généralité par Hermann von Helmholtz fut définitivement établi vers le milieu du XIXe siècle.

Réservé initialement à l'énergie mécanique, il fut considérablement élargi à plusieurs reprises, chaque fois dans le but de préserver un principe de conservation (malgré les pertes d'énergie apparentes). C'est ainsi que la chaleur fut assimilée à une des formes d'énergie, de même que la masse, plus récemment (1).

Conservation de l'énergie mécanique

L'énergie mécanique d'un corps en mouvement (ou au repos) se décompose en une énergie « potentielle », due à sa situation, et une énergie « cinétique », due à sa vitesse. À chaque instant, la somme de ces deux formes de l'énergie mécanique est constante : c'est le *principe de conservation de l'énergie mécanique.* Le travail fourni pour soulever un ballon est emmaganisé par celui-ci sous forme d'énergie potentielle qui sera progressivement transformée en énergie cinétique dès le début de sa chute.

Alors que l'équivalence des deux formes d'énergie mécanique, cinétique et potentielle, était quasi évidente, c'est la découverte de la possibilité de transformation de l'énergie mécanique en chaleur et de la *conservation* de la somme des deux et non pas de chacune séparément, qui donne tout son sens au concept d'énergie.

Principe de la conservation de l'énergie

Il existe une expérience banale qui consiste à échauffer deux morceaux de bois en les frottant l'un contre l'autre. Une autre expérience simple consiste à dilater, par échauffement, l'air renfermé dans une chambre à air. Dans le premier cas, on parlera de transformation de l'énergie mécanique en énergie calorifique ; dans le second, de transformation de l'énergie calorifique en énergie mécanique représentée par le travail des forces de pression.

Ainsi, l'énergie mécanique peut se transformer en énergie calorifique, et réciproquement. C'est le *principe de l'équivalence* (2). Le principe de l'équivalence exprime que, pour un système non-isolé et à condition que les échanges ne portent que sur le travail et la chaleur (3), le bilan « thermodynamique » entre deux états est constant : si le système s'est réchauffé, c'est qu'il a reçu du travail, s'il a travaillé c'est qu'il a reçu de la chaleur (4).

---

1 - Au tout début du XXe siècle, l'ancienne loi de conservation de la matière devait en effet être abandonnée et remplacée par une loi plus générale de conservation de la masse, englobant la conservation de l'énergie. Dès 1905 en effet, Albert Einstein jetait les bases des premières spéculations démontrant que toutes les formes d'énergie – mécanique, thermique, de rayonnement, électrique, atomique et subatomique – possèdent une masse.

2 - À ne pas confondre avec le *principe einsteinien d'équivalence* qui énonce que les forces de gravité sont remplaçables par l'effet de l'accélération d'un système mécanique en mouvement.

3 - A contrario, un système est dit isolé s'il n'échange avec son environnement ni matière ni énergie.

4 - On sait qu'il existe bien d'autres moyens d'obtenir de l'énergie mécanique (ou de la chaleur) : avec de l'énergie électrique, de l'énergie chimique, de l'énergie rayonnante, etc.

On peut donc écrire : *l'énergie d'un système non-isolé reste constante au cours des transformations subies par ce système.* Ainsi s'énonce le *principe de la conservation de l'énergie* (appellation plus courante du principe de l'équivalence). Ce principe généralise celui déjà connu en mécanique. Il est aussi appelé *premier principe de la thermodynamique.* Ajoutons que certaines transformations ne sont pas possibles. Par exemple, on peut faire passer de la chaleur d'un corps chaud à un corps froid sans avoir à fabriquer un dispositif spécial, mais le passage inverse ne se réalise pas de lui-même. En frottant deux pièces de bronze, Rumford a fait bouillir de l'eau dans une cuve, mais en faisant bouillir de l'eau dans cette cuve, on ne voit pas les deux barres se frotter l'une contre l'autre !

Avec le premier principe nous ne pouvons faire que des *bilans.* Nous ne pouvons prévoir quel sera le résultat d'une série de transformations, et quel sera le signe de ce résultat. Il faut donc compléter le premier principe par un second principe, qui fixe les transformations possibles et les transformations impossibles (ou tout au moins une limite à ce qui est possible). Le premier principe de la thermodynamique exprime l'idée de *conservation,* alors que le second parle d'*évolution* (1).

---

1 - De ces deux principes, on peut déduire toutes les lois expérimentales de la thermodynamique, en particulier : le *théorème de Carnot* (le rendement d'une machine thermique est maximal si la machine est réversible ; 1824) ; la *représentation graphique* de ce théorème (Clapeyron ; 1834) ; la *relation de Mayer* (la chaleur massique d'un gaz parfait ne dépend que de la température ; 1834) ; la *loi de Joule* (l'énergie interne d'un gaz parfait ne dépend que de sa température ; 1852). Enfin, en 1849, lord Kelvin a introduit la notion de *température absolue* (= température thermodynamique).

CONSTANTES

Planck, 1900 ; Einstein, 1905, 1917.
Voir aussi : Échelle, Gravitation, Lumière, Unification.

Les nombres de la nature gouvernent notre vie quotidienne. Ils déterminent la taille et la masse des choses de la vie. Ils font que le monde est tel qu'il est et non un autre. Combien devrions-nous connaître de ces nombres pour parvenir à une description complète et satisfaisante de l'univers ? Nul ne le sait exactement. Ce qui est sûr, c'est que le groupe des constantes considérées comme « fondamentales » s'est créé avec l'évolution de la physique[(1)]. Si, demain, de nouvelles particules ou d'autres forces fondamentales venaient à être découvertes, la liste s'allongerait probablement, bien que les physiciens s'emploient à la réduire.

Les « statistiques démographiques » de la nature

Il y a déjà plus d'un siècle que les scientifiques ont noté qu'un nombre croissant de ces quantités assez particulières faisaient leur entrée dans presque toutes les théories scientifiques, signifiant par là leur importance dans les descriptions modernes de l'univers. Ces *constantes* naturelles peuvent être considérées comme les statistiques démographiques de la nature et, d'emblée, tout se passe comme si chacune d'entre elles était un nombre irrationnel. Une de ces constantes, par exemple, la *vitesse de la lumière,* désignée par la lettre *c*, a été calculée jusqu'à neuf décimales et aucune figure récurrente ne s'est encore manifestée dans la suite des chiffres. Si on l'exprime en millions de mètres par seconde, la meilleure mesure que nous en ayons est 0,299792458.

Une autre constante, importante en théorie quantique, est la *constante de structure fine* découverte par Sommerfeld en 1915 : elle décrit certains comportements dynamiques – au niveau atomique – des interactions électromagnétiques. On a pu calculer cette constante jusqu'à dix décimales sans mettre en évidence aucune périodicité : 0,0072973503. Sur la douzaine de constantes physiques connues, on a pu calculer jusqu'à la onzième décimale sans qu'apparaisse la moindre régularité.

En revanche, ces nombres, comme leur nom l'indique, sont véritablement *constants.* Ils semblent ne varier ni dans le temps, ni dans l'espace. Il a été possible de s'en assurer en remontant le temps et en sondant l'espace grâce à l'observation

1 - Constantes « fondamentales » : on désigne ainsi les constantes qui jouent un rôle important en physique atomique, comme la charge et la masse de l'électron, la constante de Planck, le nombre d'Avogadro, la vitesse de la lumière dans le vide, le magnéton de Bohr, la constante de Faraday. Après la Seconde Guerre mondiale, grâce au développement des techniques de mesure fondées sur les micro-ondes et sur la spectroscopie moléculaire, la précision avec laquelle s'effectue la détermination de ces constantes s'est notablement améliorée. Par ailleurs, la meilleure compréhension des relations de caractère théorique qui existait entre différentes constantes a contribué à cette amélioration en permettant la confrontation des résultats de nombreuses expériences, afin d'en déduire des valeurs plus précises pour chaque constante.

de galaxies très lointaines : les propriétés de ces galaxies ne sont pas très dissemblables de celles de notre Voie lactée, ce qui ne peut se comprendre que si les constantes n'ont pas varié de manière appréciable.

En cosmologie, il existe au moins une constante très particulière en ce sens que, jugée superflue, elle fut supprimée cinq ans seulement après avoir été introduite... Il s'agit de la *constante cosmologique*. En 1917, après la formulation de la théorie de la relativité générale, Einstein proposait en effet un premier modèle d'univers faisant de celui-ci une entité statique, close sur elle-même, une sphère de volume fini, intemporelle. Pour obtenir cette solution à ses équations, Einstein avait été amené à introduire dans le second membre de son équation un terme supplémentaire, nommé constante cosmologique.

Or, dès 1922, Friedmann montrait que la solution statique proposée par Einstein était instable. En revanche, les équations d'Einstein conduisaient très naturellement à des solutions impliquant une dilatation ou une contraction de l'univers au cours du temps (voir Big Bang). Ces solutions avaient l'avantage de ne plus faire appel à la constante cosmologique dont l'interprétation restait obscure. Ajoutons que l'univers actuel ne livre aucune trace d'une telle constante...

Trois constantes fondamentales

Dans l'état actuel des connaissances, trois constantes jouent un rôle essentiel : la vitesse de la lumière c, déjà citée, la constante de Planck h et la constante de gravitation G. Chacune de ces constantes délimite le domaine de validité d'une théorie physique.

En 1900, Planck découvrait une des bases de la physique actuelle : l'existence du *quantum d'action h*, c'est-à-dire la *discontinuité* dans les phénomènes de rayonnement d'énergie lumineuse par les atomes. L'« action » ne peut être rendue aussi petite que l'on veut ; il en existe une quantité minimale indivisible, de valeur h, appelée depuis *constante de Planck*. La valeur extrêmement petite de cette constante ($h = 6{,}626 \times 10^{-34}$ joule seconde) rendait la quantification de l'énergie imperceptible à l'échelle expérimentale de l'époque(1).

Si on appelle ΔE la différence d'énergie entre les niveaux d'arrivée et de départ d'un atome dans une transition atomique, et ν la fréquence de la lumière émise ou absorbée, on peut écrire la relation fondamentale de la mécanique quantique :

$$\Delta E = h\nu$$

où h est la constante de Planck.

Quand les actions mises en jeu sont très supérieures à h, tout se passe comme si la constante de Planck était carrément omise, considérée comme nulle. Mais les implications conceptuelles du quantum d'action ne peuvent pas être négligées pour

---

1 - Cette valeur équivaut à 0,000 000 000 000 000 000 000 000 0066 dans le système d'unités fondamental (centimètre, gramme, seconde). Rappelons que le joule est une quantité d'énergie. C'est l'énergie acquise par une masse de 1 kilogramme chutant de 10 centimètres environ, hauteur dépendant de l'altitude, de la latitude et même de la longitude. Pour se donner une idée de la petitesse d'un quantum, il faut savoir qu'une lampe électrique ordinaire de vingt watts émet environ soixante milliards de milliards de quanta par seconde.

autant ; *h*, la limite inférieure de toute action, signifie en particulier l'existence d'une *perturbation minimale*, nécessaire et incontournable, que toute mesure introduit sur l'objet étudié.

Planck était loin d'imaginer que la constante *h* serait de nature à bouleverser la physique classique, dont il fut longtemps un tenant acharné. La constante de Planck, le quantum élémentaire d'action, trace la frontière entre la physique classique et la physique quantique. C'est elle qui dicte la taille des atomes, ce qui n'est pas rien : les atomes sont minuscules parce que *h* est lui-même minuscule. Notons que, dès 1905, Einstein se servait de la constante *h* pour expliquer l'effet photoélectrique, et, en 1916, Millikan parvenait à la mesurer avec une bonne précision, en utilisant précisément l'effet photoélectrique. Par la suite, on devait découvrir que la constante de Planck intervenait dans la description de bien d'autres phénomènes fondamentaux, qui sont à la base de la physique quantique.

L'existence de la constante *c* implique des conséquences d'une importance tout aussi considérable. Cette constante universelle, dont la valeur a été donnée ci-dessus, constitue la limite supérieure à toute propagation, même de l'information ; elle signifie donc l'impossibilité de l'interaction à distance instantanée.

Le postulat d'Einstein (1905) sur la propagation des signaux électromagnétiques s'énonce ainsi : « Dans le vide, la vitesse de la lumière est une constante universelle *c* dans tous les systèmes de référence galiléens ». Il s'agit d'un principe « empirique » sur la valeur universelle que possède la vitesse de la lumière dans le vide. Comme la constante de Planck, la vitesse de propagation de la lumière marque une limite de la physique classique. L'approximation classique est justifiée pour les vitesses modestes par rapport à *c*. Partout ailleurs, c'est la théorie de la relativité restreinte qui doit être appliquée.

Dans la vie courante, aucun système n'atteint des vitesses proches de celle de la lumière. C'est pourquoi on ne peut jamais observer directement aucune conséquence relativiste (contraction des longueurs, dilatation du temps, équivalence masse-énergie). Ce n'est que dans le monde des particules élémentaires, dans les accélérateurs ou dans les rayons cosmiques qu'on rencontre des vitesses comparables à la vitesse de la lumière.

La troisième constante fondamentale que nous devons citer est la constante de gravitation, traditionnellement désignée par la lettre *G*[1]. De même que *h*, la constante de Planck, dicte la taille des atomes et *c* la vitesse de propagation de la lumière dans le vide, *G* dicte la force de gravité. Si le nombre *G* était grand, la gravité serait vigoureuse ; s'il était petit, elle serait faible.

En fait, la constante *G* est suffisamment petite – sa valeur est très exactement de $6{,}67 \times 10^{-11}$ $N.m^2.\ kg^{-2}$ dans le système SI – pour que la courbure de l'espace, due à la gravitation, ne soit perceptible ni à des échelles terrestres, ni même à celle du système solaire. Les effets de la théorie de la relativité générale, très

---

1 - L'unique constante physique fondamentale qui ne soit pas liée aux phénomènes atomiques est la constante de gravitation universelle. Les diverses tentatives faites pour relier cette constante aux constantes atomiques fondamentales dans un cadre unitaire des phénomènes physiques ont échoué.

faibles en général, se font sentir au voisinage des corps célestes massifs (étoiles) ; par exemple, Mercure subit l'influence du Soleil en raison de la grande masse de ce dernier et de la faible distance Soleil/Mercure. La relativité restreinte reste tout à fait acceptable pour de plus petites masses et des distances moindres.

Soulignons un autre point intéressant. La loi physique qui commande la trajectoire d'un obus est celle de la gravité. La force gravitationnelle qui attire cet obus vers la Terre varie de façon inversement proportionnelle au carré de leur distance. Cet énoncé qualitatif « proportionnel » peut être rendu quantitatif si l'on introduit la constante *G*. Ainsi, la loi de Newton peut aussi bien s'énoncer comme suit : la force gravitationnelle est égale au produit de *G* par les deux masses divisé par le carré de leur distance.

Nous en arrivons à une conséquence logique : si nous connaissons *G*, nous pouvons calculer la masse de la Terre ! La première mesure expérimentale de *G* est due à Henry Cavendish (voir p. 206) qui, en 1798, a réussi à mesurer la force exercée par une grosse boule de fonte sur une petite bille (à moins d'un pour cent de la valeur actuellement acceptée...).

Quelques constantes physiques			
vitesse de la lumière dans le vide		c	299 792 458 ms^{-1}
constante de gravitation universelle		G	6,672 598 x 10^{-11} $\mathrm{m^3\,kg^{-1}\,s^{-2}}$
constante de Planck		h	6,626 075 5 x 10^{-34} Js
permittivité (constante diélectrique) du vide		ϵ_0	8,854 188 x 10^{-12} $\mathrm{F\,m^{-1}}$
charge de l'électron		e	1,602 177 33 x 10^{-19} C
masse de l'électron			9,109 389 7 x 10^{-31} kg
masse de l'électron	en électron-volts	m_e	0,510 999 06 MeV
masse du proton			1,672 623 1 x 10^{-27} kg
masse du proton	en électron-volts	m_p	938,272 31 MeV
nombre d'Avogadro		N	6,022 52 ± 0,00028 x 10^{23} mol^{-1}
électron-volt		eV	1,602 177 33 x 10^{-19} J

CORDES

Scherk et Schwarz, 1974.
Voir aussi : Échelle, Interactions, Spin.

La théorie des cordes fut à l'origine inventée à la fin des années soixante pour tenter de décrire l'interaction forte. Rappelons que l'interaction forte est la plus vigoureuse des quatre interactions fondamentales. Cette « force » concerne la stabilité même du noyau des atomes, le fait que tous les protons y restent assemblés malgré la répulsion réciproque qu'engendre leur charge électrique.

À la base, la théorie des cordes repose sur l'idée singulière que les constituants élémentaires de la matière (les quarks) ne seraient pas des objets ponctuels (des particules) mais des « cordes », petits éléments linéaires de dimension un. Tout comme la corde d'un violon, chacune a des harmoniques dont les fréquences sont des multiples d'une fréquence fondamentale. Les harmoniques sont en fait les particules élémentaires que nous connaissons : une harmonique de fréquence ν a une énergie $E = h\nu$, selon la formule de Planck, et une masse $m = E/c^2$ selon la formule d'Einstein. L'interaction forte entre les particules devrait alors correspondre à des segments de corde se joignant bout à bout en une corde unique, ou se couper en deux... un peu comme sur la trame d'une toile d'araignée.

Pour que la théorie donne la valeur observée de l'interaction forte entre les particules, les cordes doivent être semblables à des élastiques capables de supporter des tractions considérables. Les différents types de particules observés correspondraient aux différents modes de vibration d'une même corde qui deviendrait une *supercorde.*

Une nouvelle théorie de la gravitation ?

Une particule « classique » qui se déplace dans l'espace-temps occupe un point de l'espace à chaque instant du temps. Sa trajectoire est une ligne, sa *ligne d'univers*. On comprend qu'une corde occupe à chaque instant une ligne dans l'espace ; aussi, son chemin dans l'espace-temps est-il une surface bidimensionnelle appelée *feuille d'univers.*

La feuille d'univers d'une corde fermée se présente comme un cylindre ou un tube ; une section du tube représente la position d'une corde à un instant donné. La séparation ou la jonction de deux cordes correspond à l'émission ou à l'absorption d'une particule par une autre.

En 1974, Joël Scherk à Paris et John Schwarz, du California Institute of Technology, cosignèrent un article dans lequel on pouvait lire que la théorie des cordes était susceptible de décrire la force gravitationnelle à condition de supposer une tension des cordes équivalente à mille milliards de milliards de milliards de milliards de tonnes (1 suivi de 39 zéros). Les prédictions de la théorie des cordes devraient être les mêmes que celles de la relativité générale, à des échelles de longueur normales, mais elles seraient diffé-

Unification, relativité

Einstein rêvait d'une unification de la gravitation avec les autres forces, c'est-à-dire d'une théorie unissant la microphysique à l'échelle de Planck (10^{-33} cm) et la macrophysique à l'échelle de l'univers (10^{30} cm) qu'il avait lui-même élaborée par la théorie de la relativité générale. Malheureusement, dans les calculs aux ordres supérieurs, la relativité multiplie, comme à plaisir, les infinis et on voit mal comment la gravité pourrait s'unifier aux autres forces.

Il est apparu que ce problème pouvait trouver une solution en postulant que les entités élémentaires de la physique ne seraient pas des particules ponctuelles mais des *cordes*. Ces cordes infimes formeraient des boucles d'une taille finie. À basse énergie, les cordes se déplaceraient comme des particules, mais à haute énergie, elles pourraient aussi vibrer comme les cordes d'un violon, et ainsi éviter les infinis associés au comportement à haute énergie d'un objet ponctuel.

Ainsi, l'émission par le Soleil d'un graviton (particule de l'interaction gravitationnelle) et son absorption par la Terre peut s'interpréter, dans la théorie des cordes, comme une liaison en forme de H, dans laquelle la barre du H correspondrait au trajet du graviton.

rentes à des distances inférieures au millionième de milliardième de milliardième de milliardième de centimètre (un centimètre divisé par 1 suivi de 33 zéros).

La construction d'une théorie quantique des cordes cohérente avec les propriétés des interactions fondamentales impose des contraintes, plus restrictives qu'une théorie des particules. Il s'avère qu'il n'y a que six théories des cordes cohérentes, et qu'une seule d'entre elles (la « corde hétérotique E8 x E8 ») semble capable de décrire le vide de la physique des particules.

En 1984, un autre article dû à John Schwarz et Mike Green, du Queen Mary College à Londres, démontrait que la théorie des cordes devait être capable d'expliquer l'existence de particules orientées à gauche, comme certaines particules que les physiciens observent de nos jours. Ces travaux ont permis l'élaboration d'une *théorie des supercordes* regroupant les *cordes* et la *supersymétrie* en un seul modèle.

L'espace-temps qui émerge de cette théorie n'aurait pas moins de dix dimensions qu'il faudrait « compactifier » pour retomber dans un espace-temps réaliste. L'un des obstacles majeurs que la théorie des cordes doit affronter est d'ordre expérimental : pour démontrer sa validité, il faudrait pouvoir construire un accélérateur long de 10 années-lumière ! Si on y parvenait, les cordes pourraient peut-être fournir la *Théorie de Tout* (TDT) qui engloberait toutes les particules sources connues (quarks, leptons, ...) et toutes leurs interactions mutuelles.

En dépit de spéculations audacieuses, l'absence d'unicité d'une telle théorie et le choix d'une entité élémentaire unidimensionnelle, plutôt qu'un objet de plus grande dimension, demeurent des problèmes sans réponse. Récemment, de nouvelles théories, comme la « théorie M », ont été proposées, mais, pour l'instant, on ignore encore ce qu'elles décrivent.

CORRÉLATION

Einstein, 1935 ; Bell, 1964 ; Aspect, 1982.
Voir aussi : Indétermination, Lumière, Vitesses supraluminiques.

Que se passe-t-il quand deux particules jumelles sont isolées l'une de l'autre ? Einstein pensait que si l'on pouvait mesurer la position de la première et la vitesse de la seconde, on saurait où se trouve vraiment l'une des deux particules. L'expérience a été tentée au début des années 80 : le fait d'effectuer une mesure sur l'une des particules a un effet détectable sur l'autre. Dès 1960, un physicien irlandais du CERN (1), John Bell, affirmait qu'il est nécessaire d'admettre la situation suivante : deux particules jumelles séparées dans l'espace sont reliées par un signal qui passe *instantanément* entre elles. Cela s'appelle la « corrélation à distance ».

Selon Olivier Costa de Beauregard, l'information remonte dans le temps, ce qui donne l'impression que l'échange est instantané. D'autres physiciens estiment que cette « non-séparabilité » provient du fait que l'information voyage plus vite que la lumière entre les deux particules. Einstein n'admettait pas cette conclusion et appelait le phénomène « action fantôme à distance ».

Examinons la situation d'un peu plus près : elle le mérite... Dans certaines situations expérimentales, la mécanique quantique prédit des corrélations très fortes entre les mesures faites sur deux particules éloignées. En prolongeant le raisonnement d'Einstein-Podolsky-Rosen (voir encadré), on peut en conclure qu'il faut compléter le formalisme quantique en introduisant par exemple des paramètres dits supplémentaires (« variables cachées »).

Les inégalités de Bell

Mais John Bell a montré en 1964 que de tels modèles doivent obéir à des contraintes – les *inégalités* de Bell – que violent parfois les corrélations prédites par la mécanique quantique. Cette contribution devait faire passer la question du terrain des idées au domaine expérimental. Considérant un système formé de deux particules dans une situation EPR (2), Bell prolongeait en effet le raisonnement et s'intéressait à un formalisme très général susceptible d' « expliquer » les corrélations prévues par la mécanique quantique (théorème de Bell).

Une analogie macroscopique nous fera mieux comprendre le fond du problème. Supposons deux fauteuils identiques (fabriqués par le *même* ébéniste, dans le *même* bois), l'un étant à New York, l'autre à Tokyo. À New York, alors que quelqu'un s'assoit pour la première fois dedans, le fauteuil tombe en pièces. Au même instant,

---

1 - CERN, Centre européen de recherche nucléaire.
2 - EPR. Initiales de Einstein, Podolski et Rosen. Boris Podolski et Nathan Rosen furent les proches collaborateurs d'Albert Einstein à partir de 1935, lorsque ce dernier devint l'hôte, à Princeton, de l'Institute for Advanced Studies.

à Tokyo, l'autre fauteuil tombe également en pièces, bien que personne ne s'y soit assis. Dans le premier cas, le fait que le fauteuil s'effondre ne peut qu'être imputable à un défaut de fabrication, à un vice caché en quelque sorte.

Les physiciens d'un groupe comprenant Einstein, Podolsky et Rosen, disent qu'il y a dans ce cas « une variable cachée » (un paramètre supplémentaire) non prise en compte par la théorie [(1)], ceci en vertu du principe de localité qui veut que l'évolution d'une grandeur physique en un point de l'espace ne dépende *que* de l'expression de cette grandeur en ce point.

Dans le second cas, le fait que le fauteuil de Tokyo tombe en pièces en même temps que celui de New York n'est pas imputable à un vice caché. Les défenseurs de la mécanique quantique, au rang desquels on doit nommer Bohr, affirment que sa fragilité n'est due qu'à la nature inséparable des deux fauteuils, sans qu'il soit nécessaire de faire appel à une hypothèse de variables cachées : ce qui arrive à un fauteuil advient aussi nécessairement à l'autre, avec une simultanéité qui exclut toute transmission, toute communication entre eux. Cette attitude revient finalement à dire qu'aucune distance ne les sépare. Il s'agit donc d'une remise en cause de la localité. Ce concept s'appelle la *non-séparabilité.*

Dès le début des années soixante-dix, des expérimentateurs se mettaient au travail pour réaliser concrètement une expérience sensible. Divers systèmes furent proposés et mis en œuvre. Il apparut que le meilleur système devait utiliser des paires de photons visibles émis dans une cascade radiative atomique.

Le paradoxe EPR

C'est dans un article resté célèbre et publié en 1935, en commun avec deux autres physiciens, Podolsky et Rosen, qu'Einstein a construit une « expérience de pensée » tendant à démontrer que la mécanique quantique contenait des contradictions strictement internes. Le raisonnement d'Einstein s'appuyait sur trois hypothèses fondamentales : premièrement, les prédictions de la mécanique quantique sont justes. Deuxièmement, aucun signal, aucune interaction ne saurait se propager plus vite que la vitesse de la lumière.

Troisièmement, lorsque deux objets (électrons, photons) sont très éloignés l'un de l'autre, on peut alors parler *séparément* des propriétés physiques de l'un et de l'autre, même si, dans le passé, ils ont interagi. Il s'agit d'une hypothèse *réaliste,* puisqu'on parle des propriétés physiques des objets dans l'absolu (sans en référer à des conditions de mesure). C'est l'hypothèse dite *réaliste séparable.*

1 - Avancée pour la première fois en 1927 par Louis de Broglie, l'hypothèse des *variables cachées* consistait à introduire dans le formalisme quantique un certain nombre de paramètres supplémentaires dont le rôle était d'aboutir à une description plus fine, plus complète de la réalité tout en éliminant l'indéterminisme fondamental de la théorie quantique. La théorie des variables cachées n'est plus aujourd'hui scientifiquement soutenable.

Dans le raisonnement EPR, Einstein applique ces hypothèses à un système de deux particules quantiques, *A* et *B*, qui interagissent jusqu'à un instant *t*, à partir duquel elles se séparent et n'ont plus d'interaction. Une situation de ce type se produit, par exemple, lorsqu'un atome excité revient à son état stable en émettant une paire de photons « en cascade ». Ces photons jumeaux ont interagi au départ, mais ils se séparent ensuite.

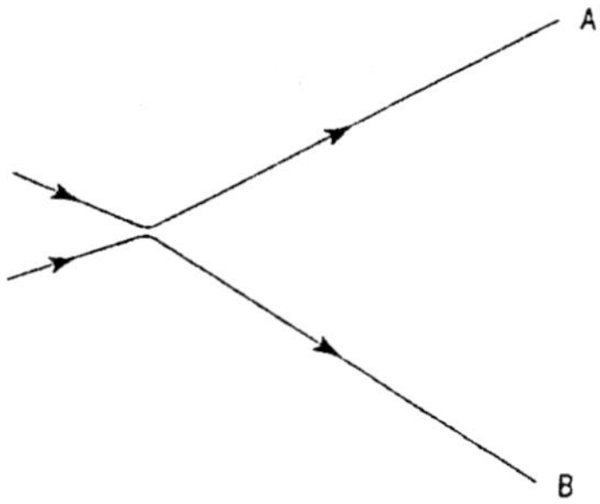

Système de deux particules ayant connu un moment de corrélation. L'expérience imaginée par Einstein montre qu'il y a moyen de connaître à la fois la position et la quantité de mouvement. De ce fait, l'une et l'autre doivent correspondre chacune à un élément de réalité physique. Comme ces deux éléments de réalité physique ne sont pas pris tous les deux en compte dans le formalisme de la mécanique quantique, celle-ci est incomplète.

La théorie quantique décrit le système formé de *A* et *B* par une fonction d'onde unique qui exprime les relations de conservation. L'état de chaque particule peut être caractérisé par sa position et par sa quantité de mouvement. Les règles de la théorie quantique autorisent une mesure précise de la quantité de mouvement totale des particules ; cette quantité demeure inchangée après l'interaction.

On peut donc attribuer une valeur à la quantité de mouvement de la particule *B* (par exemple) après avoir mesuré celle de la particule *A* (par exemple). Il est également possible de mesurer la position de *A* de manière précise, mais ce calcul perturbe inévitablement sa quantité de mouvement. De cette mesure précise, on peut déduire la position actuelle de *B*, puisque l'on connaît déjà sa quantité de mouvement. En définitive, on est parvenu à déterminer à la fois la quantité de mouvement et la position de la particule *B* en violant le principe d'indétermination.

Autrement dit, les éléments déduits sont indéterminés avant la mesure, et c'est seulement la mesure effectuée sur l'une des particules (*A*) qui permet d'inférer la vitesse ou la position de l'autre (*B*). Dès lors, de deux choses l'une : ou la position et la vitesse de la particule *B* n'ont pas de réalité, ou la description de la réalité donnée par la fonction d'onde n'est pas complète, puisqu'elle ne permet pas d'assigner *directement* une quantité précise à un élément de réalité. Comme la réalité des particules ne fait aucun doute, les auteurs en déduisent que la théorie quantique est une théorie *incomplète*.

De manière analogue à la thermodynamique, qui fut complétée par la mécanique statistique (théorie cinétique des gaz, etc.), la mécanique quantique est appelée à être complétée par une théorie microscopique plus puissante, non encore découverte... Il y avait dans cet argument de quoi encourager les défenseurs du déterminisme. Malgré la solidité du raisonnement d'Einstein, beaucoup de physiciens, dont Bohr, ne suivirent pas l'argument EPR dans ses conclusions.

On peut y voir le refus de l'hypothèse de séparabilité dont on comprend, en revanche, qu'elle ait été ardemment défendue par le père de la relativité (cette hypothèse est contenue implicitement dans la relativité).

En 1962, les travaux de John Bell rendirent possibles des expériences concrètes. Ces expériences permirent de vérifier que l'argumentation développée par Einstein et ses collaborateurs Podolski et Rosen était contradictoire. Enfin, de nos jours, les expériences menées notamment par Alain Aspect à Orsay ont apporté la contribution la plus précise et la plus sophistiquée. La mécanique quantique en est sortie très renforcée.

Le verdict expérimental

La confirmation expérimentale définitive qui devait donner raison aux partisans de la mécanique quantique contre EPR ne date que d'une quinzaine d'années. L'expérience la plus concluante est celle qu'Alain Aspect a réalisée à l'Institut d'optique Orsay en 1982. La figure ci-dessous la décrit très schématiquement.

Partant d'un système constitué de deux particules qui interagissent puis se séparent, il est dit qu'en vertu du principe de non-séparabilité, les deux particules doivent être décrites par la même fonction d'onde, d'où il s'ensuit que l'acquisition d'une propriété par l'une force en quelque sorte l'autre à acquérir simultanément la même.

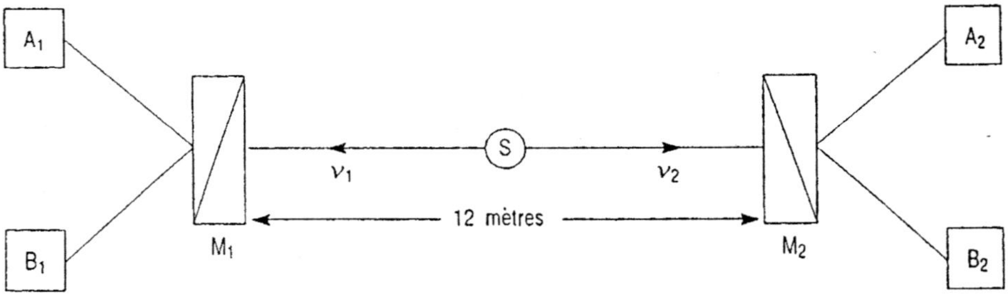

Schéma simplifié de l'expérience d'Alain Aspect réalisée à Orsay en 1982.

S est une source qui produit des photons issus quasi simultanément d'une même réaction ; on dit qu'ils sont « corrélés ». M_1 et M_2 sont des dispositifs de changement de direction complètement indépendants l'un de l'autre, capables de produire cent millions de changements par seconde. M_1 envoie le photon ν_1 soit vers le détecteur A_1, soit vers le détecteur B_1 ; M_2 envoie le photon ν_2 soit vers le détecteur A_2, soit vers le détecteur B_2.

La distance entre les dispositifs M_1 et M_2 et la source est telle qu'ils ont le temps de basculer deux fois d'une direction à l'autre pendant la durée de parcours des photons (dans la pratique, cette distance est de douze mètres). Cette distance est nécessaire pour briser tout lien entre les différents dispositifs et par conséquent réfuter l'argument d'une éventuelle transmission d'un signal entre les deux photons.

Supposons que, lorsque le photon ν_1 arrive sur M_1, ce dernier soit dans une position telle que le photon soit dirigé vers le détecteur A_1. Lorsque le photon ν_2 arrive sur M_2, il se peut que M_2 soit dans la position de l'envoyer sur le détecteur B_2 (et non pas sur B_2), les changements de direction de M_2 étant en effet complètement indépendants de ceux de M_1. Or, dans la réalité, c'est *toujours* A_2 et jamais B_2 qui reçoit le photon ν_2. Le second photon est corrélé avec le premier et se comporte de manière identique. Il est donc passé à travers M_2 en suivant son propre chemin, déterminé en fait par son frère jumeau, le photon ν_1.

Le problème soulevé par les corrélations quantiques est alors le suivant : la façon naturelle de comprendre de telles corrélations est d'admettre qu'après leurs séparations deux systèmes (en l'occurrence les deux photons) possèdent une propriété – Einstein disait un « élément de réalité » – qui va déterminer le résultat de la mesure. Mais, ce faisant, on admet qu'il puisse y avoir différents types de paires. Or, la mécanique quantique, on vient de le voir, décrit toutes les paires de façon identique. L'interprétation esquissée ci-dessus introduit donc des « paramètres supplémentaires », qui complètent la description quantique. La découverte de John Bell a été qu'une telle interprétation à paramètres supplémentaires ne peut pas concorder avec toutes les prédictions de la mécanique quantique, si elle satisfait à une hypothèse de localité.

Par sa précision et la simplicité conceptuelle du schéma expérimental utilisé, l'expérience d'Alain Aspect a constitué une confirmation extrêmement probante des prévisions quantiques dans une situation EPR et un rejet tout aussi net des théories locales à paramètres supplémentaires.

Un étrange lien fantôme à distance

L'expérience d'Orsay a été renouvelée, en juillet 1997, de manière spectaculaire par une équipe de physiciens de l'université de Genève. Ces scientifiques ont apporté la preuve éclatante que l'étrange comportement des particules à l'échelle subatomique, décrit par les équations de la physique quantique, peut se manifester dans l'univers macroscopique. L'expérience a été conduite dans le but de vérifier que deux photons – éloignés dans le cas présent de plus de 10 km – présentent le même comportement, comme si ces photons gardaient le contact, chacun « sachant » ce que faisait l'autre, en dépit de la distance considérable qui les séparait. Comme dans l'expérience d'Orsay, les deux photons semblaient « se passer le mot » de manière instantanée, alors que, selon la théorie de la relativité, aucune information ne peut transiter plus rapidement que la lumière.

L'action instantanée à 10 km de distance fait briller l'espoir de voir se constituer une nouvelle technologie issue de ce type de phénomène. La « cryptographie quantique » figure en tête des applications possibles. L'action à distance permettrait notamment de transmettre les clés de cryptage (et de décryptage) de textes secrets devant transiter par les réseaux numériques. Les compagnies téléphoniques étudient soigneusement cette nouvelle méthode, plus sûre que les moyens de cryptage actuels. Bientôt, peut-être, nos échanges électroniques d'information se feront sous le signe d'un étrange lien fantôme à distance...

COULEUR

Lucrèce, vers 60 av. J.-C. ; Grimaldi, 1650 ; Newton, 1706 ; Chevreul, 1839.

Voir aussi : Électromagnétisme, Lumière, Spectre.

La perception des couleurs résulte de trois phénomènes : un phénomène physique, un phénomène physiologique et un phénomène psychique. Du point de vue physique, l'origine des colorations rencontrées dans la nature fait intervenir la structure microscopique des objets ; la couleur résulte en effet des interactions entre la matière et le rayonnement électromagnétique. Nous voyons un objet rouge lorsqu'il ne réfléchit que les radiations rouges du spectre. Plus exactement, pour qu'un objet paraisse coloré, il doit absorber une ou plusieurs longueurs d'onde de la lumière qui l'éclaire, de sorte que la lumière ne soit plus blanche (le blanc résulte de la superposition de toutes les couleurs de l'arc-en-ciel) mais de la *couleur complémentaire* de celle qui a été absorbée [1].

D'où vient la couleur bleue du ciel ?

- La couleur bleue du ciel provient d'un phénomène appelé *diffusion*. La lumière du Soleil est diffusée par les minuscules particules suspendues dans l'air, comme les vagues qui se brisent sur les rochers et changent de direction. Dans le cas de la lumière, ce sont les ondes dont la longueur est la plus courte – les vagues les plus petites – qui subissent la plus grande diffusion. Il s'agit du bleu et du violet, cette dernière couleur étant moins bien perçue par notre œil. Le ciel est donc globalement bleu.
- En ce qui concerne le rougeoiement progressif du Soleil se couchant à l'horizon, on explique ce phénomène par le fait que les rayons ont une épaisseur de plus en plus grande d'atmosphère à traverser et que leurs longueurs d'onde qui arrivent vers nous directement, sans diffusion, sont de plus en plus longues. Le Soleil nous paraît donc de plus en plus rouge.
- Les couleurs irisées et changeantes des bulles de savon, des plumes de paon, et des ailes de certains papillons sont dues au phénomène d'interférences entre les rayons réfléchis sur les différentes couches rencontrées ; elles varient selon la distance entre les couches et selon l'angle d'incidence de la lumière (donc aussi selon l'angle d'observation).
- Les pigments des fleurs sont des molécules organiques qui absorbent sélectivement les couleurs du spectre.
- Les pierres précieuses sont parfois le fait de la présence d'une minuscule impureté au sein de la maille du cristal dont elles sont constituées, modifiant ainsi totalement leur couleur.

1 - Le « noir » est l'absence de toute couleur, l'absorption de toute la lumière incidente. Un objet « transparent », en revanche, laisse passer toute la lumière visible.

Du point de vue physiologique, les radiations réfléchies provoquent au niveau de la rétine de l'œil une excitation que le nerf optique transmet au cerveau où s'élabore la perception proprement dite. Celle-ci peut toutefois être affectée par d'autres conditions : éclairage, couleur des objets environnants, adaptation de l'oeil, etc.

Enfin, les couleurs ont une valeur affective. Du rouge au jaune, elles sont dites « chaudes » ; du bleu au vert, « froides » ; entre le jaune et le vert, les teintes produisent une impression de calme, celles qui vont du rouge au bleu ont un caractère excitant.

De Lucrèce à Francesco Grimaldi

De la sensation commune à la compréhension scientifique, les idées sur la couleur ont parcouru un long cheminement. Seul problème réellement débattu en optique par les Grecs, la vision et la couleur font l'objet d'une théorie dont Lucrèce, dans son *De Rerum Natura*, vers 60 av. J.-C., se fait le porte-parole. Il est admis que des particules peuvent s'échapper des corps, s'introduire dans les divers conduits de l'organisme et stimuler les *sensations*. Les émanations des objets (appelées *simulacres*, *membranes* ou *écorces*) ont des dimensions qui, assez logiquement, diminuent lorsqu'elles arrivent à l'œil ; elles sont inscrites dans un cône ayant l'œil pour sommet et l'objet pour base.

> Ainsi, « des voiles jaunes, rouges et verts tendus au-dessus de nos vastes théâtres... se détachent des éléments colorés... qui voltigent dans l'air sous une forme impalpable... s'élèvent dans toutes les directions... poussent l'air interposé entre elle et les yeux... l'air chassé baigne mes pupilles et s'en va. Plus la colonne d'air agitée devant nous est longue... et plus l'objet paraît éloigné. Sans doute cela s'accomplit-il avec une rapidité prodigieuse ».

Selon les atomistes, la lumière, porteuse de couleur, a donc une existence matérielle. Elle est continuellement émise et se propage dans l'espace avec une très grande vitesse ; elle peut être arrêtée par les corps opaques, traverser les substances transparentes ou être réfléchie par les miroirs : voici des notions très importantes qui se révèleront particulièrement fécondes.

Si l'on excepte une autre théorie remontant à Épicure et qui niait tout simplement l'existence de la couleur ou plutôt celle d'une couleur propre attribuée à chaque chose, puisque la coloration des choses varie avec celle de la lumière qui les éclaire, l'idée « scientifique » des couleurs n'émerge que tardivement, avec Thierry de Freiberg (mort en 1311). Celui-ci donne une première explication satisfaisante des couleurs de l'arc-en-ciel au moyen d'urinaux sphériques emplis d'eau et éclairés par les rayons solaires.

Cette expérience lui permet de faire une observation décisive : des couleurs différentes correspondent à des angles de réfraction différents. Beaucoup de phénomènes colorés peuvent être interprétés de manière analogue : la lumière renvoyée par le biseau d'une glace ou celle qui traverse un prisme ; dans tous les cas, on peut faire correspondre à chacune des teintes observées un angle de réfraction propre. Selon Thierry de Freiberg, la réfraction provoquant un affaiblissement de la lumière, plus la déviation du rayon réfracté est grande, moins l'éclat est intense.

Donc la couleur la plus vive est le rouge, moins déviée, la plus sombre le bleu, plus détournée par rapport à l'incidence [1]. Reprenant l'explication de l'arc-en-ciel de Thierry de Freiberg, René Descartes approfondit la question. Il fait un exposé complet des réfractions et des réflexions qui se produisent à l'intérieur des gouttes de pluie, mais surtout, en étudiant systématiquement tous les phénomènes qui font apparaître les couleurs (traversée d'un prisme, d'une glace biseautée), il remarque qu'elles sont toujours dues à des réfractions successives des rayons du Soleil et peut ainsi établir nettement que les couleurs différentes correspondent bien à des angles de diffraction différents.

Il a lu enfin Robert Hooke (*Micrographia*), pour lequel « il y a deux couleurs fondamentales, le rouge et le bleu, toutes les autres n'étant qu'un mélange de ces dernières ».

En outre, Descartes a le mérite de se poser une question fondamentale : les couleurs sont-elles produites par les surfaces de séparation des milieux ou bien appartiennent-elles à la lumière ? Il opte pour la première possibilité – les couleurs ne sont dues qu'à l'action mécanique des surfaces (elles ne composent pas la lumière) –, mais l'explication qu'il en donne nous fait aujourd'hui sourire : les particules de matière subtile – de lumière – rencontrant une surface se mettent à tournoyer comme le ferait une balle de tennis « liftée ». Si le tournoiement est faible, le rouge (moins dévié) est obtenu, s'il est important, le bleu est créé.

En 1650, un père jésuite italien, Francesco Grimaldi, expose le résultat de ses travaux sur la lumière et les couleurs dans *Physicomathesis de lumine, coloribus et iride*. Contrairement à ce que pensait Descartes, il ne croit pas que les couleurs sont créées par des surfaces de séparation. Les couleurs peuvent être produites par simple réflexion, par simple réfraction, par un prisme, par diffraction ; aucun de ces moyens n'est indispensable ; il peut y avoir ou non changement de milieu, seule la lumière est présente dans toutes les expériences.

Il faut en déduire que c'est elle qui contient les couleurs. Croyant remarquer que les teintes observées dépendent de la « condensation » du faisceau lumineux (le bleu apparaissant dans un rayon « raréfié », le rouge dans un pinceau « dense »), Grimaldi compare ce phénomène aux ondulations accompagnant l'écoulement d'un fluide et imagine que la sensation colorée résulte de l'arrivée aux yeux de ces ondes affectant le liquide lumineux (comme d'autres ondes agitant l'air causent la sensation sonore). Grimaldi meurt prématurément. Son œuvre est cependant essentielle en ce qu'elle a permis par ailleurs une découverte : celle de la diffraction.

La couleur, selon Newton

Tous ces travaux sont bientôt suivis de ceux, beaucoup plus poussés, d'Isaac Newton. Le grand savant anglais est en effet le bâtisseur de la *théorie chromatique*, exposée dans son *Traité d'optique* (plusieurs éditions de 1704 à 1718). Newton a lu Kepler pour qui la couleur est de la lumière « plus ou moins ternie ». Il a entre les mains un manuscrit de son maître Isaac Barrow et l'a annoté : « Est blanc ce qui

1 - On peut voir dans cette distinction de deux qualités opposées, l'« éclat » et l'« obscurité », une connotation théologique et morale : le droit chemin mène à la lumière, la déviation conduit aux ténèbres.

contient une lumière abondante ; est noir ce qui ne répand pas de lumière... est rouge ce qui émet une lumière intense mais qui est séparé par des interstices sombres ; est bleu ce qui est une lumière raréfiée... » C'est un peu la même théorie qu'il a retrouvée dans Grimaldi qui fait correspondre des couleurs à la variation de la condensation d'un faisceau lumineux.

Newton se fait le défenseur du caractère spécifique et inaltérable de chaque couleur. La lumière est composée de corpuscules de grosseur variable selon la couleur et qui ébranlent le milieu de propagation (l'éther) en y créant des ondes. Par son expérience des *anneaux colorés*, il met en évidence ce qui sera appelé plus tard les « couleurs des lames minces » sans toutefois parvenir à trouver une explication plausible du phénomène [1].

C'est alors l'*experimentum crucis* (« expérience cruciale ») de 1666 qui va apporter à Newton *le* résultat fondamental. Le savant « s'amuse » à regarder les teintes qui apparaissent sur un écran placé derrière un prisme, et il observe une image étalée, rouge d'un côté, violette de l'autre, jaune, verte, bleue dans l'espace intermédiaire. Comme tous ses prédécesseurs, Newton se pose la « grande » question : les couleurs font-elles partie de la lumière (Thierry de Freiberg) ou sont-elles produites par la surface réfractante (Descartes) ? Si les couleurs étaient produites par les surfaces, la présence d'un deuxième prisme sur le chemin du même rayon lumineux aurait pour conséquence de permettre de les peindre à nouveau toutes sur un écran. Or, il n'en est rien. Le résultat prouve à lui seul que les couleurs ne sont pas un effet des surfaces traversées par la lumière. C'est la mort de la théorie de Descartes.

Il reste à expliquer les sensations colorées : en tombant sur la rétine, les corpuscules de lumière engendrent au sein de l'éther présent dans l'œil et dans le nerf optique des vibrations : aux corpuscules de masses différentes correspondent des vibrations de longueurs différentes : « les courtes excitent la sensation de violet foncé...les longues...la sensation de rouge foncé » (*Principia*). Comme on voit derrière un prisme un spectre solaire continu, il n'y a pas seulement sept types de corpuscules différents, correspondant aux sept couleurs, mais il y en a une infinité possédant des masses qui varient continuellement entre deux limites. Selon Newton, c'est par manque de sensibilité que l'œil ne distingue que sept couleurs. Cette approche du processus physiologique de la vision complète élégamment la théorie newtonienne de la couleur.

La perception des couleurs

Les recherches vont se poursuivre et, au début du XIXe siècle, des progrès révolutionnaires s'accomplissent. À la suite de l'Anglais Thomas Young, un jeune polytechnicien de génie, Augustin Fresnel, révèle la nature ondulatoire de la lumière et attribue à chaque longueur d'onde la propriété d'engendrer une couleur différente. Cependant, le newtonisme est toujours triomphant : on continue à parler d'« ondes vertes », d'« ondes rouges », etc.

---

1 - Ces « anneaux », dus au phénomène d'interférences, se produisent concentriquement autour du point de contact d'une lentille convexe et d'une surface plane réfléchissante.

En 1810, Goethe, passionné d'optique presque autant que de littérature, publie *La théorie des couleurs.* Le poète prend parti contre l'analyse newtonienne du spectre. Il distingue trois sortes de couleurs, *physiologiques*, *chimiques* (inhérentes au corps) et *physiques* (engendrées temporairement par la combinaison de la lumière avec les milieux transparents).

Vers 1850, Hermann von Helmoltz étudie les sensations physiologiques engendrées sur la rétine. Il y décrit trois types de récepteurs, respectivement sensibles aux radiations lumineuses de longue, moyenne et courte longueur d'onde, qui excitent le nerf optique pour chacune des trois couleurs fondamentales, rouge, vert, violet (en outre, ces couleurs, en se combinant, donnent le noir, le blanc et toutes les autres couleurs).

James Clerk Maxwell, le savant écossais, ajoute sa contribution à la perception des couleurs ; il attribue aux couleurs fondamentales les radiations suivantes : rouge 0,630 μ, vert 0,528 μ, bleu 0,457 μ. Il précise le concept d'additivité des couleurs.

Auteur d'importants travaux de physiologie expérimentale, l'érudit et savant français Charles Henry analyse, dans les années 1890, la puissance de percussion des couleurs, non sans influencer les peintres néo-impressionnistes (voir encadré ci-dessous), tandis que le physiologiste tchèque Jan Purkinge montre que les valeurs respectives des couleurs varient entre elles quand diminue l'intensité des radiations, la longueur d'onde restant invariable (la nuit, on distingue moins bien le rouge que le bleu).

Enfin, on doit au chimiste Eugène Chevreul la création d'un cercle chromatique de 14400 tonalités, essentiellement conçu pour les lissiers de la manufacture des Gobelins. C'est de sa *théorie des couleurs* que s'inspirèrent, au cours de leurs recherches picturales, les impressionnistes et, plus encore, les divisionnistes.

Le divisionnisme

Basé sur la division des couleurs, telle que l'avaient pratiquée d'instinct les impressionnistes, le néo-impressionnisme – qui fut aussi appelé *divisionnisme* ou *pointillisme* – entendait se servir de façon rationnelle des recherches de l'époque sur la perception des couleurs. L'intention était d'appliquer à la peinture les découvertes des physiologues et des physiciens, à qui *la loi du contraste simultané des couleurs* (1839) d'Eugène Chevreul avait ouvert la voie.

Abandonnant la touche « en virgule » des impressionnistes, les néo-impressionnistes se servent simplement de points dont la taille est proportionnée à la grandeur de la toile. Leur touche divisée assurait le maximum de luminosité au tableau par la pureté des teintes *non mélangées* sur la palette.

À partir du début du XXe siècle, les effets psychologiques des couleurs sont peu à peu mis en évidence. On s'efforce aujourd'hui d'utiliser cette influence sur l'état psychique des individus, notamment dans la signalisation, la décoration, l'aménagement des lieux de travail et la publicité.

CRISTAL

Haüy, 1784 ; Bravais, 1849 ; Curie (Pierre), 1880 ; von Laue, 1912 ; Bragg (William et Lawrence), 1912.
Voir aussi : Dissymétrie moléculaire, Molécule.

Bien connaître les pierres, savoir où les trouver, découvrir leurs propriétés, apprendre à les travailler a été pendant des millénaires l'un des objectifs essentiels de l'homme. Tous les ouvrages qui paraîtront ensuite pendant des siècles seront des livres de minéralogie purement descriptifs. Les cristaux sont évoqués et certains auteurs tentent parfois d'en expliquer la nature et la constitution. La légende veut que Pythagore, qui vivait en Sicile, ait été intrigué par la forme que présente la pyrite dans cette île : un solide dont les douze faces sont des pentagones légèrement irréguliers, un « pyritoèdre » comme on dit maintenant. Cette forme aurait été à l'origine de l'intérêt que Pythagore porta au nombre d'or, déduit de la construction des pentagones réguliers.

Le premier à poser, au sujet des faces des cristaux, des questions tout à fait pertinentes, qui seront approfondies et conduiront aux questions modernes, fut Kepler, au début du XVIIe siècle. Dans *La Strena* (1610), Kepler s'intéresse aux formes hexagonales des flocons de neige et à celles des cristaux. Il fait appel, curieusement, pour expliquer les faces à des arguments animistes : les cristaux auraient des formes géométriques qui seraient le reflet de l'âme de la Terre. Kepler se montre ici fortement imprégné des courants pythagoricien et néo-platonicien qui caractérisent la Renaissance.

Après Kepler, les grands mécaniciens du XVIIe siècle (Galilée, Descartes, Huygens, Newton) vont s'appuyer sur la conviction que Dieu a créé un monde harmonieux, qu'il a écrit la nature en langage mathématique. Les cristaux ont peu d'importance en soi. Ils ne sont qu'un exemple permettant de comprendre la création, même si Huygens peut inférer, à partir des formes extérieures, ce qui n'est pas alors directement accessible à l'observation : l'arrangement microscopique.

En 1669, le Danois Érasmus Bertelsen est en possession d'un cristal provenant d'Islande, dit *spath d'Islande*, dont la propriété de dédoubler la lumière est découverte par Christian Huygens. L'étude des cristaux est poursuivie par Buffon et par Jean-Baptiste Romé de l'Isle qui publie en 1772 un essai de cristallographie où il énonce la première loi de la cristallographie, celle de la constance des angles.

En 1783, l'abbé René Just Haüy (1), considéré comme le père de la cristallographie, fragmente sous le microscope de petits morceaux, tous semblables, rhomboédriques, de calcite. Chaque fois, il obtient des formes, plus petites certes, mais toujours rhomboédriques.

---

1 - À ne pas confondre avec son frère Valentin, bien connu comme fondateur, en 1784, à Paris, d'un établissement destiné à l'instruction des aveugles, qui deviendra l'Institution nationale des jeunes aveugles.

Selon Haüy, il doit exister un plus petit fragment de calcite dont le bris « analyse » la calcite, c'est-à-dire sépare les constituants de la calcite. Cette plus petite masse possible, qui possède toutes les propriétés de la calcite, Haüy l'appelle « molécule intégrante ». C'est à partir d'elle qu'est construite la calcite... Et le savant assemble, par la pensée, ces molécules intégrantes. Il reconstitue les faces de la calcite, qu'il assimile à de petits gradins (invisibles avec les plus puissants microscopes de l'époque). Il explique les clivages et généralise de façon hardie ses déductions et sa construction à tous les cristaux. Il essaie ainsi de déterminer les « noyaux » – les molécules intégrantes – de chacun des cristaux connus, montre que ces noyaux se répartissent en six types seulement, caractérisés par leurs formes géométriques. Avec Haüy, s'ouvre une période de classification *selon la symétrie*.

La cristallographie

La cristallographie, branche de la physique des solides, distingue classiquement deux types de structures, l'une *amorphe*, l'autre *cristalline*. La structure dite amorphe se présente comme un empilement chaotique de motifs ou sous-structures identiques : l'exemple ordinaire de la structure amorphe est le verre, empilement chaotique dont l'organisation est plus proche de celle d'un liquide figé que de l'ordre rigoureux qui règne dans les corps cristallins. Le cristal est caractérisé par l'arrangement parfaitement ordonné et périodique de ses constituants, commandé par un parallélisme. Atomes, ions ou molécules forment le motif de base, répété inchangé dans les trois directions de l'espace ; le quartz en est l'exemple ordinaire.

La géométrie des cristaux

Les cristaux sont un type commun de minéraux. Ils ont à la fois une forme régulière et une beauté remarquable. Comme les autres minéraux, leur géométrie dépend de l'arrangement de leur structure interne. Leurs dispositions symétriques reflètent cet arrangement. Ainsi, comme le montre le schéma ci-dessous, c'est l'arrangement des ions chlorure (les grands cercles blancs) et des ions sodium (les petits cercles noirs) qui détermine la forme du cristal de sel de table. La forme des cristaux plus complexes peut provenir d'un léger réarrangement d'atomes dû à des différences de température et de pression survenues lors de la solidification du cristal.

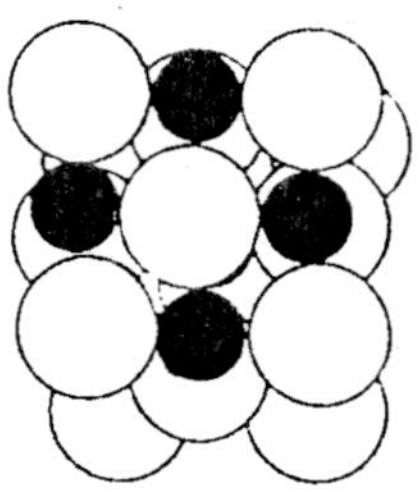

Le cristal de sel de table.

Dans un cristal, où les atomes occupent des positions moyennes fixes, la même disposition d'atomes se répétant périodiquement, il est difficile de définir à quelle molécule appartient chaque atome. Quant aux électrons, il s'agit des électrons périphériques, également appelés électrons de valence, formant une sorte de gaz dans tout le volume du cristal (pour les métaux, mais pas pour les métalloïdes, soufre, phosphore, carbone). La description de leur comportement nécessite un traitement statistique, et l'on recourt dans ce cas à la statistique dite de Fermi-Dirac.

Une structure ordonnée, régulière et périodique

C'est un officier de marine français, Auguste Bravais, qui établit, au milieu du XIXe siècle, une classification rigoureuse des cristaux d'après divers modes d'arrangement possibles des atomes entre eux. Il mit en évidence que ces arrangements sont en nombre limité et qu'ils peuvent être regroupés en 32 « classes de symétrie » et 14 « réseaux ».

À chacun de ces arrangements microscopiques correspondent des plans de « clivage » du cristal, c'est-à-dire ceux le long desquels la matière se scinde aisément. Les fragments d'un cristal brisé gardent la même forme que le cristal initial. Bravais en déduisit intuitivement que les faces planes et les formes géométriques des cristaux sont le reflet d'une structure ordonnée, régulière et périodique des constituants les plus fondamentaux de la matière.

Mais la cristallographie n'est réellement devenue une branche expérimentale de la physique que le jour où l'Allemand Max von Laue eut l'idée, en 1912, pour étudier la disposition des atomes à l'intérieur d'un cristal, d'utiliser le rayonnement X. La nature de ce rayonnement était longtemps demeurée inconnue ; une importante controverse s'était en effet développée à la suite de sa découverte par Wilhelm Röntgen en 1895, car il n'était pas immédiatement évident qu'il s'agissait d'ondes électromagnétiques, au même titre que la lumière et les ondes radio.

L'étude des structures cristallines par les rayons X

Découverts par Röntgen en 1895, les rayons X se caractérisent par des longueurs d'onde extrêmement petites de l'ordre de l'angström (10^{-10} m). Alors que de nombreuses propriétés suggéraient un rayonnement de même nature que la lumière, les partisans de la nature corpusculaire du phénomène objectaient l'absence de diffraction qui doit accompagner le passage d'une onde à travers une ouverture dont les dimensions sont voisines de sa longueur d'onde.

Cependant, vers 1910, l'Anglais Charles Barkla montra que ces rayons X étaient dispersés par des particules en suspension, tout comme la lumière est dispersée dans un gaz contenant des poussières. Ces expériences de dispersion offraient, semble-t-il, la preuve de la nature ondulatoire du rayonnement X. Max von Laue eut alors l'ingénieuse idée d'utiliser les cristaux comme réseaux de diffraction.

Quel avantage présentaient les rayons X ? Comme chacun le sait de par leurs usages médicaux, ils permettent de « voir à l'intérieur » ; ils sont pénétrants. Pour voir des détails d'une certaine dimension ne dépassant pas la taille des atomes dans la matière solide, il faut éclairer ces atomes avec une « lumière » ayant une longueur d'onde correspondant à la taille des détails à observer. Or il se trouve que la distance qui sépare les atomes dans un cristal est précisément de l'ordre de l'angström.

Dans un cristal de sel de cuisine par exemple, la distance entre les atomes (il serait préférable de dire entre les ions Na^+ et Cl^-) est de 4,8 angström. D'où le caractère capital de l'expérience imaginée par Max von Laue. Cette expérience fut réalisée en 1912 par les physiciens Walter Friedrich et Paul Knipping à l'aide d'un cristal de sulfure de cuivre inondé de rayons X. Les clichés obtenus prouvaient, d'une part, que les rayons X étaient bien des ondes électromagnétiques et, d'autre part, que les cristaux étaient symétriquement maillés, comme Bravais l'avait prédit.

Naissance de la radiocristallographie

Six ans après sa découverte des rayons X en 1895, Röntgen fait connaissance d'un jeune étudiant nommé Max von Laue. Celui-ci s'intéresse au phénomène de diffraction des rayons X par les cristaux, mais Röntgen se montre peu encourageant car il n'a lui-même obtenu que peu de succès dans ce domaine. En 1912, von Laue reçoit la visite d'un élève du grand Sommerfeld, Paul Ewald, qui rencontre des difficultés dans l'étude du comportement des ondes lumineuses à travers les réseaux atomiques. Von Laue conseille d'incorporer dans les calculs le cas d'une radiation dont la longueur d'onde serait du même ordre de grandeur que la distance séparant deux atomes d'un édifice cristallin.

Peu après, au cours d'une réunion dans un restaurant munichois, von Laue suggère à un autre jeune chercheur, Walter Friedrich, de soumettre un cristal de sulfate de cuivre à une intense irradiation pour obtenir des interférences et des spectres de diffraction. Friedrich réalise l'*experimentum crucis* (l'expérience décisive) avec l'aide de son ami Paul Knipping. Émis par un tube de Crookes, les rayons passent à travers le cristal et se diffractent avec une symétrie régulière sur une plaque photographique située derrière l'échantillon.

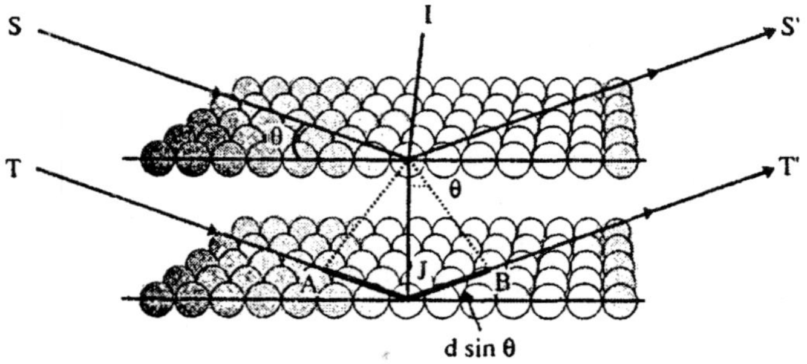

Le rayon X SI vient heurter une des molécules de la couche moléculaire supérieure du cristal de sulfate de cuivre et se diffracte en IS' ; même phénomène pour le rayon X TJ qui se diffracte en JT' après avoir heurté une molécule de la couche inférieure. Il y a interférence des rayons diffractés. L'écran sera impressionné seulement si les ondes retransmises par le cristal sont en phase. Dans ce cas, on pose :

$n\lambda = 2d \sin \theta$ *(équation de Bragg)*

où $n\lambda$ représente un nombre entier de fois la longueur d'onde des rayons X, d la distance entre les deux couches moléculaires et θ l'angle entre le rayon incident et le plan des atomes, dit angle de Bragg.

L'image obtenue, composée de taches noires régulièrement ordonnées, devait être baptisée ultérieurement « diagramme de von Laue ». Von Laue analyse alors les clichés obtenus et parvient à élaborer les premiers éléments de la théorie mathématique du phénomène qu'il vient d'observer. Assez vite, il est capable de prédire toutes les directions de diffraction pour n'importe quel arrangement atomique connu.

La *radiocristallographie*, qui renseigne sur la structure des molécules les plus complexes, est née et sa découverte prend très vite les dimensions d'un mythe.

Toujours en 1912, William Bragg et son fils Lawrence étudièrent à leur tour le phénomène à partir des résultats acquis. Le second énonça la théorie de la diffraction des rayons X par les cristaux ou loi de Bragg.

Cristal et propriétés de symétrie

L'étude de certaines des propriétés des cristaux a conduit à celle de leur *symétrie* puis à celle des grandeurs physiques et des effets liés à cette symétrie. On peut distinguer deux types de symétrie dans le cristal : la *symétrie d'orientation*, symétrie macroscopique qui caractérise la forme du cristal et qui est donnée par l'orientation des faces les unes par rapport aux autres.

La *symétrie de position*, symétrie microscopique que dégage l'arrangement propre des atomes. Cette dernière symétrie comporte toutes les opérations qui ramènent l'arrangement atomique en coïncidence avec lui-même (déplacements d'un atome à un autre, rotations autour d'un centre ou d'un axe, etc.)

Si l'ordre parfait qui règne dans le cristal a servi de modèle pour l'étude de la matière, ce sont les *défauts* dans l'arrangement idéalement régulier des atomes qui déterminent les propriétés des solides réels. Leur présence explique une grande partie des propriétés mécaniques des solides, leur comportement sous l'effet des forces magnétiques et électriques ou sous l'effet de la chaleur.

Dans ce domaine, l'important travail de Pierre Curie l'a conduit à étendre aux phénomènes, et donc aux grandeurs physiques, les considérations de symétrie que l'on appliquait généralement aux objets.

Ce travail peut être résumé en trois points :

– les éléments de symétrie des causes doivent se retrouver dans les effets produits ;

– la dissymétrie des effets doit se retrouver dans les causes ;

– mais la réciproque n'est pas vraie, car les effets peuvent être plus symétriques que les causes.

Autrement dit, en termes très généraux, c'est le milieu qui structure l'effet. Ce qu'on retiendra essentiellement dans l'énoncé de ces principes de causalité, c'est que tout repose en fait sur la définition du mot *dissymétrie* dont Pierre Curie n'hésitait pas à dire, dans une formule restée célèbre, « qu'elle crée le phénomène ». Par dissymétrie, Curie veut simplement faire entendre « absence de certains éléments de symétrie ».

Prenons l'exemple du cristal de tourmaline dont les éléments de symétrie sont bien connus en cristallographie : un axe dit « d'ordre 3 » et trois plans de symétrie longitudinaux se coupant le long de cet axe. L'ensemble est noté (3 m). Il s'agit là du milieu, de la cause. Lorsqu'on chauffe ce milieu, il devient polarisé. Autrement dit apparaît une certaine dissymétrie au cœur du cristal, dissymétrie se traduisant par l'existence d'un champ électrique (le phénomène est appelé pyroélectricité).

Rappelons enfin l'existence des *quasi-cristaux*, découverts encore récemment. Ces quasi-cristaux ont une symétrie pentagonale, mais ils ne sont pas réellement réguliers. Ce sont des alliages d'aluminium et de manganèse qu'on refroidit très rapidement. Cette découverte n'a pas encore généré d'applications techniques.

Piézoélectricité, pyroélectricité

Les recherches de Pierre Curie sur les propriétés de symétrie le conduisirent (en collaboration avec son frère Jacques) à la découverte de la *piézoélectricité* en 1880. Si l'on exerce une pression sur deux faces d'un cristal ne possédant pas de centre de symétrie – le quartz par exemple ou la tourmaline – des charges électriques de signes opposés apparaissent sur les deux faces. Si l'on exerce une traction, des charges apparaissent également, mais leurs signes sont opposés de ceux de l'effet précédent.

Une pression suivie (ou précédée) d'une traction se traduira par l'équivalent de la production d'un courant (et d'un champ) alternatif. Inversement, une tension alternative appliquée aux faces d'un cristal entraînera sa vibration. On peut utiliser la piézoélectricité pour produire des ultrasons (sonars). L'horlogerie moderne utilise aussi les propriétés du quartz à la place des mécanismes traditionnels.

La *pyroélectricité*, phénomène qui s'apparente à la piézoélectricité, est l'apparition de charges électriques à la surface de certains cristaux soumis à l'effet de la chaleur. La dissymétrie est due dans ce cas à une différence de température des faces opposées du cristal.

Cristal et théorie des groupes

L'essor de la cristallographie au XIXe siècle est parallèle à celui de la *théorie des groupes* en mathématiques, théorie déjà utilisée par les cristallographes des deux siècles précédents (Auguste Bravais, Louis Pasteur, Charles Manguin et Pierre Curie) avant d'être systématisée et rationalisée. Par l'intermédiaire de considérations de symétrie, la théorie des groupes aide à comprendre comment, par exemple, un arrangement atomique triplement périodique produit, au niveau macroscopique, des faces, de telle sorte que la forme externe des choses [1] se détermine par l'arrangement de leurs constituants internes.

L'ensemble des opérations de symétrie d'un cristal forme un *groupe*, le produit de deux opérations de symétrie étant encore une opération de symétrie ; l'élément neutre est l'« identité », opération qui consiste « à ne rien faire ». À toute opération de symétrie correspond une opération inverse. La relation entre symétrie de position (atomique) et symétrie d'orientation (les faces du cristal) correspond au passage du microscopique au macroscopique. Un raisonnement fondé sur un théorème

1 - En allemand, la *Gestalt*.

bien connu[1] montre que la symétrie d'orientation reflète la symétrie de position en passant du groupe des opérations de symétrie de position – appelée *groupe de position* – au *groupe d'orientation.*

La théorie des groupes intervient également dans l'un des grands problèmes de la spectroscopie, lié à celui des règles de sélection : connaissant les caractéristiques des états propres d'un système (une molécule par exemple), pourquoi certaines transitions d'un de ces états propres à un autre ne se rencontrent pas dans la nature, ou, comme l'on dit, sont « interdites » ? En d'autres termes pourquoi telle transition « permise » lorsqu'on l'excite avec un champ magnétique se trouve interdite lorsqu'elle est induite par un champ électrique ? Par l'étude des symétries possibles du système total (molécule et agent extérieur responsable de la transition), on montre que les niveaux d'énergie des électrons périphériques (de valence) de tous les atomes sont groupés en *bandes*, certaines bandes étant « permises » aux électrons, d'autres étant en revanche « interdites ».

Cette structure en bandes est responsable des propriétés électriques des solides et explique la distribution entre les *isolants* (où la bande permise totalement remplie ne permet aucun mouvement aux électrons), les *conducteurs* (où elle n'est que partiellement remplie, rendant possible le déplacement des électrons, c'est-à-dire le passage du courant *électrique*) et *semi-conducteurs*. La conductibilité de ces derniers est, comme l'indique leur désignation, variable. Isolants à basse température, ils sont légèrement conducteurs à température ambiante. Au sein d'un cristal semi-conducteur pur tel que le silicium, l'introduction d'atomes bien choisis augmente la conductivité. C'est le procédé bien connu du *dopage* utilisé dans la fabrication des transistors.

1 - C'est le théorème selon lequel on ne peut pas paver un plan avec n'importe quel polygone, et en particulier avec des pentagones réguliers. Voici renouvelée complètement la manière dont il convient d'observer les mosaïques ou les pièces de marqueterie ! Grâce à ces considérations, il est également possible d'éviter d'entreprendre tout ouvrage géométriquement impossible.

DENSITÉ

Archimède, né en 287 av. J.-C.
Voir aussi : Gravitation.

La question de la densité des corps, parfaitement perçue dès l'Antiquité par Archimède, se formule en termes modernes de la façon suivante. Considérons une substance solide, liquide ou gazeuse et mesurons, à l'aide d'une balance, une masse m de la substance. Son poids est donc $P = mg$, g désignant la valeur de l'accélération de la pesanteur au lieu considéré. Soit d'autre part V le volume de la masse m, mesuré dans des conditions déterminées de température et de pression. On appelle *masse volumique* de la substance en cause le rapport m/V de la masse à son volume.

On choisit souvent comme terme de comparaison l'eau prise à une température standard de 4° C [1]. On précise alors « densité par rapport à l'eau » (on mesure donc des *densités relatives*), et le nombre qui mesure cette densité est le même que celui qui mesure la masse volumique de la substance considérée. On peut donc écrire, pour tout solide ou liquide de masse volumique ρ :

$$\text{densité par rapport à l'eau à } 4^\circ \text{ C} = d = \rho$$

La masse volumique et la densité sont fonction de deux variables, la température et la pression (dans le cas des corps incompressibles – les solides, les liquides – il n'est pas nécessaire de préciser les conditions de pression). En revanche, elles ne varient pas d'un corps homogène à un autre. On dit que la masse volumique est une *propriété intrinsèque* d'un corps.

La couronne du tyran

On attribue à Archimède une quarantaine d'inventions qu'il aurait conçues pour Hiéron II, le tyran de Syracuse, tout en les jugeant indignes de sa science. Ses lettres à Conon de Samos et à Dosithée, ainsi qu'à Eratosthène, le premier mesureur du monde, passent en effet ces réalisations sous silence.

Elles constituent pourtant autant d'essais vivants concernant la géométrie et la mécanique dont nous sont parvenus notamment *De la sphère et du cylindre, De la mesure du cercle* (où, notons-le, la valeur de π est précisée), *Des hélices*, ainsi que *De l'arénaire*, un curieux petit traité où Archimède exprime des nombres élevés à l'aide de progressions géométriques.

---

1 - 1 litre d'eau à 4° C a une masse de 1 kg ; 1 cm^3 d'eau à 4° C a une masse de 1 g. Le choix de cette température de 4° est dû à une raison assez inattendue : la densité de l'eau est en effet maximale à cette température. De l'eau refroidie progressivement depuis, par exemple, 20° C, voit sa densité augmenter jusqu'à 4° C, puis, curieusement, diminuer ensuite jusqu'à 0° C où elle devient glace, en diminuant encore de densité, ce qui a pour effet d'augmenter son volume.

En mécanique, on attribue à Archimède l'invention de la vis sans fin, de la poulie mobile, des moufles, des roues dentées. On lui doit le premier traité scientifique de statique (*Sur l'équilibre des plans*) dans lequel figure le principe du levier et les premières bases d'une hydrostatique scientifique (*Des corps flottants*), établie sur le principe fondamental qui porte son nom.

S'étant aperçu que le niveau montait dans son bain lorsqu'il s'y plongeait, Archimède comprit que la quantité qui débordait était égale au volume immergé de son corps (1). Il eut l'idée d'appliquer cette constatation à un problème posé par Hiéron de Syracuse. Ce tyran, d'un naturel méfiant, avait, dit-on, donné de l'or pur à un joaillier, afin que celui-ci fonde et cisèle une couronne consacrée aux dieux et destinée à commémorer son accession au trône. Archimède fut chargé de contrôler le travail de l'artisan sans l'endommager.

Il eut alors l'idée d'immerger dans un récipient rempli d'eau à ras bords, d'abord la couronne, puis de l'or et de l'argent à poids égal à celui de la couronne royale. Il pesa, après chaque manipulation, l'eau qui avait débordé et s'aperçut que l'or déplaçait moins d'eau que l'argent (2), le chiffre de la première pesée (celle de la couronne) étant compris entre les chiffres des deux suivantes. L'explication se situe au niveau du « principe d'Archimède » : « Si l'on place dans un liquide un solide d'une densité supérieure à celle du liquide, le solide s'enfonce dans le liquide et on le trouve plus léger que son poids réel. La différence est égale au poids du liquide déplacé. » La preuve était donc faite que la couronne était constituée, non pas d'or pur, mais d'un alliage d'or et d'argent... Le joaillier, voleur d'or pur, dut s'amender.

Les grands inventeurs de l'antiquité

C'est à Archimède que revient l'honneur d'avoir inspiré les premiers ingénieurs de l'Antiquité, même si les Grecs attribuaient la paternité de nombreux objets ou idées courantes – comme le calendrier, l'alphabet, la monnaie, les poids et mesures, la prédiction des éclipses et le jeu d'échecs – à un héros mythique. On doit à Ctésibios, disciple d'Archimède, l'invention de la première clepsydre à roue dentée, de pompes aspirantes et d'un orgue hydraulique. Ingénieur hydraulicien, Philon de Byzance eut pour disciple Héron, l'un des plus grands inventeurs alexandrins.

Il conçut des automates, des machines à vent, des clepsydres, un niveau d'eau monté sur vis micrométrique qui fait de lui le père de la géodésie moderne. La *fontaine* dite *de Héron* fonctionne par compression de l'air et de l'eau. Ayant découvert les propriétés de l'air chaud, Héron attacha également son nom à l'*éolipile*, ancêtre de la turbine à vapeur. Il a étudié les phénomènes de réflexion de la lumière, tant sur les miroirs convexes ou concaves que sur les miroirs plans, et écrit des traités de mathématiques (mesure des aires et des volumes) et de mécanique.

1 - Frappé par ce phénomène d'apparence triviale, il sortit, selon Vitruve, de son bain pour se ruer tout nu dans la rue en criant : « Euréka ! Euréka ! » (« J'ai trouvé ! J'ai trouvé ! »).

2 - La valeur moderne de la densité de l'or est de 19,42 ; celle de l'argent de 10,54.

Toujours le principe d'Archimède

L'historien Clive Hart, qui a recensé les diverses tentatives faites avant la célèbre expérience aérostatique des frères Montgolfier en 1783, en dénombre une cinquantaine dans son livre *The Prehistory of Flight*. Aucune n'aboutit, mais, selon cet auteur, il n'est toutefois pas exclu que « quelques aviateurs primitifs aient réussi à faire voler et à diriger des planeurs, qui atterrissaient en catastrophe ». En fait, presque toutes les tentatives sont réalisées, avant 1783, avec des « plus-lourds-que-l'air », tandis que la première expérience réussie d'envol est effectuée avec un ballon, c'est-à-dire avec un « plus-léger-que-l'air ». Et l'on retrouve ici le phénomène de *densité relative* des corps d'Archimède. Car ce phénomène concerne aussi les fluides, qu'ils soient liquides ou gazeux. En mélangeant dans un récipient de l'huile avec du vinaigre, l'huile, de densité moindre que le vinaigre, subit une poussée vers le haut du récipient.

La même expérience peut être répétée avec deux gaz de densités différentes : l'air atmosphérique et l'hydrogène par exemple. Les pionniers de l'aérostatique ont conscience de ce phénomène : en 1670, le jésuite italien Francesco de Lana-Terzi envisage de construire un vaisseau volant dont l'ascension sera réalisée grâce à quatre sphères de cuivre creuses, d'où l'air aura été évacué. Son appareil, devenu « plus-léger-que-l'air », pourra s'élever.

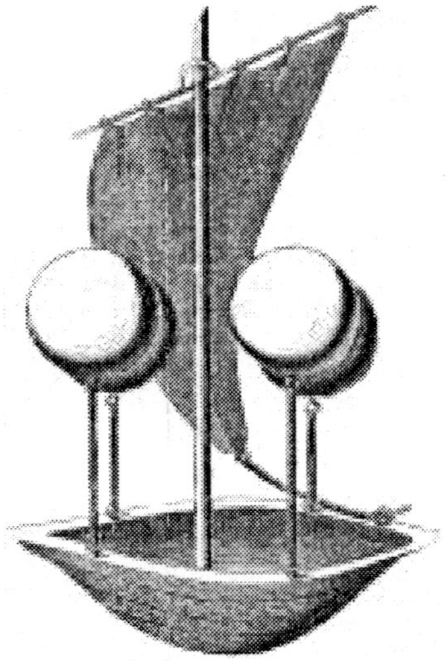

Projet de bateau volant, fantaisie scientifique du jésuite Lana-Terzi (1670).

Mais la technique de production du vide envisagée par Lana-Terzi est défectueuse, et les sphères de cuivre, qui ne doivent avoir qu'un dixième de millimètre d'épaisseur, sont alors quasiment impossibles à construire. En fait, le premier homme (avant les frères Montgolfier) à réaliser l'ascension d'un ballon sera un autre jésuite, le Portugais Bartolomeo Lourenço de Gusmào, qui fait la démonstration de l'envol d'un modèle réduit de ballon à air chaud devant le roi du Portugal, en 1709. La chaleur produite a pour effet de raréfier l'air dans l'enveloppe du ballon et de permettre à celui-ci de s'élever.

DÉSORDRE

Maxwell, 1860 ; Clausius, 1865 ; Boltzmann, 1877.
Voir aussi : Conservation de l'énergie, Réversibilité.

Lorsqu'on plonge un glaçon dans un verre d'eau tiède, va-t-il fondre pour donner de l'eau fraîche, ou, au contraire, grossir dans une eau devenant de plus en plus chaude, ce qui serait une autre façon de maintenir la température moyenne inchangée ? C'est à peu près l'expérience imaginée dans un ouvrage de vulgarisation connu écrit en 1945 par George Gamow : *Mr Tompkins explore l'atome*. C'est en tout cas une situation alternative très sérieuse puisqu'elle indique – c'est le deuxième principe de la thermodynamique – qu'un système isolé [(1)] évolue toujours vers une plus grande homogénéité : les différences de température, de pression, etc., ont tendance à s'estomper.

Rudolf Clausius a établi une formulation quantitative de ce principe à l'aide d'une grandeur clairement spécifiée : l'*entropie*. Le mot entropie sert tout simplement à décrire le degré de désordre du mouvement moléculaire dans un corps ou un système de corps donné. Les nombreuses collisions entre molécules ont toujours pour effet d'accroître l'entropie du système, car c'est le désordre absolu qui est l'état le plus probable de tout ensemble statistique.

Le deuxième principe de la thermodynamique ne fait donc qu'indiquer que la quantité d'entropie – ou de désordre – est croissante dans un système isolé. Un verre d'eau tiède est considéré comme plus désordonné qu'un verre d'eau chaude dans lequel flotte un glaçon. En effet, tandis que, dans le premier cas, il est impossible de différencier les molécules d'eau qui ont toutes la même température, on peut, dans le second cas, clairement distinguer les molécules d'eau chaude des molécules d'eau froide. Ainsi, en l'absence d'apport d'énergie, l'information que l'on possède sur un système diminue : c'est ce qu'on appelle la *loi du désordre croissant* (ou de l'*ignorance croissante*).

On peut en conclure qu'avoir de l'information équivaut à rétablir des structures d'ordre et on parvient à l'équivalence suivante : information = entropie négative = néguentropie. Posséder l'information revient à la possibilité de freiner le désordre, de l'empêcher de s'installer en maître, de rétablir une structure d'ordre.

Le démon de Maxwell

L'interprétation du deuxième principe comme perte d'information a été tenue en échec par Maxwell, le fondateur de l'électromagnétisme et l'inventeur d'un paradoxe connu sous le nom de *démon de Maxwell*. Il imagine une enceinte séparée en deux chambres reliées par un sas. Cette enceinte est remplie d'un gaz

1 - Un système isolé est un système qui n'échange ni énergie ni matière avec son environnement.

constitué de molécules animées de vitesses différentes. À l'interface entre les deux chambres, un démon [1] ouvre le sas dès qu'il voit une molécule rapide se diriger vers la chambre de gauche ou une molécule lente se diriger vers la chambre de droite. Au bout du compte, explique Maxwell, une des chambres va contenir un gaz de plus en plus chaud, constitué des molécules rapides, et l'autre un gaz de plus en plus froid, constitué des molécules lentes. Cette répartition viole le deuxième principe, et cela grâce à l'intelligence d'un petit être clairvoyant et observateur.

« Sainte Entropie ! Cela bout ! »

Dessin de George Gamow, extrait de « Mr Tompkins explore l'atome » (1945).

À la surface du verre de whisky, voisinent des molécules d'eau et des molécules d'alcool dans lesquelles flottent des cubes de glace. Voici ce que rapporte George Gamow, auteur de *Mr Tompkins explore l'atome* : « Armé d'une sorte de raquette de tennis, il [le démon] tapait les molécules autour de lui... En quelques minutes, les résultats devinrent visibles. Tandis qu'une partie de la surface liquide était couverte de molécules tranquilles, qui se mouvaient lentement, la région située autour des glaçons était plus furieusement agitée que jamais.

Le nombre de molécules qui s'échappaient par évaporation augmentait rapidement... La surface était couverte de bulles qui jaillissaient violemment, et une fine vapeur s'élevait lentement vers le plafond. » Le démon a donc « trié » les molécules jusqu'à faire bouillir le whisky. Par une chance incroyable, peut-être pour la première fois depuis le commencement du monde, les molécules rapides se sont groupées d'elles-même par hasard en un point de la surface et *le liquide a commencé à bouillir tout seul.*

---

1 - C'est William Thomson, plus tard lord Kelvin, qui « diabolisera » le petit être de Maxwell, primitivement conçu comme un petit être très vif connaissant les trajectoires et les vitesses de toutes les molécules par simple inspection.

Il est clair que le paradoxe de Maxwell soulève une difficulté. Il établit une équivalence entre un *concept objectif* – l'entropie – et un *concept subjectif* – l'information. Il tient, soulignons-le, au fait que les êtres vivants ne sont pas des « systèmes isolés » et échappent à ce titre au second principe, laissant songeurs certains physiciens, dont précisément Maxwell. Bien longtemps après l'invention du démon de Maxwell, Leo Szilard, puis Léon Brilloin en 1850 levèrent le paradoxe.

Acquérir de l'information équivaut à une dépense d'énergie (pour lire un texte, on doit consommer des calories). Or, pour manœuvrer le sas à bon escient, le démon doit être « informé » de la vitesse de la molécule. La connaissance acquise par le démon entraîne ainsi une augmentation de l'entropie. Il paraît donc naturel d'interpréter le deuxième principe de la thermodynamique comme une perte progressive de l'information que l'on possède sur un système.

L'interprétation probabiliste de Boltzmann

S'il est vrai qu'il existe une conservation de l'énergie, il n'est pas vrai que toutes les énergies soient également « nobles ». On peut transformer intégralement une énergie mécanique en énergie thermique, mais le processus inverse engendre une perte d'une certaine quantité d'énergie thermique, et celle-là n'est plus récupérable pour recréer le mouvement. Il y a donc une dégradation de l'énergie, une perte générale de l'ordre au profit du désordre, et ainsi il existe une flèche du temps irréversible.

Le second principe, tel qu'il fut énoncé par Clausius, avait pour objet ce que nous pouvons appeler l'activité physico-chimique de la matière. Les réactions chimiques, les phénomènes de transport, de diffusion, de propagation, qui correspondent à des évolutions à entropie croissante, ne peuvent être idéalisés comme des processus réversibles (contrairement au mouvement du pendule par exemple). Toute réaction chimique marque une différence entre le passé et le futur, se produit dans la direction de notre futur. De même, c'est dans la direction de notre futur, non dans celle de notre passé, que la chaleur diffuse d'un point plus chaud vers un point plus froid.

Cependant, le second principe définit cette activité d'un point de vue très particulier : en tant que, dans certaines conditions, elle mène inévitablement à sa propre disparition, c'est-à-dire à l'état d'équilibre. La seconde loi de la thermodynamique postule donc un principe d'*évolution* : dans un système isolé, il existe une fonction appelée *entropie* qui ne peut que croître, ou rester constante à l'équilibre.

Si ce concept d'entropie permit à Clausius, dès 1865, d'aboutir à l'énoncé de ce *second principe de la thermodynamique*, sa spécification n'a pu être comprise qu'en 1877 grâce à l'interprétation de Boltzmann. Celui-ci relia entropie et probabilité : il donna de l'entropie une interprétation probabiliste qui s'applique statistiquement aux grands ensembles de molécules. L'interprétation probabiliste de Boltzmann renvoie l'irréversibilité des phénomènes observables au caractère grossier, « macroscopique » de nos observations.

Celui qui aurait la faculté de suivre, dans l'exemple cité de l'enceinte remplie de gaz, le mouvement de chaque molécule décrirait un système *réversible*. C'est parce que nous ne prenons en compte que le nombre moyen de molécules que mesure la pression dans chaque compartiment que nous décrivons un système évoluant irréversiblement vers l'équilibre des pressions.

Selon l'interprétation de Boltzmann, l'irréversibilité des processus que nous observons autour de nous renvoie à un état de fait : le monde n'est pas uniforme, n'est pas dans son état « le plus probable ». Nous vivons dans un monde « impossible » et la « flèche du temps », la possibilité de définir une différence entre l'avant et l'après, n'est rien d'autre que la conséquence de ce fait.

La conclusion paradoxale à laquelle parvint finalement Boltzmann est donc que l'irréversibilité ne renvoie pas aux lois fondamentales de la nature, mais à la manière grossière, macroscopique dont nous la décrivons. Alors qu'il avait cherché à interpréter l'irréversibilité du temps en termes de lois fondamentales, Boltzmann en vint à ramener la flèche du temps à un fait contingent : le monde que nous observons n'est qu'une fluctuation locale dans un univers qui, globalement, ignore la direction du temps ; en d'autres régions de l'univers, statistiquement aussi nombreuses que celles qui partagent notre flèche du temps, l'entropie serait décroissante.

> « Parmi ces mondes, écrit Boltzmann, il s'en trouvera dont les états sont à probabilité (c'est-à-dire à entropie) croissante, aussi souvent que d'autres dont les états ont des probabilités décroissantes. Au sein de l'univers dans son entier, les deux directions du temps ne peuvent être distinguées, exactement comme, dans l'espace, il n'y a pas de haut ni de bas. Il me semble que cette manière de considérer les choses est la seule qui nous permette de comprendre la validité de la seconde loi et la mort thermique de chaque monde individuel sans invoquer un changement unidirectionnel de l'univers entier d'un état initial défini vers un état final »[(1)]. (Extrait cité par Karl Popper dans *La quête inachevée*, Calmann-Lévy, 1981).

La conséquence est que, en thermodynamique statistique, le second principe n'est pas une vérité absolue. Comme tous les micro-états d'un système sont également probables, il existe une probabilité faible, mais non nulle, que des fluctuations des micro-états fassent apparaître un macro-état hautement ordonné. Par exemple, la probabilité d'une diminution spontanée de l'entropie d'une mole d'hélium à 0°C est d'environ $1/10^{19}$: il est donc possible, en principe, bien que cela soit hautement improbable, que toutes les molécules d'air d'une enceinte se concentrent dans un coin, laissant le vide dans le reste de l'enceinte.

Les héritiers de Boltzmann sauront transformer en triomphe ce que Boltzmann a vécu comme un échec dramatique (on sait que le savant autrichien mit fin à ses jours). La négation de l'irréversibilité du temps, qui fut pour Boltzmann une solution de désespoir, est devenue, pour la plupart des physiciens de la génération d'Einstein, le symbole même de ce qui, pour eux, est la vocation de la physique : atteindre, au-delà du réel observable, une réalité intelligible intemporelle.

---

1 - À l'origine, selon la loi de Carnot-Clausius, le second principe ne s'exerce que dans les systèmes clos. Mais il n'est pas sûr que l'univers, qui est infini, puisse être considéré comme un système clos. Tant que cette question ne sera pas réglée, on pourra, dans une certaine mesure, ignorer le second principe de la thermodynamique.

DISSYMÉTRIE MOLÉCULAIRE

Arago, 1811 ; Biot, 1815 ; Pasteur, 1847 ; Le Bel et Van't Hoff, 1874.
Voir aussi : Isomérie, Synthèse moléculaire.

L'un des concepts qui intéressent le plus les scientifiques est celui de la symétrie. Dans tous domaines de la science, de la biologie à la physique fondamentale, ce concept est omniprésent. L'être humain est presque symétrique, à part le cœur qui est à gauche et le fait que la plupart d'entre nous sont droitiers. Certaines plantes s'enroulent toujours à droite, d'autres toujours à gauche. Ces propriétés ne sont pas toujours le résultat du hasard...

Une longue tradition de recherche

Vers 1810, il y avait en France une longue tradition de recherche sur la nature et les propriétés des cristaux. On s'intéressait en particulier à un problème situé à la frontière de la cristallographie, de l'optique, de la biologie et de la chimie organique, celui de la « synthèse asymétrique ».

En 1811, Louis Arago, dans le quartz taillé perpendiculairement à l'axe optique (1) et, en 1815, Jean-Baptiste Biot, dans de nombreux liquides organiques, comme l'essence de térébenthine, les solutions sucrées, etc., découvraient que ces substances ont la propriété de provoquer une déviation de la direction de polarisation de la lumière polarisée (2) qui les traverse. En d'autres termes, le plan de vibration du faisceau de lumière polarisée qui ressort de ce milieu fait un angle avec celui du rayon polarisé de départ.

Plus tard, en 1844, le cristallographe Eilhard Mitscherlich avait observé l'existence de deux isomères (voir Isomérie) de l'acide tartrique ayant des propriétés optiques différentes. Lorsque, trois ans plus tard, au cours de son doctorat, Louis Pasteur s'intéressa à ce problème, beaucoup d'observations avaient donc été faites ; l'activité optique du quartz avait été reliée à la forme des cristaux. On pouvait séparer ceux-ci en deux groupes, les uns étant comme l'image des autres dans un miroir.

---

1 - L'« axe optique » est, pour un cristal optiquement anisotrope (dont les propriétés optiques varient suivant la direction), une direction privilégiée.

2 - Les ondes lumineuses émises par une source sont des vibrations transversales qui se transmettent dans toutes les directions de l'espace. Certaines substances ont la propriété de ne les transmettre que dans un seul plan : la lumière est dite alors *polarisée* (Malus, 1808). On obtient une lumière polarisée en faisant tomber un faisceau lumineux sur un spath d'Islande par exemple ou sur un dispositif polariseur quelconque. Si l'on fait tomber un faisceau de lumière polarisée sur un échantillon de substance organique, on constate parfois que la lumière transmise après passage à travers la substance ne vibre plus dans le même plan. On dit qu'il y a eu rotation du plan de polarisation et que la substance organique en cause est *optiquement active*.

Les molécules « gauches » et les molécules « droites »

De nombreuses molécules, en particulier les molécules organiques (celles qui contiennent des atomes de carbone), ont la propriété d'être « droites » ou « gauches ». Généralement, l'atome de carbone est lié à quatre autres atomes ou groupes d'atomes qui occupent les sommets d'un tétraèdre dont l'atome de carbone occupe le centre (figure ci-dessous). Quand les quatre groupes liés à l'atome sont différents, on peut les disposer de deux façons différentes dans l'espace (de même que le tétraèdre dessiné par les trois premiers doigts de la main gauche et le bras gauche est différent de celui que l'on forme avec les trois doigts de la main droite et le bras droit). Quand deux des groupes liés à l'atome de carbone central sont identiques, les deux images de la molécule dans un miroir sont superposables et il n'existe plus de configurations droite et gauche distinctes (figure ci-dessous).

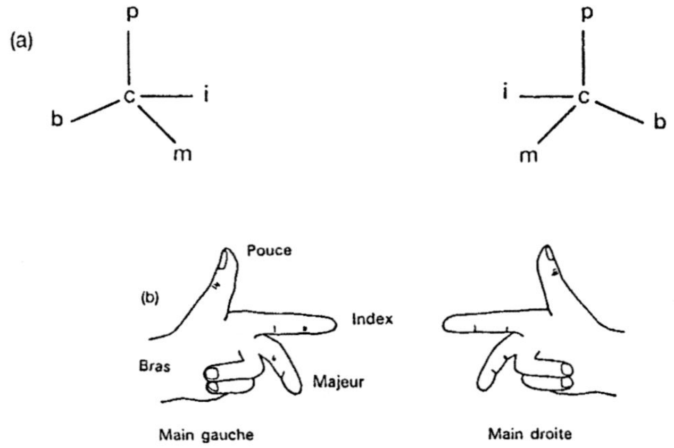

Deux configurations spatiales de l'atome de carbone lié à quatre atomes ou groupements d'atomes différents notés b (bras), p (pouce), i (index) et m (majeur).

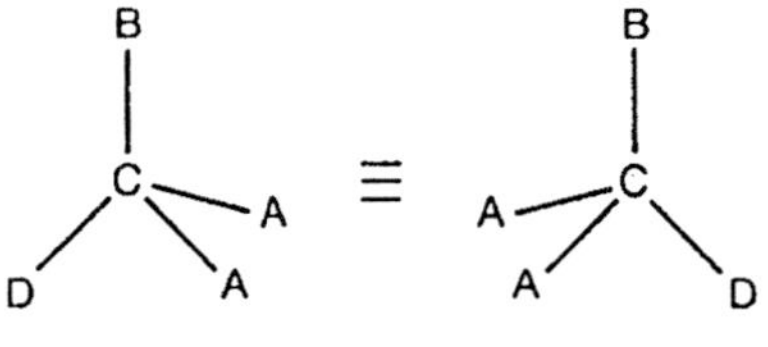

La molécule CA_2BD n'est pas chirale : les deux images de cette molécule dans un miroir sont identiques.

Le résultat de la plupart des synthèses effectuées au laboratoire est un mélange en proportions égales de molécules gauches et droites. En revanche, la nature favorise presque toujours la formation de l'un des deux types de molécules. La plupart des propriétés des configurations droite et gauche d'une même molécule sont rigoureusement identiques : les deux configurations ont la même masse et elles interviennent dans les mêmes réactions chimiques. Les deux formes présentent toutefois une différence de comportement notable vis-à-vis de la lumière polarisée. Quand cette lumière polarisée traverse une solution contenant uniquement des molécules gauches, son plan de polarisation sera dévié dans un sens, alors qu'en présence de molécules droites du même composé, son plan sera dévié d'un angle égal, mais dans le sens opposé. Les substances qui possèdent cette propriété sont dites « optiquement actives ». Par rapport à un observateur supposé regarder le phénomène, on dit qu'elles sont « dextrogyres » lorsqu'elles font tourner la direction vers sa droite, « lévogyres » lorsqu'elles la font tourner vers sa gauche.

On a démontré que tout cristal optiquement actif existe dans la nature sous les deux formes : dextrogyre et lévogyre. La structure de ce cristal est « chirale », ce qui peut se traduire schématiquement par le fait que ce cristal n'est pas superposable à son image dans le miroir (tout comme la main droite et la main gauche).

La nature du phénomène de symétrie qui était à l'origine du « pouvoir rotatoire » fut essentiellement précisée en 1874 par Le Bel et Van't Hoff qui peuvent être considérés comme les véritables fondateurs de la stéréochimie.

Pasteur parvint à séparer à la main, après cristallisation lente, les deux types de cristaux du tartrate double de sodium et d'ammonium. Les deux solutions faisaient tourner le plan de polarisation en sens inverse et leur mélange était inactif. Pasteur formula l'hypothèse que la différence de symétrie dans les cristaux, qui provoquait un comportement différent envers la lumière polarisée, était due à une différence de symétrie dans la molécule elle-même puisque la propriété se conservait en solution.

La « polarisation rotatoire », phénomène encore mystérieux à l'époque de Pasteur, était ainsi révélée. L'origine du phénomène, qui fut découverte après coup, est une interaction entre le champ électrique de la lumière et les charges électriques positives des noyaux atomiques et négatives des électrons. Cette interaction s'accompagne d'une modification du trajet de la lumière et d'une rotation de son plan de polarisation dans un sens ou dans l'autre (on dit que les molécules sont « chirales », du mot grec qui signifie « main »).

Ce que montrèrent ensuite les travaux entrepris à la suite des découvertes de Pasteur, par Pasteur lui-même et par d'autres, notamment Émile Jungfleisch, c'est que « la synthèse en laboratoire de tels corps, en partant de produits optiquement inactifs, conduit toujours à un composé qui est lui-même inactif, parce qu'il est constitué en quantité égale de molécules (ou de cristaux) dextrogyres et lévogyres ». Les rotations à droite et à gauche de la polarisation de la lumière, provoquées par les deux sortes de molécules (ou de cristaux), se compensent en effet globalement.

Au contraire, dans la nature, les substances organiques ne se rencontrent que sous l'une des deux formes : dextrogyre ou lévogyre (voir ci-dessous). Pasteur découvrit ensuite qu'une moisissure qu'on laisse se développer dans une solution contenant les configurations gauche et droite de l'acide tartrique n'utilisait qu'une seule des deux formes du composé : la solution devenait progressivement optiquement active.

Pasteur perçut toute la portée de ce phénomène. La moisissure ne consommait qu'une des deux formes de la molécule d'acide tartrique : il conclut que la moisissure elle-même était constituée de molécules optiquement actives. Il postula alors que la chiralité des molécules était un phénomène général distinguant la matière vivante ou morte de la matière inanimée. Les recherches ultérieures devaient confirmer les hypothèses de Pasteur[(1)].

Les molécules chirales dans la nature

Le principal intérêt de la chiralité est de permettre l'adaptation de formes entre elles, de la même façon qu'un gant s'adapte à une main, mais pas à l'autre. Les « gants moléculaires » s'adaptent uniquement à la forme droite d'une molécule ou uniquement à sa forme gauche. Physiologiquement, nous reconnaissons la poche moléculaire (le récepteur) qui est destinée à la recevoir. Les molécules qui s'adaptent à un récepteur du goût déclenchent un signal auquel le cerveau associe un goût particulier ; celles dont la forme ne s'adapte pas au récepteur ne déclenchent aucun signal de goût. Ainsi la forme droite d'un acide aminé, la phénylalanine, possède un goût sucré, mais sa forme gauche à un goût amer. L'une des formes du glucose est sucrée, alors que l'autre forme est salée.

La synthèse asymétrique

En fait, Pasteur essaya, par divers procédés, de reproduire en laboratoire ce que réalise le monde vivant : soit la forme droite, soit la forme gauche. Il n'obtient qu'un mélange des deux formes, dit « racémique ». Cette opération, qui porte le nom de synthèse « asymétrique », semblait redonner crédit à une ancienne croyance : la « force vitale » ; elle permettait en tout cas aux vitalistes de forger de nouveaux arguments pour maintenir leur opinion, puisque la réalité de la force vitale semblait avoir été prouvée[(2)].

En 1878, Pasteur comprit que cette synthèse asymétrique, dernier refuge des vitalistes, constituait un fait considérable qui serait à l'origine de bien des développements fondamentaux, non seulement en chimie, mais aussi en biologie et en génétique. Le grand savant écrivit ces mots prémonitoires :

> « La dissymétrie moléculaire mise en évidence par le phénomène rotatoire et l'hémiédrie établit une ligne de démarcation profonde entre les produits organiques naturels et les produits artificiels, non pas dans les modes généraux d'action de ces classes de substances, mais au moment de leur formation ;

1 - Notons que le phénomène de découverte de molécules chirales avec prédominance d'une des deux configurations pourrait aider les chercheurs à déterminer si la vie a existé sur d'autres planètes.

2 - Les programmes scolaires séparent encore la « chimie minérale » de la « chimie organique ». La seconde concernait à ses débuts les substances dont l'origine est un être vivant, animal ou plante. Les définitions contemporaines précisent qu'il s'agit de composés du carbone. Au début du XIXe siècle, les différences réelles entre les différents types de composés sont, par certains savants et philosophes, codifiés dans une idéologie déiste qui attribue à la seule « Vie » la possibilité de réaliser de tels composés. Et la « Vie », émanation de la « force vitale », ne saurait être imputable qu'à un créateur. Berzelius écrit : « Tout ce qui tient à la nature organique annonce un tout sage et se distingue comme production d'un entendement supérieur. »

alors que les atomes élémentaires qui doivent constituer la molécule du corps sont en présence et que la combinaison va se produire, une influence secrète groupe dissymétriquement les atomes s'il s'agit d'une combinaison d'ordre vital. C'est là, à mon sens, dans le cadre des études scientifiques, un fait considérable qui touche aux conditions les plus cachées de la création et de la vie, et qui signale à l'attention l'un des plus importants mystères de l'organisation. » (Œuvres de Pasteur, t. 1, Paris, 1992).

Aujourd'hui, les biochimistes savent que les molécules qui participent au fonctionnement des systèmes vivants sont chirales, et qu'en outre, elles existent parfois à l'état naturel seulement sous une des deux formes. Ainsi tous les acides aminés naturels (les constituants des protéines) sont des formes gauches. Dans le foie, une enzyme détruit toute forme droite d'acide aminé que nous pourrions synthétiser ou consommer accidentellement.

L'ADN, la molécule de l'hérédité, est une longue molécule filiforme dont la chiralité est bien précise : une double hélice droite. Il existe donc manifestement une relation étroite entre la nature de la vie et la symétrie des molécules constitutives des systèmes vivants. On peut néanmoins se demander pourquoi toutes les molécules qui participent au fonctionnement d'un système vivant sont pourvues d'une chiralité bien précise ; le mystère reste entier, en dépit de multiples spéculations intéressantes (1).

1 - Au départ de l'évolution, les deux formes auraient dû avoir les mêmes chances de « réussite ». La forme existant actuellement n'a pu être que favorisée par le hasard et dévorer l'autre. Pour les rationalistes qui refusent l'intervention du surnaturel, le mystère reste donc bien entier...

ÉCHELLE (de Planck)

Planck, 1900 ; Einstein, 1905.

Voir aussi : Big Bang, Constantes, Cordes, Interactions fondamentales, Trou noir, Unification.

Il existe en physique des expressions comme interactions, Big Bang, quantification, constantes, etc., qui portent en elles des concepts d'échelles de temps ou de distance qui leur sont propres. Ces quelques expressions – il y en a d'autres – nous amènent à introduire des idées « naturelles » de longueur, de temps, de température, exprimées seulement à l'aide des trois constantes universelles, c (vitesse de la lumière), G (constante de couplage gravitationnel) et h (constante de Planck).

Les frontières de la connaissance

L'histoire de la première 10^{-43} seconde d'existence de l'univers est dominée par la physique quantique, pour autant que la notion de temps ait encore un sens. Lorsqu'on descend à des intervalles de temps infimes, la signification du temps lui-même devient problématique, de la même manière que la position et la vitesse d'une particule deviennent incertaines à l'échelle quantique.

En 1913, Max Planck fit valoir que les constantes fondamentales de la physique (c, G, h) peuvent être combinées de différentes manières pour produire des nombres qui, dans un certain sens, représentent la plus petite longueur, la plus petite masse et le plus petit temps ayant encore un sens. Que l'on y songe : la longueur de Planck est égale à 10^{-33} centimètre ; la masse de Planck est égale à 10^{-5} gramme et l'intervalle de temps de Planck à 10^{-43} seconde à peu près. Par exemple, le temps de Planck est le temps que met la lumière à parcourir la longueur de Planck (qui est environ 10^{-20} fois inférieure à la taille du proton).

Le temps de Planck : 10^{-43} seconde

Ce temps est inimaginablement court. Le premier chiffre non nul ne survient... qu'après 43 zéros. La durée d'un flash photographique occuperait un milliard de milliards de fois plus de temps dans l'histoire entière de l'univers que 10^{-43} seconde n'en occuperait dans une seconde.

À 10^{-43} seconde après le Big Bang, ce qui deviendra l'univers observable d'aujourd'hui n'a que 10^{-33} centimètre de diamètre. Il est 10 millions de milliards de milliards de fois plus petit qu'un atome d'hydrogène. L'univers est tellement jeune que la lumière n'a pu voyager bien loin ; l' « horizon cosmologique » (ce qui délimite la région observable de l'univers) est tout proche. Il est, en outre, inimaginablement chaud (10^{32} K) et dense. Son énergie est incommensurablement grande. À 10^{-43} seconde, l'univers est tellement comprimé et la densité si grande que la gravité, qui est d'ordinaire négligeable à l'échelle microscopique, devient aussi importante que les autres forces, les forces nucléaires forte et faible et la force électromagnétique.

Les physiciens ne savent pas décrire le comportement des atomes et de la lumière quand la gravité devient intense. Ce problème a été signalé par Max Planck dès le début du siècle. C'est pourquoi le temps de 10^{-43} seconde est appelé « temps de Planck ».

Une manière d'interpréter le temps de Planck est de considérer qu'il définit tout à la fois une échelle de temps et une échelle de distance sur lesquels les effets quantiques de la gravitation dominent la structure de l'espace-temps. L'échelle de distance incriminée est celle où la gravité devient égale aux autres forces de la nature, à savoir à des températures de l'ordre de 10^{32} K – c'est la température de Planck – et des énergies de 10^{29} GeV (1). Dans la théorie de la gravitation quantique, sur laquelle se fondent tous les espoirs de construire un jour une théorie unifiée des quatre interactions fondamentales, les objets élémentaires ne sont plus des particules mais des cordes dont l'extension spatiale est très petite, environ 10^{-33} cm.

On voit que l'échelle définie par ces unités nous renvoie à ce que fut l'univers au voisinage immédiat de la singularité associée au Big Bang. La description d'un univers dont le rayon est de l'ordre de 10^{-33} cm doit incorporer à la fois la mécanique quantique et la relativité.

Si l'univers n'était qu'un trou noir ?

L'échelle de Planck nous permet de tirer une conclusion assez curieuse quant aux « objets » qui ont pu peupler l'univers avant la limite fatidique définie par cette échelle. On peut en effet définir une masse en termes des trois constantes universelles. Or curieusement, cette masse de Planck (déjà citée), de l'ordre de 10^{-5} gramme, est grande par rapport à la masse typique d'une particule élémentaire ; la masse du proton, par exemple, est de l'ordre de 10^{-23} gramme. La masse de Planck correspond ainsi à celle d'un nombre colossal de protons (10^{18}). Comment concevoir une particule aussi monstrueuse ? On pense aujourd'hui qu'il s'agirait de mini-trous noirs.

Ces corps hyper-massifs débouchent sur une révolution intellectuelle. Les répercussions ne sont pas moins extraordinaires sur le plan scientifique, tant il est vrai que le physicien n'admet pas la notion mathématique de « point sans dimension ». À ses yeux, on devrait atteindre avec ces corps les premières granulations dont justement l'espace et le temps tirèrent leur substance au niveau de la particule élémentaire, comme si cette dernière représentait aussi bien le stade ultime de la contraction d'un trou noir, que le germe dont serait né un nuage de matière lorsque notre univers apparut.

---

1 - GeV = 10^9 eV. L'électron-volt (eV) est l'énergie acquise par un électron soumis à une tension de 1 volt. On distingue également le MeV (10^6 eV).

ÉLECTRICITÉ

Gilbert, vers 1600 ; von Guericke, 1672 ; von Musschenbroek, 1745 ; Coulomb, 1785 ; Faraday, 1821-1831 ; Gramme, 1873 ; Tesla, 1888.
Voir aussi : Champ, Cristal, Électromagnétisme, Électron, Gravitation, Magnétisme.

On sait depuis longtemps qu'un morceau d'ambre frotté avec de la fourrure attire des morceaux légers de matériaux divers. Dans le dialogue du *Timée*, Platon décrit ainsi les « merveilles concernant l'attraction de l'ambre ». Très tôt, on s'aperçoit que le jais, une forme compacte du carbone, possède également cette propriété d'attirer divers corps légers. Au début du VIIIe siècle, Bède le Vénérable, un moine anglais qui étudie aussi les marées, décrit les propriétés électrostatiques du jais dans son *Histoire ecclésiastique de l'Angleterre* ; il remarque que le jais, « quand il est échauffé par frottement, s'attarde à tout ce qu'on lui applique ». Il commet ainsi une erreur qui se perpétuera jusqu'au XVIIIe siècle en confondant le frottement et la chaleur que celui-ci produit.

Mais il y a plus grave. De l'Antiquité au XVIIe siècle, la frontière entre électricité et magnétisme est en effet plus que mince [(1)]. Les deux concepts sont confondus, la connaissance des phénomènes strictement électriques ne faisant guère de progrès. La distinction commence a être établie par un médecin et phycicien anglais, William Gilbert [(2)] qui, vers 1600, dans son ouvrage *De magnete*, compare les forces électriques et magnétiques, mais dont les interprétations ne sont pas à la hauteur des recherches expérimentales : selon lui, l'attraction électrique émane d'une matière, les « effluves », les effets magnétiques n'étant dus qu'à des modifications de « forme ». L'électricité n'étant produite à l'époque que par frottement d'un corps isolant, Otto von Guericke songe logiquement à augmenter la quantité d'électricité en multipliant les effets de frottement.

Deux genres d'électricité différents

En 1672, von Guericke invente la première machine électrostatique et la décrit dans les *Experimenta Nova* : l'électricité y est produite en frottant avec un chiffon de laine une sphère de soufre, mise en rotation rapide. La quantité importante d'électricité emmagasinée lui permet d'obtenir, pour la première fois, des étincelles spectaculaires et de constater des phénomènes intéressants d'attraction et de répulsion électrique sur de petits corps. Quelque vingt années plus tard, Stephen Gray découvre qu'il existe des corps *conducteurs*, comme le laiton, d'autres non, comme

1 - Encore faut-il, à propos de l'électricité, distinguer l'électricité *statique* – celle des corps dont les charges électriques sont en équilibre – et l'électricité dont les charges sont en mouvement (courants électriques).
2 - C'est Gilbert qui imagina le mot « électricité », tiré d'*êlektron*, qui signifie « ambre » en grec.

la soie ; il remarque en outre qu'il suffit d'approcher un corps électrisé d'un autre corps pour provoquer l'*électrisation* de ce dernier (1727)[1].

Sa découverte de la conductibilité (1729) l'autorise à pratiquer les premières expériences de transport d'énergie à distance. Charles-François Dufay poursuit les expériences de Gray et reconnaît l'existence de deux « genres d'électricité différents » à partir d'expériences sur des corps variés qu'il classe en deux catégories : d'une part les corps vitreux, transparents et solides, comme le verre et le cristal, électrisables, d'autre part les « corps produisant des effets opposés, bitumeux ou résineux », comme l'ambre, la gomme copal, la cire d'Espagne :

> « les uns et les autres repoussent les corps qui ont contracté une électricité de même nature que la leur et ils attirent au contraire ceux dont l'électricité est d'une nature différente de la leur » (*Histoire de l'Académie royale des sciences*, 1733).

En 1745, l'Allemand Ewald von Kleist et le Hollandais Petrus van Musschenbroek découvrent, indépendamment l'un de l'autre, le moyen d'« emmagasiner la matière électrique et d'en éviter l'évaporation » en électrisant l'eau contenue dans une bouteille : c'est le premier réservoir d'électricité, forme primitive du condensateur.

La bouteille de Leyde

Présenté dans la ville de Leyde où il était professeur, le dispositif que van Musschenbroek avait mis au point était tout simplement constitué d'une bouteille de verre dont les faces internes et externes étaient recouvertes d'une mince feuille d'étain. Une tige métallique, traversant un bouchon isolant, plongeait dans la bouteille ; à l'extérieur, cette tige se terminait par une petite sphère de laiton.

En 1745, van Musschenbroek reçut de sa bouteille, qui avait été accrochée au conducteur d'une machine électrique, une décharge électrique inopinée qui picotait plus ou moins désagréablement le bras et la main. Cette décharge était un courant électrique. Toutefois, ce n'est qu'à partir du XIXe siècle qu'on a pu expérimenter sur le courant électrique, après l'invention de la pile électrique par l'Italien Volta en 1799.

Électricité positive, électricité négative... Loi de Coulomb

Au cours de cette période, Benjamin Franklin démontre que les corps taillés en pointe sont particulièrement efficaces, non seulement pour recevoir l'électricité d'autres corps, mais aussi pour en émettre. Il prouve la nature électrique de la foudre et crée le paratonnerre. En fait, les inventions de Franklin découlent de ses idées sur la matière et l'électricité.

---

1 - Il s'agit du phénomène d'« influence » qui ne se produit que si le second corps est conducteur. De plus, si le corps influencé est isolé, il demeure *globalement* neutre : il porte en effet, d'un côté, des charges positives, de l'autre, des charges négatives dont la somme est nulle (par compensation).

Il imagine que la matière ordinaire est constituée de particules mutuellement attractives et qu'il n'existe qu'un seul fluide électrique répandu dans tous les corps et constitué de particules « extrêmement subtiles, puisqu'elles peuvent pénétrer la matière ordinaire ». Lorsque le fluide électrique est en excès – il le baptise *électricité positive* – le corps est chargé positivement ; lorsqu'il fait défaut – il prend alors le nom d'*électricité négative* – le corps est chargé négativement. La foudre, l'étincelle sont l'effet d'une conduction violente de ce fluide, lequel se conserve dans la nature. Franklin fit en outre une hypothèse fondamentale : celle de la conservation de la charge électrique. L'électricité n'est jamais créée ou détruite ; elle est seulement transférée.

Dans les années 1780, Bennet invente l'électroscope à feuilles d'or, appareil servant à mesurer la « quantité d'électricité » ou « charge électrique » d'un corps électrisé.

En fait, comme le souligne l'historien des sciences Morris Shamos, ce qui manque encore, c'est « une connaissance quantitative des forces agissant entre les corps électriques chargés ». Cette lacune va être comblée grâce aux travaux de Charles-Augustin de Coulomb qui énonce, en 1785, la loi fondamentale de l'électrostatique en s'aidant de la balance de torsion, remarquable instrument de son invention. Cette loi de l'inverse carré, dite *loi de Coulomb,* édicte que « deux charges électriques Q et Q' stationnaires (immobiles) ponctuelles s'attirent ou se repoussent mutuellement avec une force proportionnelle au produit QQ' des valeurs de leurs charges et inversement proportionnelle au carré de la distance r qui les sépare. »

Cette loi s'énonce quantitativement de la façon suivante, en considérant l'intensité de la force de Coulomb :

$$F = K \frac{QQ'}{r^2}$$

K étant une constante de proportionnalité dépendant des unités choisies. Q et Q' sont des grandeurs scalaires, positives ou négatives selon la nature des charges électriques ; r mesure la distance QQ'. La similitude de forme entre la loi de Coulomb et la loi de la gravitation universelle de Newton consacre alors d'une manière éloquente la tendance mécaniste dominante de l'époque (1).

Cependant, concernant l'électricité, l'idée de « fluide » n'est pas pour autant abandonnée, comme en témoigne l'énoncé que Biot, newtonien convaincu, donne de la partie de la loi qui se rapporte à la distance :

> « Chacun des deux principes électriques est un fluide dont les particules, parfaitement mobiles, se repoussent mutuellement, et attirent celles de l'autre principe avec des forces réciproques au carré de la distance. De plus, à distance égale, le pouvoir attractif est égal au pouvoir répulsif ; cette égalité est nécessaire pour que dans un corps à l'état naturel, les deux électricités combinées n'exercent aucune action à distance. » (*Précis élémentaire de physique expérimentale*, 1817).

On peut noter que les résultats obtenus par Coulomb furent retrouvés analytiquement par Laplace, Poisson et Gauss qui les traduisirent en équations.

---

1 - La démarche des physiciens est donc, dans le cadre d'une conception mécaniste assez sommairement définie, influencée à la fois par des restes de cartésianisme et par les théories newtoniennes.

Autre créateur de l'électrostatique quantitative, Cavendish montra, dans son expérience des « hémisphères de Cavendish », que l'action électrique est nulle à l'intérieur d'un conducteur chargé ; mais la relation de ses recherches ne sera retrouvée et publiée qu'en1879, par Maxwell.

De l'électricité « animale » à l'électrolyse

En 1786, un médecin italien, Luigi Galvani, constate un curieux phénomène. Ayant fixé dans la moelle épinière d'une grenouille qu'il disséquait un crochet en cuivre, il accroche celle-ci à un grillage en fer : la grenouille est saisie de spasmes, exactement comme lorsque le chercheur avait touché de son scalpel la pointe du nerf crural de l'animal. Galvani ne comprend pas que les spasmes sont dus à la différence de potentiel entre les métaux. Se souvenant que le même phénomène avait été déclenché quand l'animal était à proximité d'une machine électrostatique (donc dans un champ électrique), il croit avoir découvert l'existence d'une forme d'*électricité animale*.

Son compatriote Volta est mieux placé pour comprendre que les tissus animaux ne sont pas nécessaires pour la production d'électricité : il a déjà réalisé, avec l'abbé Nollet, plusieurs appareils électriques perfectionnés. Pour Volta, l'électricité animale n'existe pas ; il y a l'électricité tout court. Dans l'expérience de Galvani, il attribue la production d'électricité au *contact* de deux métaux différents. Il reprend une idée du Suisse Sulzer de 1754 qui consiste à placer la langue entre deux rondelles de métaux différents reliés par un fil conducteur : on constate que, suivant l'ordre des métaux, le léger goût observé est acide ou alcalin.

Poursuivant cette démarche expérimentale, Volta n'a plus qu'à inventer sa pile (1800) : elle est constituée d'une série de couples de disques de cuivre et de zinc séparés par des rondelles de carton imbibées d'eau salée. Le montage produit des effets électriques (étincelles), si le nombre de disques est suffisant.

La même année, Carlisle et Nicholson, se souvenant d'une expérience antérieure due à Fabbroni, plongent dans un récipient plein d'eau deux fils métalliques reliés à une pile ; l'un des fils s'oxyde, de l'hydrogène se dégage au contact de l'autre. L'*électrolyse* est née, mais c'est Davy qui explique le rôle du liquide, l'électrolyte. L'effet chimique de l'électricité pose alors le problème des rapports existant entre les deux sciences. Il conduit aussi à s'interroger sur la nature de la liaison existant, dans un composé quelconque, entre les corps simples qui le constituent, et, partant, sur la structure même du composé.

L'induction électromagnétique

L'une des plus grandes intuitions de toute l'histoire de la physique fut que l'électricité et le magnétisme étaient intimement liés (1). On doit cette idée à l'Anglais Michael Faraday, sans doute le plus grand expérimentateur de la physique. Elle aboutit à l'une des plus fertiles découvertes des sciences : l'induction électromagnétique.

1 - En électricité, on ne compte pas moins de cinq branches qui sont : l'électrostatique, l'électrocinétique, l'électromagnétisme, l'électronique et l'électrotechnique.

S'inspirant de la théorie très personnelle du jésuite Boscovich, Faraday suppose que la matière est formée d'atomes ponctuels, enveloppés d'une « coquille » de forces attractives et répulsives. Pour lui, le courant électrique dans un conducteur n'est rien d'autre que la propagation d'une vibration particulière des atomes et de leurs coquilles. Cette vibration peut s'étendre à l'extérieur du circuit électrique en étant alors détectée comme une force magnétique transversale, elle-même reconvertible en courant électrique dans un autre circuit.

Le 28 août 1831, Faraday rend public le résultat de ses recherches en lisant devant les membres de la Royal Institution une communication dont voici un extrait :

> « L'espoir d'obtenir de l'électricité par le magnétisme ordinaire m'a porté à différentes époques à expérimenter l'effet *inductif* des courants électriques.
> Je suis parvenu dernièrement à des résultats positifs, et j'ai trouvé, pour m'exprimer ainsi, une clef qui m'a paru mettre entièrement à découvert les phénomènes magnétiques de M. Arago [1] et dévoiler un nouvel état qui peut probablement avoir une grande influence sur quelques-uns des plus importants effets des courants électriques. »

Une expérience mémorable

Après avoir obtenu, comme Œrsted et Ampère, la conversion de l'électricité en magnétisme, Faraday va s'intéresser à l'effet inverse : la conversion du magnétisme en électricité. En septembre 1821, il réalise sa première grande expérience qui met en évidence l'interaction entre un courant et un aimant.

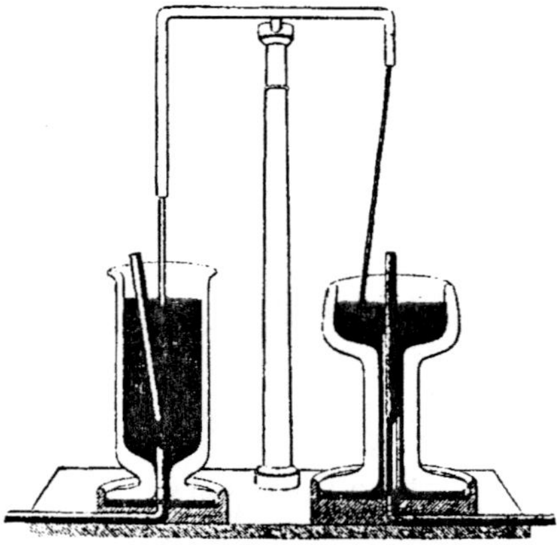

Le dispositif conçu par Faraday en 1821.

1 - François Arago avait en effet montré, en 1824, qu'il était possible de provoquer la rotation d'un disque de cuivre en faisant tourner un barreau aimanté situé au-dessous de lui, dans son champ magnétique.

S'inspirant de la troisième loi de Newton (principe de l'action et de la réaction) qui postule que tout effet doit provoquer un effet correspondant, il cherche à montrer qu'à chaque effet de l'électricité sur le magnétisme doit correspondre un effet du magnétisme sur l'électricité. Il emploie à cette fin deux récipients de verre remplis de mercure (conducteur).

Une aiguille de cuivre est insérée à la base de chaque récipient. Les deux bras d'un pilier de laiton sont reliés à la surface de mercure des deux récipients, à gauche par une aiguille rigide, à droite par un fil métallique mobile. Un aimant cylindrique mobile est fixé au bout de l'aiguille de cuivre du récipient de gauche, tandis qu'un autre aimant cylindrique est fixé rigidement à l'extrémité de l'aiguille du récipient de droite. Quand une batterie est reliée au pilier de laiton et aux aiguilles de cuivre, on observe :

- *à gauche* : une rotation de l'aimant autour de l'axe du récipient ;
- *à droite* : une rotation du fil métallique autour de l'aimant vertical.

Avec ce dispositif, Faraday inventait le premier moteur électrique.

Une nouvelle expérience, tentée en 1831, va s'inscrire logiquement à la suite de ces premiers résultats. Faraday entend démontrer maintenant qu'un courant électrique peut être *induit* dans un circuit par un courant électrique dans un circuit voisin, mais que l'induction se produit seulement quand on ouvre ou quand on ferme le courant primaire.

Faraday pressent que c'est la *variation* du champ magnétique qui induit le courant et qu'un effet identique peut être obtenu sans aucun courant, par déplacement d'un simple aimant. Cette possibilité de conversion du magnétisme en électricité devait rester comme une des plus grandes découvertes de la physique. L'expérience qu'il réalise est très simple : autour d'un anneau de fer doux, bon conducteur de l'électricité, deux fils conducteurs sont enroulés séparément. Le premier fil est relié à un galvanomètre, appareil qui mesure le courant. Lorsque les extrémités du second fil sont reliées à une batterie, il ne se passe rien. Mais si le courant est ouvert ou fermé, le courant passe dans le premier fil, qui n'a pourtant aucun contact avec le second [1].

Faraday se livre à une variante encore plus simple : un aimant est introduit et retiré d'un enroulement spiralé de fil conducteur, induisant ainsi chaque fois un courant électrique dans ce fil.

1 - Faraday a trouvé là (mais il l'ignore...) le principe du transformateur : l'anneau de fer doux canalise les lignes du champ magnétique créé par le courant qui circule dans la bobine reliée à la batterie.

L'ère du « tout électrique »

L'expérience de 1831 et ses variantes se sont succédé à quelques jours d'intervalle seulement, les 24 septembre, 1er et 17 octobre 1831. Le 28 de ce mois, Faraday fixe sur un axe, entre les pôles d'un aimant en fer à cheval, un disque en cuivre réuni à un galvanomètre par deux fils électriques, l'un partant du centre du disque, l'autre de sa périphérie. Quand on fait tourner la roue, la galvanomètre indique le passage d'un courant. En générant un courant continu à partir d'une énergie mécanique, Faraday vient de réaliser la première « dynamo à disque ».

Toutefois, Faraday ne s'intéressait guère à l'application pratique de sa découverte : quelques mois plus tard, Hippolyte Pixii, à la demande d'Ampère, et l'Italien Dal Negro mettent au point, indépendamment, des génératrices à courant alternatifs ; ces derniers sont eux-mêmes suivis par Zénobe Gramme et sa dynamo en 1873, puis par Nikola Tesla et son moteur à induction de 1888.

L'ère du « tout électrique » était née.

Au-delà des applications pratiques qui vont aller en se multipliant, ce qui retient l'attention est la remarquable puissance d'interprétation théorique de sa découverte dont Faraday fait preuve. Un piège guettait le savant ; il aurait pu en effet prendre l'induction électromagnétique pour la création d'un courant, alors que le phénomène essentiel, qui ne sera pleinement exploité que vingt ans plus tard par Maxwell sous la forme de deux équations fondamentales, est la création d'une *force électromagnétique d'induction* liée au mouvement relatif du conducteur par rapport à l'aimant inducteur, force indépendante de la nature des circuits. En 1832, Faraday écrit clairement que c'est le mouvement du conducteur qui crée des tensions, celles-ci s'équilibrant entre elles.

Il apparaît donc que, dès cette date, Faraday avait une connaissance approfondie de la loi de l'induction électomagnétique et même – selon certains historiens des sciences – l'intuition de la théorie des champs et de la relativité. Mais le phénomène était tellement en avance sur son temps que les concepts par lesquels il tentait de cerner sa découverte paraîtront obscurs même après que Maxwell les eut couchés en termes mathématiques en 1861-1862 [(1)].

Ce ne fut qu'à partir de 1880 [(2)], notamment grâce aux recherches de Heinrich Hertz, que l'induction électromagnétique prit sa place dans les théories générales qui devaient déboucher sur la relativité.

1 - Comme l'observa Poincaré, les définitions mathématiques de Maxwell n'expliquent pas vraiment la découverte de Faraday ; elles indiquent seulement qu'une interprétation mathématique est possible.

2 - En cette même année 1880, Pierre Curie et son frère Jacques découvrirent la *piézoélectricité*, phénomène en vertu duquel certains cristaux (quartz, tourmaline) soumis à une pression accumulent des charges électriques positives sur une de leurs faces et négatives sur l'autre. Trop peu connu, ce phénomène est pourtant à l'origine d'applications très nombreuses et touchant de près la vie quotidienne, depuis les microphones et les allume-gaz jusqu'aux télécommunications, aux sonars et à l'échographie (voir p. 98).

ÉLECTROMAGNÉTISME

Maxwell, 1873.

Voir aussi : Champ, Électricité, Éther, Magnétisme, Unification.

Des analogies apparentes avaient été observées, dès le XVIIIe siècle, entre certains phénomènes électriques et magnétiques, en particulier entre l'attraction et la répulsion des corps aimantés et entre celles des corps électrisés. En 1820, le physicien danois Hans Œrsted découvrait qu'une aiguille aimantée est déviée à proximité d'un conducteur par où passe un courant électrique. Un nouveau domaine de recherches était ainsi ouvert, notamment en France. C'est ainsi que François Arago découvre l'aimantation d'une aiguille de fer placée au milieu d'un conducteur en forme de boucle.

Jean-Baptiste Biot et Félix Savart font des expériences de mesure des champs magnétiques créés par les courants et énoncent la loi élémentaire du phénomène. André Ampère montre, dans l'électricité en mouvement, la source des actions magnétiques. Il étudie les actions réciproques des courants et des aimants et donne la règle de cette déviation par rapport à un observateur (« le bonhomme d'Ampère »). En 1846, Michael Faraday découvre que l'énergie électrostatique est localisée dans les diélectriques (corps isolants comme l'air, le mica), idée essentielle qui prépare la théorie électromagnétique de Maxwell.

L'éther électromagnétique

À la suite de Michael Faraday, les physiciens imaginaient l'espace rempli, d'une part, d'un milieu appelé *éther*, support des ondes lumineuses, et d'autre part, de *lignes de force* électrique et magnétique. Faraday avait appuyé ses recherches sur des images, pas toujours très justes, mais qui s'étaient révélées particulièrement fécondes. Il pensait que les ondes lumineuses sont des vibrations parcourant des lignes de force d'un *champ* – à l'image des vibrations se propageant le long d'un fil tendu. Il paraissait naturel de chercher à unifier les deux concepts en définissant un milieu unique emplissant l'espace et transmettant les influences optiques, électriques et magnétiques. Faraday devait échouer cependant à transformer cette idée en une théorie achevée.

En 1855, un jeune Écossais qui s'était déjà rendu célèbre par ses communications sur la perception des couleurs, James Clerk Maxwell, déposait un article intitulé *Sur les lignes de force de Faraday.* L'article commençait ainsi :

> « L'état actuel de la science de l'électricité ne semble pas particulièrement favorable à la spéculation. Les règles de la distribution de l'électricité à la surface des conducteurs sont bien déduites analytiquement de l'expérience ; si des théories mathématiques partielles du magnétisme ont été établies, certaines expériences ne sont pas interprétées ; la théorie... de l'attraction des conducteurs a été décrite mathématiquement, mais elle n'a pas été reliée avec les autres parties de la science... nulle théorie générale ne permet de relier entre eux les phénomènes. »

Comme Faraday, Maxwell dressait donc le constat d'échec de l'électromagnétisme. Il continuait en ces termes : « Pour parvenir à cette interprétation générale [...], il faut adopter une méthode qui permette à l'esprit de s'appuyer sur les concepts physiques [...], pour développer une analyse mathématique qui ne s'égare pas dans de vaines subtilités, ou se laisse entraîner au-delà des faits par des hypothèses séduisantes ».

D'entrée de jeu, Maxwell se posait donc à la fois en successeur de Faraday et en héritier de la tradition mathématique post-newtonienne. Se situant résolument du côté de l'explication par le concept de champ, contre l'idée newtonienne de forces agissant à distance, Maxwell construisit un modèle d'éther *électromagnétique*, vecteur des influences électriques et magnétiques, tout en refusant à ce modèle la prétention de décrire la réalité des phénomènes électriques et magnétiques. L'attitude de Maxwell était – il faut le souligner – caractéristique d'un courant de pensée anglais qui recherchait des analogies mécaniques sur lesquelles on puisse fonder les raisonnements permettant de rendre compte des phénomènes physiques, sans jamais attribuer le moindre caractère ontologique(1) à ces analogies.

Un modèle tourbillonnaire

Maxwell suppose l'existence d'un fluide incompressible tourbillonnant dans des tubes fins et élastiques. Les tubes tournant dans le même sens sur leurs axes, il faut supposer que s'interposent entre eux des petites billes de roulement tournant en sens opposé. Un déplacement des billes parallèle à l'axe des tourbillons représente un courant électrique : les tourbillons eux-mêmes sont censés s'identifier à un phénomène magnétique. Une variation de la vitesse de rotation d'un tourbillon, donc du phénomène magnétique, est accompagnée d'un déplacement des billes, lequel s'apparente à un courant électrique. Le phénomène inverse produit un phénomène magnétique.

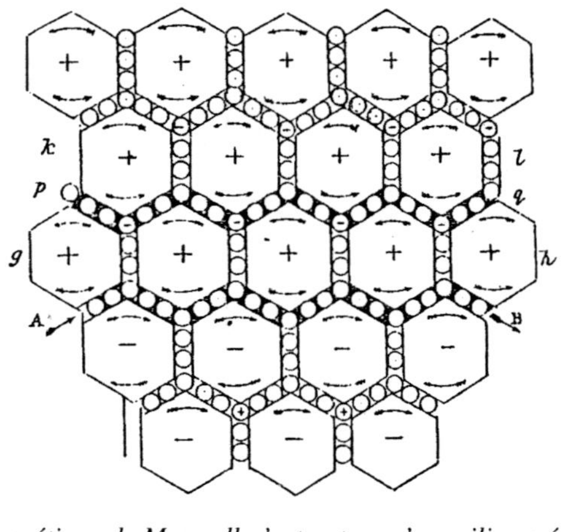

L'éther électromagnétique de Maxwell n'est autre qu'un milieu mécanique composé de tourbillons et de vortex interstitiels faisant office de « roues libres ». (D'après Maxwell, On physical lines of force, 1861.)

---

1 - *Ontologique* signifie « qui est de l'ordre de l'être » (de *ontologie*, science de l'être).

L'interdépendance des phénomènes électrique et magnétique est ainsi mise en évidence, les diverses déformations de ce système élastique formant les champs électriques et magnétiques. Trop complexe pour prétendre être un reflet réaliste de la nature, le modèle de Maxwell présentait l'avantage de se déduire de la mécanique newtonienne des matériaux élastiques. Maxwell tira trois conséquences importantes de son modèle : la première est que l'électromagnétisme consiste en la propagation d'une onde et non en une action instantanée ; la deuxième est que cette propagation dépend des caractéristiques du milieu traversé. La troisième est que l'introduction d'un éther est indispensable.

Maxwell est en tout point en accord avec Faraday contre l'interprétation newtonienne de l'électromagnétisme.

La théorie électromagnétique

Dans un mémoire publié en décembre 1864 et dans son *Traité d'électricité et de magnétisme* de 1873, Maxwell abandonne son modèle analogique et expose la théorie électromagnétique sous la forme d'un raisonnement essentiellement mathématique. Il ne fait plus la moindre allusion au modèle mécanique qui avait servi de point de départ. En ne conservant que les expressions mathématiques décrivant la propagation d'un champ, Maxwell rompt avec toutes les interprétations antérieures de la physique, en particulier celle de Newton. Ne cherchant plus à expliquer les choses mécaniquement, il entend léguer au monde des relations qui expriment le champ en un lieu et à un instant donnés, puis au lieu et à l'instant immédiatement voisins. Il n'y a plus d'acteur matériel, mais simplement un support ; les phénomènes seront donc entièrement décrits par des *équations* qui expriment le comportement continu d'ondes électromagnétiques à l'échelle macroscopique. Le milieu intervient non plus par ses propriétés mécaniques mais par ses caractéristiques électriques et magnétiques (1).

Une magistrale unification

Ainsi, du modèle mécanique initial est sorti l'un des plus grands monuments de la science : les équations fondamentales de l'électromagnétisme auxquelles le nom de Maxwell est attaché. Ce système d'équations rendait compte des phénomènes ondulatoires et en prédisait de nouveaux. Ces équations qui règlent, dans le vide, le comportement des grandeurs liées au champ électromagnétique, leur imposent de se propager à une vitesse constante indépendante du référentiel et de se manifester par conséquent sous forme d'*ondes électromagnétiques.*

Cette vitesse se confond d'ailleurs, numériquement, avec la *vitesse de propagation de la lumière* telle que la définit l'optique traditionnelle ($c \approx 300\,000$ km/s.) La théorie de Maxwell suggère l'existence d'un nouveau type de vibrations, affectant non plus la matière (comme les ondes de l'acoustique ou les ondes à la surface des

---

1 - Dans un article écrit à la fin de sa vie pour l'Encyclopédie britannique, Maxwell justifie longuement l'existence de ce milieu et donne toutes les « preuves » qui nécessitent son introduction, mais il ne veut faire aucune hypothèse quant à sa nature : il note simplement qu'il est très certainement constitué de molécules et ressemble peut-être à un gaz. Maxwell n'aborde pas non plus le problème du déplacement relatif de la Terre par rapport à l'éther, mais il pressent qu'il faudra tôt ou tard mettre en évidence le « vent d'éther » que nécessite la théorie électromagnétique.

liquides) mais le champ électromagnétique. À ce point du raisonnement, il devient naturel de considérer :
– que la « lumière de l'optique », c'est-à-dire la lumière visible, est elle-même constituée de vibrations électromagnétiques (l'optique traditionnelle raisonnait jusque-là sur des vibrations lumineuses dont elle ignorait la véritable nature physique) ;
– que d'autres ondes électromagnétiques, se distinguant par leur fréquence ou leur longueur d'onde des vibrations lumineuses, doivent pouvoir être engendrées et détectées par des sources et des récepteurs appropriés (d'où, par exemple, la découverte des ondes électromagnétiques que nous appelons maintenant ondes radio ou ondes hertziennes dont la longueur d'onde dans le vide est de l'ordre du mètre).

Ainsi, grâce à leurs propriétés communes, Maxwell était parvenu à identifier l'éther luminifère et le milieu électromagnétique. Il assimilait la lumière à une « perturbation électromagnétique ».

La nouvelle et magistrale synthèse rêvée par Faraday s'était opérée : l'optique ne devrait plus désormais apparaître que comme un chapitre de l'électromagnétisme.

Le verdict expérimental

Comme c'est toujours le cas pour une théorie physique, les équations de Maxwell ne sont pas « démontrables », de manière logique ou axiomatique ; au moment de leur publication, elles étaient seulement cohérentes avec les résultats connus, mais « extrapolaient » largement. Au reste, leur caractère « esthétique », qui s'affirmera dans leur formulation relativiste, n'aurait pu suffire à convaincre de leur validité. Elles furent d'ailleurs accueillies avec réticence par beaucoup. Ce type de conflit ne pouvait être résolu que par un verdict expérimental.

Ce fut Hertz qui, finalement, en 1887 (soit huit ans après la mort de Maxwell), força l'adoption de la théorie de Maxwell en mettant en évidence l'existence de la propagation d'ondes électromagnétiques, à une vitesse égale ou voisine de la vitesse de la lumière, phénomène qui avait été prévu par le physicien anglais. En même temps qu'elles imposaient un progrès théorique décisif, les expériences de Hertz fondaient la *radioélectricité*, dont il est inutile de souligner l'importance pratique [(1)].

Ensuite, en 1895, Röntgen découvre une radiation qui marqua sa trace sur un écran fluorescent. Il interpose la main de son épouse entre celui-ci et la source... et voit l'image du squelette des doigts apparaître sur l'écran. Ces rayons inconnus – les rayons X – seront identifiés comme étant, eux aussi, une onde électromagnétique [(2)].

---

1 - Dix ans plus tard, l'Italien Marconi réussissait à Bologne une transmission sur quelques centaines de mètres en utilisant l'éclateur de Hertz, l'antenne de Popov et le cohéreur de Branly, et, en 1903, les ondes radio franchissaient l'Atlantique.

2 - Max von Laue en déterminera – vers 1912 – la longueur d'onde : 0,0000000001 mètre...

Une crise sans précédent dans la physique

En une quinzaine d'années seulement – donc très rapidement – le succès de la théorie de Maxwell plongea la physique moderne dans la première de ses grandes crises. Il était apparu en effet que la mécanique newtonienne était incompatible avec l'électromagnétisme. Cette incompatibilité se manifestait en particulier au niveau de l'existence d'une vitesse « absolue » (gardant la même valeur dans tous les repères) : la vitesse c de la lumière. La constance de c, conséquence des équations de Maxwell expérimentalement confirmée, contredit les formules newtoniennes de composition des vitesses.

Toutes ces difficultés devaient finalement être résolues grâce à Einstein et à sa théorie de la relativité restreinte. Une nouvelle mécanique se fonde alors, compatible avec l'électromagnétisme de Maxwell, et dont la mécanique newtonienne représente une approximation quand les mobiles considérés gardent des vitesses faibles devant c.

Des rayons X aux ondes hertziennes

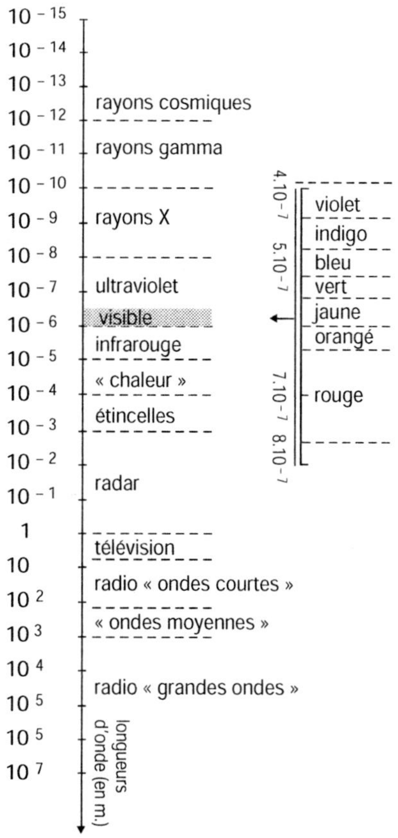

Des rayons X aux ondes hertziennes, les ondes électromagnétiques montrent des variations continues de longueur d'onde. Les effets perceptibles sont différents : le récepteur qu'est l'œil n'est sensible qu'à une bande étroite allant de 0,4 à 0,7 micron. C'est ce que nous appelons la lumière.

Cependant, tous ces phénomènes apparemment différents peuvent être décrits au moyen de la théorie electromagnétique de Maxwell.

Il n'est pas inutile de rappeler que cette théorie se fondait sur l'analogie physique. Maxwell écrit du reste : « En passant de la plus universelle des analogies à une très partielle, nous trouvons que la même ressemblance de forme mathématique entre deux phénomènes différents donne lieu à une théorie physique de la lumière » (*Sur les lignes de force de Faraday*, 1856).

ÉLECTRON

Crookes, 1886 ; Thomson, 1897 ; Millikan, 1911 ; de Broglie, 1925.
Voir aussi : Atomisme, Électricité, Liaison chimique, Particule, Spin.

La découverte de l'électron et sa « reconnaissance » par le milieu scientifique se sont faites progressivement. Cette découverte passe par celle des rayons cathodiques et par l'étude de leurs propriétés qui remontent aux années 1850, mais des observations sur les décharges électriques bien antérieures à cette date méritent d'être citées à l'actif de la découverte de l'électron.

Un « arc de flamme blafarde »

En 1709, le physicien anglais Francis Hawksbee observe un étrange phénomène : les éclats d'une lumière d'origine inconnue dans une enceinte où il a pompé l'air jusqu'à obtenir une pression au moins soixante fois inférieure à la pression atmosphérique normale et après avoir relié l'enceinte à une source d'électricité produite par frottement. En 1752, William Watson avait lui-même observé un « arc de flamme blafarde » dans un tube à vide d'un mètre de long de sa conception. Le célèbre abbé Nollet et Michael Faraday s'étaient également intéressés au phénomène.

Aucun de ces expérimentateurs n'avait compris la véritable nature de ce phénomène ; nous savons aujourd'hui qu'il est « secondaire ». Quand un courant électrique circule dans un gaz, des particules, qui seront bien plus tard appelées *électrons*, entrent en collision avec les atomes de gaz, auxquels ils cèdent une partie de leur énergie : les atomes excités libèrent ultérieurement cette énergie excédentaire *sous forme de lumière*. À l'époque, le principal problème était la réalisation de vides assez poussés. Les véritables progrès n'eurent lieu que quand on améliora les techniques. En 1855, Johann Heinrich Geissler met au point une pompe capable d'obtenir une pression dix mille fois inférieure à la pression atmosphérique.

Utilisant la pompe de Geissler, Julius Plücker, professeur de « philosophie naturelle » à l'Université de Bonn, se livre, vers 1858-1859, à une série d'expériences sur la conduction électrique dans les gaz et le spectre d'émission de ces gaz à l'intérieur d'une ampoule de verre. Il constate que, dans un gaz progressivement raréfié, la décharge électrique est de moins en moins lumineuse et que, sous une pression de 10^{-5} atmosphère [1], le gaz reste sombre tandis que le tube devient fluorescent. Cette fluorescence est due à des rayons qu'on appelle « rayons cathodiques » [2], eux-mêmes invisibles, lesquels quittent normalement la surface de la cathode, se déplacent en ligne droite avant de disparaître par l'anode.

1 - *Atmosphère* : unité de mesure de la pression des gaz : c'est le poids d'une colonne de mercure de 1 cm^2 de base sur 76 cm de hauteur.

2 - C'est Eugen Goldstein qui, quelques années plus tard, donna à ce phénomène mystérieux le nom de *Cathodenstrahlen*, c'est-à-dire « rayons cathodiques ».

Lorsqu'on interpose sur leur trajet une mince plaque métallique, elle est portée à incandescence sous l'impact de ces rayons. La question qui se pose alors aux expérimentateurs est importante : doit-on identifier les rayons cathodiques à un rayonnement électromagnétique de longueur d'onde inconnue, ou s'agit-il plutôt d'un flux de particules marérielles ?

En 1886, William Crookes perfectionne les tubes à décharges, en améliore le vide et en fait un instrument fiable. Il suggère que ces rayons sont des molécules de gaz qui se chargent négativement au contact de la cathode et sont repoussées par elle. Cette interprétation particulière est contestée par les physiciens allemands Hertz et Lénard qui, soulignant une autre propriété des rayons cathodiques – leur capacité de traverser une fine feuille d'or –, préfèrent les considérer comme une perturbation de l'éther ou comme une radiation électromagnétique.

En France, Jean Perrin reçoit les rayons dans un cylindre à l'intérieur du tube, en face de la cathode, et montre que le cylindre se charge négativement lorsque se produit la décharge. Pour saper l'interprétation des Allemands, l'Anglais Joseph John Thomson mesure la vitesse des rayons cathodiques en 1894 et montre qu'elle est inférieure à celle de la lumière. Thomson a fait sa carrière à Cambridge au Cavendish Laboratory où il occupe la chaire de physique expérimentale de 1884 à 1919. C'est là qu'il travaille, entouré de jeunes et brillants « research students » tels que Rutherford, Townsend, Langevin, sur les décharges électriques dans les gaz.

Le 30 avril 1897, lors d'un exposé célèbre du vendredi soir à l'Institut royal de Londres, Thomson annonce les résultats de ses expériences : à son avis, les rayons cathodiques sont des corpuscules très légers, chargés d'électricité négative ; leur faible masse et leur petite taille expliquent leur propriété de pénétrer une mince feuille d'or. En outre, on peut penser que ces corpuscules sont les constituants de tous les atomes chimiques :

> « Ces particules sont toujours chargées d'électricité négative, et leur masse est une fraction extrêmement faible (1/1 700) de celle du plus petit atome connu, l'atome d'hydrogène. Elles sont si minimes que le rapport de leur volume à celui de l'atome est tout à fait comparable au rapport du volume d'une petite boule à celui de cette salle. Ces particules ont reçu le nom d'*électrons* ou *corpuscules*, et, quelle que soit la nature matérielle du gaz, que ce soit de l'hydrogène, de l'hélium ou de la vapeur de mercure, toujours la qualité des électrons ou corpuscules reste invariable ; en fait, il n'y a qu'une seule espèce d'électron, et nous pouvons l'extraire de chaque sorte de matière. La conclusion s'impose que l'électron ou corpuscule est un constituant de tout atome, et que nous pouvons l'en détacher en mettant en œuvre des forces que dès maintenant nous avons à notre disposition ».

À l'époque, en l'absence d'expérience cruciales, peu de physiciens sont prêts à admettre ces corpuscules subatomiques. On peut lire dans le journal *The Electrician* une critique du professeur Fitzgerald qui place Thomson « sur les traces des alchimistes »...

Thomson traque l'électron

Si une atmosphère saturée de vapeur d'eau voit sa pression diminuer, une partie de la vapeur se condense en formant un brouillard. En se basant sur ce principe, un élève de Thomson, Charles Wilson, construit ce qu'on appellera plus tard la chambre de Wilson : une boîte cylindrique fermée par un piston contient de l'air saturé d'humidité. Lorsqu'on tire brusquement le piston de façon à augmenter le volume du cylindre, il se forme des gouttelettes de brouillard. Cette condensation ne se forme pas n'importe où, mais aux points où se trouve une charge électrique. En photographiant la chambre de Wilson juste après la détente, on enregistre la trajectoire des électrons qui l'ont traversée.

En utilisant la chambre de Wilson, Thomson entend bien prouver définitivement l'existence de l'électron. Après une série d'expériences, il conclut que cette particule doit être « petite, comparée aux dimensions des atomes et des particules ordinaires ». Pour élucider la question, il était nécessaire de connaître la charge électrique de la particule et sa masse, mais, pendant quelque temps, les expériences imaginées par Thomson ne donnent que les rapports entre les deux quantités isolément.

En 1897, son élève, John Townsend, parvint à isoler la charge électrique. Des travaux ultérieurs devaient en préciser la valeur (en particulier ceux de Robert Millikan, en 1911). Des seules expériences de Thomson, il ressortait clairement que la masse de l'électron était très petite (la masse put être déterminée séparément une fois la charge connue), environ 1 837 fois inférieure à celle de l'atome d'hydrogène (le plus léger de tous)(1). Ainsi, au tournant du siècle, l'existence de l'électron, car c'est ainsi qu'il fut nommé(2), était établie. La découverte était importante parce

La charge de l'électron

En observant les vitesses limitées prises par des gouttelettes très fines d'huile chargées de quelques μm (millionième de mètre) de diamètre sous l'action simultanée du champ de pesanteur et d'un champ électrique vertical, le physicien américain Robert Millikan montra que les gouttelettes d'huile portaient toujours des charges pouvant s'exprimer comme des multiples entiers d'une charge élémentaire, celle de l'électron.

L'expérience de Millikan prouvait que la charge électrique est « quantifiée » : il n'y a pas de charge électrique qui ne soit un multiple entier, positif, négatif ou nul, de la charge de l'électron, qui va donc servir à fixer l'unité de charge électrique. La charge élémentaire de l'électron a pour valeur :

$$-e = 1{,}602\,189\,2 \times 10^{-19} \text{ coulomb.}$$

Cela signifie qu'une charge négative de –1 coulomb est équivalente à environ 6240 millions de milliards d'électrons. La petitesse de la charge de l'électron n'empêche pas l'existence de forces électrostatiques intenses au sein de l'atome. La loi de Coulomb est valable pour les électrons à l'intérieur de l'atome où les distances sont supérieures à 10^{-12} m. Or, l'ordre de grandeur du rayon d'un noyau atomique classique est inférieur à 10^{-13} m. Nous ne savons donc pas si les particules chargées (protons) à l'intérieur sont soumises à la loi de Coulomb ; nulle expérience ne nous permet dans ce cas d'affirmer sa validité.

---

1 - $m_0 = 0{,}91091 \times 10^{-31}$ gramme (il s'agit de la masse au repos de l'électron).

2 - Lorsqu'il publia ses travaux, Thomson ne donna pas de nom à ces « particules fondamentales », mais quelques années auparavant, le physicien irlandais George Johnstone Stoney avait proposé d'appeler *électron* l'unité d'électricité gagnée ou perdue quand des atomes s'ionisent.

qu'elle prouvait que les atomes n'étaient pas les entités les plus petites de la nature (bien qu'ils soient les constituants élémentaires des réactions chimiques). Toute l'histoire du concept d'électron est d'ailleurs étroitement liée à l'évolution de la physique moderne. Sa découverte eut une portée absolument générale : ce fut en effet celle du caractère granulaire de l'électricité, confirmation donc de la structure atomique de la matière avec ses constituants universels, toujours identiques, présents dans tous les atomes.

La mise en évidence de l'électron a apporté un contenu physique à l'idée de particule. Ce n'est pas la notion mathématique abstraite de point matériel classique, mais une masse ponctuelle, insécable, absolument et inconstestablement stable, sensible à la gravitation et aux forces électrique et magnétique. Grâce au jeu de ces forces, les particules se disposent dans l'espace, selon une géométrie particulière, celle des noyaux atomiques et de leurs cortèges d'électrons. Leur comportement, à l'intérieur de l'atome, est décrit par la mécanique quantique.

Il faut savoir que les électrons déterminent le comportement chimique d'un atome. Ils sont disposés en couches correspondant à des niveaux d'énergie. C'est la couche externe qui, en fusionnant avec la couche externe d'un autre atome, permet la formation d'une *liaison chimique* et l'édification de molécules de plus en plus complexes. Les courants électriques et autres phénomènes mettent en jeu des électrons libres. Le physicien allemand Paul Drude a exposé en 1902 une théorie qui assimile les électrons libres des métaux aux molécules d'un gaz. En 1902, le Hollandais Hendrik Antoon Lorentz, puis, en 1928, le physicien allemand Arnold Sommerfeld développèrent et perfectionnèrent la théorie électronique des métaux.

En 1925, deux physiciens américains d'origine hollandaise, George Uhlenbeck et Samuel Goudsmit, attribuèrent à l'électron un mouvement de rotation sur lui-même – le *spin* – qui fut calculé par le physicien anglais Paul Dirac. La théorie de Dirac devait également prédire l'existence, formulée en 1930, d'un électron positif, le *positron* ou antiélectron, observé pour la première fois en 1932 par le physicien américain Carl David Anderson.

Autre date importante : 1927, année ou les Américains Clinton J. Davisson et Lester H. Germer mirent en évidence la diffraction de flux d'électrons, apportant ainsi une confirmation notoire à la théorie introduite par Louis de Broglie, la mécanique ondulatoire.

Les électrons peuvent se comporter comme des ondes

Dès la soutenance de sa thèse, Louis de Broglie avait souligné qu'il devrait être possible un jour d'obtenir avec des électrons des phénomènes analogues à la diffraction et aux interférences de la lumière.

Pour montrer qu'un phénomène ondulatoire existe, il faut pouvoir réaliser des expériences d'interférences ou de diffraction, c'est-à-dire disposer d'un réseau dont la finesse soit en accord avec la petitesse de la longueur d'onde λ de l'onde étudiée. Les cristaux présentent des arrangements d'atomes très particuliers. Lorsqu'on envoie un faisceau d'électrons sur un tel cristal, il y a diffraction du faisceau d'électrons sur les atomes, le faisceau diffracté faisant un angle θ avec le faisceau incident. Si les ondes associées aux électrons existent, elles sont diffractées par les atomes du réseau cristallin. Pour certaines valeurs de l'angle θ, les ondes diffractées s'ajoutent ; pour d'autres, elles s'annulent. Elles s'ajoutent si : $d \sin \theta = n\lambda$ ($d = 2{,}15 \times 10^{-10}$ m ; n = entier).

Au début de 1927, deux physiciens américains, Clinton Davisson et Lester Germer(1), travaillant aux laboratoires Bell de New York, réalisèrent ce genre d'expérience : un pinceau d'électrons réfléchi par la surface d'un cristal de nickel donnait sur une plaque photographique les réseaux typiques connus de la science sous le nom de réseaux de diffraction des rayons X ; la longueur d'onde λ qu'on en déduisait était bien celle prévue par la formule de de Broglie ($\lambda = h/mv$).

Ces réseaux de diffraction semblables à ceux des rayons X constituaient la première confirmation expérimentale directe de la théorie de de Broglie. Non seulement, elle démontrait que les électrons se comportent comme des ondes mais aussi comme les ondes mêmes que de Broglie avait prédites. La confirmation reposait sur une base précise, quantitative : elle était donc irréfutable.

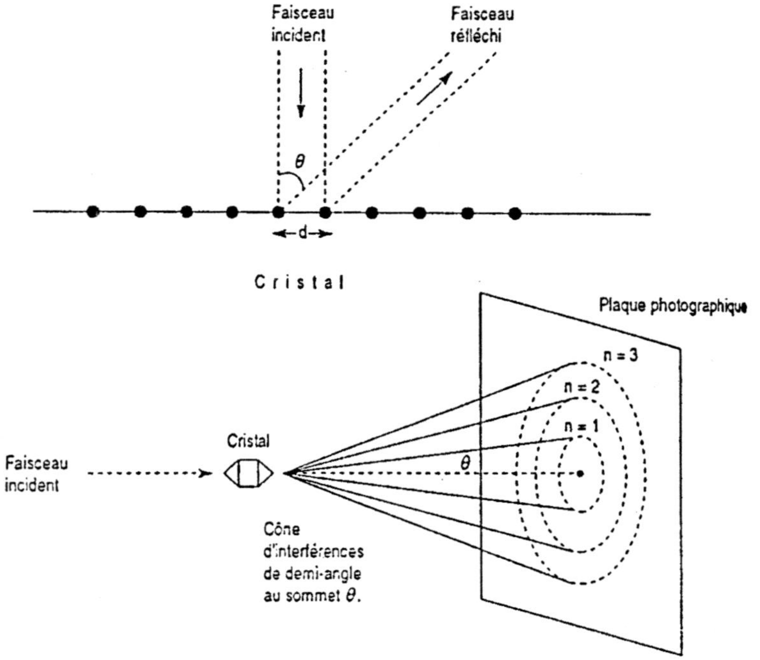

Diffraction des électrons.
En opérant sur des cristaux de nickel ($d = 2{,}15 \times 10^{-10}$ m), on constate que l'on obtient une première interférence pour $\theta = 50°$, ce qui correspond à la longueur d'onde ($n = 1$) : $\lambda = d \sin \theta \approx 1{,}65 \times 10^{-10}$ m = 1,65 Å.

1 - C. Davisson, L. Germer, *Physical Review*, 705. 1927.

L'électron dans la tradition atomiste

Une des raisons fondamentales qu'avait Thomson d'expliquer ses observations en termes de particules fondamentales était la tradition atomiste qui s'était perpétuée après Leucippe, Démocrite et Dalton. Dans son article de 1897, Thomson cite les hypothèses du chimiste anglais William Prout qui proposa, en 1815, que quelques douzaines d'atomes connus à l'époque soient constitués d'un seul type fondamental d'atomes, l'atome d'hydrogène. Selon Thomson, Prout avait raison, mais l'« atome fondamental » n'était pas l'atome d'hydrogène : c'était la particule beaucoup plus légère des rayons cathodiques.

Aurait-il fait cette hypothèse si Prout et d'autres n'avaient pas auparavant propagé l'idée de particules fondamentales ? Hertz et d'autres physiciens étaient, quant à eux, fortement influencés par les idées du physicien et philosophe autrichien Ernst Mach qui soutenait qu'il n'était pas « scientifique » de s'intéresser à des objets hypothétiques comme les atomes que l'on n'observait pas directement. Mais Thomson, à la différence de Mach et de son entourage, pensait que la physique consistait *aussi* à découvrir des particules fondamentales[(1)]. Dans les dix années qui suivirent la découverte de Thomson, la réalité de l'électron devait s'imposer définitivement.

1 - Cette méfiance de Mach à l'égard des objets non-observables est due à ce qu'il n'a pas réalisé que nos sens étaient limités. L'oreille humaine, bien que d'une étonnante sensibilité (en termes de puissance acoustique : elle entend des sons très faibles), a une acuité limitée en fréquences (10 octaves : de 20 Hz à 20 000 Hz environ). L'œil est très limité en fréquence (à peine une octave ; voir p. 251) et il est limité en ce qui concerne la petitesse des objets visibles (résolution). La loupe et le microscope augmentent ses performances mais, là encore, avec une limite : celle de la longueur d'onde (si nos yeux percevaient l'ultraviolet et, a fortiori, les rayons X, puis γ..., ils verraient des objets plus petits).

ÉLÉMENT

Thénard, 1807 ; Chancourtois, 1858 ; Newlands, 1865 ; Meyer, 1869 ; Mendeleïev, 1869 ; Moseley, 1913 ; Pauli, 1925.
Voir aussi : Affinité, Atome des chimistes, Spin.

Les alchimistes connaissaient dix éléments : carbone, or, argent, cuivre, plomb, soufre, étain, fer, mercure, antimoine. Au XIIIe siècle, on découvrit l'arsenic, au XVIIe siècle le phosphore. Au cours du XVIIIe siècle, vingt-et-un éléments de plus furent isolés, quarante-sept au cours du XIXe siècle et seize pendant la première moitié du XXe siècle. Depuis, d'autres ont été identifiés.

Lors des débuts de la chimie, les alchimistes introduisirent des dénominations volontairement obscures afin de conserver le mystère qui entourait leur art. Néanmoins, ils procédèrent à un classement rationnel des métaux à partir de leur altérabilité. Un type de classement fut obtenu au XVIIe siècle, fondé sur certaines « affinités ». À la fin du XVIIIe siècle, Lavoisier, puis, au début du XIXe siècle, Proust, Dalton, Berzelius, Gay-Lussac, Avogadro furent conduits à adopter l'hypothèse émise par Dalton en 1803 : les corps sont des « agglomérations » de particules matérielles « indivisibles » appelées atomes.

C'est à partir du moment où le concept d'élément chimique put être posé avec précision que la chimie disposa d'un support théorique efficace. Mais l'un des grands problèmes que durent affronter les chimistes au XIXe siècle fut celui de la classification des éléments.

Masse atomique

On appelle « masse atomique » la masse de $6{,}02.10^{23}$ atomes d'un élément. Cette masse est de 16 g pour l'oxygène, qui a servi de base aux calculs des chimistes. Elle est de 1,008 g pour l'hydrogène, de 26,97 g pour l'aluminium. Dans ces conditions, la masse réelle d'un atome d'hydrogène est $1{,}67 \times 10^{-24}$ g. Les masses des isotopes (1) sont par convention des nombres entiers.

Un élément peut être défini comme un corps ne pouvant être décomposé en corps chimiques plus simples. Il est nécessairement composé d'atomes de même type. Un atome est caractérisé par le nombre de protons et de neutrons (les nucléons), ainsi que par le nombre d'électrons. Le numéro atomique (Z) d'un atome représente à la fois le nombre de particules chargées positivement dans le noyau et le nombre d'électrons en orbite autour de lui. C'est sa caractéristique la plus intangible : un élément est composé d'atomes possédant le même nombre de protons.

1 - Le nombre de neutrons peut varier sans que cela ait des conséquences physico-chimiques notables : il s'agit alors d'*isotopes*. D'où la nécessité d'attribuer aux atomes un nombre de masse (A) égal au nombre de nucléons, la masse d'un électron étant négligeable : 1837 fois moindre que celle d'un nucléon.

On sait aujourd'hui que les propriétés chimiques des éléments ne dépendent pas directement de la masse de leurs atomes, mais du nombre d'électrons qui entourent les noyaux de ceux-ci. Bohr a montré, en 1913, que ces électrons sont disposés en couches correspondant à des niveaux d'énergie. C'est la couche externe (*CE*) qui, en fusionnant avec celle d'un autre atome, permettra la formation d'une liaison chimique et l'édification des molécules de plus en plus complexes. Les liaisons se forment de telle façon que la mise en commun des *CE* aboutisse à un ensemble de huit électrons.

Les éléments sont classés en fonction du nombre d'électrons qui les composent. Le caractère *périodique* des propriétés chimiques qui apparaît lorsque croît le numéro atomique, c'est-à-dire le nombre d'électrons, provient de ce que les atomes de deux éléments sont analogues d'un point de vue chimique si les couches électroniques externes ont des configurations semblables. La périodicité des propriétés chimiques des éléments est donc un phénomène entièrement contrôlé par la structure électronique de l'atome.

La classification des éléments

Les tentatives faites pour classer les éléments chimiques en groupes dont les composants présenteraient entre eux des analogies furent nombreuses. C'est le baron Louis Jacques Thénard qui, en 1807, établit une première classification, celle des métaux, fondée sur leur résistance à l'action de l'eau et de l'oxygène.

En ce début du XIXe siècle, William Prout avança l'idée que la diversité des éléments chimiques dérive d'une matière première unique qu'il nomme « protyle » et assimile à l'hydrogène. Cette hypothèse trouva appui dans le système des poids atomiques de John Dalton, qui prit l'hydrogène pour unité (H = 1) et admit des nombres entiers comme valeurs des poids atomiques. L'hypothèse de Prout, défendue en Grande-Bretagne par Thomson, fut aussi défendue sur le continent par quelques chimistes, Dumas et Galissard de Marignac notamment.

Comme, vers le milieu du siècle, de nombreux poids atomiques n'étaient plus des nombres entiers, les partisans de l'hypothèse de Prout affirmèrent que les corps simples dérivent d'un élément primitif inconnu dont le poids atomique est égal à un quart ou un demi de celui de l'hydrogène.

Le mérite du chimiste allemand Johann Döbereiner fut de relier masses atomiques et propriétés chimiques (1829). Il nota que la masse atomique du strontium, dont les propriétés chimiques sont analogues à celles du baryum et du calcium, est la moyenne des masses atomiques des deux autres éléments. Le même phénomène s'observait notamment avec le chlore, le brome, l'iode. Chacune de ces « triades » s'intégrait ensuite dans une famille chimique comportant un nombre plus grand d'éléments. Elles semblaient montrer qu'il existe une logique dans la répartition des masses. Ayant obtenu, grâce aux travaux du chimiste italien Stanislas Cannizzaro (1858), un critère sûr pour déterminer les masses atomiques, le chimiste français Alexandre de Chancourtois classa les éléments dans l'ordre des masses atomiques croissantes suivant une classification « hélicoïdale » qui, en plaçant les éléments semblables les uns au-dessous des autres, préfigurait le tableau de Mendeleïev (idée de *périodicité*).

John Alexander Newlands constata que, lorsqu'on range les éléments dans l'ordre croissant de leurs masses atomiques, le huitième en partant de l'un d'entre eux apparaît comme la répétition du premier, un peu comme la huitième note dans une octave de musique. Cette « loi des octaves », énoncée en 1865, peut être considérée comme la première véritable anticipation de la classification périodique des éléments.

L'année 1869 vit paraître presque simultanément deux classifications, celle de l'Allemand Julius Lothar Meyer et celle du Russe Dimitri Mendeleïev. La première établissait une relation entre les poids atomiques des éléments et leurs propriétés physiques. La seconde classification révélait une largeur de vue encore jamais atteinte. Mendeleïev considérait comme une loi de la nature le fait que les éléments dépendent de façon périodique de leurs masses atomiques.

ОПЫТЪ СИСТЕМЫ ЭЛЕМЕНТОВЪ.

ОСНОВАННОЙ НА ИХЪ АТОМНОМЪ ВѢСѢ И ХИМИЧЕСКОМЪ СХОДСТВѢ.

			Ti = 50	Zr = 90	? = 180.
			V = 51	Nb = 94	Ta = 182.
			Cr = 52	Mo = 96	W = 186.
			Mn = 55	Rh = 104,4	Pt = 197,4.
			Fe = 56	Ru = 104,4	Ir = 198.
			Ni = Co = 59	Pl = 106,6	Os = 199.
H = 1			Cu = 63,4	Ag = 108	Hg = 200
	Be = 9,4	Mg = 24	Zn = 65,2	Cd = 112	
	B = 11	Al = 27,4	? = 68	Ur = 116	Au = 197?
	C = 12	Si = 28	? = 70	Sn = 118	
	N = 14	P = 31	As = 75	Sb = 122	Bi = 210?
	O = 16	S = 32	Se = 79,4	Te = 128?	
	F = 19	Cl = 35,5	Br = 80	I = 127	
Li = 7	Na = 23	K = 39	Rb = 85,4	Cs = 133	Tl = 204
		Ca = 40	Sr = 87,6	Ba = 137	Pb = 207.
		? = 45	Ce = 92		
		?Er = 56	La = 94		
		?Yt = 60	Di = 95		
		?In = 75,6	Th = 118?		

Д. Менделѣевъ

« Expérience d'un système des éléments », feuille communiquée par Mendeleïev aux physiciens et chimistes russes en 1869.

La classification de Mendeleïev devait constituer une règle générale permettant de rendre compte de la périodicité des propriétés chimiques des éléments, constatée expérimentalement plusieurs années auparavant[1]. Mendeleïev disposa d'abord les familles chimiques horizontalement. Plus tard, il les classa verticalement, forme qui a été conservée dans les représentations actuelles. Les 63 éléments connus à cette époque furent classés selon l'ordre croissant de leurs masses

1 - On a, bien entendu, donné le nom de Mendeleïev à un élément n'existant pas dans la nature ; il s'agit du *mendélévium*, élément transuranien qui porte le numéro 101. Il a été obtenu artificiellement en 1955 – en bombardant de l'einsteinium avec des hélions accélérés – par le physicien américain Glenn T. Seaborg et ses collaborateurs.

atomiques, en allant à la ligne de façon que ceux dont le comportement est apparenté soient situés sur une même horizontale (aujourd'hui sur une verticale). Les propriétés chimiques, bien que semblables, variaient ainsi régulièrement au sein d'une même famille.

Le savant russe n'hésita pas à ménager des places vacantes (par exemple : masse 45, 68 et 70) en supposant qu'elles correspondent à des éléments restant à découvrir dont il pouvait prévoir les propriétés (densité, point de fusion, valence, etc.). Il décrivit ces propriétés des éléments inconnus par comparaison avec les valeurs observées pour les éléments voisins. À la masse 68 devait correspondre un corps semblable à l'aluminium. En 1875, on découvrit le gallium répondant à ce critère ; en 1879, le scandium, de masse 45 et le germanium, de masse 73, en 1885. Les conceptions de Mendeleïev remportaient là un grand succès. La découverte des gaz rares en 1894 par William Ramsay conduisit à ajouter une colonne supplémentaire.

La loi de Moseley

Mendeleïev avait établi sa classification d'après la masse atomique et les propriétés chimiques uniquement. Il ne connaissait pas la structure interne des atomes, qu'il croyait indivisibles. Jusqu'à sa mort, survenue en 1907, il se refusa à admettre l'existence de l'électron. La classification du chimiste russe était donc empirique et ne pouvait que reposer sur des bases relativement fragiles et incertaines.

Pour respecter l'homogénéité des familles chimiques, Mendeleïev avait dû faire une hypothèse supplémentaire qui relevait proprement du génie. C'est ainsi qu'il avait été obligé de faire des inversions dans l'ordre des masses atomiques croissantes ; par exemple l'argon, de masse atomique 39,948, et le potassium, de masse 39,102, auraient dû être placés dans l'ordre inverse ; même chose pour les positions du cobalt et du nickel, et pour celles du tellure et de l'iode.

On sait maintenant que les éléments se classent en fonction, non, comme le pensait Mendeleïev, de leur masse atomique A, mais de leur numéro atomique Z, ce numéro étant, comme il a été dit, le nombre d'électrons autour du noyau de l'atome électriquement neutre de chaque élément. Le système périodique met en évidence l'existence d'éléments dont les propriétés physiques et chimiques sont semblables et qui apparaissent à des intervalles fixes et répétés. Ces ressemblances proviennent de la distribution des électrons autour du noyau central et de leurs distributions relatives les uns par rapport aux autres, ces distributions étant en corrélation directe avec le numéro atomique des atomes respectifs. Ce que résume l'énoncé de la loi périodique : *les propriétés des éléments sont des fonctions périodiques de leurs numéros atomiques.*

C'est un jeune physicien de Manchester, Henry Moseley, mort au combat en 1915, qui devait franchir un pas décisif dans la réorganisation de la table de Mendeleïev. Moseley a montré que la longueur d'onde des rayons X émis par divers éléments-cibles bombardés par des rayons cathodiques varie d'une manière régulière en suivant le nombre atomique de l'élément. La « loi de Moseley » permet de déterminer en toute rigueur l'ordre des éléments dans le tableau périodique et de prévoir des éléments inconnus.

Le dispositif expérimental de Moseley, « aussi charmant qu'ingénieux » selon l'expression de l'historien des sciences Abraham Pais, permit au jeune savant britannique d'expérimenter sur trente-huit éléments, de l'aluminium à l'or, et de constater que, plus l'élément est lourd, plus la longueur d'onde des rayons X émis est courte (la racine carrée de la fréquence des raies d'émission variant linéairement en fonction du nombre atomique de l'élément).

Cette découverte essentielle permettait de comprendre que le nombre atomique, considéré jusqu'alors comme un simple numéro d'ordre dans la classification périodique des éléments, mesure en fait la charge du noyau. La valeur de la charge augmente d'une unité lorsqu'on monte d'un élément dans la table périodique : on a une unité de charge pour l'hydrogène, deux pour l'hélium, trois pour le lithium, etc., jusqu'à quatre-vingt-douze pour l'uranium, le plus lourd des éléments naturels [(1)].

Le principe d'exclusion

Mais c'est surtout avec le principe dit « d'exclusion » qu'émergea une compréhension profonde de la découverte de Mendeleïev, soit près de soixante ans après cette découverte, en 1925. Elle est due au physicien suisse Wolfgang Pauli qui s'attaqua à un problème fondamental : celui de la distribution des électrons parmi les divers états possibles de mouvement dans l'atmosphère électronique d'un atome. Nous nous trouvons ici devant un nouveau concept qui n'a pas d'équivalent en mécanique classique.

Le principe de Pauli stipule que, dans la communauté des électrons d'un atome donné, deux particules ne peuvent pas posséder simultanément le même type de mouvement, c'est-à-dire avoir exactement les quatre mêmes « nombres quantiques ». C'est le principe d'exclusion (voir Spin). Cette restriction n'aurait pas l'importance qu'on lui connaît s'il n'y avait une infinité de mouvements possibles (comme en mécanique classique). Mais comme le nombre des états de mouvement permis est sévèrement limité par les lois quantiques, le principe de Pauli joue un très grand rôle dans le monde atomique : il assure une distribution plus ou moins uniforme des électrons autour du noyau atomique en les empêchant de se concentrer exclusivement en certains points.

Sans la règle d'exclusion, les électrons des atomes s'écraseraient les uns contre les autres, les noyaux atomiques s'effondreraient pour atteindre des tailles si petites que la gravitation deviendrait colossale et que la matière imploserait.

La conséquence primordiale de ce principe est que l'on peut établir la configuration des atomes des différents éléments en considérant les valeurs successives que peuvent prendre les nombres quantiques des électrons occupant les différents états. Les électrons remplissent ainsi, peu à peu, des couches, en passant d'un élément au suivant.

---

1 - Certains minerais découverts en 1794 en Suède contenaient des oxydes de nouveaux éléments métalliques connus aujourd'hui sous le nom de *terres rares*. Les éléments de ces terres rares étaient difficiles à séparer et à distinguer les uns des autres, donc à situer dans la table périodique. Grâce à sa technique, Moseley déduisit leur numéro atomique – de $Z = 57$ à $Z = 71$ – et donc leur place dans la classification de Mendeleïev de la longueur d'onde de leur spectre aux rayons X.

L'hydrogène, de numéro atomique $Z = 1$, possède un seul électron ; l'hélium, de numéro $Z = 2$, en possède 2, et la première couche est alors complète. Le lithium a un troisième électron dans la deuxième couche, qui est remplie avec 8 électrons pour le néon, de numéro $Z = 10$. Le sodium, l'élément suivant, a un électron dans la troisième couche, et ainsi de suite. L'affinité chimique correspond à des couches qui ne sont pas entièrement remplies. En général, le nombre d'électrons excédentaires donne la valence chimique.

La classification périodique de Mendeleïev avait ainsi trouvé son explication. On peut ajouter que le principe de Pauli est à la base de toutes les recherches modernes. Il s'applique à d'autres particules que les électrons et l'on sait qu'il est lié à des effets « fatidiques » à l'intérieur du noyau. Si la chimie est ce qu'elle est, la raison essentielle en est la solidité du principe d'exclusion. On n'a jamais rencontré d'exception dans la nature pour les particules auxquelles il s'applique.

$E = mc^2$

Einstein, 1905-1907.
Voir aussi : Conservation de l'énergie, Fission.

« La masse d'un corps est une mesure de l'énergie qu'il renferme », écrit en septembre 1905 Albert Einstein, expert technique au Bureau des brevets, à Berne. En mai 1906, Einstein consigne encore : « La loi de conservation de la masse est un cas particulier de la loi de conservation de l'énergie ». Un an plus tard, il exprime le principe fondateur de l'équivalence de la masse et de l'énergie, jetant ainsi les bases d'une nouvelle dynamique : « Par rapport à l'inertie, une masse m est équivalente à une énergie mc^2. Ce résultat revêt une importance extraordinaire, car il implique que la masse d'inertie et d'énergie d'un système physique apparaissent comme des choses équivalentes. »

L'équivalence entre la masse et l'énergie était en fait connue depuis une vingtaine d'années, mais dans quelques cas particuliers seulement. Par exemple, la variation de la masse d'une particule avec sa vitesse avait été devinée, puis établie dès l'époque de Lorentz. Dès avant 1905, Fritz Hasenöhrl avait découvert que l'énergie cinétique d'une cavité croît lorsqu'on l'emplit de rayonnement, de sorte qu'il y a augmentation apparente de la masse du système.

La nouveauté révolutionnaire introduite par Einstein en 1905 résidait dans sa généralisation. Elle supposait que la variation de la masse avec l'énergie demeure totalement indépendante des hypothèses que l'on peut faire sur la nature de cette masse.

L'énergie et la masse : deux concepts équivalents

Une propriété essentielle de la dynamique newtonienne est de prédire la conservation de l'énergie d'un système isolé. En effet, la variation de l'énergie d'un système reste égale au travail des forces extérieures. Si aucune force ne s'exerce sur le système, son énergie cinétique demeure constante. On conçoit qu'une conséquence de ce genre, c'est-à-dire qu'une loi de conservation puisse se déduire de la dynamique relativiste. Or, un procédé semblable à celui qui est utilisé en mécanique newtonienne montre que l'analogie de l'énergie cinétique, c'est-à-dire de la quantité qui se conserve quand le travail des forces extérieures est nul, n'est définie qu'à une constance additive près. Autrement dit, l'énergie totale d'une particule (quantité conservative) peut différer par une constante de son énergie cinétique. La différence représente l'*énergie interne de la particule au repos* ou *énergie propre*. Cette énergie n'intervient pas en dynamique newtonienne.

Ainsi, la masse en mouvement (masse relativiste) d'une particule est équivalente à son énergie *totale*, au facteur c^2 près :

$$\boxed{E = mc^2}$$

La *masse au repos*, notée m_o, correspond à l'énergie propre de la particule. C'est la différence des masses en mouvement et au repos qui correspond désormais à une énergie cinétique. Dans ces conditions, la formule de la masse relativiste s'écrit :

$$m = \frac{m_o}{\sqrt{1 - \frac{v^2}{c^2}}}$$

v représentant la vitesse de la particule[1]

Lorsque v tend vers 0, m tend vers m_o, c'est-à-dire que pour de très petites vitesses ($v \ll c$), la masse relativiste et la masse au repos sont pratiquement identiques. La dépendance de la masse à la vitesse montre clairement pourquoi c est la plus grande vitesse possible : si v se rapproche de c, la masse est alors supérieure à n'importe quelle valeur finie : elle devient infinie.

La variation de la masse avec la vitesse est mise tout spécialement en évidence par les méthodes d'accélération (cyclotron) appliquées aux particules lourdes (proton, deutéron, particules alpha). Dans les accélérateurs, ces particules décrivent un cercle. Si la masse des particules était constante, la vitesse angulaire ω le serait aussi ; comme elle ne l'est pas au contraire, on doit synchroniser le champ accélérateur sur le mouvement de la particule chargée (synchrotron et synchrocyclotron).

Une question se pose alors immédiatement : la célébrissime relation $E = mc^2$ est-elle une équation de conservation de la « masse » ou une équation de conservation de l'« énergie »? Ce n'est ni l'une ni l'autre ! $E = m_0c^2$, qui est souvent tout ce que le public a retenu d'Einstein, est une formule très particulière. Elle n'établit pas une relation mathématique entre deux grandeurs différentes : énergie et masse. Elle affirme plutôt qu'*énergie et masse sont des concepts équivalents.* On peut donc dire : la masse d'une particule est équivalente à son énergie *totale*[2].

Ainsi, en théorie d'Einstein, l'équivalence masse-énergie réunit inexorablement les principes de conservation de la masse et de conservation de l'énergie qui, dans la mécanique newtonienne, étaient complètement indépendants. Une variation de masse équivaut à une variation d'énergie et peut se traduire, par exemple, par l'émission ou par l'absorption d'un rayonnement.

La délicate vérification expérimentale de l'équivalence masse-énergie

En 1905, Einstein faisait déjà observer qu'il devait être possible de vérifier l'équivalence de la masse et de l'énergie sur des corps « dont le contenu en énergie est variable au plus haut degré (par exemple, les sels de radium »). Cette idée le fascinait, mais, dans un article de 1907, il considérait comme « bien sûr hors de question » d'atteindre la prévision expérimentale nécessaire pour pouvoir procéder à un test avec le radium. En 1910, il écrivait qu'« il n'existe actuellement aucun espoir »

1 - On notera une autre formulation en vigueur : $m = m_o (1 - v^2 \cdot c^{-2})^{\frac{1}{2}}$. L'application de cette formule à un exemple macroscopique en démontre la caractère étonnant ; en effet, pour le voyageur d'un train pesant sur Terre 60 kg, cette formule lui signale que sa masse, à la vitesse de 250 000 km. s^{-1}, serait de 108,479 kg !

2 - Tout corps qui libère ou absorbe une quantité E d'énergie quelle qu'elle soit, perd ou gagne une quantité de masse égale à E/c^2. La valeur de c étant très grande, il en résulte qu'une ampoule électrique de 100 watts émettant de la lumière pendant cent ans ne perdrait durant tout ce temps qu'une masse totale de l'ordre du centième de milligramme.

de vérifier expérimentalement cette équivalence. Quoi qu'il en soit, Einstein avait bien à l'esprit la perte de masse résultant de transformations radioactives.

Le premier à remarquer que la relation masse-énergie concernait l'énergie de liaison fut Planck. En 1907, il donna une estimation de l'équivalent massique de l'énergie de liaison moléculaire pour une mole d'eau ; la valeur qu'il trouva (environ 10^{-8} g) était bien entendu trop faible pour être observée, mais du moins pouvait-on la calculer.

En fait, il devait s'écouler un quart de siècle avant qu'une telle estimation soit faite pour l'énergie de liaison nucléaire. Jusqu'en 1911, année de publication du modèle nucléaire de l'atome, on ne se posa même pas cette question. En 1930, on pouvait indiquer, à partir de l'énergie de liaison de la particule alpha, qu'un proton libre pèse 6,7 MeV de plus qu'un proton lié dans un noyau d'hélium.

En 1937, on parvenait à calculer la vitesse de la lumière à partir des réactions nucléaires dont on connaissait la masse des produits initial et final ainsi que l'énergie libérée lors de la réaction. La précision obtenue pour *c* était supérieure à un demi pour cent. Dans la pratique, l'équivalence de la matière et de l'énergie ne fut expérimentalement vérifiée qu'en 1932 par deux physiciens britanniques travaillant au célèbre laboratoire Cavendish de Cambridge sous la direction d'Ernest Rutherford : John Cockcroft et Ernest Walton. C'est en constatant que l'équation $E = mc^2$ ne fut validée que vingt-sept ans après sa publication que l'on mesure l'extraordinaire capacité de projection d'Einstein.

Cockcroft et Walton brisent le noyau atomique

Au départ, l'objectif des deux expérimentateurs n'était pas de vérifier l'équation d'Einstein, mais de mettre à l'épreuve un accélérateur de particules de leur conception – le premier du genre avec le générateur de Van de Graaf – pour bombarder les atomes de divers éléments et étudier leur désintégration. Cet accélérateur permettait d'augmenter très sensiblement l'énergie des particules ionisantes naturelles par une série de multiplications successives.

Dans toutes ces expériences, les seuls projectiles disponibles étaient les particules alpha des désintégrations radioactives naturelles. Mais des considérations théoriques montraient que les protons de haute énergie devaient être bien plus efficaces, car, porteurs d'une charge électrique unique, ils devaient être moins repoussés par les noyaux que les particules alpha, doublement chargées.

Le 14 avril 1932, Cockcroft et Walton placent dans un tube à vide supportant une tension de 710 kV une cible de lithium[1], après avoir disposé derrière elle un écran fluorescent qui doit leur permettre de détecter toute désintégration nucléaire. En bombardant la cible avec un faisceau de protons, ils décèlent le phénomène caractéristique de la désintégration : l'atome initial de lithium se scinde en deux particules alpha – noyaux d'hélium – après avoir capturé un proton selon la réaction :

$$^{7}_{3}\mathrm{Li} + ^{1}_{1}\mathrm{H} \longrightarrow 2\,^{4}_{2}\mathrm{He}$$

1 - Le lithium est un métal supposé plus fragile que les autres sous bombardement protonique.

Mais la masse des deux noyaux d'hélium obtenus est moindre que les masses du noyau de lithium et du proton (la somme des masses des deux premiers noyaux est de 8,0224 ; celle des mases des seconds de 8,006). Le résidu, de 0,0164, correspond à la transformation de masse en énergie. La relation d'Einstein est vérifiée... En fait, sans le savoir, Cockcroft et Walton avaient réalisé quatre « premières » ; ils avaient obtenu le premier résultat de l'histoire des accélérateurs de particules ; ils avaient « brisé » le noyau atomique (ce qui causera une véritable sensation) ; ils avaient réalisé la première transmutation utilisant des protons artificiellement accélérés, celle du lithium ; et ils avaient vérifié la théorie de l'équivalence de l'énergie et de la matière. Le « casseur d'atomes » artisanal de Cockcroft et Walton s'est, on s'en doute, développé en types variés d'« écraseurs d'atomes » géants (cyclotrons, bevatrons), qui portent les particules nucléaires jusqu'à des milliards d'électrons-volts.

Il est intéressant de se rappeler que, la même année 1932, l'Anglais Chadwick fit une découverte fondamentale, celle du neutron, particule de masse voisine de celle du proton mais ne possédant pas de charge, ce qui devait en faire un projectile idéal, puisque capable de pénétrer l'atome sans être affecté, ni par la charge du noyau, ni par celle des électrons, c'est-à-dire indifférent à l'équilibre énergétique de l'atome et capable de briser le noyau.

Bilans des réactions nucléaires

Dès 1937, le physicien allemand Hans Bethe a montré comment les principes de la physique d'Einstein s'appliquaient aux réactions nucléaires. La relativité permet d'établir avec une très haute précision les bilans énergétiques de ces réactions. Chacun sait qu'il est possible, par des moyens techniques divers, de transformer la matière en énergie : énergie de fission (bombe atomique, centrales nucléaires), énergie thermonucléaire de fusion (c'est le cas du Soleil qui transforme chaque seconde quatre millions de tonnes de matière en énergie radiante). Actuellement, on connaît les bilans énergétiques de plusieurs centaines de réactions nucléaires, et l'on vérifie, de manière très satisfaisante, que :

$$\Delta_m \times c^2 = \Delta E$$

Pendant la réaction nucléaire, la perte de masse Δ_m doit être équivalente à l'énergie dégagée ΔE pour que l'équation d'Einstein soit vérifiée. Les réactions de fission obéissent à un scénario immuable : bombardement de noyaux atomiques au repos par des particules incidentes ralenties ⟶ désintégration ⟶ formation d'un noyau résiduel et d'une particule emportant avec elle une certaine quantité d'énergie mesurable. On peut affirmer que le domaine de la physique nucléaire est celui qui donne les meilleures vérifications de l'équivalence masse-énergie.

D'une part, en effet, il est possible de déterminer avec une très grande précision les masses des noyaux atomiques (spectromètres de masse) ; d'autre part, les énergies de liaison et les énergies libérées par les réactions nucléaires peuvent également être l'objet de mesures fines. En définitive, l'équivalence masse-énergie permet de considérer que la valeur $E = m_0c^2$ de l'énergie, appelée « énergie au repos » d'une particule est bien une énergie contenue dans la particule et susceptible d'être dégagée, au moins en partie. Ainsi, la relativité restreinte fixe sans équivoque l'énergie d'une particule en mouvement :

$$E = m_0c^2 + E'_c$$

E'_c représentant l'énergie cinétique relativiste.

ESPACE

Newton, 1687 ; Gauss, 1820 ; Lobatchevski, 1826 ; Riemann, 1859 ; Minkowski, 1908.

Voir aussi : Cordes, Éther, Gravitation, Infini, Temps, Vide.

Pour étudier les phénomènes de la vie quotidienne, accessibles par l'expérience, la notion d'espace doit être entendue au sens de cadre physique de tous les événements. Cette représentation est en accord avec notre perception immédiate ; il est possible d'y situer un corps d'une manière univoque. Il est clair que cette conception ne laisse aucune place à la notion d'« espace vide », dépourvu de corps. L'espace étant l'ensemble des relations spatiales entre les corps, l'absence de corps doit signifier l'absence d'espace.

Le vide n'est pas l'espace

C'est du moins l'opinion d'Aristote qui nie l'existence du vide. Pour lui, le vide est un concept qui ne répond à rien, tout à fait superflu pour expliquer par exemple le mouvement. Il remplace la notion de « vide » par celle de « lien ». Il affirme que, pour déterminer spatialement les corps, il faut envisager leur lien, lien qu'il définit comme l'enveloppe du corps. Bien plus tard, Descartes ne dira pas quelque chose de très différent. Mais la doctrine d'Aristote devient plus difficile à appréhender lorsqu'elle énonce que ce lien, enveloppe d'un corps, doit être immobile. On s'aperçoit alors que cette doctrine de l'immobilité du lien n'a de consistance que si on pense un cosmos, un monde déterminé, dont la Terre est le centre, et dont l'extrémité est formée par la sphère céleste, la sphère des étoiles, laquelle tourne autour de la Terre.

Tel était, à peu de chose près, de nombreux siècles plus tard, le point de vue de philosophes comme Leibniz, qui fut un contemporain de Newton. L'espace ne serait-il donc en fait que l'ensemble des relations spatiales existant entre les corps, et ne possédant, par conséquent, aucune réalité indépendante de ceux-ci ?

L'espace absolu de Newton

Comme la presque totalité des scientifiques du XVIIIe siècle, mais aussi du XIXe siècle, Newton rejette le point de vue de Leibniz. Pour Newton, l'espace existe, même en l'absence de corps, et un mouvement y possède une signification réelle. Il est *absolu*, sans relation avec les choses qui s'y trouvent, immobile et toujours pareil à lui-même. Essayons de préciser ce concept fondateur.

En 1687, dans les *Principes mathématiques de philosophie naturelle*, Newton posait les bases d'une mécanique sur laquelle devaient s'appuyer tous les développements ultérieurs de cette science. Newton construisait un système nouveau sans renier toutefois l'idée aristotélicienne selon laquelle les observations que l'on est amené à faire dans la nature peuvent toujours être rapportées à cet état préférentiel appelé « repos ». Il était ainsi conduit à préciser l'idée d'un concept fondamental, l'espace absolu : « L'espace absolu, sans relations aux choses extérieures, demeure toujours similaire et immobile ».

On sait qu'il est possible de décrire la position d'un point dans l'espace grâce à trois nombres, appelés *coordonnées*. S'il s'agit d'un événement, c'est-à-dire quelque chose qui arrive en un point particulier de l'espace à un moment particulier, il faut ajouter une quatrième coordonnée, celle de temps. Le choix des coordonnées est arbitraire.

On est donc libre de choisir toutes les coordonnées adéquates que l'on veut. Nous appellerons « référentiel » l'association d'un ensemble de points rigidement liés [1] les uns aux autres (permettant de définir un repérage des espaces) et d'une échelle de temps (permettant de définir un repérage des instants ou des durées). Pour Newton, supposer l'existence de ces systèmes est équivalent à poser l'*existence d'un espace absolu* de référence.

Cependant, quel que soit le système de coordonnées choisi, il n'aura qu'une portée limitée de validité. La réalisation effective d'un système de coordonnées ne peut être qu'approximative. Le système ayant pour origine le centre de la Terre et dirigé vers trois étoiles fixes est approximativement valable pour un observateur terrestre ; mais il cesse de l'être à l'échelle de la Galaxie, et ainsi de suite.

En fait, il est possible de décrire tout l'univers selon une collection de trames se chevauchant. Sur chacune d'elles, on peut utiliser un ensemble différent de trois coordonnées pour spécifier la position d'un point. Postulé par Newton, l'espace absolu est une sorte d'idéal, de limite vers laquelle tendent les approximations successives des systèmes de coordonnées.

Espace, lumière, éther

L'espace newtonien n'est pas seulement lié à la mécanique newtonienne ; il est également lié à la théorie newtonienne de la lumière. Pour Descartes, l'univers était plein et la lumière se transmettait instantanément du Soleil jusqu'à la Terre. Au contraire, pour Newton, la lumière est une projection de corpuscules qui viennent du Soleil jusqu'à la Terre.

Et quand, en 1675, Römer découvrit que la lumière avait une vitesse finie et non pas infinie, comme le croyait Descartes, Newton s'appuya sur cette découverte pour concevoir cette idée de la lumière, c'est-à-dire proposer une théorie corpusculaire. Cette théorie corpusculaire fut généralement acceptée pendant tout le XVIIIe siècle. Mais, au début du XIXe siècle, une théorie ondulatoire de la lumière réussit à s'imposer, avec des grands savants comme Thomas Young, Etienne Malus, surtout peut-être Augustin Fresnel.

S'il y a des ondes lumineuses, des vibrations, il est nécessaire qu'il y ait quelque chose qui vibre pour transmettre ces vibrations. Ce quelque chose, c'est l'éther. À partir de ce moment-là, il est entendu que l'espace est plein d'éther.

---

1 - Les distances entre ces points restent constantes.

Les propriétés de l'espace

L'espace physique est doué de *trois dimensions* (hauteur, largeur, longueur) : trois « degrés » de liberté sont nécessaires à la description spatiale d'un événement « ponctuel », d'un volume de matière très petit. Notons incidemment que les concepts spatiaux - liés étroitement aux notions de forme et de volume - le sont tout aussi intimement au concept de matière : sans matière, pas d'espace ; l'un comme l'autre sont des formes du réel.

Ensuite, l'espace nous apparaît *homogène*. Autrement dit, ses propriétés physiques sont les mêmes en tout point. Cette propriété implique la possibilité de transporter, au moins par la pensée, un système matériel d'un lieu à un autre et de vérifier que ses caractéristiques n'ont pas été altérées par le transport (1). À défaut de transport, cela implique la comparaison des propriétés physiques de deux systèmes matériels similaires situés en des points différents, à l'aide de signaux qui se propagent (ce qui fait nécessairement intervenir des notions temporelles).

Une autre caractéristique de cet espace physique est qu'il est *isotrope*. Cela signifie que les propriétés physiques d'un système matériel sont identiques quelle que soit son orientation dans l'espace ; l'espace constitue le repère absolu pour la description des phénomènes (2).

Enfin, l'espace physique nous paraît doué de *continuité* : deux systèmes matériels peuvent être approchés l'un de l'autre aussi près qu'on le désire : sur tout chemin allant d'un corps à un autre, il existe une position intermédiaire où l'on peut placer l'un des corps ; et ainsi de suite. Dans l'espace ainsi conçu, le temps s'écoule d'une manière uniforme, indépendamment de l'endroit où on le mesure et la *simultanéité* y est absolue. C'est le temps tel qu'on le perçoit intuitivement.

À ce stade, il est bon de remarquer que toutes ces propriétés, issues de notre expérience active, sont des propriétés vraies *localement* et seulement localement. En ce qui concerne l'isotropie de l'espace – une propriété locale en soi – elle n'est vérifiée qu'approximativement sur Terre.

En effet, si un corps électromagnétiquement neutre possède bien les mêmes propriétés, qu'on l'oriente dans une direction ou dans une autre, il n'en est évidemment pas de même, par exemple, d'une boussole : le champ magnétique terrestre brise la symétrie de l'espace physique, au moins pour une classe de systèmes matériels.

1 - S'il s'agit, par exemple d'un atome quelconque, il émettra exactement les mêmes raies, qu'il soit situé en un point ou en un autre.
2 - Un atome quelconque émettra les mêmes raies dans deux orientations différentes.

Par la suite, lorsqu'on se pose la question des ondes électromagnétiques, depuis Œrsted et Faraday jusqu'à Maxwell, on a à nouveau recours aux ondes, aux vibrations se transmettant à travers l'espace, et il faut bien, encore une fois, que quelque chose « vibre ». En définitive, non seulement la théorie de la lumière, mais la théorie des ondes électromagnétiques exigeaient la présence d'un éther. L'éther – c'est-à-dire l'espace – est alors devenu le maître mot de toute une génération de savants.

Des géométries non euclidiennes

La contestation de l'espace newtonien, c'est-à-dire l'espace euclidien physique à trois dimensions, est venue d'une manière tout à fait rationnelle, et d'abord des mathématiciens. Il s'agissait de savoir s'il était possible de construire des géométries non euclidiennes qui auraient une logique aussi sérieuse que celle de la géométrie euclidienne. On trouve ces conceptions déjà exprimées par Carl Friedrich Gauss, dans les années 1820, puis par Nikolaï Lobatchevski un peu plus tard. Gauss et Lobatchevski se posèrent la question de savoir si l'univers physique était ou non euclidien. Leurs expériences ne réussirent pas à démontrer l'existence d'un espace courbe ; ils en conclurent que, géométriquement parlant, l'espace non euclidien était possible mais que, physiquement parlant, l'espace réel était euclidien. Un peu plus tard, dans les années 1850, un autre grand mathématicien, Bernhard Riemann, réétudia la possibilité d'une géométrie non euclidienne et en perçut nettement les conséquences physiques concernant l'espace.

Dans son mémoire célèbre *Sur les hypothèses qui servent de fondement à la géométrie*, Riemann fait de la nature de l'espace même l'objet de son interrogation. Il y introduit les « multiplicités » (généralisation des surfaces) et reconnaît dans l'espace physique une multiplicité à trois dimensions, formée seulement de son contenu matériel, qui détermine également sa métrique [(1)]. Riemann développe, sur les multiplicités à courbure positive, une géométrie non euclidienne, sans parallèles.

Aujourd'hui, il apparaît que la tridimensionnalité ne va pas de soi. Il existe en effet des espaces abstraits qui servent de cadre mathématique à plusieurs théories physiques audacieuses. Supposons, par exemple, que l'espace physique ne possède qu'une seule dimension à notre échelle, mais que nous estimions nécessaire de lui en attribuer en réalité deux à l'échelle microscopique. Si nous « enroulons » la dimension supplémentaire de manière à former un cylindre de rayon suffisamment petit, ce cylindre apparaîtra, à notre échelle, comme un long fil sans épaisseur [(2)] et l'extra-dimension ne se manifestera qu'à l'échelle de phénomènes se déroulant sur des distances de l'ordre du rayon du cylindre.

On peut aussi, de la même façon, avancer que chaque point de l'espace à trois dimensions ne serait en réalité qu'un petit cercle dans une quatrième dimension de l'espace. Cette interprétation de l'espace constitue l'essence de la théorie de Kaluza et Klein.

En 1921, en Allemagne, les mathématiciens Theodor Kaluza d'abord, puis Oscar Klein ensuite, suggérèrent en effet que l'on pourrait introduire artificiellement une cinquième dimension, un peu « atrophiée », à l'espace-temps à quatre dimensions bien connues de nos sens. Il y a mieux. Certains espaces utilisés dans la *théorie des supercordes*, dont l'objectif est de trouver une formulation unique pour tous les types de forces, opèrent dans un espace à dix dimensions.

---

1 - Métrique : théorie de la mesure dans un espace basée sur la formule de la distance entre deux points de cet espace.

2 - Le cylindre est comparable à un tuyau d'arrosage. Regardé de loin, le tuyau semble linéaire, à une seule dimension, alors qu'il s'agit d'un objet tridimensionnel.

Rien ne limite d'ailleurs, en principe, le nombre de dimensions « enroulées ». On parle ainsi, dans certaines théories de la gravitation qui tentent de décrire l'univers très primitif, d'un espace à vingt-six dimensions ! L'unique contrainte à imposer est que les dimensions supplémentaires ne se manifestent pas à l'échelle macroscopique. Pour cela, il « suffit » de « compacter » les dimensions ajoutées.

Topologie et espace à deux dimensions

Quelle est la forme de l'espace ? Est-il plat, est-il courbe ? Est-il étendu, ou bien tordu, déployé ou ratatiné ? Est-il fini, ou infini ? Les questions sur la forme globale de l'espace – forme qui implique l'examen de ses propriétés – sont du ressort d'une science que l'on appelle la *topologie*.

Essayons d'imaginer des êtres pensants vivant dans un monde à deux dimensions. Ils n'ont aucune raison a priori d'imaginer que leur espace physique puisse être autre chose qu'un plan usuel. Toutefois, si l'un d'entre eux, particulièrement doué, se demande s'il vit sur un cylindre, il peut tenter de le vérifier soit en entreprenant d'en faire le tour, soit de regarder le ciel dans deux directions opposées et d'espérer y observer la même galaxie.

Le cylindre considéré ici n'est qu'une des formes élémentaires possibles d'un univers homogène, isotrope et euclidien à deux dimensions. Nous pouvons obtenir d'autres formes élémentaires en « collant » entre eux les côtés d'un rectangle ; on peut ainsi obtenir une sorte de tore, un ruban de Möbius, qui possède les mêmes propriétés locales, c'est-à-dire au voisinage d'un point (mais pas globales), que le plan à deux dimensions. Tout point de cette surface peut être joint à tout autre point de cette même surface par une courbe continue dans la surface et ne rencontrant pas le bord. En outre, il est possible d'obtenir des surfaces beaucoup plus complexes en combinant les diverses formes élémentaires ; on peut ainsi obtenir toutes sortes de surfaces à deux dimensions ayant, par exemple, la forme d'un bretzel.

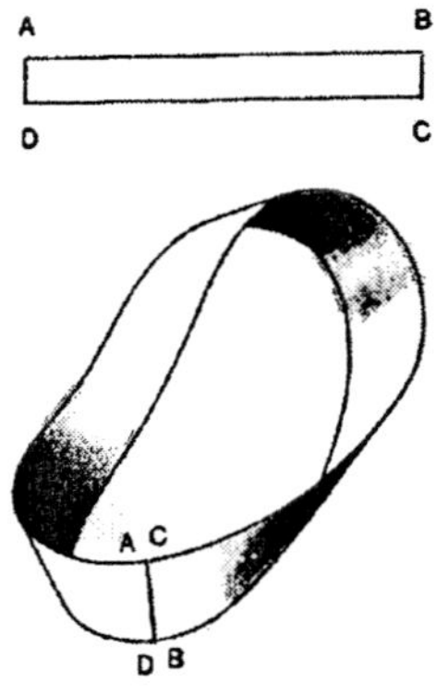

On obtient un « ruban de Möbius » – surface à une seule face et un seul bord – en prenant une bande de papier, en la tournant d'un demi tour et en recollant ses deux extrémités. D'Auguste Möbius, mathématicien allemand (1790-1868), qui le découvrit en formulant la nature exacte des recherches topologiques.

Les problèmes que nous venons d'esquisser concernant la topologie de l'espace à deux dimensions se retrouvent – mutatis mutandis – dans le cas de notre espace physique à trois dimensions, ainsi que dans le cas de l'espace-temps de la relativité restreinte ou dans celui, courbe, de la relativité générale... à ceci près que tout devient nettement plus complexe à ces niveaux et qu'aucune visualisation n'est réellement possible.

Espace hypersphérique, espace hyperbolique, pseudosphère

Un siècle et demi après les travaux de Riemann, les scientifiques hésitent encore sur la forme à donner à *notre* espace. Certains pensent qu'il s'apparente à ce qu'on appelle une *hypersphère*. La théorie de la relativité générale affirme que la matière courbe l'espace (voir *Gravitation*). Apparemment, s'il y a suffisamment de matière, la courbure peut devenir assez importante pour recourber l'espace sur lui-même. Si l'espace est hypersphérique, il ne peut alors contenir qu'un nombre limité de galaxies, dont pourtant aucune n'est rejetée à ses extrémités. Chaque galaxie occupe une position aussi centrale que les autres. Dans l'*espace hypersphérique*, on pourrait s'embarquer dans un vaisseau spatial et, en gardant constamment le même cap, revenir dans notre Galaxie. Malheureusement, la circonférence de notre hypersphère est tellement grande qu'il est tout à fait impossible d'effectuer une telle traversée. On estime en effet que notre espace a une circonférence d'environ 80 milliards d'années-lumière.

Nous pouvons nous faire une assez bonne image d'au moins deux sortes d'espace : l'espace plat [(1)], régulier, et l'espace hypersphérique, fini et cependant non borné. Les espaces plat et hypersphérique ont ceci en commun que leur courbure est la même partout. Dit autrement, les plans et les sphères sont des *surfaces à courbure constante* : les surfaces à courbure constante sont les seules surfaces sur lesquelles on peut déplacer les triangles sans que les angles et les côtés se modifient. De la même façon, en trois dimensions, on dira qu'un espace à courbure constante est un espace dans lequel on peut déplacer un corps rigide sans que ses proportions relatives soient modifiées.

Il existe une troisième sorte d'espace à courbure constante. Cette sorte d'espace est habituellement appelé *espace hyperbolique*. Il s'avère que la meilleure représentation d'un espace hyperbolique est celle d'une surface appelée *pseudosphère*. Tout comme une sphère, une pseudosphère peut être conçue comme une surface plane. La sphère est plus « petite » que le plan : courbée sur elle-même, elle est finie, alors que le plan est infini.

De façon assez curieuse, la pseudosphère est plus « grosse » que le plan. Le plan et la pseudosphère sont tous les deux infinis, et pourtant la pseudosphère offre davantage de place. C'est précisément parce que la pseudosphère est réellement plus grosse que le plan qu'il est plus difficile de la représenter par un dessin dans l'espace euclidien habituel.

---

1 - Par plat, on n'entend rien d'autre que l'espace euclidien standard à trois dimensions, s'étendant à l'infini dans toutes les directions.

Bien qu'il soit impossible, dans notre espace, d'étaler entièrement la pseudosphère, il est cependant possible de le faire morceau par morceau pour obtenir ainsi plusieurs surfaces bornées à courbure constante. Par exemple, si nous étirons le disque central de la figure de la pseudosphère, il prend la forme d'une selle de cheval.

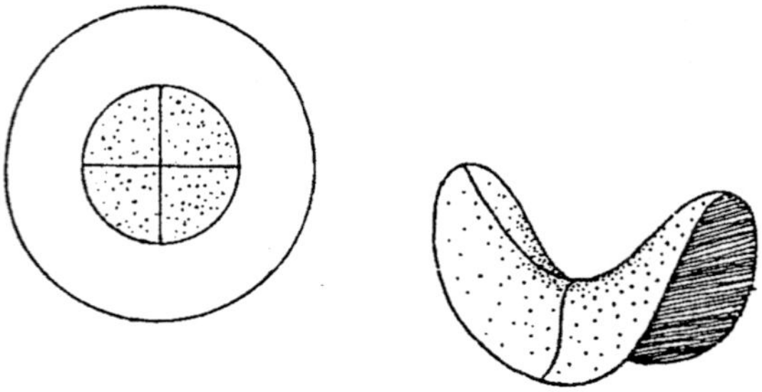

Un disque de la pseudosphère se dilate en une selle de cheval.

Alors que la courbure de la sphère garde en chaque point une direction constante, la selle de cheval, elle, a en chaque point sa courbure orientée suivant deux directions différentes. Etant à la fois courbée vers le haut et vers le bas, la selle de cheval, une fois déployée, possède, dans un certain sens, une surface plus grande qu'un disque plat.

Un exemple de déploiement encore plus spectaculaire est formé en découpant un secteur près du bord « infiniment éloigné » de la pseudosphère, suivant les côtés *e*, *e*' et *H*. En étirant *e* et *e*' pour leur redonner leur « véritable » longueur infinie, en les « collant » ensemble suivant *E* et en arrondissant *H* en cercle, nous obtenons un *secteur* recollé de pseudosphère dont la forme rappelle étrangement une trompette ayant son embouchure infiniment éloignée du pavillon.

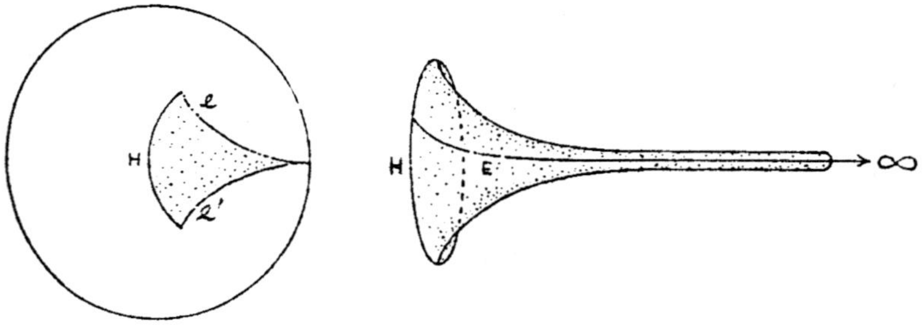

Un secteur de la pseudosphère s'étire pour former une trompette. Cette figure jouit d'une propriété très particulière : bien que sa longueur soit infinie, sa surface est finie.

À quoi ressemble un espace entièrement hyperbolique ? Il faut imaginer un espace tridimensionnel infini qui, par étirement, serait devenu encore plus grand qu'un espace plat. Mathématiquement, on peut le représenter en considérant, à l'intérieur d'une sphère, des objets dont la taille se contracterait d'autant plus qu'ils seraient plus proches du bord de la sphère [1]. La représentation d'un espace courbe en étirant et rétrécissant par endroits un espace plat est une idée qui est due à Riemann.

En définitive, nous pouvons considérer trois types d'espace : l'espace plat, l'espace hypersphérique et l'espace hyperbolique. Ces espaces ont en commun d'être uniformément courbés à grande échelle : aucune région n'y est fondamentalement différente d'une autre.

L'espace-temps

Les propriétés générales de l'espace sont liées à notre environnement immédiat, que celui-ci soit situé dans le proche voisinage d'un laboratoire, dans le système solaire ou dans notre Galaxie. Si on s'intéresse maintenant aux phénomènes où les vitesses mises en jeu s'approchent de celle de la lumière, l'électromagnétisme ou la physique des particules par exemple, il devient nécessaire d'abandonner le concept d'espace physique tel que défini précédemment.

Une description pertinente des phénomènes doit alors se faire dans un espace abstrait, l'*espace-temps* de Minkowski. C'est en effet le savant lituanien Hermann Minkowski qui, en 1908, développa l'idée originale d'un continuum spatio-temporel. Selon cette idée, les concepts d'espace et de temps absolus peuvent être remplacés par un concept unique, celui d'espace-temps. D'après Minkowski, toute expérience physique a pour cadre l'union de l'espace et du temps.

> « Que nous ne soyons pas habitués, écrit Einstein, à considérer le monde comme un continuum à quatre dimensions, cela s'explique par le fait que dans la physique prérelativiste la coordonnée de temps jouait, par rapport aux coordonnées d'espace, un rôle différent et plus indépendant... En effet, d'après la mécanique classique, le temps est absolu, c'est-à-dire indépendant de la position et de l'état de mouvement du système de référence ».

Rappelons que l'espace-temps de la physique newtonienne habituelle représente une construction purement mathématique d'assez peu d'intérêt même s'il existe une unité réelle, quoiqu'un peu floue, entre l'espace et le temps classique. La théorie de la relativité restreinte va constituer, par excellence, la théorie de la liaison mutuelle de l'espace et du temps, qui deviendront désormais inséparables, l'espace-temps, véritable entité physique unique.

Dans l'espace-temps de Minkowski, chaque observateur possède ses propres règles pour mesurer les distances et ses propres horloges pour mesurer le temps, la chronologie étant fonction de la vitesse relative et la simultanéité des événements n'étant pas universelle (voir ci-dessous).

La *transformation de Lorentz*, qui permet de passer d'un référentiel à un autre dans l'espace-temps à quatre dimensions, associe les coordonnées de temps et d'espace, au lieu de les traiter séparément, comme des entités indépendantes. C'est la distance entre les événements repérés par quatre coordonnées, l'intervalle spatio-temporel, qui, lui, est invariant et ne dépend pas de l'observateur.

---

1 - On se souvient de l'apostrophe de Hamlet : « Ô Dieu ! Je pourrais m'enfermer à l'intérieur d'une coquille de noix, et me prendre pour le roi d'un espace infini... »

Temps et longueur en relativité restreinte

Si, avec Einstein, l'espace et le temps sont indissociables et qu'il faille désormais adopter un nouveau cadre pour la description des phénomènes, l'espace-temps ou espace de Minkowski à quatre dimensions, on devra également admettre que les unités dans lesquelles on mesure le temps et les distances ne sont plus fixes, mais dépendent de la vitesse relative des repères. « Chaque corps de référence (système de coordonnées), écrit Einstein, a son temps propre : une indication de temps n'a de sens que si l'on indique le corps de référence auquel on se rapporte ».

Autrement dit, l'écoulement du temps et les distances qui séparent deux événements, vus tous deux par deux observateurs différents, dépendent de la vitesse relative de ces observateurs. Ces phénomènes étranges – baptisés *dilatation des durées* et *contraction des longueurs* – ont constitué les premiers résultats spectaculaires de la relativité restreinte. Ils ont, tout au moins au début, soulevé de nombreuses objections, car on y voyait l'origine de situations paradoxales entraînant des contradictions internes dans la théorie. Aujourd'hui, la situation est très différente puisque, grâce en particulier aux accélérateurs de particules, ils sont devenus des phénomènes d'observation courante, susceptibles de confirmations expérimentales précises. Concrètement, la situation peut se traduire de la manière suivante :

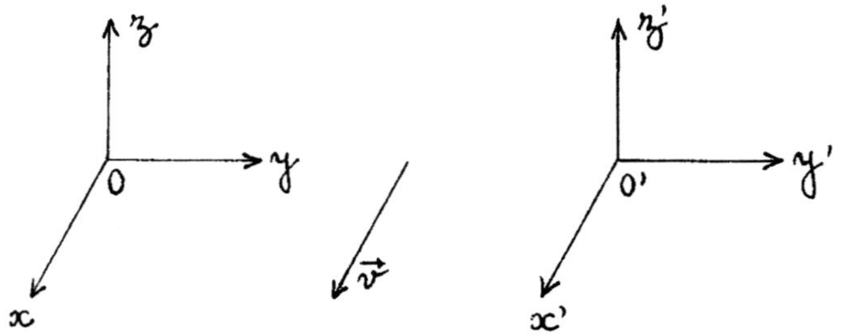

Soit deux événements A et B. Dans un référentiel inertiel *Oxyz*, le temps écoulé entre ces deux événements est *t* secondes. Rapportons les deux événements à un second système inertiel *O'x'y'z'*, en mouvement de translation uniforme par rapport au précédent. Le mouvement se fait de telle façon que la vitesse *v* de translation soit parallèle à l'axe *Ox*. Dans le second système, le temps écoulé entre A et B est *t'*, tel que :

$$t' = \frac{t - \frac{v}{c^2}x}{\sqrt{1 - \frac{v^2}{c^2}}}$$

c étant la vitesse de la lumière [1].

1 - On pose, en outre, les relations suivantes (coordonnées d'espace) :

$$x' = \frac{x - vt}{\sqrt{1 - \frac{v^2}{c^2}}} \qquad y' = y \qquad z' = z$$

Ces équations, dites de Lorentz, avaient été inventées par ce dernier pour justifier les résulats négatifs de l'expérience de Michelson et Morley (voir p. 158).

Le mouvement a pour effet de « dilater » les durées dans le rapport :

$$t' = \frac{t}{\sqrt{1 - \frac{v^2}{c^2}}}$$

Ou, selon une autre formulation en vigueur :

$$t' = t\,(1 - v^2 \cdot c^{-2})^{-\frac{1}{2}}$$

Considérons maintenant la distance qui sépare les deux événements.

Notons-la *l* dans le premier référentiel, *l'* dans le second.
Dans ce cas :

$$l' = l\sqrt{1 - \frac{v^2}{c^2}}$$

Ou, selon une autre formulation en vigueur :

$$l' = l\,(1 - v^2 \cdot c^{-2})^{\frac{1}{2}}$$

On observe une contraction de la longueur : il s'agit d'une propriété « métrique » de l'espace-temps.

Dans l'expression du temps et de la distance intervient le terme v/c élevé au carré dans la plupart des cas. Quand la vitesse v est petite par rapport à celle – considérable – de la lumière, les expressions de la forme v/c (à plus forte raison v^2/c^2) sont extrêmement petites et négligeables. Le temps redevient alors celui du sens commun, de tous les jours ; les longueurs sont à nouveau figurables par les règles rigides de la géométrie euclidienne : la théorie d'Einstein n'est pas incompatible avec la mécanique classique.

Soulignons un point important : pour comprendre la relation qui existe entre les variations spaciales et les variations temporelles, il faut garder à l'esprit le fait que la vitesse de la lumière ne varie pas. Cette vitesse permet donc la mesure du temps grâce à celle de la distance et inversement. Mesurer la distance qui nous sépare d'une étoile grâce à des kilomètres classiques ou à des années lumière est équivalent. La mesure du temps se réduit donc elle aussi à une mesure d'espace : si les distances sont affectées par l'invariance de la vitesse de la lumière, les instruments qui mesurent le temps (et qui se trouvent dans l'espace) sont également affectés. L'intervale de temps lui-même, mesuré en fonction d'une périodicité donnée (dans l'espace), doit varier.

Le voyage des muons dans l'atmosphère

Une vérification expérimentale des modifications apportées par la théorie de la relativité ne peut être cherchée dans notre expérience immédiate, nos vitesses étant beaucoup trop faibles pour que les effets relativistes puissent se manifester. Mais il existe des particules, tels les *muons*, qui voyagent avec les rayons cosmiques presque aussi vite que la lumière. Ces particules chargées, dont la masse est environ 207 fois celle de l'électron, se désintègrent spontanément en donnant d'autres particules.

La *durée de vie* moyenne de ces horloges naturelles est de 2,2 millionièmes de seconde environ (2,2 x 10^{-6} s.), temps moyen entre l'instant où ils sont produits et leur désintégration, que l'on mesure en les arrêtant dans une masse de métal.

Ces mésons parcourent dans l'atmosphère terrestre plusieurs dizaines de kilomètres à une vitesse très voisine de celle de la lumière, alors que, selon la mécanique classique, ils devraient disparaître après un trajet de 660 mètres environ. En prenant en compte la dilatation des durées, on retrouve bien le parcours effectué par le muon.

Soit τ la vie moyenne du muon à la vitesse v, et τ_0 sa vie moyenne au repos (c'est-à-dire 2,2 x 10^{-6} s) ; on pose immédiatement :

$$\tau = \frac{\tau_0}{\sqrt{1-\beta^2}} \qquad \text{avec } \beta = \frac{v}{c}$$

Comme la vitesse v d'un méson μ est de l'ordre de 0,99995 c :

$$\frac{1}{\sqrt{1-\frac{v^2}{c^2}}} = \frac{1}{\sqrt{1-(0,99995)^2}} \simeq 100$$

Autrement dit, un muon vit cent fois plus longtemps quand il se déplace à la vitesse de 0,99995 c que lorsqu'il est immobile ; il aura le temps de parcourir une distance cent fois plus grande que ne le prévoyait la mécanique classique, soit environ 60 km !

ETHER

Descartes, 1633 ; Huygens, 1678 ; Newton, 1687 ; Einstein, 1905.
Voir aussi : Espace, Infini, Lumière, Relativité.

Un « air subtil »

L'idée d'un milieu invisible qui remplirait l'espace et véhiculerait les effets à distance est, pour la première fois, semble-t-il, introduite par Descartes. Descartes nie l'existence du vide et des particules matérielles indivisibles[1]. Il conçoit que tout l'espace est occupé par des sphères, d'une matière finie et continue : l'« air subtil » ; au contact les unes des autres, ces sphères participent à de nombreux tourbillons qui entraînent les planètes.

Même processus pour la propagation de la lumière ; le mouvement très rapide et très violent des parties d'une flamme se communique aux sphères d'air subtil et la pression « fort tremblante » qui en résulte donne à l'œil l'impression de lumière : « L'éclat du Soleil, ajoute Descartes, résulte d'une pression exercée par l'intermédiaire des sphères d'air subtil ». Ce modèle, que l'on peut qualifier a posteriori d'ondulatoire, Descartes l'avait postulé mais il ne s'était pas soucié d'en démontrer la validité. C'est à cette tâche que s'emploiera Christiaan Huygens dans son *Traité de la lumière (1678).*

Comme des boules de billard

Huygens est un chaud partisan de la mécanique. Très vite, une question se pose à cet éminent savant : le mouvement de la lumière résulte-t-il de la propagation de corpuscules ou de l'effet d'une onde ? Ne pouvant être accompagné d'aucun transport de matière, ce mouvement est *logiquement* dû à des ondes. Mais lorsqu'une onde se propage, des vibrations affectent un milieu matériel (l'air dans le cas des sons, l'eau pour les vagues).

Comme le Soleil nous éclaire, sa lumière parcourt la distance le séparant de la Terre ; d'emblée, Huygens est obligé de postuler l'existence d'un milieu intersidéral indispensable à sa théorie : c'est l'*éther.* La lumière est une série d'ondes de choc, propagées à travers cette substance invisible. Il nous en donne une représentation au moyen d'une analogie mécanique : un joueur de billard tirant une boule exactement derrière une rangée d'autres boules en contact fait jaillir la première boule de la rangée sans faire bouger les autres. De l'énergie s'est propagée. L'éther transmet les taches lumineuses de la même manière ; il est mécaniquement analogue à des sphères très dures en contact dans les trois dimensions de l'espace.

Comme Newton après lui, Huygens est amené à envisager que les solides ont une structure discontinue. Il croit même pouvoir affirmer que l'éther baigne leurs parties constitutives et circule librement au travers de l'assemblage qu'elles forment.

---

1 - Aristote, lui aussi, niait l'existence des atomes et estimait que l'espace était rempli d'un continuum divisible à l'infini.

Les vibrations lumineuses qui affectent l'éther ne peuvent qu'être gênées par les parties les plus grosses du solide et l'onde est ralentie. Ainsi, conclut Huygens, la vitesse de la lumière doit être plus faible dans un solide que dans un liquide, dans un liquide que dans un gaz, dans un gaz que dans l'espace intersidéral, empli d'éther.

Cette déduction s'accorde avec le bon sens exalté par un Grimaldi ou un Fermat, mais s'oppose aux conclusions de Descartes et de Newton. Elle permettra en tout cas à Huygens de rendre compte de la *réfraction* des ondes lumineuses.

Une position ambiguë

Newton réfute la nature ondulatoire de la lumière, mais il accepte la réalité de l'éther. Les vibrations de l'éther ne sont toutefois selon lui qu'une propriété fortuite de la lumière, dépendant des circonstances, la lumière elle-même étant de nature corpusculaire. Ainsi, l'éther dont parle Newton doit davantage être entendu comme l'« éther de la gravitation », porteur et médiateur des interactions gravitationnelles ; rien n'implique cependant que cet éther soit également « luminifère » (littéralement « porteur de lumière »). Cela dit, l'hypothèse de l'éther mérite bien le qualificatif de « mécanique » que lui attribue Newton. Elle consiste en effet, comme l'expliquera plus tard Einstein, à « supposer que les forces à distance de Newton ne sont qu'apparemment des forces à distance immédiates, autrement dit qu'elles sont en réalité transmises soit par les mouvements, soit par la déformation élastique d'un milieu imprégnant tout l'espace : l'éther ».

L'hypothèse de l'éther est donc mécanique en ceci qu'elle permet de rétablir la causalité différentielle qui est à la base des lois de la mécanique. Newton écrit (*Principia*) :

> « Ce serait ici le lieu d'ajouter quelque chose sur cette espèce d'esprit très subtil qui pénètre à travers tous les corps solides, et qui est caché dans leur substance ; c'est par la force, et l'action de cet esprit que les particules des corps s'attirent mutuellement aux plus petites distances, et qu'elles cohèrent lorsqu'elles sont contiguës [...] Mais ces choses ne peuvent s'expliquer en peu de mots ; et on n'a pas fait encore un nombre suffisant d'expériences pour pouvoir déterminer exactement les lois selon lesquelles agit cet esprit universel ».

Soulignons ici combien la mécanique de Newton mettant en jeu des particules individuelles en interaction mutuelle s'oppose radicalement à celle de Descartes.

L'éther, de Young à Fresnel

Au début du XVIIIe siècle, un physicien et médecin anglais, Thomas Young, défend avec succès la théorie selon laquelle la lumière, plutôt que d'être un flux de particules, présente un mouvement de nature ondulatoire. Nombre de phénomènes optiques, comme la diffraction et la polarisation, semblent indiquer que la lumière est une vibration au sein d'un milieu sous-jacent. On suppose que le cosmos est rempli d'un éther « luminifère » transmettant ce mouvement ondulatoire qu'est la lumière.

Cette théorie ne fait pas l'unanimité. Pour comprendre simplement à quel point l'idée d'un éther porteur de lumière pouvait paraître étrange, il suffit d'imaginer une enceinte vidée de tout son éther luminifère : les lampes à gaz auraient brûlé

Newton : la physique mène à Dieu

« N'existe-t-il pas un milieu beaucoup plus subtil que l'air, qui reste dans un vase quand on en a pompé l'air ? Ce milieu n'est-il pas incomparablement plus rare, plus subtil, plus élastique et plus actif que l'air ? Ne pénètre-t-il pas promptement tous les corps ? Et en vertu de son élasticité, n'est-il pas répandu dans la vaste étendue des cieux ? » Dixit Newton...

En fait, Newton est beaucoup moins sûr de lui qu'il n'y paraît. Il est bien difficile d'admettre l'existence d'une substance s'insinuant partout, dans les corps, dans l'espace, mais que l'on n'a jamais observée... Pourtant, il lui faut admettre l'éther ou rejeter la théorie corpusculaire dont il est l'auteur. Newton trouve maintes preuves indirectes de l'existence de la « matière éthérée » (c'est elle en particulier qui conduit la chaleur dans le vide) ; il tente d'en déterminer les caractéristiques et affirme, en particulier, que sa force élastique doit être 490 000 000 000 fois plus grande que celle de l'air et sa résistance plus de 600 000 000 fois moindre que celle de l'eau. Newton ne dit pas d'où il tire ces chiffres, quel raisonnement lui permet de les avancer. Il utilise à la fois des nombres forgés arbitrairement et des arguments physiques qu'il veut convaincants (conduction de la chaleur) pour affirmer la réalité d'un éther dont la présence pourrait être prouvée – à défaut d'une observation directe – par l'analyse des effets qu'il entraîne.

Mais Newton aborde la question sous un angle diamétralement opposé ; il note :
« ... Ces fluides, dont on suppose remplie la vaste étendue des cieux, ne sauraient s'accorder avec les mouvements réguliers et constants des planètes et des comètes, qui ont lieu en tous sens, à moins que ces fluides fussent assez rares pour ne leur opposer aucune résistance marquée. Les espaces célestes sont donc privés de toute matière sensible...» « Les mouvements réguliers des planètes... ne peuvent s'entretenir qu'autant que les espaces immenses des cieux sont vides de toute matière... Un fluide dense serait plus qu'inutile pour rendre raison des mouvements des astres ; puisqu'il ne servirait qu'à retarder ces mouvements... D'après cela... rien ne prouve l'existence d'un pareil fluide... il doit donc être regardé comme un être fictif. Ainsi, les hypothèses qui font consister l'action de la lumière en une pression ou un mouvement propagé à travers un pareil milieu sont insoutenables ».

Ce sont là des arguments sérieux : si l'éther existe, il ne peut qu'opposer une résistance mécanique au mouvement des astres. Ceux-ci, les calculs le prouvent, évoluent sans subir de résistance, comme s'ils se mouvaient dans un vide total. L'éther devrait donc à la fois transmettre très facilement les perturbations lumineuses et ne pas s'opposer au mouvement des astres. Quelles propriétés mécaniques possède donc cet éther newtonien ? Comment ne gêne-t-il pas le mouvement des astres ? Newton ne répondra pas à ces questions. Il se contentera de détourner ses lecteurs en les entraînant sur un terrain propre à faire taire toute critique.

Il replace en effet le débat sur le plan théologique et réaffirme une nouvelle fois ses positions. « Le grand but qu'on doit se proposer dans l'étude de la nature, c'est de raisonner sur les phénomènes sans le secours d'aucune hypothèse[1] : de déduire des causes des effets, jusqu'à ce qu'on soit parvenu à la *cause première* qui, très certainement, n'est pas mécanique, mais, on l'aura deviné, de l'ordre du divin. Pour Newton, *la physique mène à Dieu.*

1 - « Hypotheses non fingo » (« Je ne feins pas d'hypothèses ») devait dire Newton.

sans que personne ne puisse les voir ; une source de lumière sans éther luminifère pour transporter les vibrations lumineuses aurait paru aussi étrange qu'une cloche résonnant silencieusement dans une pièce où l'on aurait fait le vide.

Le délicat problème de l'existence même de l'éther devait se régler de lui-même grâce à une approche parallèle qui aura une influence décisive sur le développement ultérieur de la physique. Cette approche se fonde sur le concept de champ inventé par Michael Faraday. Faraday propose un modèle de « lignes de force » s'étirant autour de l'aimant et émergeant du pôle nord pour converger vers le pôle sud. Il baptise « champ magnétique » cet ensemble de lignes de force. Rappelant les *effluvia* magnétiques de Gilbert, le champ de Faraday confortait la pertinence du concept d'éther cartésien. Les scientifiques de cette époque, et en particulier Augustin Fresnel, qui reconnaissaient dans l'éther le substrat des vibrations lumineuses, imaginaient donc l'espace empli d'un éther support des ondes lumineuses.

En 1819, presque tous les effets lumineux (à l'exception du phénomène de la polarisation de la lumière) peuvent être expliqués par la théorie de Fresnel qui, approfondissant la théorie de Young, enterre la théorie corpusculaire à l'issue de quatre années de travail acharné. Le savant français s'appuie sur l'hypothèse que la lumière est une « vibration générale de l'éther », produite par les oscillations régulières des molécules d'une source. Ces oscillations dépendent des forces exercées dans la source. Elles engendrent dans l'éther des mouvements vibratoires et sont *normales* à l'onde dans la direction du rayon [(1)]. Elles ont des longueurs variant de 0,4 à 0,8 micron selon l'intensité de la force initiale.

Cependant, ce rôle d'agent de transmission conférait à l'éther des propriétés fâcheusement contradictoires : il ne devait offrir aucune résistance aux déplacements planétaires. Mais, paradoxalement, pour transmettre des ondes transversales comme la lumière, il lui fallait être rigoureusement incompressible. A sa mort, en 1827, Fresnel léguait donc un fantôme à la science ; celui de ce support matériel – puisqu'on pensait qu'il en fallait un – des ondes lumineuses, l'éther. Mais qu'était-ce donc que l'éther ?

Pour répondre à cette question, deux générations de savants méditent sur un mirage. À la fin du XIXe siècle, l'imagination scientifique n'a pas engendré moins d'une quarantaine de modèles qui, tous, peuvent prétendre représenter l'éther luminifère. Cette profusion de théories incline certains observateurs au scepticisme.

L'éther, nouvel espace absolu

Il y a au moins un point sur lequel tout le monde est d'accord : avant de décrire les propriétés de l'éther, il faut trouver le moyen de révéler son existence. Pendant plusieurs décennies, avec acharnement, on traqua l'éther par des expériences d'optique. Cette quête avait pour origine la même question fondamentale : est-il possible de détecter l'éther immobile, c'est-à-dire un *espace absolu,* support de la lumière, par rapport à un système de référence matériel en mouvement ? Dans le cas d'une réponse positive, l'éther est-il susceptible de subir l'influence plus ou

---

1 - La plupart des physiciens jusqu'à Fresnel supposent que les vibrations lumineuses sont longitudinales ; d'où la difficulté à donner une explication satisfaisante à la propagation rectiligne de la lumière.

Un fluide quadridimensionnel

À la fin du XIXe siècle on vit apparaître des théories de plus en plus bizarres sur la matière et l'éther. Ainsi, en 1892, dans un ouvrage intitulé *The grammar of Science (La grammaire de la science),* Karl Pearson imagina que l'éther était un fluide quadridimensionnel ayant la curieuse particularité de s'infiltrer dans notre espace à trois dimensions, un peu comme l'eau jaillissant par des trous au fond d'une barque. Selon cette théorie, un atome est conçu comme un point par lequel l'éther s'écoule dans toutes les directions de l'espace (*jet d'éther*).

Un tel point fonctionne à la manière d'un robinet qui serait placé sous l'eau. Deux jets d'éther peuvent se déplacer dans l'éther relativement l'un à l'autre, exactement comme deux particules soumises à la gravitation, leur masse étant en rapport avec le débit de l'éther dans le jet.

moins grande de ce mouvement et d'être entraîné (ce qui aurait eu pour conséquence importante de modifier la vitesse de la lumière) ? Les phénomènes de propagation de la lumière dans les milieux réfringents (1) semblaient offrir un champ très vaste à ces recherches expérimentales. La question se pose donc assez vite de savoir comment se comporte l'éther dans les milieux réfringents mobiles.

En 1818, François Arago tente de déceler un mouvement relatif par rapport à l'éther en faisant traverser un faisceau lumineux à travers une pile de glaces en mouvement. Le résultat négatif de l'expérience (2) constitue la première des dérobades que devait opposer l'éther à toute démarche expérimentale destinée à prouver son existence.

En 1851, Hippolyte Fizeau imagine un dispositif destiné à mesurer la vitesse de la lumière dans un milieu réfringent, plus précisément dans un courant d'eau. Comme toutes les expériences tentées à l'époque pour déceler un mouvement de l'éther, l'expérience de Fizeau avait une particularité discutable : elle ne pouvait détecter qu'un mouvement relatif. En effet, ni la source lumineuse ni l'observateur ne participaient physiquement au mouvement du courant d'eau. Il est clair que la détection d'un mouvement relatif ne pouvait être d'aucune utilité dans la recherche de l'éther. Pour arriver à le déceler, il eût fallu mettre en évidence un mouvement absolu de l'éther (ce milieu, rappelons-le, était considéré comme universel, présent partout dans le vide, dans l'air, dans les solides et dans les liquides).

Pour détecter un mouvement absolu, c'est-à-dire indépendant, sans relation aucune avec un quelconque repère extérieur, il fallait imaginer un dispositif expérimental dans lequel la source et l'observateur participent au mouvement étudié. Partant de cette idée, en 1881, Albert Michelson, physicien américain d'origine allemande, se propose d'utiliser la Terre comme support expérimental. Si l'on suppose que la Terre « baigne » dans un océan d'éther illimité, alors de deux choses

1 - Les milieux réfringents ont la propriété de réfracter la lumière, c'est-à-dire de lui faire subir un changement de direction.

2 - Les lois habituelles de la réflexion et de la réfraction n'étaient pas modifiées par cette expérience, ce qui laissait supposer que l'éther, s'il existe en tant que « siège des vibrations lumineuses », est totalement entraîné dans le mouvement des corps réfringents.

l'une : ou bien la Terre se meut dans un éther au repos, ou bien la Terre et l'éther, complètement indissociables, participent au même mouvement général. Il est clair que seule la première hypothèse doit permettre de détecter la présence de l'éther. Si la Terre est en mouvement dans un éther immobile, elle doit provoquer aux surfaces de contact une sorte de courant, un « vent d'éther ». Si l'on admet que la propagation de la lumière dans l'espace se fait par l'intermédiaire de l'éther, une expérience qui parviendrait à mettre en évidence le mouvement d'entraînement exercé par l'éther sur la lumière (c'est-à-dire, en définitive, le vent d'éther), apporterait une preuve indiscutable de l'existence de l'éther.

Telle fut l'origine de l'expérience, restée célèbre, de Michelson en 1881, renouvelée en 1887 par Michelson et Morley, et, ultérieurement, de nombreuses fois, avec une précision sans cesse accrue[1].

Michelson traque l'éther

Partant du principe que la Terre est en mouvement dans l'éther et que la vitesse de la lumière par rapport à l'éther est constante, Michelson suppose que cette vitesse doit être plus grande dans le sens du mouvement de la Terre que dans une direction perpendiculaire. L'idée est alors d'utiliser ces variations en faisant intervenir les phénomènes d'interférences lumineuses dont on connaît l'intérêt lorsqu'on veut réaliser des mesures fines.

Le principe de l'expérience consiste à comparer la vitesse de la lumière dans deux directions perpendiculaires à l'aide d'un interféromètre : l'interféromètre sépare un

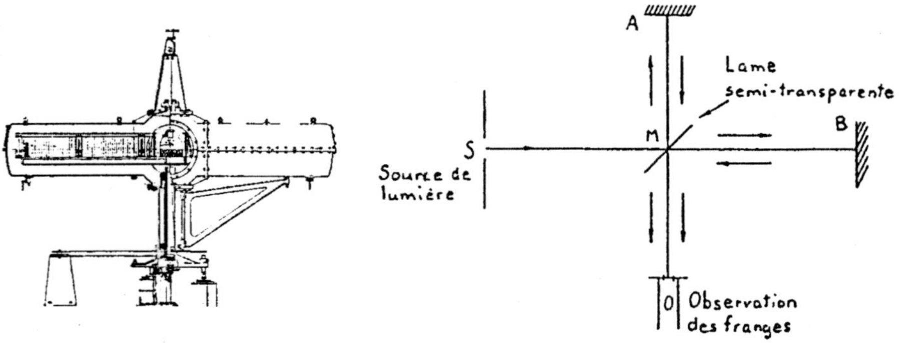

Schéma de principe de l'expérience de Michelson et Morley.

1 - L'expérience fut retentée avec différentes longueurs d'onde, en des endroits différents (sur divers continents, en haute altitude, et même... sous la surface de la Terre) et à diverses époques de l'année. Ajoutons qu'elle fut répétée, avec une précision sans cesse améliorée, pendant quatre-vingts ans, par exemple en 1958, à l'aide de générateurs d'ondes électromagnétiques très stables, les masers, qu'on venait de découvrir.

éclair lumineux en deux faisceaux qui parcourent des longueurs égales et devraient produire une modification des interférences au retour, si leurs vitesses différaient selon qu'ils se propagent dans le sens du mouvement de la Terre ou perpendiculairement.

Examinons attentivement le schéma : deux bras rigides d'égale longueur sont disposés à angle droit. Une source *S* émet un éclair lumineux qui se propage suivant les deux directions perpendiculaires après avoir été divisé par un miroir semi-réfléchissant *M*. Des miroirs *A* et *B* placés à chaque extrémité des bras réfléchissent la lumière en sens inverse. Les faisceaux se superposent, et l'on observe une figure de franges d'interférences alternativement brillantes et sombres. La position des franges dépend de la différence de temps mis par les deux faisceaux pour effectuer leurs trajets respectifs : *SMAMO* et *SMBMO*.

Si l'on dispose un bras de l'interféromètre dans une direction parallèle au mouvement supposé de la Terre dans l'éther, les franges d'interférences précédemment observées sont décalées [1], car les intervalles de temps mis par la lumière pour parcourir *SMAMO* et *SMBMO* sont modifiés de quantités différentes.

Sur le bras parallèle au mouvement de la Terre, la vitesse de la lumière dans cette direction doit être inférieure à *c* ($\simeq$ 300 000 km/s), d'une quantité égale à la vitesse de la Terre, à l'aller, et supérieure à *c*, de la même quantité, au retour. Sur l'autre bras, perpendiculaire au mouvement, la vitesse de la lumière est la même à l'aller et au retour. Lorsqu'on fait tourner l'appareil de 90°, les rôles des bras s'inversent et les franges d'interférences sont censées être décalées. A supposer que la vitesse de la lumière varie avec la vitesse de la Terre autour du Soleil ($\simeq$ 29 km par seconde), on s'attend à voir la figure d'interférences se décaler d'une valeur égale aux quatre dixièmes de la longueur d'onde de la lumière utilisée. Or, on n'observe rien de tel.

Malgré leurs efforts, Michelson et Morley ne décelèrent jamais aucun décalage de cet ordre. Sur les deux axes, la vitesse de la lumière était la même en toutes circonstances. Autrement dit, il était impossible de détecter, par des moyens optiques, le mouvement de la Terre par rapport à l'éther.

1 - L'expérience était en effet conçue afin d'être assez sensible pour déceler le mouvement orbital de la Terre autour du Soleil. Le dispositif utilisé donnait au chemin parcouru par la lumière entre la source et les miroirs une longueur de onze mètres qui était obtenue par réflexions multiples sur une série de miroirs portés par une plate-forme. Pour réduire les effets de vibration, tout l'appareil flottait sur un banc de mercure.

Sauver l'éther

Pour justifier le résultat négatif de l'expérience de Michelson et sauvegarder malgré tout l'existence de l'éther, il fallait donc penser que l'observation était voilée par des phénomènes parasites, ainsi que par une série de perturbations en cascade. Toutes les expériences réalisées pour déceler ces effets secondaires furent, à leur tour, totalement négatives.

C'est ainsi, par exemple, que le physicien irlandais George Fitzgerald, en 1889, puis le physicien hollandais Hendrik Lorentz, en 1892, imaginèrent une contraction de la longueur du bras de l'interféromètre dans le sens du mouvement. D'après Fitzgerald et Lorentz, ce bras se serait contracté, selon un facteur dépendant de la vitesse de la lumière relative à l'éther, d'une quantité juste suffisante pour annuler la différence de temps d'arrivée entre les deux rayons lumineux.

Lorentz devait donner une expression mathématique à cette hypothèse (que rien ne justifiait en électrodynamique) en développant, en 1904, une série d'équations rendant compte du comportement de deux référentiels en mouvement rectiligne uniforme l'un par rapport à l'autre. Ce « groupe de transformations », qui assure en fait l'invariance de l'équation de propagation d'une onde, rendait compte de l'effet de contraction des longueurs, donc de l'échec de l'expérience de Michelson.

La communauté scientifique, à l'exception du physicien Joseph Larmor qui les réinventa, vit toutefois dans les équations de Lorentz un artifice de calcul visant à justifier le résultat de l'expérience de Michelson et les accepta difficilement.

En 1905, Henri Poincaré reprit l'hypothèse de Fitzgerald et Lorentz avec pour postulat le principe de relativité (voir p. 354), l'indépassabilité de la vitesse de la lumière dans le vide et les formules de Lorentz ; et, tout en conservant l'hypothèse de la présence « réelle » d'un éther immobile, Poincaré construisit en 1905 une « nouvelle mécanique », qui devait s'avérer mathématiquement équivalente à la théorie de la relativité d'Einstein, mais qui était en fait conceptuellement très différente.

Une nouvelle cinématique sans éther

La même année, ignorant les solutions « ad hoc » apportées au problème de l'éther, un jeune employé du bureau des brevets à Berne, Albert Einstein, aborde la question sous un jour nouveau. Il fait dériver les formules de transformation de Lorentz des postulats d'une nouvelle cinématique, la relativité restreinte. Il pose comme postulats : primo, que les lois de la physique sont les mêmes dans deux référentiels en mouvement rectiligne uniforme l'un par rapport à l'autre ; secundo, que la vitesse de la lumière joue le rôle d'une vitesse limite ne pouvant être atteinte par aucun corps, et encore moins dépassée.

La constance de la vitesse de la lumière dérive du premier postulat : si les lois de la physique sont identiques dans deux référentiels en mouvement rectiligne uniforme l'un par rapport à l'autre, alors la mesure de la vitesse de la lumière est constante pour tous les observateurs, quel que soit leur mouvement ou celui de la source lumineuse. D'où il résulte l'impossibilité de l'existence de vitesses qui seraient supérieures à celle de la lumière. Voici expliqué le résultat négatif de l'expérience de Michelson-Morley. Non seulement l'éther ne peut, de quelque manière que ce soit, manifester son existence, mais il lui est interdit de jouer le rôle d'un authentique système de référence (absence de vent d'éther).

En 1911, Max Planck peut écrire à juste titre : « l'éther, cet enfant de chagrin de la mécanique classique... ». Comme l'avaient déjà compris Galilée et Newton, rien dans l'univers ne peut se trouver en repos ou en mouvement absolu. Puisqu'il n'existe plus de référentiel absolu – autrement dit, *plus d'éther* – toutes les valeurs, espace, temps, masse sont relatives à l'état de mouvement de l'observateur.

Malgré la formidable remise en question qu'il soulevait, seul le programme d'Einstein réussit à s'imposer progressivement à partir de 1905, année qui marque la naissance de la relativité restreinte.

EVOLUTION

Palissy, 1580 ; Buffon, 1750 ; Cuvier, 1800 ; Lamarck, 1809 ; Darwin, 1859 ; de Vries, 1901.

Voir aussi : Génération spontanée, Hérédité, Synthèse organique.

On considère parfois les auteurs anciens qui ont précédé Aristote comme des évolutionnistes, mais ils ne peuvent l'être que dans un sens très général, excluant, en tout cas, la variabilité des espèces. La conception ancienne qui serait la plus proche de l'évolutionnisme moderne est celle des stoïciens, postérieurs à Aristote. Pour les stoïciens, le monde vivant se développe selon des « raisons séminales » qui font apparaître au moment voulu des espèces nouvelles dans un univers cyclique.

Cette conception était évidemment opposée au *fixisme*(1) d'Aristote (IVe siècle avant J.-C.). Aristote rangeait les espèces selon une échelle graduée, avec à la base la matière inanimée, plus haut les organismes dépourvus d'esprit (comme ceux issus de la génération spontanée), puis les insectes, reptiles, oiseaux, mammifères dotés d'un semblant d'esprit, à mi-hauteur l'homme moitié corps, moitié esprit, et, au-dessus, Dieu.

La conception « stoïcienne » fut reprise au IVe siècle de notre ère par saint Augustin dans sa théologie de la création : « Dieu ne créa pas d'emblée toute la nature. Il donna à la Terre et aux eaux, en les tirant du néant, le pouvoir d'amener au jour à l'époque fixée, tous les êtres destinés à répandre la vie et le mouvement dans les airs, dans les mers et sur tous les points du globe ».

De Palissy à Buffon

À la Renaissance, la curiosité scientifique se réveille en reprenant, avec la nature, un contact quasiment perdu depuis les Grecs. Deux grands artistes de cette époque, Léonard de Vinci et Bernard Palissy, énoncent sur les fossiles des idées justes. En 1580, Bernard Palissy, « simple potier de terre qui ne savait ni latin, ni grec », soutient à Paris, contre les docteurs de la Sorbonne, que « les coquilles et les poissons pétrifiés qu'on trouve dans certains terrains » ne sont pas de « simples jeux de la nature », mais qu'ils ont vécu à cet endroit même « pendant que les roches n'estoyent que de l'eau et de la vase, lesquelles depuis ont été pétrifiées après que l'eau a défailly. »

Palissy semble avoir eu la notion des espèces disparues, des formes éteintes quand il déclare avoir trouvé « plus d'espèces de poissons ou de coquilles d'iceux, pétrifiés en terre, que non pas des genres modernes qui habitent la mer océane »(2). En France, les vues originales d'un Palissy n'éveillèrent aucun écho, et, au cours du XVIIe siècle, les vieilles idées sur la *vis plastica* ou les « jeux de la nature »

1 - Selon cette doctrine, les espèces ne sauraient dériver les unes des autres.

2 - « Il (Palissy) ne fut pas seulement l'inventeur des émaux, il fut aussi le glorieux précurseur de Buffon, de Cuvier ; il trouva la géologie avant eux, ce naïf bonhomme. » Balzac, *Illusions perdues*.

continuèrent à prévaloir. Il faut toutefois distinguer Leibniz qui voyait, comme saint Augustin, la vie et l'univers en progrès et qui concevait, mais sans y attacher beaucoup d'importance, ce que nous appelons aujourd'hui le *transformisme* :

> « Peut-être que dans quelque temps ou dans quelque lieu de l'Univers, les espèces d'animaux sont, ou étaient, ou seront plus sujettes à changer qu'elles ne sont présentement parmi nous, et plusieurs animaux qui ont quelque chose du Chat comme le Lion, le Tigre et le Lynx pourraient avoir été d'une même race et pourraient être maintenant comme des sous-divisions naturelles de l'ancienne espèce de Chat ».

Au XVIIIe siècle, ces mêmes idées, ou d'autres apparentées, ont été reprises, mais plutôt dans un sens matérialiste, c'est-à-dire à partir de l'idée de génération spontanée, et généralement sans grande rigueur scientifique. On retiendra les noms de Antoine de Jussieu, promoteur de la classification naturelle des plantes, de Diderot, de Maupertuis, du médecin Robinet et du géologue Benoist de Maillet qui, malgré certaines divagations, peut être tenu pour un des véritables précurseurs de Lamarck et de Darwin.

Cette période « descriptive », marquée par une certaine insuffisance doctrinale, avait cependant préparé la venue d'un esprit capable de rassembler les données éparses, souvent incohérentes, recueillies jusqu'alors, et de les synthétiser en un corps de doctrine. Il s'agit de Buffon dont l'œuvre majeure, les quarante-quatre volumes de l'*Histoire naturelle générale et particulière*, publiée de 1749 à 1804 (dont plusieurs posthumes), n'a jamais eu d'équivalent par son ampleur et ses répercussions sur le public. Malgré son souci d'interpréter « sainement » les Écritures et d'éviter les censures de la Sorbonne, Buffon a eu, l'un des premiers, la claire vision des temps géologiques. Il a confirmé cette notion capitale, entrevue par Bernard Palissy, des vieilles créatures qui s'éteignent et sont remplacées par d'autres. En nous expliquant la séparation de l'ancien et du nouveau continent, réunis au temps des grands mammifères (mastodonte de l'Ohio), il a fait la première application de la paléontologie à la paléogéographie.

Le lamarckisme

Avec Cuvier, généralement considéré comme le véritable fondateur de la paléontologie – la zoologie du passé – se construit peut-être une timide ébauche de l'évolution des espèces. Magnifiquement outillé pour les comparaisons, grâce aux collections ostéologiques, alors uniques au monde, qu'il avait su rassembler au Museum, Cuvier a l'intuition qu'il y a une logique dans la succession des espèces à travers les âges géologiques. Il trouve par exemple que la tête du *Palaeotherium* ressemble fort à celle du tapir contemporain (*Leçons d'anatomie comparée*, 1800).

Toutefois, il ne s'avance certainement pas jusqu'au transformisme qui voudrait qu'une espèce aboutisse, à la suite d'une série de modifications, à une espèce apparentée, mais différente. Évidemment influencé par ses croyances religieuses et son attachement aux vérités révélées, il croit à des « révolutions du globe », dont la dernière doit correspondre au déluge biblique, à des cataclysmes suivis de nouvelles créations.

Cuvier, l'homme des révolutions, en même temps que de la fixité des espèces, combat avec acharnement ses collègues Lamarck et Geoffroy Saint-Hilaire et la théorie qu'ils professent. Car, avec Lamarck, le pas est franchi ; chez lui, le *transformisme* n'est pas seulement une hypothèse séduisante, mais une réponse à deux phénomènes inexplicables autrement : l'étonnante série de « perfectionnements » que manifestent les espèces tout d'abord ; l'extrême diversité qu'elles montrent ensuite. Élaborée à partir de 1800, alors que Lamarck prend la direction de l'étonnante collection des mollusques récents et des fossiles du Museum (1), la *Philosophie zoologique*, publiée en 1809, fonde en fait la « biologie », science des êtres vivants.

Lamarck postule une progression des organismes, du plus simple au plus organisé. L'emploi d'un organe le développe tandis que le défaut d'usage le fait disparaître (la « fonction crée l'organe ») et ces changements sont transmis aux générations suivantes (hérédité de l'acquis). Il s'agit d'une sorte de « montée croissante vers la complexité » qui est une caractéristique de la matière vivante. Par ailleurs, il existe une adaptation continuelle des êtres vivants à leur milieu. Les deux principes agissent simultanément ; ils traduisent ensemble le dynamisme de la vie, stimulée par les changements de l'environnement. On peut s'étonner que de telles vues s'accompagnent chez Lamarck d'une aversion constante pour tout *vitalisme* comme pour tout *finalisme*.

Pour ou contre le vitalisme ?

L'idée qu'il est possible de créer du vivant à partir de l'inerte, croyance influencée par les théories des Grecs sur la génération spontanée et par leurs travaux sur les automates, se développe au IXe siècle dans l'école alchimiste de Jabir ibn Hayyan. Des « recettes » sont alors diffusées pour créer – ou recréer – l'être vivant. On imagine ce que de telles pratiques peuvent avoir de sacrilèges aux yeux de l'Église chrétienne qui ne reconnaît que la création divine.

Pour contrecarrer les tendances hérétiques, la science occidentale développe alors une doctrine destinée à jouer un rôle néfaste et perturbateur dans l'essor de la biologie (et de la chimie) : le *vitalisme*. On sait que le vitalisme, sous sa forme métaphysico-religieuse, consiste à imputer la spécificité des phénomènes vivants à quelque force particulière échappant aux lois de la physique et manifestant un supposé dessein du Créateur. En d'autres termes, chaque organisme vivant détient une « force vitale » (*vis vitalis*) qui ne saurait être analysée, encore moins synthétisée. Il s'agit là d'une distinction spécifique entre matière inerte et matière vivante, l'une ne pouvant être créée à partir de l'autre, ni se réduire à l'autre.

Du XVIe au XVIIIe siècle, cette attitude doctrinale va compter dans ses rangs, avec des nuances diverses, quelques-uns des plus plus grands noms de la biologie et de la médecine : William Harvey, Jan Baptist van Helmont, Georges Louis Buffon, Xavier Bichat, John Hunter. D'illustres chimistes comme le Suédois Jöns Jakob Berzelius et le Français Charles Gerhardt l'avaient également reprise à leur compte. Pour faire admettre que « la distinction des composés qui constituent les êtres en organiques

1 - *Museum national d'histoire naturelle*, à Paris. Ce nom fut attribué en 1794 aux collections du *Jardin des Plantes*, lequel doit son origine au *Jardin du Roi* (1635).

et inorganiques ne peut être considérée comme absolue », il faudra attendre les travaux de Michel-Eugène Chevreul et de Friedrich Wöhler. Le premier réussit à montrer que certaines graisses et autres substances rencontrées chez les animaux et les végétaux sont semblables, jetant ainsi un pont entre le monde animal et le monde végétal (*Recherches chimiques sur les corps gras d'origine animale*, 1823). Le second franchit un pas important (1828) en « fabricant de l'urée d'un homme ou d'un chien, sans l'aide des reins » (l'urée étant du cyanate d'ammonium).

Mais la démonstration décisive fut obtenue par le chimiste allemand Hermann Kolbe qui, en 1844, réalisa la synthèse totale d'un composé organique – l'acide acétique – à partir de composés inorganiques. Au total, l'idée de « force vitale » était bien morte de sa belle mort dans la chimie des années 1850 ; mais elle devait rester encore puissante parmi les biologistes. Les expériences du chimiste français Marcellin Berthelot, qui synthétise dans les années 1860 plusieurs composés organiques (comme le méthane ou l'acétylène), donnent le coup de grâce à la doctrine vitaliste.

L'idée de sélection naturelle

Lorsque l'un de ses amis, le botaniste John Stevens Henslow, propose au capitaine du « Beagle » d'adjoindre un certain Charles Darwin à son expédition autour du monde en tant que naturaliste, ce dernier bondit sur l'occasion. Né en 1809 à Shrewsbury, jadis médiocre écolier, puis autodidacte et homme de terrain avant de devenir un savant renommé, Darwin s'apprête à parcourir les mers. De 1831 à 1836, il découvre les rives de Patagonie, les Galapagos [(1)], l'Australie, la Nouvelle-Zélande et recueille, pendant son périple, une quantité de documents et d'observations, base d'une œuvre gigantesque. Après son retour, il est promu secrétaire de la Geological Society et publie *Voyage d'un naturaliste autour du monde* (1839).

Mais il faut attendre l'année 1859 pour qu'il livre au public, non sans passer par diverses péripéties, l'ouvrage capital qui va bouleverser les conceptions les plus tenaces sur l'origine de l'homme : *De l'origine des espèces par voie de sélection naturelle*. Entre temps, Darwin est devenu « évolutionniste » : il postule l'évolution des espèces par sélection naturelle (*Esquisse de la théorie des espèces*, 1844). En 1858, il reçoit un mémoire du physicien Alfred Russel Wallace qui développe une théorie semblable. Les deux protagonistes de la nouvelle théorie ont été frappés non seulement par la différence des faunes et des flores dans des aires géographiques à la fois voisines et séparées par des obstacles naturels, mais encore par l'enseignement du géologue Sir Charles Lyell qui s'était attaqué à la théorie « catastrophiste » de Cuvier et avait montré les inconvénients d'une interprétation trop littérale de la Bible.

1 - Les Galapagos jouèrent un rôle fondamental dans la genèse des théories de Darwin. Véritable laboratoire grandeur nature, ces îles ont les mêmes caractéristiques climatiques et physiques, mais leur faune varie. Par exemple, différentes espèces de tortues géantes correspondent aux différentes îles ; on interprète ce fait en disant qu'une espèce différente a été créée pour chaque île (fixisme) ou que les différences entre tortues résultent de l'isolement et de l'adaptation de celles-ci au milieu (évolutionnisme). Les treize îles de l'archipel émergent de l'océan Pacifique à l'ouest de l'Équateur dont elles dépendent depuis 1832.

En France, Jacques Boucher de Crèvecœur de Perthes apportait à la même époque une contribution non négligeable par ses découvertes concernant l'existence de fossiles d'ossements et d'ustensiles humains. Sans doute faudrait-il aussi mentionner parmi les origines du « darwinisme » la doctrine de l'économiste Malthus qui, à travers ses préoccupations paupéristes dans la société anglaise de la fin du XVIIIe siècle, avait dégagé le sens même de la compétition dans la lutte pour l'existence.

Par analogie avec la sélection artificielle des plantes cultivées et des animaux domestiques, Darwin conçut donc l'idée de sélection naturelle. Cependant, l'évolution ne doit pas être considérée comme un progrès – réel sans doute mais encore à définir et expliquer – mais bien davantage comme une diversification répondant aux particularités de l'environnement. Celui-ci joue, dans la substitution d'une espèce à une autre, le rôle que les éleveurs exercent dans la sélection artificielle. C'est le milieu qui sélectionne un certain nombre de variations héréditaires, en fait celles qui seront les plus aptes à s'adapter à ce milieu, condamnant a contrario les autres à disparaître [(1)].

Dans un cadre darwiniste, la question de l'extinction des espèces se pose en termes nouveaux. Une espèce peut « disparaître » simplement parce qu'elle s'est transformée en une autre espèce, par évolution. D'autre part, dans la « lutte pour la vie », les membres d'une espèce peuvent succomber à la concurrence d'une autre espèce mieux adaptée. En pareil cas, il n'est évidemment plus nécessaire de faire appel à des catastrophes à la manière de Cuvier pour expliquer la disparition de faunes entières.

Avec la victoire de l'uniformitarisme de Lyell en géologie, et de l'évolutionnisme de Darwin en biologie et en paléontologie, les hypothèses catrastrophistes semblaient définitivement bannies de la science « sérieuse », reléguées au rang de théories dépassées ou erronées. Suivant l'adage bien connu, « le présent est la clé du passé », seuls les phénomènes lents et graduels peuvent être invoqués pour expliquer les événements du passé géologique.

À la question « pourquoi telle espèce a disparu ? », la réponse est « parce qu'elle a été remplacée par une autre, mieux adaptée », ou « parce qu'elle n'a pas pu s'adapter aux changements du milieu ». En un mot, selon Darwin, les espèces sont le résultat graduel mais irréversible de sélections successives produites par les transformations de l'environnement.

Autrement dit, à l'image des oiseaux des îles Galapagos, la lutte pour la reproduction de l'existence individuelle crée le matériau de l'évolution : les variations, ces petites différences qui, en s'accumulant, favorisent les chances de certains individus de perpétuer leur lignée et à la longue de former de nouvelles espèces (on notera au passage que Darwin récusait le mécanisme d'évolution de Lamarck).

---

1 - Le darwinisme dit « social » incitera l'eugéniste Francis Galton à proposer la suppression de toute loi protégeant les faibles et empêchant les plus doués de s'imposer.

Les « bons » et les « mauvais » gènes

La sélection naturelle, si souvent mise en avant par les eugénistes, est moins la sélection du plus apte que l'élimination du totalement inapte. Qui sait si ce qui apparaît de nos jours comme un inconvénient ne se trouvera pas plus tard combiné astucieusement pour permettre un développement harmonieux dans un environnement qui aurait aujourd'hui de quoi surprendre ?

Il peut arriver que le maintien d'un gène considéré comme conduisant à une mort précoce soit un réel « avantage ». On connaît le cas d'un gène conduisant à la formation de globules rouges anormaux, mais très résistant au paludisme et à sa forme mortelle (l'anémie dite « falciforme »). Il est donc probable que l'invention de ce gène en apparence délétère est un avantage qu'il serait bon de conserver.

La stratégie du vivant est donc de multiplier les variétés de la plupart des gènes, dès que cela est compatible avec la survie. C'est sans doute au prix de cette diversité que nous aurons un avenir...

L'homme : une histoire aléatoire

Darwin affirmait, finalement sans le dire, l'origine animale de l'homme et le grand principe de l'évolution générale des espèces. Le scandale a, un certain temps, dissimulé ce qu'il y avait de beaucoup plus audaciaux et radical dans la pensée darwinienne, qui était finalement un refus de l'Histoire irréversible et du progrès nécessaire (le temps poussant nécessairement au progrès). L'Histoire dont Darwin entreprend de démontrer les mécanismes par le système des variations et de la sélection naturelle, n'obéit plus à une loi universelle. Ce n'est plus l'histoire d'un progrès nécessaire, c'est une histoire aléatoire où, à chaque instant, des phénomènes se produisent qui auraient pu *ne pas* se produire. Au bout du compte, on est arrivé à l'*homo sapiens sapiens*, mais ce résultat n'était nullement certain si l'on accepte la théorie de Darwin. Ce n'est qu'au XXᵉ siècle que l'on prendra conscience de cette conception et qu'on saura reconnaître l'extraordinaire originalité de Darwin sur ce point.

En dépit d'hostilités violentes, le darwinisme, qui, tout bien considéré, est un transformisme affiné par les principes d'adaptation et de sélection naturelle des espèces, prendra racine. Il n'y a cependant aucune base scientifique au darwinisme pendant les premières décennies où la communauté scientifique en débat. En définitive, le darwinisme, qui rallie maintenant la quasi-totalité des biologistes, explique bien l'évolution des populations animales ou végétales du globe et celle qui préside à la réussite ou à l'échec des formes nouvelles apparues dans une population. S'appuyant sur la déduction et sur un raisonnement, mais n'explicitant pas toutefois le mécanisme par lequel apparaît le premier couple d'individus « nouveaux », le darwinisme ne peut être considéré comme une théorie *complète* de l'évolution.

De Weismann à de Vries

En fait, à la fin du XIXᵉ siècle, les théories de l'évolution, qu'elles soient lamarckiennes ou darwiniennes, du fait qu'elles présupposaient toutes l'hérédité de l'acquis, eurent à faire face à une objection majeure. Selon August Weismann, tous

Les grandes extinctions

En dépit de Darwin et du « darwinisme », le phénomène des extinctions d'êtres vivants au cours des temps géologiques exigeait des explications concrètes. Même dans un climat intellectuel défavorable à toute hypothèse rappelant, voire de loin, le catastrophisme du XIXe siècle, certaines extinctions continuaient à poser des problèmes aux paléontologues. La disparition des dinosaures à la fin du crétacé(1) devait attirer l'attention du public plus que toute autre crise biologique, à cause du caractère « spectaculaire » des victimes. D'autres crises biologiques majeures jalonnent l'histoire du monde vivant et suscitent des interrogations. Or, ce concept relativement récent de grandes extinctions n'est pas particulièrement bien défini. Il existerait en fait une sorte de spectre d'intensité des extinctions pouvant culminer, à certaines périodes, en ce que l'on appelle l'« extinction en masse ».

Le paléontologue américain S. M. Stanley a proposé en 1987 une définition concise et simple des extinctions en masse : ce serait, selon lui, des crises biologiques relativement soudaines à l'échelle des temps géologiques (ne durant pas plus de quelques millions d'années au maximum) et éliminant des êtres vivants très variés. De l'avis de la plupart des spécialistes, l'extinction en masse la plus considérable révélée par la paléontologie est celle de la fin du permien, il y a environ 250 millions d'années. On estime en effet que 54 % des familles d'organismes marins s'éteignirent alors, ce qui correspond à la disparition de 83 % des genres. Cette crise biologique de grande envergure a suscité de nombreuses tentatives d'explication, allant de l'impact d'astéroïdes à un refroidissement climatique global, en passant par une diminution du nombre des provinces biogéographiques (par assemblage en un supercontinent unique de divers blocs continentaux auparavant séparés). Aucune de ces hypothèses ne fait l'unanimité.

1 - Période géologique de la fin de l'ère secondaire qui s'étend de – 136 à – 65 millions d'années.

les organismes pluricellulaires – la théorie cellulaire est une acquisition du XIXe siècle – sont composés de deux sortes de cellules : celles du corps ou *soma* et les cellules reproductrices qui constituent le *germen*.

Or, ces deux sortes sont totalement indépendantes les unes des autres. Dans ces conditions, les acquisitions, si elles sont possibles, du *phénotype* ne peuvent s'imprimer dans le *génotype*(1). Il n'y a pas d'hérédité de l'acquis. Nul ne peut alors concevoir de différence entre des changements adaptatifs et les changements intrinsèquement génétiques qui intéressent le génotype, et cela pour la bonne raison que la génétique n'est pas encore née. Les biologistes, étant réduits à l'observation des phénotypes ou des soma, se trouvent dans la situation de quelqu'un qui voudrait se faire une idée d'une tapisserie en en examinant l'envers. Ils ignorent alors tout de l'infinie variété des formules génétiques des êtres vivants.

1 - Génotype : ensemble des caractères héréditaires constitutionnels d'un individu ou d'une lignée (par opposition à *phénotype*).

Du coup, il n'y avait place que pour un *néo-darwinisme* se bornant à faire appel à des mutations accidentelles suivies de sélections. Mais comment des mutations peuvent-elles se produire ? De même que le problème de la définition de l'espèce avait renvoyé au problème de l'évolution, de même le problème de l'évolution renvoyait à celui de l'hérédité. En 1901, le botaniste hollandais Hugo de Vries complétera le darwinisme avec sa *Théorie des mutations*, qui situe dans les chromosomes la source des changements, ce que confirmera toute la génétique moderne. Perfectionnée par Thomas H. Morgan, la génétique devait bien en effet conduire au néo-darwinisme d'Irving Fisher et de John Haldam qui décrivirent l'évolution du patrimoine génétique.

La loi mathématique de l'évolution

En 1995, trois chercheurs français, le paléontologue Jean Chaline, l'astrophysicien Laurent Nottale et l'économiste Pierre Grou décident d'unir leurs efforts pour mettre au point une loi mathématique capable de décrire la chronologie du développement des êtres vivants et, mieux encore, d'en prédire les futures dates clés. Ils partent de l'idée qu'au cours de l'histoire d'innombrables phénomènes dynamiques ont été mis en équation : les orbites planétaires, l'énergie qu'un bolide acquiert en accélérant, la chute d'intensité d'une pile qui se décharge, la résistance d'un matériau à l'étirement...

Chacun d'eux est désormais décrit par une formule qui permet de prévoir la façon dont il se comporte dans le temps. Laurent Nottale remarque : « Les sciences physiques sont beaucoup plus mathématiques que les autres disciplines scientifiques. Mais certains aspects d'autres sciences, la biologie, la paléontologie, peuvent également être décrits par des lois mathématiques »...

Le résultat de ces réflexions émerge en 1997 avec la révélation d'une loi évolutive mathématique s'énonçant de la manière suivante : $Tn = Tc + (To - Tc)g^{-n}$..., ce qui signifie que chaque grande date de mutation (Tn) dépend du temps critique (Tc) de la série évolutive considérée, de la valeur de To (la date de rang zéro) et d'un terme g, qui n'est autre que le rapport de la longueur d'une branche à ses sous-branches.

D'abord testée avec succès sur quatre séries évolutives, trois de mammifères (rongeurs, primates, équidés), une de dinosaures, elle le fut ensuite sur le tronc commun de l'arbre de la vie menant aux mammifères. Au final, qu'en est-il de la branche évolutive qui porte le genre humain ? La loi peut-elle faire des prévisions le concernant ? La réponse est positive. Il est en effet permis de prédire l'époque à laquelle devrait avoir lieu le prochain grand saut sur la branche des primates. Dans environ 800 000 ans, un changement morphologique majeur, de nature inconnue, devrait se produire chez Homo sapiens et donner naissance à une nouvelle espèce...

---

1 - Pour beaucoup d'auteurs, les mutations étaient beaucoup plus importantes que les sélections.

FISSION

Hahn et Strassmann, 1938 ; Meitner, Frisch, 1939 ; Fermi, 1942.

Voir aussi : E = mc², Plasma, Radioactivité artificielle, Radioactivité naturelle, Transmutation.

La possibilité de briser le noyau atomique est la plus radicale des transformations nucléaires. Il s'agit d'une découverte capitale à l'échelle humaine mais qui dérouta même les physiciens les plus éminents et mit un certain temps avant d'être acceptée. Dès 1929, le physicien autrichien Fritz Houtermans et l'astronome britannique Robert Atkinson cherchèrent ensemble si la production de l'énergie dans le Soleil et les étoiles pouvait s'expliquer par des transformations nucléaires engendrées par les températures extrêmement élevées régnant à l'intérieur de ces astres. Ils suggérèrent que le Soleil puise son énergie dans la fusion d'atomes légers [1].

À peu près à la même époque, le physicien Francis W. Aston, à l'aide d'un spectrographe de masse de sa conception, établit la masse des atomes avec quatre ou cinq décimales et fit une étrange découverte : la masse d'un noyau n'était pas égale à la somme des masses de ses particules prises isolément. Posant que la masse de l'oxygène est 16 (pour 16 particules), il trouva que celle de l'hydrogène est de 1,008 (au lieu de 1). En considérant tous les éléments dans l'ordre, il remarqua que l'excès de masse, maximal pour l'hydrogène, décroît, passe par un minimum entre les corps 50 à 75, puis augmente de nouveau jusqu'à l'uranium. Cela signifiait que la fission d'un atome lourd ou la fusion de plusieurs atomes légers se traduisaient par une perte d'énergie qui, conformément à l'équation d'Einstein $E = mc^2$, devait être colossale.

L'hypothèse de Fermi

À partir de 1934, date de la découverte de la radioactivité artificielle par Irène et Frédéric Joliot-Curie, de nombreux chercheurs dans le monde s'efforcent d'approfondir le phénomène en variant les expériences. C'est ainsi qu'en 1935, l'Italien Enrico Fermi, assisté de ses collègues Rasetti et Agostino, bombarde avec des neutrons de l'uranium, le plus lourd des éléments naturels. Il obtient un élément de demi-vie radioactive de 13 minutes qu'il ne parvient pas à caractériser chimiquement. Il pense avoir trouvé un nouvel élément, plus lourd que l'uranium (et donc inexistant à l'état naturel), auquel il assigne le numéro 93 et qu'il baptise provisoirement ansénium. L'hypothèse de Fermi, annoncée publiquement dans la revue anglaise *Nature*, ne satisfait pas la chimiste allemande Ida Noddack.

1 - Ce n'est qu'en 1938 que Hans Bethe, aux États-Unis, et Carl von Weizsäcker, en Allemagne, firent, simultanément mais indépendamment, la découverte du cycle de transformation thermonucléaire selon lequel cette énergie est dégagée.

Celle-ci suggère un mécanisme original de bris du noyau en plusieurs gros fragments qui explique le phénomène découvert par Fermi, sans le recours à l'hypothèse d'un nouvel élément :

> « Dans le passé, on a découvert que les transmutations nucléaires prenaient place seulement avec émission d'électrons [rayonnement bêta], de protons [désintégration nucléaire] ou de noyaux d'hélium [rayonnement alpha], si bien que les éléments lourds changeaient très peu de masse et se transformaient en éléments voisins [dans la table périodique des éléments]. Quand les noyaux lourds sont bombardés avec des neutrons, il est concevable que le noyau se brise en plusieurs gros fragments qui seraient naturellement des isotopes des éléments connus, mais ne seraient pas voisins de l'élément irradié. »

Cette interprétation, pour logique qu'elle soit, n'est nullement admise. Elle ne correspond pas au credo de l'époque – la stabilité du noyau atomique – et est même considérée par deux physiciens connus, Hans Graetzer et David Anderson, comme « aussi absurde que de dire d'une balle jetée par la fenêtre d'une maison qu'elle pourrait faire sauter la maison tout entière. » Pourtant, en octobre 1937, Irène Curie et Paul Savitch donnent, sans trop y croire d'ailleurs, une confirmation expérimentale à la thèse d'Ida Noddack en découvrant un nouveau produit de la radioactivation de l'uranium chimiquement identique au lanthane (élément 57).

C'est alors la mode des « transuraniens ». D'autres physiciens en découvrent plusieurs qu'ils numérotent de 93 à 97 et auxquels ils attribuent des noms assez barbares (ekarhénium, ekaosmium, ekairidium, ekaplatine et ekaor) ; en fait, aucune identification acceptable ne peut alors être faite.

Hahn et Strassmann formulent la théorie de la fission

À la fin de 1938 éclate comme une bombe la nouvelle de la publication par un chimiste de renom, Otto Hahn, à Berlin, d'un article de la plus haute singularité. Comme les autres, Otto Hahn, assisté de Fritz Strassmann et de Lise Meitner, a bombardé, dans le célèbre laboratoire du Kaiser Wilhelm Institut, de l'uranium avec des neutrons. Il a découvert que l'un des éléments produits par l'action des neutrons sur l'uranium était inséparable chimiquement du baryum dont il était donc un isotope. Cet élément devait ainsi avoir le nombre atomique du baryum ($Z = 56$) et, d'après sa période (85 min.), il pouvait être identifié avec un radiobaryum connu, le baryum 139. Cette identification conduit Hahn et Strassmann à suggérer que l'absorption d'un neutron par un noyau d'uranium peut provoquer sa division en deux noyaux de masses comparables.

Lise Meitner (1) et son neveu Otto Frisch comprennent que, s'il en est ainsi, les deux fragments nucléaires doivent être projetés violemment par suite de la force coulombienne s'exerçant entre leurs charges électriques dès qu'ils sont séparés. La grande énergie cinétique initiale des noyaux résultant de la division d'un noyau d'uranium provoquée par un neutron fut effectivement mise en évidence indépendamment par Otto Frisch et Frédéric Joliot en janvier 1939. C'est à ce phénomène qu'a été donné le nom de *fission nucléaire*.

---

1 - Lise Meitner devra fuir l'Allemagne nazie avant la fin des travaux.

Le noyau initial est moins stable que les fragments obtenus. Sa masse est supérieure à la somme des masses des noyaux-fils. Selon la relation d'équivalence de l'énergie et de la matière d'Einstein (voir $E = mc^2$), la masse manquante, le *défaut de masse*, est tranformé en énergie. Cette énergie est énorme : la fission d'un seul noyau d'uranium équivaut à la combustion de 40 millions d'atomes de carbone. On a reconnu par la suite que la division nucléaire explosive peut avoir lieu naturellement (*fission spontanée*) ou être provoquée par des neutrons ou des rayons gamma (*fission provoquée*).

La réputation de Hahn excluant toute possibilité d'erreur, le monde scientifique tout entier a compris la portée de son extraordinaire expérience. En quelques jours, la Carnegie Institution de Washington, la John Hopkins University et l'université de Californie mettent sur pied des expériences destinées à étudier le processus, jugé encore incroyable, de la fission ; de même le Collège de France et l'Institut de Léningrad à Varsovie.

L'énergie produite par la fission nucléaire

Soit E_L l'énergie totale d'un noyau, c'est-à-dire l'énergie qui serait nécessaire pour dissocier le noyau en tous les nucléons qui le composent. Le quotient de E_L et du nombre des nucléons du noyau représente la valeur E_t de l'énergie de liaison par nucléon. Par exemple, pour un noyau d'uranium 238, l'énergie de liaison par nucléon est :

$$E_t = 7{,}6 \text{ MeV}$$

$$(1 \text{ MeV} = 1{,}6 \times 10^{-13} \text{ J})$$

et l'énergie totale de liaison :

$$E_L = 238 \times 7{,}6 = 1809 \text{ MeV}$$

Si l'on scinde ce noyau en deux noyaux de masse :

$$A_1 = 100 \text{ et } A_2 = 138$$

pour lesquels les énergies de liaison par nucléon sont :

$$E_{L1} = 8{,}6 \text{ MeV et } E_{L2} = 8{,}3 \text{ MeV}$$

et les énergies totales de liaison :

$$E_{L1} = 100 \times 8{,}6 = 860 \text{ MeV}$$

$$\text{et } E_{L2} = 138 \times 8{,}3 = 1145 \text{ MeV}$$

on libérera une énergie :

$$(E_{L1} + E_{L2}) - E_L = 2005 - 1809 = 196 \text{ MeV}$$

Donnons un autre exemple, celui de la fission de l'uranium 235 par choc d'un neutron lent en deux produits de fission de masses 140 et 93. L'énergie de liaison par nucléon dans le cas de l'uranium 235 est d'environ 7,5 MeV, les énergies de liaison correspondant aux deux fragments sont respectivement 8,3 et 8,6 MeV. Dans ce cas, l'énergie libérée est de l'ordre de 200 MeV.

« Le mouvement d'une goutte liquide »

Pour informer les Américains de la nouvelle et la leur expliquer, le Danois Niels Bohr, créateur de l'un des grands modèles de l'atome, a traversé l'Atlantique. Son interprétation est la suivante : « En raison de leur entassement et de leur fort échange d'énergie, les particules d'un noyau lourd doivent se comporter d'une manière collective, qui a quelque ressemblance avec le mouvement d'une goutte liquide. Si le mouvement est rendu suffisamment violent par l'addition d'énergie, une telle goutte peut se diviser en deux gouttes plus petites. » En fait, une goutte de liquide ordinaire aurait tendance à se diviser en deux gouttes de taille égale, alors que les produits de fission de l'uranium produisent deux fragments de taille inégale si bien que l'analogie avec la goutte liquide est seulement partiellement correcte [(1)].

Quoi qu'il en soit, en se basant sur le modèle de Bohr, il était intuitivement possible de se représenter le processus de la fission. Le 1er septembre 1939, jour de la déclaration de guerre, Niels Bohr et John Wheeler publièrent un article dans lequel ils analysaient le processus de la fission et montraient que cette fission n'était pas due à l'uranium 238, élément répandu, mais à un élément rare, l'uranium 235.

Réactions en chaîne

En 1939, moins de trois mois après la découverte de la fission, Frédéric Joliot, Lew Kovarski et Hans Halban établissent au Collège de France que la fission d'un noyau d'uranium, provoquée par la capture d'un neutron, est accompagnée de l'émission de plusieurs neutrons dits *secondaires.* Cette découverte, confirmée presque immédiatement par Leo Szilard et Enrico Fermi à l'université de Columbia, suggère immédiatement la possibilité du développement de la réaction en chaîne. En effet, une telle réaction, amorcée dans de l'uranium par un seul neutron provoquant une fission initiale, pourrait aboutir, au bout d'un temps très court, à un nombre immense de fissions correspondant à un dégagement d'énergie considérable [(2)].

Pour qu'il en soit ainsi, il faut qu'en moyenne plus d'un des neutrons émis lors d'une fission provoque une nouvelle fission, et ceci exige que le système uranifère dépasse une dimension minimale, dite *critique*, dépendant de sa constitution. Il faut en effet donner au matériau fissile une « masse critique », à partir de laquelle la réaction en chaîne sera entretenue et accélérée. Fermi a défini à cet effet le facteur de multiplication de neutrons K, lequel, s'il est supérieur à 1, voit la réaction en

---

1 - Par exemple, quand l'uranium 235 est irradié par des neutrons lents, la division du noyau se produit le plus souvent en deux fragments nucléaires inégaux ayant des masses voisines de 0,4 et de 0,6 fois la masse du noyau initial. La division en deux fragments de masses égales devient relativement plus probable quand l'énergie des neutrons incidents augmente.

2 - Une réaction en chaîne, comme on le sait, peut provoquer, si elle est incontrôlée et rapide, une explosion d'une violence inouïe, une « explosion nucléaire ». À l'inverse, il est possible de contrôler le processus dans un réacteur nucléaire pour produire de l'énergie à des fins pacifiques. Notons plaisamment que du papier qui brûle est aussi le siège d'une réaction en chaîne, mais non explosive, ce qui ne signifie pas que le danger soit inexistant ! Même chose pour les incendies de forêt : ils sont auto-contrôlés, mais désastreux quand même.

chaîne s'enclencher. Si N_n est le nombre moyen de neutrons de la n^me^ génération, la constante de multiplication du système s'écrit :

$$K = \frac{N_{n+1}}{N_n}$$

Les neutrons produits dans la fission étant rapides, il faut les ralentir pour accroître la probabilité qu'ils produisent de nouvelles fissions dans le combustible nucléaire. Il faut donc associer à celui-ci un milieu contenant des atomes légers sur lesquels les neutrons se ralentissent par choc élastique et qui soit peu absorbant pour les neutrons. Un tel milieu est appelé *modérateur*. L'uranium naturel oblige à employer des modérateurs absorbant très peu les neutrons (eau lourde, graphite très pur) et des matériaux structurels également très peu absorbants (aluminium, magnésium, zirconium) vis-à-vis des substances qui absorbent fortement les neutrons, telles que le bore, le cadmium, etc.

Quand il bombarda de l'uranium avec des neutrons, dans son laboratoire du Kaiser Wilhelm Institut, à Berlin, Otto Hahn connaissait le risque de déclencher une véritable réaction atomique explosive. Heureusement, il n'y avait qu'un très faible pourcentage de l'uranium fissile dans son échantillon d'uranium 235, et la réaction s'arrêta... faute de combustible. C'est Niels Bohr qui, en 1939, mit les physiciens sur la voie de l'utilisation de l'énergie nucléaire en postulant que, dans l'uranium, il existe deux types d'atome, l'un avec 92 protons et 146 neutrons – l'uranium 238 –, et l'autre avec autant de protons, mais seulement 143 neutrons – l'uranium 235.

Bombardé par des neutrons, l'uranium 235 forme, lors de la réaction, de l'uranium 236 qui est sans intérêt ; mais avec l'uranium 238, on obtient la réaction en chaîne suivante :

$$^{238}_{92}U + ^{1}_{0}n \longrightarrow ^{239}_{92}U + \gamma$$

Le nouvel isotope (voir p. 132) de l'uranium ainsi produit est radioactif β^- (émission d'un électron) avec une période de 23 min. Il se transforme en un isotope d'un élément de nombre atomique 93, appelé neptunium, qui n'existe pas dans la nature. Le neptunium 239 est lui-même radioactif β^-, avec une période de 2,3 jours et donne naissance à un isotope d'un nouvel élément de nombre atomique 94, appelé plutonium :

$$^{239}_{92}U \xrightarrow[23\ \text{min.}]{\beta^-} ^{239}_{93}Np \xrightarrow[2{,}3\ \text{j}]{\beta^-} ^{239}_{94}Pu$$

Le plutonium 239 formé finalement est pratiquement stable : il se désintègre par radioactivité et avec une période très longue de 24000 ans.

Par ailleurs, on sait désormais que le fonctionnement d'un réacteur nucléaire repose sur une réaction en chaîne *contrôlée*. La voie s'ouvre dès lors à la réalisation d'une expérience de réaction en chaîne en vraie grandeur.

Entre septembre 1941 et avril 1942, à l'université de Chicago, Fermi et son équipe, utilisant une énorme structure à uranium et graphite à laquelle ils donnent le nom de « pile », conduisent deux expériences à des niveaux sous-critiques (K = 0,87 et K = 0,918).

2 décembre 1942... 15 h 53

Le 2 décembre 1942, à 15 h 48 très exactement, Fermi engage une nouvelle fois le processus de fission. Lorsque la pile a atteint un K de 1,0006, des barres de contrôle sont insérées (1). Il est 15 h 53. Le monde vient de basculer dans l'ère nucléaire. Léo Szilard, qui a assisté à l'expérience, ne peut s'empêcher de déclarer : « Ce jour restera dans les annales comme l'un des plus noirs de l'humanité ». En cette année cruciale de la guerre, la possibilité d'une utilisation militaire de la fission nucléaire apparaissait déjà clairement.

Les Allemands, qui disposent de savants de la valeur de Otto Hahn, s'attaquent les premiers au problème de l'énergie atomique. Mais l'Angleterre coupe la route à l'Allemagne en bloquant la disponibilité des stocks congolais d'uranium, alors les seules connues ; la France, quant à elle, détruira les seules quantités disponibles d'eau lourde, précieux modérateur de neutrons.

En août 1939, Einstein cosigne une lettre des physiciens Szilard et Fermi adressée au président américain Roosevelt, lui demandant d'accélérer les recherches sur la bombe atomique. Six ans plus tard, en 1945, cette bombe est prête ; elle est révélée au monde avec les bombardements d'Hiroshima et Nagasaki.

---

1 - Ces barres de contrôle, en cadmium, installées au centre de la pile, devaient permettre de maintenir fixe le nombre de neutrons en en absorbant en moyenne deux sur trois.

FONCTION D'ONDE

Schrödinger, 1926 ; Born, 1927.
Voir aussi : Atomisme, Indétermination, Probabilisme quantique.

Lorsque, en 1923, Louis de Broglie introduisit pour la première fois en physique le concept d'une nature ondulatoire de la matière, son idée première consistait à associer à un corpuscule, être physique ponctuel, une onde possédant une certaine extension dans l'espace. Il considérait le corpuscule et l'onde comme deux entités physiques distinctes mais cependant étroitement associées. Explicitant sa thèse, de Broglie précisait qu'en fait l'onde associée au corpuscule n'est pas une onde monochromatique unique (qui aurait une étendue illimitée dans l'espace), mais un groupe d'ondes, un *paquet d'ondes*, dont le maximum d'amplitude se déplace avec la vitesse du corpuscule.

Le succès de l'hypothèse de de Broglie avait alors conduit certains physiciens à se poser la question suivante : de même que les lois optiques de Descartes (réflexion, réfraction) avaient dû être remplacées par de nouvelles équations – celles de Fresnel – lorsque la théorie ondulatoire de la lumière avait prévalu sur la théorie géométrique, de même ne fallait-il pas maintenant trouver l'expression mathématique précise de l'onde associée à toute particule, expression rendant compte des effets de diffraction et d'interférence ?

Cette tâche fut l'œuvre du physicien autrichien Erwin Schrödinger. Dans une série de mémoires publiés en 1926, il développa une théorie des ondes électroniques au centre de laquelle se trouve une équation de propagation dite « équation de Schrödinger », aujourd'hui d'un usage courant en physique quantique. Il montra qu'elle permettait d'interpréter les effets de diffraction et d'interférence observés avec des corpuscules matériels, et, au-delà, de calculer l'énergie des niveaux quantifiés des atomes et des molécules.

La fonction d'onde Ψ

Afin d'expliquer les raies spectrales caractéristiques de chaque espèce d'atome, le physicien danois Niels Bohr avait admis que, dans un atome, les électrons ne peuvent pas suivre n'importe lequel des mouvements possibles d'après la mécanique classique, mais seulement certains d'entre eux dits « mouvements quantifiés » caractérisés par des nombres entiers. Cette théorie avait guidé de Broglie dans l'édification de la mécanique ondulatoire : des nombres entiers doivent être liés à des ondes stationnaires. Il s'agissait de déterminer celles des solutions de l'équation d'ondes qui pouvaient correspondre à de telles ondes.

Schrödinger réussit alors à décrire l'état d'une particule matérielle par une *fonction d'onde* représentant une onde progressive pour une particule évoluant dans l'espace, mais prenant l'aspect d'une onde stationnaire pour un état quantique de l'atome. Dans cette nouvelle mécanique, chaque corpuscule est décrit par une expression mathématique, la fonction d'onde de la particule, symbolisée par la lettre grecque Ψ (psi). La fonction d'onde doit être définie en chacun des points de l'espace et ne pas présenter de discontinuité. L'amplitude de la fonction d'onde dépend des coordonnées d'espace et de temps. Le carré Ψ x y z^2 de l'amplitude de la fonction d'onde au point de coordonnées x, y, z représente la probabilité pour la particule de se trouver en ce point. On dit aussi que Ψ x y z^2 représente la *densité de probabilité* de présence de la particule en ce point (nous expliciterons plus loin cette notion)[(1)].

L'équation de Schrödinger, qui décrit l'évolution de Ψ sous l'action de forces agissant sur le système, joue donc le rôle des équations du mouvement de la mécanique classique. Le formalisme mathématique est celui des ondes, mais l'équation comporte également des grandeurs caractéristiques, comme par exemple la *masse* ou la *charge électrique*. Tous les renseignements concernant le système peuvent être déduits de l'équation de Schrödinger.

Équation de Schrödinger et théorie quantique

Il s'agit d'une équation différentielle qui décrit l'évolution dans le temps de la fonction d'onde Ψ. Cette évolution est déterministe. Connaissant l'*amplitude de probabilité à l'instant t*, on en déduit l'amplitude de probabilité à tout instant *t + dt* en résolvant l'équation de Schrödinger. L'équation de Schrödinger explique harmonieusement la plupart des faits expérimentaux connus au niveau de l'atome et de l'électron, ainsi qu'au niveau nucléaire. La physique quantique, celle qui repose sur l'équation de Schrödinger, permet alors la description la plus complète et la plus satisfaisante des lois de la nature.

Cette équation permit en particulier la première description exacte de l'atome d'hydrogène, conforme enfin aux résultats expérimentaux, en accord parfait avec les spectres atomiques. De plus, la quantification de l'énergie n'était plus une hypothèse gênante, introduite sans aucune justification théorique (comme ce fut le cas dans le modèle de l'atome proposé en 1913 par Niels Bohr). Au contraire, elle apparaîssait tout naturellement, l'équation de Schrödinger n'ayant de solutions que pour certaines valeurs de l'énergie seulement.

Elle apportait ainsi une preuve éclatante de la validité de la théorie quantique.
Devenu l'outil de travail irremplaçable depuis plus de soixante ans, l'équation de Schrödinger s'applique à tous les domaines de la physique quantique : physique atomique, nucléaire ou spectroscopie entre autres.

Il existe pourtant une autre équation fondamentale, établie par Paul Dirac un an plus tard. Cette équation constitue incontestablement la description la plus générale des objets quantiques, tenant compte à la fois de la relativité d'Einstein et de l'antimatière (dont elle permit en fait de prévoir l'existence). Cependant, l'équation de Schrödinger, plus « maniable », suffit à la plupart des applications.

---

1 - Le caractère probabiliste de la fonction d'onde est une conséquence des imprécisions des mesures, dues aux relations d'indétermination de Heisenberg.

« Un Dieu qui joue aux dés »

Dès 1926, le physicien théoricien allemand Max Born (naturalisé Anglais en 1939) proposa une nouvelle manière d'interpréter les ondes de Schrödinger[1]. Born travaillait à Göttingen avec des physiciens qui réalisaient presque tous les jours de nouvelles expériences confirmant la nature corpusculaire de l'électron. Born ne pouvait, quant à lui, se résoudre à accepter que la fonction Ψ corresponde à une onde électronique réelle.

Il fut alors amené à définir une nouvelle interprétation des ondes de Schrödinger. Cette interprétation, très différente de la signification de la fonction d'onde, représentait une approche fondamentalement nouvelle, introduisant d'une manière explicite un mode de vision complètement *probabiliste* dans notre description de l'univers subatomique.

Tenant compte du caractère complexe de la fonction d'onde, le « principe » de Born s'énonce de la façon suivante : « Le carré du module de la fonction d'onde Ψ mesure en chaque point et à chaque instant la probabilité pour que le corpuscule associé soit observé à ce point à cet instant ». En d'autres termes, aucune certitude n'existe sur la localisation du corpuscule ; seule peut être connue la *probabilité* de sa présence en tout point de l'espace.

La singularité de cette conception est qu'elle implique qu'un électron puisse se trouver n'importe où. En fait, il est très probable qu'il se trouve à certains endroits et très improbable qu'il se trouve à d'autres, comme il est *statistiquement possible* que la totalité de l'air dans une pièce se rassemble aux angles. L'interprétation de Born, qui hissait la probabilité au rang de concept premier laissait en fait le comportement des systèmes à un corpuscule largement indéterminé, celui-ci devenant l'objet d'une *description acausale*. Ce n'est pas un hasard si Born commença par s'intéresser à l'idée d'acausalité en physique dès 1920, avant même de commencer à étudier la théorie quantique.

Cette idée d'identifier l'onde de Schrödinger à une *densité de probabilité* peut apparaître comme une confirmation des intuitions probabilistes d'Einstein (1917) et de Louis de Broglie (1924) préfigurant certaines tendances « ésotériques » de la physique quantique, représentées en particulier par Heisenberg.

Néanmoins, les conceptions de Born sur la nature de la physique étaient à l'opposé de celles d'Einstein et de de Broglie. Il l'admit franchement en écrivant au sujet de son désaccord bien connu avec Einstein : « C'était en fait une différence fondamentale de nos conceptions de la nature ». Einstein lui-même reconnut cette différence dans une lettre à Born en 1944 et dans laquelle on trouve la phrase restée célèbre : « Dans nos spéculations scientifiques, nous sommes arrivés aux antipodes l'un de l'autre. *Tu crois en un Dieu qui joue aux dés* et moi dans la règle parfaite de la loi qui gouverne un univers fait de quelque chose existant objectivement ».

---

1 - Max Born avait été nommé en 1921 à la chaire de physique théorique de Göttingen. Avec lui comme théoricien et James Franck, auteur de la célèbre expérience de Franck et Hertz (voir p. 29), comme expérimentateur, Göttingen devint l'un des premiers centres de recherche en physique. De nombreux physiciens réputés y travaillèrent plus ou moins longtemps.

Un concept troublant : la précision dans l'imprécision

Afin de mieux saisir le contenu « physique » de la fonction d'onde, examinons le cas de l'électron de l'atome d'hydrogène. On peut l'imaginer comme se trouvant dans une sphère dont le centre est occupé par un proton (le « noyau » de l'atome d'hydrogène) 1836 fois plus lourd que lui. L'atome peut avoir plusieurs niveaux d'énergie, le plus bas correspondant à l'état fondamental, les autres correspondant à des états dits « excités ». Dans l'état fondamental, l'électron est concentré autour du proton ; il occupe essentiellement la région centrale de la sphère. Si le niveau d'énergie croît, l'électron se « diluera » en quelque sorte pour occuper une zone plus importante. La fonction d'onde décrit alors l'électron comme s'il était « étalé » dans toute une zone de l'espace (par exemple autour du noyau atomique), et nous fait connaître exactement les différentes probabilités de sa présence en tel ou tel endroit de la zone.

Pour être tout à fait honnête, et parce que la physique quantique défie toute tentative d'illustration concrète, il nous faut ajouter ceci : s'il n'est pas posssible de déterminer avec exactitude la trajectoire parcourue par l'électron entre deux instants successifs, cette trajectoire est cependant mathématiquement définie par la fonction d'onde. L'évolution de cette fonction décrit sans aucune équivoque l'évolution dans l'espace et dans le temps du paquet d'ondes. Alors, contradiction ? Non point, à condition d'accepter le concept de *précision dans l'imprécision.*

La physique quantique, lorsqu'elle s'intéresse à l'état futur d'une particule, ne peut prévoir que des probabilités de trouver cette particule dans un certain volume spatial, mais ce volume, lui, est parfaitement circonscrit. D'une manière plus générale, tout en conservant cette notion de précision dans l'imprécision, on peut dire que la théorie quantique est capable, grâce à la fonction d'onde, de prévoir à tout instant l'évolution d'un système microphysique, mais que, à partir du moment où l'on veut vérifier expérimentalement cette évolution, on introduit une perturbation dans le système, qui en modifie l'évolution.

En d'autres termes, entre deux observations, la fonction d'onde qui décrit la particule obéit rigoureusement à l'équation de Schrödinger. Mais, lors de l'observation, cette équation cesse brutalement d'être valable, et la fonction d'onde évolue à partir de cet « état réduit » en obéissant à nouveau à l'équation de Schrödinger, ce qui fait apparaître en général de nouvelles possibilités... et cela jusqu'à la prochaine observation de la particule.

FORCE

Newton, 1687 ; Leibniz, 1686 ; Einstein, 1915.
Voir aussi : Chaos, Gravitation, Interactions fondamentales, Mécanique, Relativité.

Le concept de force est issu de la notion intuitive du « pousse ou tire », de l'effort musculaire à produire afin de mettre en mouvement un objet quelconque. Longtemps, la notion aristotélicienne de force en tant que cause de vitesse a prévalu parmi les savants. Kepler était tout à fait imprégné de cette idée. Toutefois, avant d'aboutir avec Newton au concept moderne de force, c'est seulement l'étude et la réalisation d'expériences dans lesquelles des situations d'équilibre statique étaient considérées, qui l'ont réellement permis ; les combinaisons de poids, de ressorts, de poulies, etc. indiquent qu'une force possède une direction et une intensité ; mais il ne s'agit encore que de forces *statiques.*

La force, cause du mouvement

La physique newtonienne, c'est-à-dire la physique du XVIIIe siècle, repose sur une idée nouvelle : l'importance de la notion de force, conçue comme cause du mouvement. En effet, si les propriétés du mouvement sont essentiellement relatives et se réclament du seul langage de la cinématique, les causes et les effets du mouvement se traduisent en termes de force. La science des mouvements (d'une particule, d'un système matériel), considérés dans leurs rapports avec les forces qui leur sont associées, s'appelle la *dynamique.*

Lorsque la vitesse du système est suffisamment faible par rapport à celle de la lumière (c), des grandeurs telles que la longueur – cela peut être celle d'une tige rigide –, le temps – celui d'une horloge –, la masse – celle d'une particule –, sont invariantes. Les phénomènes sont alors décrits par les lois de la *dynamique classique.* Si la vitesse du corps n'est pas négligeable devant c, ces grandeurs varient avec la vitesse du système ; les phénomènes doivent alors être décrits par la *dynamique relativiste.*

On distingue les forces qui engendrent le mouvement (appelé mouvement vrai) et les forces qui en découlent ; la force centripète, responsable du mouvement des planètes ; la force centrifuge qui naît des mouvements de rotation. Les forces d'inertie sont celles qui « résident dans le corps » selon les propres termes de Newton. Il a écrit : « Toute la tâche de la philosophie [(1)] semble consister en ceci : à partir des mouvements, rechercher les forces de la nature puis, à partir de ces forces, démontrer les autres phénomènes ».

---

1 - La philosophie, dans le sens du XVIIe siècle, peut tout aussi bien signifier la physique.

Du point de vue classique newtonien, les mouvements absolus sont toujours associés à la présence d'effets physiques qui résultent de forces vraies. On doit distinguer les forces vraies des forces fictives qui peuvent surgir à la suite d'un choix défectueux du système de référence. Nous reviendrons sur ce point.

La synthèse newtonienne

La magistrale synthèse logique de la mécanique newtonienne est fondée sur trois principes qui sont exposés dans les *Principes mathématiques de philosophie naturelle*, publiés en 1687.

– « Un corps persiste dans son état de repos ou de mouvement rectiligne uniforme, à moins que l'action d'une force ne l'oblige à changer cet état ». C'est le principe d'inertie (1). Cet énoncé permet de définir une catégorie privilégiée de référentiels : les systèmes de coordonnées galiléens. Ce sont les systèmes de coordonnées dont l'état de mouvement est tel que, relativement à celui-ci, la loi d'inertie reste valable. Historiquement, on attribue le principe d'inertie à Galilée, mais il n'a en fait été vraiment formulé explicitement et dans toute sa généralité que par Descartes.

La première loi de Newton exprime le principe de causalité. Elle dit qu'un objet animé d'un mouvement rectiligne et uniforme persévère dans son état de mouvement aussi longtemps qu'une force n'agit pas sur lui : *il n'y a pas d'effet sans cause*. On peut considérer cette première loi de Newton comme un outil permettant d'établir des diagnostics. Si on observe un changement dans un mouvement, on sait qu'il y a eu intervention d'une force. Ainsi, lorsque l'on rencontre des situations nouvelles (par exemple, le mouvement d'un aimant au voisinage d'un autre aimant), cette loi fournit un cadre permettant d'aborder les problèmes même si ces problèmes ne mettent pas en jeu que des boules de billard.

– « Le rythme de variation du mouvement d'un corps est proportionnel à la force appliquée et a lieu dans la direction de la force ». On préfère aujourd'hui à cette formulation l'énoncé plus rigoureux suivant : « Dans les repères galiléens, la somme des forces F appliquées à un système matériel de *masse constante* est égale au produit de sa masse m par son accélération a ».

$$F = ma$$

Cet énoncé ne fait appel qu'à la masse d'un corps et à l'accélération qu'il peut prendre, c'est-à-dire à des grandeurs directement observables par l'expérience. Ainsi, une même force communiquera une grande accélération à un grain de matière, tandis qu'elle aura une action négligeable sur un train de marchandises. On notera que la notion de force, considérée comme *cause* du mouvement (et de son accélération) n'a pas besoin d'être prise en considération : on constate une accélération, mais on n'observe jamais une force directement.

– La troisième loi de Newton, encore appelée principe de l'action et de la réaction, énonce qu'« à chaque action correspond une réaction égale et opposée », ou encore

1 - Il ne faut pas confondre le principe d'inertie, qui ne concerne que le mouvement rectiligne et uniforme, et les forces d'inertie qui mettent en jeu des accélérations spécifiques.

que « les actions mutuelles de deux corps l'un sur l'autre sont toujours égales et dirigées en sens contraire » [1].

L'égalité de l'action et de la réaction, triviale dans les actions de contact, est étendue par Newton aux actions à distance. Ce principe suppose alors implicitement que les forces puissent se propager instantanément, donc avec une vitesse infinie. Il n'est valable que dans la mesure où les corps en présence peuvent être réellement assimilés à de véritables points matériels, ce qui n'est pas toujours vrai, même pour des corps de très petites dimensions par rapport à l'échelle à laquelle on se place.

Force réelle, force fictive

La notion d'*absolu* dans l'espace est complètement inhérente à la pensée de Newton et à la mécanique classique. À cet égard, il sera a priori aisé de déterminer la position et le mouvement d'un corps par rapport à un autre corps investi du rôle de « référentiel ».

Autrement dit, par rapport à un système de référence déterminé, nous devrions être capables d'apprécier le caractère rectiligne et uniforme d'un mouvement. Mais nous ne pourrons en revanche être certains que, pour ce même mouvement, le principe d'inertie est vérifié.

La deuxième loi de Newton, $F = ma$, permet d'interpréter clairement le raisonnement précédent. Cette relation exprime tout simplement que l'accélération a d'un corps ayant une masse m dépend de la force F qui lui est appliquée. Une particule libre, c'est-à-dire non soumise à une force ($F = 0$) aura une accélération nulle ($a = 0$). Il est clair que, dans ce cas, son mouvement s'effectue à une vitesse constante en grandeur et en direction. Si l'on mesure ce mouvement dans le cadre d'un référentiel galiléen, on vérifie pleinement le principe d'inertie. La loi de la dynamique est-elle satisfaite dans le cas réciproque ? Une accélération non nulle permet-elle d'affirmer dans tous les cas l'existence d'une force *réelle* ?

Newton remarque à ce propos que « l'existence d'une accélération ne suffit pas à indiquer la présence d'une force réelle » : pour un observateur lié à un manège en rotation, un spectateur *immobile* situé à l'extérieur du manège possède une *accélération relative*. Son mouvement semble manifester la présence d'une force. Il est clair cependant qu'il n'est soumis à aucune force réelle. Il s'agit d'une *force purement fictive* qui n'engendre aucun effet physique et qui serait inobservable avec le choix d'un système de référence différent [1].

1 - Un choix « défectueux » du système de référence peut donc faire apparaître des forces fictives, mais la réciproque n'est pas vraie : il est impossible de résorber des forces réelles et leurs effets absolus par un choix quelconque du référentiel.

---

1 - Parce qu'il n'y a pas d'action sans réaction, on peut démontrer que l'impulsion (produit de la masse par la vitesse) totale des objets qui interagissent entre eux est – ipso facto – nulle. La fusée expulse des gaz brûlés dans ses tuyères : en leur donnant une vitesse importante vers le bas, elle décolle et s'élève dans le ciel.

La querelle des forces vives

En même temps que Newton, Leibniz travaille sur le concept de force. Dans les *Acta eruditorium* de 1686, le grand philosophe et mathématicien allemand introduit la notion de « force vive », produit de la masse du corps par le carré de la vitesse, à partir de considérations sur la chute des corps. Il affirme que Dieu conserve toujours la même quantité de force vive dans la Création.

Que Dieu conserve dans l'univers une quantité égale de mouvement ou une égale force vive, devient très vite l'objet d'une querelle entre Leibniz et Clarke, porte-parole de Newton ; en fait, Leibniz pense comme les cartésiens mais en se fondant sur un principe de conservation qui, lui, est différent, celui justement de force vive.

D'où proviennent les forces vives ? Elles naissent d'une infinité d'impressions continues de la force morte, laquelle n'est autre que la force statique. Ayant établi le lien entre la statique et la dynamique, Leibniz a réalisé un principe de continuité entre la cause et l'effet.

Ce n'est qu'en 1743 qu'un terme sera mis à la querelle des forces vives ; d'Alembert apporte des arguments convaincants : une force vive est une cause externe de mouvement ; la variation $\mathrm{d}p$ de la quantité de mouvement p est l'effet produit par une force pendant un laps de temps $\mathrm{d}t$: $\mathrm{d}p = \mathrm{F}\,\mathrm{d}t$, et la variation de la force vive, l'effet produit par une force sur une distance $\mathrm{d}l$: $1/2\ \mathrm{d}mv^2 = \mathrm{F}\,\mathrm{d}l$.

Durant les deux siècles qui suivent la mort de Newton, l'immense majorité des « mécaniciens » s'est ralliée à sa théorie, pensant qu'elle permettait, en principe, de résoudre n'importe quel problème de mécanique. Puis, à la fin du XIXe siècle, le mathématicien Henri Poincaré montra que certains problèmes, tel celui de trois corps en interaction gravitationnelle (voir page 63), n'admettent pas de solutions formellement définies.

Aujourd'hui, les études numériques réalisées sur ordinateur ont révélé que ce type de problème est lié à l'existence de structures géométriques d'une richesse auparavant insoupçonnée. L'examen détaillé de ces structures, qui a donné naissance à ce qu'on appelle la « théorie du chaos », n'en est cependant qu'à ses débuts et n'a pas encore abouti à des conclusions de caractère général.

Le concept moderne de force

Dans la physique actuelle, la notion newtonienne de force cède la place à deux points de vue nouveaux, soit que l'on considère la physique des particules élémentaires (ou la physique nucléaire), soit que l'on envisage les phénomènes astronomiques.

– En physique des particules, on parle encore de « force », dans des expressions de type « forces nucléaires » par exemple. Cependant, le mot n'est pas employé dans son sens habituel, mais plutôt dans le sens d'*interaction.* Depuis une cinquantaine d'années, les physiciens ont substitué au concept classique de force le concept de champ quantique dont les degrés d'excitation sont les « particules de champ » et les interactions sont plutôt conçues comme résultant d'*échanges de particules* dites « virtuelles », car elles possèdent certaines propriétés particulières.

Ainsi, les interactions électromagnétiques entre particules chargées sont désormais interprétées comme résultant de l'échange de photons.

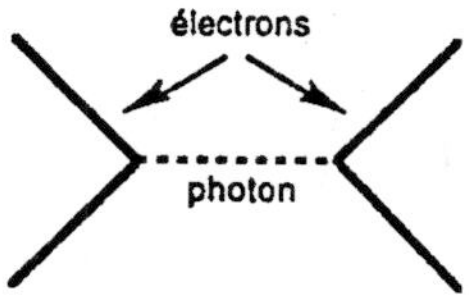

De la même façon, les « forces » nucléaires – les interactions nucléaires – résultent de l'échange de mésons π, « virtuels » eux aussi, ou d'autres types de mésons (ρ, ω, φ), entre les nucléons (protons ou neutrons) constituant les noyaux.

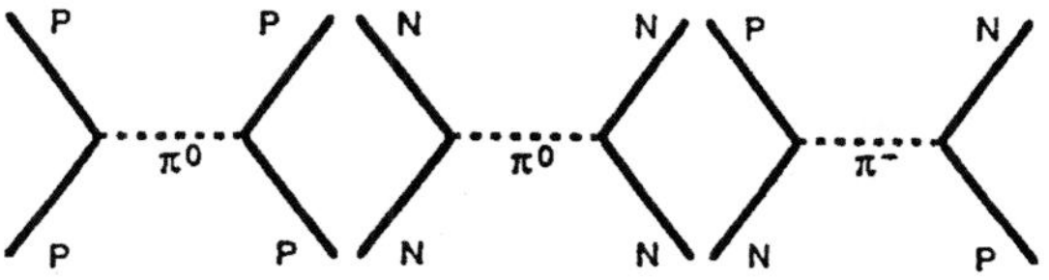

Les diagrammes présentés ci-dessus sont appelés « diagrammes de Feynman » (du nom du physicien américain qui développa cette méthode). Il ne s'agit que de représentations symboliques.

Naturellement, il est possible de représenter des diagrammes d'une très grande complexité, avec, par exemple des échanges de paires de particules. Ainsi, l'échange d'un photon entre deux électrons peut également s'effectuer par l'intermédiaire d'une paire (également « virtuelle ») électron-positron. Un électron émet un photon qui se « matérialise » en une paire électron-positron qui, à son tour, s'annihile en un photon, finalement absorbé par l'autre électron.

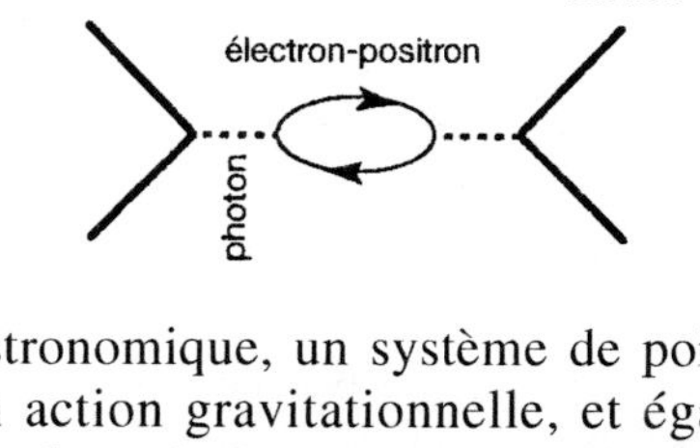

– Selon l'approche astronomique, un système de points matériels (d'étoiles) *courbe* l'espace par son action gravitationnelle, et également l'espace-temps. Réciproquement, cette courbure de l'espace – ou de l'espace-temps – détermine le mouvement. Ainsi se traduisent les forces de gravitation en relativité générale (Einstein, 1915).

Comme on le voit, cette approche est très différente de la notion classique de force. Retenons que la théorie de Newton se trouve incluse dans celle d'Einstein et reste tout à fait valable pour des masses petites qui courbent faiblement l'espace-temps. Pour la planète Mercure déjà, les corrections relativistes sont nécessaires.

FRACTALE

Perrin, 1913 ; Mandelbrot, 1989.
Voir aussi : Atome, Cristal, Matière, Molécule.

L'étude de la matière à notre échelle est d'une complexité déroutante. Le nombre d'Avogadro nous apprend que chaque parcelle de matière contient un nombre énorme d'atomes et de molécules disposés selon des arrangements compliqués et désordonnés. Les cristaux parfaits et les liquides qui s'écoulent uniformément nous apportent des informations précises : leur structure est régulière à grande échelle. Mais lorsqu'on a affaire à des écoulements turbulents de fluide, à des déplacements de bulles d'air dans de l'huile ou à la formation de chaînes de montagne, l'explication des structures obtenues sort du cadre de notre entendement.

Une *fractale* (1) est une structure géométrique de forme extrêmement découpée et ramifiée. Benoît Mandelbrot a qualifié de fractals les objets géométriques dont la propriété remarquable est qu'une partie, magnifiée, est géométriquement semblable au tout (si l'on agrandit un détail du motif, on retrouve le motif tout entier : celui-ci présente en effet la même structure quelle que soit l'*échelle* d'observation, mètre, millimètre, micromètre).

Les fractales apparaissent parfois dans les systèmes non linéaires. À partir d'un triangle, il est possible, par exemple, de tracer un autre triangle au milieu de chacun de ses côtés. En continuant ainsi indéfiniment avec chaque nouveau segment obtenu, il est clair que, quel que soit le grossissement auquel on regarde une région quelconque de ce système, on voit toujours la même chose. Il est également manifeste qu'il existe une similitude d'apparence entre les divers niveaux de grossissement. En fait, en regardant simplement une région du système, on ne peut absolument pas distinguer un grossissement d'un autre. Cette propriété, qui permet de rendre compte de certains effets quantiques, s'appelle la *non-différenciabilité.* Considérons une particule animée d'un mouvement brownien (voir atomisme). Soumettons la trajectoire de cette particule à une série d'agrandissements successifs. Les parties de la trajectoire de la particule qui semblaient rectilignes apparaissent irrégulières et erratiques. Aucune de ces parties n'est différente d'une autre ; et ceci quelle que soit la valeur de l'agrandissement. Une *trajectoire fractale* ne peut donc être définie que par rapport à l'échelle d'observation.

Un concept au cœur des nouvelles idées

On a de plus en plus de raisons de penser que les structures fractales sont intimement liées aux formes naturelles. Les « amas de percolation » sont des structures fractales qui modélisent l'infiltration d'un liquide dans une matière solide, par exemple quand de l'eau s'infiltre dans le sol ou percole entre des grains

1 - Benoît Mandelbrot a forgé le terme en 1989 et lui a attribué le genre féminin.

de café moulus. La suie, les colloïdes et certains polymères seraient aussi des fractales. On retrouve également les fractales dans le déplacement des bulles d'air dans un liquide visqueux tel que l'huile, la croissance de certains cristaux ainsi que dans les échanges électriques du type éclair. On pense que certaines structures aléatoires, comme celle des nuages et des rivages côtiers (voir encadré), sont elles aussi de type fractal. Depuis une vingtaine d'années, les scientifiques ont beaucoup progressé dans l'étude des formes naturelles. Le concept révolutionnaire de fractale est au cœur de toutes les nouvelles idées.

Les courbes sans tangente sont la règle

En 1913, Jean Perrin publie *Les atomes*, un ouvrage où il fait preuve d'intuitions fulgurantes. L'une d'elles annonce clairement le concept de fractale. Pour Perrin, contrairement à une idée persistante, il existe dans la nature beaucoup plus d'objets rugueux que d'objets lisses ; le lisse serait l'exception, le rugueux la règle.

Et il cite un exemple maintes fois repris plus tard, celui de la côte de Bretagne dont nous dirions aujourd'hui qu'elle est *fractale*. La côte de Bretagne présente en effet des anfractuosités à toutes les échelles. Dans son livre, Jean Perrin discute tout d'abord de structures mathématiques appliquées en physique. Il écrit :

> « Nous savons tous comment, avant définition rigoureuse, on fait observer aux débutants qu'ils ont déjà l'idée de la continuité. On trace devant eux une belle courbe bien nette, et l'on dit, appliquant une règle contre ce contour : "Vous voyez qu'en chaque point il y a une tangente [...] Les mathématiciens, pourtant, ont bien compris le défaut de rigueur ce ces considérations dites géométriques, et combien, par exemple, il est puéril de vouloir démontrer, en traçant une courbe, que toute fonction continue admet une dérivée.
> Si les fonctions à dérivée sont les plus simples, les plus faciles à traiter, elles sont pourtant l'exception ; ou, si l'on préfère un langage géométrique, les courbes qui n'ont pas de tangentes sont la règle et les courbes bien régulières, telles que le cercle, sont des cas fort intéressants, mais très particuliers. [...] Et, le plus souvent, ceux auquels on parle de courbes sans tangentes ou de fonctions sans dérivées commencent par penser qu'évidemment la nature ne présente pas de telles complications et n'en suggère pas l'idée. C'est pourtant le contraire qui est vrai, et la logique des mathématiciens les a maintenus plus près du réel que ne le faisaient les représentations pratiques employées par les physiciens. C'est ce qu'on peut déjà comprendre en songeant, sans parti pris simplificateur, à certaines données tout expérimentales."
> Plus loin, le savant français ajoute :
> "De telles données se présentent en abondance quand on étudie les *colloïdes*. Observons, par exemple, un de ces flocons blancs qu'on obtient en salant de l'eau de savon. De loin, son contour peut sembler net, mais sitôt qu'on s'approche un peu, cette netteté s'évanouit. L'œil ne réussit plus à fixer de tangente en un point : une droite qu'on serait porté à dire telle, au premier abord, paraîtra aussi bien, avec un peu plus d'attention, perpendiculaire ou oblique au contour [(1)]. Si l'on prend une loupe, un microscope, l'incertitude reste aussi grande, car, chaque fois qu'on augmente

1 - Cet exemple, comme d'autres, trouve son origine dans les observations pertinentes que Perrin fit sur le mouvement brownien. Celui-ci est caractéristique du style de l'auteur.

le grossissement, on voit apparaître des anfractuosités nouvelles, sans jamais éprouver l'impression nette et reposante que donne, par exemple, une bille d'acier poli. En sorte que, si cette bille donne une image utile de la continuité classique, notre flocon peut tout aussi logiquement suggérer la notion plus générale des fonctions continues sans dérivées." »

Des cas « pathologiques »

Quelles sont les propriétés d'une fractale ? Bien avant Mandelbrot, certains mathématiciens avaient étudié les objets fractals, les considérant plutôt comme des cas « pathologiques » de courbes continues mais dépourvues de tangentes en tout point et ne présentant, au demeurant, guère d'intérêt (voir encadré ci-dessus). Pour le commun des mortels, une fractale type n'a pourtant rien de monstrueux : elle évoque au contraire la forme naturelle d'un cristal de glace.

Comment obtient-on un objet fractal ? En répétant systématiquement un même motif géométrique. L'invariance par changement d'échelle (par dilatation) devient alors une caractéristique de « symétrie » des fractales, tout comme l'invariance par rotation est caractéristique d'une sphère.

On attribue à une fractale un nombre qu'on appelle sa *dimension fractale*. Contrairement à l'acception courante du terme, cette dimension n'est pas un entier mais un nombre réel quelconque. On détermine la dimension fractale d'un objet en comptant le nombre moyen de motifs répétés contenus dans une sphère de rayon r centrée en un point donné de l'objet.

La dimension fractale d'un être physique est indépendante des détails de sa formation. On dit qu'une propriété de ce type est « universelle », car elle est une caractéristique à grande échelle, où les détails sont moyennés et, par conséquent, éliminés. Ce n'est donc pas parce qu'un modèle simple néglige en majeure partie la complexité d'un système réel qu'il n'en définit pas correctement les propriétés globales.

Les fractales et les mécanismes de croissance

Les fractales sont des structures mathématiques très fines, ramifiées et arborescentes, qui modélisent des phénomènes naturels, tels que la cristallisation des solides ou le déplacement des bulles d'air dans les fluides. Le modèle d'« agrégation par diffusion limitée » établit un lien très intéressant entre les fractales et les mécanismes de croissance.

Ces derniers sont de natures très diverses : par exemple un cristal parfait croît en fonction d'un critère d'équilibre ; il « essaie » plusieurs configurations avant de choisir l'état correspondant à la structure la plus stable. Avant qu'une molécule ne se fixe au cristal, elle doit généralement chercher la zone la plus favorable parmi un grand nombre de sites possibles. La formation d'un tel cristal est donc très lente et sujette à de constants réarrangements. Cette lenteur n'est pas toujours la règle (croissance des systèmes vivants).

GAZ

Boyle, 1662 ; Mariotte, 1676 ; Gay-Lussac, 1802 ; Maxwell, 1860 ; Boltzmann, 1877 ; Van der Wall, 1880.

Voir aussi : Densité, Matière, Molécule, Vide.

Le gaz est l'un des trois états que peut adopter la matière. Le mot gaz, tiré du latin « chaos », fut employé pour la première fois en 1648 par le médecin, chimiste et alchimiste flamand Jean-Baptiste van Helmont. Le gaz est un fluide et, à ce titre, il est soumis au principe de la transmission des pressions et au principe d'Archimède. Il n'a pas de forme déterminée et épouse celle du récipient qui le contient. On dit qu'il est indéfiniment expansible. Le gaz est également pesant, comme l'a démontré Galilée, en pesant successivement un récipient contenant de l'air à la pression atmosphérique, puis à une pression plus grande.

Les gaz sont formés de molécules s'agitant en tous sens, de façon totalement désordonnée, dans le « vide immense », selon la belle expression de Lucrèce. À température ordinaire et sous la pression atmosphérique, le nombre de molécules contenues dans un centimètre cube de gaz est d'environ trente milliards de milliards. La densité d'un gaz est pourtant très faible : une molécule dispose d'un volume plusieurs fois supérieur à 10000 fois son volume propre, dans les conditions normales de température (0° C) et de pression (1 bar).

On vient de dire que les molécules, pratiquement indépendantes les unes des autres, s'agitent sans cesse, animées de vitesses qui atteignent plusieurs centaines de mètres par seconde. Leur nombre fait qu'elles entrent en collision et se bousculent plusieurs milliards de fois par seconde, ce qui rend leur trajectoire extrêmement complexe. La température mesure cette *agitation*, dite *thermique*, c'est-à-dire l'énergie cinétique de leur mouvement. Celle-ci est d'autant plus grande que la température est plus élevée [(1)].

Les gaz sont compressibles

Les premières connaissances sur le comportement des gaz remontent au physicien et chimiste anglo-irlandais Robert Boyle qui fut, à partir des années 1660, l'un des pionniers de la physique expérimentale de son temps. Avant lui, Otto von Guericke avait clairement mis en évidence en 1654, la puissance extraordinaire de la pression atmosphérique grâce à son expérience dite des « hémisphères de Magdebourg » (voir article Vide). Mais la démonstration de Guericke, en dépit de son importance, n'apportait pas de preuve directe de la puissance expansive de l'air. C'est précisément cette preuve que donna Boyle dans ses *Nouvelles expériences physico-mécaniques concernant l'élasticité de l'air*, publiées à Oxford en 1667.

---

1 - Inversement, l'arrêt complet des molécules correspond au zéro absolu, la température la plus basse qui existe.

Boyle démontre l'élasticité de l'air (1662)

Pour Boyle, l'air est élastique et il remplit parfaitement tous les espaces. Le vide ne saurait se rencontrer à l'état naturel sur Terre ; Boyle entend bien en fournir la preuve en faisant une expérience mettant directement en évidence le pouvoir expansif de l'air. Il utilise un long tube gradué, recourbé, ouvert à un bout, fermé à l'autre. Il remplit ce tube de mercure. Une poche d'air isolée se forme dans la branche scellée du tube ; lorsque l'équilibre entre la pression de la poche d'air et la pression atmosphérique est atteint, Boyle note une différence de 24 pouces entre les deux niveaux du mercure. Il le dit explicitement :

> « Nous commençâmes à verser dans la branche longue du siphon du vif argent qui, par son poids qui repoussait celui qui se trouvait dans la branche courte, comprima par degrés l'air emprisonné. Nous continuâmes de verser du vif argent jusqu'à ce que l'air dans la branche plus courte fût réduit par condensation à n'occuper que la moitié de l'espace qu'il possédait (je dis bien possédait et non remplissait) auparavant... nous observâmes que le vif argent dans la branche plus longue atteignit une hauteur de 24 pouces plus élevée que l'autre. »

Ayant versé à nouveau du mercure dans le tube, il observe une réduction du volume d'air emprisonné dans le tube. Lorsque ce volume est de nouveau réduit de moitié, la différence de hauteur des colonnes de mercure dans les deux branches du tube accuse 29 pouces (soit 73 cm, à peu près la pression atmosphérique). Boyle « pousse » l'expérience jusqu'à l'éclatement du tube.

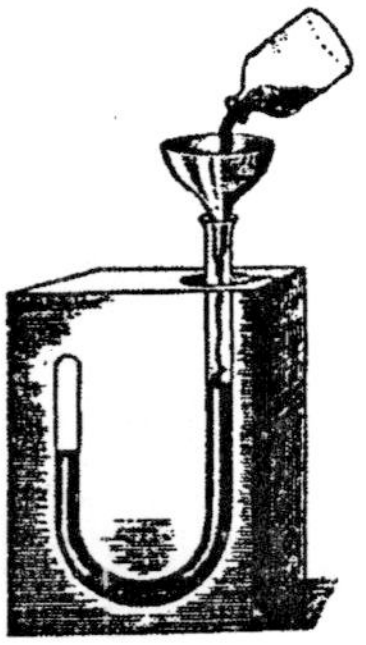

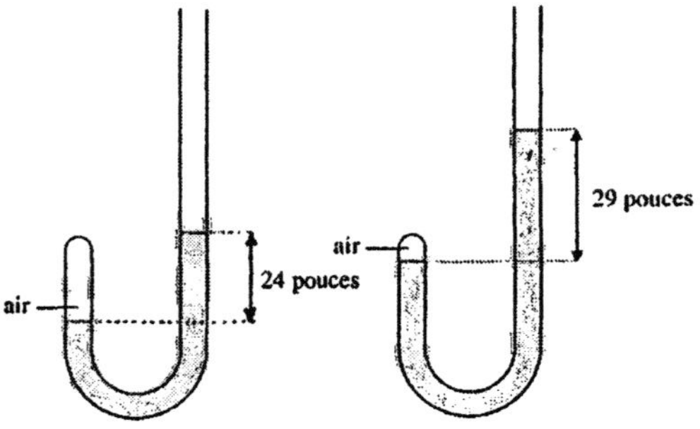

Se servant alors d'un tube plus résistant, il se livre à une série d'observations qui lui permet d'établir la relation entre le degré de compressibilité de l'air et la pression à laquelle il est soumis. Les résultats sont donnés dans deux tables, publiées en 1662 dans les *Nouvelles expériences*. Le savant consigne également le cas inverse, lorsque la raréfaction de l'air atmosphérique provoque la dilatation de la poche d'air à l'extrémité inférieure du tube.

Boyle avait embauché un assistant, Robert Hooke, qui l'avait impressionné par son habileté peu commune dans la fabrication de certains appareils. La conclusion finale de leurs expériences fut qu'ils pouvaient vérifier « l'hypothèse qui suppose que les pressions et les expansions sont en proportion inverse ». Il faut cependant noter que Boyle pensait que l'élasticité d'un gaz était un phénomène statique, comme si la substance comportait de nombreux ressorts qui, au repos, appuyaient sur les parois (pression).

Cinq ans après les travaux de Boyle, l'abbé Edme Mariotte fait à l'Observatoire de Paris de nouvelles expériences sur la compressibilité de l'air et, en 1876, dans son traité *De la nature de l'air*, il formule la loi qui porte son nom : à température constante, les volumes d'une même masse gazeuse sont inversement proportionnels aux pressions qu'elle supporte. Notons qu'assez curieusement Boyle n'attacha pas une grande importance à ce résultat : « Je ne m'aventurerai pas à déterminer si la théorie énoncée [la loi de la compressibilité de l'air] est valable universellement et précisément. [...]. Personne ne sait de quelle compression quasi infinie l'air peut être capable si la force de compression est augmentée de manière experte ».

Au XVIIIe siècle, grâce au travail des chimistes, on découvrit de nombreux gaz nouveaux et il fut possible de mesurer leurs propriétés physiques. Ils se comportaient tous comme Boyle l'avait pressenti. En 1876, le physicien irlandais Thomas Andrews reconnaissait la continuité des états liquide et gazeux en refroidissant jusqu'à la liquéfaction du dioxyde de carbone ; il montrait que celui-ci n'obéit plus alors à la loi de Boyle-Mariotte. Plus tard, Émile Amagat soumettait la plupart des gaz connus à des pressions colossales (jusqu'à 400 atmosphères) et observait dans tous les cas des dérogations sensibles par rapport à la loi en question, à l'exception de l'hydrogène. En fait, il apparaissait qu'un gaz, qui est constitué de molécules, ne peut être comprimé au-delà du volume moléculaire.

Comprimer un gaz et donc augmenter sa pression n'est rien d'autre en effet que rapprocher les molécules entre elles en les serrant les unes contre les autres (lorsqu'on enfonce par exemple un piston dans un cylindre contenant une certaine quantité de gaz). La pression augmentant et la température restant la même, il arrive un moment où les molécules entrent en contact, se serrent les unes contre les autres, d'abord en conservant une certaine liberté – c'est alors un liquide[(1)] – puis en ne pouvant bientôt plus effectuer que des rotations et des vibrations autour d'une position fixe : on a affaire à un solide. Un corps peut donc prendre chacun des états solide, liquide et gazeux. Ces transformations, qui ne modifient pas la nature du corps (il garde ses propriétés physiques intrinsèques) sont appelées *changements d'état.*

La loi des gaz parfaits

Un gaz dont les cohésions intermoléculaires – dites forces de Van der Waals – seraient nulles est appelé *gaz parfait.* Ce gaz hypothétique obéirait exactement à la loi de Mariotte, déjà citée, et à celle de Gay-Lussac (1802) qui en fit la communication sous le titre *Sur la dilatation des gaz et vapeurs* alors qu'il n'était âgé que de vingt-quatre ans : le coefficient de dilatation constante sous pression constante est le même pour tous les gaz, quelles que soient la température et la pression.

Cette loi fut améliorée par Amedeo Avogadro en 1811 : dans les mêmes conditions de température et de pression, la dilatation moyenne entre les molécules est la même pour tous les gaz. Ces trois lois donnent la relation $PV = nRT$, où P est la pression en « atmosphères » (ou mm de mercure), V le volume en litres, n le nombre de molécules, R une constante égale à 8,31 J. K. $^{-1}$ mol $^{-1}$ (8,31) joule par

1 - Les premières recherches systématiques sur la liquéfaction des gaz sont dues à Michael Faraday (1823), à l'aide d'un appareil simple et ingénieux fonctionnant par compression et refroidissement. Notons que la *vapeur* est un gaz proche de son point de liquéfaction qui contient déjà des goutelettes de liquide.

kelvin et par mole) et T la température en kelvins, soit $T = t + 273$ où t est la température en Celsius. Pour les autres gaz, on a proposé des équations qui s'efforcent de traduire sous une forme quantitative le comportement réel des gaz.

La théorie cinétique des gaz

Dans un gaz parfait règne un désordre total ; ce désordre est maintenu par le mouvement incessant des molécules – mouvement dit « brownien » – qui ne sont perturbées que par les collisions avec d'autres molécules ou contre les parois. Les forces de cohésion intermoléculaires sont nulles. La percée fondatrice majeure de la théorie cinétique consista à abandonner toute tentative de description du mouvement des particules individuelles et à y substituer une *approche statistique* du mouvement qui tire avantage du grand nombre de particules en présence (en ce sens, la théorie cinétique des gaz n'est qu'un cas particulier de la *mécanique statistique*, son application à l'état gazeux de la matière).

Pendant longtemps, on considéra un gaz comme un fluide continu et le concept fondamental de pression était parfaitement adapté à ce point de vue. Les pompes, les baromètres et autres instruments de ce type ne jetaient aucune lumière sur la constitution interne d'un gaz. Lorsque Boyle calcula le « ressort de l'air », il ne savait pas à quoi il était dû. Il était naturel de spéculer ; comme on l'a dit plus tard, des modèles semi-statiques, fondés sur des ressorts, semblaient plausibles. Par ailleurs, l'idée d'un gaz composé de très petites particules se déplaçant de manière désordonnée, s'attirant sans doute, se repoussant peut-être, et rebondissant sur les parois, avait elle aussi ses tenants. Bien entendu, personne n'avait la moindre idée de la taille de ces particules.

On peut dire que la théorie cinétique des gaz constitue l'une des premières tentatives d'explication du macroscopique par le microscopique, de la recherche des causes profondes dont les phénomènes à notre échelle sont le reflet. Historiquement, elle fut inaugurée, en 1738, par Daniel Bernoulli dans son *Hydrodynamique*(1). Il montra par un argument simple que la pression d'un gaz obéit à l'équation : $p\ V = 1/3\ Nm < v^2 >$ où p est la pression, v son volume, N le nombre de molécules, m la masse et $<v^2>$ la valeur moyenne du carré de la vitesse. À la suite de Bernoulli, deux des premiers chercheurs à s'intéresser à la théorie cinétique furent John Herapath et John Waterston, ce dernier trouvant le principe de l'équipartition de l'énergie et la valeur absolue de la vitesse moléculaire moyenne, ensuite développée par Rudolf Clausius, James Clerk Maxwell et Ludwig Boltzmann.

La contribution de Maxwell à l'élaboration de la théorie cinétique des gaz fut décisive. Il étudia la répartition des vitesses des molécules (conforme à la loi dite des erreurs de Gauss) et il montra qu'à une même température l'énergie cinétique moyenne des molécules ne dépend pas de leur nature. Il tira de ses propres mesures sur le frottement interne la valeur du libre parcours moyen (voir encadré). C'est dans le cadre de cette théorie qu'il introduisit le fameux démon qui porte son nom : ce démon microscopique, doué d'une agilité suffisante, pouvait séparer dans une

---

1 - Cet important ouvrage témoigne des recherches fondamentales de Bernoulli en théorie de l'élasticité et en hydrodynamisme. Outre les premiers principes de la théorie cinétique des gaz, on y trouve une étude sur l'écoulement de l'eau dans les conduites et des réflexions sur le principe de conservation de l'énergie.

masse de gaz les molécules les plus rapides et mettre ainsi en échec le principe d'irréversibilité (voir p. 103). Nous savons aujourd'hui que ce démon ne pourrait pas exercer sa vue perçante dans les conditions de l'expérience.

Le libre parcours moyen

Dans une masse de gaz, et dans des conditions ordinaires de température et de pression, les molécules se heurtent très fréquemment et leurs trajectoires se composent d'une suite de courts segments rectilignes en zigzag. Ceci posé, une molécule seule en mouvement parmi les autres subit dans l'unité de temps $N\pi d^2$ chocs, N désignant le nombre de molécules par unité de volume et d représentant le rayon de la *sphère d'action*, distance d'approche de deux molécules à l'instant d'un choc.

Dans ces conditions, la longueur moyenne du parcours entre deux chocs est égale à $1/N\pi d^2$. Toutes les molécules étant en mouvement, cette valeur du libre parcours moyen devient :

$$L = \frac{1}{\sqrt{2}\, N \pi d^2}$$

La notion de libre parcours moyen permit de donner une interprétation cinétique de trois *phénomènes de transport* dans les gaz : la *diffusion*, la *propagation de la chaleur* et la *viscosité*. La diffusion, qui tend à égaliser la composition de deux masses de gaz mises en contact, fut étudiée quantitativement, en 1846, par Graham (la *loi de Graham* régit la vitesse du phénomène, proportionnelle à l'inverse de la racine carrée de la densité du gaz considéré) ; il s'agit dans ce premier cas de transports de matière déterminés par un gradient [1] de concentration.

Dans le second cas, on a affaire à un transport d'énergie cinétique sous l'influence d'un gradient de température. Le troisième cas est dû à l'existence d'un gradient de vitesse d'écoulement entre deux couches de gaz voisines parallèles à la direction de l'écoulement.

C'est Maxwell qui, en 1860, donna l'interprétation moléculaire des trois phénomènes de transport.

1 - *Gradient* signifie variation dans les trois directions de l'espace d'une propriété physique (pression, température...).

En 1872, Boltzmann rédiga un article fondamental qui est encore un des classiques de la mécanique statistique. Il y aboutit à la définition d'une fonction, *H* (d'où le nom donné plus tard au *théorème H*), caractéristique de l'état d'un gaz enfermé dans un récipient, fonction qui ne peut que décroître, s'apparentant par là à l'entropie, au signe près. Boltzmann reliait ainsi la thermodynamique à la mécanique, mais par le détour du *théorème H*.

En 1877, Boltzmann introduisit le concept de probabilité des états macroscopiques d'un gaz. Cela le conduisit finalement à une formulation et une démonstration essentiellement statistique, puisque sans dynamique, de sa loi. Elle contient un postulat qui a permis tous les développements ultérieurs de la mécanique statistique, y compris son extension à la mécanique quantique, pour laquelle les molécules sont indiscernables.

En 1905, Einstein réalisa une percée théorique importante. Pour apprécier la contribution d'Einstein, il faut se rappeler que l'on n'accordait, il y a quatre-vingts ans, qu'un statut provisoire à la réalité physique des atomes et des molécules. De grands noms de la physique comme Wilhelm Ostwald et Ernst Mach affirmaient que toutes les entités théoriques, comme les atomes et les molécules, n'étaient que des fictions commodes.

Avant tout le monde, Einstein prédit que le mouvement des particules en suspension dans un fluide devait révéler l'existence des atomes. Einstein ne connaissait pas les travaux de Brown, mais il démontra que la détection de telles particules confirmerait la théorie cinétique. La conclusion surprenante de son travail fut une équation qui permettait de mesurer précisément la taille de l'atome.

Des gaz parfaits aux fluides réels

Les gaz parfaits avaient servi d'objets tests idéaux pour les études théoriques de la thermodynamique et de la théorie cinétique. Ils ne présentaient qu'un petit inconvénient : ils n'existent pas. Des mesures précises faites sur des gaz réels avaient montré qu'ils s'écartaient de la perfection, celles de Henri Victor Regnault en particulier, ou du baron Charles Cagniard de la Tour, de même que la liquéfaction des gaz qui présentait des particularités surprenantes.

Comme bien souvent, ce sont deux approches différentes qui conduisirent à une compréhension des fluides réels. L'expérience fournit la substance du phénomène à décrire et à expliquer ; la théorie moléculaire féconda l'outil théorique grâce auquel on espérait obtenir cette description.

Sur le plan expérimental, le problème de la liquéfaction des gaz s'avéra être un terrain fertile pour la découverte des phénomènes essentiels. Vers 1877, l'art de liquéfier les gaz avait progressé, au point que l'on était arrivé à liquéfier l'oxygène, lequel, avec l'azote et l'hydrogène, s'était refusé à la liquéfaction durant toute la première moitié du XIXe siècle (gaz dits *permanents*).

Citons à ce propos les travaux du Français Louis Paul Cailletet, du Suisse Raoul Pierre Pictet et de l'Anglais James Dewar (inventeur du vase Dewar – la fameuse bouteille thermos – qui représenta un réel pas en avant dans la technique cryogénique).

Sur le plan théorique, c'est la description globale des états d'agrégation de la matière qui parvint, en les combinant, à inventer les données empiriques, les modèles moléculaires, la thermodynamique et la théorie cinétique. En 1880, le physicien hollandais Johann Diderik van der Walls donna une équation d'état des fluides qui porte son nom. Cette équation très simple, raisonnablement exacte et compréhensible sur une base moléculaire, tient compte des forces intermoléculaires et du volume fini des molécules.

C'est van der Walls qui supposa l'existence, à longue distance, d'une force attractive (d'origine électrostatique) entre molécules agissant en plus de la pression exercée par les parois du récipient. Selon son auteur, cette pression additionnelle est inversement proportionnelle au carré du volume spécifique du gaz.

Les gaz rares ou nobles

Finissons par l'énumération de ces corps simples, en quantités infimes dans l'air, incolores et inodores, pouvant être obtenus par le refroidissement de l'air ou par sa liquéfaction. Dans ce cas, le procédé consiste à laisser s'évaporer le liquide, c'est-à-dire faire une *distillation* (fractionnée) : les gaz les plus volatils s'évaporent les premiers. L'opération doit être répétée afin de purifier les différents composants. Les gaz rares sont principalement utilisés dans la fabrication d'ampoules et tubes électriques. Citons l'*hélium*, le plus difficile à liquéfier de tous les gaz, incombustible et inexplosant, employé en cryogénie, l'*argon*, qui réalise une atmosphère inerte dans les laboratoires, le *krypton*, le plus facile à liquéfier, le *néon*, très difficile à liquéfier, le *radon*, utilisé en thérapeutique radioactive.

GÉNÉRATION SPONTANÉE

Redi, 1668 ; Van Leeuwenhoek, 1674 ; Spallanzani, 1780 ; Pasteur, 1864 ; Oparine, 1938.
Voir aussi : Évolution, Hérédité, Synthèse organique.

La question de l'origine de la vie, lourdement chargée de présupposés et d'enjeux théologiques, n'a, pendant des siècles, trouvé à s'exprimer, en histoire naturelle puis en biologie, que dans les termes d'une doctrine célèbre : la *génération spontanée.*

Les vers sont-ils générés par le fumier ?

L'idée qu'un organisme puisse naître spontanément, sans l'aide d'un agent reproducteur, s'ancre dans la pensée biologique occidentale à partir du ve siècle avant notre ère. Ainsi, Démocrite d'Abdère, Anaximandre ou Xénophane présentent cette idée comme un fait d'expérience. Aux yeux de ces penseurs anciens, il semble évident que les vers sont générés par le fumier ou par la viande qui entre en putréfaction, comme il paraît clair que le Soleil tourne autour de la Terre. Cependant, très vite, les interprétations divergent.

Pour les « physiologues » atomistes, il paraît naturel de voir dans la vie un assemblage de matériaux inertes sans l'intervention d'aucun principe vital ni d'aucune intervention divine. Aristote, au contraire, y voit un argument supplémentaire en faveur de sa conception de la vie comme « animation » de la matière. Selon lui, les organismes ne se reproduisent pas seulement à partir d'autres organismes, mais aussi en vertu de l'union d'un principe passif, la « matière » et d'un principe actif, la « forme », âme des choses vivantes.

Cette conception aristotélicienne du vivant pouvait s'accorder sans difficulté au récit de la Genèse ainsi qu'à la conception juive de l'esprit comme « souffle » animant la « poussière de la Terre » dont l'homme est constitué. Dans son *Histoire des animaux*, Aristote écrit : « Les punaises proviennent de l'humeur qui sort des animaux et qui se fige à l'air libre. Les poux, eux, naissent des chairs... Chez certains hommes, l'apparition des poux est, en fait, une maladie, qui a pour origine une grande abondance d'humidité dans le corps ».

La tradition chrétienne va suivre Aristote. Saint Augustin soutient au IVe siècle que Dieu a conféré à la Nature le pouvoir de créer *ab initio.* Pour le croyant, le concept de génération spontanée ne pose donc pas de problème : pendant des siècles, on admet sans discussion que la matière inerte puisse donner naissance à des animaux d'ordre inférieur – asticots, poux, cloportes, scorpions, voire grenouilles ou souris.

Le « vivant » ne peut provenir du « corrompu »

Pourtant, un gentilhomme italien, Francesco Redi, à la fois médecin officiel de la cour médicéenne, poète et naturaliste, démontre en 1668 l'inanité des thèses « générationnistes ». Redi utilise deux fioles contenant de la viande, l'une hermétiquement bouchée, l'autre laissée à l'air libre. Il observe rapidement l'apparition de nombreux vers dans la viande putréfiée, alors qu'il n'en voit surgir aucun sur l'autre : il paraît évident que les vers proviennent d'œufs pondus par les mouches et non d'une quelconque « génération spontanée », puisque ces vers apparaissent seulement dans la fiole non recouverte.

Redi, qui publie ses résultats dans les *Expériences sur la génération des insectes*, va semer le doute dans les esprits. Au même moment, l'oratorien Nicolas Malebranche va l'« aggraver » d'un argument philosophique en condamnant comme impie la doctrine qui tire le vivant du corrompu.

> « Je ne puis pas comprendre comment un si grand nombre de personnes de bon sens ont pu donner dans une erreur si grossière. Car qu'y a-t-il de plus incompréhensible qu'un animal se forme d'un peu de viande pourrie ? Il est infiniment plus facile d'expliquer qu'un morceau de fer rouillé se change en une montre parfaitement composée : car il y a infiniment plus de ressorts et plus délicats dans la souris que dans la pendule la plus composée. »

En 1674, la découverte des microorganismes par le Hollandais Antoine Van Leeuwenhoek va tout remettre en question. Cet apprenti drapier a une passion : le polissage du verre bombé ; il passe son temps à poncer d'admirables lentilles toujours plus fortes, et, bien entendu, il construit bientôt les premiers microscopes dont l'usage se révèle immédiatement pratique et fécond(1). Grâce à ses appareils, Van Leeuwenhoek fait d'importantes recherches sur la circulation ; il décrit les globules du sang, met en évidence la structure des muscles striés et découvre les protozoaires puis les spermatozoïdes. Sa gloire passe bientôt les frontières...

Mais, paradoxalement, il renforce sans le vouloir la doctrine traditionnelle, tant la prolifération, observée au microscope, d'« animalcules » paraît rapide dans tous les liquides en fermentation et autres produits en cours de décomposition. On en tire la conclusion que ces êtres vivants « simples » peuvent naître par synthèse de matériaux inertes. Et l'on va même jusqu'à prétendre que ces animalcules ont pour fonction providentielle d'épurer l'atmosphère, preuve de la Sagesse suprême...

Spallanzani réalise les premières cultures

En 1718, Louis Joblot et, en 1780, l'abbé Lazzaro Spallanzani reconduisent les expériences sur l'origine des animalcules découverts par Leeuwenhoek ; ils réalisent les premières cultures. Leurs conclusions se recoupent ; les microorganismes ne peuvent proliférer dans des milieux convenablement stérilisés et hermétiquement isolés. Il faut chercher leur origine dans l'air ambiant. Ces nouvelles constatations n'ébranlent pas les

---

1 - Le premier microscope de Leeuwenhoek s'inspirait de la loupe ; il était équipé d'une seule lentille. L'objet à observer était placé sur une épingle et la mise au point se faisait par un système de vis. À l'actif de cette extraordinaire période de découvertes en biologie que fut le XVIIe siècle, il faut citer les travaux d'un autre Hollandais, Jan Swammerdam, et de l'Italien Marcello Malpighi. L'évolution considérable des microscopes au XVIIIe et au XIXe siècles permit à l'histologie, à la cytologie et à la microbiologie de se développer avec Pasteur, qui mit à mal la théorie de la génération spontanée, mais aussi avec Koch qui découvrit successivement les bacilles responsables de la maladie du charbon (1876), de la tuberculose (1882) et du choléra (1884).

tenants de la thèse générationniste qui reçoivent le soutien indirect de prestigieuses personnalités. Buffon, Maupertuis ou Lamarck, désireux d'étendre aux « êtres organisés » les leçons de la physique newtonienne, défendent l'idée que la matière vivante est constituée de « molécules » ou de « particules organiques ». Spallanzani résume ses travaux dans ses *Expériences pour servir à l'histoire de la génération* (1785) qui font de ce grand biologiste l'un des précurseurs de Pasteur.

Le rôle des microbes

Pour que soit abordée scientifiquement la question et qu'elle soit traduite en termes neufs, il faudra attendre le milieu du XIXe siècle avec la constitution progressive de la théorie cellulaire. Grâce aux recherches du botaniste allemand Mathias Schleiden et de l'anatomiste Theodor Schwann, la cellule est désignée comme la réalité ultime à laquelle on peut attribuer les propriétés de tous les êtres vivants.

En 1858, le médecin allemand Rudolf Virchow résume en une formule lapidaire ses conclusions et celles de ses confrères : *Omnis cellulae cellula* – toute cellule provient d'une cellule et non de quelque magma organique préalable.

Les tentatives de vérification se multiplient au cours du XIXe siècle, mais elles restent contradictoires en raison de carences expérimentales diverses. Pour exorciser définitivement le démon de la génération spontanée, une rencontre va s'imposer : celle d'un biologiste rouennais respecté, Félix Pouchet, auteur d'un ouvrage intitulé *Hétérogénie ou traité de la génération spontanée*, publié à Paris en 1859, et du grand chimiste Louis Pasteur.

Dans son livre, Pouchet défend avec vigueur le dogme de la génération spontanée. C'est par réaction à cet ouvrage que Pasteur se lance dans la série d'expériences qui devait mettre un terme au générationnisme[(1)]. Pouchet raisonnait en biologiste, Pasteur en chimiste. La « discussion » – l'une des plus vives et des plus instructives qu'ait connues la biologie moderne – tourne rapidement à la querelle.

Reprenant et perfectionnant les expériences de Spallanzani, Pasteur établit que, même chez les microorganismes, *le vivant ne naît que du vivant* et ne saurait émerger de la putréfaction (puisque, bien au contraire, ils en sont les agents). Cette position renvoyait à une véritable philosophie de la nature conçue comme scindée en deux mondes : le vivant dont la richesse et l'organisation se révèlent déjà admirablement dans le règne végétal, et la matière qui ne connaît que l'homogène et l'inerte.[(2)]

Au milieu du XIXe siècle, les travaux de Pasteur avaient donc démontré le rôle des « microbes » et ouvert la voie à la microbiologie, tout en éradiquant magistralement l'autogénération. Cependant, une très ancienne et très vive question philosophique restait en suspens : d'où vient la vie ? Cette question lancinante invitait chercheurs et philosophes à reprendre, sous un angle nouveau, l'élucidation de ce qui se cherchait à travers elle.

L'intervention de la théorie de l'évolution, pour laquelle Pasteur n'avait guère manifesté d'intérêt, allait fixer les termes du problème qui semble aujourd'hui résolu.

---

1 - Ces expériences furent le prolongement de ses recherches sur les fermentations commencées en 1857.

2 - En exorcisant le démon de la génération spontanée, Pasteur contribuait à ranimer celui du vitalisme (voir p. 163), alors même que cette doctrine, qui avait déjà fait obstacle à la constitution de la chimie organique, allait maintenant entraver les premiers pas de la biochimie, à laquelle pourtant elle ouvrait la voie.

Les ballons de Pasteur (1864)

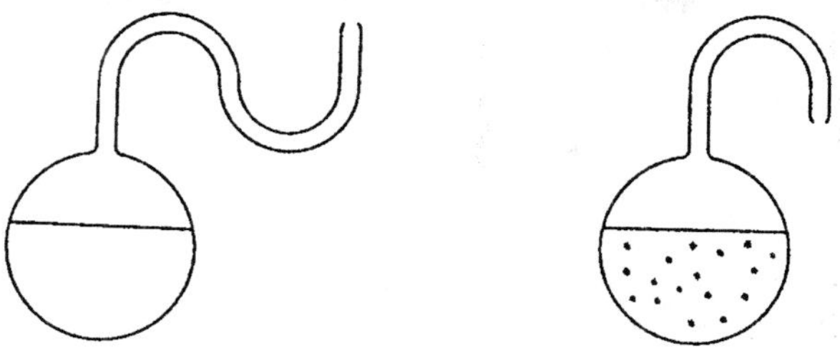

Les ballons que Pasteur utilisa, aux alentours de 1864, dans plusieurs expériences décisives sur les germes, sont conservés au musée Pasteur, à Paris. Le ballon de gauche présente un col en S, courbé comme le cou souple du cygne qui lui a donné son nom. Cette forme particulière interdit à l'air de pénétrer dans le ballon après qu'on ait porté à ébullition l'eau qu'on y a d'abord mise (la vapeur d'eau ayant chassé l'air du ballon). Lorsqu'on brise le col, l'air peut au contraire s'introduire dans le ballon et l'on constate le développement rapide d'une vie microscopique.

En 1864, Pasteur peut annoncer :

« J'ai éloigné d'elle [de l'eau] et j'éloigne encore en ce moment (1) la seule chose qu'il n'ait pas été donné à l'homme de produire, j'ai éloigné d'elle les germes qui flottent dans l'air, j'ai éloigné d'elle la vie, car la vie, c'est le germe, c'est la vie. Jamais la doctrine de la génération spontanée ne se relèvera du coup mortel que cette simple expérience lui porte. »

1 - Le liquide est aujourd'hui tout aussi limpide que le jour où il fut stérilisé...

La théorie de l'« évolution moléculaire »

Deux pistes principales ont été explorées concuremment depuis le début du siècle. La première fut l'hypothèse de la *panspermie* avancée par le physicien suédois Svante Arrhénius. Cette théorie hardie proposait une origine extraterrestre à la vie ; des germes vivants venus d'autres mondes et véhiculés à travers l'espace intersidéral par le rayonnement cosmique étaient censés s'être donné rendez-vous sur Terre et y avoir prospéré. Fondée sur la découverte d'éléments carbonés dans les météorites, la panspermie ne put jamais être confirmée et resta à l'état de concept abstrait.

L'autre piste, d'abord exclusivement terrestre, se révéla très féconde. Il s'agit de la théorie du biochimiste russe Alexandre Oparine contenue dans le petit livre qu'il fit paraître en 1924 et intitulé *L'origine de la vie*. Pour rendre compte du passage du non-vivant au vivant, Oparine propose une théorie de l'« évolution moléculaire » selon laquelle l'apparition des tissus vivants a été précédée par une lente (des millions d'années) et graduelle évolution de composés azotés et carbonés. Selon cette thèse qu'il faut considérer comme celle d'un véritable pionnier, les molécules peuvent avoir évolué en dehors de tout organisme pour ensuite se rassembler et former des systèmes de plus en plus complexes soumis au mécanisme de l'évolution par sélection naturelle. Cette théorie montre bien comment le vivant a pu surgir d'une soupe « prébiotique » primitive, avec, éventuellement, l'assistance de certains composés minéraux.

Si, aujourd'hui, l'accord semble se faire sur une origine terrestre en milieu aquatique, il n'en reste pas moins que le concept original d'Oparine a guidé la recherche pendant des décennies.

Oparine réfute la génération spontanée

« Quelque minuscule que soit la taille d'un microbe, s'il s'agit d'un organisme vivant, il doit être doté d'une organisation précise et complexe qui lui permet d'accomplir un certain nombre de fonctions vitales. La génération spontanée de tels organismes à partir de molécules dispersées au hasard est une solution par principe tout aussi impossible que la génération [spontanée] de structures caractéristiques des organismes bactériens. Nous devons donc rejeter catégoriquement la possibilité d'une autogénération des organismes vivants. »

Il a en particulier inspiré la fameuse expérience de Stanley Miller, en 1953. Celui-ci obtint *in vitro*, à partir des composés de l'atmosphère primitive et d'énergie[(1)], la formation d'acides aminés et de macromolécules caractéristiques du vivant. Selon la théorie de Miller, il est probable que ces molécules se sont par la suite agglomérées pour former des vésicules ou coacervats et ainsi s'isoler en milieu environnant, donnant ainsi naissance à la protocellule[(2)]. Ajoutons qu'en 1960, l'Américain Sidney Fox a imaginé un nouveau scénario qui se présente comme une variante, plus darwinienne, de la théorie d'Oparine.

La lancinante interrogation contenue depuis des millénaires dans le mythe de la génération spontanée a, comme on le voit, finalement débouché sur un problème scientifique précis.

---

1 - L'expérience visait à reconstituer artificiellement l'atmosphère de la planète à l'origine, lorsque les éclairs étaient censés jouer un rôle dans la stimulation de la naissance des acides aminés.
2 - Les continuateurs des travaux de Miller semblent avoir mis en évidence que les réactions chimiques en question se font dans la direction de la vie selon une ligne de moindre résistance, ce qui n'est pas sans recouper la thèse de Jacques Monod (*Le hasard et la nécessité*).
On peut se demander pourquoi ce qui s'est déroulé aux origines n'a plus d'équivalent aujourd'hui. Certains auteurs pensent que l'atmosphère n'étant plus constituée de CO_2 mais de O_2, toute matière vivante qui apparaîtrait par « hasard et par nécessité » serait aussitôt « dévorée » par ce qui vit déjà.

GRAVITATION

Galilée, 1632 ; Newton, 1687 ; Einstein, 1915.
Voir aussi : Champ, Chute des graves, Cordes, Éther, Infini, Interactions, Ondes gravitationnelles.

Depuis que les hommes sont capables de penser, ils ont dû sans doute se poser cette lancinante question : « Pourquoi tout ce qui est projeté vers le haut doit-il retomber ? » Les pommes mûres, bien sûr, qui chutent des arbres devant un Newton méditant la loi. Mais cette force, l'une des quatre qui gouvernent l'univers, qui maintient ensemble les cent milliards d'étoiles de la Galaxie, qui régit le cortège des planètes du système solaire, qu'est-elle exactement ? Comment s'exerce-t-elle, entre Terre et Soleil, instantanément, à une distance de plus de cent cinquante millions de kilomètres ?

Car la gravitation est l'une des forces de base de l'univers. Des marées océaniques à l'expansion de l'univers, en passant par la précession des équinoxes et l'aplatissement de la Terre, elle domine sur un large éventail de phénomènes naturels. Qu'on se contente de la formulation newtonienne, ou qu'on ait recours à la théorie d'Einstein, la gravitation joue un rôle essentiel dans le fonctionnement de l'univers. Non seulement elle est responsable du rassemblement de la matière diffuse en structures organisées telles les amas de galaxies, les étoiles ou les planètes, mais elle fait naître également les étoiles à neutrons et les trous noirs, endroits où la gravité est si forte que la lumière elle-même s'y trouve piégée et ne peut en sortir. Une autre conséquence incontournable de la théorie, les ondes gravitationnelles sont, depuis 1950, l'objet de recherches diverses dont les résultats sont controversés.

A-t-on jamais pensé, par ailleurs, que la Lune ne fait rien d'autre, dans son mouvement orbital autour de la Terre, que tomber sans cesse vers celle-ci ? Laissée à elle-même, la Lune s'échapperait selon une trajectoire rectiligne ; mais sans cesse la Terre l'attire, l'entraîne dans une chute *permanente*. Simplement, grâce à sa vitesse transversale, la Lune jamais ne chute sur la Terre.

D'un point de vue phénoménologique, il convient d'indiquer que les forces de gravitation apparaissent comme étant des forces à *longue portée* et extrêmement *faibles*. Bien entendu, il faut préciser ce que l'on entend par « faible ». C'est seulement par comparaison avec des forces similaires mais d'une autre nature qu'il est possible de donner un sens à ce mot : la comparaison qui s'impose de nos jours, c'est avec la force électrostatique entre deux charges.

À l'échelle du laboratoire, c'est-à-dire à l'échelle des phénomènes quotidiens, l'attraction gravitationnelle est donc tout à fait négligeable. Mais aux très grandes distances, à l'échelle des phénomènes astronomiques, la gravitation, pourtant beaucoup plus faible que les forces électrostatiques, attractives ou répulsives, finit par l'emporter (contrairement aux forces électrostatiques, la matière ne peut jamais être gravitationnellement neutre, toutes les masses possédant le même signe !) ; de plus, il n'existe pas de matériau capable d'« arrêter » la force gravitationnelle ; tout y participe.

Historiquement, l'interaction gravitationnelle est illustrée par trois noms. Galilée d'abord, qui étudie minutieusement la chute des corps ; puis Newton qui montre l'universalité absolue de cette force ; Einstein enfin, qui explique que la gravitation n'est autre que l'effet de la courbure de l'espace-temps à quatre dimensions, idée dont les succès inspirèrent d'audacieuses spéculations.

Une force « collante »

Nous sommes collés à la surface de la Terre par la pesanteur. Cette force paraissait si « naturelle » aux Anciens qu'ils attribuaient une vertu « pesante » à tout corps, vertu dont seraient privées les fumées et les vapeurs qui s'élèvent dans l'air apparemment sans effort. On trouve trace de cette vision naïve dans la méthode que proposait Cyrano de Bergerac pour s'élever dans les airs en garnissant sa ceinture de fioles contenant de la rosée, laquelle, comme chacun sait, s'évapore aux premiers rayons du matin (1657). Quant aux oiseaux qui se maintiennent dans les airs, la mécanique de leur vol demeura un mystère jusqu'à ce que Léonard de Vinci s'emploie à la comprendre. L'homme est donc collé au sol.

Pourtant, la direction verticale, illustrée par la suspension d'un lustre, la chute d'une pierre au fond d'un puits ou la disparition des ombres lorsque sous les tropiques le Soleil passe au zénith lors du solstice d'été, ne laissait pas d'intriguer dès que l'on sut, au ve siècle avant notre ère, que la Terre était sphérique. Il fallait que cette force « collante » vînt du centre de la sphère, puisque, aux antipodes, les hommes ne tombent pas... vers le haut !

Bien plus tard, un passionné d'alchimie, Isaac Newton, se demande comment les particules formant la matière tiennent ensemble pour donner leur forme aux solides. Il suppose qu'une force s'exerce entre elles, mais il ne dispose d'aucun microscope pour vérifier son hypothèse aux échelles infinitésimales de ces particules dont il ignore d'ailleurs les dimensions. Dans ces conditions, il est bien préférable de regarder en l'air des objets de grande taille, la Lune par exemple, qui ne semble vraiment pas tomber sur la Terre, ou encore la planète Mars, dont Kepler a déterminé la trajectoire autour du Soleil, une orbite en forme d'ellipse, courbe dont la définition mathématique précise lui est bien connue.

En bref, ce qui a amené Newton à la loi de l'inverse carré, ce n'est pas le besoin de comprendre la chute de la pomme, mais le besoin d'expliquer un phénomène à beaucoup plus grande échelle : le mouvement des planètes et des satellites du système solaire.

Le mouvement des planètes

Jusqu'au Moyen Âge compris, ce sont les idées d'Aristote qui ont dominé la pensée scientifique. Ces idées conduisaient en astronomie à ce qu'on appelle la théorie *géocentrique* de l'univers. Selon cette théorie, le ciel tourne autour de la Terre qui est fixe, ce qui explique pourquoi le Soleil et les étoiles se lèvent à l'Est et se couchent à l'Ouest. Les idées d'Aristote étaient considérées comme des vérités absolues, non seulement en Grèce mais dans toute l'Europe et jusqu'en Inde où, au Ve siècle de notre ère, le grand astronome Aryabhata mentionne explicitement la rotation de la Terre autour de son axe et décrit un univers évoluant autour de celle-ci.

Mais une théorie astronomique complète ne pouvait se contenter de décrire le mouvement très régulier des étoiles qui devait être, conformément au critère d'Aristote, soit circulaire, soit rectiligne. Pour rendre compte du mouvement irrégulier des planètes [1] – certaines comme Mars se déplacent même d'un mouvement dit « rétrograde »[2] – les astronomes grecs, en particulier Hipparque et Ptolémée, ont dû faire des constructions géométriques compliquées mettant en jeu des combinaisons de mouvements circulaires, certaines suivant des cercles appelés épicycles. La *théorie des épicycles* permettait de décrire dans quel secteur du ciel se trouverait telle planète à telle date [3].

C'est Nicolas Copernic qui devait s'opposer à la théorie géocentrique. Il proposa un nouveau cadre à la description des mouvements dans le système solaire. La théorie *héliocentrique,* décrite dans le célèbre traité *De revolutionibus orbium coelestum* (1543), tout en maintenant des combinaisons compliquées de cercles pour décrire le mouvement des planètes, avait le mérite de désigner, pour la première fois, le Soleil comme objet central du système. Contrairement aux idées admises jusqu'alors, la Terre n'occupe pas le centre de l'univers, mais elle tourne autour du Soleil avec les autres planètes.[4]

L'importance accordée à la Terre dans la théorie géocentrique constituait un obstacle insurmontable à l'interprétation du mouvement des planètes. L'explication du mouvement des planètes ne se trouve en effet pas sur la Terre, mais sur le Soleil. Pour être plus simples que celles de la vieille théorie géocentrique, les constructions de Copernic n'étaient pas plus exactes. Copernic avait tenté d'utiliser des cercles pour rendre compte du mouvement planétaire. C'est Johannes Kepler qui va faire un pas de plus... un pas considérable. Kepler découvre que les planètes décrivent des ellipses. Il arrive à énoncer les trois lois du mouvement des planètes.

---

1 - Le mot « planète » signifie *vagabond* en grec.

2 - Le mouvement d'un astre est dit *rétrograde* lorsqu'il s'effectue en sens inverse du mouvement annuel apparent du Soleil. Les planètes accomplissent leur révolution en *sens direct* ; cependant, par rapport à la Terre, qui se déplace dans le même sens, mais sur une orbite et à une vitesse différente, elles ont périodiquement un mouvement rétrograde, de même qu'un train, vu d'un convoi qui le dépasse, semble reculer.

3 - Quelques astronomes de l'Antiquité, notamment Aristarque, avaient eu le pressentiment du mouvement annuel de la Terre. Les pythagoriciens admettaient le mouvement de rotation de la Terre sur elle-même, la fixité du Soleil au centre du monde et le mouvement des planètes autour du Soleil.

4 - Précisons toutefois que l'ouvrage de Copernic ne présentait la mobilité de la Terre que comme une hypothèse permettant des prévisions exactes, mais n'exprimant pas la réalité. La négation de l'immobilité de la Terre s'opposait, comme chacun le sait, à la tradition aristotélicienne et surtout... aux récits bibliques sur l'origine du monde. Galilée allait montrer en plusieurs écrits que l'interprétation littérale de la Bible devait être écartée, la Bible n'ayant pas à se substituer à la science. Et l'on connaît la suite..., le procès du savant pisan en 1633 devant le tribunal de l'Inquisition, son abjuration et sa condamnation.

Les lois de Kepler (1609)

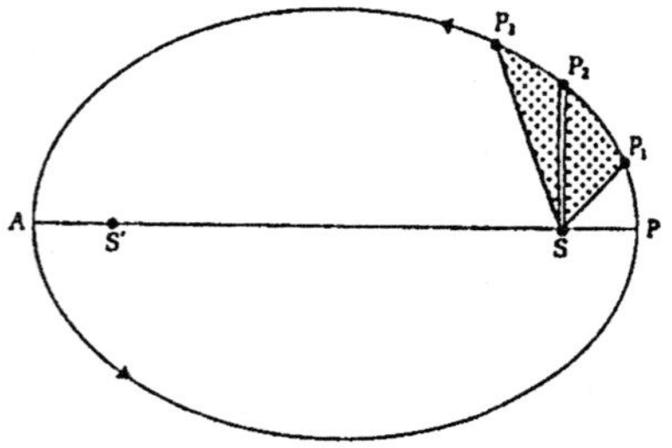

S = Soleil. Segment AP = grand axe. A = aphélie. P = périhélie.

La théorie newtonienne de la gravitation provient, d'une part, de l'étude du mouvement des planètes par Kepler, sur la base des observations remarquablement précises effectuées pendant près de vingt ans par Tycho Brahe et, d'autre part, naturellement, des avancées théoriques à propos des notions d'inertie, de mouvement, de système mécanique, de force, etc. Voici les lois qui ont immortalisé le nom de Kepler :

- première loi : les planètes décrivent des ellipses dont le Soleil occupe l'un des foyers ; *S* sur la figure (l'autre foyer est *S'*) ;
- deuxième loi : elles balaient des aires égales en des temps égaux. Ainsi, si la planète met le même temps pour aller de P_1 à P_2 et de P_2 à P_3, les aires SP_1P_2 et SP_2P_3 doivent être égales ;
- troisième loi : le carré de leur période de révolution est proportionnel au cube du demi-grand axe (*AP*) de l'ellipse (*A*, le point de l'orbite le plus éloigné du Soleil, s'appelle l'*aphélie*, *P*, le point le plus proche, le *périhélie*).

L'œuvre de Kepler passe alors pour essentiellement astrologique et peu sont capables à l'époque de discerner le joyau que constituent les trois lois. Par ailleurs, Kepler ne propose pas d'explication commune à ses trois lois. Dans certains de ses écrits, on le sent très proche de l'intuition de la force gravitationnelle. Mais Kepler est mort trop tôt pour connaître les travaux de Galilée sur la chute des corps, travaux qui auraient pu l'aider à cet égard. Les lois de Kepler fournissent la base empirique de la théorie dynamique de Newton. Elles disent *comment* les planètes se déplacent.

Les lois de Newton diront *pourquoi* elles se déplacent conformément à la description de Kepler.

Le concept de gravitation universelle

Newton n'est pas le premier à avoir médité sur la gravitation. Dès le XVe siècle, certains astronomes avaient eu l'idée d'une force d'attraction entre les corps célestes et la Terre. La Terre était ainsi tirée dans toutes les directions par des forces « magnétiques », mais, ces forces étant les mêmes dans toutes les directions, elle restait en équilibre.

William Gilbert, en 1600, a l'idée que la Terre est un grand aimant et, ayant construit une sphère aimantée, il étudie le champ produit. Parallèlement à sa théorie cosmologique, Copernic réfléchit sur le concept de pesanteur et il attribue à notre globe la forme sphérique de la Lune, du Soleil et des planètes. Galilée développe ces idées : les diverses parties de la Terre ont tellement tendance à rejoindre son centre que, lorsque celui-ci se déplace, elles le suivent ; il en est de même pour la Lune et pour les satellites de Jupiter vis-à-vis de cette planète. Et, en 1602, Galilée trouve les lois de la chute des corps.

Un autre physicien italien, Alfonso Borelli, semble, en 1666, être arrivé très près de la loi de gravitation de Newton, ainsi que Kepler, qui a même réfléchi à une loi d'attraction décroissante. Contemporain et rival de Newton, Robert Hooke publie en 1674 un ouvrage où sont évoquées des forces pouvant exister entre les planètes et les astres. Il suggère même que ces forces puissent être proportionnelles aux masses des corps concernés. Mais sa démarche, très intuitive et empirique, ne débouche sur aucune théorie bien établie.

La légende rapporte que c'est dans son jardin de Woolsthorpe, vers 1666, que Newton conçut la loi de l'attraction universelle. Il n'est pas exclu que soit authentique l'histoire de la chute d'une pomme soulevant dans l'esprit du savant la question suivante : cette force découverte dans quelques cas particuliers est-elle la même que celle qui fait que la Lune « tombe » vers la Terre et l'attire sur une orbite elliptique ? Certains calculs semblaient confirmer cette hypothèse.

Newton va alors utiliser sa Dynamique pour étudier le mouvement des planètes sous l'effet de l'attraction du Soleil. Ses équations du mouvement relient l'accélération de la planète à la force qui s'applique, ici l'attraction gravitationnelle. Connaissant l'accélération, peut-on calculer la trajectoire de la planète dans l'espace ? Pour résoudre ce problème, Newton doit inventer une nouvelle branche des mathématiques, la *méthode des fluxions* (notre moderne calcul intégral). Il parvient ainsi à montrer que les planètes décrivent bien les trajectoires elliptiques conformes aux lois de Kepler.

En 1684, Newton se trouve en pleine possession de tous les principes dynamiques impliqués. L'année suivante, il communique à la Royal Society sa première publication à ce sujet, le traité intitulé *De motu*. Trois ans plus tard paraissait son chef-d'œuvre sous le titre *Philosophiae naturalis principia mathematica* (« Principes mathématiques de philosophie naturelle »), habituellement contracté en un seul terme : *Principia*. L'impact de cet ouvrage fut immense ; son importance était capitale. Newton y reformulait toutes les connaissances sur les corps en mouvement avec une précision mathématique jusqu'alors inégalée. Les trois lois du mouvement qui s'y trouvent devaient constituer la base de tous les travaux ultérieurs. Newton résolvait également un problème astronomique vieux de deux mille ans, celui du mouvement des planètes dans l'espace ; il démontrait comment la loi de l'inverse carré ne pouvait qu'aboutir à un mouvement en ellipse et contraignait les planètes a obéir aux lois de Kepler.

En plus de ces résultats remarquables, les *Principia* enseignaient que la force d'attraction du Soleil n'était pas le magnétisme mais la gravitation et Newton avait franchi l'étape suivante en identifiant cette attraction opérant dans l'espace avec l'attraction que la Terre exerçait sur la Lune et sur tous les objets situés à sa surface. En d'autres termes, il proposait le puissant concept de *gravitation universelle.*

La théorie newtonienne de la gravitation est basée sur la *loi d'attraction des graves*, c'est-à-dire des corps pesants. Avec la découverte de la loi d'attraction entre deux corps, un nouveau chapitre de la mécanique était ouvert : les corps inter-agissaient enfin ; des mouvements en apparence différents procédaient d'une cause unique ; la pesanteur tout comme le mouvement des planètes pouvaient désormais être décrits par la même loi.

Soit deux corps pesants, de masses respectives M_1 et M_2 ; soit r leur distance mutuelle ; M_1 exerce sur M_2 une force attractive F_1 ; M_2 exerce sur M_1 une force F_2 d'intensité égale et de direction opposée à la précédente :

$$F_1 = F_2 = \mathrm{G}\,\frac{M_1 M_2}{r^2}$$

G est une constante dite de gravitation qui vaut $6{,}6726 \times 10^{-11}$ $\mathrm{Nm^2/kg^2}$ (où N est le newton, la force nécessaire pour impartir à une masse de 1 kg, une accélération de 1 $\mathrm{m/s^2}$)

Cette loi, dite « de l'inverse carré », s'énonce ainsi : deux corps quelconques exercent l'un sur l'autre une attraction dont l'intensité est proportionnelle au produit de leurs masses et inversement proportionnelle au carré de la distance qui les sépare.

Une loi d'action à distance

La loi de Newton est une *loi d'action à distance*. Elle fait intervenir une force qui agit *instantanément* et qui dépend de la distance qui sépare les corps : si l'un des corps modifie sa position, la force qui s'exerce sur l'autre sera instantanément modifiée. Les effets gravitationnels sont donc supposés voyager à une vitesse infinie ou, en tous cas, à une vitesse bien supérieure à celle de la lumière. Ceci est tout à fait contraire à l'intuition physique selon laquelle l'action d'un corps sur un autre nécessite un certain temps, une vitesse finie de propagation pour s'actualiser. Une loi d'action à distance implique que les positions des corps en interaction soient déterminées à un même instant, et donc que les notions de simultanéité et de distance aient un caractère absolu.

En outre, dès l'origine, le problème du « support » de la propagation de l'interaction se posait avec acuité. C'est pourquoi, afin d'interpréter les phénomènes de gravitation, certains contemporains de Newton, à l'esprit conservateur, adhéraient encore aux idées spéculatives d' « action de contact » issues de la physique des tourbillons et des milieux subtils échafaudée par Descartes. De nombreux objecteurs s'opposent franchement à la loi de Newton en infligeant à celle-ci un caractère incompréhensible, voire « miraculeux ». Leibniz va encore plus loin : l'idée d'une « action à distance » est une « hypothèse fainéante ». Il déclare qu' « un corps n'est jamais mû naturellement que par un autre corps qui le pousse en le touchant ».

Au cours du XVIIIe siècle, les physiciens commencent à interpréter l'action de la gravitation comme celle d'un champ gravitationnel. On supposait ce champ formé de toutes les masses ponctuelles existant dans l'espace et agissant à l'endroit spécifique où elles se trouvent dans l'espace. Atomiste convaincu, Georges-Louis Lesage explique l'attraction gravitationnelle entre deux corps en supposant l'espace empli d'atomes invisibles se mouvant dans toutes les directions ; se faisant mutuellement écran, les deux corps détruisent l'isotropie du flux d'atomes que chacun recevrait s'il était isolé : le flux asymétrique qui en résulte provoque une poussée des deux corps l'un vers l'autre. Propagateur des doctrines de Newton, Ruggero Boscovich imagine quant à lui l'existence de centres de forces ponctuels agissant dans l'espace sous la forme d'actions alternativement attractives ou répulsives selon la distance (*Théorie de la philosophie naturelle*, 1758).

Newton, pour sa part, n'eut jamais de position vraiment nette au sujet de sa propre loi de force. Il lui arriva même de la critiquer ouvertement en la déclarant « absurde » dans une lettre à son disciple Richard Bentley. Il ne la proposa en tout cas jamais de façon dogmatique et il laissa à ses disciples « le soin de décider si cet agent (cause de la gravitation) sera matériel ou immatériel ». En 1687, Newton reconnaissait : « je n'ai pas été capable de *découvrir l'origine de la gravité* dans les phénomènes, mais je ne feins pas d'hypothèses... C'est assez pour nous que la gravité existe réellement et agisse selon les lois que nous avons obtenues et qui permettent d'expliquer tous les mouvements des corps célestes ».

Ce physicien, l'un des plus grands que la Terre ait porté, ne croit pas que l'attraction universelle qu'il a découverte soit due à des forces « physiques » réelles. Il y voit plutôt des forces surnaturelles, spirituelles, au mieux mathématiques. Pour lui, « la gravitation, c'est l'esprit de Dieu qui pénètre la matière », selon la belle expression d'Alexandre Koyré.

En définitive – c'est là l'important – la loi d'attraction universelle permettait des prévisions vérifiables (retour de la comète de Halley prédit pour 1759 par les tables newtoniennes). Sur le fond du problème, Newton suppose finalement l'existence d'un éther avant la lettre.

Le retour de la comète de Halley (1758)

La mécanique de Newton est, sans modification de fond, la base de tous les développements ultérieurs de cette science, notamment la mécanique des fluides et la mécanique céleste jusqu'à l'avènement de la théorie de la relativité d'Einstein. Les successeurs immédiats de Newton s'attachèrent surtout à consolider les résultats auxquels il était parvenu. C'est ainsi que Halley appliqua les mathématiques du mouvement et de la gravitation newtoniens à la question des comètes (1705). Utilisant la loi de la gravitation universelle, il calcula le retour de la comète brillante de 1682 à partir du retard provoqué par la présence de Jupiter, ne se trompant que de quelques jours (décembre 1758).

Le retour de la « comète de Halley » fut la première et triomphante justification de la théorie de Newton. D'autres astronomes appliqueront la théorie pour constater avec précision les actions mutuelles ou « perturbations » que les planètes induisaient entre elles. Citons notamment les noms de Leonhard Euler, Jean d'Alembert, Joseph Lagrange et Pierre de Laplace.

Vérification rigoureuse de la loi de Newton

La valeur de la constante de gravitation – traditionnellement représentée par la lettre G – entrant dans la loi d'attraction universelle joue un rôle très important dans tous les phénomènes gravitationnels. Historiquement, la première mesure précise de la constante de gravitation est due, en 1798, à Henry Cavendish, grâce au pendule de torsion inventé indépendamment par Charles de Coulomb et le révérend John Michell. Précisons que Newton ne s'intéressait pas à la quantification de sa loi ; il n'avait donc pas cherché la valeur de la constante de gravitation.

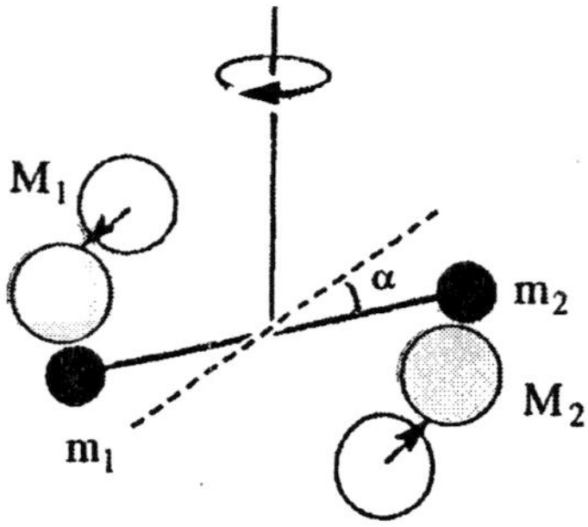

Le principe de l'expérience est le suivant : deux petites masses m_1 et m_2 sont suspendues aux extrémités de l'équipage mobile d'un pendule de torsion. Lorsqu'on approche deux masses M_1 et M_2 nettement plus importantes, le pendule est dévié en raison de l'attraction gravitationnelle. La mesure de cette déviation permet de calculer la valeur de la constante de gravitation G. Les expériences, menées par Cavendish dans sa résidence de Clapham – il y en eut dix-sept – furent difficiles à réaliser, car les attractions mesurées étaient *a priori* infimes. Toutes corrections effectuées, Cavendish put déterminer que l'attraction des grandes sphères faisait tourner la tige de la balance de torsion d'un angle α. En termes modernes, on écrit que le couple de torsion $C\alpha$ (C étant la constante de torsion du fil) est compensé par l'attraction, ce qui donne :

$$C\alpha = 2\mathrm{G}\, Mma / r^2$$

où $2a$ est la longueur de la tige de la balance de torsion, M la masse des grandes sphères, m la masse des petites sphères, r la distance entre le centre des grandes sphères et des petites sphères. La valeur de chacun des termes de l'équation étant connue, on peut dès lors obtenir G, qui est égal, d'après les données de Cavendish, à $6{,}754 \times 10^{-11}$ $\mathrm{Nm}^2 / \mathrm{kg}^2$ (où N est le newton, c'est-à-dire la force nécessaire pour impartir à une masse de 1 kg une accélération de $1\mathrm{m} / \mathrm{s}^2$).

En fait, l'objectif de Cavendish n'était pas de déterminer la valeur absolue de G, mais la densité moyenne de la Terre, comme l'indique le titre de son compte rendu : *Experiments to Determine the Density of the Earth*. Mais sa contribution essentielle fut finalement d'avoir réussi à donner une vérification rigoureuse de la loi de l'attraction universelle et une expression quantitative de cette loi.

À partir du moment où G était déterminé, l'inconnue de l'équation de Newton ($\mathrm{F} = GMm / r^2$) devenait M, c'est-à-dire la masse de la Terre, sachant que la valeur de m, masse du second corps, pouvait être arbitrairement choisie par l'expérimentateur et que, d'autre part, F se déduit de la deuxième loi de la dynamique de Newton $F = ma$ [1] ; r étant la distance du centre de m au centre de la Terre. Dès lors, on trouve immédiatement la valeur de M. Celle-ci est égale à $5{,}98 \times 10^{27}$ g.

Connaissant le volume de la Terre – $1{,}09 \times 10^{27}$ cm^3 – calculé à partir du volume d'une sphère ($V = 4 \pi r^3 /3$), Cavendish conclut que la densité de la Terre est 5,48 fois supérieure à celle de l'eau (résultat remarquable, très proche de la valeur moderne calculée en 1895 par Boys : 5,5270). Par la suite, de nombreuses améliorations furent apportées (balance de torsion plus sensible) et la valeur de G fut affinée. Le résultat le plus précis fut donné en 1982 par les physiciens Luther et Towler qui calculèrent :

$$G = 6{,}6726 \times 10^{-11}\ \mathrm{Nm^2 / kg^2}.$$

Gravitation et notion de champ

En dépit de tenaces résistances, la loi d'attraction newtonienne devait finir par s'imposer et par devenir peu à peu le modèle auquel aspire toute loi de force (actions capillaires, phénomènes physico-chimiques). Charles de Coulomb met en évidence la loi fondamentale de l'électrostatique [2] en postulant une loi de type newtonien. C'est par l'effet d'une action à distance à travers le vide que l'on décrit et que l'on explique l'attraction de la limaille de fer par un aimant.

Avec les travaux de Faraday, Maxwell et Hertz, la situation évolue considérablement. L'étude des phénomènes électromagnétiques permet de découvrir qu'un aimant modifie l'espace autour de lui en créant un champ magnétique. *La notion d'action à distance cède définitivement la place à la notion de champ.* L'expérience montre qu'une bille placée dans un champ magnétique prend un mouvement accéléré. La force qui agit sur la bille, c'est le champ. Et l'on peut « matérialiser » le champ en faisant apparaître des lignes de force par l'intermédiaire de la limaille de fer.

En d'autres termes, il existe en un point de l'espace des lignes de force du champ que décèle la limaille de fer et auxquelles réagit une bille ou tout autre objet métallique. Le nouvelle idée qui s'affirme alors est que la gravitation devrait pouvoir s'insérer de manière naturelle dans la grande synthèse des phénomènes électromagnétiques. La loi d'attraction newtonienne serait le résultat d'un champ de gravitation créé au voisinage de toute masse.

Cette hypothèse fut à la base de tout un courant de pensée. L'émulation scientifique était à la mesure de l'ampleur du débat. À cette époque, Maxwell ne déclarait-il pas qu'une théorie qui parviendrait à expliquer le mécanisme de la gravitation aurait « un intérêt suffisant pour que des hommes de science y consacrassent le reste de leur vie » ?

---

1 - a est l'accélération d'un corps quelconque tombant sur la surface de la Terre ; elle est égale à 9,80 m/s^2 et varie légèrement suivant l'altitude, la latitude, et aussi la longitude, mais dans une moindre mesure encore.

2 - L'*électrostatique* étudie les interactions entre les particules chargées immobiles. L'étude des interactions entre particules chargées animées de mouvements quelconques constitue l'*électromagnétisme*.

Comme il a été dit plus haut, sous l'influence de la théorie de la gravitation de Newton, Coulomb, en 1785, démontre que, dans le vide, les phénomènes électriques sont produits par des charges ponctuelles qui exercent l'une sur l'autre une force inversement proportionnelle au carré de la distance qui les sépare.

Dès lors, on comprend pourquoi on a cherché à lier les forces de type gravitationnel et les forces de type électrostatique. La ressemblance troublante entre les énoncés des lois qui régissent les deux types de force semblait en effet pouvoir être riche de conséquences. Cependant, chacun sait qu'il existe une différence essentielle entre l'interaction gravitationnelle et l'interaction électrostatique. En effet, la première est toujours attractive alors que la seconde peut être aussi bien attractive que répulsive (les charges de signes contraires s'attirent et les charges de même signe se repoussent).

Cette différence n'est pas la seule. On sait en effet que les forces électrostatiques n'interviennent qu'à une échelle très petite (atomique), alors que les forces gravitationnelles n'interviennent qu'à une échelle très grande (planétaire). En fait, paradoxalement, les dernières années du XIXe siècle, qui marquent le triomphe de la théorie électromagnétique, laissent la théorie de la gravitation presque en dehors de l'évolution du reste de la physique. Sans nous étendre sur le long débat qui s'éleva au cours du XIXe siècle autour des théories de la gravitation prenant l'électromagnétisme comme modèle, nous citerons au moins un nom, celui du mathématicien Denis Poisson.

En 1824, cet élève préféré de Laplace échafaudait une théorie de l'attraction où il perfectionnait le traitement des équations différentielles et donnait les valeurs du potentiel newtonien selon les positions respectives du point et de la masse attirante. Le phénomène d'action à distance et la loi de force de Newton cédaient en fait la place à d'autres lois régies par l'électromagnétisme, lesquelles définissaient une forme « locale » de l'interaction gravitationnelle.

Cependant, l'équation de Poisson supposait une propagation instantanée de la gravitation. Or comme toutes les actions physiques, la gravitation ne saurait se propager avec une vitesse infinie...

L'espace courbe de la relativité générale

En 1915, une année après avoir été nommé professeur au Kaiser Wilhelm Institut de Berlin, Albert Einstein donna, dans un article intitulé *Les équations du champ gravitationnel*, une forme définitive à sa théorie de la relativité générale. Il proposait ainsi une théorie moderne de la gravitation, destinée à supplanter celle de Newton[(1)].

La théorie d'Einstein généralise aux corps soumis à des interactions gravitationnelles les principes qu'il avait définis, dans sa théorie de la relativité restreinte de 1905, pour les systèmes isolés étudiés au sein d'un système de coordonnées à quatre dimensions (le « continuum espace-temps »). Le cadre conceptuel et mathématique de cette théorie fut élaboré de 1907 à 1915 grâce à un long cheminement intellectuel parcouru en grande partie de façon solitaire par Einstein.

1 - On sait en fait que la théorie de la relativité générale apporte des corrections à la théorie newtonienne sans pour autant la contredire.

L'institution fondatrice d'Einstein était que, pour un observateur tombant d'un toit, la gravitation semble effacée, dans son voisinage immédiat, concept qui nous est devenu familier depuis les débuts de l'exploration spatiale, sous le nom d'« apesanteur ».

En effet, l'expérience montre que tous les corps tombent avec la même accélération dans un champ gravitationnel, quelles que soient leur masse et leur structure chimique ou nucléaire. L'idée initiale d'Einstein peut se formuler en disant qu'un observateur en chute libre, bien qu'il soit dans un champ gravitationnel, pourrait croire, en observant son voisinage immédiat, que tous les objets sont libérés des forces gravitationnelles (en revanche, il peut facilement constater que les objets sont encore soumis à l'action des autres forces, par exemple des forces électromagnétiques).

L'un des postulats majeurs de la relativité générale pose justement l'équivalence entre la masse inerte et la masse grave ou pesante (1). Une masse pesante placée dans un champ gravitationnel se comporte exactement comme une masse inerte : elle se meut librement, sans subir aucune force.

On peut alors exprimer l'idée principale de la relativité générale, telle qu'elle fut conçue par Einstein : il s'agit tout d'abord de supposer que l'espace-temps n'a plus la situation simple que nous avons l'habitude de lui attribuer mais une structure plus complexe. Plus précisément, la relativité générale explique le lien gravitationnel qui existe entre la structure de cet espace-temps et le mouvement des corps. Elle montre que la gravitation est la conséquence d'une *courbure* (ou déformation géométrique) de l'espace-temps.

Tout comme les corps libres de toutes forces décrivaient les courbes les plus simples de l'espace-temps « normal » – des droites –, les corps soumis seulement à des interactions gravitationnelles décrivent les courbes les plus simples de cet espace-temps modifié.

Mais il n'y a plus de droites dans cet espace-temps (tout comme il n'y a plus de droite sur une sphère) ; des courbes particulières les remplacent, les lignes les plus courtes (des arcs de grand cercle dans le cas de la surface d'une sphère), que l'on appelle des *géodésiques.* Il n'est donc plus nécessaire de parler de forces gravitationnelles.

Pour résumer, les objets créateurs de gravitation n'exercent plus des forces mais modifient la structure de l'espace-temps. Les objets subissant la gravitation ne sont pas soumis à des forces mais évoluent « librement » dans l'espace-temps modifié.

La gravitation, cette force mystérieuse agissant à distance, devient une propriété de l'espace-temps dont les ondulations et variations de courbure se propagent à la vitesse de la lumière. L'espace et le temps qui, auparavant, avaient servi de référentiels distincts et passifs pour décrire l'univers, s'unifient en un espace-temps participant à son activité.

---

1 - La *masse inertielle* caractérise la résistance à l'accélération d'un objet (plus un camion aura une grande masse, plus faible sera son accélération avec un moteur donné). La *masse gravitationnelle* – ou pesante – exprime quelle va être la force s'exerçant sur un objet lorsqu'il est placé dans un champ de pesanteur (c'est-à-dire que tel objet sera « plus lourd » que tel autre parce que sa masse gravitationnelle est plus grande).

Reste à voir comment exprimer les nouvelles propriétés de cet espace-temps modifié, et c'est là qu'intervient la difficulté mathématique de la théorie. En effet, les mathématiciens ont besoin, pour exprimer les propriétés d'un espace géométrique – par exemple l'espace-temps de la relativité générale –, d'une quantité relativement complexe que l'on appelle un *tenseur* et qui exprime, entre autres propriétés, la courbure de l'espace considéré.

Une théorie géométrique de la gravitation

Bien antérieurement à l'apparition de la relativité générale, certains auteurs avaient discuté la possibilité d'une courbure spatiale et considéré diverses méthodes expérimentales pour vérifier son existence. La géométrie d'un espace fini et à courbure uniforme fut tout d'abord explorée par le mathématicien allemand Bernhard Riemann (*Sur les hypothèses qui servent de base à la géométrie*, 1854), puis, plus tard, par l'Américain Simon Newcomb.

La surface d'une sphère illustre les propriétés d'un espace sphérique. Toute droite sur cette surface correspond à un grand cercle, et toutes les droites issues d'un point donné se recoupent au point antipodal situé sur la face opposée de l'univers, puis reviennent à leur point de départ. L'axiomatique riemannienne énonce que la transition d'une géométrie plane (euclidienne) à une géométrie multidimensionnelle (non euclidienne) provoque une courbure de l'espace. Le déplacement des figures dans l'espace sphérique riemannien ne se fait plus selon des lignes droites, mais selon des *géodésiques*.

Un espace riemannien

Le grand mathématicien Bernhard Riemann a fait de la nature de l'espace même, l'objet de son interrogation. Il a introduit les « multiplicités » (généralisations des surfaces) et a développé, sur les multiplicités à courbure positive, une géométrie non euclidienne, sans parallèles. Puisque l'espace-temps de la relativité générale est un espace riemannien, il en possède les propriétés géométriques, à savoir la courbure, qui varie en fonction de la distribution et du mouvement de la matière.

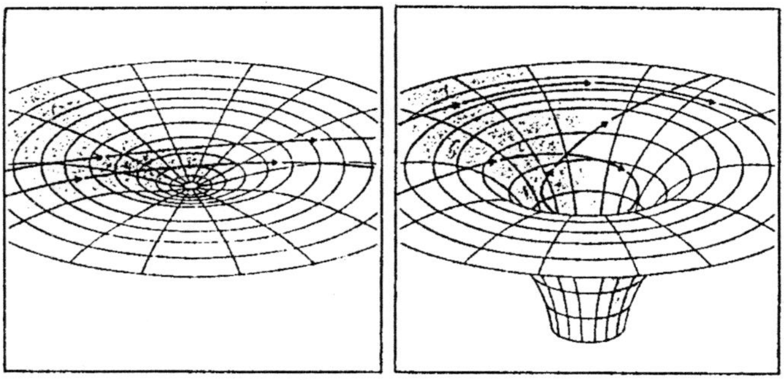

Ces deux figures représentent schématiquement les effets de courbure créés par un corps massif tel qu'une étoile (à gauche) ou un trou noir à droite. Les lignes fléchées représentent les projections spatiales de quelques géodésiques, c'est-à-dire des trajectoires possibles au voisinage de ces objets.

La loi d'inertie (première loi de Newton) énonce qu'un corps qui n'est soumis à aucune force extérieure (un champ gravitationnel par exemple) reste au repos, s'il est au repos ; ou bien, qu'il continue à se déplacer selon un mouvement rectiligne uniforme, s'il est en mouvement.

Selon la relativité générale, une masse pesante (placée dans un champ gravitationnel) se comporte exactement comme une masse inerte : elle se meut librement, sans subir aucune force ; mais, en raison de la courbure de l'espace-temps provoquée par la présence de corps massifs, elle est amenée à se déplacer selon une géodésique, et non selon une droite.

En présence de champs gravitationnels peu intenses, les équations de la relativité générale redonnent alors la théorie de Newton en première approximation.

L'avance du périhélie de Mercure

En 1687, Newton donne l'explication physique du comportement orbital des planètes. C'est la loi de l'attraction universelle qui, dans le cas particulier du système solaire, fait subir aux planètes l'attraction gravitationnelle du Soleil beaucoup plus massif. Mais ces planètes sont également soumises à des influences perturbatrices, dues à des phénomènes d'attraction mutuelle qui compliquent l'attraction solaire.

La théorie newtonienne s'avère parfaitement apte à rendre compte du mouvement des planètes jusqu'en 1859. Cette année-là, l'astronome français Urbain Le Verrier, directeur de l'Observatoire de Paris, et découvreur de la planète Neptune, décèle des anomalies inexplicables dans le comportement de Mercure, planète qui est la plus rapprochée du Soleil (cette position dans le système solaire a son importance). Dans sa *Théorie du mouvement de Mercure*, il écrit plaisamment : « Nulle planète n'a demandé aux astronomes plus de soins et de peine que Mercure, et ne leur a donné, en récompense, autant d'inquiétude, autant de contrariétés. »

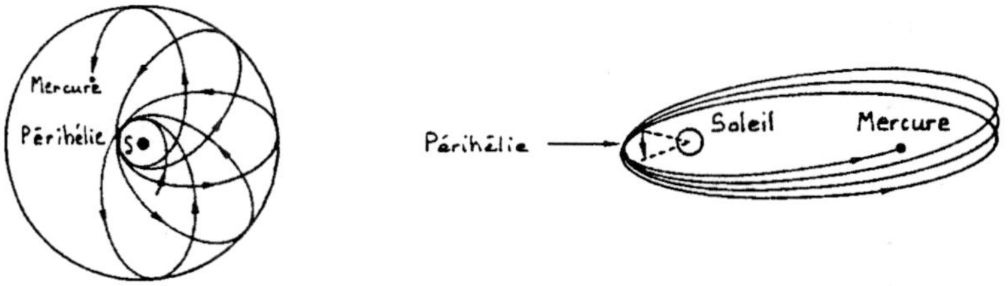

Déplacement du périhélie de l'orbite de Mercure (précession), en forme de marguerite : l'orbite elliptique tourne dans son propre plan ; le périhélie subit lui aussi une rotation.

Examinons les faits : en l'absence de perturbations, l'orbite de Mercure est une ellipse dont l'orientation dans l'espace reste à peu près constante. En réalité, l'ellipse tourne lentement (on dit qu'elle « précesse ») ; les astronomes appellent cet effet l'avance séculaire du périhélie de Mercure.

Or, même en tenant compte de toutes les perturbations dues aux autres planètes, Le Verrier mesurait encore un écart entre la trajectoire réelle de Mercure et celle calculée d'après les tables newtoniennes : l'ellipse tournait plus vite de 40 secondes d'arc par siècle. En 1898, Newcomb accentuait encore le désaccord qui passait à 43 secondes d'arc par siècle. Cette avance résiduelle fut le point de départ de l'une des crises les plus graves que la physique ait eu à surmonter à la fin du XIXe siècle. Comment justifier scientifiquement cette avance anormale du périhélie ? De nombreuses tentatives d'explication essayèrent de répondre à la question. Aucune n'était vraiment satisfaisante : influence perturbatrice d'une hypothétique planète plus proche du Soleil que Mercure, variation de l'attraction newtonienne, aplatissement du Soleil, etc.

En novembre 1915, Einstein entreprit de rechercher la valeur de la précession sur les bases de la relativité générale. Il montra que cette avance du périhélie de Mercure était explicable par la nouvelle théorie qui prévoyait bien la valeur observée : 43 secondes d'arc par siècle.

L'élégance et la simplicité de l'explication d'Einstein firent beaucoup pour accréditer sa nouvelle théorie aux yeux du monde scientifique. L'explication einsteinienne de l'avance « anormale » du périhélie de Mercure fut la première preuve expérimentale de la relativité générale et est restée l'un de ses succès les plus spectaculaires.

Einstein décrira lui-même plus tard le moment de cette découverte comme l'un des plus importants de sa vie[(1)]. En janvier 1916, il devait écrire à un de ses amis, le physicien Paul Erhenfest : « Ma théorie explique [...] quantitativement [...] la rotation séculaire de l'orbite de Mercure découverte par Le Verrier, sans le recours à une hypothèse spéciale ».

La gravitation... jusqu'où ?

L'action de la gravitation, mise en évidence dans le système solaire par l'étude du mouvement des planètes et de leurs satellites par Newton en 1686, commande également le mouvement des étoiles doubles (Herschell, 1803). L'absence d'« écrans gravitationnels » (contrairement à l'électricité, il n'y a pas de « charges » gravitationnelles positive et négative) conduit à admettre l'action de la gravitation à des distances beaucoup plus grandes, à l'échelle de la Galaxie. En 1927, Jan Hendrik Oort montra de façon incontestable que le mouvement des étoiles voisines du Soleil s'explique par la dynamique du mouvement dans le champ de gravitation de la galaxie[(2)], dont on peut évaluer la masse.

L'action de la gravitation se révèle encore dans les amas de galaxies ; à une échelle encore plus grande – les amas d'amas – la gravitation agit encore.

À une échelle encore plus démesurée – l'horizon extragalactique – ou pour des champs de gravitation très intenses (étoiles à neutrons, trous noirs), la gravitation newtonienne doit céder la place à une autre théorie de la gravitation, celle d'Einstein (relativité générale). À l'heure actuelle, les corrections de la relativité générale ont été reconnues exactes dans le Système solaire, dans le système de pulsars doubles, ce qui, *ipso facto*, a exclu la plupart des variantes de la relativité générale.

---

1 - Pendant quelques jours, il fut transporté de joie et d'excitation car, comme le rappelle Abraham Pais, son biographe : « La nature lui avait parlé. Il devait avoir raison ».

2 - Le rayon de la galaxie est évalué à 30 000 années-lumière.

On notera qu'en aucun cas, on ne peut admettre que l'action de la gravitation obéisse à des lois différentes dans le système solaire et à un milliard d'années-lumière. Si l'on suppose maintenant que l'univers est homogène à grande échelle, on sait que ce n'est pas le cas localement. La répartition des étoiles, des galaxies, ou même des amas de galaxies présente de très grands contrastes de densité. L'explication de cette différence d'homogénéité demeure l'objet de nombreuses recherches. L'inhomogénéité locale de l'univers n'est pas vraiment surprenante, puisque la gravitation induit très facilement des instabilités ; en effet, toute concentration de matière, même extrêmement faible, conduit, par le fait même de l'attraction gravitationnelle, à une concentration beaucoup plus importante de matière, ce qui vide les régions voisines. Il n'empêche que, si l'on observe une région suffisamment grande, on doit retrouver l'homogénéité supposée de l'univers.

La confirmation observationnelle de ce principe a été le but des grandes cartographies de l'univers, entreprises au début des années 80. Ces catalogues ne sont pas de simples relevés angulaires, mais de véritables cartographies tridimensionelles. La distance qui nous sépare des objets y est estimée grâce à la mesure du décalage spectral vers le rouge dû à l'expansion globale de l'univers.

Gravitation quantique et cordes cosmiques

On connaît quatre interactions fondamentales : l'*interaction électromagnétique*, l'*interaction faible*, l'*interaction forte*, et la *gravitation*. Mais, alors qu'un formalisme de plus en plus unifié peut être appliqué avec succès aux trois premières interactions, la gravitation, qui relève aujourd'hui de la relativité générale, continue à échapper à la description quantique et est restée jusqu'à présent rebelle à l'unification théorique avec les autres forces.

Ces quatre interactions sont « médiatisées » – c'est-à-dire transmises – par des *bosons* fondamentaux, particules qui n'ont pas le même comportement que les particules de matière (les *fermions*). Le boson responsable de l'interaction gravitationnelle s'appelle *graviton*. Cette particule de masse nulle (comme le photon) est de portée infinie. Jusqu'à aujourd'hui, aucun graviton n'a été observé.

L'histoire de la première 10^{-43} seconde d'existence de l'univers semble avoir été dominée par la *gravitation quantique*, pour autant que la notion de temps ait alors encore un sens (lorsqu'on descend à des intervalles de temps infimes, la signification du temps lui-même devient problématique, de la même manière que la position et la vitesse deviennent incertaines à l'échelle quantique). Dans un univers dont l'âge serait de l'ordre de 10^{-43} s, les effets quantiques devraient jouer un rôle essentiel. Pour qu'une description des premiers moments de l'univers soit possible, il semble donc nécessaire que la gravitation, et par conséquent l'espace-temps, soient *quantifiés* comme le sont les trois autres interactions. Ce problème est loin d'être résolu.

L'échelle de distance incriminée est celle où la gravité devient égale aux autres forces de la nature, à savoir à des températures de l'ordre de 10^{32} K et des énergies colossales de 10^{29} GeV. Dans la théorie de la gravitation quantique, sur laquelle se fondent tous les espoirs de construire un jour une théorie unifiée des quatre interactions fondamentales, les objets élémentaires seraient des cordes et même des *supercordes* dont l'extension spatiale serait très petite, environ 10^{-33} cm.

Ces défauts longilignes de l'espace vide autour desquels la matière aurait pu se condenser proviendraient de petites fissures du tissu de l'espace, produites lors des périodes de « cristallisation » de l'univers à ses débuts, selon les théories d'unification des champs d'interaction.

Cette interprétation implique une densité phénoménale : un centimètre de corde pèserait autant que l'ensemble de la chaîne des Alpes ; en revanche, ces cordes seraient un million de milliards (10^{15}) de fois moins épaisses que la taille d'un noyau atomique ! Bien qu'aucune corde cosmique n'ait été observée, certains astrophysiciens pensent qu'elles sont peut-être à l'origine des structures filamenteuses que tracent les galaxies dans le ciel.

Eclipses solaires ... et anomalies gravitationnelles

En 1851, l'astronome français Léon Foucault démontrait la rotation de la Terre, sans aucune référence aux étoiles, à l'aide d'un pendule (voir p. 369) : lorsque le pendule se balance, il semble changer d'axe régulièrement ; en réalité, son axe demeure inchangé ; c'est la Terre qui tourne sous lui. Lors de l'éclipse solaire du 30 juin 1954, alors qu'il observe dans son laboratoire un pendule de Foucault, le physicien – et économiste – Maurice Allais constate une déviation brutale de l'instrument.

Renouvelant l'expérience lors d'une autre éclipse, celle du 22 octobre 1959, Allais mesure à nouveau des déviations du pendule, de 0,15 degré très exactement, ce qui correspond, selon ses calculs, à un accroissement inexpliqué du champ de gravité terrestre de trois millionièmes. Pour les gardiens de la physique newtonienne et relativiste, dont de Broglie, Allais s'est trompé dans ses mesures ou dans les conditions d'expérimentation.

Pourtant, plusieurs chercheurs constatent des déviations du pendule, en 1970 à Harvard, en 1981 en Roumanie ou en 1995 en Inde..., sans beaucoup d'échos. Parallèlement, la NASA s'est emparée de la question : des ingénieurs détectent une étrange accélération de trois sondes lancées dans le système solaire, Pioneer 10 (1972), Pioneer 11 (1973) et Ulysse (1989). Le phénomène semble échapper aux lois de la gravitation.

Le 11 août 1999, une poignée de chercheurs, aux États-Unis et en Europe, ont profité de l'éclipse solaire pour guetter, une fois de plus, les oscillations anormales de masses suspendues à un fil. À la NASA, le physicien David Noever et Guenther Wuchterl, au Museum de Vienne, se servant de gravitomètres sophistiqués, semblent avoir décelé des microdéviations. Ainsi la théorie de Maurice Allais se trouverait, une fois de plus, confortée (*L'anisotropie de l'espace*). L'espace serait peut-être anisotrope, c'est-à-dire que ses propriétés ne seraient pas identiques partout. Rappelons que les lois de la gravitation et la théorie de la relativité reposent sur un espace isotrope, identique en tout point.

HÉRÉDITÉ

Mendel, 1865 ; Morgan, 1928 ; de Vries, 1900 ; Jacob et Monod, 1960.

Voir aussi : Évolution, Génération spontanée.

La connaissance de l'hérédité est sans doute aussi ancienne que l'humanité consciente, mais la science de l'hérédité, qui a reçu au XXe siècle le nom de *génétique*, est l'une des plus récentes disciplines biologiques. Il paraît difficile en effet de qualifier de scientifiques les doctrines sur la génération dites « préformationnistes » – lesquelles tenaient que les rejetons étaient déjà entièrement constitués depuis la création des espèces – ou certaines doctrines proposant l'*épigénèse*, c'est-à-dire l'apparition graduelle des différents organes de l'embryon et du fœtus. On a retenu à cet égard le nom de T.C. Wolff (1734-1794) dont les expériences sur l'œuf de poulet marquent les débuts de l'embryologie, et celui de Lazzaro Spallanzani (1729-1799) qui réalisa les premières inséminations artificielles.

Toutes ces investigations détenaient une certaine part de vérité, mais elles ne pouvaient inciter leurs auteurs à renoncer aux conceptions préformationnistes et ovistes (existence de l'embryon dans l'œuf non fécondé).

Mendel réalise les premières expériences d'hybridation

On doit au moine morave Johann (en religion Gregor) Mendel vers 1856, les premières expériences qui devaient conduire à la science de l'hérédité. À partir de plants de pois (*Pisum sativum*) cultivés dans les jardins du monastère, Mendel montra, dans le plus simple des exemples, que le croisement de graines, les unes lisses les autres ridées, produit des rejetons aux graines lisses, et que le croisement de ceux-ci entre eux produit des rejetons aux graines soit lisses soit ridées, dans une proportion qui obéit aux règles du calcul des probabilités ; ceci en admettant que, pour chaque caractère visible, la part de l'un et de l'autre géniteur est égale dans les hybrides, mais que l'une de ces parts peut dominer l'autre, ce qui se traduit en disant qu'un tel caractère est soit dominant, soit récessif.

Mendel fait observer : « Il est désormais clair que les hybrides produisent des graines qui possèdent l'un et l'autre des deux caractères différentiels. » Il existe donc des unités d'hérédité (celles que l'on découvrit plus tard sous la forme de *gènes*) qui vont par paires et qui se partagent chez les descendants. Mendel fit paraître ses résultats en 1865 dans un article intitulé *Recherches sur les hybrides végétaux*. Ce travail ne suscita aucun intérêt et son auteur mourut en 1884 totalement méconnu.

En 1900, trois botanistes, Erich Tschermak, Carl Erich Correns et Hugo de Vries aboutirent indépendamment aux mêmes résultats et conclusions que Mendel. Ils s'informèrent sur l'existence de prédécesseurs éventuels et découvrirent dans les

Les lois de Mendel

Les lois de la transmission des caractères découvertes en 1865 par Mendel sont les suivantes :
1 - Les caractères héréditaires se comportent comme des unités stables qui persévèrent à travers les générations successives (loi dite de *pureté des gamètes*).
2 - Si deux caractères opposés se trouvent en présence dans l'organisme, l'un des deux éclipse l'autre (loi dite de *dominance*).
3 - Chaque géniteur donne la moitié de ses unités d'hérédité (ou gènes) qui s'expriment selon qu'il y a ou non une unité dominante. Toutefois, la présence de caractères dominants n'est pas une constante et la combinaison peut se faire au hasard. (loi dite de *ségrégation*).

Ainsi, les gènes de deux caractères différents *A* et *a*, hérités des parents, se séparent, lors de la formation des cellules sexuelles du descendant, de sorte qu'une moitié de ses cellules sexuelles contient le gène *A* et l'autre moitié le gène *a*. Lorsque interviennent deux nouveaux gènes *Bb*, la répartition des gènes chez les descendants se fait de façon indépendante : *AB*, *Ab*, *aB*, *ab*.

archives de la Société d'histoire naturelle de Brno les écrits du moine, ou tout au moins ceux qui avaient survécu à une injuste destruction [1].

Une longue série d'expériences suivit alors et démontra que les conclusions de Mendel sur le mécanisme de transmission des caractères héréditaires ne s'appliquent pas seulement aux pois et aux espèces végétales, mais à la presque totalité des êtres vivants sexués. Theodor Boveri et Walter Sutton échafaudent la théorie chromosomique de l'hérédité. Cette théorie énonce la persistance des chromosomes entre les divisions de la cellule vivante – les *mitoses* – l'action de l'hérédité par les chromosomes, l'individualité de chaque chromosome ainsi que l'héritage, sur une base de stricte égalité, des chromosomes paternel et maternel par la descendance.

La théorie chromosomique de l'hérédité

Dès 1908, le biologiste américain Thomas Hunt Morgan commence à travailler sur des milliers de drosophiles ; le choix de cette mouche (*Drosophila melanogaster*) comme matériel d'expérience est dû à son taux de reproduction extrêmement rapide et à ses chromosomes géants ; Morgan est lui-même d'abord peu convaincu du bien-fondé de la théorie de Boveri-Sutton, à laquelle il reproche « de ne pas être basée sur des expériences ». Son domaine de prédilection est celui, voisin, des mutations c'est-à-dire de la discontinuité dans la théorie de l'évolution [2].

Dans la « chambre à mouches » de son laboratoire, il peut prouver, à la suite d'une série de croisements opérés à partir d'un individu « mutant » (drosophile mâle aux yeux rouges), le caractère récessif des traits morphologiques apparus par mutation

1 - Les autres travaux de Gregor Mendel, sur les abeilles par exemple, ne nous parviendront jamais : ils furent brûlés par les moines de son monastère après la mort de Mendel, car ces déplorables censeurs avaient trouvé les recherches de leur supérieur trop sulfureuses !
2 - C'est Hugo de Vries qui, en 1886, avait fait émerger le concept de mutation repris par le généticien Morgan.

brusque. Il analyse alors les « mutations » comme étant dues à un changement du gène originel en un *allèle*, l'une des versions sous laquelle ce gène peut exister.

Ses travaux conduisent ensuite Morgan à montrer une différence morphologique liée au sexe pour une paire de chromosomes. Par exemple, la quatrième paire de chromosomes chez la drosophile femelle est *XX*, alors que chez le mâle, elle est *XY*. Dans sa population de drosophiles, Morgan observe un jour un mâle à l'œil blanc. Par différents croisements, il parvient à montrer que le caractère est porté par le chromosome *X* et se transmet de manière récessive.

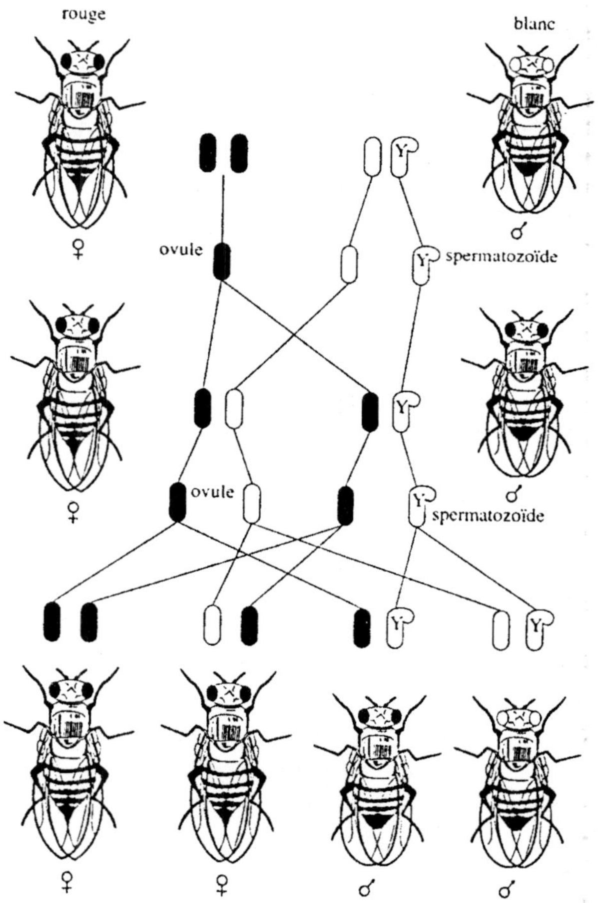

Le concept de sex-linkage chez Morgan.

À cette ocasion, Morgan introduit le concept de *sex-linkage* qui démontre que, lors de la transmission de plusieurs caractères, certains d'entre eux sont transmis préférentiellement en groupe, portés par le même chromosome. L'étude méthodique de la transmission de ces groupes de caractères conduit ensuite Morgan à proposer un modèle structurel d'arrangement des gènes sur les chromosomes et de définir ainsi une position (*locus*) pour chaque gène.

L'analyse génétique de Morgan permettra d'aller encore plus loin en autorisant l'établissement de véritables cartes chromosomiques qui prouvent que les gènes situés ensemble sur un même chromosome ont tendance à être hérités en groupe (*linkage-group*). Enfin, un autre phénomène capital se fait jour : l'enjambement (*crossing-over*), sorte de recombinaison des gènes liés aux segments de chromosomes homologues au moment de la méiose. Le « brassage génétique » observé chez les individus provient de tels échanges de segments chromosomiques.

Les vecteurs de l'hérédité

Les vecteurs de l'hérédité sont les *gènes*, situés dans les *chromosomes*. Chaque espèce se caractérise par un nombre défini de chromosomes, éléments « nobles » de la cellule : par exemple 14 pour l'orge, 42 pour le blé, 8 pour la drosophile, 52 pour le chien, 46 pour l'homme. L'organisme possède un double stock de gènes couplés : l'un des éléments de chaque couple provient du père, l'autre de la mère.

Lors de la formation des cellules sexuelles (les *gamètes*), chaque couple se dissocie, les cellules n'étant alors plus porteuses que d'un seul stock de gènes prélevés au hasard. Lors de la *méiose*, processus universel de la réduction chromosomique, il se produit une disjonction des deux garnitures de chromosomes, si bien que chaque gamètre n'en renferme plus qu'une. Ainsi, la cellule sexuelle humaine (ovule ou spermatozoïde) ne contient plus que 23 chromosomes.

Les gènes sont toujours disposés en chaîne dans le chromosome, selon un ordre défini. Tout accident (naturel ou provoqué) affectant les chromosomes ou les gènes entraîne l'apparition de nouveaux caractères stables ou héréditaires (*mutations*). Encore que rarement, ces mutations peuvent être bénéfiques en permettant l'obtention de variétés animales ou végétales ayant un meilleur rendement.

Une science encore jeune : la génétique

Ainsi, en quelques années, grâce à Morgan et à son approche expérimentale rigoureuse, les principaux aspects de la transmission génétique étaient élucidés. Plutôt que de spéculer sur les lois de l'hérédité, cet empiriste accompli était allé en quête des faits et de leur explication la plus simple.

Mais ce n'est qu'en 1944 que la nature exacte des chromosomes fut expliquée. Ostwald Avery, Colin Macleod et Maclyn McCarty, à partir d'observations réalisées chez des bactéries, montrèrent que la base matérielle des gènes était la molécule d'ADN. Cette molécule possède toutes les caractéristiques requises : elle contient une information stable, décodable par la cellule et reproductible de génération en génération ; de plus, elle est capable de variation et permet donc une évolution.

En 1953, James Watson et Francis Crick élucidèrent la structure de la molécule : Simultanément, on commençait à comprendre que le transfert d'information passe par les mécanismes de transcription et de traduction qui aboutissent à la synthèse des protéines. Cette synthèse ne s'opère pas de manière anarchique mais est coordonnée par des mécanismes régulateurs. François Jacob et Jacques Monod en donnèrent l'explication en 1960 par leurs études de la synthèse d'une enzyme chez *Escherichia Coli*.

INDÉTERMINATION

Heisenberg, 1927.
Voir aussi : Constantes, Corrélation, Fonction d'onde, Quanton.

Des observables incompatibles

En analysant la nature des processus de mesure des grandeurs qui caractérisent un corpuscule matériel, le physicien allemand Werner Heisenberg a énoncé, en 1927, un principe auquel demeurent attachées les relations dites d'indétermination (ou d'incertitude)(1). L'existence de ces relations a obligé le physicien à modifier radicalement ses conceptions de la « réalité » et de l' « objectivité ».

En effet, « Dans la mesure où les lois mathématiques se réfèrent à la réalité, a dit Einstein (*Geometrie und Erfarhrung*), elles sont incertaines ; et dans la mesure où elles sont incertaines, elles ne se réfèrent pas à la réalité ».

En mécanique classique, un corpuscule, véritable « point matériel », est caractérisé par sa masse, sa position dans l'espace et son mouvement à un instant donné. La connaissance de ces données initiales permet en principe de déterminer la « trajectoire » suivie par le point matériel dans l'espace et dans le temps (lorsqu'on connaît également le champ de force qui agit sur lui en tout point de l'espace). Cette aptitude à prévoir, à partir des données initiales, le comportement ultérieur d'un corps matériel, constitue le « déterminisme » de la physique classique(2).

Or, en analysant la manière dont le physicien mesure à un instant donné la position dans l'espace et le mouvement d'un corpuscule, Heisenberg a montré l'impossibilité qu'il y a à mesurer en même temps ces deux grandeurs avec une précision parfaite et que la mesure précise de l'une entraîne une imprécision sur l'autre.

Autrement dit, selon Heisenberg, il est impossible de déterminer simultanément la position et la quantité de mouvement (produit de la masse par la vitesse) pour la même fonction d'onde associée à une particule. Il existe une relation entre ces deux grandeurs conjuguées. Si l'on détermine, avec une certaine précision, la quantité de mouvement d'une particule(3), sa position ne pourra être connue que

1 - Ces relations sont universelles : elles s'appliquent aux corpuscules de lumière (les photons) comme aux diverses particules de matière (électrons, protons, neutrons, atomes et molécules), et même aux corps matériels de dimensions macroscopiques. Simplement, dans ce dernier cas, elles passent en général inaperçues.

2 - C'est ce qui permettait à Laplace de dire, au début du XIXe siècle, que, si une intelligence supérieure connaissait ces données initiales pour le plus grand corps et le plus léger atome, elle serait en mesure de prédire l'évolution future de tout l'univers.

3 - C'est pourquoi, ainsi que l'a proposé Mario Bunge en 1967, il vaut mieux parler de « quantons » que de particules, ce dernier terme ayant pour le public le même sens que corpuscule ou que « point matériel ».

dans certaines limites, le produit de ces deux indéterminations étant limité par la constante de Planck [1].

Comme le dit Bachelard (*Le nouvel esprit scientifique*) : « Jusqu'à Heisenberg les erreurs sur les variables indépendantes étaient postulées comme indépendantes. Chaque variable pouvait donner lieu séparément à une étude de plus en plus précise [...]. Avec le principe d'incertitude de Heisenberg, il s'agit d'une corrélation objective des erreurs ». Aucun appareil de mesure n'est capable de circonvenir ce principe, qui représente une propriété intrinsèque du monde des particules élémentaires et, par voie de conséquence, des atomes.

Relation position-quantité de mouvement

La mécanique quantique définit la position d'un électron en termes de probabilité. Il existe donc, à un instant donné, une étendue de positions possibles, parfaitement définie de façon quantique. Si l'on considère un spectre de positions possibles d'étendue Δx, sur un axe x, il existe aussi un spectre Δp de quantités de mouvement possibles. Heisenberg stipule la contrainte suivante entre ces deux entités :

$$\Delta x \,.\, \Delta p_x \geq \hbar \ \left(\text{ou } \frac{h}{2\pi}\right)$$

On peut écrire de même, pour les autres coordonnées d'espace :

$$\Delta y \,.\, \Delta p_y \geq \hbar \ \text{ et } \ \Delta z \,.\, \Delta p_z \geq \hbar$$

Ces inéquations constituent les relations d'indétermination de Heisenberg. Elles expriment que le produit de l'indétermination sur la position de la particule et sur la quantité de mouvement est toujours au moins égal à la constante de Planck divisée par 2π. Autrement dit, on ne peut déterminer simultanément avec la même précision le vecteur position r (x, y, z) et le vecteur mouvement p. Si l'indétermination Δr sur r est très petite, alors l'indétermination Δp sur la composante p sera relativement grande et inversement [2].

Ces deux grandeurs – les observables – sont conjuguées. Δx n'est pas, à proprement parler, une indétermination sur la position, ni Δp une indétermination sur la quantité de mouvement. En effet, il n'y a indétermination que si nous essayons de juger de façon anthropomorphique le comportement de l'électron. Les inéquations de Heisenberg marquent seulement la *limite* en-dessous de laquelle nos formes habituelles d'intuition, les concepts élaborés à partir de celles-ci, dans le cadre du monde macroscopique qui nous entoure, ne sont plus utilisables.

---

1 - C'est la très petite valeur de la constante de Planck qui occulte sa perception dans le monde macroscopique et nous permet de déterminer, avec toute l'apparence d'une précision illimitée, la position et la quantité de mouvement d'un obus ou d'un train à grande vitesse.

2 - Exemple : un électron se déplace suivant l'axe des x avec une vitesse $v_x = (600 \pm 0{,}6)$ m/s, c'est-à-dire avec $\Delta v_x = 0{,}6$ m/s. On calcule sur la base de l'égalité entre $\Delta x.\Delta p_x$ et $\frac{h}{2\pi}$. $\Delta p_x = \Delta(\text{m}.v_x) = \text{m}.\Delta\, v_x$.

D'où $\Delta_x.\text{m}.\Delta v_x = \frac{h}{2\pi}$. D'où $\Delta_x = \frac{h}{2\pi.m.\Delta v_x} = \frac{6{,}626176 \times 10^{-34}}{2 \times 3{,}14159... \times 9{,}109558 \times 10^{-31} \times 0{,}6}$.

On ne peut alors localiser mieux l'électron qu'à $\Delta_x = 1{,}929 \times 10^{-4}$ m $= 0{,}19$ mm.

Un autre couple de grandeurs conjuguées : l'énergie et le temps

La relation entre position et quantité de mouvement d'une particule n'est pas l'unique forme du principe de Heisenberg. D'autres « observables incompatibles » entretiennent des relations similaires, par exemple le temps que prend un événement atomique et l'énergie qu'il met en jeu. E étant une énergie et t un temps, on pose :

$$\Delta E \,.\, \Delta t \geq \hbar \text{ (ou } \frac{h}{2\pi}\text{)}$$

Cette inégalité exprime que l'énergie E d'une particule ne peut être déterminée avec une précision supérieure à ΔE pendant une durée inférieure à Δt. Sur une longue durée, ΔE peut être faible et l'énergie est alors bien définie, mais, sur de courtes périodes, la valeur de l'énergie est très incertaine.

En d'autres termes, plus la durée de vie d'un état est courte, plus son énergie est incertaine. Lorsqu'un état existe pendant un temps Δt, son énergie peut prendre une valeur comprise dans un intervalle ΔE. Plus Δt sera grand, plus ΔE sera petit et plus l'étendue des valeurs possibles pour ΔE sera étroite.

Une conséquence importante de cette proposition est qu'elle permet la création d'une particule à partir du vide sous la seule condition que ce soit pour un temps court, d'autant plus court que la particule est plus massive. De ce fait, les fluctuations quantiques du champ électromagnétique produisent constamment des couples particule-antiparticule. La quantité d'énergie nécessaire pour ce faire est empruntée au vide auquel elle doit, toutefois, être restituée d'autant plus rapidement que l'emprunt est élevé. Les particules créées par ce processus effectuent ce « remboursement » en s'annihilant dans le laps, minuscule, de temps prescrit. Soumises à des conditions aussi draconiennes, elles sont indétectables : on les nomme *virtuelles*.

Conséquences conceptuelles du principe de Heisenberg

Le principe d'indétermination est lourd de conséquences conceptuelles. Il a ébranlé certaines des convictions les plus profondes qui ont été pendant des siècles, sinon des millénaires, à la source même de l'attitude scientifique envers l'exploration du monde, à savoir la conviction que les phénomènes de la nature sont régis par un déterminisme rigoureux. « Une science qui ne serait pas déterministe ne serait pas une science », affirmait Henri Poincaré en 1912.

Certes, personne n'ignorait depuis le XIXe siècle que la description de certains phénomènes physiques observables ne pouvait être présentée correctement qu'en faisant appel aux lois du calcul des probabilités et aux méthodes statistiques. Toutefois, on pensait que les phénomènes dits « élémentaires » – c'est-à-dire ceux qui contribuent au « phénomène global » – obéissaient à un déterminisme rigoureux. Avec Heisenberg, cet agréable optimisme du royaume de l'infiniment petit s'effondre.

Il faut souligner que « dans la formulation rigoureuse d'une loi de causalité, ce qui est en question ici, ce n'est pas la conclusion mais les prémisses » (D. Cassidy, *Scientific American*, mai 1992), à savoir la possibilité de fixer avec précision « les conditions initiales » des événements à venir. C'est cette imprécision qui rompt la jonction déterministe entre l'état antérieur et l'état postérieur, le présent et le futur, dans le monde des infiniment petits.

À l'échelle quantique, la certitude doit céder la place aux probabilités et aux statistiques. La notion d'une entité physique distincte, telle qu'une particule, est une idéalisation qui ne possède pas de signification fondamentale. Elle ne peut être définie qu'en fonction de ses rapports avec l'ensemble, et ces liens sont de nature statistique, de l'ordre des probabilités plutôt que des certitudes. La chose est fort bien illustrée par la citation suivante d'Eugène Wigner :

> « Les lois de la mécanique quantique fournissent seulement des connexions, de nature probabiliste, entre résultats d'observations successives. Assurément, les lois de la mécanique classique peuvent, elles aussi, être formulées en termes de telles connexions. Mais elles peuvent aussi être formulées en termes de réalité objective. Le point important est que les lois de la mécanique quantique peuvent seulement être formulées en termes de telles connexions. »

Ainsi, d'une part, la mécanique quantique introduit le *hasard*, ce qui veut dire que le caractère aléatoire est un caractère naturel des phénomènes microscopiques. D'autre part, cette mécanique attribue aux objets microscopiques des propriétés telles qu'il n'existe aucune analogie macroscopique qui nous permette de représenter ces objets. Bien entendu, cet état de choses n'était pas du goût de tous les physiciens. Certains, comme Louis de Broglie, refusaient d'admettre l'acausalité intrinsèque du monde subatomique (en lui conférant du reste une signification philosophique plutôt que scientifique). Deux grands personnages de la pensée scientifique, Niels Bohr et Albert Einstein, se sont opposés sur ces questions fondamentales dans un débat qui est toujours d'actualité.

INERTIE

Galilée, 1590 ; Newton, 1687 ; Mach, 1883 ; Einstein, 1913.
Voir aussi : Chute des graves, Mécanique, Mouvement.

La physique moderne, celle qui est née avec Galilée et qui est devenue adulte avec Einstein, considère la loi d'inertie comme sa loi la plus fondamentale. Ainsi que le dit le vieil adage, « ignorato motu ignoratur natura », la science moderne tend à tout expliquer par « le nombre, la figure et le mouvement ». Bien que Galilée n'ait jamais explicitement formulé le principe d'inertie, sa mécanique est implicitement basée sur lui.

Ses expériences concernant la descente d'un corps le long d'un plan incliné vont le conduire, par la considération du cas limite du plan horizontal, à la première formulation du principe d'inertie, mais sous une forme n'ayant pas la généralité que lui donnera Newton.

La loi de l'inertie

Avec Galilée, on sait que l'action du poids sur un corps (le poids agissant comme une force) ne se résume pas à mettre ce corps en mouvement. En réalité – ceci est important – la force possède une action *continue* en modifiant les caractéristiques de la vitesse du corps. Cette notion, clairement formulée par Newton dans les *Principes mathématiques de la philosophie naturelle*, publiés en 1687, implique une contrepartie fondamentale : tout corps non soumis à une force (son poids ou toute autre cause capable d'engendrer une force) demeure dans son état de mouvement, qualifié dans ce cas de rectiligne et uniforme (c'est-à-dire constant).

Un corps abandonné à lui-même (non soumis à une force) conserve son mouvement initial ; c'est l'inertie [1]. L'inertie exprime une qualité du mobile, sa résistance à une force, sa tendance à persévérer dans son état. Ainsi, un corps restera éternellement en repos à moins qu'il ne soit mis en mouvement. Un corps en mouvement continuera de se mouvoir et se maintiendra dans son mouvement rectiligne et uniforme aussi longtemps qu'il ne sera pas soumis à l'action d'une force extérieure quelconque.

Et comme la physique définit la vitesse comme un *vecteur*, c'est-à-dire une grandeur qui ne renseigne pas seulement sur la rapidité du déplacement, mais aussi sur sa direction, toute modification d'orientation équivaut à un changement de vitesse. Ainsi, le principe d'inertie peut s'exprimer encore plus simplement : en l'absence de forces, la vitesse d'un corps reste constante.

---

1 - Chez Kepler, inventeur du mot *inertie*, cette notion désigne la tendance à persévérer dans le repos et non la tendance à persévérer dans le mouvement.

Aujourd'hui, le principe d'inertie nous apparaît parfaitement clair, plausible et même pratiquement évident. Mais, dans la science moderne, l'espace réel est identifié à celui de la géométrie ; le mouvement est considéré comme une translation purement géométrique d'un point à un autre. Un corps est en mouvement seulement par rapport à un autre supposé au repos. Il n'est pas affecté par son propre mouvement. Tout mouvement est relatif. Dans la préface de *Matter and Motion*, Maxwell écrit :

> « Dans l'espace, il n'existe pas de bornes kilométriques ; une portion d'espace est exactement semblable à une autre, de sorte que nous ne pouvons pas savoir où nous sommes. Nous nous trouvons dans une mer sans vagues et sans étoiles, sans boussole ni soleil, sans vent ni marée, et nous ne pouvons pas dire dans quelle direction nous allons... Nous pouvons, bien entendu, déterminer notre mouvement par comparaison avec les corps voisins, mais nous ignorons ce qu'est le mouvement de ces corps dans l'espace. »

Imaginons maintenant un vaisseau perdu dans l'immensité de l'espace, plongé dans le vide absolu et se déplaçant à vitesse rigoureusement constante par rapport aux galaxies lointaines, c'est-à-dire par rapport à l'univers dans son ensemble. Incapable de déceler les effets de ce mouvement (puisque privé de tout point de comparaison), un astronaute à bord du vaisseau serait en droit d'affirmer : « je suis immobile, le vaisseau est à l'arrêt, au repos. » Ainsi, le mouvement étant considéré comme un état, le repos doit être tenu pour un autre état, complètement et absolument opposé au premier. De ce fait même, nous devons appliquer une force pour changer l'état de mouvement d'un corps donné en celui de repos et vice-versa.

La navigation par inertie

Il s'agit là d'une application magistrale de la mécanique classique. Newton peut en être considéré comme le principal inventeur. Ce procédé exploite un phénomène bien connu de tous les automobilistes : une accélération soumet le passager à certains efforts. La localisation par inertie consiste justement à mesurer ces efforts et à en déduire le chemin parcouru. En fait, les premières tentatives d'application pratiques de l'inertie à la navigation remontent au début de ce siècle avec la réalisation de compas gyroscopiques, premiers appareils *inertiels* qui furent améliorés pendant plusieurs décennies.

Ensuite, au cours de la Seconde Guerre mondiale, certaines fusées V2 furent équipées de systèmes simples de guidage inertiel. Jusque dans les années 1960, le prix de revient élevé et la mise en œuvre délicate de ces appareillages limitaient leur domaine d'exploitation. Par la suite, leur excellente fiabilité et la réduction de leur poids entraîna une généralisation de leur emploi à bord d'avions importants comme le Concorde ou le Boeing 747.

Un adversaire de l'espace absolu : Ernst Mach

En 1883, dans son ouvrage fondamental, *Die Mechanik in ihrer Entwicklung historisch-kritisch dargestellt*, le mathématicien, physicien et philosophe autrichien Ernst Mach apportait une innovation capitale dans la formulation de la loi de l'inertie[1]. La loi d'inertie de Newton se référait à des mouvements uniformes relativement à un espace absolu. Mach introduisit le principe qui porte son nom selon lequel les forces d'inertie ne sont pas inhérentes aux corps, mais qu'elles sont dues au mouvement des masses lointaines, c'est-à-dire des étoiles, par rapport à eux. Mach écrit :

> « Que deviendrait la loi de l'inertie si la totalité du ciel se mettait en mouvement et si les étoiles fourmillaient de manière confuse ? Comment alors l'appliquerions-nous ? Comment l'exprimerions-nous ?... Ce n'est que si l'Univers volait en éclat que nous apprendrions que *tous les corps*, chacun pour sa part, sont importants dans la loi de l'inertie. »

Mach ne dit pas comment se manifeste cette importance. Il n'a jamais explicitement proposé de schéma dynamique pour cette interprétation de la loi de l'inertie. Sa doctrine invite toutefois à rechercher une explication dynamique aux mouvements par rapport aux étoiles fixes, de même que l'on explique de manière dynamique les orbites planétaires par une dynamique gravitationnelle, ou le mouvement relatif des particules électriquement chargées par l'électrodynamique.

La relativité de l'inertie

Les recherches théoriques de Mach devaient influencer fortement les premiers travaux d'Einstein en relativité générale. Dès 1909, celui-ci écrivait à Mach : « Je connais très bien vos principales publications parmi lesquelles j'admire surtout le livre sur la Mécanique ». À la suite de Mach, Einstein arguait qu'un objet ne possède d'inertie qu'à cause de la présence de tout le reste de la matière dans l'univers. C'est ce qu'il appelait la *relativité de l'inertie*.

Toute son approche cosmologique fut, au départ, axée sur la conception machienne et sur le fait d'observation suivant : que les vitesses relatives des étoiles les unes par rapport aux autres sont dans l'ensemble si réduites que l'on peut traiter l'univers comme essentiellement statique[2]. Plus tard, l'enthousiasme d'Einstein pour le principe de Mach se mit à faiblir. Des différences assez profondes avec les idées développées par Einstein lui-même dans le principe d'équivalence (voir p. 270) devaient surgir, ainsi qu'un désaccord philosophique grandissant entre les deux adversaires de l'espace absolu.

---

1 - Concernant les forces d'inertie, l'évêque irlandais Berkeley avait déjà eu, au XVIIIe siècle, un point de vue étonnamment moderne pour l'époque : il supposait la Terre au repos et la voûte céleste en rotation autour de l'axe des pôles. Dans ces conditions, l'accélération des étoiles pourrait engendrer sur Terre des forces semblables en intensité et en direction aux forces d'inertie centrifuges.

2 - C'est cette caractéristique universelle qui permet de définir un référentiel galiléen pratique très satisfaisant : le centre du système solaire et trois axes passant par ce centre et dirigés vers trois étoiles « fixes » (aussi lointaines que possible). .

INFINI

Archytas de Tarente, IVᵉ siècle av. J.-C. ; Bruno, 1585 ; Descartes, 1637 ; Newton, 1666 ; Fournier d'Albe, 1907 ; Cantor, 1873.
Voir aussi : Big Bang, Espace, Gravitation, Vide.

Dans une lettre à l'astronome de Sitter, datée du 12 mars 1917, voici ce qu'écrit Einstein : « l'univers s'étend-il à l'infini ? Est-il fini et clos ? Heine a répondu à cette question dans un de ses poèmes en disant que seuls les imbéciles se la posent ». En dépit de cette boutade, la lettre à de Sitter date d'une époque où les deux hommes tentaient de bâtir un modèle d'univers à partir des données de la théorie de la relativité générale et cherchaient effectivement une réponse à une question que « seuls les imbéciles se posent ».

La première réponse à la question posée par Einstein peut – d'une manière que certains jugeront peut-être ambiguë – consister en ceci : la finitude ne requiert pas forcément de limites et l'infinitude peut se concevoir avec des limites. Transposons cette question en revenant modestement sur Terre : comme chacun sait, la Terre est finie, mais elle n'a pas de limites. Or la Terre est une sphère. Donc la surface d'une sphère est finie mais n'a pas de limites. Il a fallu deux mille ans à l'humanité pour passer de la Terre finie mais sans limites à l'univers fini et sans limites. Pour franchir ce pas, il suffit de passer d'une géométrie à deux dimensions à une géométrie à trois dimensions. D'un espace fini et sans limites à deux dimensions, on passe à un espace fini et sans limites à trois dimensions.

En 1854, le mathématicien Riemann écrit dans son cours intitulé *Sur les hypothèses qui servent de fondement à la géométrie* :

> « Il faut faire la distinction entre l'illimité et l'infini. Que l'espace soit une variété illimitée à trois dimensions, c'est là une hypothèse qui s'applique à toutes nos conceptions du monde extérieur... La propriété de l'espace d'être illimité possède une plus grande certitude empirique qu'aucune autre donnée externe de l'expérience. Mais l'infinité de l'espace n'en est en aucune manière la conséquence ».

En fait, la théorie de Riemann fait dépendre le caractère fini ou infini de l'espace d'une seule considération : la courbure de l'espace, laquelle, du moins en principe, est mesurable...

Cependant, plus qu'aucun autre peut-être, le concept d'infini et des limites de l'univers requiert que l'on s'intéresse d'abord aux philosophes de l'Antiquité.

L'énigme de la limite cosmique

Archytas de Tarente (v.430 – v.350 av. J.-C.), un pythagoricien renommé et ami de Platon, proposa un jour une énigme : « Qu'arriverait-il si on projetait une lance au-delà des limites de l'univers ? Rebondirait-elle ou disparaîtrait-elle de ce monde ? »

Cette énigme sur la limite cosmique montrait l'absurdité qu'il y a à ne pas assigner de borne à tout ce qui peut borner l'espace.

Les documents historiques font énormément référence à l'énigme de la frontière cosmique d'Archytas. En réponse, les stoïciens proposèrent un cosmos-île rempli d'étoiles, entouré non d'une frontière, mais d'un vide extra-cosmique d'étendue infinie. Les stoïciens souscrivaient pleinement à un espace illimité et rejetaient la frontière extérieure aristotélicienne de l'univers. Simplicius, l'un des derniers néoplatoniciens du VIe siècle, cite Archytas dans ses commentaires sur la Physique d'Aristote :

> « Si je me place à l'extrémité de la voûte des étoiles fixes, puis-je tendre le bras ou mon bâton vers l'extérieur ? Il est absurde de supposer que cela me soit impossible ; et si je le puis, ce qui est à l'extérieur est soit un corps, soit de l'espace. Nous pouvons alors, de la même manière, pénétrer dans cet extérieur et ainsi de suite ; et s'il existe toujours un nouvel endroit où l'on peut tendre ce bâton, cela implique manifestement l'existence d'une extension illimitée. »

Dans le *De natura rerum*, Lucrèce s'interroge sur l'infinitude du monde :

> « L'univers total n'est limité nulle part ; autrement, il aurait une extrémité. Or, est-il une extrémité possible sans que quelque chose constitue une limite (...) Peu importe la position qu'on y occupe : toujours, de tous côtés, à partir de chaque position, le tout immense s'étend à l'infini. »

Le Moyen Âge connut l'énigme d'Archytas à travers le commentaire que Simplicius donna du *Traité du ciel* d'Aristote :

> « Cependant, les stoïciens, pensant qu'il existe un vide au-delà du ciel, le prouvent en recourant à un argument de cette nature : imaginons qu'une personne, se tenant immobile à l'extrémité du monde, tende son bras vers le haut. Si son bras se tend réellement, ils en déduisent l'existence de quelque chose au-delà du ciel vers quoi se tend le bras. Si le bras ne parvient pas à se tendre, il existe alors quelque chose à l'extérieur qui s'oppose à son extension. Mais si la personne se place à l'extrémité de cet obstacle qui s'oppose à l'extension, puis tend son bras, il faut alors se reposer la même question. »

De nombreux théologiens du haut et du bas Moyen Âge, dont Thomas d'Aquin, se réfèrent à ce commentaire de Simplicius.

L'infini est-il un attribut de Dieu ?

Au XIVe siècle, Thomas Bradwardine, qui fut archevêque de Canterbury, écrivait : « Dieu est celui dont le pouvoir ne se mesure pas et dont l'être n'est pas contenu ». Il citait les premiers savants médiévaux qui, en fait, citaient eux-mêmes Empédocle écrivant, au Ve siècle av. J.-C. : « Dieu est une sphère infinie dont le centre est partout et la circonférence nulle part. » Bradwardine effectua un pas important en prolongeant l'empyrée par un vide infini et immatériel. Il transforma le système aristotélicien borné en un système stoïcien non borné.

Au XVe siècle, Nicolas de Cuse, cardinal et homme d'État allemand, posa les fondements de la cosmologie post-médiévale dans un ouvrage intitulé *De la docte ignorance*. Il y fit intervenir toutes les potentialités d'un être omnipotent pour créer la réalité d'un univers non borné. Puisque Dieu est illimité et omniprésent, l'univers ne peut avoir ni bornes, ni centre. Des principes d'Empédocle et de Thomas Bradwardine découle alors le corollaire : « L'univers a son centre partout et sa circonférence nulle part ». En fait, il apparaît clairement qu'à partir de cette époque les mêmes conceptions philosophiques conduisaient à des vues diamétralement opposées quant au caractère fini ou infini de l'espace. Pour les uns, l'infini ne pouvait être qu'un attribut de Dieu et l'espace de notre monde « sublunaire » était nécessairement fini ; pour les autres, la transcendance divine ne pouvait s'accommoder que d'un espace infini.

> « C'est pourquoi, bien que par rapport à l'infinie puissance de Dieu qui n'a pas de terme, l'univers puisse être plus grand, cependant parce que la possibilité d'être ou matière n'est pas en acte extensible à l'infini, l'univers ne peut pas être plus grand ; c'est ainsi qu'il n'a pas de terme : c'est parce que l'on ne peut pas donner en acte quelque chose de plus grand qui le termine et il est un infini privatif » (Nicolas de Cuse, *De la docte ignorance*, 1440).

La découverte en 1427 de l'étonnant *De natura rerum* de Lucrèce et la publication en 1440 de l'inventive *Docte ignorance* ouvrirent la voie aux univers infinis de Giordano Bruno au XVIe siècle, de Descartes et de Newton au XVIIe siècle ; nous y reviendrons.

Le plus grand astronome d'Angleterre durant la seconde moitié du XVIe siècle et en même temps l'un de ses mathématiciens les plus compétents, Thomas Digges, traduisit plusieurs passages du *De revolutionibus* de Copernic. Il trouva bon d'insérer dans cette traduction son propre schéma héliocentrique, sous la forme d'un petit appendice intitulé *Une parfaite description des orbes célestes.* Copernic n'avait rien dit ou presque sur ce qui se trouvait au-delà de la sphère des fixes.

La contribution originale de Digges consista à démanteler cette sphère et à éparpiller les étoiles dans l'espace infini. Le diagramme cosmographique de Thomas Digges montra le démantèlement de la sphère stellaire et sa disposition dans l'espace infini. L'espace est occupé par une multitude d'étoiles surpassant le Soleil en quantité et en qualité.

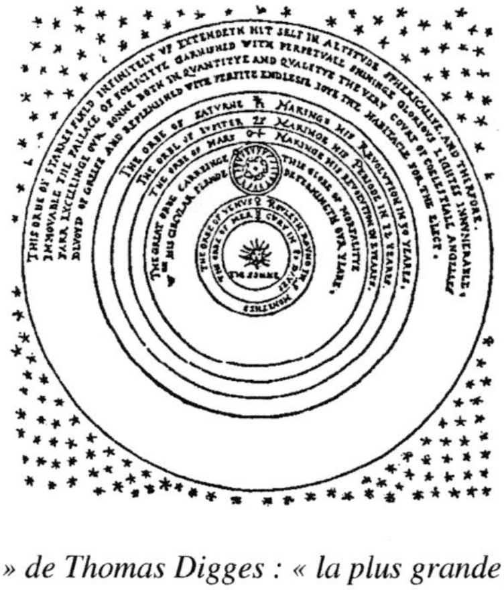

Les « lumières célestes » de Thomas Digges : « la plus grande part nous reste invisible en raison de leur merveilleuse distance ».

Dans sa *Parfaite description*, Digges écrit :

> « Nous pouvons facilement apprécier la petitesse occupée, dans l'architecture divine, par notre monde élémentaire et corruptible, mais nous ne pourrons suffisamment jamais admirer l'immensité du Reste. Particulièrement de cet Orbe fixe paré de lumières innombrables et s'élevant sans fin dans l'altitude Sphérique. De ces lumières Célestes, nous devons considérer que nous voyons seulement celles qui sont dans les régions inférieures de ce même Orbe, et que, de celles plus élevées, nous paraissant alors moins brillantes et en moindre quantité, jusqu'à ce que notre regard ne puisse les atteindre ou concevoir, la plus grande part nous reste invisible en raison de leur merveilleuse distance. »

En greffant sur le système copernicien un espace infini dans lequel il dispersait les étoiles, Digges introduisait dans l'astronomie du XVIe siècle l'idée d'un univers illimité rempli de l'entrecroisement de rayons d'innombrables étoiles.

Deux réalités infinies : Dieu et l'univers

Le moine dominicain et relapse Giordano Bruno fut extrêmement influencé par les idées de l'époque sur l'infini. Alors que Digges conservait encore une symétrie centrale dans un univers sans limite extérieure, Bruno supprima audacieusement toute trace de symétrie cosmique, tant anthropocentrique qu'héliocentrique. Selon lui, la Terre n'est plus le centre du monde, et les sphères qui l'entouraient dans la cosmologie aristotélicienne sont imaginaires. Au-delà du système solaire s'étendent d'autres astres et d'autres systèmes planétaires, qui constituent un monde infini.

Dans *L'infini, l'univers et les mondes* (1585), une œuvre majeure, Bruno met en scène un personnage aristotélicien obstiné, Burchio, qui affirme :

> « Si quelqu'un avançait la main au-delà de cette convexité [du ciel], cette main ne serait en aucun lieu de l'espace, et ne serait nulle part ; par conséquent, elle n'aurait plus d'existence. » Mais Philoteo (Bruno en personne) réplique que l'espace intérieur et extérieur doit être continu et ajoute : « Or, quoi qu'il en soit de cette surface, je ne cesserai de m'interroger : qu'y a-t-il au-delà d'elle ? Si la réponse est rien, alors je peux appeler cela le vide ou le néant. Et ce vide ou ce néant n'ont ni mesure, ni limite extérieure. Il y a d'innombrables soleils et un nombre incalculable de terres tournant autour d'eux. »

Parmi les ouvrages que Bruno écrivit, *De immenso* (1591) fut le dernier et le plus important. On y trouve de nombreuses références au système épicurien décrit dans le *De natura rerum* et à l'univers sans bord ni centre discuté dans *De la docte ignorance* de Nicolas de Cuse. Selon Bruno, deux réalités infinies (l'univers et Dieu) ne peuvent logiquement coexister ; Dieu et l'univers ne sont pas deux substances distinctes, mais deux expressions infinies d'une même réalité.

Dès lors, sa philosophie se présente comme un panthéisme ; ainsi s'explique l'accusation d'hérésie portée contre elle. Bruno est condamné à mort et brûlé vif sur le Campo dei fiori, à Rome, le 6 février 1600. La même année, à Londres, William Gilbert, le plus distingué des scientifiques élisabéthains, publie *De magnete*, livre dans lequel se trouvent pour la première fois différenciés l'électricité et le magnétisme, mais qui se mêle aussi de cosmologie.

Contrairement aux pays catholiques, l'Angleterre tolérante accepta les idées de Gilbert qui fut créé chevalier par la reine et devint son premier médecin : « Les étoiles les plus éparses se trouvent très loin de la Terre, et à des distances transcendant tout regard, toute intelligence, toute pensée ».

... « Je ne sais quelle horreur secrète »

Contrairement à la plupart des penseurs de son temps, l'auteur des trois célèbres lois du mouvement planétaire, Johannes Kepler, croyait ardemment, quant à lui, en un univers fini.

Dans *Le secret du monde* (1596), il affirme que le Soleil, source d'une force magnétique entraînant les planètes, se comporte comme le pivot de l'univers. Au-delà des planètes en rotation, se tiennent les étoiles fixes, à la lisière du cosmos. Nous devons rejeter, déclarait Kepler, la conception d'un univers sans limites empli d'étoiles toutes semblables au Soleil. Dans un univers illimité où tout présenterait pratiquement la même apparence, notre Soleil ne se distinguerait en rien d'une quelconque étoile. Dans *La nouvelle étoile* (1605), Kepler s'oppose une nouvelle fois avec vigueur à l'idée d'un océan d'étoiles infini : « Cette pensée porte avec elle je ne sais quelle horreur secrète ; en effet on se retrouve errant dans cette immensité à laquelle sont déniés toute limite, tout centre, et par là-même tout lieu délimité. »

Kepler émit deux objections convaincantes à l'encontre d'un univers étoilé infini. On rencontre la première dans *L'astronomie nouvelle*. Il y affirma que les étoiles, bien que différentes par l'intensité de leur éclat, semblent avoir pratiquement la même taille. Kepler en concluait qu'elles ne peuvent que se trouver à des distances identiques et possèdent des luminosités intrinsèques différentes (1). La seconde objection de Kepler contre l'infinitude des mondes est sous-tendue par une énigme persistante concernant l'obscurité du ciel nocturne.

Si l'espace était infini, le ciel nocturne serait plus brillant que le Soleil (chaque étoile apportant sa contribution à la luminosité générale). Comme on vérifie bien que la nuit est noire, il faut en conclure que l'espace n'est pas infini... En d'autres termes, Kepler pensait que le ciel nocturne était sombre simplement parce que l'univers contenait trop peu d'étoiles pour le recouvrir (voir Big Bang).

Le caractère fini d'un univers borné et copernicien expliquait pourquoi le nombre d'étoiles est insuffisant. Dans son dernier grand ouvrage, *Épitomé de l'astronomie copernicienne* (1618), Kepler écrivit que le monde des étoiles était « entouré et pour ainsi dire fermé par l'armée serrée des étoiles fixes, comme par une paroi ou une voûte », étant, en ce sens, semblable au système aristotélicien. En dépit des fortes objections que Kepler opposa à un univers illimité, ce système aristotélicien

---

1 - Qu'on les regarde à l'œil nu ou qu'on les observe au télescope, toutes les étoiles, quelle que soit leur distance, semblent avoir les mêmes dimensions. Ce point important attendit le XIXe siècle pour être totalement expliqué : il est dû principalement au fait que la diffraction de la lumière à son entrée dans la pupille empêche l'œil de résoudre des angles très inférieurs à une minute d'arc.

tomba en ruine vers le milieu du XVIIIe siècle. On put alors apercevoir le système cartésien, bientôt lui-même supplanté par l'imposant système newtonien.

Le système cartésien

René Descartes conçut une physique surpassant en nouveauté tout ce qui avait été proposé depuis l'Antiquité classique. Cette physique est exposée notamment dans le *Discours de la méthode* (1637) et dans les *Principes de philosophie*, dédiés à celle qui fut à la fois son élève et son amour, la princesse palatine Élisabeth de Bohême. Selon Descartes, seul Dieu peut être réellement infini ; il qualifiait du reste pertinemment les étendues spatiales des objets matériels d' « indéfinies plutôt qu'infinies afin de réserver à Dieu seul le nom d'infini ».

Dans son système, l'espace s'étendait dans toutes les directions jusqu'à des distances indéfinies et était entièrement empli d'une matière continue. Le monde externe de la matière et du mouvement, totalement mécaniste, obéissait à des lois naturelles indépendantes d'une intervention supranaturelle. La raison nous persuade, disait Descartes, que l'espace, étant néant, n'a en lui-même aucune extension. Comment l'espace seul, qui n'est que vide et néant, pourrait-il avoir une longueur, une largeur et une hauteur ? Seule la matière est douée d'extension et l'espace – c'est-à-dire le vide – ne peut exister en l'absence de matière. La non-existence de l'espace en tant que tel devait demeurer l'idée centrale de la physique cartésienne.

Le système de Descartes

Tel qu'il est présenté dans son *Traité du monde ou de la lumière* (1636), le système de Descartes se présente comme un ensemble de fluides tourbillonnaires et de corps en giration. Chaque vortex est un système solaire au sein d'une étendue illimitée et continue de systèmes solaires. Les centres de ces vortex (tels que S, E et A) sont en fait des étoiles rendues lumineuses par le bouillonnement agitant les vortex (traversant le haut de la figure, a été représentée une comète se déplaçant trop rapidement pour être capturée par un des systèmes solaires).

Ainsi, Descartes affirme-t-il l'existence d'un univers plein où la substance et l'étendue se confondent et où il ne peut y avoir que des actions de contact. Le monde est conçu comme une immense horloge où toutes les actions s'interprètent mécaniquement. Le système de Descartes doit plus à Copernic qu'à Tycho Brahe ou à Ptolémée.

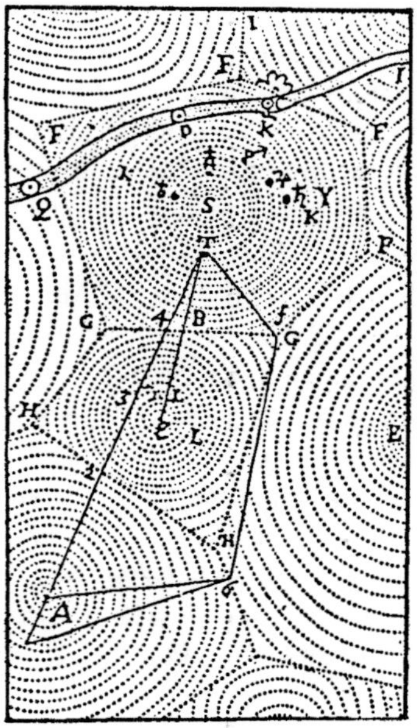

Pour Descartes, le vide n'existe pas.

Descartes défendait le principe de l'action par contact direct[1]. Les corps se déplacent en ligne droite aussi longtemps que des forces ne les contraignent pas à suivre des trajectoires courbes, et ces forces, de poussées et de tractions, résultent de pressions et de tensions exercées par des corps et des éléments de fluide contigus. On notera qu'apparemment Descartes ignora ou crut bon d'ignorer l'existence des lois de Kepler sur le mouvement planétaire.

En bref, le système cartésien associait des éléments aristotéliciens et épicuriens : aristotéliciens parce qu'il rejetait le vide et l'atomicité de la matière, et épicuriens parce qu'il acceptait l'étendue illimitée de l'espace. Christian Huygens, premier vrai représentant de l'esprit scientifique moderne, va exprimer une variante de la philosophie cartésienne ayant de nombreux traits communs avec le système stoïcien. Il imagine que Dieu a même étendue que l'espace infini et mystérieux, et considère le cosmos étoilé comme fini et de dimensions déterminées. Dans *La découverte des mondes célestes*, ouvrage publié trois ans après sa mort, en 1598, il écrit :

> « Mais rien n'empêche de se figurer qu'en dehors d'une région déterminée parsemée d'étoiles Dieu ait créé d'innombrables choses d'une nature différente, également éloignées de nos pensées et du lieu de nos demeures. Que s'il n'a pas créé un nombre infini d'étoiles mais a laissé en dehors d'elles un espace vide infini, de sorte que tout ce dont il a voulu l'existence ne soit pour ainsi dire rien en comparaison de ce que son omnipotence eût pu produire ? »

L'univers instable de Newton

Dans les premières années qui suivirent son arrivée à Cambridge, Newton formula ses idées sur l'espace en réponse aux *Principes de philosophie* de Descartes. Entre 1666 et 1668, dans un manuscrit non publié et désigné par ses premiers mots *De gravitatione*, Newton écrivit : « Un pouvoir divin infini et éternel s'étend indéfiniment dans toutes les directions » et, en outre, « est éternel dans la durée ». Descartes affirmait que l'espace ne pouvait exister aux endroits dépourvus de matière ; au contraire, disait Newton, en vertu de l'omniprésence de l'esprit divin, l'espace existe en l'absence de matière. Descartes affirmait que la matière s'étendait à l'infini. Au contraire, disait Newton, Dieu a créé, dans l'espace mystérieux et infini, un système matériel d'extension finie.

Si les idées de Newton sur la nature de l'espace se modifièrent étonnamment peu au cours de sa vie, celles concernant la nature de l'univers se transformèrent considérablement après qu'il eut élaboré la théorie de la gravitation universelle. Il abandonna alors le cosmos fini des stoïciens et lui substitua celui, infini, des épicuriens. Ainsi, les étoiles ne pouvaient former un système fini, car elles chuteraient alors vers son centre. Elles devaient donc être uniformément distribuées dans l'espace infini. Chaque étoile, soumise à des attractions égales dans toutes les directions, restait en équilibre. Réalisant que cet équilibre ne pourrait être qu'instable, Newton imagina les étoiles comme un ensemble d'aiguilles en équilibre sur leur pointe, prêtes à tomber à la moindre perturbation.

---

1 - Le principe de l'action par contact exigeait que la matière fût continue, non atomique, dépourvue de vide. Torricelli réfuta le système cartésien en étudiant précisément cette « horreur du vide » prêtée à la nature (voir p. 429).

En 1721, Edmund Halley [1], une année seulement après avoir été nommé astronome royal, rédigea un bref article sur l'infini de l'univers. Cet article, intitulé *Sur l'infini de la Sphère des Fixes*, débute par ce commentaire :

> « Tel que nous le comprenons aujourd'hui, le Système du Monde est censé occuper la totalité de l'Abîme de l'Espace, et être en tant que tel effectivement infini ; et l'apparence de la Sphère des Fixes, révélant toujours des étoiles de plus en plus petites à mesure qu'on y dirige des télescopes plus puissants, semble confirmer cette Conception ».

De plus,

> « si le Système entier était fini [...] il serait de toutes parts entouré d'un néant infini, et les étoiles extérieures chuteraient vers celles proches du centre, selon un mouvement accéléré, et au cours du temps fusionneraient avec elles pour former une seule et même étoile ».

Ces remarques liminaires soulevaient, selon Halley, deux objections à un cosmos étoilé fini entouré par un vide (un néant) infini. En premier lieu, les perfectionnements du télescope révélaient des étoiles plus faibles et plus distantes, et donc les espaces sombres séparant les étoiles visibles dissimulaient des étoiles invisibles attendant d'être détectées. En second lieu, un système matériel fini ne pouvait être en équilibre et devait s'effondrer sur lui-même. Car :

> « Si le Système entier était infini, toutes ses parties seraient pratiquement *in equilibrio*, et par conséquent chaque étoile fixe, soumise à des Actions contraires, conserverait alors sa position, ou se déplacerait durant un temps tel que, partant de cet *equilibrium*, elle trouverait sa position de repos ; dans ces conditions, certains penseront peut-être que l'Infini de la Sphère des Fixes n'est pas un Postulat si hasardeux ».

Contrairement à Newton, Halley considérait que l'équilibre supposé d'un univers infini et uniforme était stable.

L'univers visible fini (horizon de l'univers)

En 1907, Edward Fournier d'Albe publie un essai intitulé *Two New Worlds* dans lequel il imagine l'existence d'un « infra-monde » et d'un « supra-monde ». Il se penche sur un aspect de l'univers visible jamais examiné auparavant : « Si la création du monde remonte à 100 000 années, aucune lumière issue des corps situés à plus de 100 000 années-lumière ne nous est, à l'heure actuelle, certainement parvenue ». Si on en croit cette thèse audacieuse, la lumière parvenant d'étoiles de plus en plus distantes devrait arriver continuellement sur la surface de la Terre, et notre vision de l'espace, limitée aujourd'hui à la Voie lactée, s'élargirait à la vitesse de 300 000 kilomètres par seconde.

---

1 - Personne n'ignore que Halley reste surtout connu pour son étude du mouvement des comètes, en particulier celle qu'il observa en 1682, montrant qu'il s'agit d'une comète périodique dont il prédit le retour en 1758. Ami de Newton, il décida ce dernier à publier son grand œuvre, les *Principes de philosophie naturelle*.

Si l'univers a pris naissance dans un passé infiniment reculé, nous ne pouvons en observer qu'une partie *finie* ; le reste – ce qui se trouve au-delà d'une certaine distance – nous est impénétrable parce que la lumière qui en est issue n'a pas eu encore le temps de nous parvenir. Mais plus l'univers vieillit, plus il s'offre à notre regard. L'univers visible est limité par un horizon qui s'éloigne à la vitesse de la lumière, et la région accessible à l'observation ne cesse de croître [1].

Chaque observateur possède son propre univers visible, la région des étoiles visibles qui l'entoure et dont il occupe le centre. L'univers visible part de l'observateur pour aboutir à un horizon dont l'éloignement est égal à la vitesse de la lumière multipliée par le temps écoulé depuis que les premières étoiles se sont mises à briller.

L'univers fractal

L'idée vient du scientifique et mystique suédois Emmanuel Swedenborg. Dans ses *Principia rerum naturalium* (1734), il spécula sur l'existence d'un univers structuré, composé de systèmes contenus les uns dans les autres. Il imagina que l'univers, depuis les corpuscules jusqu'à la Voie lactée, consistait en vortex magnétiques à toutes les échelles, et affirma que la nature est toujours pareille et identique à elle-même. Peu d'années plus tard, Kant reprenait cette affirmation et la poussait à sa limite. Kant dota l'univers newtonien, spatialement infini, non seulement d'une éternité en direction du futur, mais aussi de systèmes astronomiques sur une échelle qu'aucun penseur n'avait jusque-là imaginée.

Les étoiles en mouvement s'associent pour former des galaxies, lesquelles, tissant des orbites les unes autour des autres, s'associent à leur tour pour former des systèmes encore plus grands, et ainsi de suite à l'infini, dans un univers hiérarchique d'une immensité inaccessible à l'esprit. Kant écrit :

> « De quel étonnement est-on ravi lorsqu'on voit la foule infinie de mondes et de systèmes qui emplissent l'étendue de la Voie lactée... mais combien cet étonnement s'accroît lorsqu'on s'aperçoit que tous ces ordres immenses d'étoiles forment à leur tour l'unité d'un nombre dont nous ne connaissons pas la limite, unité qui est peut-être tout aussi inconcevablement grande que ces ordres, et est cependant à son tour encore l'unité d'une nouvelle liaison numérique ! »

Dans ses *Lettres cosmologiques* (1761), le mathématicien allemand Johann Lambert suggéra, lui aussi, la possibilité d'un univers hiérarchique à niveaux multiples. Cependant, si l'arrangement hiérarchique de Kant était évolutionniste et d'extension infinie, celui de Lambert était statique et fini. L'image mentale de mondes formant une hiérarchie de structures de dimensions sans cesse croissantes permet d'appréhender l'immensité de l'espace illimité. Notons qu'un univers hiérarchique possède une intrigante propriété. Sa densité moyenne diminue à mesure qu'on la calcule sur des volumes de plus en plus grands, pour tendre finalement vers zéro dans un univers d'extension infinie possédant une infinité de niveaux hiérarchiques.

---

1 - Il ne faut pas confondre cette expansion de l'horizon de l'univers visible avec l'expansion dynamique de l'ensemble de l'univers qui sera découverte quelques années plus tard par l'astronome Edwin Hubble.

Un professeur à l'université de Lund, l'astronome Carl Charlier, souscrivit, quant à lui, à un modèle cosmologique communément admis, dans lequel notre galaxie se trouve plongée dans un espace vide et infini ; mais après avoir pris connaissance de l'ouvrage de Fournier d'Albe, il adopta le modèle hiérarchique. Le principal adversaire de l'univers hiérarchique fut un autre scientifique suédois, Svante Arrhenius, qui écrivit en 1911 dans un essai sur *L'infini de l'univers* :

> « À l'époque moderne, de nombreux astronomes supposent que l'univers est fini et entouré d'un espace vide et infini dans lequel le Soleil et les étoiles rayonnent une énergie à jamais perdue. On entend également fréquemment l'idée que notre Soleil occupe une position voisine du centre d'un tel univers fini ».

Arrhenius argumenta à la fois contre cette représentation anthropocentrique et monogalactique de l'univers et contre le modèle hiérarchique. Selon lui, l'univers en évolution, bien que spatialement infini, possède un âge fini.

La théorie cantorienne des infinis

Aujourd'hui, ce n'est qu'en se fondant sur la théorie communément admise de l'univers en expansion et sur des mesures à l'échelle cosmique que la question de savoir si l'espace est fini ou infini a un sens. À première vue, un univers en expansion ne peut être que fini, car sa taille ne cesse de s'accroître. Comme un ballon d'enfant que l'on gonfle, les frontières extérieures du monde en expansion sont à la fois la matérialisation « tangible » de sa dilatation et la preuve non moins physique de sa finitude.

Une réflexion plus attentive nous amène à conclure que, contrairement aux apparences, un univers en expansion peut très bien être infini. Rejoignons un instant la théorie des infinis du mathématicien Georg Cantor. En simplifiant beaucoup, que dit cette théorie ? Qu'il est possible de comparer plusieurs types d'infinis. Cantor envisage les deux séries suivantes :

$$n = 1,2,3,4,5,6,..$$
$$m = 2,4,6,8,10,12,..$$

À chaque élément n de la première série correspond un élément $m = 2n$ de la seconde. Aucune des deux séries ne contient plus d'éléments que l'autre. Ce qui revient à dire que les deux séries sont identiques (on dit de cette relation qu'elle est biunivoque). S'il est admis que la suite n représente un infini, il en est de même de la suite m. Autrement dit, l'existence d'un ensemble infini implique l'existence d'un autre ensemble, plus vaste, qui, à son tour, implique l'existence d'un autre, plus vaste encore ; et ainsi de suite, *ad infinitum*.

La théorie de Cantor est applicable au cas de l'univers en expansion. Envisageons un univers à une seule dimension et infini au temps t_1. Dans cet univers, chaque galaxie est représentée par un nombre entier. La matière cosmique étant homogène, les intervalles sont égaux. Cet univers est supposé en expansion. Au temps t_2 la galaxie 1 occupe la position occupée précédemment par la galaxie 2, la galaxie 2 se trouvant à la place occupée à l'instant t_1 par la galaxie 4, et ainsi de suite. Au temps t_1, le nombre des galaxies était infini. Au temps t_2 la situation est la même. L'expansion n'a pas transformé l'univers qui demeure infini.

INTERACTIONS

Voir aussi : Bosons et Fermions, Électromagnétisme, Gravitation, Photon, Quark, Radioactivité naturelle.

On appelle interactions les actions mutuelles entre les particules élémentaires déterminant les forces qui les lient, modifient leur état ou les transforment. On connaît quatre interactions fondamentales qui sont, dans l'ordre chronologique de leur découverte : l'interaction gravitationnelle, l'interaction électromagnétique, l'interaction forte, l'interaction faible. Mais, alors qu'un formalisme de plus en plus unifié peut être appliqué avec succès aux trois premières interactions, la gravitation, qui relève, depuis Einstein, de la relativité générale, continue à échapper à la description quantique globale et est restée jusqu'à présent rebelle à l'unification théorique avec les autres forces (1).

Les quatre interactions connues aujourd'hui sont « médiatisées » – c'est-à-dire transmises – par des bosons *fondamentaux*, particules qui n'ont pas le même comportement que les particules de matière (les *fermions*).

L'interaction gravitationnelle

C'est la force la plus universelle. Elle existe dans la sphère microscopique (entre toutes les particules), mais elle est, dans ce cas, si faible qu'elle ne peut être détectée expérimentalement. Elle règne dans le domaine macroscopique (galaxies, étoiles, planètes, pommes etc.), mais son influence s'accompagne paradoxalement d'une égale faiblesse, ce qui la classe d'emblée dans une catégorie à part. Dans le monde macroscopique, cependant, l'énorme quantité de particules composant les corps lourds combinent leurs interactions gravitationnelles pour produire la force de gravité qui domine l'univers dans son ensemble. Cette force est supposée médiatisée par une particule dénuée de masse et de portée infinie appelée *graviton*. Il n'a pas encore été possible d'observer le graviton, bien qu'il n'existe aucune raison sérieuse de douter de son existence.

---

1 - Pour jeter un pont sur la faille entre la gravitation et les autres interactions, Einstein espérait construire une *théorie unifiée du champ*, incluant toutes les interactions physiques, mais il échoua dans cette tâche ambitieuse. Aujourd'hui, cet objectif d'unification continue de tenter les physiciens. Le succès éclatant de la théorie de Salam et Weinberg unifiant électromagnétisme et interaction faible a laissé espérer qu'une théorie unifiant toutes les interactions physiques était vraisemblable dans un avenir proche. Des indices encourageants permettent d'espérer une unification entre l'interaction forte (qui lie les constituants du noyau atomique) et les interactions électromagnétique et faible.
Mais la gravitation reste encore très loin de ces progrès, en partie à cause de sa description habituelle comme un effet géométrique de l'espace-temps, plutôt que comme une force « normale ». Une voie prometteuse concernant l'obtention d'une « théorie quantique de la gravitation » et de son unification avec les autres catégories d'interaction semble s'être fait jour dans une extension de la relativité générale appelée « supergravité » (voir p. 424).

Avec la relativité générale, la gravité est devenue une propriété purement géométrique, une variation de la courbure de l'espace-temps causée par la présence des masses et des sources d'énergie. La théorie de Newton est comprise dans celle d'Einstein et reste valable pour des masses petites qui déforment peu l'espace-temps.

L'interaction électromagnétique

Elle survient entre les particules chargées électriquement. Elle s'exerce dans le monde des atomes et intervient dans la construction des structures complexes (amibes, hélices de l'ADN, etc.). Elle est médiatisée par l'échange de *photons* dénués de masse : leur portée est donc infiniment longue et c'est pourquoi on rencontre les forces électrique et magnétique à l'échelle mondiale. C'est cette force qui est responsable de la majorité des phénomènes physiques et chimiques courants.

L'interaction forte

Venons-en maintenant à l'interaction forte (aussi appelée la *chromodynamique quantique*, car cette interaction est une manifestation de la force dite de couleur). C'est la plus vigoureuse des quatre interactions. Son royaume – l'intérieur du noyau atomique – est minuscule et son influence ne s'exerce que sur des distances de l'ordre de 10^{-13} cm (un fermi). Toutes les particules de matière ne subissent pas l'interaction forte. Celles qui y sont sensibles s'appellent les *hadrons*. Les hadrons sont divisés en baryons et en mésons qui diffèrent de diverses façons, l'une d'elles étant que tous les baryons ont des antiparticules distinctes, tandis qu'un méson peut être sa propre antiparticule.

La portée de l'interaction forte est si courte que cette force est longtemps passée complètement inaperçue à notre échelle (et pourtant, c'est grâce à elle que le noyau existe) ; il a fallu attendre le xxe siècle pour la découvrir. On estime aujourd'hui que les interactions entre nucléons sont la manifestation d'interactions plus fondamentales encore, dont l'origine est à rechercher dans l'existence de particules hypothétiques qu'on pense être un des constituants de la matière. Ces particules sont appelées les *quarks*. Ils composent les hadrons. L'interaction forte est transmise par des particules d'interaction, les *gluons*, qui sont au nombre de huit et dont le nom vient de ce que les quarks restent « agglutinés » les uns aux autres lorsqu'on tente de les séparer ; ils sont, comme on dit, « confinés » à l'intérieur des hadrons.

L'interaction faible

Voyons enfin l'interaction faible. Elle s'exerce, comme la précédente, dans un domaine minuscule, sur des distances de 10^{-16} cm. Environ mille fois plus faible que la force électromagnétique, elle se contente de « faire mourir » la matière en la désintégrant. Les particules concernées par l'interaction faible sont appelées leptons (fermions élémentaires qui sont en revanche insensibles à l'interaction forte). L'interaction faible est si faible et sa portée si courte, qu'elle ne peut rien unir (contrairement aux trois autres interactions qui produisent des forces liantes). L'interaction faible ne se manifeste que dans certaines sortes de collisions de particules et dans les désintégrations de particules tel que le rayonnement bêta.

On sait aujourd'hui que l'interaction faible est transmise par des particules massives, d'autant plus massives que la portée de l'interaction est courte (plus de quatre-vingts fois la masse du proton) ; on appelle ces particules les *bosons intermédiaires* : ce sont les $W+$, $W-$, Z^0 découverts au CERN en 1983. L'existence de ces trois particules à très courte durée de vie (10^{-25} s pour le Z^0) avait été prédite quelques années auparavant par une théorie audacieuse unifiant les interactions électromagnétique et faible (de la même manière que l'unification de l'électricité et du magnétisme avait rendu nécessaire l'onde électromagnétique).

ISOMÉRIE

Laurent et Gerhardt, 1820 ; Boutlerov, 1861 ; Kékulé, 1866.
Voir aussi : Dissymétrie moléculaire, Liaison chimique, Synthèse organique.

Dès le début du XIXe siècle, de nombreux chimistes butent sur un problème étrange : certains corps, quoique apparemment constitués des mêmes éléments – carbone, hydrogène, soufre, chlore, etc. – et dans les mêmes proportions, présentent des propriétés différentes [1]. Dans les années 1820, John Dalton et Michael Faraday avaient découvert que des carbures d'hydrogène, aux propriétés différentes, étaient cependant de composition – qualitative et quantitative – identique ; ils avaient alors supposé que leurs méthodes d'analyse étaient imparfaites.

Pour expliquer ce « mystère », les chimistes français Auguste Laurent et Charles Gerhardt, considérés comme des pionniers de la théorie atomique, proposèrent « des formules typiques » dans lesquelles était respectée la proportion d'atomes de chaque corps. On sait depuis que le phénomène provient d'un arrangement différent des atomes dans la molécule.

Un cas d'isomérie

Il en est ainsi du carbure monoéthylénique C_4H_8. À la formule brute C_4H_8 correspondent deux formules semi-développées :

$$CH_2 = CH - CH_2 - CH_3 \text{ (butène – 1) et } CH_3 - CH = CH - CH_3 \text{ (butène – 2)}$$

On voit déjà qu'il existe deux isomères. Ce n'est pas tout. Il existe deux isomères géométriques du butène – 2 (*isomérie cis-trans*)[2]. Les formules développées de ces deux isomères géométriques sont :

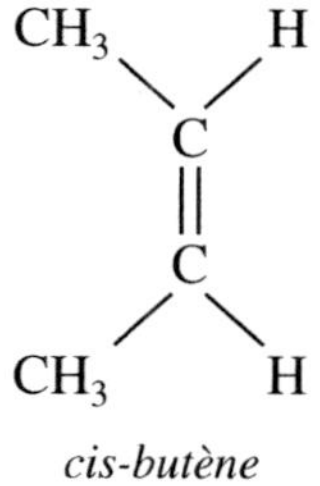

cis-butène

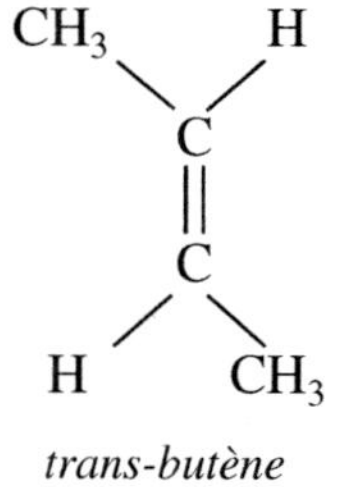

trans-butène

Un cas d'isomérie « cis-trans » très fréquente en chimie organique. Dans le premier cas (à gauche), la position est appelée « cis », dans le deuxième cas, « trans » (deux mots latins qui signifient : « du même côté », « de l'autre côté »).

1 - Une définition pertinente de l'isomérie peut être celle-ci (R. Quelet) : « On appelle isomères des composés différents ayant même composition centésimale et même masse molaire et par conséquent même formule brute ; ils diffèrent suivant les cas par la totalité de leurs propriétés ou seulement par quelques-unes d'entres elles ».

2 - À cette nomenclature *cis-trans*, s'est substituée une nouvelle nomenclature *Z/E* provenant de deux noms allemands.

L'existence des isomères géométriques vient de ce qu'il n'y a pas de libre rotation autour de la double liaison. Ainsi, bien qu'ayant la même formule brute, les isomères du butène ont des propriétés *physiques* différentes, le point de fusion par exemple. Pour le butène – 1, la température de fusion est inférieure à – 190° C. Le butène – 2 cis fond à – 139° C et le butène – 2 trans fond à – 105° C.

Notons qu'il peut exister par ailleurs des cas d'*isomérie spontanée*. Un corps qui vient d'être préparé peut se transformer partiellement en un autre corps, de sorte qu'on aboutit à un mélange de deux corps différents, mais de même formule brute. Le phénomène est réciproque. La transformation est donc réversible (on parle dans ce cas de *desmotropie*, et le système est appelé *mélange allélotropique*). Ainsi, l'ester acétylacétique, préparé depuis un certain temps, est constitué par 92 % de la forme cétonique et 8 % de la forme énolique :

$$CH_3-CO-CH_2-COOC_2H_5 \rightleftharpoons CH_3-\underset{\displaystyle OH}{\underset{|}{C}}=CH-COOC_2H_5$$

Forme cétonique — *Forme énolique*

Un fondement de la chimie organique

Ce furent l'Anglais Couper et l'Allemand Kekulé qui proposèrent les premiers le concept d'isomérie. Mais ils n'avaient pas les moyens d'en fournir les preuves et ne réussirent pas à construire une véritable théorie de l'isomérie. Notons que cette théorie devait mener à la notion des valences, qui postule que les éléments possèdent une valeur de combinaison, donc de substitution, déterminée.

Des propriétés physiques différentes

L'existence de corps possédant des mêmes éléments, mais des propriétés différentes fut une révélation pour la chimie. La définition de l'isomérie est la suivante : lorsque la disposition des atomes dans la molécule peut varier, on dit qu'il y a *isomérie*. Deux molécules isomères ont donc les mêmes atomes, mais ceux-ci sont arrangés différemment. L'isomérie apparaît seulement dans les formules développées des corps et non dans les formules brutes.

Assez rare en chimie inorganique, elle est particulièrement fréquente en chimie organique. De nombreux auteurs citent les travaux de Justus von Liebig sur le fulminate d'argent et ceux de Friedrich Wöhler sur les cyanates effectués tous deux aux environs de 1822-1824. Isocyanate d'argent et fulminate d'argent, bien qu'ayant la même formule de composition, n'ont pas les mêmes propriétés : le premier étant de formule O = C = N – Ag où le carbone est tétravalent, le second étant de formule C = N – O – Ag où le carbone est bivalent au lieu d'être tétravalent.

Un autre exemple est donné par l'acide fulminique : C = N – OH d'une part ; d'autre part, l'acide cyanique, isomère de l'acide fulminique, qui peut être représenté par deux formes isomères : N ≡ C – OH et O = C = N – H.

Deux corps isomères peuvent avoir des propriétés chimiques identiques, mais leurs propriétés physiques sont toujours différentes. C'est précisément l'étude des propriétés physiques qui permet au chimiste de reconstituer la structure de la molécule.

Parmi les propriétés physiques liées à l'isomérie, notons : le point de fusion, le point d'ébullition, l'indice de réfraction de la substance, sa densité, sa solubilité, le spectre d'absorption électromagnétique, le diagramme de réfraction des rayons X, etc.

Élève de Kekulé, le Russe Boutlerov reprit ses théories et introduisit en 1861 la notion de structure, celle qui prévaut aujourd'hui et qu'expliquent magistralement les liaisons. Boutlerov démontra théoriquement que deux butanes et trois pentanes par exemple sont formés des mêmes atomes, mais ont des propriétés différentes, propriétés qu'il découvrit également.

En 1866, il synthétisa l'isobutane et, en 1868, il découvrit que les composés organiques insaturés contiennent des liaisons multiples. À la même époque, Kékulé adopta pour la première fois la notion d'une structure hexagonale polycarbonée, celle du benzène, simultanément vérifiée dans son principe par d'autres chimistes éminents comme Berthelot et Wurtz. La chimie organique avait accompli un grand pas : l'illustre Berzelius qui se refusait à admettre l'idée de structure et celle des propriétés différentes pour des corps de même composition, mais de structures différentes, dut se rendre à l'évidence[1].

L'isomérie optique

Vers 1844, on savait qu'un composé organique, l'acide tartrique, existe sous deux formes, répondant donc aux critères de l'isomérie. L'une dévie le plan de la lumière polarisée vers la droite, tandis que l'autre est inactive. Puisque les formes de leurs cristaux, donc de leurs molécules, semblent identiques, comment, mis en solution, peuvent-ils avoir une action tellement différente sur un faisceau de lumière polarisée ? C'est ce vers quoi Pasteur orienta ses recherches et qui l'amena à sa première grande découverte au cours de son doctorat en 1847 ; ces types de cristaux sont dissymétriques, l'un étant l'image de l'autre dans un miroir. À la base de cette dissymétrie existe une dissymétrie moléculaire correspondante.

C'est pourqoi, lorsqu'une lumière polarisée traverse les solutions de certains corps organiques, le plan de polarisation tourne par rapport à sa direction primitive de quelques degrés vers la droite ou vers la gauche. La *polarisation rotatoire*, phénomène mystérieux à l'époque de Pasteur, était ainsi révélée[2]. Sa découverte devait être à la base d'une branche de la chimie, la *stéréochimie*.

1 - C'est Berzelius qui baptisa le phénomène « isomérie » (ισοσ = égale, μερις = parties).

2 - Ce pouvoir rotatoire avait été toutefois étudié par Biot de 1815 à 1835 environ. Puis, en 1844, Mitscherlich avait découvert l'existence de deux isomères de l'acide tartrique ayant des propriétés optiques différentes. Plus tard, en 1878, le physicien britannique Francis Aston continua les travaux de Pasteur en étudiant la préparation et le pouvoir rotatoire des esters d'un dérivé complexe de l'acide tartrique.

LIAISON CHIMIQUE

Lewis et Langmuir, 1916 ; Kossel, 1916 ;
Heitler et London, 1927.

Voir aussi : Atome des chimistes, Cristal, Fonction d'onde, Isomérie, Molécule, Spin.

Sans liaisons chimiques, pas de matière. Privés de celles-ci, les atomes ne pourraient s'unir les uns les autres pour former les molécules qui sont à la base de tous les organismes vivants et de tous les minéraux. Même les liaisons les plus faibles jouent un rôle indéniable dans le maintien de tout édifice moléculaire (surtout pour les macromolécules biologiques, comme les protéines et les acides nucléiques, formés de millions d'atomes).

La matière : un jeu de construction

Un corps est composé d'atomes disposés d'une certaine façon à l'intérieur des molécules, lesquelles ont elles-mêmes des situations relatives particulières. C'est grâce à l'énoncé de la théorie atomique de John Dalton (1803) que se précisa l'existence des atomes, composant la base de la matière : par des réactions chimiques diverses, les atomes se combinent et s'unissent pour former des molécules. De ces architectures complexes résultent les propriétés physiques et chimiques des corps.

Dans une molécule, les atomes ont en général une disposition spatiale à trois dimensions (1). Vers 1874, les chimistes Joseph Le Bel et Jacobus Van't Hoff ont introduit des formules à trois dimensions suggérant la situation des atomes dans l'espace (stéréochimie). Le cas le plus simple, connu depuis la fin du XIXe siècle, est celui du méthane : le carbone est au centre d'un tétraèdre régulier (chacune de ses faces est un triangle équilatéral), les atomes d'hydrogène étant disposés aux sommets de ce volume imaginaire.

La chimie moderne est plus exigeante encore ; elle entend préciser les distances entre les atomes, la nature et l'intensité des liaisons à l'intérieur des molécules et entre les molécules. Il est alors possible de fabriquer des modèles moléculaires à l'aide de petites boules figurant les atomes et de tiges flexibles figurant les liaisons : l'exercice ressemble à un jeu de construction. En réalité, les atomes ne sont pas aussi éloignés que le représentent les figures ; pour être plus réalistes, les modèles doivent être compacts (2).

1 - Il existe un autre type de représentation, dite « plane », dont le symbolisme commode est utilisé surtout en chimie organique.

2 - Les modèles élaborés avec des tiges sont dits « éclatés ». Ces derniers montrent bien la disposition spatiale des atomes mais masquent les problèmes d'encombrement des atomes. Les modèles compacts rendent mieux compte de certaines impossibilités d'assemblage. Certains gros atomes ne peuvent pas se « faufiler » dans certains sites.

Le concept de liaison chimique

Ce sont les physiciens et chimistes américains Gilbert Lewis et Irving Langmuir qui, en 1916, en étudiant les électrons périphériques des atomes, proposèrent une interprétation désormais classique du concept de liaison chimique. D'une façon générale, deux atomes peuvent s'unir par *covalence,* en mettant en commun deux électrons, – un « doublet » –, chaque atome fournissant un électron de sa couche externe.

La liaison par doublet est appelée « liaison covalente ». Par exemple, deux atomes d'hydrogène peuvent mettre en commun leurs électrons pour former une molécule d'hydrogène ; deux atomes de chlore, dont la couche externe comporte sept électrons, s'uniront de la même façon par deux électrons. Les liaisons du carbone fournissent maints autres exemples de ces liaisons, qui sont dites « simples ».

Possédant quatre électrons périphériques, le carbone peut en effet être lié par chacun d'entre eux à un atome différent ; le cas le plus ordinaire est la liaison carbone-hydrogène qui apparaît notamment dans le méthane (formule : CH_4). Par convention, on représente une liaison simple par un tiret (il y a donc quatre tirets autour de l'atome du carbone).

Par opposition aux liaisons simples, les liaisons « multiples » sont réalisées par la mise en commun de deux ou trois paires d'électrons (liaisons doubles ou liaisons triples). Exemple : la liaison carbone-carbone dans la molécule d'éthylène (formule C_2H_4) ou de l'acétylène (formule C_2H_2).

On appelle « formule développée » d'un corps, celle qu'on obtient en indiquant toutes les liaisons. Elle est plus expressive que la formule brute qui ne donne que la composition globale du corps.

La liaison entre les atomes est de nature électrostatique : elle est la résultante des forces d'attraction entre électrons et noyaux, et de répulsion entre particules de même signe électrique. Lorsque la résultante est nulle, la molécule acquiert une position de stabilité associée à une énergie interne minimale et à une certaine distance entre les atomes, appelée la *longueur de liaison.*

Les liaisons physiques entre les molécules

Une masse de substance, même très petite, contient des milliards de milliards de molécules. Les propriétés physiques de cette substance proviennent de la solidité de l'édifice moléculaire ; elles se modifient lorsque les conditions physiques (température notamment) changent.

Les molécules sont plus ou moins maintenues dans une architecture stable parce qu'il existe entre elles des forces de cohésion électrostatique qu'on appelle les *forces de Van der Waals,* du nom du physicien hollandais qui les découvrit (voir Gaz).

Les forces de Van der Waals sont très faibles. Elles proviennent des forces d'attraction entre les nuages électroniques de deux molécules voisines. Elles sont inversement proportionnelles à la puissance septième de la distance qui sépare deux molécules : quand les molécules sont très éloignées, ces forces tendent donc à diminuer et à devenir négligeables.

Si on s'écarte de cet équilibre en contrecarrant les forces d'attraction, l'énergie interne augmente comme la longueur de la liaison. Un état général instable se développe ainsi qu'une augmentation de l'énergie de chaque atome, perturbant le système et pouvant briser la molécule en atomes isolés. Bien que les liaisons chimiques soient toujours de nature électrique, il est nécessaire de les différencier selon l'intensité des interactions entre les atomes. Celle-ci est surtout fonction de la nature des atomes et molécules en jeu.

La théorie des orbitales

L'hypothèse de Lewis et Langmuir décrit correctement les liaisons chimiques, mais elle ne les explique pas complètement. Pour résoudre un tel problème de façon satisfaisante, il faut recourir à la *théorie des orbitales*, dont les solutions font appel à des outils mathématiques abstraits. Nous nous contenterons d'évoquer ici la théorie de Heitler et London (1927). La probabilité de présence des électrons autour du noyau est définie par une orbitale ; celle-ci est caractérisée par un niveau d'énergie équivalent à l'énergie des électrons qui l'occupent. Une liaison est obtenue par « recouvrement » des orbitales.

Prenons l'exemple de la molécule d'hydrogène, la plus simple de toutes les molécules. Considérons donc deux atomes d'hydrogène dont les noyaux P_1 et P_2 sont à la distance r. Lorsque r est grand, chaque proton P_1 ou P_2 est accompagné d'un électron dont la situation est définie par la fonction d'onde qui lui est associée. Lorsque les deux atomes se rapprochent, les deux nuages de probabilité s'interpénètrent et on ne peut plus dire d'un électron s'il est lié au proton P_1 ou au proton P_2.

Mathématiquement, cela revient à dire que les fonctions d'onde ψ_1 et ψ_2 des deux électrons sont remplacées par une fonction d'onde ψ_0 qui est une combinaison linéaire des deux autres. C'est donc à la fusion des orbitales qu'est dû le rapprochement des deux noyaux ; la liaison s'écrit $H \uparrow\downarrow H$[1] ou encore σ1s [sigma 1s]. L'orbitale σ1s résulte de la fusion maximale des deux orbitales 1s.

Or, ces orbitales correspondent chacune à un électron et, pour que ces électrons aient tendance à se rapprocher l'un de l'autre, malgré la répulsion électrostatique, il faut qu'ils aient des nombres de spin opposés, conformément au principe d'exclusion de Pauli : dans un atome deux électrons ne peuvent avoir leurs quatre nombres quantiques (n, l, m, s) égaux deux à deux.

La molécule d'hydrogène contient donc deux électrons appariés. Un troisième atome s'approchant de la molécule ne pourra plus s'unir à celle-ci, car son spin sera forcément parallèle à celui de l'un des deux atomes de la molécule et il sera repoussé. On peut généraliser ces considérations mais le calcul se révèle très difficile quand les édifices atomiques se compliquent.

Il est néanmoins possible de dire que les électrons y occupent des orbitales atomiques tout à fait analogues, quant à leur forme générale, à celle que nous venons de décrire à propos de l'hydrogène. Toutefois, il est évident que les orbitales d'une

1 - Les flèches de sens contraires signifient que la liaison est due à la combinaison linéaire des orbitales atomiques de deux électrons de spins opposés.

Les orbitales : des objets mathématiques abstraits

Devant l'impossibilité de calculer exactement les solutions de l'équation de Schrödinger pour les atomes et les molécules, les physiciens ont été amenés très tôt à élaborer des modèles permettant d'obtenir des solutions approchées. Un de ces modèles consiste à considérer chaque électron comme indépendant dans un atome (c'est-à-dire ne subissant pas l'interaction électromagnétique), tout à fait comme, dans une société humaine, la liberté de chacun est une approximation tempérée par la liberté des autres.

Pour représenter alors la fonction d'onde totale, on utilise un ensemble de fonctions d'onde élémentaires, une par électron, analogues aux fonctions d'onde de l'atome d'hydrogène. On nomme *orbitales* ces fonctions élémentaires. Les orbitales ne sont en aucun cas la description de l'état et du comportement de tel ou tel électron, mais plutôt des objets mathématiques.

Dans un atome polyélectronique, l'état d'un électron n'est pas représentable par une fonction d'onde ; seul l'atome tout entier est descriptible par une fonction d'onde, ce qui est une source de bien des difficultés de représentation et d'interprétation en microphysique. On a alors recours à des schémas manipulatoires simples et suggestifs.

même catégorie appartenant à différents atomes n'auront pas les mêmes dimensions dans l'espace. Plus l'atome est complexe, plus les orbitales internes sont proches du noyau.

Dans certaines molécules, les orbitales « pures » des atomes ne permettent pas, par recouvrement, d'expliquer la formation de ces molécules telles qu'on peut les observer. On fait alors appel à la *théorie de l'hybridation*. Par « excitation » des atomes, des doublets se scindent pour permettre une plus grande occupation des orbitales par les électrons. Ce procédé transforme les orbitales pures en orbitales hybrides équivalentes entre elles et permettant un meilleur recouvrement, d'où une stabilité moléculaire accrue.

La liaison ionique

La liaison ionique – ou électrovalence –, dont la théorie a été établie par le chimiste allemand Walther Kossel en 1916, résulte de l'attraction électrostatique – formulée par la loi de Coulomb – entre ions de charges opposées. Elle ne s'applique qu'aux électrolytes (acides, bases, sels). Elle est en quelque sorte le pendant chimique du concept de covalence introduit par Lewis et Langmuir pour expliquer la cohésion des molécules constituant les autres composés.

Lorsqu'un élément métallique, comme le sodium, se trouve en présence d'un élément non métallique comme le chlore, il se produit une double ionisation : l'atome de sodium perd son électron périphérique et devient Na^+ ; l'atome de chlore fixe cet électron et devient Cl^- ; le composé formé comprend donc deux ions liés l'un à l'autre par une force électrostatique (force de Coulomb).

C'est un *composé ionique* et la force de cohésion moléculaire est une *liaison ionique*. On peut écrire l'équation chimique suivante :

$$Cl2 + 2Na \rightarrow 2Na^{+} + 2Cl^{-} \text{ (chlorure de sodium).}$$

Tout composé ionique comprend donc un cation métallique et un anion non métallique. Le nombre d'électrons transférés définit l'électrovalence des éléments : ainsi le sodium a pour valence ionique +1, le calcium +2, etc., tandis que le chlore a pour valeur ionique −1, le soufre −2, etc. La disposition des ions d'un composé ionique les uns par rapport aux autres permet d'identifier un *cristal ionique*. Tout le monde a pu observer des fragments de sel marin, de quartz. Aussi petits soient-ils, ces fragments ont une forme géométrique caractéristique. C'est celle des cristaux. Quand on les brise, la cassure est nette et bien plane.

LUMIÈRE

Newton, 1666 ; Young, 1803 ; Fresnel, 1814 ; Maxwell, 1864 ; Einstein, 1905.

Voir aussi : Aberration, Constantes, Couleur, Ether, Ondes, Photon, Quanton.

Certains auteurs ont tendance à présenter un peu rapidement l'histoire de la lumière comme celle d'une lutte séculaire entre une théorie corpusculaire et une théorie ondulatoire. La réalité est un peu plus compliquée... Un entracte de dix-huit siècles sépare de la lunette de Galilée les « miroirs ardents » avec lesquels la légende d'Archimède raconte qu'il mettait le feu aux navires romains assiégeant Syracuse.

Pendant ces dix-huit siècles, « l'étude de l'*optique géométrique*, écrit J.-P. Maury [(1)], c'est-à-dire l'étude des chemins suivis par les rayons lumineux, est à peu près le seul refuge des physiciens, alexandrins d'abord, arabes ensuite [(2)], et finalement italiens. Les « retombées » techniques de ces études, verres de lorgnons d'abord, puis lunette hollandaise, devaient fournir à Galilée l'étincelle dont il avait besoin pour révolutionner la science ».

En fait, si fructueuses que soient ces études, les physiciens n'ont pas tout d'abord en leur possession les concepts, les méthodes, ni même les instruments qui leur permettraient de s'interroger scientifiquement sur un sujet aussi complexe. C'est seulement après la renaissance de la physique – à partir de 1550 – que l'étude de la lumière va déborder celle des chemins suivis par les rayons lumineux.

À cette époque, un abbé italien d'origine grecque, Francesco Maurolico, donne du « mécanisme » de la vision une des premières descriptions scientifiques (rôle du cristallin dans l'accommodation) ; il étudie systématiquement les prismes, les miroirs sphériques et donne quelques notions sur la détermination du foyer d'une lentille, ainsi qu'une explication de l'arc-en-ciel. L'Italien Giambattista Della Porta découvre, quant à lui, la chambre noire et la lanterne magique. Il semble avoir eu la première idée de la lunette à laquelle Galilée donnera son nom. Il préconise le port de verres de correction dont personne, jusque-là, n'a véritablement étudié les effets.

Vers 1621, Willebrord Snell Van Royen découvre, à Leyde, les lois de la réfraction de la lumière, auxquelles Descartes donnera une forme définitive (d'où leur appellation de *lois de Snell-Descartes*). Quelque temps après, à Bologne, Francesco

---

1 - *Petite histoire de la physique*. Larousse.

2 - En optique, la contribution originale des Arabes est fondamentale : ils dépassent – et de loin – tout ce que les Grecs ont connu, grâce surtout à Al-Kindi (mort vers 873) et Ibn-al-Haitham (965-1039), l'auteur le plus étudié en Occident, où il est connu sous le nom d'Alhazen. Dans *Les trésors de l'optique*, ce dernier risque une hypothèse hardie : la lumière est émise depuis le corps que l'on regarde sans en faire partie, l'œil ne faisant que la recevoir. Cette idée s'opposait à la thèse alors admise remontant à Démocrite et aux atomistes (la surface des objets, leur « écorce », se détache des corps en un jet de particules. Elle voyage en diminuant de taille et entre dans l'œil, provoquant la vision).

Grimaldi découvre les interférences et la diffraction des rayons lumineux. Dans son grand ouvrage, *Physicomathesis de lumine, coloribus et iride*, il décrit de nombreuses expériences courantes afin de convaincre ses lecteurs : couchés dans l'herbe, n'avons-nous jamais fait entrer la lumière du Soleil par nos paupières mi-closes et vu apparaître des couleurs entre nos cils ? N'avons-nous jamais regardé les irisations produites entre les barbes d'une plume d'oiseau ?

La théorie des couleurs

En 1666, Newton réalise sa célèbre expérience de réfraction (*experimentum crucis*) dans laquelle il fait passer un pinceau de lumière blanche à travers un prisme de verre. Le pinceau lumineux se divise en un « spectre » qui, projeté sur un écran, forme une tache allongée où se juxtaposent toutes les couleurs de l'arc-en-ciel. Newton parvient également à reconstituer le pinceau de lumière blanche à travers un second prisme. Ainsi, selon le savant anglais, loin de modifier les propriétés de la couleur, le premier prisme a simplement pour effet de la décomposer, ce qui montre que la lumière blanche est un mélange de lumières de toutes les couleurs.

La lumière chaude

La décomposition de la lumière blanche en sept couleurs, qui fonda un grand chapitre de l'optique, ne fut d'abord qu'une curiosité. Personne, à l'époque, ne comprit la théorie de Newton. Robert Hooke, l'un des membres les plus éminents de la Royal Society, en fit une critique bien peu fondée ; les autres physiciens et même certains jésuites anglais (!) ne lui firent pas meilleur accueil.

Près d'un siècle et demi s'écoula avant que cette curiosité de la science ne fût reprise. C'est en effet vers 1800 que l'astronome anglais William Herschell s'avise de mesurer les intensités thermiques du spectre solaire et trouve que le dégagement de chaleur se poursuit au-delà de l'extrémité rouge du spectre (1). Il en conclut qu'il y avait de l'énergie qui parvenait du Soleil en longueurs d'onde beaucoup plus grandes que celles perçues par l'œil et que cette énergie, tout comme la lumière visible, faisait partie du spectre électromagnétique.

La découverte de l'*infrarouge* a apporté de nombreux perfectionnements en astronomie, en optique et dans le développement de la théorie des quanta par le relais de l'étude du rayonnement thermique. Ce relais fut le postulat du « corps noir » avancé par l'Allemand Kirchoff dès 1859 ; il s'agissait d'un corps dont le pouvoir absorbant serait égal à l'unité pour toute direction et à toute température.

1 - Tous les corps éclairés s'échauffent. Les corps opaques plus que les transparents, les noirs davantage que les blancs, ceux qui retiennent la lumière plus que ceux qui la transmettent. Pour Grimaldi, au XVIIe siècle, cette propriété de pouvoir être absorbé était une preuve de l'existence objective de la lumière et il en faisait un argument dans la nécessité de chercher à déterminer sa nature.

De manière plus générale, un corps éclairé par une lumière blanche absorbe une partie des composantes de cette lumière et renvoie vers nos yeux les composantes restantes. Ainsi explique-t-on que des corps différents nous apparaissent diversement colorés. Newton et ses disciples pensaient que les propriétés objectives des rayons lumineux expliquaient l'impression subjective des couleurs.

Au début du XIXe siècle,Thomas Young réalise une autre expérience majeure montrant que toutes les couleurs du spectre s'obtiennent en mélangeant trois couleurs fondamentales dans certaines proportions, le rouge, le bleu et le vert. Un mélange de lumière rouge et de lumière verte donne une lumière jaune. En fait, notre œil ne distingue pas cette lumière jaune de la lumière jaune « pure » issue du prisme de Newton.

Ce qui nous apparaît comme un phénomène naturel, objectif, n'est que l'expression d'une propriété de notre système perceptif, lequel est bien plus complexe que ne le suggère le modèle de Newton. La couleur – ou devrait-on dire une sensation de couleur ? – n'est donc pas une propriété totalement objective de la lumière. Qu'est-ce alors que la lumière elle-même ?

La lumière : corpuscules ou vibrations ?

Au XVIIe siècle, deux théories s'opposent sur ce point. Ceux qui ont une conception « granulaire » (ou corpusculaire) de la matière l'étendent au feu et à la lumière. Le partisan le plus éminent de la première théorie fut Newton qui considérait la lumière comme un flux de particules pouvant se déplacer aussi bien dans l'espace vide que dans l'air. Cette hypothèse permettait d'expliquer plusieurs propriétés élémentaires de la lumière, en particulier son déplacement en ligne droite et sa réflexion par un miroir (à la manière de balles élastiques rebondissant contre un mur). La réfraction est expliquée en postulant l'existence de particules de types différents, une par couleur, la lumière blanche étant, bien entendu, un mélange de toutes ces particules.

Quand un rayon lumineux pénètre dans un prisme, les particules correspondant aux couleurs différentes sont déviées selon des angles différents et l'on obtient sur un écran un éventail de couleurs formant l'arc-en-ciel. Concernant l'apparition sur les lames minces des anneaux qui portent son nom, Newton, pour expliquer ce phénomène très particulier, se voit contraint d'attribuer aux particules de lumière une sorte de périodicité interne qui apparaît comme une première tentative de fusion entre les conceptions adverses de la lumière.

Il semble que la plupart des physiciens étaient alors favorables à la conception corpusculaire de Newton. Et, cependant, on connaissait bien – on en trouve la description dans la Grande Encyclopédie – le phénomène de la diffraction par le bord d'un écran découvert dès 1665 par Grimaldi, dont seule la théorie ondulatoire peut donner l'explication.

En fait, la théorie adverse, – c'est-à-dire ondulatoire – est bien antérieure à Newton. On la trouve même déjà chez Aristote qui, raisonnant par analogie avec le son, dont il connaît la nature, assimile la lumière à une vibration. Cette hypothèse est défendue par Descartes pour qui la lumière est une perturbation se propageant à travers une matière subtile qu'il appelle « éther » imprégnant aussi bien le vide que toutes les matières transparentes.

À noter que Descartes attribuait à la lumière une vitesse infinie, hypothèse qui fut contredite un quart de siècle environ après sa mort par l'astronome danois Römer. La conception de Descartes est reprise avec quelques modifications par le Hollandais Christian Huygens. Dans son *Traité de la lumière*, de 1678, mais publié seulement en 1690, Huygens suppose, comme son prédécesseur, que la lumière est constituée par des vibrations d'un milieu continu élastique très ténu, l'éther. Toutefois, celles-ci s'y propagent avec une vitesse finie et sans transport de matière. Contrairement aux zélateurs de la théorie corpusculaire, le « père de la théorie ondulatoire » ne parvient pas à donner une explication satisfaisante de la propagation de la lumière en ligne droite. L'une des raisons réside en ce qu'il croit, comme la plupart des physiciens jusqu'à Fresnel, que les vibrations sont longitudinales. Concernant le problème de la propagation des ondes, Huygens énonce le principe selon lequel tout point atteint par un élément lumineux devient à son tour une source secondaire de lumière.

Quoi qu'il en soit, pour des raisons de cohérence, mais surtout de prestige associé au nom de Newton, la plupart des physiciens du XVIIIe siècle adopte la théorie corpusculaire. Ce n'est qu'au début du XIXe siècle que la théorie ondulatoire reprendra le dessus.

Lumière + lumière = obscurité

Un médecin et égyptologue (il a été le rival malheureux de Champollion dans le décryptage des hiéroglyphes), Thomas Young, découvre les interférences, d'abord pour le son, ensuite pour la lumière. La première expérience de Young va consister à faire tomber de la lumière solaire sur la tranche de cartes à jouer et à étudier l'ombre projetée. Il observe alors l'apparition de *franges* qu'il estime causées par le phénomène de diffraction de la lumière. Ce « contournement » des obstacles par la lumière est une première preuve de sa nature ondulatoire (la lumière corpusculaire serait nécessairement arrêtée par un obstacle et ne pourrait le contourner).

Mais Young procède à une autre expérience, plus décisive encore. Si on éclaire un écran percé d'un petit trou, celui-ci se comporte comme une source ponctuelle et émet un faisceau divergent ; si, maintenant, un deuxième petit trou est percé à proximité du premier, les deux faisceaux transmis se superposent dans une zone où les interférences doivent avoir lieu. Young vérifie que des bandes rectilignes alternativement claires et noires apparaissent là où il les attendait. Il bouche l'un des deux trous : elles disparaissent. Il vient d'obtenir – sans contestation possible – de l'obscurité en *ajoutant de la lumière à la lumière*. Il calcule, d'après la théorie des ondes, quelles devraient être les caractéristiques des franges : il trouve une concordance parfaite avec l'observation des franges [(1)].

Young publie ses résultats en 1815. Son ouvrage n'a pas de succès. Il faut dire que Young n'a pas su faire un exposé ordonné et systématique de ses expériences. Un de ses compatriotes, connu pour ses travaux d'optique expérimentale, lord Brougham, l'attaque avec véhémence dans l'*Edimbourgh Review*. En France, Arago et Malus entendent parler de la théorie de Young. Mais c'est un jeune ingénieur des Ponts et Chaussées, Augustin Fresnel, qui va ébranler les scientifiques les plus coriaces.

---

1 - L'obtention des franges lumineuses permet à Young d'affirmer que la lumière est une onde. De plus, connaissant l'écartement entre ces franges, il peut calculer les longueurs d'onde des vibrations lumineuses : 0,7 micron pour le rouge, 0,4 pour le violet.

Ce que voient les abeilles

Les *longueurs d'onde* des radiations électromagnétiques vont du milliardième de milliardième de mètre, pour les *rayons cosmiques*, jusqu'à plusieurs milliers de kilomètres, dans le cas des *ondes hertziennes* basse fréquence. Une infime portion de cette gamme correspond à la lumière visible : une étendue de 0,35 millionième de mètre, comprise entre 0,4 et 0,75 micromètre. La raison qui explique le fait que nous puissions distinguer spécialement cette partie du *spectre* est purement physiologique.

Les longueurs d'onde du *visible* sont perçues directement par l'œil humain alors que le reste des radiations électromagnétiques nécessite d'autres détecteurs. Par exemple, l'ultraviolet, de longueur d'onde de 10 milliardièmes de mètre, invisible pour l'homme, est perçu en partie par les abeilles qui voient donc une « couleur » ultraviolette pour nous inimaginable.

La théorie ondulatoire moderne

Reprenant le principe des interférences du physicien anglais, Augustin Fresnel a le sentiment que Newton a « radoté » en accordant à la lumière une forme corpusculaire. Il faut décidément, pense-t-il, substituer les ondes aux corpuscules. Il couvre ses carnets de « rêveries » et réalise d'abord quelques expériences rudimentaires mais probantes. De 1815 à 1830, le développement des instruments allant de pair avec celui des outils théoriques, Fresnel échafaude la théorie ondulatoire moderne (1).

Cette théorie permet d'expliquer la plupart des phénomènes optiques connus, d'en découvrir de nouveaux, de les expliquer et de réaliser des montages d'une sensibilité et d'une précision remarquables. Si la théorie joue à ce propos un rôle décisif, le savoir-faire d'artisans spécialisés n'est pas à négliger. La vitesse de la lumière, quant à elle, est déterminée par Bradley en 1728, grâce à la découverte du phénomène d'aberration. Elle est mesurée en laboratoire par Hippolyte Fizeau et par Foucault en 1849, qui parvient sensiblement au même résultat. Les mesures modernes donnent 299 792,458 km/s (≈ de 300 000 km/s, vitesse notée c). Il s'agit de la vitesse dans le vide, c étant une constante universelle (voir ci-après).

Le XIXe siècle a donc été, pour l'édification de l'optique ondulatoire, une très grande époque. Mais, quels que soient ses succès expérimentaux, ses réussites dans l'interprétation de la plupart des phénomènes, toute la théorie ondulatoire du XIXe siècle reposait sur l'*hypothèse de l'éther*, reprise et amplifiée par Fresnel. Les physiciens essayèrent, à de nombreuses reprises, de démontrer concrètement l'existence de ce milieu hypothétique dans lequel la lumière était censée se propager (de la même façon que le son se propage dans l'air).

---

1 - L'œuvre de Fresnel est importante. Grâce à un dispositif connu depuis sous le nom de « miroirs de Fresnel », il prouve que la théorie ondulatoire peut seule expliquer le phénomène des interférences lumineuses. Il effectue les premières mesures des longueurs d'onde. Il crée l'optique cristalline de 1821 à 1823. Il invente les lentilles à échelons pour phares.

Ces expériences sur l'éther ne donnèrent jamais aucun résultat positif. Elles furent cependant à l'origine de certaines recherches très intéressantes, comme celle de Foucault qui montra, en 1850, et sans ambiguïté, que la vitesse de la lumière dans l'eau est inférieure à sa vitesse dans l'air (et que la différence entre les deux vitesses est exactement égale à la valeur prédite par la théorie ondulatoire)[1]. À cette époque, l'un des derniers tenants de la théorie corpusculaire, Jean-Baptiste Biot, fut convaincu et renonça à sauver cette théorie[2]. Puis Fizeau établit que le mouvement d'un milieu transparent, l'eau en l'occurrence, modifie la vitesse de la lumière s'y propageant. En fait, malgré les assauts d'ingéniosité des plus grands noms de la physique de l'époque, la réalité de l'éther restait inaccessible.

Entre temps, en 1842, le physicien autrichien Christian Doppler a déduit de la théorie ondulatoire que, lorsqu'une source de lumière se rapproche ou s'éloigne d'un observateur, la fréquence des ondes lumineuses augmente ou diminue respectivement (effet « Doppler »).

En 1864, la théorie ondulatoire trouve un nouveau renfort inattendu avec les travaux de James Clerk Maxwell, un physicien écossais de génie. Après avoir établi les équations générales du champ électromagnétique, Maxwell constate qu'elles ont pour solution des ondes se propageant dans l'espace. Déterminant ensuite par voie théorique la vitesse de ces ondes, il lui trouve une valeur identique à celle de la vitesse mesurée dans le vide et identifie alors les ondes lumineuses aux ondes électromagnétiques. Avec Maxwell, la nature physique de la lumière est enfin décrite par une théorie qui rend compte de tous les effets observés et résout les derniers problèmes posés à l'optique. Heinrich Hertz confirmera la théorie de Maxwell lorsqu'il montrera, en 1888, que les ondes « hertziennes » sont sujettes, elles aussi, aux phénomènes de réflexion, de réfraction, de diffraction, d'interférences et de polarisation.

Einstein et les « quanta de lumière »

À la fin du XIXe siècle, le problème de la nature de la lumière était, semblait-il, définitivement résolu. Certains physiciens comme Pierre Duhem restaient toutefois sceptiques. Ils expliquaient que la restriction à l'alternative – corspucules ou ondes – pourrait se révéler trop étroite dans la mesure où l'on pourrait découvrir un jour que la lumière n'est ni un corspucule ni une onde, mais une entité physique différente dont la nature serait alors à élucider. Duhem publie ses conclusions en 1904.

Un an plus tard, développant une idée formulée par Planck, Einstein affirma que, dans certains cas, la lumière pourrait se comporter non comme une onde continue, mais comme un flux discret de paquets d'énergie. En 1913, année où Einstein se vit offrir une chaire de physique à l'université de Berlin, ces « quanta de lumière » étaient encore considérés comme une lubie de physicien.

---

1 - Le changement de vitesse d'une onde s'accompagne nécessairement d'une modification de la direction de propagation, la *réfraction*. C'est ainsi qu'un crayon à moitié immergé dans l'eau semble cassé.

2 - Biot essaya de défendre la théorie corpusculaire en interprétant notamment la diffraction par des forces agissant sur les particules lumineuses.

Cependant, en 1917, Einstein démontra que ces « photons » possèdent une quantité de mouvement et se comportent comme des particules matérielles[1]. Toutes ces avancées transformèrent profondément la physique en exhumant un problème qui semblait définitivement résolu. Elles portaient en germe les prémisses de la physique quantique qui devait se généraliser progressivement. L'optique se trouvait alors dans une situation parfaitement ubuesque.

Pour comprendre certaines propriétés, il fallait admettre que la lumière est formée de grains, de corpuscules (nouvellement baptisés photons) ; mais pour tout ce qui relevait des phénomènes étudiés par Fresnel et ses successeurs, elle était indubitablement une onde. Cette dualité onde-corpuscule, un jeune étudiant du nom de Louis de Broglie en fit le sujet de sa thèse de doctorat (1924).

S'inspirant de la théorie de l'atome de Bohr ainsi que de la théorie de la relativité, il avança avec beaucoup de hardiesse qu'à toute particule doit être associée une onde, dont les caractéristiques pouvaient être déterminées à partir des hypothèses de Planck. La mécanique ondulatoire était née. Dernière étape d'une description dualiste de la lumière, la découverte du phénomène de la diffraction des électrons par les cristaux au printemps de 1927 par les Américains Davisson et Germer apporta une preuve expérimentale décisive en faveur de la mécanique ondulatoire et donna lieu à un très grand nombre d'applications scientifiques (Voir *Électron*).

Cette mécanique fut perfectionnée en 1926 par Schrödinger qui donna ainsi une contribution essentielle à l'établissement définitif de la théorie quantique. Aujourd'hui, si les physiciens acceptent la théorie quantique qui décrit dans un même cadre conceptuel la lumière et la matière, la vraie nature des objets quantiques, dont le comportement présente des aspects à la fois corpusculaires et ondulatoires, n'est pas parfaitement élucidée.

La lumière cohérente

Plusieurs décennies après la grande avancée théorique de la mécanique ondulatoire, la lumière est encore un sujet d'étude. Les problèmes qu'elle pose sont pris en compte par la physique moderne. En 1951, l'Américain Charles H. Townes trouve le principe de l'amplificateur de microondes, ainsi appelé d'après les initiales de l'expression anglaise *Light Amplification by Stimulated Emission of Radiation.* C'est le *laser*, qui permet d'obtenir un faisceau lumineux très intense, cohérent et parfaitement monochromatique, dont le dispositif expérimental est réalisé dans les années 1960.

On sait que les états dans lesquels peuvent se trouver des atomes sont caractérisés par des niveaux d'énergie discrets. À partir du niveau fondamental, un atome peut être porté à un niveau excité, par absorption d'un photon portant la différence entre l'énergie du niveau excité et celle du niveau fondamental. Réciproquement, un atome excité peut retomber à son niveau fondamental. Dans ce dernier cas, l'atome libère une certaine quantité d'énergie sous forme d'un photon supplémentaire,

1 - En 1923, le physicien américain Arthur Compton confirmera l'existence du photon en observant que, lorsqu'une radiation X rencontre un électron, celui-ci est projeté, tandis que la radiation est déviée (comme s'il s'agissait de deux boules de billard).

qui vient s'ajouter aux photons déjà présents sur l'onde associée, *en phase* avec ceux-ci. On a donc amplifié l'onde aux dépens d'un atome (c'est le phénomène de l'*émission stimulée* découvert par Einstein en 1916 et dont de Broglie a prédit les propriétés de cohérence en 1924).

L'« effet laser » est une émission de photons de désexcitation d'atomes d'un cristal stimulés. Si on est arrivé, par un moyen quelconque, à faire passer un assez grand nombre d'atomes dans l'état excité, le milieu peut jouer le rôle d'un amplificateur de lumière. En termes purement ondulatoires, l'amplitude de l'onde associée aux photons va croître et on aura obtenu une lumière d'un type très particulier, constituée d'une onde unique de très grande énergie (car elle porte beaucoup de photons). Au contraire, les sources usuelles, même intenses, fournissent peut-être beaucoup de photons, mais dans le désordre, car ils sont portés par beaucoup d'ondes différentes (1).

L'effet laser nécessite une méthode d'activation : le *pompage optique*, inventé en 1949 par Alfred Kastler, est un procédé qui permet d'assurer et de maintenir une population d'atomes dans un état excité. Les propriétés remarquables du rayon laser (monochromaticité, directivité, cohérence) tiennent à ce que l'ensemble des milliards de milliards de photons transportés par seconde, et non plus seulement chaque photon individuel, doit être considéré comme un *objet quantique*. Les lasers ont matérialisé l'irruption des idées quantiques dans la sphère technologique, qu'il s'agisse d'objets utilisés désormais quotidiennement dans l'industrie ou d'objets utilisés en médecine et en biologie.

L'une des applications les plus curieuses des lasers est l'*holographie*. Le principe en est le suivant : les ondes diffusées par un objet éclairé par un laser et les ondes directes émises par celui-ci (dites de référence) sont dirigées vers une plaque photographique. En raison de la cohérence de la lumière émise par le laser, la superposition de ces deux ondes produit des interférences enregistrées sur la plaque : c'est l'*hologramme*. Celui-ci se compose donc de franges irrégulières d'intensité variable dont la répartition est imposée par l'objet éclairé et qui constituent un réseau de diffraction. Si on éclaire celui-ci par une onde identique à l'onde de référence, les franges de l'hologramme le font diffracter.

Les déphasages introduits restituent les déphasages qui étaient à l'origine des franges : un observateur regardant au travers de l'hologramme voit donc l'objet initialement éclairé de la même façon qu'il le verrait au travers d'une ouverture ayant les dimensions de la plaque holographique ; il observe une image en relief mais monochromatique. La combinaison de plusieurs lasers permet de rétablir le polychromatisme.

Vitesse de la lumière

La vitesse de la lumière dans le vide, notée *c*, l'une des grandeurs fondamentales en physique, apparaît dans de nombreuses équations et dans la définition de l'unité de base pour la longueur, le mètre (2). C'est une vitesse limite qui ne peut être atteinte par

1 - Ces ondes sont « différentes » non seulement par leurs longueurs d'onde, mais aussi, pour une *même* longueur d'onde, parce qu'elles sont déphasées entre elles au lieu d'être en phase.

2 - Dans le système SI, un mètre est le trajet parcouru par la lumière dans le vide en 1/299732 458 seconde.

aucun corps matériel, encore moins dépassée. En octobre 1983, une commission internationale a fixé la valeur numérique de cette vitesse, notée $c = 2{,}99\,792\,458 \times 10^{8}$ m/s.

Dès l'Antiquité, la question de la vitesse de la lumière est posée. Le phénomène de transmission de la lumière étant imperceptible aux sens, les auteurs grecs qui en font mention sont pour la plupart convaincus de l'instantanéité de la propagation de la lumière à travers l'espace. Cette conception instantanéiste de la lumière se perpétue au Moyen Âge et à la Renaissance.

En 1632, dans ses *Discours sur les deux grands systèmes du monde*, Galilée suggère que la lumière doit avoir une vitesse finie ; l'expérience qu'il relate n'a plus qu'un intérêt historique. Il poste sur une colline voisine de celle où il se tient un assistant muni d'une lanterne dont la lumière est voilée. Aussitôt que Galilée montre sa propre lumière, l'assistant doit découvrir la sienne. Les mesures indiquent seulement que le temps mis par la lumière pour aller d'une colline à l'autre est plus court que celui mis par l'assistant pour réagir.

L'hypothèse de Galilée est vérifiée dans les années 1670 par Giovanni Cassini à l'Observatoire de Paris, à la suite de recherches menées sur les éclipses de quatre satellites de Jupiter. En 1676, l'astronome danois Olaüs Römer observe un retard dans l'éclipse d'un de ces satellites, Ganymède : cela paraît absurde, car le mouvement des satellites est connu pour être parfaitement régulier. Römer comprend alors que cette lune ne met pas plus de temps, mais que lui la voit avec un temps de retard : le temps supplémentaire avec lequel la lumière arrive, depuis Jupiter jusqu'à la Terre à ce moment-là (car la Terre se trouve alors plus éloignée de Jupiter d'environ deux fois la distance Terre-Soleil).

De ces observations, Römer déduit la première valeur numérique de la vitesse de la lumière : 280 000 km/s. Les mesures des distances entre la Terre et Jupiter dont Römer disposait alors n'étaient évidemment pas très précises et c'est ce qui explique le caractère approximatif[1] du chiffre avancé alors pour la vitesse de la lumière. Néanmoins, on sait désormais que la lumière voyage à une vitesse finie et que cette vitesse est très élevée. Cette conclusion ruinait « la certitude plus que morale » que Descartes reconnaissait à une propagation instantanée des phénomènes lumineux.

En 1727, l'astronome anglais James Bradley met pour la première fois en évidence le phénomène d'aberration (voir ce mot) qui confirme de manière indirecte le caractère fini de la vitesse de la lumière. Il donne pour cette vitesse une valeur – 295 000 km/s – parfaitement en accord (quoique un peu plus élevée) avec celle annoncée par Römer.

Par la suite, les mesures expérimentales furent graduellement affinées grâce aux progrès de l'optique qui autoriseront les expériences de laboratoire, réalisées par conséquent dans des espaces de dimensions limitées. Deux méthodes furent mises en œuvre : celle de la *roue dentée* et celle du *miroir tournant.*

La première donna successivement : 315 000 km/s (Fizeau, 1849), 298 500 km/s (Cornu, 1874), 300 400 km/s (Cornu, 1876), 301 400 km/s (Young et Forbes, 1882), 299 880 km/s (Perrotin, 1902). La seconde, basée sur une idée de Wheastone déve-

---

1 - « Approximatif », certes, mais d'une précision remarquable au regard des instruments disponibles à l'époque (erreur relative de 7 % seulement).

loppée par Arago, permit d'obtenir successivement : 298 000 km/s (Foucault, 1862), 299 910 km/s (Michelson, 1879), 299 853 km/s (Michelson, 1885), 299 860 km/s (Newcomb, 1880-82). Suite aux expériences antérieures de Römer et Bradley, l'intérêt porté à cette époque à l'étude quantitative de la vitesse de la lumière est à la mesure de la nécessité de vérifier différentes données astronomiques. Il est justifié aussi par le débat relatif à la nature de la lumière. En 1874, Alfred Cornu peut écrire :

> « En physique, la connaissance exacte de la vitesse de la lumière acquiert chaque jour plus d'importance ; c'est en effet l'une des constantes fondamentales de la théorie des ondulations ; elle donne la mesure absolue de la vitesse de propagation des ondes dans le vide, et, par suite, dans tous les milieux ; comparée aux valeurs des longueurs d'ondulation, elle fournit la durée des vibrations du milieu, siège des mouvements lumineux, l'éther ».

Notons par ailleurs l'importance qu'il convient d'accorder aux travaux de Michelson, puis de Michelson et Morley, sur l'éther (1881-1923). Ils ont en effet découvert que non seulement la vitesse de la lumière est finie mais qu'elle est *invariante*, propriété qui est l'une des hypothèses de la relativité restreinte.

Déterminations de la vitesse de la lumière

Méthode de la roue dentée

En 1849, Hippolyte Fizeau entreprend de mesurer avec précision la vitesse de la lumière. Le procédé utilisé consiste à focaliser la lumière d'une source ponctuelle sur les dents identiques et régulièrement espacées d'une roue dentée tournant à une vitesse uniforme autour d'un axe parallèle au faisceau lumineux.

Le dispositif comprend une source lumineuse de petite dimension dont l'image, donnée par une lentille L_1 suivie d'un miroir semi-transparent se forme au foyer objet F d'une lentille L_2. Les rayons parallèles à l'axe issus de L_2 arrivent sur une lentille L_3 éloignée, qui forme une nouvelle image sur le miroir M, normal à l'axe commun des lentilles L_2 et L_3 et situé à la distance *l* de F.

Le faisceau réfléchi les traverse à nouveau pour former en F une image finale. Supposons qu'à l'aller la lumière passe entre deux dents de la roue ; si, après réflexion, elle rencontre une dent, l'observateur ne voit pas la source lumineuse. Le temps mis par la lumière pour son aller et retour est égal à $2l/c$.

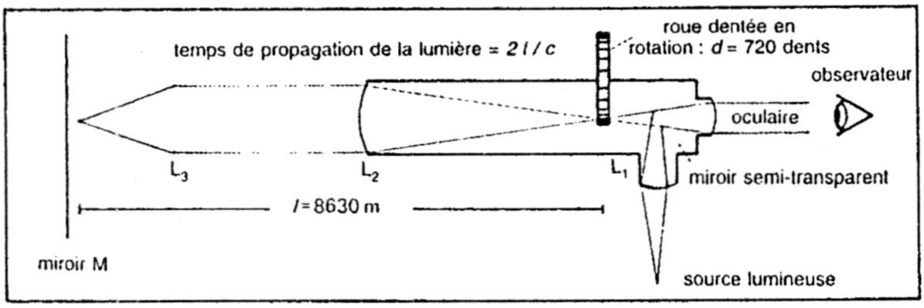

Méthode de la roue dentée de Fizeau.

Pendant ce temps, l'intervalle entre deux dents est remplacé par une dent ; si c'est la première, on a :

$$1/2 = (qd)\,(2l/c)$$

avec q = nombre de tours/seconde de la roue

et d = nombre de dents de la roue

d'où $c = 4\,qdl$

Fizeau réalisa son expérience entre un belvédère situé à Suresnes et la butte Montmartre, séparés par une distance de 8 630 m. La roue dentée comportait 720 dents ; la première éclipse survenait à 12,5 tours/seconde. Fizeau calcula 315 000 km/seconde comme valeur de la vitesse de la lumière. Dans les mesures modernes, on utilise à la place de la roue dentée une cellule dite de Kerr pour l'interruption périodique du rayon lumineux, car on en connaît la fréquence avec précision.

Méthode du miroir tournant

En 1862, Léon Foucault détermina la vitesse de la lumière à l'aide d'un miroir tournant. Cette méthode du miroir tournant ne nécessite que des trajets relativement courts et permet de ce fait de mesurer la vitesse de la lumière dans d'autres substances que l'air ou le vide (en 1851, Fizeau procéda à des mesures de la vitesse de la lumière dans les milieux réfringents en mouvement, en particulier dans un courant d'eau).

Dans la méthode du miroir tournant, un faisceau émis par une source parcourt la distance l_1 jusqu'à un miroir qui tourne à la vitesse angulaire ω et le réfléchit vers un miroir fixe où il arrive sous une incidence nulle, ayant parcouru une distance l_2. Il se réfléchit sur lui-même et revient au même point d'impact sur le miroir tournant, lequel pendant ce trajet a tourné de l'angle $\beta = 2\,l_2\,\omega\,/c$. Il rencontre l'écran récepteur en un endroit décalé, par rapport au point de départ, de

$$\Delta l = 2\beta\ l_1$$

Dans ces conditions :

$$c = 4\,l_1\,l_2\,\omega\,/\Delta l$$

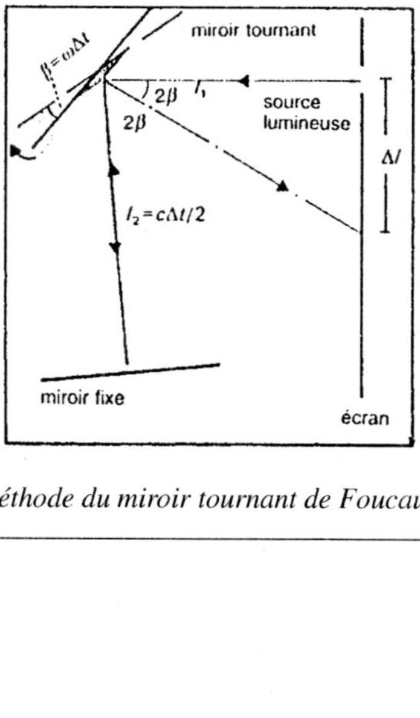

Méthode du miroir tournant de Foucault.

L'invariance de la vitese de la lumière dans le vide a eu des conséquences essentielles pour toute la physique. Même si cette propriété est difficile à admettre, la loi de composition des vitesses, en mécanique classique, ne s'applique pas à la lumière. Quand deux voitures se suivent, leur vitesse relative est égale à la différence entre leurs deux vitesses ; quand elles s'approchent l'une de l'autre, leur vitesse relative est la somme des deux. La vitesse de la lumière, en revanche, est toujours la même, dans toutes les directions et par rapport à tout observateur, indépendamment de son mouvement éventuel et rien, pas même l'information, ne peut la dépasser. Il s'agit là d'un fait expérimental incontestable.

MAGNÉTISME

Gilbert, 1600 ; Coulomb, 1784 ; Œrsted, 1819 ; Ampère, 1820 ; Faraday, 1850.

Voir aussi : Champ, Électricité, Électromagnétisme, Gravitation.

À soixante-dix ans, Albert Einstein se remémorait une expérience particulière datant de sa prime jeunesse. « Vers l'âge de cinq ans, nous dit-il, je vécus un miracle lorsque mon père me montra une boussole. » Il fut si excité qu'« il se mit à trembler et à avoir froid ». Et le grand savant ajoute : « Il y avait forcément quelque chose de profondément enfoui derrière les objets... L'évolution de notre mode de pensée est en un certain sens une envolée à partir du miraculeux ».

Si le magnétisme n'a rien de « miraculeux », il s'agit néanmoins d'un phénomène complexe à saisir, intervenant dans de nombreux domaines. La Terre, le Soleil et une multitude d'astres produisent de gigantesques champs magnétiques qui s'étendent dans l'espace. L'homme en produit à son échelle pour de nombreux usages, de la boussole au train magnétoporté. Les atomes eux-mêmes ont des propriétés magnétiques. La définition précise du champ magnétique devrait faire appel au champ électrique et à la relativité, mais on peut se limiter à le définir grâce à son action sur la particule chargée en mouvement : celle-ci subit une force proportionnelle à sa vitesse et à une grandeur définie en tout point de l'espace (un champ).

La rotation de chaque électron autour du noyau atomique crée un *moment magnétique*, une « aimantation ». Pour certains atomes et ions, les différentes contributions des électrons à ce moment peuvent se compenser et le moment total est nul ; pour d'autres, elles s'additionnent et on a alors un moment magnétique permanent.

On sait depuis l'Antiquité que l'ambre jaune (*électrôn*) frotté avec un tissu sec attire des brins de laine et d'autres corps de petite taille (1). Les chroniqueurs rapportent que Thalès (VIIe-VIe siècle av. J.-C.) connaissait l'action de la *pierre d'aimant* sur le fer (2). L'usage de la boussole, qui vient de Chine (3), se répand en Occident à partir du VIIe siècle. Les Arabes l'utilisent pour la navigation. La première étude connue sur l'aimant figure dans une lettre écrite par le philosophe Pierre Pèlerin de Maricourt, lettre publiée pour la première fois en 1558. Il y décrit plusieurs expériences et baptise pôles nord et sud les extrémités de la boussole. Il voit une identité de nature entre l'aimant, qui indique la direction nord-sud, et la

---

1 - Ce phénomène s'interprète aujourd'hui par l'apparition à la surface de l'ambre, sous l'effet du frottement, d'une charge électrique responsable de cette attraction.

2 - Le mot « magnétisme » provient du nom d'un oxyde de fer naturel, la « magnétite », cité par Lucrèce. Il semble que l'on ait trouvé ce minerai magnétique pour la première fois à proximité de la cité thessalonique de Magnêsia.

3 - Les boussoles chinoises constituées d'un bol empli d'eau dans laquelle flotte un poisson de bois porteur d'une aiguile de magnétite, se tournent, où que l'on soit, vers l'étoile du Sud.

sphère céleste. Ses expériences de l'aimant brisé montrent que la « vertu magnétique » est la même en chaque partie de l'aimant, et dans l'aimant tout entier.

Du XIVe au XVIe siècle, cette approche rationaliste cède la place à des tendances animistes ou magiques qui ne distinguent pas nettement entre attraction électrique et attraction magnétique, toutes les deux étant conçues en tant que forces magico-animistes, telles que sympathie, antipathie, etc.

Le magnétisme, un phénomène « universel »

En 1600, l'Anglais William Gilbert, premier médecin de la reine Elisabeth et physicien à ses heures, reprend et continue l'œuvre de Maricourt dans son ouvrage *De magnete, magneticisque corporibus et de magno magnete tellure.* Pour Gilbert, la vertu magnétique est essentielle à la nature de la substance « terrienne ». En fait, le premier, il suppose que la Terre est semblable à un gros aimant dont le mouvement ne persévère que parce qu'elle est en parfait équilibre autour de son axe. C'est grâce à cette vertu magnétique que les corps susceptibles d'être aimantés s'orientent dans l'espace. Ainsi, Gilbert introduit la notion essentielle de lignes de force. Il remarque en outre que le fer, porté au rouge, se désaimante, et décrit plusieurs méthodes d'aimantation.

En 1629, le jésuite Niccolo Cabeo publie sa *Philosophia magnetica* dans laquelle il exploite les résultats de Gilbert pour édifier une théorie du magnétisme d'inspiration aristotélicienne. Cet apport copieux sera complété par la découverte du diamagnétisme faite en 1778 par Anton Brugmans(1). Pour Kepler, les planètes sont des aimants dont le mouvement s'ordonne autour de l'« aimant solaire », responsable de puissantes forces magnétiques (l'attraction et la répulsion magnétiques étaient en effet le meilleur exemple connu d'une influence à distance sans intermédiaire matériel apparent). La force magnétique s'atténuant avec la distance, leurs vitesses sont inversement proportionnelles à leurs distances au Soleil.

Descartes va à l'encontre de cette idée et lui préfère une théorie des effets magnétiques fondée sur une structure géométrique de la « matière subtile ». La théorie cartésienne du magnétisme est reprise par Boyle et par Huygens jusqu'à l'avènement de la doctrine newtonienne : celle-ci fait de l'« action à distance » le parangon devant lequel tout autre concept doit s'incliner. Cependant, comment expliquer que des forces d'attraction agissant à distance puissent orienter l'aimant sans l'attirer ? Il faut attendre 1759 pour voir apparaître une tentative d'interprétation du phénomène par l'Allemand Aepinus : les pôles de l'aimant sont les points d'application de forces attractives et répulsives dont le couple oriente l'aimant (*Tentamen theoriae electricitatis et magnetismi*).

---

1 - Lorsqu'on place certaines substances (eau, quartz, carbone, etc.) dans un champ magnétique, on modifie les trajectoires des électrons. Cela fait apparaître un moment magnétique induit qui s'oppose au champ principal : c'est le *diamagnétisme*. Si les atomes possèdent un moment magnétique permanent, d'autres effets peuvent apparaître : les moments magnétiques des atomes ont tendance à s'aligner dans le champ magnétique externe et à l'augmenter. Cet effet est le *paramagnétisme* qui va à l'encontre du diamagnétisme. L'effet paramagnétique est diminué par la hausse de température. Le premier pas significatif vers l'interprétation de ces deux phénomènes fut accompli par Pierre Curie vers 1895.
Pour certaines matières (fer, cobalt, nickel), on observe un phénomène plus complexe encore : le *ferromagnétisme*. Dans le cas du ferromagnétisme, la présence d'un champ magnétique aligne les moments et, lorsque le champ extérieur est annulé, le milieu est magnétisé ; c'est un aimant dit *permanent*.

L'étude quantitative du magnétisme : Charles de Coulomb

Avec Charles Augustin de Coulomb commence l'étude quantitative du magnétisme. Cet ancien ingénieur du corps du génie publie, en 1777, une première étude qui contient en germe tous ses travaux ultérieurs : *Recherches sur la meilleure manière de fabriquer des aiguilles aimantées.* À partir de 1785, il rédige sept mémoires où sont établies les bases expérimentales et théoriques du magnétisme et de l'électrostatique. Pour ses expériences, le savant français a mis au point un dispositif très sensible appelé balance de torsion. La torsion d'un fil extrêmement fin mesure les forces qui s'exercent entre deux petites sphères électrisables. Coulomb découvre ainsi la fameuse loi de l'inverse carré qui énonce que la force s'exerçant entre des charges électriques est proportionnelle au produit de ces charges et inversement proportionnelle au carré de la distance qui les sépare.

Les bases expérimentales du magnétisme et de l'électrostatique

On doit à Charles Augustin Coulomb deux lois fondamentales, vérifiées expérimentalement, qui établissent les bases théoriques du magnétisme et de l'électrostatique. L'une et l'autre de ces lois ont des expressions (voir ci-dessous) qui sont identiques dans la forme à celles de la loi de gravitation universelle de Newton. Cette similitude de forme ne pouvait que conforter la tendance mécaniste de l'époque.

À la base des travaux de Coulomb se trouve l'invention, en 1784, d'un dispositif ingénieux appelé « balance de torsion ». Chacun sait qu'un fil quelconque, de lin ou de coton, tend à revenir à sa position initiale après avoir été tordu. Ce retour à la position première est le résultat d'un *couple* dont le *moment* est proportionnel à l'angle de torsion. Il s'agit, en mécanique, de deux forces parallèles d'intensités égales et de sens contraires ; ces couples sont égaux au produit de l'intensité commune des deux forces par la distance de leurs lignes d'action. La balance de torsion de Coulomb exploite le couple de torsion d'un fil d'argent tendant à ramener celui-ci à sa position initiale.

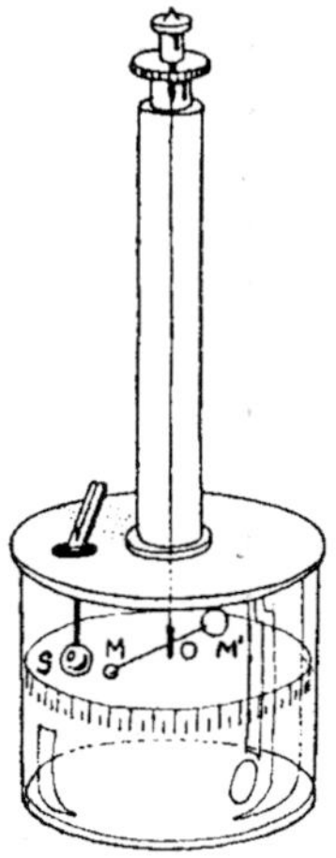

La balance de torsion inventée par Charles de Coulomb.

La figure ci-avant montre le fil à l'extrémité duquel, en *O*, on a suspendu une tige isolante *MM'* en équilibre. Une petite sphère extrêmement légère (Coulomb utilisait de la moelle de sureau), fixée en *M*, est susceptible de recueillir des charges électriques. À proximité de *M*, on approche une autre tige isolante dont l'extrémité S porte une petite masse électrisable. *M* et *S*, ayant reçu préalablement des charges de même signe, vont se repousser avec une certaine force torsionnelle *f* tendant à faire tourner *MM'*. Quand la force électrostatique et la torsion s'équilibrent, le système s'immobilise. Grâce à un cercle gradué centré en *O*, on mesure l'angle que fait *MM'* avec sa position initiale, d'où l'on déduit la force *f*.
Coulomb établit ainsi que ladite force est proportionnelle aux charges *Q* et *Q'* des deux sphères et inversement proportionnelle au carré de la distance *r* qui les sépare :

$$f = k \, . \, \frac{QQ'}{r^2}$$

k étant une constante qui dépend des caractéristiques du milieu où s'exercent les charges et des unités utilisées pour les différentes grandeurs.
Coulomb aboutit à une loi de même forme en dotant la balance de torsion d'un barreau aimanté *MM'*, *S* devenant l'un des pôles d'un autre barreau aimanté. Dans ce cas, la force *f* est inversement proportionnelle au carré de la distance qui sépare les pôles des aimants et proportionnelle au produit de leurs « masses magnétiques » (1) :

$$f = k \, . \, \frac{MM'}{r^2}$$

1 - Cependant, une différence de taille distingue les masses des aimants des charges électriques. Lorsqu'on casse un aimant en deux, on retrouve toujours un autre aimant avec ses deux pôles qui, jamais, ne peuvent être séparés. La définition des charges magnétiques est donc beaucoup plus complexe. Il est plus simple de mesurer la force magnétique qui agit sur un courant.

Pour Carl F. Gauss, qui donne à l'électricité et au magnétisme leur premier système d'unités, la loi de Coulomb définissait rigoureusement la charge d'un corps. Ces lois d'interaction, formellement identiques à la loi d'attraction universelle, faisaient triompher le newtonianisme, c'est-à-dire, à l'époque, le point de vue laplacien en électricité. L'utilisation du plan d'épreuve, pour prélever la charge électronique sur une portion de surface d'un conducteur, et de la balance de torsion pour mesurer cette charge, permettait de déterminer mathématiquement la distribution des charges électriques sur les conducteurs. Coulomb ouvrait ainsi la voie à une science mathématique de l'électrostatique.

En 1811, Denis Poisson, disciple de Laplace, étendait à ce domaine la théorie du potentiel développée en 1785, pour la gravitation, par Laplace. L'équation différentielle de Poisson permettait une formalisation analytique de l'électrostatique, formalisation que complétèrent Gauss et Green. En 1828, ce dernier étendait l'équation de Laplace au magnétisme.

Œrsted : électricité et magnétisme sont inséparables

À la suite de Coulomb, la grande majorité des physiciens estime que magnétisme et électricité sont de natures totalement différentes. On n'envisage pas un seul instant que l'électricité puisse engendrer du magnétisme. C'est le Danois Hans Christian Œrsted qui va réussir à démontrer une parenté entre les deux. En 1819, Œrsted observe le frémissement de l'aiguille d'une boussole, placée près d'un fil où circule un courant électrique : l'aiguille tend à s'aligner sur le champ magnétique engendré par le courant.

Rapidement diffusés, les résultats des expériences d'Œrsted retiennent l'attention du monde scientifique : une fois prouvée, la parenté entre électricité et magnétisme ne manque pas de frapper certains physiciens, en particulier ceux qui se sont réunis sous la bannière d'une certaine « Naturphilosophie » à laquelle sont attachés les noms de Ritter et Schelling (1). Œrsted lui-même entrevoit des analogies entre la plupart des phénomènes physiques. À partir d'une source unique qu'il appelle « conflit électrique », sorte de rupture d'un équilibre entre la matière et l'espace, les phénomènes électriques et (ou) magnétiques s'étendent dans l'espace tout comme le font la chaleur ou la lumière.

Un courant électrique peut créer un champ magnétique (Œrsted, 1819)

Dès le début du XIXe siècle, nombreux sont les savants qui cherchent à vérifier la relation entre électricité et magnétisme. En 1813, un professeur de physique à l'université de Copenhague, Hans Christian Œrsted, proclame devant ses élèves qu'un fil conducteur doit générer un champ magnétique. Cette hypothèse, qui se réfère au principe de la conversion des forces, reste à vérifier. Très occupé par ses travaux d'enseignant, Œrsted ne réalise sa démonstration qu'en 1819 : il a déposé une boussole sur une table, non loin d'une pile voltaïque (c'est-à-dire une vingtaine de plaques de cuivre et de zinc rendues conductrices par un mélange d'eau et d'acide sulfurique (1)) dont les extrémités opposées sont reliées par un « fil conjonctif » (fil conducteur).

Ce fil déclenche un phénomène qu'Œrsted appelle « conflit électrique ». Il s'agit en réalité de l'action exercée par le courant électrique *autour* du fil conducteur, comme le savant le rappelle dans son *Mémoire :* « Nous donnerons aux actions dont le conducteur et l'espace qui l'environne sont le siège le nom de conflit électrique ». Œrsted a rendu cette action manifeste en tendant un segment de fil au-dessus de l'aiguille aimantée de la boussole ; il a ainsi provoqué une déviation du pôle de cette aiguille qui se trouve sous la partie du fil la plus proche de l'extrémité négative de la pile.

En un mot, la circulation d'un courant électrique provoque la déviation d'une aiguille aimantée. Cette déviation est fonction de la « puissance de l'appareil galvanique ». Il apparaît que « le conflit (électrique) n'est pas circonscrit au fil conducteur mais qu'il a autour de lui une sphère d'activité assez étendue... Il forme un tourbillon autour du fil ».

Poursuivant son expérience, Œrsted constate que l'effet de déviation de l'aiguille aimantée persiste, même lorsqu'on interpose diverses matières entre l'aiguille aimantée et le fil : verre, pierre, bois, résine, etc. Œrsted résume sa démonstration en soulignant que « l'aiguille aimantée est déviée de sa position d'équilibre par l'action de l'appareil galvanique [comprenons la pile] et que cet effet se produit quand le circuit est fermé et non quand il est ouvert ; c'est pour avoir laissé le circuit ouvert que de célèbres physiciens n'ont pas réussi, il y a quelques années, dans des tentatives de ce genre. »

1 - La force électromotrice d'une telle pile devait être d'environ 20 volts.

---

1 - La « Naturphilosophie » a pour concept fondamental l'abolition de la séparation entre matière et esprit, nature et Dieu, cosmos et conscience, et, d'une façon générale, une certaine analogie entre les phénomènes physiques.

La portée de la découverte d'Œrsted est immense. Sur le plan pratique, elle a mené, par exemple, à l'induction électromagnétique, puis à la découverte des ondes hertziennes. Sur le plan théorique, elle a mené, après une brève diversion, à la transition de la conception newtonienne des lois universelles à la conception relativiste. La liaison entre électricité et magnétisme incita, en effet, dès la fin du XIXe siècle, les physiciens à admettre que la seule mécanique ne pouvait pas suffire à expliquer toutes les relations entre tous les corps.

La contribution d'André-Marie Ampère

Le retentissement des expériences d'Œrsted attire l'attention d'André-Marie Ampère dès septembre 1820. Ampère a alors quarante-cinq ans ; c'est un mathématicien et un philosophe réputé (1) qui entend mettre explicitement en œuvre sa propre méthodologie positiviste. Il découvre qu'un courant électrique (2) crée non seulement un magnétisme déviant une aiguille aimantée, mais est en retour influencé par le magnétisme. Deux fils rectilignes conducteurs parcourus par des courants exercent l'un sur l'autre des forces attractives ou répulsives dues au magnétisme créé par chaque courant.

Ainsi, il est désormais largement prouvé que, loin d'être un phénomène autonome, le magnétisme résulte de la présence d'un courant électrique. Ampère interprète en outre l'action d'un aimant ordinaire par l'existence, dans la matière aimantée, de courants électriques permanents exerçant des forces attractives ou répulsives sur les courants homologues d'un second aimant.

Avec Ampère, le problème du magnétisme semble donc se réduire à un problème de forces entre courants électriques. Il pense éliminer tout risque d'erreur en transposant les faits dans le langage mathématique, mais, par conviction newtonienne, il imagine des forces d'interaction dans la ligne droite des éléments de courant (alors qu'elles sont transversales). Par ailleurs, Ampère est amené à introduire, comme auxiliaire de calcul, une grandeur à trois composantes (un vecteur) : la directrice, toujours normale à la force exercée par un circuit, dans laquelle on a vu ensuite le champ magnétique induit par un courant.

Toutefois, les convictions épistémologiques d'Ampère ne le prédisposent pas à donner un sens physique à cette « directrice » qu'il utilise couramment. Les efforts engagés par Coulomb furent poursuivis quelques années plus tard (vers 1850) par Michael Faraday grâce à une approche totalement différente qui eut une influence décisive sur le développement ultérieur de la physique. Cette approche était fondée sur le *concept de champ*.

Mais le savant anglais se pencha également sur un phénomène bien connu : l'induction magnétique.

---

1 - Ampère a, en 1802, composé ses *Considérations sur la théorie mathématique du jeu*, qui est une ingénieuse application du calcul des probabilités. Également intéressé par les grands problèmes de la chimie, il a, en 1814, dans une lettre à Berthollet, distingué entre atomes et molécules et developpé l'hypothèse – aussi formulée par Avogadro – selon laquelle tous les gaz renferment, à volume égal et sous la même pression, le même nombre de molécules.

2 - Ampère a largement contribué à créer le vocabulaire de l'électricité, notamment les mots *courant* (on disait alors « conflit ») et *tension*.

Les « hélices galvaniques » de Monsieur Ampère

Ampère, à la suite d'Œrsted, a magistralement démontré l'identité du magnétisme et de l'électricité. Le 18 septembre 1820, il lit à l'Académie des Sciences un mémoire relatif « aux nouveaux phénomènes galvanico-magnétiques ». Il y décrit un appareil – le premier galvanomètre – auquel il donne le nom de *solénoïde* constitué par un barreau de fer placé à l'intérieur d'un fil de cuivre entouré en hélice et parcouru par un courant.

Ampère prévoit que le solénoïde se comportera comme un aimant sous la seule influence du courant électrique. Comme lui, il a deux pôles repoussant ou attirant ceux d'un aimant permanent (1). Les expériences ont lieu entre le 18 et le 25 septembre 1820 et elles se déroulent comme prévu.

Ses notes en font foi :

« *Séance du 18 septembre* – Je réduisis les phénomènes observés par M. Œrsted à deux faits généraux. Je montrai que le courant qui est dans la pile agit sur l'aiguille aimantée comme celui du fil conjonctif [le fil qui réunit, à l'extérieur, les deux bornes de la pile]. Je décrivis les instruments que je me proposais de faire construire, et entre autres des spirales et des hélices galvaniques [solénoïdes]. J'annonçai que ces dernières produiraient, dans tous les cas, les mêmes effets que les aimants.

J'entrai ensuite dans quelques détails sur la manière dont je conçois les aimants, comme devant uniquement leurs propriétés à des courants électriques dans des plans perpendiculaires à leur axe et sur les courants semblables que j'admets dans le globe terrestre ; en sorte que je réduisis tous les phénomènes magnétiques à des effets purement électriques.

Séance du 25 septembre – Je donnai plus de développement à cette théorie, et j'annonçai le fait nouveau de l'attraction et de la répulsion de deux courants électriques sans l'intermédiaire d'aucun aimant, fait que j'ai observé sur des conducteurs pliés en spirale ».

1 - Muni d'un noyau de fer, le solénoïde se révèle beaucoup plus efficace, et, surtout, il n'attire le fer que si le courant y circule : un simple interrupteur peut contrôler le phénomène. Perfectionné par Joseph Henry, il sera la clé du télégraphe et, plus tard, du téléphone.

Faraday : l'induction magnétique

Si un courant peut générer un champ magnétique, l'inverse est-il vrai ? Expérimentateur chevronné, Michael Faraday invente un dispositif qui permet de répondre subtilement à cette question. Sur un anneau de fer il enroule deux bobines ; l'une reliée à une pile *via* un interrupteur, l'autre à un galvanomètre indiquant le passage éventuel du courant. Que l'interrupteur soit ouvert ou fermé, rien ne se passe sur le galvanomètre, rien d'autre qu'un petit soubresaut à la fermeture du circuit, suivi d'un autre, en sens contraire à l'ouverture.

Faraday comprend que ce n'est pas le champ magnétique lui-même mais sa variation qui induit un courant dans la bobine voisine. Ainsi, lorsqu'on avance un aimant à l'intérieur d'une boucle de fil, celle-ci réagit comme si elle créait un champ s'opposant à cette pertubation : s'il était seul, le courant induit produirait au sein de la boucle un champ inverse à celui de l'aimant.

Cette « induction magnétique » s'observe aussi lorsqu'un conducteur se déplace à l'intérieur d'un champ non uniforme. Faraday ouvre ainsi la voie à la deuxième révolution industrielle qui a besoin de générateurs (dynamos, alternateurs), puis de moteurs électriques et transformateurs, tous basés sur l'induction de Faraday.

Magnétisme terrestre et hystérésis magnétique

Entre temps, l'étude du magnétisme terrestre est poursuivie par Alexandre von Humboldt, par Carl F. Gauss, auteur d'une *Théorie générale du magnétisme terrestre* (1839), et par le physicien français Eleuthère Mascart. En 1880, les travaux d'Émil Warburg sur les corps ferromagnétiques conduisirent à la découverte, deux ans plus tard, par James Ewing, du phénomène d'*hystérésis magnétique* (les variations de l'aimantation suivent avec un certain retard celles du champ magnétisant). D'autres découvertes importantes suivront : en 1895, Pierre Curie publie un mémoire sur les *Propriétés magnétiques des corps à diverses températures* et découvre qu'au-dessus d'une certaine température – le *point de Curie* – le ferromagnétisme se transforme en paramagnétisme (voir p. 260).

En 1905, Paul Langevin élabore une *Théorie cinétique du magnétisme* qui permet de comprendre le mouvement des électrons (qui équivaut à un courant électrique) dans l'atome. À partir de 1925, son compatriote Pierre Weiss étend au ferromagnétisme la théorie de Langevin, découvre le phénomène magnétocalorique (effets thermiques qui se manifestent lors de l'aimantation) et formule la théorie du *magnétron* (moment magnétique de l'atome).

Complétant les théories de Curie, de Langevin et de Weiss, le physicien Louis Néel, grand spécialiste des questions de magnétisme, introduit les notions nouvelles d'*antiferromagnétisme* et de *ferrimagnétisme* qui permettent une classification complète des corps suivant leurs propriétés magnétiques.

MASSE

Galilée, 1632 ; Newton, 1687 ; Mach, 1872 ; Eötvös, 1888 ; Einstein, 1911 ; Dicke, 1960 ; Braginski, 1979.

Voir aussi : Chute des graves, Densité, E = mc^2, Gravitation, Inertie, Matière, Rotation de la Terre.

Le concept de masse est riche de significations différentes. On ne compte pas moins, en physique, de quelque sept définitions distinctes qui portent le nom de masse. L'histoire elle-même de la notion de masse est assez obscure. On pourrait soutenir qu'elle est, du moins implicitement, déjà présente chez Archimède. Avant le développement de la mécanique, la notion de masse reste en fait vague et confuse, même d'un point de vue purement qualitatif. Au XIVe siècle, Jean Buridan fait appel au « concept de quantité de matière pour tenir compte du fait expérimental que l'action de la même force fait qu'une pierre se meut plus loin qu'une plume, ou qu'un morceau de fer se meut plus loin qu'un morceau de bois de même taille » (Max Jammer, *Concept of Mass*).

C'est Kepler qui, le premier, a développé qualitativement la notion d'inertie et de masse. Pour Galilée, la gravité d'un corps (dans le vide) est strictement proportionnelle à la quantité de matière qu'il contient. En anticipant un peu, on pourrait dire que, pour lui, la masse d'un corps et sa gravité ne font qu'un.

Masse pesante, masse inerte

C'est de l'expérience qu'est issue l'idée selon laquelle un système physique possède une caractéristique appelée masse, qui intervient de manière déterminante dans son mouvement ou dans sa situation de repos par rapport à un repère donné. En réalité, seul le long cheminement de la notion d'inertie au travers de toutes sortes d'expériences permettra d'aboutir, en culminant avec Newton, à une notion de masse qui ne dépendra ni du poids ni de la forme du corps considéré. Les fondateurs de la mécanique classique s'attachèrent en effet surtout à mettre en évidence la différence de nature entre la masse et le poids, soulignant le caractère intrinsèque (et par conséquent invariable) de la masse [(1)], par opposition au caractère extrinsèque

1 - En mécanique classique, la masse d'un élément matériel est une caractéristique indépendante des conditions physiques où il se trouve. La masse est donc une *mesure*, au sens mathématique. En mécanique relativiste, la masse d'un corps varie avec la vitesse v de ce corps suivant la loi :

$$m = \frac{m_o}{\sqrt{1 - \frac{v^2}{c^2}}}$$

m_o étant la masse au repos et c désignant la vitesse de la lumière. En relativité, on met aussi en évidence une équivalence entre la masse et l'énergie : à la masse m correspond l'énergie $E = mc^2$; on abandonne ainsi le principe de la conservation de la masse ; plus précisément le principe de la conservation de la masse et celui de la conservation de l'énergie se fondent en un seul principe général.

(donc variable) du poids[1]. De nos jours, les expériences en apesanteur ont bien montré qu'un poids est une force, pas une masse. L'absence de pesanteur permet de se faire une idée de ce qu'est la masse. Elle n'est pas liée au poids, ce dernier ayant disparu : sans poids, la masse reste. Il est donc nécessaire d'envisager en fait deux variétés de masse pour un même corps. Cependant, en pratique, nous comparons les masses de deux corps en les pesant.

La balance de Roberval (à deux plateaux) donne le rapport des poids que nous prenons comme le rapport des masses. Nous faisons donc intervenir la Terre et son attraction, la pesanteur : c'est pourquoi nous nommons les masses ainsi mesurées masses pesantes.

Supposons maintenant un corps A posé sur un plan poli et appliquons-lui une percussion P : nous constatons que A se meut avec une certaine vitesse. Appliquons à un second corps B une percussion P identique. Si la vitesse acquise par B est double de celle de A, nous disons que la masse A est double de celle de B (quantité de mouvement). Il s'agit d'une masse de choc (dite maupertuisienne) ou masse inerte. L'attraction et même la présence de la Terre sont totalement étrangères à cette définition.

Identité de la masse pesante et de la masse inerte

La preuve la plus ancienne de cette identité supposée est donnée par l'expérience légendaire de Galilée effectuée du haut de la tour de Pise : tous les corps qui tombent, quelles que soient leur taille et leur substance, s'accompagnent et arrivent ensemble au sol. Or, l'appel de la Terre sur les objets a lieu en raison de leur masse pesante (ou grave), tandis que l'allure de la descente est réglée par leur masse inerte. L'identité de marche entre les divers matériaux démontre que, chez tous les corps, « la masse pesante est égale à la masse inerte ».

Sur la base de l'expérience de Galilée, Newton postule à son tour l'identité de masse inerte et pesante. A priori, la masse inerte m_i, définie par l'équation fondamentale de la dynamique, et la masse grave m_g qui intervient dans la loi de gravitation doivent être distinctes et varier suivant la substance du corps d'épreuve. Newton postule au contraire que le rapport m_g/m_i est indépendant de la substance dont est faite le corps. Il se propose de vérifier expérimentalement la validité de son postulat : telles sont les expériences basées sur les petites oscillations isochrones (qui s'exécutent dans des intervalles de temps égaux) du pendule.

Telle est aussi l'expérience bien connue du tube dit « de Newton » : dans un tube où le vide a été fait, une plume d'oiseau et une masse de plomb tombent avec la même vitesse.

---

1 - Il faut rappeler ici l'importante mission géodésique de Jean Richer, en 1672/73 : en des lieux différents (en l'occurrence à Paris et en Guyane), le poids des corps est différent. Un même pendule ne possède pas la même période d'oscillation ; cela provient de la force centrifuge due à la rotation de la Terre qui modifie l'intensité de la pesanteur (intensité qui dépend, dans une moindre mesure, également de la longitude, de l'altitude et de la latitude). C'est cette découverte qui, avec la loi d'attraction universelle, a finalement donné à l'idée de matière un contenu quantitatif, donc utilisable sous une forme précise dans la formation des lois de la mécanique.

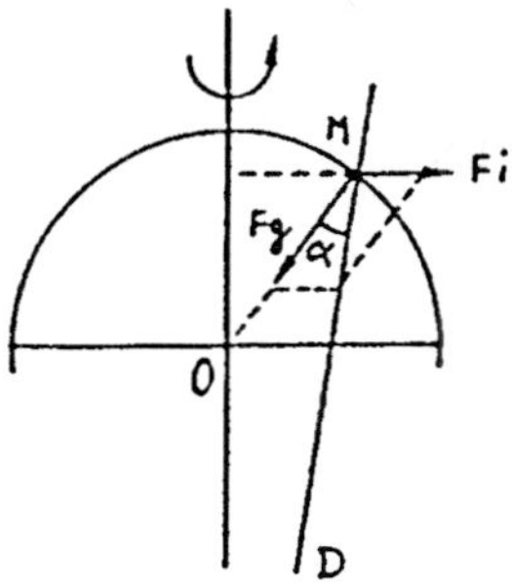

Considérons la figure ci-contre où l'on suppose qu'un fil à plomb simple, composé d'une masse suspendue à un long fil, est en équilibre en M, à la surface de la Terre. La masse suspendue se trouve précisément soumise à la fois à une force de type gravitationnel F_g et à une force d'inertie, la force centrifuge F_i. On suppose F_i et F_g a priori différentes ; il est aisé de calculer l'angle α que fait la direction D prise par le fil à plomb avec la verticale MO (notons que cet angle est beaucoup plus grand sur la figure que dans la réalité).

Or, on peut vérifier que cette direction est la même pour tous les corps. Il en résulte que le rapport m_g/m_i est une constante que l'on peut rendre égale à l'unité par un choix approprié des unités. Dans ces conditions :

$$m_g = m_i$$

Dans tous les cas, la force centrifuge fera intervenir la force d'inertie F_i et la force d'attraction F_g ; la direction du fil à plomb fera intervenir le rapport m_g/m_i. Le fait que la direction du fil ne dépend pas de la nature du corps entraîne bien :

$$m_g = m_i = m$$

où m est la masse du corps sans distinction d'origine.

En un lieu donné, la direction de la verticale (fil à plomb) résulte donc de deux facteurs :
– l'attraction de la Terre (où entre en jeu la masse pesante) ;
– la force centrifuge due à la rotation terrestre (où entre en jeu la masse inerte) qui écarte la verticale de sa direction théorique vers le centre de gravité du globe.
Si les deux masses n'étaient pas identiques, la direction résultante varierait avec la nature de la sphère suspendue au fil.

L'expérience d'Eötvös

À partir de 1888, le baron hongrois Lorand Eötvös réalisa une série d'expériences très fines qui mettaient en évidence cette extrême précision de l'égalité des masses inertielle et gravitationnelle. Elles constituaient, on peut dire avant la lettre, une démonstration fort éloquente du principe d'équivalence d'Einstein (voir plus loin).

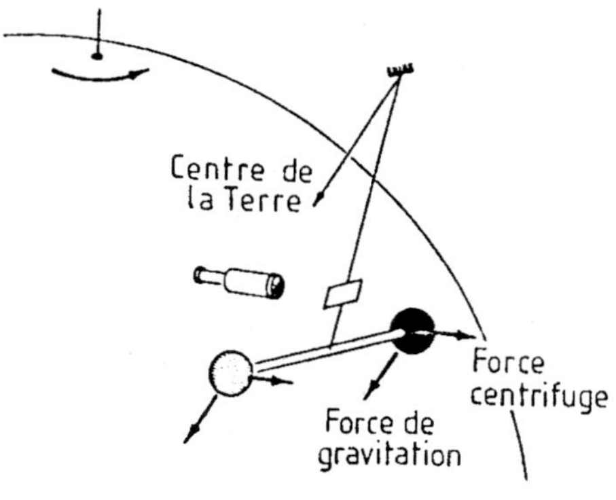

Schéma simplifié de l'expérience d'Eötvös.

Eötvös utilisait un appareil appelé balance de torsion, qu'il avait initialement conçu pour effectuer des mesures locales de l'accélération de la gravité, pour le compte de ses collègues géophysiciens. Deux masses de natures diverses sont attachées aux extrémités d'une tige horizontale et cette tige est reliée à un fil vertical. Tel quel, cet instrument ne présente guère de propriété intéressante : il permet simplement de mesurer la force de gravitation relative s'exerçant sur les deux masses. Pour rendre l'appareil utile, il faut introduire une force d'inertie. La Terre, fort heureusement, vient à point nommé fournir cette force, conséquence obligée de sa rotation. Le fil auquel est accrochée la tige n'est donc pas rigoureusement vertical, du fait de la force centrifuge due à la rotation de la Terre ; la force de gravitation s'exerçant sur les masses n'est donc pas rigoureusement parallèle au fil.

Si le rapport entre la force d'inertie et la force gravitationnelle dépendait de la nature des corps, on devrait observer une force de torsion qui provoquerait une légère rotation de la tige autour de l'axe vertical. Si l'appareil est tourné en bloc, de manière que soient échangées les positions des deux masses, la rotation de la tige autour de l'axe du fil s'exercera dans l'autre sens ; tout cela en supposant que la force centrifuge dépende du matériau constituant les masses. Mais si elle n'en dépend pas, on s'attend à ne rien observer, la rotation étant la même dans les deux directions. On en conclut que la masse inertielle et la masse gravitationnelle sont identiques, pour tous les matériaux. Ajoutons que, dans cette expérience, on détecte la rotation à l'aide d'un rayon lumineux qui se réfléchit sur un miroir solidaire du fil.

Le principe d'équivalence

L'identité masse grave/masse inerte devait conduire Einstein à établir le raisonnement suivant, esquissé en 1907, repris en 1911 et érigé ensuite en principe : puisque tout corps placé dans un champ de gravitation constant prend un mouvement uniformément accéléré, on peut, en droit, poser inversement que tout corps animé d'un mouvement accéléré se comporte comme s'il était au repos dans un champ de gravitation. C'est là un fait extraordinaire que la physique avait constaté sans l'expliquer et sans l'exploiter.

Einstein écrit d'ailleurs : « Jusqu'à présent, la mécanique a, il est vrai, enregistré cet énoncé, mais elle ne l'a pas interprété. On ne peut arriver à une interprétation satisfaisante qu'en reconnaissant ce fait : la même qualité d'un corps se manifeste, suivant les circonstances, comme inertie ou comme poids. » L'identité des masses paraissait accidentelle et ne répondait à rien de profond. Pourtant, elle allait jouer un rôle fondamental dans l'éclosion de la relativité générale. Einstein écrit ces mots divinatoires : « La loi de la chute des corps peut être formulée comme l'égalité de la masse inerte et de la masse grave. Je devinai que cette identité recélait la clef de voûte d'une compréhension plus grande de l'inertie et de la gravitation. »

La légitimité de cette équivalence fondamentale fut assurée par une expérience dite « de pensée » (qui consiste à envisager une expérience se présentant dans des conditions idéales), connue sous le nom d' « ascenseur d'Einstein ». Cette expérience démontre intuitivement qu'en aucun cas un observateur enfermé dans une cabine d'ascenseur(1) ne peut faire la différence entre cette cabine au repos dans un champ de

1 - On suppose que l'observateur n'a aucun moyen de voir ce qui se passe à l'extérieur de la cabine.

pesanteur et une accélération de cette même cabine en l'absence de champ de pesanteur (c'est-à-dire aussi éloignée que possible de tout champ gravitationnel). Cette expérience atteste que l'existence des forces gravitationnelles est seulement *relative* et non *absolue*.

Ainsi, dès 1911, le nouveau programme d'Einstein était esquissé : faire découler le principe d'équivalence d'une nouvelle théorie de la gravitation. Or cela était irréalisable dans le cadre de la relativité « ordinaire », la relativité restreinte. Il s'agissait donc de rechercher une nouvelle théorie non seulement de la gravitation mais aussi de la relativité : ce sera la relativité générale (1916).

Plus de soixante ans après Eötvös, de nouvelles vérifications du principe d'équivalence furent tentées à Princeton d'une part par Robert H. Dicke (1960), et à Moscou d'autre part par Wladimir Braginsky (1979), avec une précision de l'ordre de 10^{-11} (un cent milliardième) ; ces nouvelles séries d'expériences étaient basées sur l'attraction qu'exerce le Soleil sur des corps de compositions diverses et sur la force centrifuge inertielle due à la rotation de la Terre autour du Soleil. Elles bénéficiaient des nombreuses avancées technologiques réalisées au cours du XXe siècle : amélioration de la qualité des fils de torsion, utilisation du vide pour éliminer les courants d'air parasites, contrôle automatique de la température, etc. Avec divers objets, elles se révélèrent tout aussi négatives (cela bien que les neutrons assurent 54,5 % de la masse d'une bille de cuivre contre 60,4 % dans le cas d'une bille de plomb).

D'où provient la masse inerte ?

Ainsi, masse pesante et masse inerte varient toujours de la même façon quels que soient les objets ou les particules qui les constituent. Or, si la masse pesante est due à l'action de la gravitation, on peut se demander d'où provient la masse inerte. Le physicien d'aujourd'hui sait qu'il faut en chercher la cause dans l'action antagoniste exercée par les autres masses de l'univers, à l'ensemble desquelles est attaché ce que l'on conviendra d'appeler l'espace inerte. L'existence de cet espace fut mise en évidence par une expérience très simple autrefois suggérée par le physicien autrichien Ernst Mach, vers 1870. Ce grand savant, dont le nom a été donné à l'unité qui mesure la vitesse d'un véhicule se déplaçant dans l'atmosphère par rapport à celle du son, avait proposé de considérer deux sphères identiques *A* et *B* placées l'une au-dessus de l'autre et initialement immobiles.

En admettant alors que la sphère *A* se mette à tourner sur elle-même, un observateur situé à sa surface pourra constater que sa forme change ; elle tend à s'aplatir de plus en plus lorsque la vitesse augmente, tandis qu'une force centrifuge apparaît, ces phénomènes n'étant pas enregistrés sur la sphère *B*. Or cette dissymétrie constitue un défi au principe de relativité du mouvement : ne pourrait-on pas dire que *A* étant immobile, c'est *B* qui est en rotation par rapport à *A* ? Justement, le paradoxe de Mach nous apprend qu'une telle attitude n'est pas concevable, la différence d'aspect manifestée par les deux sphères exigeant que l'on impute à des agents extérieurs – au fait que *A* tourne par rapport à l'espace inerte pour lequel *B* est immobile –, les particularités observées sur la sphère *A*.

Et, plus généralement, l'inertie d'un objet devra être regardée non comme un attribut de cet objet, mais comme la réaction à son égard de l'univers entier dont il faut admettre que toute la matière s'oppose, en raison du déséquilibre qu'il provoque, au mouvement d'une de ses parties.

MATIÈRE

Voir aussi : Atome, Boson, Conservation, Cristal, Gaz, Masse, Molécule, Plasma, Quark, Vide.

Les manuels élémentaires de sciences physiques énumèrent trois formes de matière ou trois *états* : les solides, les liquides, les gaz. Laissons de côté le troisième de ces états, forme impalpable de la matière dont les propriétés ont été étudiées successivement par Torricelli, Pascal, Boyle, Mariotte, etc. Un objet solide ou un courant d'eau ont une apparence compacte. La limite de notre appréciation est la conséquence de ce qu'on appelle en optique le « pouvoir séparateur ». En effet, nous connaissons des matériaux formés de grains : le sable, la poussière, etc. Et nous pouvons supposer que la même structure existe chez les corps d'apparence

Les trois états de la matière

Les solides : ils gardent la forme qu'on leur donne. Leurs atomes sont proches les uns des autres et forment un assemblage rigide. Ils sont fréquemment « anisotropes » : leurs propriétés ne sont pas les mêmes selon la direction suivant laquelle on les mesure. Les cristaux sont une forme « idéale » de solide. Dans les cristaux, les atomes sont régulièrement disposés. L'anisotropie du cristal vient de l'empilement ordonné des atomes (1).

Les liquides : ils n'ont pas de forme propre et épousent celle du récipient qui les contient. Ils sont « isotropes » : leurs propriétés ne varient pas, quelle que soit la direction de mesure. Dans les liquides, les molécules ne sont pas fixes, mais en déplacement constant (du fait de l'agitation thermique).

Les gaz : ils sont aussi des fluides et occupent en général tout le volume du récipient qui les contient. Leurs molécules sont beaucoup plus éloignées les unes des autres que celles des liquides. Les forces intermoléculaires y sont très faibles. Les seules forces importantes s'exercent lors d'un choc entre deux molécules.

Les physiciens connaissent en fait un « quatrième état de la matière », le **plasma**, sorte de gaz ionisé composé de molécules dissociées en électrons et ions positifs. C'est une forme de la matière très répandue dans la nature. Les réactions de fusion thermonucléaire se produisent dans un plasma.

Il existe de nombreux états intermédiaires entre les solides et les liquides : les **cristaux liquides**. Découverts depuis un siècle, ils sont devenus depuis vingt ans des objets familiers. Ce sont eux qui constituent la partie active des afficheurs de montres, des écrans de calculatrices. C'est dans les années vingt, à l'aide d'un simple microscope, que Georges Friedel découvrit la structure particulière des cristaux liquides (plus précisément ce sont les défauts dans l'arrangement des molécules, tels qu'ils apparaissent dans le champ du microscope, qui furent observés par Friedel).

1 - Certains cristaux échappent toutefois à cette règle en étant isotropes.

compacte : le bois, comme le sable, serait formé de grains, mais la « puissance » de nos yeux n'est pas suffisante pour que nous les distinguions.

Des philosophes grecs (Leucippe, Démocrite) ont ainsi admis qu'en fractionnant autant que possible un matériau compact, ils finiraient par aboutir à une particule ultime qu'ils ont baptisée *atome* (du grec *atomos : insécable*). L'hypothèse peut être complétée aujourd'hui par l'affirmation que toute matière, quelle qu'elle soit, est formée d'atomes et de vide. Une autre idée sur la matière, issue d'un courant de pensée représenté par Descartes, est davantage reliée à un concept spatial. Selon cette pensée, ce serait l'extension spatiale des corps qui constitue l'essence de la matière. La notion de matière est ainsi renvoyée à notre expérience immédiate. Pour séduisante qu'elle soit, cette idée n'est pas très satisfaisante : deux corps de même taille et de même forme mais constitués de matériaux différents, du métal et du bois, auraient le même « contenu de matière ».

Si Descartes, se fondant sur la géométrie, décrit des entités minimales inertes séparées par le vide, à qui le mouvement s'ajoute (atomisme), Gottfried Wilhelm Leibniz, théologien et philosophe autant que mathématicien, propose, en se fondant sur le calcul infinitésimal dont il est l'auteur, un univers constitué de substances individuelles, les « monades », entités autonomes indivisibles et hiérarchisées. Quoique fermée au monde extérieur, chacune de ces monades est un reflet particulier de l'univers entier avec qui elle s'accorde selon une harmonie préétablie par Dieu, monade suprême (*La monadologie*, 1714).

Avec Leibniz, nous sommes déjà loin de la matière « première » ; la sienne est déjà presque « pensante », substance douée de facultés supérieures manifestant la raison et Dieu. Cette vision, qui ne fut pas comprise à l'époque, permettait pourtant de faire progresser les connaissances et de les unifier en même temps qu'elle révélait une possible harmonie de l'univers.

En fait, si, pour le sens commun, il n'y a rien de plus évident que la matière (on peut la toucher, la soupeser), il en va tout autrement pour les physiciens : la matière n'a jamais cessé de se dérober à leurs tentatives de définition. Si l'on entreprend de décrire scientifiquement ce qu'est la matière – ce que sont ses multiples formes – sans se limiter à une définition philosophique, même très pertinente, comme celle-ci : « La matière est la réalité objective qui existe indépendamment de notre conscience », on est obligatoirement amené, après avoir énuméré les caractéristiques mécaniques élémentaires liées à l'intuition, à les compléter par des concepts sans rapport direct avec l'expérience sensible.

Le problème posé est le suivant : depuis un siècle, le concept de matière n'a cessé, aux yeux des physiciens, de perdre de sa pertinence. Une idée largement répandue, formulée par Lavoisier, édicte que la matière, *c'est qui se conserve* (« Rien ne se crée, rien ne perd, tout se transforme »). Cela est vrai à notre échelle lorsque, par exemple, deux objets en terre cuite sont violemment projetés l'un contre l'autre. Les morceaux qui résultent de la collision représentent la matière totale des deux objets – et seulement celle-ci. Aucune quantité de matière n'est observée qui n'était déjà présente avant le choc.

Les constats sont bien différents à l'échelle microscopique qui est celle des particules subatomiques. Une particule ne « se brise » pas comme une bouteille en verre tombant sur un carrelage. Quel scientifique oserait parler de morceaux de particules ? Le choc entre deux particules de haute énergie conduit généralement à la création de particules nouvelles qu'on aurait été bien en peine d'observer avant la collision.

Depuis Einstein, on sait que ces particules ne sont pas créées à partir de rien. La théorie de la relativité restreinte enseigne que c'est en somme l'énergie même du choc (l'énergie cinétique liée au mouvement des particules) qui donne naissance à ces nouvelles particules, en se transformant selon des règles très précises. La relation $E = mc^2$ indique que l'énergie (E) est équivalente à la masse (m) , au facteur c^2 près (c désigne la vitesse de la lumière dans le vide). Réciproquement, la masse peut se convertir en énergie, notamment lors de réactions nucléaires telles celles de fission ou de fusion. Ainsi, lors de tous ces processus, la matière, assimilable à la masse(1), ne se conserve pas. *Seule l'énergie demeure invariante.*

La matière : un fantôme métaphysique ?

Mais les particules elles-mêmes ne se comportent pas tout à fait selon nos habitudes de pensée. La matière est souvent entendue comme quelque chose de permanent, une substance qui persiste dans l'espace et dans le temps. Or, de très nombreuses particules de matière sont soumises à ce que les scientifiques appellent le « seuil de création ». Ces particules ne sauraient apparaître lors d'une collision que si l'énergie y est suffisante. Plus la particule que l'on souhaite voir apparaître est lourde, plus l'énergie mise en jeu lors de la collision devra être importante. Par ailleurs, une fois créées, certaines de ces particules (celles qui n'existent pas habituellement dans la nature) n'ont qu'une très courte durée de vie. On les appelle instables : elles se transforment à leur tour jusqu'à ce qu'on n'observe plus que des particules stables.

Une autre conviction fortement ancrée dans nos habitudes de pensée est l'idée que la matière doit être pesante. On assimile assez volontiers la notion de matière et celle de poids. Cette illusion est cruellement démentie par l'existence d'une particule de masse nulle (ou presque) et qui est pourtant une authentique particule de matière : le neutrino. Déjà, à la fin du XIXe siècle, le physicien et philosophe Ernst Mach n'hésitait pas à dénoncer la notion de matière comme un fantôme métaphysique. L'identification de la matière à la masse n'est probablement qu'une illusion.

Matière et vortex annulaire

Une vision très audacieuse de la matière fut proposée en 1870 par William K. Clifford dans un article intitulé *On the Space Theory of Matter* (Sur la théorie spatiale de la matière). Ce concept a été baptisé géométrodynamique par le physicien contemporain John Wheeler. Traditionnellement, la matière apparaît comme une substance solide flottant dans l'espace vide. Or, selon la théorie de Clifford, l'espace n'est pas réellement vide, ni la matière réellement solide : l'espace est un éther, une substance

1 - En 1687, l'ouvrage de Newton (*Principes mathématiques de la philosophie naturelle*) définit, pour la première fois dans l'histoire, la masse d'un corps par la quantité de matière contenue dans ce corps.

L'or, une matière vide ?

« On peut montrer que l'or, qui est la matière la plus dense, contient beaucoup plus de vide que de plein ». Cette affirmation étonnamment prémonitoire du naturaliste Buffon, se vit étayée, en 1911, par l'expérience du physicien Ernest Rutherford. Ce dernier bombarda une fine feuille d'or de particules alpha (des noyaux d'hélium) émises par la désintégration radioactive d'atomes de radium.

Les projectiles traversèrent la feuille et la mesure de la déviation de certains d'entre eux montra que l'essentiel de la masse d'un atome est confiné dans un noyau cent mille fois plus petit que l'atome lui-même (qui mesure environ un angström, c'est-à-dire 10^{-10} mètre). Certains en ont déduit que, si la taille des atomes était réduite à celle de leurs noyaux, on pourrait mettre New York sur un morceau de sucre. Cette découverte n'a pas fini de nous étonner car, à notre échelle, les objets occupent une portion de l'espace bien plus grande qu'aux échelles atomiques et astronomiques.

continue courbée dans les dimensions supérieures. Et la matière se formerait à partir de cet éther.

Cette idée est intellectuellement satisfaisante, car elle parachève une forme ternaire de la dialectique, avec, comme *thèse*, le concept de matière solide, et comme *antithèse* celui d'un espace complètement vide. C'était la matière en face de l'espace, quelque chose en face de rien. La *synthèse*, elle, consiste à regarder l'espace et la matière ensemble, comme une substance éthérée continue : lorsque l'éther est plat, il forme l'espace vide ; lorsqu'il est courbe, il forme la matière. La thèse et l'antithèse d'autrefois ne sont que des aspects différents d'une synthèse plus générale.

L'idée de Clifford, la matière surgissant d'une pure courbure de l'espace (1), ne doit pas faire oublier une première tentative dans cette direction, due à William Thomson. Plutôt que de considérer la matière comme un « gonflement » à plusieurs dimensions dans l'éther ou dans l'espace vide, Thomson avait suggéré que la matière pourrait être constituée de *vortex annulaires* à trois dimensions dans l'éther. Un vortex annulaire ressemble à un anneau de fumée, comme un cercle d'une substance qui tourbillonnerait sans cesse sur lui-même (2).

En considérant les atomes comme des vortex annulaires évoluant sans aucun frottement dans un éther ambiant, on pouvait espérer expliquer les diverses propriétés de la matière. Cette théorie de la matière par les vortex annulaires ne sut fournir aucune prédiction vérifiable et fut abandonnée. Un des derniers ouvrages à l'avoir soutenu fut, en 1894, un ouvrage curieux intitulé *The Unseen Universe* (*L'Univers caché*), dans lequel les auteurs avancent l'existence de l'âme sous la forme d'un vortex annulaire noué dans l'éther...

---

1 - À ne pas confondre avec la courbure de l'espace suggérée par la relativité générale.

2 - La théorie de Thomson s'inspire d'un théorème de Helmholtz remontant à 1857. Ce théorème démontrait que, dans un fluide parfait, les tourbillons ou vortex sont centrés sur des lignes qui, soit sont dirigées vers les limites du fluide, soit se referment en forme de cercles sur elles-mêmes, comme un anneau de fumée ; c'est le vortex annulaire.

Le plein qui provient du vide

On sait maintenant que l'image d'un atome composé de petites sphères séparées par une grande quantité de vide est par trop simpliste. Au contraire de la physique classique, pour laquelle les phénomènes localisés (les particules) et les phénomènes non localisés (les ondes) sont irréductibles les uns aux autres, ces phénomènes représentent en physique quantique deux aspects non indépendants d'une même réalité.

Aujourd'hui, la théorie quantique des champs ne fait plus la distinction entre une particule et un champ d'interaction : à toute particule peut être associé un champ, et à tout champ peuvent être associées des particules. Ainsi, la frontière entre vide et plein ne serait qu'une séparation grossière. Une idée en tout cas qui peut évoquer une conception de la philosophie chinoise du Tao : « Le plein provient du vide, et le vide continue à agir dans le plein ».

Un physicien allemand, Max Born, est même allé plus loin. Il a proposé, dès 1927, une interprétation audacieuse qui hissa la probabilité au rang de concept premier dans la physique quantique. Il a suggéré de considérer la fonction d'onde comme une représentation de la probabilité de présence de l'électron en un point donné, cette probabilité étant égale au carré de l'amplitude de la fonction d'onde au point considéré.

On voit que, placée sous le scalpel des physiciens, la matière a perdu un à un les attributs que nos sens lui conféraient. Qu'en reste-t-il aujourd'hui ? Peut-être convient-il d'imaginer qu'il existe un niveau matériel encore plus fondamental que celui des particules ; c'est du moins une hypothèse émise par de nombreux physiciens dans les années soixante. Loin d'être constituée de particules toujours plus petites, la matière serait l'expression d'une entité physique unique se manifestant tantôt sous une forme tantôt sous une autre.

Cette théorie dite du « bootstrap » – théorie des « tirants de bottes » – admet l'existence, à une échelle fondamentale, de particules simples, inaltérables et indivisibles, constitutives de toute la matière. On peut penser que ces particules, dont toutes les autres seraient composées, représenteraient l'être immuable dissimulé derrière des apparences furtives.

Création de matière et théorie de l'inflation

La physique quantique a révélé aux physiciens que le vide n'est pas le néant, et qu'il est en fait rempli d'une activité complexe. De même qu'un atome peut être excité vers un niveau d'énergie plus élevé, le vide ressemblerait tout à fait à un espace vide, mais doté d'énergie. De plus, ce « faux vide » aurait une pression *négative*. En relativité générale, énergie et pression sont sources de gravitation.

Ainsi, une pression négative engendrerait une *répulsion* gravitationnelle. Ces idées ont abouti à la *théorie de l'inflation*, développée par le théoricien Alan Guth en 1980. Ce dernier a suggéré que l'univers aurait pu se trouver dans une période d'expansion exponentiellement accélérée appelée *inflation*. Vers 10^{-32} s., le faux vide se serait « désexcité » vers le vrai vide. La naissance de la matière serait alors le résultat de la libération de l'énergie du faux vide se désexcitant vers le « vrai vide » en donnant des particules hypermassives de très courte durée de vie ainsi que de la chaleur.

À la fin de cette période inflationnaire, notre univers, qui contient la matière devant former les étoiles, les galaxies, les planètes et les êtres vivants qui l'habitent aujourd'hui, a approximativement la taille d'une orange ! Ensuite, le scénario classique du modèle dit standard prend le relais et se poursuit encore aujourd'hui.

Non seulement la théorie de l'inflation fournit une interprétation acceptable de l'univers primordial, mais elle apporte une solution élégante à plusieurs mystères cosmologiques, tels que la distribution étonnamment uniforme de la matière et de l'énergie à travers l'espace, ou la vitesse précise de l'expansion aujourd'hui. Dans la lignée de cette hypothèse, les fluctuations chaotiques de l'énergie du vide primordial, imaginée en 1983 par le physicien russe Andrei Linde, peuvent évoquer ce qui préside à la création du monde dans la Genèse, le tohu-bohu, mot hébreu qui, s'il signifie « désert et vide », désigne aussi une substance primordiale pleine de potentialités et, en aucune manière, le néant.

La matière sombre

Les corps célestes – c'est-à-dire la matière dite baryonique – sont organisés hiérarchiquement ; les étoiles, groupées par 10^{10} environ, forment des galaxies, comme notre Voie Lactée, d'une taille de 10 kiloparsecs (1 pc = 3,26 années-lumière = $3{,}09 \times 10^{15}$ m). Les galaxies s'observent par centaines dans des amas de galaxies de plusieurs mégaparsecs qui font eux aussi partie des superamas : notre Groupe Local, contenant les Nuages de Magellan et la Nébuleuse d'Andromède, fait partie d'un superamas centré sur l'amas de la Vierge. On pense généralement que ces objets ont été formés successivement par contraction des inhomogénéités de matière (sous forme de gaz initial) et ont à peu près l'âge de l'univers, soit 10^{10} ans environ.

Or, la masse apparente des ensembles, trop faible pour maintenir les composants sous l'effet de leur propre gravitation, ainsi que des anomalies sur la vitesse de rotation des galaxies ou sur la propagation des rayons lumineux, ont mis les astrophysiciens sur la voie d'une matière « sombre », ainsi dénommée car indétectable par nos instruments actuels.

On sait déjà, sans les avoir observés, que l'univers est très probablement rempli de neutrinos « fossiles » formés en même temps que la matière et dont la densité serait 10^9 fois celle des nucléons constituant l'univers (voir Neutrino et Unification). Outre ces neutrinos, on invoque l'existence d'objets froids et massifs, les « machos » (*Massive Compact Hallo Object*) sous la forme de naines brunes, sorte d'étoiles pas assez massives pour s'effondrer sur elles-mêmes en fin de vie.

En juin 1999, le satellite Fuse a été lancé pour détecter des nuages d'hydrogène moléculaire (H_2), un autre type de matière sombre.

Les chercheurs se sont enfin lancés sur une autre piste encore plus délicate, celle des « mauviettes » (ou *Wimp* en anglais), particules massives non baryoniques, dont la particularité est de ne pas interagir avec la matière ordinaire. Prévues par la théorie supersymétrique, elles portent le nom de neutralino ou photino et leur détection est extrêmement difficile (voir p. 40).

MÉCANIQUE

Héron, 1er siècle ; Stevin, 1580 ; Galilée, 1603 ; Newton, 1687 ; Euler, 1736 ; Lagrange, 1788.

Voir aussi : Chute de graves, Densité, Force, Gravitation, Inertie, Masse, Mouvement.

La mécanique, science de l'équilibre (*statique*) et du mouvement (*dynamique*)[(1)] est, parmi les différents concepts scientifiques, l'un de ceux qui se présentent historiquement comme le plus intimement lié aux activités pratiques de l'homme.

Auteur d'un traité de mécanique paru en 1886, August Föppl insiste pour traiter cette science « comme une partie de la physique ». Son enseignement, comme celui de toutes les sciences naturelles, repose en dernière analyse sur l'expérience.

Une des raisons qui peuvent expliquer le décalage entre le développement de la statique et celui de la dynamique à partir de l'Antiquité tient au caractère particulier de la technique de l'époque. En effet, avec la construction de mécanismes de diverses sortes (leviers, poulies, treuils, etc.) ou d'appareils techniques permettant une meilleure exploitation des forces humaines et naturelles, se trouvaient posés des problèmes d'équilibre.

Les grands travaux d'irrigation ou la construction d'ouvrages colossaux comme les pyramides indiquent que l'homme développa, dès l'Antiquité, les techniques nécessaires au déplacement et à la stabilité de masses gigantesques. Considéré comme le fondateur de la mécanique, Archimède trouva une base rigoureuse par une formulation mathématique de caractère géométrique. On lui doit la définition du centre de gravité, la théorie du levier et celle du plan incliné, le célèbre principe sur la flottabilité des corps et d'autres inventions fort utiles comme la poulie mobile, les moufles, la vis sans fin, la roue dentée et des machines de guerre.

Plus tard, l'ingénieur Héron (1er siècle après J.-C.) écrivit de nombreux traités consacrés à la mécanique et précisa la notion de moment en recherchant les conditions d'équilibre du levier. Pappus (ou Pappos), qui vivait au IVe siècle, a apporté une contribution importante à l'énoncé des concepts et des lois d'équilibre. Mais c'est Galilée qui peut être considéré comme le véritable fondateur de la mécanique moderne et qui en fit une « nouvelle science », après que le développement de la technique eut stimulé et orienté l'analyse scientifique des phénomènes de mouvement.

Au cours des XVe et XVIe siècles, la grande diffusion des armes à feu souleva certains problèmes – détermination de la trajectoire, portée des projectiles – qui prirent alors une telle importance qu'ils furent à l'origine des notions d'inertie et de composition des mouvements.

---

1 - Plus exactement, on devrait dire que la mécanique comprend, d'une part, les conditions d'équilibre des corps (*statique*), d'autre part l'étude de leur mouvement dans le temps et dans l'espace, indépendamment des causes qui le produisent (*cinématique*), et, enfin, celle des rapports entre les forces et les mouvements qu'elles produisent (*dynamique*).

En 1603, Galilée découvrit la loi de la chute des graves et en déduisit le principe de l'inertie et la notion de force. Il transposa à la dynamique la loi du parallélogramme des forces, que Stevin avait trouvée pour la statique, et en déduisit les lois du mouvement parabolique des projectiles. Au début du XVIIe siècle, la mécanique suscita des recherches qui conduisirent progressivement à préciser les concepts, à expliquer les lois générales, à en formuler les applications aux systèmes de points et de corps solides, à l'étendre au mouvement des corps célestes et à créer, avec l'*hydrodynamique*, une mécanique des milieux continus.

Ainsi, la mécanique devint la « science » par excellence et finit par se poser elle-même comme la conception scientifique du monde à laquelle toute science doit se reporter. En effet, l'œuvre de Galilée allait être continuée par le mathématicien et physicien hollandais Christian Huygens et magnifiquement parachevée par Isaac Newton.

À la fin du XVIIe siècle, le système newtonien, sur la base des concepts de temps, d'espace et de mouvement, pris comme des entités absolues, et des trois lois du mouvement, donna le premier exposé rigoureux, sous une forme mathématique et géométrique, de la mécanique classique, et, en élargissant son domaine d'application aux phénomènes célestes, ouvrit à la dynamique le domaine du système du monde.

Au XVIIIe siècle, l'effort de consolidation et d'organisation de la mécanique fut poursuivi, mais dans le sens d'une orientation méthodologique unitaire réalisée par l'emploi de plus en plus systématique de nouveaux instruments mathématiques. C'est alors l'époque de la *mécanique rationnelle*, œuvre presque exclusive des plus grands « géomètres » et « algébristes ». Le mathématicien suisse Jacques Bernoulli et son frère Jean étendent considérablement les applications de la mécanique théorique à la résolution des problèmes posés en dynamique.

Dans son ouvrage posthume, la *Nouvelle mécanique* (1725), Pierre Varignon formule pour la première fois la règle de composition des forces concourantes. Le Suisse Leonhard Euler applique l'analyse à la science du mouvement dans son *Traité complet de mécanique* (1736). Jean d'Alembert publie en 1743 un *Traité de dynamique* où il ramène les questions de dynamique à des questions d'équilibre.

Ces efforts des mathématiciens pour donner à la mécanique une unité méthodologique sur une base mathématique trouvent leur couronnement dans une *Mécanique analytique,* publiée en 1788, par Louis de Lagrange. Ce dernier prévoit des équations pour les cas les plus compliqués et énonce le « théorème des vitesses virtuelles ».

Au XXe siècle, le développement de la recherche scientifique conduisit à la réduction de la mécanique « classique » à *une* science parmi beaucoup d'autres. La révision des concepts et des notions fondamentales sur lesquels reposait l'édifice de cette mécanique classique permit de déboucher sur de nouvelles constructions théoriques, telles que la mécanique relativiste (Lorentz, Einstein) et la mécanique ondulatoire (Planck, de Broglie, Schrödinger). La mécanique classique continuait d'être valable, à côté de ces dernières, comme modèle d'édifice conceptuel cohérent et comme instrument d'une très grande efficacité dans un domaine très vaste de la recherche technique et scientifique.

MOLÉCULE

Gay-Lussac, 1808 ; Avogadro, 1811 ; Ampère, 1814 ; Cannizzaro, 1858 ; Perrin, 1913.

Voir aussi : Atome des chimistes, Atomisme, Cristal, Gaz, Liaison chimique, Spectre.

Bien que les Anciens eussent déjà employé le terme *molécule* dans le sens latin de « petite masse », le concept moderne de molécule et, surtout, la distinction entre atome et molécule, en ce qui concerne les substances élémentaires, sont le fruit de l'essor rapide de la chimie au cours du XIXe siècle. L'abandon progressif des théories fondées, dans une large mesure, sur le concept d'impondérable (phlogistique, calorique, etc.) en faveur de théories élaborées d'après les résultats de l'expérience, conduisirent les chimistes à la connaissance des lois fondamentales des combinaisons chimiques et à la formulation de la théorie atomique.

Selon cette théorie, développée principalement par l'Anglais John Dalton (1813), les éléments sont constitués de particules de matière indivisibles et indestructibles, les atomes, toutes identiques dans une même substance et différentes d'une substance à l'autre. La combinaison entre atomes élémentaires différents donne naissance aux molécules des composés. La nature indivisible de l'atome, qui implique que les combinaisons ne peuvent avoir lieu qu'entre nombres entiers d'atomes, justifie les lois de la conservation de la masse, des proportions définies et constantes et des proportions multiples. En fait, une confusion subsistait entre atome et molécule.

On peut considérer une molécule comme étant une structure constituée d'atomes identiques ou différents les uns des autres. Ces atomes sont liés entre eux par des forces de nature électrique, dites *liaisons chimiques*. Les dimensions d'une molécule dépendent du nombre et de la nature des atomes qu'elle contient et varient de dimensions voisines de l'angström (un dix-millième de micron), pour la molécule de l'hydrogène, à des dimensions beaucoup plus grandes dans ce qu'on appelle les *macromolécules*, pour lesquelles on ne peut pas fixer avec précision une limite supérieure (1). En effet, on peut considérer un cristal de diamant comme étant une seule molécule géante (étant donné que ses atomes de carbone sont liés entre eux par des liaisons dites *covalentes*) (2).

---

1 - C'est l'Allemand Hermann Staudinger, au cours de travaux menés à partir de 1920, qui avança le concept de « macromolécules » formées par des enchaînements progressifs de petites molécules retenues les unes aux autres par des liaisons interatomiques normales et dont les masses moléculaires pouvaient atteindre des centaines de mille, voir plusieurs millions.

2 - À ceci près toutefois que les molécules d'un corps pur sont identiques : toutes les molécules d'eau contiennent deux atomes d'hydrogène et un d'oxygène. En revanche, les diamants contiennent des nombres différents d'atomes de carbone.

Les molécules constituées d'un seul atome sont celles des gaz nobles ou rares et des métaux à l'état gazeux. Les molécules les plus simples sont *biatomiques* et peuvent être schématiquement considérées comme étant constituées de deux atomes de forme sphérique, aplatis dans la zone de contact. Dans les molécules polyatomiques, la forme et les dimensions sont déterminées non seulement par les distances entre les noyaux et par les rayons atomiques mais également par l'angle de liaison. Bon nombre de molécules organiques, essentielles pour la vie, contiennent des milliers et même des millions d'atomes (celles-ci sont donc typiquement macromoléculaires).

Les molécules dites protéiques sont souvent enroulées et tordues de façon caractéristique ; cette conformation et cette structure sont essentielles pour leurs fonctions biologiques. Ajoutons que, puisqu'une molécule résulte de la combinaison de deux ou plusieurs atomes, elle peut être schématisée par un certain nombre de noyaux atomiques, autour desquels gravitent les électrons des atomes qui la composent.

L'hypothèse d'Avogadro

Le 31 décembre 1808, un an après la parution de la *Théorie atomique* de Dalton, Joseph-Louis Gay-Lussac, professeur à la Sorbonne, présentait devant la Société d'Arcueil [1] un mémoire important où il indiquait que les gaz se combinent dans des rapports volumétriques simples. Il formulait ainsi la loi dite « des combinaisons volumétriques ». Les gaz étant pris dans les mêmes conditions de température et de pression, on reconnaît, par exemple, que deux volumes d'hydrogène gazeux et un volume d'oxygène gazeux réagissent pour former deux volumes de vapeur d'eau ; un volume d'azote et trois volumes d'hydrogène produisent deux volumes d'ammoniac [2].

Gay-Lussac mentionnait que ses résultats étaient en accord avec la théorie atomique de Dalton. Cependant, la « loi des volumes » était une règle empirique, sans fondement théorique. L'explication de cette loi de combinaison des volumes apparut peu de temps après, en 1811. Elle devait transformer la chimie. Un professeur de physique supérieure à l'université de Turin, Amedeo Avogadro, comte di Quaregna, fit une hypothèse absolument fondamentale « pour expliquer le fait découvert par M. Gay-Lussac »[3]. Entre 1811 et 1821, le savant italien publia quatre mémoires au sujet de son hypothèse et de ses applications. Les deux premiers étaient rédigés en français. Voici le début du premier mémoire (1811) paru dans le *Journal de physique, de chimie et d'histoire naturelle* :

> « M. Gay-Lussac a fait voir dans un Mémoire intéressant (*Mémoires de la Société d'Arcueil*, tome II) que les combinaisons des gaz entre eux se font toujours selon des rapports très simples en volume, et que lorsque le résultat de la combinaison est gazeux, son volume est aussi en rapport très simple avec celui de ses composants ; mais les rapports des quantités de substances dans les combinaisons ne paraissent pouvoir dépendre que du nombre relatif

1 - La « Société d'Arcueil », fondée par Berthollet et Laplace, réunissait les plus grands savants du temps, comme Biot, Gay-Lussac, Humboldt, Thénard, Arago, etc.

2 - Par volume, il faut entendre ici une unité de volume quelconque : un litre, un demi-litre, un kilomètre-cube ou n'importe quel autre volume précis.

3 - À noter que le physicien français André-Marie Ampère proposa la même hypothèse en 1814, indépendamment d'Avogadro.

> des molécules qui se combinent et de celui des molécules composées qui en résultent. Il faut donc admettre qu'il y a aussi des rapports très simples entre les volumes des substances gazeuses, et le nombre des molécules simples ou composées qui les forme. L'hypothèse qui se présente la première à cet égard, et qui paraît même la seule admissible, est de supposer que le nombre des molécules intégrantes dans les gaz quelconques est toujours le même à volume égal ou est toujours proportionnel aux volumes. En effet, si on supposait que le nombre des molécules contenues dans un volume donné fût différent pour les différents gaz, il ne serait guère possible de concevoir que la loi qui présiderait à la distance des molécules pût donner, en tout cas, des rapports aussi simples que les faits que nous venons de citer nous obligent à admettre entre le volume et le nombre des molécules. »

Ainsi, selon Avogadro : *des volumes égaux de n'importe quel gaz à une température et une pression donnée contiennent des nombres égaux de particules de ce gaz.* Avogadro appelle ces particules des *molécules*. Ainsi, contrairement aux impressions de nos sens, tout fluide est constitué par un grand nombre de « petites masses » ou molécules (mole = masse) dans lesquelles il faut voir les échantillons des substances. Chaque molécule est formée d'atomes, qui peuvent s'échanger lorsque deux substances réagissent chimiquement.

Avogadro pose comme principe que des volumes égaux de différents gaz contiennent le même nombre de molécules. Par ailleurs, Avogadro suppose « que les molécules constituantes d'un gaz quelconque... ne sont pas formées d'une seule molécule, mais résultent d'un certain nombre de ces molécule réunies en une seule par attraction. » En langage moderne, cela revient à dire qu'une molécule d'un corps simple peut être formée de plusieurs atomes.

Par exemple, le fait que deux litres d'hydrogène se combinent toujours avec un litre d'oxygène (mesurés dans les mêmes conditions de température et de pression) pour former de l'eau indique que la molécule d'eau contient deux fois plus d'atomes d'hydrogène que d'atomes d'oxygène. C'est ainsi que nous savons que la formule de l'eau est H_2O : le secret des constitutions moléculaires est percé. À ce point de l'histoire de la chimie, on rencontre la difficulté suivante : si chaque molécule d'eau contient un atome d'oxygène et deux atomes d'hydrogène pourquoi un litre d'oxygène et deux litres d'hydrogène donnent-ils deux litres de vapeur d'eau et non pas simplement un litre ?

La réponse est due au chimiste italien Stanislao Cannizzaro[(1)]. Ce dernier interpréta correctement les lois des combinaisons chimiques et éclaira les concepts de poids moléculaire et de poids atomique, en indiquant le critère à suivre dans le

1 - Dans son *Résumé d'un cours de philosophie chimique* (1858) Cannizzaro s'exprimait de cette façon : « Les propriétés physiques des corps nous conduisent à admettre qu'ils sont formés de particules disjointes, toutes de même nature, qui se placent à une distance tantôt plus grande et tantôt plus petite ; leur résistance à se laisser déplacer est tantôt grande et tantôt très faible ; parfois elles sont animées de vitesses qui leur permettent de s'éloigner, en demeurant néanmoins liées et inaltérées au cours de toutes les variations de leur distance et de leurs actions réciproques, ce qui engendre tous les changements physiques des corps ; ces particules, tellement petites qu'elles échappent à nos sens, ont été appelées molécules. » À travers ces mots, on trouve une tentative d'explication des états d'agrégation de la matière (solide, liquide et gazeux) en fonction des forces intermoléculaires qui y interviennent ; les molécules chimiques s'identifient aux particules ultimes des gaz prises en considération par la théorie cinétique des gaz (voir p. 190), cette dernière s'étant developpée au cours de la même période.

choix du poids atomique parmi les divers multiples du poids de combinaison. Ainsi, dans des conditions usuelles, les molécules d'oxygène et d'hydrogène contiennent chacune deux atomes et non un seul ; dans un litre d'hydrogène ou d'oxygène, le nombre d'atomes d'hydrogène ou d'oxygène est donc égal au double de ce qu'il serait si les atomes étaient isolés. De ce fait, le nombre de molécules d'eau formées et le volume de vapeur d'eau produite pour des volumes donnés d'hydrogène et d'oxygène sont également doublés.

Avec cette hypothèse, les réactions chimiques de production d'eau et d'ammoniac sont respectivement :

$$2H_2 + O_2 \rightarrow 2H_2O$$
$$\text{et } N_2 + 3H_2 \rightarrow 2NH_3$$

Le nombre[1] qui précède la formule chimique de chaque composé indique le nombre de molécules de ce composé participant à la réaction. Selon l'hypothèse d'Avogadro, ces nombres indiquent également les volumes relatifs de gaz nécessaires à la réaction.

L'hypothèse d'Avogadro relevait d'une géniale intuition, que l'on justifie aujourd'hui à l'aide de la théorie cinétique des gaz : la pression qu'exerce un gaz sur une paroi de récipient est approximativement proportionnelle au produit de la température par le nombre de molécules de gaz par litre. La constante de proportionnalité, que l'on appelle constante de Boltzmann, ne dépend pas de la nature du gaz. Selon cette loi, le nombre de molécules d'un gaz contenues dans un volume d'un litre est toujours identique, pour une température et une pression données.

À la suite de ces avancées, de nombreux mystères vont peu à peu s'éclaicir, entre autres les *changements d'état* : faire bouillir 1 litre d'eau, c'est disperser ses molécules à travers 1.700 décimètres cubes. Quant à l'énergie des molécules, ou leur vitesse, elle est due à la température. À zéro degré C[2], la vitesse des molécules de l'oxygène représente 461 m/s ; elle atteint 474 m/s à 15°C. La rapidité avec laquelle elles se meuvent conduit les molécules à s'entrechoquer fréquemment (quelque 7 milliards de fois par seconde, sous la pression normale). Elles sont donc accélérées, ralenties ou déviées, mais ces mouvements ne peuvent être soumis qu'aux lois du hasard, celles régies par la physique statistique[3]. On explique enfin le phénomène de la pression exercée par un gaz sur les parois d'une enceinte par le choc des molécules sur les

1 - Ce nombre est appelé coefficient stœchiométrique.

2 - C pour Celsius, physicien et astronome suédois. Il fut le premier à avoir l'idée du thermomètre centésimal. Le degré centésimal, défini à partir d'une échelle arbitraire, s'appelle officiellement degré Celsius (°C). 0° Celsius est la température de la glace fondante sous une pression atmosphérique normale (76 cm de mercure).

3 - Physique statistique : étude des systèmes de particules dont le nombre peut être très élevé et où se manifeste le hasard. Un gaz ou un liquide sont des systèmes typiques de la physique statistique. Pour de tels systèmes, on étudie aussi bien les états d'équilibre que les phénomènes cinétiques dont ils peuvent être le siège. Par suite de l'intervention du hasard, ces systèmes sont caractérisés par les moyennes et les dispersions des différentes grandeurs physiques observables, que l'on peut calculer à partir des lois de probabilités adaptées à chaque cas (les « statistiques »).

surfaces qu'elles rencontrent. Avec l'interprétation mécanique des températures et des pressions, un prodigieux chapitre de l'histoire de la physique a été écrit.

À l'époque d'Avogadro, son hypothèse était purement empirique ; on ne l'admettait que parce qu'elle conduisait à des résultats corrects. En effet, à l'aide de cette hypothèse, on peut obtenir les formules chimiques de différents composés chimiques (comme pour l'eau). Puis, à partir des rapports des masses des éléments et des composés qui participent à diverses réactions, on peut déterminer les masses atomiques (par rapport à l'hydrogène par exemple), ainsi que l'avait fait Dalton [(1)].

On peut alors vérifier que toutes les réactions où intervient un élément donné conduisent toujours à une même masse atomique pour divers éléments. Si l'hypothèse d'Avogadro avait été fausse, elle aurait produit des formules chimiques fausses pour les divers composés et des masses atomiques incompatibles pour des réactions chimiques différentes.

Une longue résistance

La loi d'Avogadro est la plus ancienne des lois physico-chimiques qui reposent sur l'hypothèse explicite que les molécules sont des objets réels. Avec la distinction entre atome et molécule, le premier étant acteur de la combinaison, la seconde, sujet de la réaction, étaient établies les bases essentielles de la théorie atomique en chimie. Et pourtant, la lenteur avec laquelle cette loi fut acceptée par les chimistes est un signe manifeste de leur très grande résistance à l'idée de la réalité moléculaire. En fait, les chimistes refusèrent tout simplement de l'appliquer pendant au moins un demi-siècle.

Réactualisée en 1860, grâce aux efforts de Cannizzaro lors du Congrès de Karlsruhe, elle ne sera pleinement acceptée par l'ensemble du monde scientifique que vers la fin du XIXe siècle. Pourquoi cette longue résistance ? Pour arriver à en comprendre les raisons, il faut tenir compte de la nature des problèmes de la chimie de cette période et du fait que leur solution ne nécessitait pas de manière absolue l'adoption de ces hypothèses.

La multiplicité des formules et la complexité, voire l'ambiguïté du langage, ne semblaient guère entraver l'œuvre du chimiste de l'époque qui s'intéressait surtout à des problèmes pratiques. Par ailleurs, parmi les sources probables de résistance aux idées nouvelles d'Avogadro, il faut citer la théorie électrochimique de Berzelius qui excluait la possibilité d'existence de molécules formées de deux atomes semblables. Puis, dans les années 1830, les travaux de Jean-Baptiste Dumas sur les densités de vapeur discréditèrent encore plus l'hypothèse d'Avogadro, par la mise en évidence de l'incohérence entre les valeurs expérimentales des poids atomiques calculés sur la base des densités gazeuses et celles obtenues par d'autres méthodes physiques ou chimiques.

---

1 - Masse atomique : masse de $6{,}02.10^{23}$ atomes d'un élément. Cette masse est de 16 g pour l'oxygène. Dans ces conditions, la masse réelle d'un atome d'hydrogène est de $1{,}67.10^{-24}$g.

Le nombre d'Avogadro

Les chimistes utilisent souvent comme unité de quantité de matière la *mole* : par définition, c'est un ensemble qui contient un nombre d'entités élémentaires toutes identiques égal au nombre d'atomes de carbone contenus dans 0,012 kg de carbone. La masse d'une mole d'hydrogène est par exemple égale à deux grammes. Celle d'une mole d'eau est égale à 18 grammes, etc. La mole est une unité utile, car une mole de n'importe quelle substance contient toujours le même nombre de molécules ; plus les molécules sont lourdes, plus une mole représente de grammes.

On appelle nombre d'Avogadro (*N*), le nombre de molécules par mole. Étant donné qu'une mole d'un gaz quelconque occupe un volume de 22,4 litres à la température de 0°C, et sous une pression de 760 mm de mercure, le nombre d'Avogadro donne en même temps le nombre de molécules.

Il existait, au début du XXe siècle, plusieurs déterminations du nombre d'Avogadro, chacune fondée sur un phénomène physique différent. Par exemple, en 1866, Loschmidt en avait donné une première et assez bonne évaluation en mesurant les rapports de volume entre différents états d'une même substance.

La découverte de l'électron permit de calculer ce nombre à partir de l'activité chimique d'un courant électrique.

Planck le déduisit de la formule de rayonnement du corps noir. Perrin le détermina à partir de l'étude des gouttelettes en suspension dans des émulsions de colloïdes. Einstein le calcula en étudiant les phénomènes de diffusion, c'est-à-dire de mélange lent entre deux substances. D'autres déterminations existaient également, fondées sur des phénomènes différents.

Les calculs effectués par Loschmidt entraînaient $N \approx 0{,}5 \times 10^{23}$. Maxwell trouva $N \approx 4 \times 10^{23}$. Einstein calcula plusieurs valeurs, à partir de 1905, année de sa thèse de doctorat : $N = 2{,}1 \times 10^{23}$ à $N = 4{,}15 \times 10^{23}$.

Vers la fin du XIXe siècle et au tout début du XXe siècle, les diverses déterminations de *N* étaient comprises entre environ 10^{23} et 10^{24}, un progrès admirable si l'on considère le caractère approximatif des modèles et des méthodes employées.

La valeur actuelle la plus précise est $N \approx 6{,}02 \times 10^{23}$ (6 suivi de 23 zéros, soit un million de milliards de milliards...)

La molécule : un territoire longtemps inexploré

Avec Avogadro, on suppose que les corps sont des agrégats de molécules, particules extrêmement petites qu'on ne peut ni voir, ni toucher. Mais on ne possède aucune précision sur leurs caractéristiques. On s'interroge en premier lieu sur leurs dimensions. En 1816, Thomas Young note que « le diamètre ou la distance des particules d'eau se situe entre deux milliers et dix milliers de millionièmes de pouce ».[1]

Dès 1858, deux ans après la mort d'Avogadro, le physicien allemand Clausius – le père de l'entropie – établit les premiers résultats de ce qui deviendra la « théorie cinétique des gaz ». Reprenant une hypothèse émise par Bernoulli en 1738 dans son

1 - Young était parvenu à cette estimation en utilisant un argument assez obscur reliant la tension superficielle à la portée des forces moléculaires, prises en égalant cette portée au diamètre moléculaire.

Hydrodynamique, il introduit la notion de « libre parcours moyen » entre deux collisions successives d'une molécule. Une mesure éventuelle du libre parcours moyen doit permettre d'obtenir un ordre de grandeur de la taille des molécules.

En 1866, Loschmidt calcule le diamètre d'une molécule d'air et en déduit que « dans le domaine des atomes et des molécules, la longueur appropriée est le millionième de millimètre ». Quatre années plus tard, Kelvin, qui considère « comme un fait établi qu'un gaz est constitué de molécules en mouvement », trouve que « le diamètre de la molécule gazeuse ne peut être inférieur à 2×10^{-9} centimètre ». En 1873, Maxwell affirme que le diamètre d'une molécule d'hydrogène vaut environ 6×10^{-8} cm. La même année, Johannes Diderik Van der Walls rapporte des résultats similaires dans sa thèse de doctorat.

Vers 1890, l'éventail de ces valeurs et de celles obtenues par d'autres scientifiques s'est considérablement rétréci. Une compilation des résultats obtenus jusqu'à la fin des années 1890 situe le rayon de l'hydrogène et des molécules d'air entre 1 et 2×10^{-8} cm, une fourchette remarquablement satisfaisante. Enfin, Albert Einstein en 1905 et Marián Smoluchovski en 1906 construisent la théorie du mouvement brownien, mouvement incessant et irrégulier d'une particule légère en suspension dans un fluide. Ce phénomène témoigne, pour les partisans de l'hypothèse atomique, de ce que ce fluide, apparemment au repos, est en fait constitué de molécules en mouvement incessant. En 1913, dans son livre *Les atomes*, Jean Perrin peut écrire :

> « Chacune des molécules de l'air que nous respirons se meut avec la vitesse d'une balle de fusil, parcourt en ligne droite entre deux chocs, à peu près 1 dix millième de millimètre, est déviée de sa course 5 milliards de fois par seconde, et pourrait, en s'arrêtant, élever de sa hauteur une poussière encore visible au microscope. Il y en a 30 milliards de milliards dans un centimètre cube d'air, pris dans les conditions normales. Il en faut ranger 3 millions en fil rectiligne pour faire un millimètre. Il en faut 20 milliards pour faire un milliardième de milligramme. »

Voir les molécules

Le cristallographe Charles Manguin écrivait en 1936 : « Quel chimiste n'a dans ses heures de méditation rêvé d'un microscope extrêmement puissant qui lui permettrait de voir les molécules, objets constants de ses spéculations, d'en discerner la structure et de reconnaître jusqu'à quel point les schémas qu'il en donne se rapprochent de la réalité ? » Un tel vœu n'a pu être exaucé qu'avec l'apparition des techniques physiques d'analyse ; celles-ci représentent actuellement la majeure partie d'une science riche et indispensable, la *chimie analytique*.

Citons la *chromatographie*, méthode d'analyse permettant de séparer et d'identifier les différents constituants d'un mélange ; la *spectroscopie infrarouge*, qui utilise les échanges d'énergie qui s'établissent entre les molécules et un rayonnement électromagnétique infrarouge très peu énergétique ; la *spectroscopie Raman*, qui utilise la diffusion inélastique d'une lumière monochromatique par les molécules d'un milieu transparent quelconque ; les *spectroscopies ultraviolette et visible*, instruments fondamentaux en analyse quantitative ; la *spectrométrie de masse*, qui permet de déterminer la formule brute, la structure chimique, la masse exacte et même l'origine naturelle des molécules organiques ; la *radiocristallographie*, l'une des techniques les plus performantes pour élucider la structure des composés organiques se présentant sous forme de cristal ; la *résonance magnétique nucléaire* (RMN), basée sur la perturbation de la trajectoire des faisceaux moléculaires sous l'effet de l'action conjointe de deux champs magnétiques convenablement orientés.

Les champs d'application de la chimie analytique sont immenses, depuis la chimie pure jusqu'à la pharmacie, en passant par la biochimie, la toxicologie, la parfumerie et l'agroalimentaire. Les techniques physiques ont aujourd'hui presque totalement colonisé la chimie analytique. Autrefois, savoir souffler le verre était le plus important, car la majeure partie des instruments utilisés dans les laboratoires appartenait au domaine de la verrerie et non de l'électronique. Après la Seconde Guerre mondiale, l'aspect et la vie des laboratoires furent littéralement bouleversés par l'entrée en force des chromatographes et des spectromètres. Aujourd'hui, la chimie analytique est devenue une science essentiellement instrumentale et, désormais, l'analyste ne peut plus se passer des services de l'ingénieur et de l'électronicien.

MOUVEMENT

Galilée, 1638 ; Newton, 1687 ; Einstein, 1905.
Voir aussi : Chute des graves, Espace, Force, Gravitation, Inertie, Mécanique, Relativité.

L'univers physique que nous cherchons à décrire est composé de corps en mouvement : électrons, protons, neutrons, particules du rayonnement cosmique (mésons et muons) et autres se livrent dans l'espace à une « sarabande » effrénée, que ce soit à l'intérieur ou à l'extérieur des atomes ; les atomes et les molécules qui composent les corps matériels participent à cette agitation universelle. Les corps matériels observables à notre échelle ne sont eux-mêmes inertes qu'en apparence et sont entraînés, avec les astres sur lesquels ils se trouvent, dans les grandioses mouvements astronomiques. Quant aux astres que les observations montrent « au repos » les uns par rapports aux autres, ils sont entraînés avec les galaxies auxquelles ils appartiennent dans une course sans fin à travers l'espace et le temps.

Qu'est-ce que la cinématique ?

L'idée de mouvement est à la base de la mécanique et a été l'objet de nombreux débats jusqu'à la naissance de cette science au XVIIe siècle. Il ne s'agit pas là d'un problème évident et, comme tout concept scientifique, les idées modernes ont émergé lentement. Les notions de base proviennent bien entendu de la conceptualisation de notre expérience quotidienne où l'on suit la position changeante d'un mobile, la distance parcourue pendant un intervalle de temps donné, etc. L'ensemble de ces aspects purement descriptifs constitue ce que l'on appelle la *cinématique*, qui est une partie de la mécanique.

La cinématique est l'étude de la variation dans le temps des positions occupées par la matière dans l'espace, ceci indépendamment des causes qui produisent le mouvement. Elle peut être comparée à la géométrie dont elle revêt des formes comparables [(1)]. La cinématique dite « classique » ou « galiléenne » concerne les cas où la vitesse d'un mobile demeure extrêmement faible par rapport à la vitesse de la lumière. Par ailleurs, les concepts cinématiques sont utilisés afin de relier la matière aux causes du mouvement ; c'est ce qu'on appelle la *dynamique*.

En vérité, cette dichotomie entre cinématique et dynamique, pour commode qu'elle soit, est une simplification. Dans la réalité que nous appréhendons par nos sens, nos théories et nos instruments de mesure, il n'existe rien qui soit de nature uniquement cinématique ou purement dynamique.

---

1 - Il serait abusif d'en conclure que la cinématique est une pure théorie mathématique sans bases expérimentales, car elle repose sur des notions d'espace et de temps qui ont un contenu physique.

Si la cinématique doit beaucoup à Galilée, la dynamique, qui est une autre branche de la mécanique, est née des travaux de Newton. Mais, dès le XIIIe siècle, Thomas d'Aquin, sur la base des idées scolastiques, émet sur le mouvement des considérations qui ouvrent la voie au développement scientifique. L'argument est le suivant :

> « Dans l'Univers, certaines choses sont en mouvement et ceci résulte clairement de nos sensations. Chaque fois qu'un objet est en mouvement, et qu'il est donc nécessairement mû par un autre objet, alors cet autre objet doit lui aussi être mû par quelque chose d'autre. Mais nous ne pouvons certainement pas étendre cet argument pas à pas indéfiniment. Par suite, il est nécessaire que nous arrivions finalement à un Premier Moteur qui ne peut être mû par rien d'autre. Tout le monde sait que ce Premier Moteur est Dieu. »

En effectuant une distinction entre causes immédiates (ici, les corps « moteurs ») et la Cause Finale (c'est-à-dire Dieu), Thomas d'Aquin permet l'étude des rapports entre phénomènes, donc des causes immédiates. Cette approche constitue une avancée de la pensée, à l'opposé de saint Augustin pour lequel seule la Cause Finale importe.

Deux types de mouvements simples

Dans la vie de tous les jours, nous nous faisons le plus souvent une idée des choses en elles-mêmes, sans nous préoccuper des rapports qu'elles peuvent avoir entre elles. Cet état d'esprit est à l'origine de nombreuses confusions. En physique, il est absolument indispensable de connaître les rapports entre les choses et d'effectuer des mesures. Les rapports entre les mouvements constituent le fondement de toute investigation sérieuse sur les choses.

On connaît deux types de mouvements simples, auxquels peuvent se réduire de nombreux mouvements « naturels » ; ils correspondent à des trajectoires rectilignes : mouvement rectiligne uniforme et mouvement rectiligne accéléré. Le premier est le mouvement d'un point sur une ligne droite animé d'une vitesse constante (v). En des temps égaux, le mobile parcourt des distances égales. L'accélération est évidemment nulle. Si l'on prend comme origine le point où se trouve le mobile au temps $t = 0$, l'équation de ce mouvement s'écrit :

$$x = vt$$

Si la vitesse du mobile change pendant un intervalle de temps donné, on dit qu'il y a accélération du mouvement pendant ce temps. Un mouvement dont la trajectoire est rectiligne mais dont la vitesse varie proportionnellement au temps est appelé mouvement rectiligne uniformément accéléré. Si l'accélération est constante (a) et si l'on prend comme origine le point où se trouve le mobile au temps $t = 0$, et si, de plus, la vitesse est nulle à cet instant initial, l'équation de ce mouvement s'écrit :

$$x = \frac{1}{2}at^2$$

Mouvement absolu et mouvement relatif

Pour Newton, un mouvement absolu est défini par le déplacement d'un corps d'un lieu absolu à un autre lieu absolu. Le mouvement relatif se rapporte au déplacement d'un lieu relatif à un autre lieu relatif.

Toutefois, Newton le reconnaît (*Principes*) :

> « Il est très difficile de connaître les mouvements vrais de chaque corps, et de les distinguer réellement des mouvements apparents parce que les parties de l'espace immobile dans lesquelles s'exécutent les mouvements vrais ne tombent pas sous nos sens. »

Est-il possible de distinguer mouvements absolus et mouvements relatifs ? Pour répondre à cette délicate question, Newton distingue les propriétés du mouvement de ses causes et de ses effets.

– Les propriétés du mouvement sont essentiellement relatives ; elles s'énoncent par rapport à un voisinage et se réclament du seul langage de la cinématique.
– Par contre, les causes et les effets du mouvement se traduisent en termes de forces : forces qui engendrent le mouvement (vrai, par définition), forces qui en résultent [1].

Les forces représentent l'expression mathématique des causes et des effets physiques du mouvement. En ce sens elles garantissent l'existence de mouvements vrais. Newton écrit (*Principes*) :

> « Les causes par lesquelles on peut distinguer le mouvement vrai du mouvement relatif sont les forces imprimées dans les corps pour leur donner le mouvement. Car le mouvement vrai d'un corps ne peut être produit ni changé que par des forces imprimées à ce corps même, au lieu que son mouvement relatif peut être produit et changé sans qu'il éprouve l'action d'aucune force. »

La force, cause du mouvement

La force est ce qui engendre le mouvement, la cause du mouvement. Du point de vue classique newtonien, la force est indépendante des mouvements qu'elle rend possibles et produit. Une force appliquée à un corps initialement au repos, le met en mouvement. C'est ce que traduit l'équation fondamentale de la dynamique écrite sous la forme newtonienne :

$$F\Delta t = \Delta p$$

La force appliquée pendant un certain laps de temps Δt engendre une variation de la vitesse. Désormais, on ne doit plus étudier tel ou tel mouvement séparément des autres : la pomme qui tombe de l'arbre, le mouvement de la Lune et des planètes, voire les marées, relèvent tous d'une même cause, la force de gravitation ! C'est là une très importante révolution de la pensée. Newton écrit : « Toute la tâche de la philosophie [1] semble consister en ceci : à partir des mouvements, rechercher les forces de la nature puis, à partir de ces forces, démontrer les autres phénomènes ».

1 - Au sens du XVIIe siècle, c'est-à-dire la physique.

---

1 - Une force centripète (attraction) *cause* les mouvements planétaires. Elle leur est toujours associée. Une force centrifuge *résulte* des mouvements de rotation. C'est la force d'inertie de Newton.

On sait aujourd'hui que tout mouvement est relatif

Depuis les mémorables observations de Galilée, on sait que parler d'un mouvement absolu n'a pas beaucoup de sens ; depuis les travaux d'Einstein, on sait même que c'est un non-sens. Puisqu'il ne peut en être autrement, on pourra toujours choisir un corps de référence quel qu'il soit et calculer tous les autres mouvements par rapport à lui.

En voyage, lorsqu'on se rend au wagon-restaurant, on sous-entend provisoirement que le train dans lequel on se trouve est immobile et l'on pense son propre déplacement par rapport à lui. Mais si on envisage le voyage que l'on est en train de faire, alors la Terre est immobile et l'on se dit qu'on est lancé à plus de 100 km à l'heure. L'astronome qui étudie le système solaire décide que c'est nous qui tournons sur nous-mêmes autour du Soleil immobile. Par rapport à ce dernier déplacement, celui du train est insignifiant.

Quant à l'astronome qui étudie l'univers stellaire, il est susceptible d'ajouter au déplacement moyen des étoiles le mouvement relatif du Soleil. Lorsque nous disons que le système solaire se déplace, c'est par rapport aux étoiles. En définitive, il n'existe pas de phénomène physique qu'on puisse qualifier de « mouvement absolu ». Dès lors, ce sont les mouvements relatifs qui doivent entrer dans les lois de la physique, puisque la nature n'en connaît pas d'autres.

Rôle du référentiel

Le mouvement (ou le repos) sont des concepts qui ne prennent de sens que relativement à un *référentiel*. Pour repérer la position d'un point dans l'espace, il faut se donner un référentiel, c'est-à-dire un système de coordonnées, d'origine O arbitraire. Puisque tout se meut dans l'univers, tout référentiel est nécessairement en mouvement.

Un référentiel qui ne subit aucune accélération est dit *galiléen*. Théoriquement, aucun référentiel terrestre n'est galiléen (le mouvement de rotation de la Terre implique une accélétation centripète). Avec un référentiel galactique, nous sommes plus près d'un référentiel galiléen parfait.

Les facéties du mouvement

Un train express parcourt au moins 1,5 km en une minute ; les planètes parcourent plusieurs kilomètres en une seconde. Les comètes, lorsqu'elles sont proches du Soleil, se déplacent à des vitesses beaucoup plus grandes encore, mais il est très difficile de calculer leur position en raison de leur changement de forme. Dans la pratique, à l'époque de Newton, les planètes étaient donc les corps les plus rapides auxquels on pût appliquer convenablement les lois de la dynamique.

Or, quand on découvrit l'existence de la radioactivité et des rayons cosmiques, et quand, plus récemment, on construisit des accélérateurs à grande puissance, de nouveaux champs d'observation s'ouvrirent. On put y observer des particules isolées dont la vitesse atteint presque celle de la lumière. Or les corps qui se déplacent à ces vitesses énormes, dites relativistes, se comportent bien différemment de ce qu'on pourrait croire. Tout d'abord, il apparaît que la masse augmente avec la vitesse dans des proportions parfaitement déterminables. Lorsqu'un électron se déplace très rapidement, il faut exercer sur lui une force beaucoup plus grande pour obtenir un effet donné que s'il se déplace lentement.

Ensuite, on a des raisons de penser que le mouvement d'un corps altère ses dimensions. Par exemple, si on anime un cube d'un mouvement très rapide, un observateur extérieur constatera qu'il se contracte sur l'axe de son déplacement, bien qu'en soi (c'est-à-dire pour un observateur solidaire de l'objet) il ne subisse aucun changement.

Plus stupéfiant encore fut de découvrir que la durée varie en fonction du mouvement ; ainsi, deux chronomètres parfaits dont l'un se déplacerait très vite par rapport à l'autre n'indiqueraient plus la même heure au terme de leur périple. La preuve directe de cette dilatation du temps existe : on la trouve en observant les rayons cosmiques, constitués de particules diverses. Certaines d'entre elles, les mésons, se désintègrent en pleine trajectoire. L'observateur terrestre constate que plus le méson est rapide, plus il met de temps à se désintégrer : un méson vit environ cent fois plus longtemps quand il se déplace à une vitesse proche de celle de la lumière (0,99995 c).

Ces effets du mouvement sont une conséquence spectaculaire de la théorie de la relativité restreinte élaborée par Einstein en 1905.

MOUVEMENT PERPÉTUEL

De Maricourt, XIIIe s. ; Zonca, 1607 ; Stevin, 1605 ; Cox, 1760.
Voir aussi : Force, Gravitation, Mouvement, Rendement.

S'il est un mythe qui a la vie dure, c'est bien celui du mouvement perpétuel. Historiquement, la quête du mouvement perpétuel fut d'abord une préoccupation alchimique. Il en est fait mention dans un manuscrit du Ve siècle. Elle est présente dans l'œuvre des plus grands alchimistes du Moyen Âge. L'un des derniers alchimistes, Isaac Newton en personne, ne voulait rien moins que réfléchir ou réfracter les « rayons de la gravité » afin de créer le mouvement perpétuel.

De même que les alchimistes tentaient d'isoler « l'esprit vital » qui transcende les individus, les « perpétualistes » ont ardemment recherché « l'esprit de la machine », cause transcendante du mouvement. De toute évidence, ce à quoi rêvaient (et rêvent toujours) les adeptes du mouvement perpétuel n'a rien de mécanique. On peut dire que l'histoire de cette quête s'inscrit dans une perspective parallèle à celle du principe d'inertie qui, lui, est tout ce qu'il y a de plus scientifique puisqu'il régit le mouvement, le *vrai* (qui n'a rien de perpétuel, comme chacun sait).

Selon ce principe, un mobile qui n'est soumis à aucune force possède un mouvement rectiligne uniforme si *aucun frottement* n'arrête sa course (on dit que le mouvement *se conserve*). À cause des frottements et de la résistance de l'air, il faut, sur Terre, ajouter en permanence une force pour maintenir une vitesse. Une machine en mouvement continuel et qui produirait en même temps un travail utile sans qu'il lui soit fourni d'énergie est donc a priori irréalisable.

Imiter le mouvement des cieux

En fait, à partir du Moyen Âge et de la Renaissance, quand on parle de mouvement perpétuel, on peut soupçonner l'existence d'un malentendu. Nous donnons aujourd'hui à cette expression un sens précis, conforme aux idées fondamentales de la thermodynamique. Mais en 1400 ou en 1500, les concepts étaient plus flous : une machine à mouvement perpétuel, c'était, par exemple, un moulin à eau situé sur une rivière qu'on ne voyait jamais à sec. L'univers apparaissait comme une gigantesque machine perpétuelle, car les astres tournent toujours sans qu'on puisse discerner des signes d'usure ou de ralentissement. Au fond, il suffisait de mettre au point une machine imitant en réduction le mouvement des cieux.

Pierre de Maricourt, dès le XIIIe siècle, en arrive à cette idée : un aimant sphérique, monté sans friction de telle sorte que son axe (semblable à celui du cosmos) soit parallèle à l'axe céleste, devrait tourner comme les cieux eux-mêmes. Un tel aimant aurait constitué une horloge, et même l'horloge parfaite qui n'a pas besoin d'être remontée.

Dès lors, comme une ombre discrète, les machines à mouvement perpétuel vont suivre fidèlement les progrès de la mécanique (la mécanique, notons-le, est d'abord l'art de construire des machines). Mais leurs inventeurs ignoreront toujours superbement

Feu le mouvement perpétuel

Par décret datant de 1775, l'Académie des Sciences n'examine plus les travaux qui lui sont adressés touchant à la quadrature du cercle, à la trisection de l'angle et au mouvement perpétuel, sujets favoris des réformateurs de la géométrie et des inventeurs autodidactes.

Mais en Angleterre et aux États-Unis – signe de pragmatisme anglo-saxon – l'espoir fou que le *perpetuum mobile* finisse par se manifester a trouvé à s'alimenter jusqu'en 1911 : jusqu'à cette date, les brevets des machines à mouvement perpétuel ont été pris en considération…

les lois qui régissent celle-ci et les impitoyables pertes d'énergie par frottement. Aristote, déjà lui, imaginait au delà de la sphère des étoiles fixes un « Premier Mobile », cause divine du mouvement des planètes.

Au Moyen Âge, dans les premiers traités de mécanique, on trouve essentiellement des moulins à eau actionnant une vis sans fin dite « vis d'Archimède », laquelle fait monter l'eau qui a servi à les faire tourner… Puis, on voit apparaître des machines à vent actionnées par des soufflets qui sont eux-mêmes actionnés par ces moulins. Plus réaliste est la machine fonctionnant comme un siphon de Vittorio Zonca. En 1607, cet architecte italien publia un *Nouveau Théâtre de machines,* qui est une source de renseignements de premier ordre sur les techniques industrielles dans la seconde moitié du XVIe siècle.

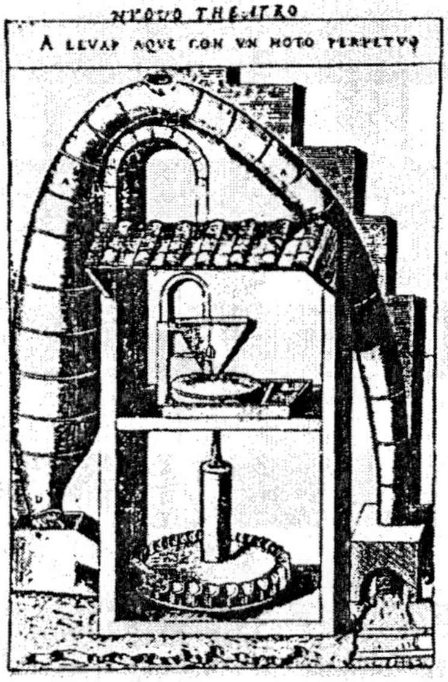

Les machines proposées par l'Italien Zonca partent du principe général que, dans l'univers, d'inépuisables quantités d'énergie sont à la disposition de l'homme. Théoriquement, le mouvement n'est pas dû ici au flux d'un cours d'eau mais à la seule « action » d'un siphon. Aspirée à droite, l'eau est conduite à une turbine avant d'être à nouveau réintroduite dans le circuit. Il s'agit en théorie bien d'un mouvement permanent susceptible d'entraîner un moulin. Seul l'amorçage nécessite une intervention humaine.

Une mécanique « rusée »

Des cames, des roulements et des poids sont, dès la Renaissance, habilement agencés dans des pendules qui rivalisent de complexité. Les horloges mécaniques étaient d'ailleurs conçues très souvent comme une « imitation » du mouvement cosmique, lequel s'apparentait de toute évidence au *perpetuum mobile* (1). Parallèlement, elles étaient aussi conçues comme le prototype idéal de la machine utilitaire. Ainsi, dès le XIVe siècle, des moulins avaient été construits sur le modèle de l'horloge. À partir de ces prémisses, tous les espoirs étaient permis. De nombreux faits bien connus des praticiens confirment la validité de cette ligne de pensée. Les marées, par exemple, étaient à la fois une sorte d'horloge cosmique et une source d'énergie.

Très tôt, il y eut des installations marémotrices sur les bords de l'Adriatique et en Angleterre. « En 1582, indique Crombie, Londres fut alimentée en eau par une pompe foulante actionnée par une roue mue par la marée, installée près du pont de Londres par l'ingénieur allemand Peter Morice ». Ajoutons qu'au XVIe siècle les idées sur le rapport des machines aux lois de la nature étaient parfois ambiguës. Chez les techniciens de cette époque, on trouve l'idée qu'on peut *tromper* la nature : les machines sont des sortes d'artifices grâce auxquels on réalise des miracles, des opérations merveilleuses.

Du reste, les mots « mécanicien » et « ingénieur » ne proviennent-ils pas de termes respectivement grec et latin impliquant l'idée de ruse et d'astuce ? Un Ramelli, expert en agencement de poulies et d'engrenages, ne nous livre-t-il pas, lui aussi, un écho affaibli de cette mécanique « rusée » ? Si de telles idées s'estompèrent, ce fut largement grâce aux efforts de Galilée. De ce point de vue, son traité de la mécanique, écrit vers 1600, témoigne d'un nouveau réalisme. On ne peut recevoir plus qu'on ne donne : la nature elle-même ne fait pas de cadeau.

Mais c'est le mathématicien et ingénieur flamand Simon Stevin (2) qui, l'un des premiers, émet réellement des doutes sur la possibilité du mouvement perpétuel en tant que tel. En mécanique, Stevin discute la théorie du levier et l'équilibre d'un corps sur un plan incliné, question qu'il aborde d'une façon tout à fait originale. Extraite de *Hypomnemata mathematica* (1605), la célèbre figure du collier à sphères en équilibre sur le plan accompagne la légende : « la merveille n'est pas merveille », c'est-à-dire qu'il n'y a rien de mystérieux dans cet équilibre.

Stevin a l'intuition de l'impossibilité du mouvement perpétuel : le collier (voir p. suivante) est en équilibre sur le double plan incliné (tel que $AB = 2BC$). On peut supprimer la partie inférieure *SLV* du collier sans changer l'équilibre ; donc, les poids des portions *PQRD* et *EF* sont dans le rapport inverse des pentes, ou encore dans le rapport des longueurs des plans inclinés (3).

---

1 - Plus ou moins guidé par des considérations perpétualistes, Huygens s'intéressa toute sa vie aux horloges et aux problèmes qui leur sont liés. En 1658, il publia l'*Horologium*. Il y revint avec la publication d'une œuvre majeure, *Horologium oscillatorium* (1673), contenant de nombreux résultats mathématiques et physiques, par exemple l'expression de la période des oscillations de faible amplitude.

2 - Cet ancien inspecteur des digues au service des États de Hollande occupe une place importante dans l'histoire de la pensée scientifique. Il vulgarisa l'utilisation des fractions décimales. Il se servit librement des méthodes d'Archimède pour déterminer les centres de gravité de figures curvilignes planes.

3 - Léonard de Vinci, lui aussi, traitera l'équilibre sur le plan incliné, mais par une autre méthode.

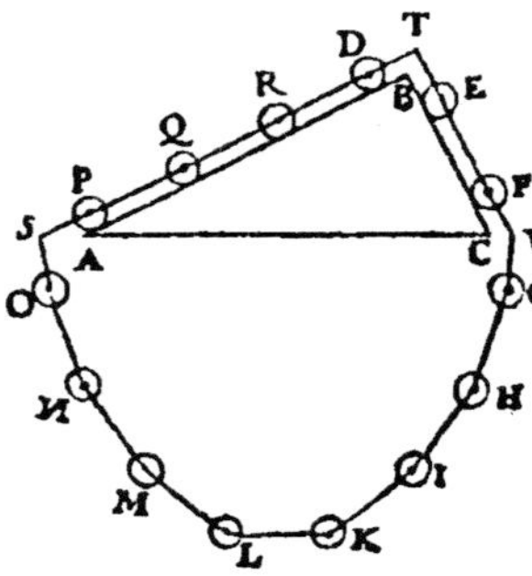

Le collier à boucles de Stevin.

Carnot et l'impossibilité du « vrai » mouvement perpétuel

Vers 1760, un horloger et fabricant d'automates du nom de James Cox déclarait avoir mis au point un pendule dont le poids était remonté simplement grâce aux variations de la pression atmosphérique. Il s'agissait en fait d'un gigantesque baromètre contenant près de 80 kg de mercure, doté d'un flotteur actionnant, par un très ingénieux système d'engrenages, le remontage du poids de l'horloge au gré des hautes et des basses pressions.

Plus tard, vers 1800, avec l'invention de la pile par Volta, l'ingéniosité humaine se tourne vers des machines électriques hérissées de fils en spirale et bardées de contacts de cuivre. Rien ne devait donc, semble-t-il, arrêter les recherches sur le mouvement perpétuel. Pourtant, en 1824, Sadi Carnot démontre l'impossibilité du « vrai » mouvement perpétuel.

Dans ses *Réflexions sur la puissance motrice du feu et les machines propres à développer cette puissance,* il insiste sur une dissymétrie fondamentale de la nature : alors qu'il est possible de transformer intégralement de l'énergie mécanique en chaleur, l'inverse ne se fait qu'avec un rendement dérisoire.

> « Ne sait-on pas, souligne le savant français, que toutes les tentatives faites pour produire le mouvement perpétuel par quelque moyen que ce soit, ont été infructueuses. Que l'on n'est jamais parvenu à produire un mouvement véritablement perpétuel, c'est-à-dire un mouvement qui se continuât toujours sans altération dans les corps mis en œuvre pour le réaliser ? »

Carnot prend l'exemple d'une machine thermique dont la puissance est liée à la chute du « calorique » (de la chaleur) un peu à la manière d'une chute d'eau dans une installation hydraulique.

L'énoncé par Carnot de ce qui a été baptisé le deuxième principe de la thermodynamique aurait donc dû normalement sonner le glas du mouvement perpétuel. Il n'en fut rien au contraire et l'œuvre du savant français passa totalement inaperçue jusqu'à ce que l'ingénieur Emile Clapeyron la sauve de l'oubli. De la même façon, la loi de la conservation de l'énergie, qui stipule que l'énergie d'un système isolé peut changer de forme, mais, en aucun cas, augmenter ou diminuer, ne parvint pas à émouvoir les perpétualistes.

Et ceux-ci, après tout, pourraient encore croire en un avenir prometteur, car chacun sait que la conservation de l'énergie n'est pas une loi physique mais un principe. Comme le soulignait Max Planck : « Le principe de conservation de l'énergie est une loi expérimentale. Donc, bien qu'aujourd'hui on le tienne pour universel et embrassant tous les cas possibles, sa validité pourrait un jour se voir restreindre ; de sorte que le problème du mouvement perpétuel pourrait alors devenir tout à coup un vrai problème. »

En attendant cet événement, le mouvement perpétuel s'est réfugié dans les atomes où des électrons n'arrêtent pas de tourner sans apport d'énergie depuis des milliards d'années... Quand bien même enfin le mouvement perpétuel serait passé de mode, celle qui consiste à « mettre de l'esprit dans les machines » ou de l'intelligence (artificielle) dans l'ordinateur procède de toute évidence de la même veine mythique. Elle nous rappelle qu'un mythe ne disparaît que pour renaître sous des apparences nouvelles.

Mouvement perpétuel et agitation moléculaire

Le mouvement brownien est l'agitation sans cause extérieure et permanente de particules ou de grains microscopiques dans un fluide. Cette agitation due aux chocs moléculaires n'est pas en contradiction avec le principe de conservation de l'énergie. Il suffit que tout accroissement de vitesse d'un grain s'accompagne d'un refroidissement du fluide en son voisinage immédiat, et inversement que toute diminution de vitesse s'accompagne d'un échauffement local.

Imaginons maintenant un dispositif susceptible de transformer en travail l'énergie calorifique d'un milieu où il se trouve. Ce pourrait être, par exemple, une machine qui, en refroidissant l'eau de mer, permettrait à un navire de se mouvoir. En raison de l'immensité des réserves des océans, cette machine engendrerait un « mouvement perpétuel », c'est-à-dire produirait un travail sans rien prendre en échange, sans répercussion extérieure.

Selon le principe de Carnot, qui traduit l'impossibilité de transformer complètement l'énergie produite sous forme de chaleur en énergie mécanique, cette machine ne peut malheureusement exister. Or, dans un fluide, on peut envisager que des particules, encore assez grosses pour être suivies sous le microscope, soient déjà assez petites pour être notablement agitées par les chocs moléculaires. Ainsi, dans de l'eau, on pourrait voir une particule plus dense que cette eau se mettre à certains moments à s'élever spontanément, transformant une partie de la chaleur du milieu ambiant en travail.

Jean Perrin, dans son livre *Les Atomes*, va jusqu'à imaginer que « si nous étions de la taille des bactéries, nous pourrions à ce moment fixer au niveau ainsi atteint la poussière *que nous n'aurions pas eu la peine d'élever* et, par exemple, nous bâtir une maison sans avoir à payer l'élévation des matériaux ». Malheureusement pour nous, plus la particule à soulever est grosse, plus il est rare que les hasards de l'agitation moléculaire la soulèvent d'une hauteur donnée.

C'est dire, comme le bon sens l'indique, qu'il ne serait pas raisonnable de compter sur le mouvement brownien pour élever les briques devant servir à bâtir notre maison (il faudrait un temps inimaginable pour voir une brique de 1 kg suspendue en l'air par une corde se soulever simplement par le mouvement brownien à la hauteur d'un second étage).

Ainsi la validité du principe de Carnot, à notre échelle de grandeur et de données, se trouve totalement confortée : « à l'échelle de grandeur qui nous intéresse pratiquement, ajoute Perrin, le mouvement perpétuel « de seconde espèce » est en général tellement insignifiant qu'il serait déraisonnable d'en tenir compte ». Pour transformer à notre gré en travail toute l'énergie du mouvement des molécules d'un fluide, il faudrait pouvoir coordonner ce mouvement, rendre parallèles les trajectoires de ces molécules. Ce qui n'est évidemment pas en notre pouvoir...

NEUTRINO

Pauli, 1930 ; Fermi, 1934 ; Reines et Cowan, 1956.
Voir aussi : Interactions, Quark, Radioactivité naturelle.

Imaginé par le physicien suisse Wolfgang Pauli en 1930, le *neutrino* ne fut observé que vingt-six ans plus tard par les physiciens américains Frederick Reines et Clides Cowan. Que ce soit l'hypothèse de son existence (et de l'antiparticule correspondante, l'*antineutrino* [(1)]) ou les propriétés pour le moins « ad hoc » qui lui furent attribuées, tout ce qui concerne le neutrino sort de l'ordinaire. Ayant acquis droit de cité sur la parole d'un théoricien, le neutrino fut, de façon surprenante, assez vite accepté, sans aucune contrepartie d'ordre expérimental.

Électriquement neutre, de masse toujours inconnue, pour ne pas dire nulle [(2)], c'est la particule la plus répandue dans l'univers ; en fait, le neutrino ne saurait être une simple curiosité, ne serait-ce que parce que la validité des principaux modèles cosmologiques en vigueur dépend de ses propriétés. N'interférant que très faiblement avec la matière, il ne laisse aucune trace – ou presque – dans les détecteurs. Ce n'est que par des déductions indirectes, basées sur la conservation de l'énergie et de l'impulsion, que les physiciens se sont peu à peu convaincus de son existence réelle.

Désintégration bêta et neutrino

En 1914, un physicien anglais, James Chadwick, observe que l'électron émis lors de la désintégration bêta d'un noyau radioactif n'a pas toujours la même énergie cinétique. Cette observation était très troublante, car on pensait que l'énergie de l'électron devait être égale à la différence d'énergie entre les noyaux initial et final. Or, cette énergie allait d'une valeur presque nulle jusqu'à plusieurs millions d'électronvolts. La tentation était forte de considérer que l'émission bêta violait la loi de conservation de l'énergie.

Niels Bohr lui-même supposa un moment que l'énergie ne s'était pas conservée lors de la radioactivité bêta. En 1930, Wolfgang Pauli, voulant éviter de remettre en question une loi aussi fondamentale que celle de la conservation de l'énergie, préféra admettre que l'énergie perdue était emportée par une particule inconnue émise avec l'électron, mais échappant à toute détection expérimentale. Il supposa en outre que cette particule inconnue (bien qu'électriquement neutre) n'était pas un photon gamma, contrairement à une hypothèse qui suggérait que l'énergie était partagée entre l'électron et un rayonnement gamma non détecté.

---

1 - L'antineutrino fut en réalité la particule découverte en 1956 ; antiparticule du neutrino, elle lui est symétrique et naît, comme lui, lors d'un processus élémentaire du même type (désintégration bêta, voir page suivante).

2 - Une estimation donne 1/13 000 de la masse de l'électron. D'une façon générale, on ne peut pas dire expérimentalement qu'une particule a une masse nulle, mais seulement donner une limite sur sa masse ; ainsi, le photon est certainement plus léger que 6×10^{-16} eV.

Enfin, il fallait admettre que cette mystérieuse particule était si pénétrante que son énergie ne devait pas être transformée en chaleur. En fait, on pouvait augurer que des particules de cette nature ne devraient avoir qu'une très faible interaction avec la matière et glisser très facilement entre les doigts des expérimentateurs...

En 1932, après la découverte du neutron, la particule postulée par Pauli fut baptisée *neutrino*, c'est-à-dire « petite particule neutre ».

La théorie de Fermi

Se basant sur l'hypothèse de Pauli, le physicien italien Enrico Fermi fit connaître, en 1933, une théorie mathématique de la désintégration bêta. Il proposait notamment que les neutrons, à l'intérieur ou à l'extérieur des noyaux, puissent se transformer spontanément en un proton, un électron et un neutrino. En fait, au cours d'une désintégration bêta, l'électron émis est accompagné d'un neutrino (ν), s'il s'agit d'un électron positif ou positron (e^+), et d'un antineutrino ($\bar{\nu}$) s'il s'agit d'un électron négatif (e^-). Le processus de désintégration correspond à la transformation d'un proton p du noyau en un neutron n (désintégration bêta +) ou à la transformation d'un neutron n du noyau en un proton p (désintégration bêta –), selon les réactions :

$$p \longrightarrow n + e^+ + \nu$$
$$n \longrightarrow p + e^- + \bar{\nu}$$

La théorie de Fermi était en parfait accord avec les faits d'observation : elle expliquait dans le détail la relation entre les énergies et les périodes des diverses désintégrations bêta.

Reconnus théoriquement, les neutrinos échappaient toujours à la détection expérimentale, bien que leur participation aux processus nucléaires devînt de plus en plus évidente. Ce ne fut qu'en 1956 que deux physiciens américains, Reines et Cowan, annoncèrent la découverte de particules que la presse de l'époque s'empressa de baptiser « neutrinos » (voir encadré ci-dessous).

Le « piège à neutrinos » de Reines et Cowan (1956)

Le « piège » de Savannah River (Georgie) imaginé par les deux chercheurs américains consistait en une vaste chambre remplie d'eau et entourée de deux séries de compteurs Geiger, les uns destinés à compter les électrons, les autres les neutrons. Le dispositif pesait dix tonnes environ. La chambre était placée à l'extérieur de l'épaisse enceinte protectrice entourant une pile atomique.

Cette enceinte laissait passer les antineutrinos dont quelques-uns, pénétrant dans la chambre, entraient en collision avec les protons des atomes d'hydrogène. Chaque proton se transformait en un neutron et un électron positif selon l'équation :

$$\text{proton} + \text{antineutrino} \longrightarrow \text{neutron} + \text{électron}^+$$

La chance d'arrêter un neutrino est inimaginablement faible. Reines et Cowan commencèrent leur expérience en 1953... et ne furent certains d'avoir « attrapé » un antineutrino qu'en 1956 !

Le neutron produit par la réaction ci-avant était capturé par un noyau de cadmium avec émission d'un photon gamma d'une certaine énergie. Le positron (électron positif) était annihilé à sa première rencontre avec un électron et il y avait émission d'un autre photon gamma d'une autre énergie. La détection simultanée des deux photons était la preuve attendue.

La presse, à l'époque, annonça la découverte du neutrino... mais c'était de l'*anti-neutrino* qu'il s'agissait.

Aujourd'hui, la désintégration de particules produites par les grands accélérateurs libère un très grand nombre de neutrinos et l'on a beaucoup étudié leurs interactions, de façon expérimentale et théorique.

Rendons justice, toutefois, à Reines et Cowan : leur expérience représentait à l'époque un véritable exploit. De plus et surtout, elle donnait crédit à une nouvelle interaction différente des autres, l'*interaction faible*, responsable justement de la radioactivité.

L'histoire du neutrino ne s'arrête pas là. L'observation, en 1962, de la désintégration de *pions* (mésons π) en *muons* (méons μ) a montré que ce processus s'accompagne aussi d'émission de neutrinos et d'antineutrinos. Le neutrino associé au muon, dit « muonique », est une espèce différente du neutrino associé à l'électron [1]. La découverte d'une autre particule analogue à l'électron, le *tauon*, a permis la prévision d'un autre type de neutrino, le neutrino « tauonique », non encore observé. En comptant les antiparticules correspondantes, cela fait au total six variétés de neutrinos. Les neutrinos, aussi discrets soient-ils, ont trouvé une application dans la recherche. C'est grâce à l'utilisation des flux de neutrinos que la structure complexe des *nucléons*, et donc l'existence des quarks, a pu être mise en évidence.

L'énigme des neutrinos solaires

Jusqu'au début des années soixante, les contacts entre la physique des particules et la cosmologie sont restés plutôt minces. La question des neutrinos solaires a fourni l'occasion d'un premier rapprochement entre les deux disciplines, et plus récemment avec la détection des neutrinos émis par la supernova 1987 A[2]. Déjà, au tout début du siècle, certains physiciens, qui avaient beaucoup de mal à admettre que l'univers puisse être « ouvert », s'employaient à rechercher une « matière noire » (cachée) qui, d'après eux, était nécessaire pour « fermer » l'univers (la matière visible étant loin d'y suffire).

1 - Le muon, découvert en 1936, est l'un des mystères les plus attirants de la physique des particules. Il est identique par toutes ses interactions à l'électron, mais sa masse est plus de deux cents fois celle de l'électron. Le muon est-il un électron lourd ou une particule différente ? Le mystère est encore amplifié par le fait que le muon a son propre neutrino, indiscernable du neutrino de l'électron, excepté que, lorsqu'il est produit par une interaction impliquant un muon, il se « souvient » qu'il est de la famille du muon, de sorte que, en réagissant avec un proton ou un neutron, il produit un autre muon.

2 - Cette supernova, apparue le 23 février 1987 dans le Grand Nuage de Magellan, a constitué un événement considérable pour l'astrophysique, non seulement par son observation à l'œil nu, mais par la détection terrestre de neutrinos émis au moment même de l'explosion de l'étoile. L'annonce de la mort de l'étoile, émise dans toutes les directions et convoyée par les neutrinos et la lumière, touchait au terme de 170 000 années de vol, précisément le 23 février 1987.

Même à l'époque de la découverte de l'expansion de l'univers par Hubble (1924), la plupart des physiciens se refusaient encore à admettre l'hypothèse d'un monde ouvert ; certains d'entre eux recherchèrent sous quelle forme pouvait se trouver cette masse invisible.

Si la plus grande partie de la masse de l'univers existe sous la forme d'une matière mystérieuse et invisible, de quoi donc est fait en majorité cet univers ? On est parvenu à détecter les effets gravitationnels de cette matière, mais aucun rayonnement n'en provient. On se demande aujourd'hui si la réponse ne pourrait pas être fournie par les particules ayant survécu au Big Bang. La question des neutrinos solaires a permis d'étayer cette hypothèse (le taux de réactions de neutrinos en provenance du Soleil observé est trois fois moins élevé que la prédiction théorique).

Au cours du processus de réactions de fusion nucléaire au sein du Soleil (*cycle de Bethe*), un grand nombre de désintégrations bêta interviennent, qui émettent des positrons et des *neutrinos*. Contrairement aux autres particules émises (électrons, protons, neutrons, positrons) qui sont arrêtées au sein de la matière solaire, les neutrinos, pour une grande proportion, peuvent traverser sans encombre d'immenses épaisseurs de matière (le rayon du Soleil est de 700 000 km). Ainsi libres de s'ébattre, de parcourir l'univers et de le remplir de leur multitude, certains d'entre eux atteignent la Terre à raison d'environ 10^{11} neutrinos par centimètre carré et par seconde (la plupart, d'ailleurs, peuvent traverser 10^{13} fois la Terre sans interagir et poursuivent leur chemin).

Le cosmos serait donc en réalité un océan de neutrinos ponctué de quelques îlots isolés d'atomes. Même avec une masse extrêmement faible (un treizième de millième de celle de l'électron), les neutrinos auraient une masse totale supérieure à celle de toutes les étoiles et pourraient avoir une influence gravitationnelle suffisante pour que l'univers se recontracte finalement au terme de sa phase d'expansion (Big Crunch). Les autres candidats d'origine primordiale pour la matière noire comprendraient les photinos et les gravitinos, pour ne citer qu'eux.

À l'intersection de l'astrophysique et de la physique des particules, la question des neutrinos solaires demeure énigmatique. Elle paraît liée à d'autres questions, sans doute encore plus fondamentales, concernant le passé et l'avenir de l'univers. Par ailleurs, la mesure de la masse à attribuer aux neutrinos constitue un difficile problème expérimental. De telles mesures sont en cours (observation fine des désintégrations bêta, mesures auprès des réacteurs nucléaires). Les résultats, pour l'instant contradictoires, laissent présager que la question de la masse des neutrinos risque d'être encore longtemps l'une des plus débattues de la physique[(1)].

---

1 - En juin 1998, à Super Kamiokande (Japon), après plus de trente années d'expériences infructueuses, une équipe américano-japonaise a enfin pu fournir la réponse attendue : les neutrinos semblent bien avoir une masse. L'expérience, commencée en avril 1996, fut réalisée dans une énorme cuve cylindrique de 40 m de diamètre et contenant 50 000 tonnes d'eau. Ce détecteur, entièrement tapissé de 13 000 photomultiplicateurs, a permis de découvrir que les neutrinos muoniques, en provenance de l'atmosphère, étaient en moins grand nombre que ce que le calcul théorique avait prévu. Ces neutrinos se transformeraient pendant leur trajet en neutrinos d'un autre type, échappant ainsi à la détection. Or, on sait que ce phénomène ne peut se produire que si les neutrinos ont une masse, même infiniment inférieure à celle de toutes les particules. Il faut rapprocher ce résultat des conclusions du projet Gallex, réalisé en Italie sur les neutrinos solaires, qui avait enregistré un déficit en neutrinos életroniques.

ONDES

Newton, 1666 ; Young, 1801 ; Fresnel, 1814 ; Einstein, 1905 ; de Broglie, 1923.

Voir aussi : Couleur, Électron, Éther, Fonction d'onde, Lumière, Ondes gravitationnelles, Quanton.

Une onde est un phénomène étendu dans une vaste région (éventuellement illimitée) de l'espace, qui est susceptible de se propager et qui possède un élément de *périodicité*. C'est un déplacement d'énergie (et non pas de matière). Le concept d'onde est très général et s'applique à des phénomènes très divers (ondes électromagnétiques, sonores, sismiques, gravitationnelles, etc.) présentant toutefois des comportements communs qui leur sont propres : *interférence* ou *diffraction*. Les ondes peuvent être décrites par des grandeurs spécifiques qui les caractérisent : longueur d'onde, fréquence, amplitude. La description mathématique est la même pour toutes les ondes.

En mécanique quantique, des objets tels l'électron et le photon ne peuvent être décrits d'une manière satisfaisante et complète ni en tant que particules ni en tant qu'ondes, mais présentent, selon les conditions, les caractéristiques de l'un ou de l'autre. En ce qui concerne la lumière, et toutes les autres ondes électromagnétiques, il ne s'agit pas d'une vibration de la matière (la lumière peut se propager dans le vide, dans l'espace intersidéral par exemple), mais d'un changement des propriétés électromagnétiques de l'espace, la propagation du champ électromagnétique.

Période, amplitude, fréquence...

Pour faire parvenir un signal d'un point *A* à un point *B*, il y a deux méthodes. La première consiste à envoyer des particules (points matériels) de *A* vers *B*. Si *A* et *B* se trouvent au bord d'un bassin, on peut aussi – deuxième méthode – frapper la surface de l'eau en *A*. Une onde est émise et parvient en *B* au bout d'un certain laps de temps. Dans le premier cas, il y a transport de matière de *A* en *B* (les points matériels peuvent par exemple être des billes).

Dans le second, il n'y a pas transport de matière. Il ne s'agit en fait que d'un déplacement vertical qui gagne les molécules d'eau les unes après les autres (mais aucune de ces molécules n'est transportée de *A* en *B*)[1] : les oscillations verticales de ces molécules sont donc *transversales* par rapport à la direction de propagation de l'onde.

1 - Un bouchon qui flotte sur la mer n'est pas transporté par les vagues dans le sens de leur propagation. Les vagues transportent du mouvement sans transporter de matière.

On conçoit qu'en un point choisi arbitrairement sur la surface du bassin, l'eau soit soulevée puis abaissée régulièrement. On appelle *période* l'intervalle de temps qui sépare deux crêtes successives au même point. L'*amplitude* désigne l'étendue du phénomène ondulatoire. La *longueur d'onde* est la distance qui sépare deux crêtes, c'est-à-dire la distance parcourue par le phénomène ondulatoire pendant une période [1]. La *fréquence*, nombre de périodes par seconde, est numériquement l'inverse de la période et s'obtient en divisant la vitesse de propagation par la longueur d'onde (la *vitesse de propagation* d'une onde est la vitesse qu'aurait un point qui se trouverait constamment sur la crête de l'onde ; c'est ce que cherchent à faire, dans une certaine mesure, les surfeurs).

Si v désigne la vitesse de propagation, T la période, f la fréquence et λ la longueur d'onde, on pose les relations suivantes :

$$f = \frac{1}{T} \quad \text{et} \quad \lambda = \frac{v}{f}.$$

Désignons par z l'élongation verticale que subit la surface de l'eau autour de sa position de repos en un point P ; cette grandeur z dépend du point et du temps : c'est donc une fonction du point et du temps, soit :

$$z = \psi\ (P, t)$$

La fonction ψ est appelée *fonction d'onde.*

Chaque fois qu'un milieu élastique peut vibrer, comme la surface d'un bassin, il se produit un phénomène ondulatoire. C'est le cas des mouvements (vibrations) d'une corde de violon sous l'action d'un archet et aussi de ceux que la corde transmet à l'air environnant. Si l'onde se propage dans un même milieu, les mêmes valeurs des caractéristiques se retrouvent à intervalles réguliers de distance, à condition que le milieu soit isotrope (ayant des propriétés physiques identiques dans toutes les directions). S'il ne l'est pas, la manière dont l'onde se propage dépend de sa direction. C'est le cas des cristaux, notamment en ce qui concerne la lumière. Très fréquemment, le milieu est absorbant et, dans ce cas, l'intensité de l'onde s'affaiblit progressivement.

On appelle *front de l'onde* la surface constituée, à un moment précis, par tous les points atteints, à ce moment-là, par la perturbation. Ce front peut constituer une surface (surface d'onde) simple. Par exemple, une lumière se propageant à partir d'une source ponctuelle dans toutes les directions a pour surface d'onde une sphère.

Au XVIIe siècle, Newton avait proposé une théorie de la lumière et de la couleur complètement différente permettant d'expliquer toutes les données expérimentales d'optique connues de son vivant : d'après lui, la lumière n'est pas un phénomène ondulatoire : elle consiste en un flux de corpuscules émis par la source lumineuse et se propageant, dans un milieu homogène, en ligne droite.

Grâce à cette théorie corpusculaire, la plupart des phénomènes relevant de l'optique dite « géométrique » pouvaient être aisément expliqués. Le phénomène de réflexion sur un miroir s'explique par le fait que les corpuscules rebondissent sur la surface du miroir, un peu comme une balle de tennis rebondit sur un mur. Les

---

1 - Une onde est donc un phénomène doublement périodique, dans l'espace et dans le temps.

rayons lumineux, rectilignes dans un milieu homogène, s'ils viennent à tomber sur un objet opaque, sont arrêtés ; ainsi se forme derrière l'objet une zone non éclairée, autrement dit une ombre. Mais, dans certains cas, une ombre peut être floue. Il y a donc des phénomènes que la théorie corpusculaire ne parvient pas à expliquer.

Le phénomène d'ombre « floue », autrement dit de diffraction, était connu depuis la Renaissance. Cependant, les physiciens étaient en général trop imbus de « newtonisme » pour pouvoir adopter une autre théorie qui leur aurait ouvert les yeux. La réaction vint d'Angleterre avec un médecin qui était aussi égyptologue et physicien à ses heures, Thomas Young [1].

Dès 1801, Young faisait en effet connaître une expérience mémorable qui apportait des preuves irréfutables en faveur d'une théorie ondulatoire de la lumière. Voici la question qu'il se posait : que se passe-t-il quand on ajoute de la lumière à de la lumière ? Dans certains cas, contrairement à ce qui semble l'évidence même : de l'obscurité !

Lumière + lumière = obscurité

Devant une source lumineuse *S* supposée ponctuelle, disposons un écran *E* percé de deux très petites ouvertures (trous ou fentes) très voisines *S1* et *S2*. La lumière en provenance de *S* ne peut passer que par ces deux ouvertures, lesquelles peuvent être considérées à leur tour comme deux sources de lumière absolument identiques. Recueillons la lumière, après passage en *S1* et *S2*, sur un deuxième écran *E'*, disposé de l'autre côté de *E* par rapport à *S*. Si la lumière se propageait rigoureusement en ligne droite, les deux pinceaux lumineux issus de *S1* et *S2* formeraient deux cônes de lumière qui ne se rejoindraient jamais et qui produiraient sur l'écran *E'* deux taches lumineuses séparées *C* et *D*. En réalité, un phénomène de diffraction intervient. Les deux trous *S1* et *S2* se comportent comme deux sources lumineuses secondaires qui réémettent la lumière reçue de *S* vers l'avant et dans des directions voisines (par exemple S_1T_1 et S_2T_2).

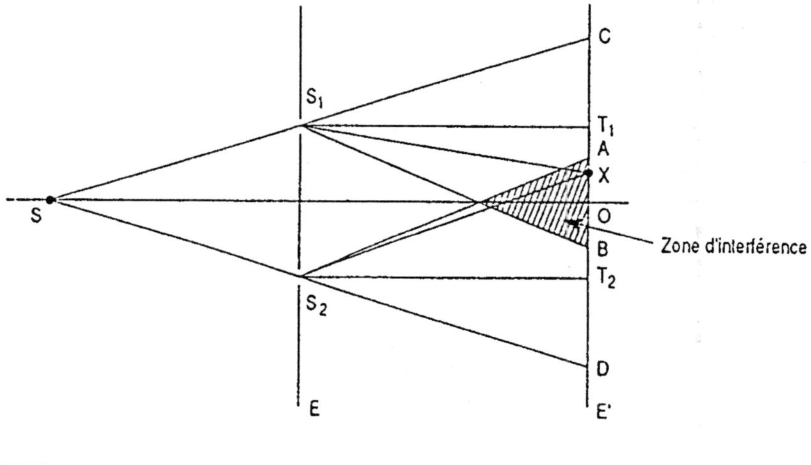

1 - Les publications de Young, grand dilettante, couvrent un éventail incroyable de sujets : physique de la vision, théorie de l'arc-en-ciel, dynamique des fluides, capillarité, architecture navale, mesures de la pesanteur au moyen d'un pendule, théorie des marées, Égypte, alphabet, hiéroglyphes, hydraulique, rosée, son, etc.

Après avoir traversé les trous *S1* et *S2*, les deux pinceaux s'élargissent et s'estompent. Ce que nous observons sur l'écran *E'* est étonnant (pour un « newtonien »). Dans les régions extrêmes – *CA* et *BD* – la lumière est également répartie, ce qui paraît naturel, mais, dans la région centrale, entre A et B, les deux pinceaux se recouvrent. Au point *O* équidistant de *S1* et *S2*, les vibrations lumineuses sont « en phase », puisque les retards pris le long des trajets égaux *SS1O* et *SS2O* sont égaux. Or, deux vibrations en phase s'additionnent purement et simplement. On observe donc en *O* de la lumière.

En un point *X* distinct de *O*, les distances *S1 X* et *S2 X* ne sont pas égales : pour certaines positions de *X*, les vibrations lumineuses issues de *S1* et *S2* sont « en opposition de phase », et donc leur composition s'annule. Dans ce cas, la lumière ajoutée à la lumière donne de l'obscurité. Pour d'autres positions de *X*, les vibrations lumineuses sont « en phase » : elles s'ajoutent pour donner une amplitude double, c'est-à-dire un éclairement maximal.

En observant la région de recouvrement, Young constatait qu'elle était sillonnée de franges rectilignes perpendiculaires au plan de la figure. La frange du milieu était parfaitement blanche, entourée de part et d'autre de franges alternativement très brillantes et très sombres. Ces franges étaient d'égale largeur. Thomas Young traduisit ce phénomène de mélange des deux lumières, baptisé *interférence*, en énonçant ce qui semblait un véritable paradoxe à l'époque : *de la lumière ajoutée à de la lumière donne de l'obscurité !* La découverte du phénomène d'interférences lumineuses fournissait un argument puissant en faveur de la théorie ondulatoire de la lumière.

De plus, la théorie ondulatoire était quantitativement vérifiable. Connaissant la longueur d'onde de la lumière, il est facile de calculer la distance entre deux franges brillantes consécutives ou *interfrange*. L'interfrange dépend de la couleur de la lumière parce que cette couleur est la manifestation perceptible de la longueur d'onde de la lumière (dans l'arc-en-ciel des couleurs, la longueur d'onde augmente régulièrement de 0,4 à 0,8 millième de millimètre).

De Fresnel à de Broglie

En France, il y a un siècle et demi, Augustin Fresnel avait su produire avec de la lumière une grande variété de phénomènes d'interférences et de diffraction. Il en avait conclu que la lumière était formée d'ondes. Mais, dans la façon classique de voir, des ondes exigent pour se propager un milieu élastique dont elles traduisent les vibrations. Un milieu a donc été imaginé dans lequel se propageaient les ondes lumineuses. Mais ce milieu, appelé « éther luminifère », devait posséder des propriétés contradictoires et l'on a finalement renoncé à le faire intervenir à la suite du résultat négatif de l'expérience de Michelson (voir Éther).

Ainsi, on a accepté, au début de notre siècle, de considérer que les ondes lumineuses se propagent sans support matériel. Ceci est venu élargir le concept d'onde par rapport à l'idée primitive des ondes « élastiques ». Mais certains phénomènes lumineux sont venus aussi satisfaire aux critères corpusculaires : la lumière est formée de grains, les photons.

Un nouveau type d'onde est apparu en 1923 avec la naissance de la mécanique ondulatoire de Louis de Broglie : aux électrons et autres particules matérielles sont associées des ondes. La confirmation expérimentale de cette audacieuse hypothèse eut lieu en 1927, lorsque Davisson et Germer, en Amérique, démontrèrent qu'un faisceau d'électrons traversant un cristal métallique donne naissance à une figure de diffraction (voir Électron) ; c'était la preuve irréfutable du comportement ondulatoire des particules en même temps qu'un argument incontournable en faveur de la mécanique quantique.

On voit aussi combien, du point de vue physique, le concept d'onde s'est généralisé au fur et à mesure qu'étaient découverts des types différents d'ondes.

En résumé, il existe d'une part les ondes élastiques ayant pour support un milieu matériel, d'autre part les ondes associées aux particules matérielles ou aux photons (ondes lumineuses) qui se propagent sans le secours d'un milieu.

ONDES GRAVITATIONNELLES

Einstein, 1916 ; Weber, 1958.
Voir aussi : Champ, Gravitation, Trou noir.

Au cours des années qui suivirent la publication de la théorie de la relativité générale, Einstein rechercha toutes les conséquences possibles que sa théorie impliquait. En 1916, il publia un article sur l'une de ces conséquences : les *ondes gravitationnelles.* Pendant plus de quarante ans, cet article devait rester sans écho. En effet, dans les milieux scientifiques, on pensait généralement que les ondes gravitationnelles étaient plus une vue de l'esprit qu'une réalité, ou tout au moins que leur existence restait sujette à caution tant qu'on n'aurait pas mis le doigt sur leurs conséquences observables.

L'une des caractéristiques essentielles des ondes gravitationnelles est en effet l'extrême faiblesse de leur intensité, surtout si on les compare au rayonnement électromagnétique, dont l'intensité donne lieu, comme on sait, à de nombreuses applications pratiques. La question qu'Einstein s'était posée était la suivante : les équations de la relativité générale permettent-elles de donner crédit à un tel phénomène ? La réponse est affirmative : les équations admettent bien une solution de ce type. Leur existence étant possible, comment peut-on alors décrire les ondes gravitationnelles et préciser leurs caractéristiques ?

Les détails de la propagation des effets gravitationnels sont extrêmement compliqués quand il s'agit de situations où ces effets sont forts. Mais pour les effets gravitationnels faibles, les choses sont beaucoup plus simples et analogues à ce que l'on rencontre dans le cadre plus familier de l'électromagnétisme. De même que l'on parle de rayonnement électromagnétique, on peut parler de rayonnement gravitationnel.

Des rides sur l'espace-temps

Le système le plus simple engendrant un rayonnement électromagnétique est constitué d'une charge électrique oscillante, c'est-à-dire se déplaçant d'un mouvement alternatif comme la boule d'un pendule simple ; l'oscillation de la charge engendre autour d'elle des perturbations du champ électromagnétique, qui s'éloignent radialement de la charge en mouvement à la vitesse de la lumière. Une situation grossièrement analogue est fournie par les ondes engendrées à la surface d'un étang quand on y lance une pierre.

Ces perturbations électriques et magnétiques transportent de l'énergie. D'où vient cette énergie ? Du mouvement de la charge. À mesure que celle-ci émet des ondes électromagnétiques, elle perd de l'énergie cinétique, et son mouvement s'amortit. De la même manière, la résistance de l'air amortit le mouvement du pendule jusqu'à ce qu'il finisse par s'immobiliser. Dans le cadre conceptuel de la relativité générale, c'est-à-dire lorsqu'on parle de champs gravitationnels intenses, on peut comparer une onde gravitationnelle à une « ride » se propageant sur la courbure générale de l'espace-temps. Alors qu'une onde sonore correspond à une modification locale d'un milieu matériel, par exemple l'air, l'onde gravitationnelle représente une modification de l'espace-temps lui-même et n'a donc rien de « matériel », même si elle induit certains effets sur les corps matériels qu'elle rencontre.

Comme tous les systèmes caractéristiques des champs gravitationnels intenses, les trous noirs engendrent des champs gravitationnels rapidement variables. Dans un certain sens, on peut considérer qu'un trou noir peut être mis en vibration par une perturbation extérieure et qu'ensuite le trou noir émet un train d'ondes amorties ; ces « ondes de vibration » de l'espace sont des ondes gravitationnelles. On a indiqué ci-dessus que, bien que non « matérielles », de telles ondes pouvaient agir sur les positions relatives des corps d'épreuve.

Définissons par exemple la distance entre deux corps comme $L = cT/2$ où T est le temps d'aller et retour d'un signal électromagnétique faisant la navette entre les deux corps et où c désigne la vitesse de la lumière. Dans ces conditions, on trouve qu'une onde gravitationnelle, en passant entre les corps, induit une modification de leur distance de l'ordre de $\delta L \simeq h \cdot L$, où h est le niveau approximatif de l'onde. Une onde gravitationnelle induit donc une déformation relative entre les corps d'épreuve. Si l'onde gravitationnelle oscille à une certaine fréquence, elle induira des déformations oscillant avec la même fréquence.

Cet effet a permis d'envisager la construction de détecteurs d'ondes gravitationnelles, qui détecteraient les petits mouvements ainsi induits par le passage d'une onde. Bien que plusieurs détecteurs aient déjà été construits (voir encadré), il n'a pas encore été possible de détecter directement des ondes gravitationnelles sur Terre.

Le rayonnement gravitationnel est-il détectable ?

Contrairement au rayonnement électromagnétique, le rayonnement gravitationnel est si faible que la production d'ondes gravitationnelles dépasse les capacités d'un laboratoire terrestre. Pour avoir une idée de la difficulté, imaginons un gros pilier cylindrique de métal, d'un mètre de rayon et de vingt mètres de long, de densité 7,8, et donc de masse 490 tonnes.

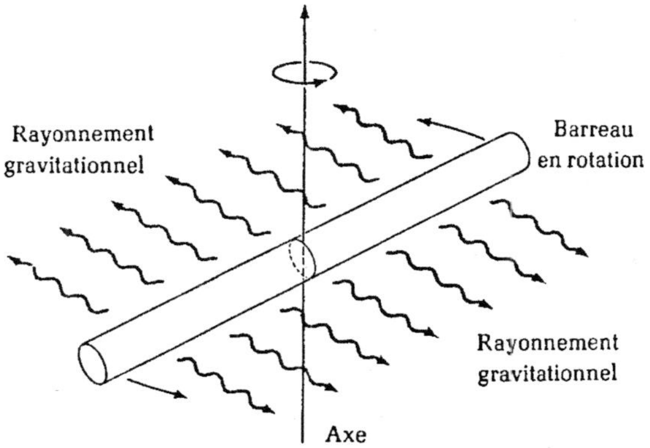

Le barreau cylindrique en rotation est censé engendrer des ondes gravitationnelles ; mais cet effet est extrêmement faible.

Pour produire un rayonnement gravitationnel, faisons tourner ce pilier autour de son centre, à raison de 4,5 tours par seconde. Pour produire un watt de rayonnement gravitationnel, il nous faudrait à peu près mille milliards de tels dispositifs.

Quoi qu'il en soit, en 1958, le physicien Joseph Weber, de l'université de Maryland, près de Washington, terminait la mise au point d'un dispositif simple conçu pour la détection des forces infimes engendrées par les ondes gravitationnelles.

Le type de détecteur utilisé par Weber était un cylindre en aluminium massif de 153 cm de longueur suspendu dans le vide par un fil métallique. Lorsqu'une onde gravitationnelle atteint le cylindre, elle doit en modifier la géométrie, selon les lois de la relativité générale et engendrer des oscillations transversales. Au milieu du cylindre de Weber, des transducteurs piézoélectriques très sensibles étaient censés apprécier une amplitude de l'ordre de 10^{-15} cm !

À l'aide de son dispositif, Weber déclara qu'il avait réussi à détecter trois « événements » par jour en direction du centre galactique, mais ce résultat ne put être confirmé (ne s'agissait-il pas plutôt d'ondes parasites d'une tout autre nature ?).

Quels que soient les doutes émis au sujet des résultats obtenus par Weber, ses expériences ont eu le mérite d'attirer l'attention des chercheurs sur le rayonnement gravitationnel et de susciter la mise au point de nouveaux détecteurs. En particulier, l'apparition de détecteurs interférométriques a ouvert une voie très prometteuse sur une base fondamentalement différente.

Dans les dispositifs de ce type, le passage d'une onde gravitationnelle provoque un changement de la figure d'interférences obtenue à partir d'une source laser en modifiant la longueur d'un des bras de l'appareil, exactement comme dans l'expérience de Michelson-Morley. Grâce à ce dispositif, on parviendra à atteindre une sensibilité cent fois supérieure à la barre de Weber : une variation relative de longueur des bras de l'interféromètre de 10^{-19} m devrait être détectable.

Opérationnel pour l'an 2001, le projet franco-italien VIRGO utilisera, près de Pise, un laser infrarouge de très haute puissance ainsi que deux miroirs isolés au bout de deux bras de trois kilomètres, l'ensemble devant détecter les ondes gravitationnelles émises par l'amas de galaxies de la Vierge. Les Américains développent de leur côté un projet concurrent, appelé LIGO (Laser Interferometer Gravitational Wave Observatory).

En 2005, l'Agence spatiale européenne tentera une grande première avec la mission baptisée LISA (Laser Interferometry Satellites Array) fondée sur le même principe que VIRGO, mais disposant, à la place des bras de 3 km, de faisceaux créés entre des satellites en orbite autour du Soleil, d'où une précision considérablement accrue.

Le pulsar PSR 1913 + 16

Dans son article sur les ondes gravitationnelles, Einstein supposait une source en forme d'haltères animée d'un mouvement de rotation autour d'un axe passant par le centre de gravité du système et perpendiculaire à la ligne des poids. Le système était censé émettre des ondes gravitationnelles. Si ces ondes transportent de l'énergie, elles l'empruntent à la source. Bien que cette perte soit extrêmement faible, elle doit pouvoir néanmoins être quantifiée. Einstein proposa alors une formule permettant d'établir le flux d'énergie emporté par les ondes gravitationnelles.

Le modèle d'Einstein préfigurait étrangement le pulsar binaire PSR 1913 + 16 découvert par Hulse et Taylor, deux astrophysiciens américains, en 1974. Si des haltères sont capables d'émettre des ondes gravitationnelles, on peut supposer qu'il en est de même pour un système de deux étoiles en rotation l'une par rapport à l'autre. C'est pourquoi, dès sa découverte, le PSR 1913 + 16 devint pour les relativistes un objet privilégié de recherche des ondes gravitationnelles.

En particulier, il fut démontré que les périodes de leurs révolutions diminuent exactement comme on s'y attendait en fonction du rayonnement gravitationnel (en tournant l'une autour de l'autre, les deux étoiles engendrent des perturbations dans la géométrie de l'espace-temps). De plus, la valeur de la décroissance était en parfait accord avec celle prévue par la relativité générale (76 ± 2 millioniėmes de seconde par an).

Il existe une autre raison pour laquelle les relativistes s'intéressent tant au pulsar PSR 1913 + 16. Il présente un effet similaire à la précession du périhélie de Mercure. La direction des deux étoiles lors de leur rapprochement maximum change avec le temps (alors que la théorie newtonienne voudrait qu'elle soit invariable). La rapidité de ce changement de direction est considérablement plus grande que dans le cas de Mercure : 4,2 degrés par an. Connaissant la masse des deux étoiles, on peut comparer ce changement avec celui que prédit la théorie. De toute façon, PSR 1913 + 16 nous montre à quel point les mesures précises permises par la technique actuelle sont efficaces pour détecter même des effets très faibles de la gravitation.

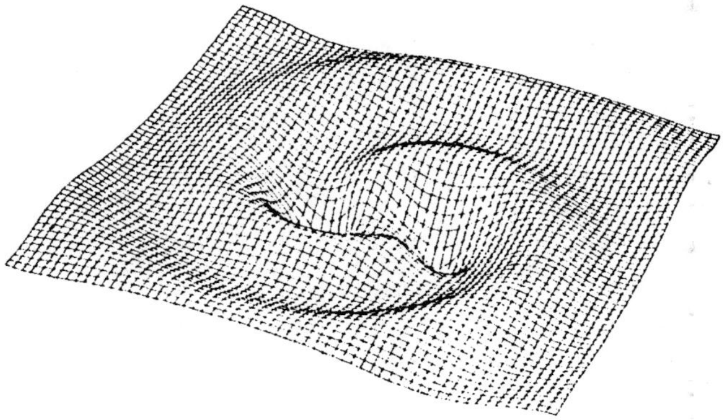

Le diagramme ci-dessus montre la déformation de l'espace émise par un système de deux corps gravitationnellement concentrés, tel le pulsar binaire PRS 1913 + 16 et son compagnon. À côté des deux puits correspondant aux objets massifs, on reconnaît un système de « vagues », les ondes gravitationnelles.
Extrait de La recherche en astrophysique, Points Sciences, 1990.

PARALLAXE

Aristarque de Samos, IIIe s. ap. J.-C. ; Bradley, 1725 ; Bessel, 1823 ; Henderson, 1939.

Voir aussi : Aberration, Circonférence terrestre, Gravitation.

Le mouvement de la Terre autour du Soleil modifie notre vision des étoiles. Il fait que le temps mis par la lumière pour atteindre l'œil de l'observateur est variable et, ainsi, les étoiles ne sont pas là où on les voit. Le schéma ci-dessous à gauche montre que l'astre *A* n'est pas vu sous le même angle selon que la Terre se trouve en T_1, T_2 ou T_3 par exemple.

Cet effet de perspective s'appelle l'*effet parallactique*. Pour avoir une vision plus constante de l'étoile, il faut se placer par la pensée au point *S* – centre du Soleil – et remplacer les directions variables T_1A, T_2A, T_3A par une direction constante *SA* (1).

Observée à six mois d'intervalle en deux points opposés de l'orbite terrestre, l'étoile dont on cherche à connaître la distance (2) paraît s'être déplacée par rapport aux étoiles plus lointaines. En une année, on la voit décrire une petite ellipse sur le fond du ciel (schéma de droite).

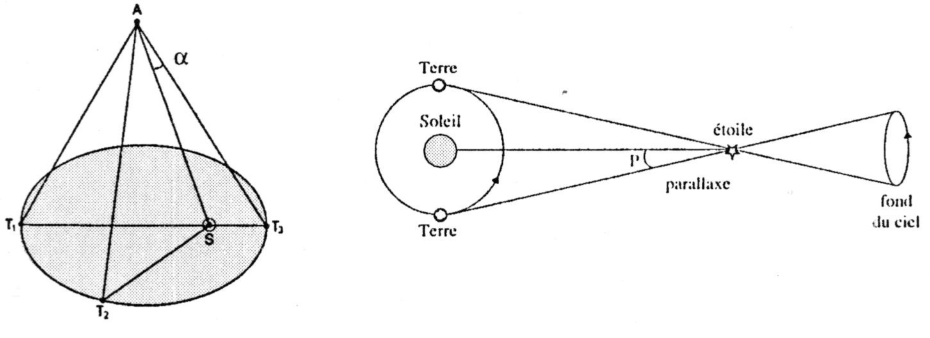

Effet parallactique.

La *parallaxe annuelle* d'une étoile est donc l'angle (π) sous lequel le rayon de l'orbite terrestre serait vu de cette étoile.

On conçoit que, dans le cadre de l'hypothèse héliocentrique, le problème de la mesure de la parallaxe stellaire soit de nature à revêtir une importance considérable. Cependant, si la Terre orbite autour du Soleil, il n'est pas logique que l'on ne puisse

1 - L'établissement d'une parallaxe est, encore aujourd'hui, une opération complexe dépendant de nombreux paramètres.

2 - La valeur de la parallaxe révèle la distance des étoiles, au moins les plus proches.

en général observer de changement dans la position des étoiles. Il est alors naturel d'objecter que les étoiles sont tellement lointaines que cette observation du déplacement apparent sur la voûte stellaire relève d'une gageure.

C'est cet argument qu'au IIIe siècle de notre ère Aristarque de Samos, qui eut le premier l'idée de la rotation de la Terre sur elle-même et en même temps autour du Soleil, utilisa, semble-t-il, pour défendre son hypothèse contre certains détracteurs. Or, cette absence de parallaxe stellaire sera de nouveau le talon d'Achille du système héliocentrique de Copernic et en retardera sensiblement l'adoption.

Car, si Copernic était intimement persuadé de l'existence de déplacements parallactiques, il était tout aussi convaincu de l'insuffisance de l'instrumentation de son temps, compte tenu de l'énorme distance à la Terre des étoiles les plus proches. Il pensait que la distance des étoiles à la Terre ne devait pas être inférieure à 1 000 fois la distance de la Terre au Soleil [(1)].

Un progrès constant

Au cours de la première moitié du XVIIe siècle, la théorie copernicienne de l'héliocentrisme était intellectuellement admise ; en outre, la curiosité pour l'univers connaissait un vaste essor. Mais la distance à laquelle se trouvent les étoiles fixes demeurait une question lancinante. Il paraissait logique de calculer celle-ci par la parallaxe. Or, on ignorait toujours que de telles mesures exigent un équipement extrêmement précis et qui n'était pas disponible, parce que la plus grande parallaxe réelle jamais observée est inférieure à une seconde d'arc.

Les astronomes se mettent quand même à l'œuvre. Ils font construire les premiers instruments astronomiques modernes. Ils obtiennent des parallaxes étonnement grandes qui, toutefois, leur paraissent plausibles : 30 secondes d'arc pour l'étoile Gamma du Dragon, observée par l'Anglais Robert Hooke ; 40 secondes d'arc pour l'Étoile polaire, observée pendant huit ans par un autre Anglais, John Flamsteed (connu en outre pour son remarquable *Catalogue d'étoiles*).

En 1668, Newton invente son télescope. Les mesures vont pouvoir encore se préciser. À partir de 1725, l'astronome James Bradley vérifie la mesure des parallaxes de ses prédécesseurs. Du 3 au 21 décembre 1725, il vérifie qu'il y a bien un mouvement de l'étoile Gamma du Dragon et, au bout d'un an d'observation, il établit que la parallaxe est non de 30 mais de quelque 20 secondes d'arc, ce qui lui paraît encore excessif. Quoi qu'il en soit, il en conclut que la distance des étoiles les plus proches doit dépasser 400 000 u.a.

À peu près en même temps, Edmond Halley va permettre de progresser dans l'appréciation des distances stellaires grâce à la découverte du « mouvement propre » des étoiles, c'est-à-dire un changement de position progressif par rapport aux étoiles voisines. il découvre en effet des étoiles dotées d'importants mouvements propres. D'après lui, c'est parce que ces corps célestes doivent être en moyenne plus proches de nous que les autres.

---

1 - La distance Terre-Soleil est appelée « unité astronomique » (en abrégé *u.a*).

L'astronome allemand Friedrich Bessel partage ce critère et se met au travail. Il sélectionne, à l'observatoire de Königsberg, l'étoile double 61 du Cygne en raison de son important mouvement propre, et, après avoir effectué plusieurs centaines d'observations (de 1812 à 1823), il parvient à mesurer la parallaxe de cette étoile, soit 0,3136 seconde d'arc, valeur encore aujourd'hui admise. Il en déduit une distance de l'étoile au Soleil égale à 10,3 années-lumière [(1)]. Simultanément, l'astronome Wilhelm Struve, à Dorpat, établit d'autres parallaxes significatives, pour Véga notamment : de 0,12 à 0,126 seconde d'arc, la parallaxe actuellement admise étant de 0,12 seconde. En janvier 1839, l'Écossais Thomas Henderson était en mesure d'annoncer une parallaxe de 0,92 seconde d'arc pour Alpha du Centaure, ce qui en fait l'étoile la plus proche de nous après le Soleil [(2)].

Après plusieurs siècles de tâtonnement, l'objectif fixé par les astronomes était atteint ; ils avaient vérifié la théorie copernicienne... même ceux qui, comme Bradley, un peu trop sûrs de la justesse de leurs vues et de leurs méthodes, assuraient qu'ils pouvaient mesurer des parallaxes d'une seconde d'arc, ce qui était excessif.

---

1 - Bessel se servit pour ses mesures d'une lunette spéciale de 24 cm de diamètre fabriquée par l'inventeur du spectroscope, l'ingénieur bavarois Joseph Fraunhofer. Cet instrument fut le prototype de tous les grands réfracteurs mis en service ultérieurement dans le monde et le premier instrument astronomique à être doté d'une monture équatoriale mue par un mouvement d'horlogerie permettant de compenser le mouvement diurne.

2 - La valeur actuellement admise est de 0,75 seconde d'arc, ce qui signifie que la distance entre le Soleil et Alpha du Centaure vaut 4,3 années-lumière.

PARTICULE

Thomson, 1896 ; Chadwick, 1932 ; Anderson, 1933 ; Yukawa, 1935 ; Gell-Mann ; Zweig, 1964.

Voir aussi : Antimatière, Atome, Bosons et fermions, Corrélation, Indétermination, Neutrino, Photon, Quanton, Quark.

Jusqu'à preuve du contraire, les éléments de base de la matière sont des particules. Dans le langage courant, le terme « particule » sert à désigner une « très petite partie de matière », dont la petitesse est toutefois mesurable : un grain de poussière de 1 µm de diamètre, un atome de 1 angström de diamètre, une molécule dont les dimensions sont de l'ordre de quelques angströms sont, en ce sens, des « particules », eu égard à leur étendue spatiale. Mais si nous considérons un objet – par exemple l'électron – sans référence à son étendue spatiale, nous le désignons comme une *particule* en donnant à ce terme la définition suivante : objet auquel on peut attribuer une masse et une charge électrique déterminées et dont le comportement dans un champ électrique ou magnétique peut être étudié en considérant son étendue comme nulle (c'est alors un « point géométrique »).

La compréhension des propriétés et des interactions des particules constitue l'objectif principal de la physique fondamentale moderne.

Des centaines de particules

De nos jours, on dénombre plusieurs centaines de particules ; la plupart d'entre elles sont le résultat de processus de collisions et n'ont qu'une *durée de vie* extrêmement brève (beaucoup moins d'un millionième de seconde). Ces particules éphémères représentent simplement des types transitoires de processus dynamiques. La nature relativiste des particules subatomiques a pour conséquence qu'on ne peut comprendre leurs propriétés sans comprendre leurs interactions mutuelles et qu'on ne peut vraiment se faire une idée précise sur une particule donnée sans avoir compris le comportement des autres.

Le concept classique de *particule* a dû être abandonné pour être remplacé par celui d'un objet spécifiquement quantique, ayant à la fois toutes les caractéristiques d'un corpuscule (la masse par exemple) et d'une onde (comme la fréquence). Cette dualité d'aspect fut introduite en 1924 à propos de l'électron par Louis de Broglie. Le microscope électronique, où un faisceau d'électrons se comporte de la même manière que la lumière, en est une application pratique bien connue.

Tous les atomes, et par conséquent toutes les formes de matière dans notre environnement, ne sont composés que de trois particules massiques : le *proton*, le *neutron* et l'*électron*. Une quatrième particule, le *photon*, n'a pas de masse et représente l'unité de rayonnement électromagnétique. Le proton, l'électron et le photon sont des particules stables, ce qui signifie qu'elles durent éternellement, à moins qu'elles ne soient engagées dans un processus de collision où elles peuvent être annihilées.

Le neutron, par contre, peut se désintégrer spontanément. Cette désintégration, le rayonnement bêta, est l'opération fondamentale d'un certain type de radioactivité[1]. Les particules mentionnées ci-dessus ne représentent qu'une fraction des particules subatomiques connues aujourd'hui. Toutes les autres sont instables et se désintègrent après un temps extrêmement court. L'étude de ces particules est très coûteuse étant donné qu'elles doivent être recréées par collision à chaque investigation, ce qui nécessite d'énormes accélérateurs et autres appareils extrêmement perfectionnés.

Particules virtuelles

La « virtualité » est un état tout à fait paradoxal et totalement incompréhensible en physique classique, dans lequel peut se trouver une particule pendant un laps de temps infinitésimal. En physique classique, deux particules de même charge s'approchant l'une de l'autre sont soumises à une force de répulsion mutuelle et sont déviées selon un processus appelé *diffusion*. Cette déflexion des particules est décrite par un transfert continu d'énergie et d'impulsion, via le champ électromagnétique. La description quantique de ce processus ne peut faire appel à de tels concepts, la propagation d'énergie et d'impulsion devant être décrite en termes de photons.

Le diagramme *a* illustre la description quantique de la diffusion ; un électron vient de gauche, un autre vient de droite ; ils se rapprochent, échangent un photon puis s'éloignent. L'émission et l'absorption du photon a perturbé le mouvement des électrons et provoqué la diffusion. Mais, dans ce cas, les lois classiques de conservation de l'énergie et de l'impulsion ne s'appliquent pas : le photon étant limité à la fois dans le temps et dans l'espace, il y a indétermination sur son énergie et sur son impulsion, données par les inégalités de Heisenberg.

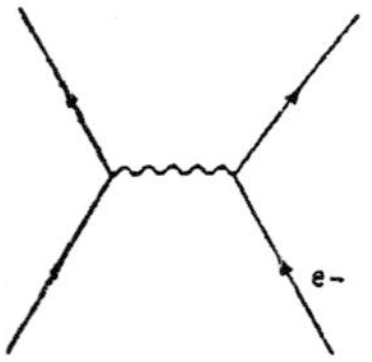

a)

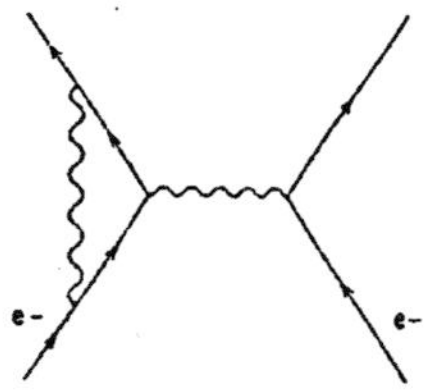

b)

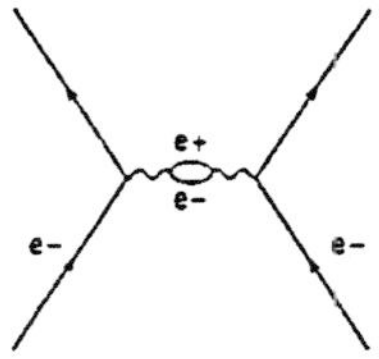

c)

Depuis une soixantaine d'années, au concept classique de force on a substitué le concept de champ quantique dont les degrés d'excitation sont les « particules du champ » et les interactions sont plutôt conçues comme résultant d'échanges de particules (dites « virtuelles »). Ainsi les interactions entre particules chargées sont comprises comme résultant de l'échange de photons (ci-dessus entre deux électrons). De la même manière, les forces (interactions) nucléaires résultent de l'échange de mésons, la plupart virtuels, entre les nucléons (protons et neutrons) constituant les noyaux.

1 - Elle implique la transformation du neutron en un proton accompagnée par la création d'un électron et d'un nouveau type de particule pratiquement sans masse appelée l'*antineutrino*.

Sur le diagramme *b*, on voit l'un des électrons émettre un photon virtuel avant l'échange, puis le récupérer une fois l'échange effectué. Autre phénomène : une paire virtuelle électron-positron peut apparaître brièvement, avant de s'annihiler dans les limites permises par les relations d'indétermination. La relation d'indétermination $\Delta E \cdot \Delta t \geq h$ entre l'énergie échangée dans un processus et l'intervalle de temps requis par cet échange permet de concevoir que de telles paires puissent être effectivement créées spontanément pourvu que ce temps soit suffisamment court.

Dans le diagramme *c*, on a « visualisé » la transmutation d'un photon virtuel en une paire électron + positron virtuelle. Ce phénomène a un sens physique réel. Dans les grands accélérateurs de particules, des paires virtuelles électron + positron sont créées couramment ; elles ont toutes les caractéristiques du produit de la désintégration d'un photon virtuel de grande énergie (photon gamma).

Parmi le grand nombre de particules instables, il y en a environ deux douzaines qui peuvent traverser plusieurs atomes avant de se désintégrer, ce qui représente une distance d'environ cent mille fois leur taille. Toutes les autres particules connues jusqu'à présent appartiennent à une catégorie nommée « résonance » ; elles vivent durant un temps considérablement plus court, de telle sorte qu'elles ne peuvent jamais parcourir plus de quelques fois leur taille. Toutes ces particules peuvent être créées et annihilées lors des processus de collision.

Un autre point de la plus haute importance est que chacune de ces particules peut également être échangée comme une particule « virtuelle » et contribuer ainsi à l'*interaction* entre d'autres particules. Il semblerait que cela doive aboutir à un grand nombre d'interactions de particules différentes mais, heureusement pour les physiciens, toutes ces interactions n'apparaissent qu'au nombre de quatre avec des forces bien distinctes (l'interaction gravitationnelle, l'interaction électromagnétique, l'interaction forte, l'interaction faible).

La physique des particules

Les premières particules ont été découvertes à la fin du XIXe siècle dans la matière : les électrons par Thomson en 1896, les protons et les particules alpha par Becquerel en 1896. À l'époque, il n'était pas question d'en faire la théorie, mais simplement de mesurer leurs caractéristiques et d'observer si elles respectaient les lois générales de la physique (spécialement les équations de Maxwell). En 1911, Wilson met au point un dispositif pour étudier les particules, appelé *chambre de Wilson* ; la même année, on découvre les *rayons cosmiques*, qui sont des flots de particules de grande énergie (on ne put les identifier que beaucoup plus tard, à partir de 1937 seulement). En 1929, Lawrence invente le premier accélérateur de particules, baptisé *cyclotron*.

À partir de 1920, les théoriciens prennent le pas sur les expérimentateurs ; la théorie quantique renouvelle considérablement l'idée de particule en lui substituant celle d'*objet quantique* ou *quanton*. Alors que, dans la mécanique classique, deux objets semblables peuvent être au moins distingués par leur position, un objet quantique n'est en général pas localisé exactement, mais défini par une *probabilité de présence*. L'identité absolue entre tous les quantons de même espèce entraîne un bouleversement des statistiques de ces objets, c'est-à-dire du nombre de façons différentes dont plusieurs particules peuvent se disposer : le comportement collectif d'un ensemble de *n* particules ne peut plus être considéré comme la somme de *n* comportements individuels. Les mêmes théoriciens prédisent l'existence de particules hypothétiques, exigées par les équations de l'électrodynamique quantique.

La balle retourne dans le camp des expérimentateurs à partir de 1932 : Chadwick découvre le *neutron*, particule sans charge, ce qui en fera un projectile atomique idéal ; Anderson découvre le *positron* (1933), puis les *muons* (1937), d'abord appelés *mésons* μ, dans les rayons cosmiques. Après la Seconde Guerre mondiale, l'étude des rayons cosmiques et l'utilisation d'accélérateurs de plus en plus puissants permettent de découvrir de très nombreuses particules nouvelles (dont certaines étaient prédites par la théorie).

Parmi les plus importantes, citons :

– les *pions* ou *mésons* π, prédits en 1935 par Yukawa et observés en 1947 dans les rayons cosmiques ;
– les *particules* dites *étranges*, en 1947 ;
– les *mésons* χ, dont les premières traces furent observées en 1944, et identifiés entre 1945 et 1955 ;
– le *neutrino*, particule de masse quasi nulle et de charge nulle, prévue par la théorie pour rendre compte de la radioactivité bêta, observé pour la première fois en 1956 (1) ;
– les *antiparticules*, prévues par la théorie de Dirac, qui n'ont été étudiées expérimentalement qu'à partir de 1955 environ.

Depuis 1960, la théorie l'emporte à nouveau sur l'expérimentation, bien que celle-ci devienne de plus en plus puissante et de plus en plus sophistiquée ; la liste des particules s'allonge, le nombre de réactions particulaires connues devient énorme. Les principaux théoriciens (Gell-Mann, à l'origine du *modèle des quarks*, Ne'eman, Zweig, etc.) cherchent à unifier dans un système mathématique global l'univers des particules. C'est ainsi qu'un modèle théorique permettant de décrire d'une façon cohérente les propriétés des quarks et des leptons, appelé *modèle standard*, a été élaboré entre 1960 et 1970.

Pour tester le modèle standard, on a cherché à mettre en évidence des particules véhiculant l'interaction faible, les *bosons intermédiaires* symbolisés par les lettres W et Z. Cette découverte, qui confirme la *théorie électrofaible*, a exigé la solution de nombreux problèmes théoriques et technologiques ; elle a été réalisée au CERN (Conseil européen pour la recherche nucléaire), à Genève, en 1983, sous l'impulsion du physicien italien Carlo Rubbia.

---

1 - En fait, en 1956, ce fut l'antiparticule du neutrino qui fut mise en évidence : l'*antineutrino*. Mais, curieusement, les média annoncèrent la découverte du neutrino. Le « vrai » neutrino ne fut détecté qu'en 1968.

PHOTON

Hertz, 1887 ; Einstein, 1905.
Voir aussi : Interactions, Lumière, Particule, Quanta, Quanton.

La meilleure définition que l'on puisse donner du photon est celle de « grain de lumière » ou « quantum de lumière ». Plus précisément, le photon est une particule entièrement dépourvue de masse, sans repos (sa vitesse dans le vide est égale à la constante universelle $c \simeq 300\,000$ km/s) ni charge électrique, mais sensible aux forces gravitationnelles, de spin (voir ce mot) égal à 1. L'échange de photons entre particules possédant une charge électrique est appelé interaction électromagnétique ; cette interaction est responsable des phénomènes physiques et chimiques courants et assure la cohésion de l'atome.

Le concept de photon est né des idées audacieuses d'Einstein sur les propriétés corpusculaires de la lumière. Ces idées furent difficilement acceptées, car elles étaient, en apparence du moins, contradictoires avec les équations de Maxwell et ne pouvaient s'intégrer à aucun cadre théorique. Ce n'est qu'en 1922, date à laquelle Arthur Compton effectua des expériences de collisions entre des électrons avec un rayonnement électromagnétique (des rayons X) que la réalité de l'aspect corpusculaire de la lumière est devenue incontestable (1).

Dans le cadre de la mécanique quantique, le concept de photon est probablement celui qui illustre le mieux la dualité onde-corpuscule (il manifeste les propriétés d'une onde autant que d'un point). L'énergie d'un photon associée à une lumière de fréquence ν est donnée par la formule $E = h\nu$, où h est la constante de Planck et ν la fréquence du rayonnement.

En outre, alors que le proton et l'électron semblent indestructibles, les photons, eux, peuvent disparaître, apparaître, ou changer d'énergie et de longueur d'onde au gré des circonstances (ils sont émis, absorbés ou transformés par les électrons des atomes lors de leurs changements d' « orbites »). Particules réelles, les photons sont enfin les agents de la force électromagnétique, à la fois intermédiaires *virtuels* et produits de l'action qu'exercent l'une sur l'autre deux particules chargées.

L'effet photoélectrique et les quanta de lumière

En 1887, alors qu'il expérimente sur les ondes électromagnétiques, Heinrich Hertz remarque un phénomène curieux : l'étincelle saute plus facilement entre les sphères de son résonateur (2) lorsqu'elles sont éclairées par la lumière ultraviolette.

---

1 - L'*effet Compton* démontre que la lumière ne transmet pas seulement de l'énergie, mais aussi une impulsion, se comportant par conséquent en toutes choses comme une boule de billard.
2 - Un *résonateur* est un circuit oscillant – un dipôle – dont le détecteur est une boucle de fil circulaire avec une petite ouverture où une étincelle apparaît quand la boucle est excitée par une onde électromagnétique. Ce dispositif permit à Hertz d'apporter des preuves concluantes à la théorie de Maxwell.

Un an plus tard, Wilhelm Hallwachs observe que certains corps comme le zinc électrisés négativement perdent leur charge lorsqu'ils reçoivent des radiations ultraviolettes, révélant ainsi une manifestation de l'effet photoélectrique. Cependant, la physique classique ne permettait pas alors d'interpréter correctement les conditions dans lesquelles les électrons étaient arrachés.

L'année même (1905) où il établit les bases de la théorie de la relativité, Einstein envoie aux *Annalen der Physik* un article qu'il qualifie lui-même de « très révolutionnaire »[(1)]. Il s'agit de l'émission d'électrons par les métaux soumis à un rayonnement lumineux. Dans cet article, il montre que ce phénomène s'interprète en admettant que le métal absorbe la lumière par lots discrets qui ne sont autres que les paquets d'énergie de Planck, les *quanta*. Ce résultat indiquait que, lors de ses contacts avec la matière, la lumière se comporte non comme un flux continu, mais comme un ensemble d'unités discrètes.

Dans le même article, Einstein expliquait aussi pourquoi l'énergie des électrons éjectés augmentait avec la fréquence de la lumière, ce qui était proprement absurde du point de vue maxwellien. En effet, éclairer le métal, c'est projeter sur lui des quanta de lumière. Comme le rapport énergie/fréquence est fixe, plus la fréquence est élevée, plus l'énergie est grande, donc plus grand est le choc « asséné » par un quantum de lumière. Il est donc normal que les électrons soient émis avec une énergie plus grande lorsqu'on élève la fréquence de la lumière.

Cette réapparition de la notion d'entités lumineuses discrètes rappelait le modèle corpusculaire de la lumière proposé deux siècles plus tôt par Newton : si la lumière est un flux de particules, son énergie se divise nécessairement en paquets discrets correspondant chacun à l'énergie d'une de ces particules. Malgré la vive opposition suscitée par le quantum lumineux, Einstein persévéra dans ses convictions[(2)]. En 1904, il affirma que la théorie correcte de la lumière devait en associer les aspects corpusculaire et ondulatoire, puis, en 1917, il publia une analyse montrant que le quantum de lumière possède non seulement une énergie, mais aussi une quantité de mouvement. Autrement dit, le quantum de lumière se comporte comme une particule.

Le photon : particule ou champ ?

La découverte du photon a agi comme un élément déstabilisateur dans l'univers de la physique. Einstein fut toujours embarrassé par le problème de la dualité entre champ et matière, autrement dit entre champ et particule. Il semblait qu'il existât deux sources de transmission de l'énergie en impulsion, à savoir la particule et le champ, puisque le champ électromagnétique paraissait aussi transmettre l'énergie et la recevoir. Le fait que le champ électromagnétique possédât un quantum de lumière – le photon – a, dans une certaine mesure, mis fin à cette dualité en

1 - C'est également en 1905 que Julius Elster et William Crookes inventent la cellule photoélectrique qui transforme la lumière – les photons – en tension électrique.

2 - Le concept de particules de lumière ou « photons », comme ils seront officiellement appelés en 1923, fut finalement accepté par un nombre croissant de physiciens et, en 1921, Einstein se vit décerner le prix Nobel pour son interprétation de l'effet photoélectrique (et non pas pour l'exposé de la théorie de la relativité restreinte, publié la même année 1905).

démontrant que *le champ s'exprime à travers le photon.* Mais la découverte du photon éliminait une autre dualité encore, celle existant entre lumière et matière : la lumière *est* matière, une matière particulière, dotée d'un certain type d'interaction et d'une certaine vitesse. Cependant, elle possédait aussi un champ, d'où l'obligation d'attribuer également un champ aux autres matières qui n'en possédaient pas jusqu'alors. Cela soulevait encore une question : si les photons proviennent d'un champ, l'électron et le proton doivent donc aussi en avoir un. Cette nécessité a joué un rôle déterminant dans l'évolution ultérieure de la physique.

Aujourd'hui, les termes champ et matière sont équivalents pour les physiciens, si l'on parle de propriétés intrinsèques : on décrit les particules comme des champs ; mais on décrit le photon en tant que particule.

PHOTOSYNTHÈSE

Priestley, 1772 ; Ingen Housz, 1779 ; Saussure, 1804 ; Calvin, 1960.
Voir aussi : Air vital, Chaleur et Travail, Radioactivité naturelle.

Au sens strict, la photosynthèse est la synthèse de composés organiques au moyen de l'énergie lumineuse. Il s'agit d'un processus très répandu dans la nature, puisqu'il intéresse la quasi-totalité du règne végétal. Mais, en outre, il fournit toute la matière organique nécessaire au règne animal, car celui-ci se nourrit de végétaux ou de produits de la transformation des végétaux. En même temps qu'elle forme les substances organiques, elle régénère l'oxygène indispensable à leur combustion (respiration végétale et animale).

C'est l'utilisation de l'énergie solaire par la photosynthèse qui permet de compenser l'augmentation d'entropie de la biosphère. D'après la deuxième loi de la thermodynamique, un système isolé de tout apport d'énergie extérieure ne peut en effet évoluer que dans le sens d'une augmentation d'entropie – ce qui signifierait l'extinction de la vie sur Terre.

Quelques chiffres

On ne peut chiffer qu'approximativement l'importance quantitative de la photosynthèse dans le monde, exprimée en quantité de carbone assimilé à partir du dioxyde de carbone : environ 10^{11} tonnes par an, dont une proportion importante provient des océans (30 à 40%), à tel point que l'on s'est intéressé à ceux-ci comme source éventuelle de nourriture pour les populations.

Il a été calculé que la photosynthèse fabrique chaque année environ 1/100 de la réserve de carbone organique terrestre, et environ 1/1000 de la réserve d'oxygène atmosphérique. On peut donc estimer grossièrement que chaque atome de carbone terrestre subit un cycle en un temps de l'ordre du siècle, tandis que chaque atome d'oxygène atmosphérique subit un cycle tous les mille ans à peu près.

Une compréhension par étape

Aux XVIIe et XVIIIe siècle commence à se faire jour l'idée que les plantes tirent l'essentiel de leur substance non pas du sol, mais de l'eau, de l'air et de la lumière solaire. En 1771, l'Anglais Joseph Priestley, préoccupé par les théories du temps sur le phlogistique et la nature de l'air[1], se livre à une série d'expériences qui mettent en évidence la respiration végétale. Dans le domaine de la photosynthèse, il

1 - Les recherches de Priestley sont alors axées sur « la bonté » de l'air, autrement dit son rôle utile pour la respiration.

démontre que les plantes produisent ce qu'il appelle l'« air déphlogistiqué », en fait l'oxygène, et que ce phénomène ne se produit qu'en présence de la lumière.

En 1779, un médecin et botaniste hollandais, Johannes Ingen-Housz, publie un traité intitulé *Expériences sur des plantes vertes, démontrant leur haut pouvoir de purifier l'air à la lumière solaire, mais de le corrompre à l'obscurité,* dans lequel sont exposés les principes de base de la photosynthèse : les plantes régénèrent l'air, mais seulement le jour, tandis que, la nuit, elles produisent du gaz carbonique ; par ailleurs cette propriété est localisée dans les feuilles et les tiges vertes. En 1796, Ingen-Housz établit le schéma de la photosynthèse :

$$\text{gaz carbonique + eau} \xrightarrow{\text{lumière}} \text{oxygène + matière organique}$$

Il semble alors sur le point de préciser le rôle de la chlorophylle mais il ne pousse pas ses observations plus loin. Deux Suisses vont reprendre le flambeau des découvertes : Senebier qui, en 1782, trouve que les plantes ne peuvent pas vivre dans un environnement dépourvu de gaz carbonique, et Saussure qui, en 1804, montre le rôle de l'eau comme réactif.

On est encore bien loin de la connaissance des phénomènes fondamentaux de la photosynthèse, terme qui n'apparaîtra d'ailleurs qu'en 1898. Il faut attendre l'année 1845, avec Julius Robert von Mayer, pour voir clairement exprimé que la photosynthèse est un procesus de conversion de l'énergie lumineuse en énergie chimique.

La stœchiométrie de la réaction (proportions suivant lesquelles les substances se combinent entre elles) commence à être connue en 1864 avec les travaux de physiologie végétale de Jean-Baptiste Boussingault. Par des mesures d'échanges gazeux, il montre que le volume d'oxygène libéré est égal au volume de gaz carbonique consommé pendant le même temps. À la même époque, l'Allemand Julius von Sachs découvre que l'amidon est le premier produit visible de la photosynthèse, mais probablement pas le seul ; que les plantes sans chlorophylle ne synthétisent pas l'amidon mais d'autres hydrates de carbone. Il parvient à établir enfin l'équation chimique de la photosynthèse qui explique la formation des hydrates de carbone :

$$6CO_2 + 6H_2O + \text{énergie solaire} \rightarrow C_6H_{12}O_6 + 6O_2$$

Au cours des décennies suivantes, les connaissances sur la photosynthèse ne progressent guère. Puis, vers 1920, avec Wurmser, se précise l'importance fondamentale de la *structure intracellulaire* dans la photosynthèse. Peu après, l'idée se fait jour que la photosynthèse est une réaction d'*oxydoréduction*, dans laquelle la photooxydation de l'eau produit un réducteur capable de réduire le dioxyde de carbone.

C'est alors (1821-1824) au tour des deux botanistes Emerson et Arnold de prendre le relais en établissant les phases de la photosynthèse : la chlorophylle capte d'abord l'énergie solaire, passant ainsi par une étape « d'excitation moléculaire ». La molécule laisse s'échapper un électron, lequel participe à l'hydrolyse de l'eau. Cela entraîne une suite de réactions chimiques qui préludent à la deuxième phase. Au cours de celle-ci, un sucre en présence de gaz carbonique s'hydrolyse pour former d'autres sucres.

En 1940, la découverte du radiocarbone 14 par Ruben et Kamen permet à ces auteurs, puis à Calvin, en 1960, d'entreprendre leurs travaux aujourd'hui célèbres sur le *cycle du carbone*, dont les principales étapes sont peu à peu connues. Vers 1966 enfin se précise l'existence de deux réactions photochimiques primaires, sensibilisées par deux types de cellules chlorophylliennes, ce qui permet à certaines plantes tropicales notamment d'utiliser complètement le gaz carbonique de l'air, tout en consommant moins d'eau que les photosynthèses de type courant.

Les méthodes d'étude de la photosynthèse

Aujourd'hui, pour compenser les nombreuses incertitudes qui demeurent encore au sein des mécanismes de conversion d'énergie lumineuse en énergie chimique, on a développé, pour en faire l'étude, des méthodes particulières à côté des techniques de la biochimie.

Les techniques biochimiques : ces moyens d'étude ont donné d'excellents résultats dans l'étude du cycle du carbone ; *in vivo*, grâce à l'utilisation de traceurs radioactifs, surtout le carbone 14 ; puis *in vitro*, sur des préparations de chloroplastes isolés et d'enzymes purifiés. Ce qu'on appelle aujourd'hui le *cycle de Calvin* met en effet en jeu des intermédiaires stables que l'on peut isoler par chromatographie.

Les techniques physico-chimiques : d'ingénieuses méthodes ont été adaptées pour étudier le mécanisme comme un tout – faute de pouvoir le démonter – dans la structure vivante elle-même. L'une d'elles consiste à mesurer *in situ* ce qui entre et sort du système photosynthétique, soit sous forme de substances chimiques (dioxyde de carbone consommé, oxygène libéré), soit sous forme d'énergie (lumière, chaleur).

Les méthodes optiques : elles sont employées pour mesurer soit les variations d'absorption de la lumière par les divers composants de l'appareil photosynthétique, soit les variations d'émission de lumière par la chlorophylle (fluorescence, luminescence). La spectrophotométrie a permis d'avancer notablement dans la connaissance des réactions primaires.

Toutes ces méthodes d'étude sont employées parallèlement à diverses méthodes d'étude des structures (microscopie électronique, polarisation de fluorescence, etc.).

PLASMA

Voir aussi : Gaz, Matière.

Un gaz ordinaire est constitué de molécules, toutes électriquement neutres. On appelle *plasma* un gaz complètement ionisé, c'est-à-dire un mélange de molécules dissociées en électrons et *ions* positifs [1]. Un gaz fortement chauffé et traversé par une décharge électrique dans un tube à gaz raréfié peut être aussi, par extension, un plasma. Le plasma gazeux est parfois intitulé « quatrième état de la matière » ; il fait en effet suite aux états de la matière classiques, *solide, liquide* et *gazeux*.

Des propriétés curieuses

Bien que les neuf dixièmes de la matière constituant l'univers soient à l'état de plasma (étoiles, Soleil, ceintures de Van Allen entourant la Terre), cet état est relativement rare sur notre planète. En fait, il devient la règle à haute température (température de l'ordre de 10^8 K) [2]. Les plasmas sont des conducteurs de l'électricité : chacune de leurs particules interagit à tout instant avec plusieurs autres (dans un gaz neutre, l'unique moyen d'interaction entre particules est réalisé par l'*agitation thermique* qui propage l'information relativement lentement, de proche en proche).

Les plasmas possèdent des propriétés curieuses. Ils réfléchissent les ondes électromagnétiques provenant de l'extérieur, telles que la lumière ou les ondes radio, mais laissent pénétrer les ondes à partir d'un certain seuil de fréquence. Cette caractéristique confère à l'ionosphère, partie de la haute atmosphère où l'ionisation est forte, un rôle de guidage naturel des communications radioélectriques. Ce qu'on appelle le *vent solaire* n'est rien d'autre qu'un flux de plasma pulsé en permanence par le Soleil.

« L'état plasma »

Imaginons que nous chauffions un corps solide dans un récipient. Atomes et molécules se mettent à vibrer sous l'action de la chaleur. C'est ce qu'on appelle l'*agitation thermique* qui rompt peu à peu les liaisons interatomiques : d'abord mou, le corps passe insensiblement à l'état liquide avant d'aborder l'état gazeux.

À l'aide d'un moyen de chauffage adéquat, nous pouvons continuer à chauffer le gaz jusqu'au moment où l'agitation thermique devient suffisamment forte pour briser non plus les liaisons interatomiques mais la structure des atomes eux-mêmes. Il y a alors séparation d'un ou plusieurs électrons du reste de l'atome qui devient un ion positif : l'*état plasma* est atteint.

1 - L'*ionisation* est le phénomène de production d'*ions* par arrachement d'électrons à un atome ou à une molécule.

2 - C'est seulement à des températures élevées que les noyaux parviennent à se rapprocher suffisamment pour être dominés par l'interaction forte qui est attractive, la répulsion électrostatique devenant alors négligeable.

Les *aurores boréales*, constituées de bandes irrégulières rappelant des draperies aux couleurs chatoyantes accompagnées de lueurs intermittentes, sont produites dans la haute atmosphère lorsque des particules émises par le Soleil bombardent les couches supérieures raréfiées de l'atmosphère. Les tubes fluorescents, enfin, contiennent du plasma produit par les décharges électriques dans un mélange initialement neutre de gaz à faible intensité.

Du plasma originel aux tokamaks

Aux origines de l'univers, celui-ci était infiniment dense ; commença une expansion (Big Bang) qui se prolonge jusqu'à nos jours. La réunion des galaxies nous montre qu'à l'âge de 400 000 ans, la densité d'énergie de masse était d'environ 10^3 GeV. cm $^{-3}$. À cette époque, le rayonnement fossile à 2, 7 K avait environ 3000 K et sa densité d'énergie était du même ordre que la matière. En remontant encore le temps, les atomes, baignant dans le rayonnement intense, étaient ionisés (voir encadré). La température du plasma formé était encore plus grande à des époques plus reculées, de sorte que, trois minutes après le début de l'expansion, les noyaux étaient eux-mêmes disloqués en protons et neutrons puis, à $t = 10^{-2}$ s, ces derniers l'étaient en quarks.

Aux températures très élevées (plusieurs dizaines et même plusieurs centaines de millions de degrés) qui règnent aujourd'hui à l'intérieur du Soleil, températures dite de *fusion thermonucléaire* (1), tout corps se trouve à l'état de plasma, la masse de l'astre permettant de comprimer le plasma. Sur Terre en revanche, les techniques de confinement d'un plasma chauffé à quelques millions de kelvins (2) rendent difficile la construction d'un « récipient » capable de contenir une telle matière (3).

Seuls des champs électromagnétiques intenses produits à l'aide de dispositifs spécifiques – notamment les « tokamaks » conçus à l'institut Kurtchatov de Moscou vers 1960 (4) – permettent de « confiner » le plasma en incurvant les trajectoires des particules chargées (5). D'autres procédés, comme le *confinement inertiel*, sont actuellement à l'étude. Ces technologies de pointe pourraient déboucher sur la mise en œuvre des réacteurs à fusion.

---

1 - La fusion nucléaire non contrôlée est à l'origine de la « bombe H », plus de 1 000 fois supérieure énergétiquement à la « bombe A » qui a explosé à Hiroshima en 1945.

2 - Les données de la thermodynamique ont permis de définir une température thermodynamique indépendante des propriétés de quelque corps que ce soit. On a donc pu introduire, comme unité fondamentale de température, le kelvin, symbolisé par la lettre K et qui équivaut à 1/273,15 de la température thermodynamique du point triple de l'eau (température à laquelle coexistent en équilibre les trois phases – solide, liquide et vapeur – de l'eau). La température 0°C de l'échelle Celcius correspond alors pratiquement à 273,15 K et il faut donc retrancher 273,15 des températures exprimées en kelvins, et appelées températures absolues, pour obtenir les valeurs de l'échelle Celcius.

3 - On a observé qu'une colonne de plasma pouvait « se briser » très rapidement de deux manières : en fragments (instabilité dite « en saucisse ») ou en une sorte de sinusoïde (instabilité en « Kink », du mot anglais signifiant « coude »)

4 - Le tokamak est constitué d'une chambre sous vide enveloppée par une structure (en forme de tore) engendrant un intense champ magnétique, lui-même immergé dans un transformateur à noyau magnétique.

5 - Pour des courants de 100 000 ampères circulant dans la décharge, la température atteinte est de l'ordre de 10^7 K pour une densité voisine de 10^{14} particules par cm^3 et un temps de confinement proche de 1/100 de s.

PROBABILISME QUANTIQUE

École de Copenhague, 1927.

Voir aussi : Fonction d'onde.

Le concept de hasard, de probabilité, d'aléa est fort difficile à présenter de manière rigoureuse en ce qu'il mélange des modèles mathématiques, philosophiques et physiques. La probabilité est la mesure d'une certaine *régularité* d'événements liés à des phénomènes irréguliers et imprédictibles où se manifeste le *hasard.*

Ainsi que l'écrit très pertinemment Léon Rosenfeld :

> « Probabilité ne veut pas dire hasard sans règle, mais juste l'inverse : ce qu'il y a de réglé dans le hasard. Une loi statistique est avant tout une loi, l'expression d'une *régularité*, un instrument de prévision. La portée du calcul des probabilités n'est pas moindre que celle des méthodes classiques ; elle est en fait beaucoup plus grande, puisque ce calcul s'applique à une immense variété de situations où les lois déterministes, à supposer qu'elles existent, ne sont d'aucun secours.»

La notion de certitude

Il s'agit donc en définitive de montrer comment naît la certitude, à partir de phénomènes soumis aux lois du hasard. Donnons quelques exemples permettant de comprendre ce dont il s'agit. Les exemples les plus directs de phénomènes aléatoires se trouvent dans les jeux, comme « pile ou face », ou le lancer de dés. Il n'est pas d'ailleurs superflu de rappeler qu'aléa signifie « dé » en latin, pour rappeler l'importance du jeu dans la naissance du calcul des probabilités.

Le cas le plus simple d'une suite aléatoire peut être réalisé physiquement par une répétition illimitée de jeux de pile ou face. On suppose une fois pour toutes que les résultats successifs sont indépendants, imprévisibles, et que la pièce est équilibrée. Considérons alors les n premiers jeux, et désignons par S_n le nombre de fois que « face » est apparu avant n. La fréquence moyenne d'apparition de « face » est alors S_n/n, nombre compris entre 0 et 1, pouvant prendre a priori toutes les valeurs 0, $1/n$, $2/n$,... $(n - 1)/n$, 1.

Quel est le comportement de S_n/n lorsque n augmente indéfiniment ? La réponse à cette question est donnée par ce qu'on appelle la « loi des grands nombres », prouvant que la suite S_n/n converge vers 1/2. En fait, on dit plus rigoureusement que la limite est 1/2 avec probabilité 1. On voit ainsi que dans ce phénomène dont il n'est pas possible de prévoir le détail des réalisations, il est néanmoins possible de dégager une certitude globale.

L'aiguille de Buffon

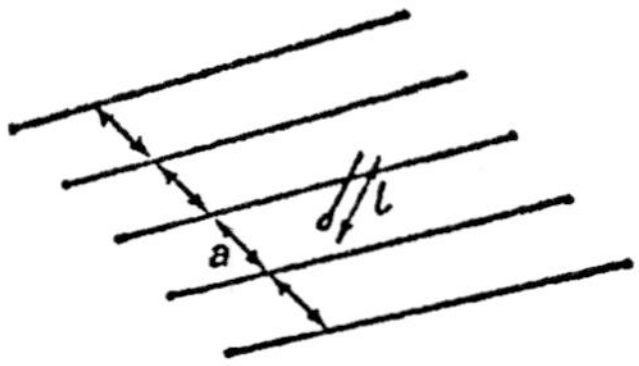

L'aiguille de Buffon.

Un autre exemple, imaginé par Buffon (1777), consiste à tracer sur le sol un réseau de droites parallèles, équidistantes, séparées par une longueur a. On jette par terre une aiguille mince de longueur $l < a$, et l'on regarde si l'aiguille croise une droite du réseau. Répétant l'expérience, on mesure la fréquence moyenne des intersections. Il se trouve que, lorsque le nombre d'expériences augmente indéfiniment, cette fréquence converge vers $p = \frac{2l}{\pi a}$, permettant d'obtenir une estimation expérimentale de $\pi = 3{,}14159...$! Il est fort inattendu d'affirmer qu'on puisse estimer π à partir d'un tel phénomène aléatoire ; c'est cependant le cas, et de nombreuses réalisations expérimentales ont vérifié cette loi.

Le probabilisme quantique

La notion de probabilité est utilisée en théorie quantique avec son sens habituel. Mais le calcul quantique des probabilités diffère totalement du calcul classique des probabilités. En effet, les particules subatomiques (électrons, photons) sont des paquets d'énergie qui se propagent selon des *amplitudes de probabilité*. Ainsi, la notion d'intensité de la mécanique ondulatoire classique est remplacée par celle de *densité de probabilité*, définie par le carré de l'amplitude. En théorie quantique, le *déterminisme*, défendu par les savants depuis Laplace, et ardemment soutenu par Einstein, n'est plus admissible en dépit des apparences. Il est remplacé par le *probabilisme statistique*.

Le probabilisme statistique

En physique classique, le probabilisme statistique est l'étude des systèmes de particules (gaz ou liquide) dont le nombre peut être très élevé et où se manifeste le hasard. Par suite de l'intervention du hasard, ces systèmes sont caractérisés par les moyennes et les dispersions des différentes grandeurs physiques observables, que l'on peut calculer à partir des lois de probabilités adaptées à chaque cas (les « statistiques »).

Ainsi, de la probabilité, pour une molécule d'un gaz, de se trouver en un point de l'espace et d'être animée d'une vitesse donnée, on déduira sa probabilité d'être en un point de l'espace avec une vitesse donnée. D'une manière générale, on peut déduire la probabilité de la survenue simultanée de deux événements observables à partir des probabilités que ces deux événements surviennent séparément.

Il convient d'observer que Planck lui-même, le père des quanta, n'adhéra jamais au probabilisme quantique, qui se développa essentiellement sous l'impulsion de Heisenberg, de Bohr et en général des disciples de l'*école* dite *de Copenhague*. Quant à Einstein, s'il introduisit le calcul des probabilités en physique quantique, il n'en était pas moins fondamentalement insatisfait par le caractère seulement probabiliste de ses prédictions. Il contestait que la *fonction d'onde* représentative d'un système physique caractérise un système individuel.

Comme elle ne conduit qu'à des prévisions de probabilités et que des calculs de probabilités ne sont applicables qu'à des ensembles statistiques, il en concluait que la fonction d'onde ne représente que des ensembles statistiques. Si la mécanique quantique n'est capable de décrire que de tels ensembles, c'était à ses yeux la marque de ce qu'elle est *incomplète* (non pas fausse, mais encore insuffisante).

Aujourd'hui, on doit souligner que l'importance de ce débat conceptuel porte surtout sur la valeur des mesures scientifiques et qu'il existe encore des courants scientifiques qui se refusent à admettre le probabilisme quantique qu'ils tiennent, somme toute, pour un artifice épistémologique.

QUANTA

Planck, 1900 ; Einstein, 1905 ; Bohr, 1911.
Voir aussi : Constantes, Échelle (de Planck), Fonction d'onde, Lumière, Photon.

L'antagonisme entre le continu et le discontinu, la question d'une limite éventuelle à la divisibilité de la matière sont des sujets débattus par les savants et les philosophes depuis l'Antiquité. Une portion d'espace, un plan d'eau, un certain degré d'intensité lumineuse ou sonore, grandeurs pouvant croître ou décroître autant qu'on le désire, suggèrent intuitivement l'idée de continuité.

En revanche, un ensemble d'hommes, une somme d'argent, un tas de sable sont forcément des quantités « discrètes »(1), autrement dit des quantités qui ne varient que de manière discontinue, par degrés indivisibles. Jusqu'à il y a cent ans à peine, la pensée scientifique (et même philosophique) reposait sur la notion de continuité. La formule célèbre de Leibniz : « La nature ne fait pas de saut » avait valeur de credo.

Les paradoxes de Zénon d'Élée

La notion « mathématique » de continuité donna lieu dans l'Antiquité à des paradoxes célèbres. Zénon d'Élée (v. 490 - 430 av. J.-C.) soutenait que le mouvement dans l'espace est impossible et que notre expérience sensorielle, qui nous montre un monde de corps en mouvement, est trompeuse. C'est ainsi, disait-il, qu'une flèche qui vole n'est cependant rien moins qu'immobile.

De même Achille ne peut rattraper une tortue à la course : si l'avance de la tortue est égale à une distance *a*, il faut à Achille un certain temps pour parcourir cette distance et pendant ce temps la tortue parcourt une distance *b* ; pendant qu'Achille parcourt la distance *b*, la tortue prend une nouvelle avance *c*, et ainsi à l'infini ; l'avance de la tortue ira diminuant sans cesse, mais ne deviendra jamais nulle.

En fait, les paradoxes de Zénon résultent d'une erreur de calcul. Ils proviennent de la conviction erronée selon laquelle on aurait besoin d'un temps infini pour franchir un nombre infini d'étapes : à l'époque de Zénon, la notion de convergence – plus précisément celle de *série infinie convergente* – n'était pas disponible. La notion de continuité fut élaborée dans toute sa rigueur, d'une part par Cauchy, dans le cadre de la théorie des fonctions d'une variable réelle, puis par Cantor, dans le cadre de la théorie des ensembles

1 - En théorie quantique, « discret » ne veut pas dire timide ou effacé, mais seulement « restreint ». En mathématique, une quantité « discrète » est une quantité composée d'éléments séparés (par opposition à quantité continue).

Le rayonnement thermique

Or, le 14 décembre 1900, dans un mémoire intitulé *Sur la théorie de la loi de la distribution d'énergie du spectre normal* lu devant la Société de physique de Berlin, l'éminent physicien allemand Max Planck formula une hypothèse tout à fait étonnante. Au lieu de supposer, comme la plupart des savants de son temps, que l'émission ou l'absorption de lumière par la matière se fait de façon continue, sans rupture, il proposa d'admettre que ce phénomène varie par valeurs *discrètes*, discontinues, par paquets minuscules. En d'autres termes, il attribuait au rayonnement, tout comme à la matière, une structure « atomique ».

Tentant de réfuter les objections que les énergétistes (1) soulevaient contre la formulation par Boltzmann du deuxième principe de la thermodynamique, Max Planck avait entrepris d'étudier, non pas un système mécanique – comme par exemple les molécules d'un gaz – mais un système de vibrations électromagnétiques, à savoir le rayonnement électromagnétique émis par un corps noir. En physique, parmi les corps émetteurs (ou récepteurs) de rayonnement, le « corps noir » tient une place très importante.

On appelle corps noir un corps absorbant toutes les radiations qu'il reçoit. Cela ne signifie pas que ce corps n'émet aucun rayonnement : l'énergie qu'il absorbe ne pouvant s'accumuler indéfiniment, il doit, d'une manière ou d'une autre, en restituer une partie.

Le mystérieux corps noir

À partir de la seconde moitié du XIXe siècle, les physiciens, en particulier l'Allemand Kirchhoff, commencent à s'intéresser de très près à la manière qu'ont les corps matériels d'émettre de la lumière quand on les chauffe et d'en absorber quand on les éclaire. C'est ce que l'on appelle, traditionnellement, le problème du rayonnement du corps noir, exemple imaginaire idéal tel que peuvent en proposer les théoriciens en mal de prédictions.

Mais qu'entend-on plus précisément par corps noir ? On définit ainsi un corps capable d'absorber intégralement toutes les radiations quelle qu'en soit la fréquence (donc quelle qu'en soit la couleur) qui le frappent sans rien réémettre : son coefficient d'absorption des radiations (c'est-à-dire le rapport entre l'énergie absorbée et l'énergie reçue) est, comme on dit, égal à l'unité. À la limite, le corps noir nous serait complètement invisible.

Notons que le choix du terme « corps noir » est quelque peu inapproprié, puisqu'il s'avère que le corps noir est également le moyen le plus efficace de transformer l'énergie thermique en rayonnement électromagnétique. Un objet chauffé au rouge ou au blanc pourrait fort bien être baptisé corps noir et, à certains égards, la surface du Soleil agit comme un corps noir.

---

1 - Adversaires de Boltzmann, les « énergétistes », avec à leur tête le chimiste Wilhelm Ostwald, avaient entrepris de réinterpréter toute la chimie en termes d'énergie, à la lumière des deux principes de la thermodynamique, prétendant ainsi faire l'économie de l'hypothèse atomique. Ils allaient jusqu'à proclamer que le concept de matière, lié à une interprétation mécaniste de la nature, était inutile.

Divers modèles de corps noirs ont été proposés. Wilhelm Wien, en 1895, a démontré que sa meilleure approximation serait une enceinte fermée opaque, creusée dans un matériau réfractaire (thermiquement bien isolée), et maintenue à température constante. On ne laisse communiquer cette enceinte avec l'extérieur que par une très petite ouverture. Un rayonnement peut pénétrer par cette ouverture et finir par être presque totalement absorbé après avoir subi une série de réflexions multiples sur les parois. À l'inverse, chauffée à haute température, cette enceinte serait susceptible d'émettre un rayonnement plus intense que les autres corps.

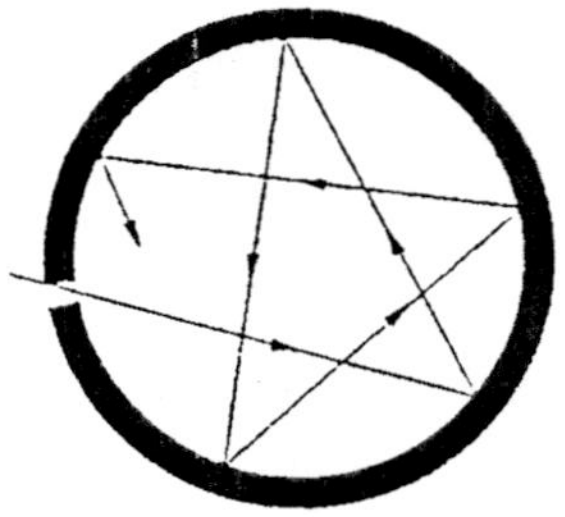

Le corps noir. Tout rayon entrant dans la sphère n'en sort plus. Il est absorbé. Un four à céramique dont l'intérieur est de couleur rouge clair constitue un corps noir à la température de 1700 K. La plupart des surfaces noires utilisées dans la vie quotidienne réfléchissent sélectivement certains domaines de longueurs d'onde : ce ne sont pas des corps noirs. Le spectre d'émission du Soleil peut être assimilé à celui d'un corps noir de température 6000 K environ.

En fait, les radiations absorbées élèvent la température du corps qui émet en retour un rayonnement électromagnétique croissant en fonction de cette température. Une illustration de ce phénomène est la lumière émise par une barre métallique chauffée. Aux environs de 600°C (degrés Celsius), le rouge domine ; vers 2000° C, le métal paraît blanc (toutes les composantes de la lumière visible s'additionnent) ; aux basses températures, un rayonnement est également émis, mais notre œil ne le voit pas, car il se situe dans l'infrarouge ; au-delà de 2000°C, la majeure partie du rayonnement nous échappe aussi, car il se situe alors dans l'ultraviolet.

La catastrophe ultraviolette

Imaginons donc une coque métallique épaisse délimitant une région de l'espace dépourvue de matière et portée à une température T supérieure à 1000°C. Les parois, à l'intérieur de l'enceinte, vont émettre toutes sortes de radiations électromagnétiques (de l'infrarouge à l'ultraviolet, en passant par toutes les longueurs d'onde de la lumière visible). Ces radiations vont se réfléchir contre la paroi et, d'absorptions en émissions successives, un *équilibre* va finir par s'établir.

Le trou pratiqué dans l'enceinte laisse échapper une fraction du rayonnement enfermé à l'intérieur de la cavité (c'est ce rayonnement que l'on nomme *rayonnement du corps noir*). Il suffit alors d'utiliser un spectrographe pour déterminer les fréquences et les intensités des diverses radiations dont il est composé.

Planck tenta de trouver une relation donnant les valeurs expérimentales de la distribution de l'intensité du rayonnement du corps noir en fonction de la fréquence. Cependant, un tel problème se révélait insoluble dans le cadre des théories en vigueur à l'époque. En effet, l'éther électromagnétique étant un milieu *continu*, les fréquences des vibrations qui le parcourent à l'intérieur de l'enceinte peuvent prendre une *infinité* de valeurs. Or, selon la mécanique statistique, sur laquelle Planck s'appuyait, chaque vibration véhicule, pour une température donnée, une quantité fixe d'énergie.

Le nombre infini de vibrations présentes dans l'enceinte aurait dû véhiculer une quantité *infinie* d'énergie, ce qui ne rendait pas compte de l'équilibre thermique existant entre les particules matérielles des parois de l'enceinte et le rayonnement électromagnétique continu. Ainsi, pour la première fois, l'un des articles de foi de la physique classique, à savoir la théorie du rayonnement, était pris en flagrant délit d'erreur. Le physicien autrichien Paul Ehrenfest attribua après coup à cette épineuse question le nom de « catastrophe ultraviolette »[(1)].

Planck invente le quantum

Afin de surmonter le problème, Max Planck introduisit une curieuse hypothèse qui semblait n'être qu'un simple artifice de calcul physiquement injustifié : pour déterminer la répartition de l'énergie entre les diverses vibrations du champ électromagnétique, il divisa cette énergie en petites unités isolées.

Imaginons un instant un électron animé d'un mouvement périodique de fréquence ν. Cet électron peut émettre ou absorber d'une façon continue du rayonnement électromagnétique de même fréquence ν. L'hypothèse de Planck était la suivante : l'électron ne peut émettre ou absorber l'énergie rayonnante que par quantités petites mais finies, c'est-à-dire discontinues, de valeur $h\nu$, où h est une nouvelle constante jusqu'alors inconnue (baptisée depuis « constante de Planck »). On pouvait obtenir des quantités d'énergie égales à $h\nu$, $2\ h\nu$, $3\ h\nu$... mais *jamais* $1{,}3\ h\nu$ ou tout autre valeur non entière.

Cette hypothèse revenait à admettre, par exemple, que l'oscillation d'une balançoire peut avoir une amplitude d'un mètre, de deux mètres, de trois mètres, etc., mais non pas une amplitude d'un mètre vingt-cinq ou de quelque autre valeur intermédiaire. Une telle « discrétisation » d'une grandeur continue en éléments discontinus n'est physiquement légitime que si l'on peut, au terme des calculs, faire tendre la taille des éléments vers zéro pour obtenir le résultat du cas continu.

---

1 - L'appellation « catastrophe ultraviolette » fait précisément référence à la loi formulée en 1896 par les physiciens allemands Wilhelm Wien et Friedrich Paschen, loi qui fut complétée en 1900 par le physicien anglais lord John Rayleigh. Cette loi détermine, pour une température et une longueur d'onde données, la puissance rayonnée : « La puissance rayonnée est proportionnelle à la température absolue et inversement proportionnelle au carré de la longueur d'onde ». En clair, le rayonnement thermique est d'autant plus intense que la longueur d'onde est plus courte.
Si, dans un premier temps, pour les longueurs d'onde allant de l'infrarouge au vert, les résultats sont conformes aux prévisions, en revanche pour le bleu, le violet et plus encore l'ultraviolet, la formule de Rayleigh n'est plus valable. L'expérience est en contradiction flagrante avec la théorie qui conduit à des valeurs beaucoup trop grandes, presque infinies pour les très petites longueurs d'onde.

Mais, curieusement, ces « paquets d'énergie » se refusaient à admettre un tel comportement. C'est pourquoi, Planck dut supposer que chaque paquet d'énergie électromagnétique possède une valeur finie, égale à la fréquence de la vibration multipliée par la nouvelle constante, chaque paquet d'énergie étant appelé un *quantum*, d'un mot qui signifie « quantité ». En d'autres termes, Planck postulait une relation de proportionnalité entre le quantum d'énergie E et la fréquence ν de rayonnement, selon la relation devenue célèbre :

$$E = h\nu$$

Ainsi, curieusement, la quantité élémentaire et insécable, dont toutes les autres quantifications ne sont que des conséquences, n'était pas un « grain » de matière, mais d'*action.*

La quantité fondamentale h introduite par Planck allait être à l'origine d'une floraison d'événements extraordinaires, bien que sa valeur ne fût pas imposante du tout[1]. Le fait que la valeur de h soit vraiment minuscule signifiait que les sauts d'énergie sont eux-mêmes très faibles, trop faibles en tout cas pour être perceptibles à l'échelle expérimentale de l'époque. Postuler leur existence constituait donc une hérésie impardonnable pour la plupart des physiciens, aucun ne doutant de la nature ondulatoire du rayonnement électromagnétique.

Au début, Planck ne mesura pas toute la portée de son hypothèse. Il avait introduit le *quantum élémentaire d'action*, c'est-à-dire la discontinuité dans les phénomènes de rayonnement d'énergie lumineuse par les atomes, mais sans en mesurer toute la portée physique. Il s'agissait plutôt, à ses yeux, d'un simple artifice mathématique donnant une formule opérationnelle qui puisse concorder avec les résultats de l'expérience, en permettant de limiter les échanges d'énergie possibles entre les atomes et le rayonnement par des quantités discrètes.

Bien que sa valeur soit très faible, la constante de proportionnalité inventée par Planck, et qui, depuis lors, porte son nom, sema le désarroi parmi les physiciens – et qui plus est, chez Planck lui-même ! Cette intrusion brutale de la discontinuité dans le bel enchaînement de la physique traditionnelle lui parut, au mieux, un « artifice de calcul », au pis une hérésie. De longues années durant, il tentera de modifier sa théorie pour ne conserver que le résultat (la suppression de la catastrophe ultraviolette), tout en éliminant les quanta.

À la fin de sa vie, il convint que le quantum avait une signification plus profonde qu'il ne l'avait d'abord pensé. L'introduction de la constante h, devait-il écrire en 1943, « représentait une rupture bien plus fondamentale avec la théorie classique que je ne l'avais soupçonné au début. »

Entre 1900 et 1905, la notion de quantum resta dans les limbes. Le premier à tirer vraiment des conséquences de l'hypothèse de Planck fut Albert Einstein. Einstein avait très vite pressenti l'importance des travaux de Planck. En fait, il fut la

---

1 - Cette valeur équivaut à 0,000 000 000 000 000 000 000 000 0066 dans le système d'unités fondamental (centimètre, gramme, seconde), ou à 6,625. 10^{-34} joule seconde. Rappelons que le joule est une quantité d'énergie. C'est l'énergie acquise par une masse de 1 kilogramme chutant de 10 centimètres. Pour se donner une idée de la petitesse d'un quantum, il faut savoir qu'une lampe électrique ordinaire de vingt watts émet environ soixante milliards de milliards de quanta par seconde.

première personne à s'intéresser sérieusement aux implications physiques du travail de Planck et à les traiter autrement que comme une subtilité mathématique, en posant que la lumière est émise et se propage par quanta (le quantum de lumière nous est maintenant familier sous le nom de *photon*).

En 1911, Bohr quantifia à son tour les orbites suivies par les électrons autour du noyau des atomes : ces orbites ont des rayons mathématiquement déterminés, et lorsqu'un électron saute de l'une d'elles à une autre plus petite, il y a émission d'un quantum d'énergie sous la forme de radiation électromagnétique (de la lumière, par exemple) de fréquence parfaitement déterminée. Enfin la théorie des quanta jouera un rôle essentiel dans le domaine de la mécanique ondulatoire qui devait se développer à partir de 1924.

Il peut paraître aujourd'hui paradoxal que les conséquences de la découverte de Planck soient si considérables, alors que la quantité d'action contenue dans la constante de Planck est si petite. La petitesse du quantum d'action permet de comprendre que les effets « quantiques » n'apparaissent que lorsque l'on s'intéresse à des actions d'un ordre de grandeur comparable à h (dans les conditions ordinaires, la physique mettant en jeu des actions très grandes devant h sera traitée « classiquement »).

L'existence d'une action minimum a forcé les physiciens à élaborer cet outil fondamental qu'est la *mécanique quantique*, laquelle a été amenée à dépasser la physique classique, ou plus exactement à la prolonger. Autrement dit, la physique classique reste valable, mais comme une approximation de la physique quantique, cette approximation consistant à négliger h. L'approximation classique apparaît comme la limite de la physique quantique, à la limite où h tend vers zéro[1].

1 - Une situation analogue s'est fait jour avec la relativité générale (1916). On sait que cette théorie permit de rendre compte de certains effets gravitationnels complexes (avance des périhélies des planètes), que la théorie de Newton avait été incapable d'expliquer. La gravitation d'Einstein redonne en général les résultats des lois newtoniennes, mais dans les cas où les deux théories divergent, c'est celle d'Einstein qui prévoit juste.

QUANTON

Voir aussi : Fonction d'onde, Interactions, Lumière, Ondes, Particule, Tachyon.

Dès le début de ce siècle, le physicien qui essayait de se former une opinion sur la nature de la lumière se trouvait placé devant un étrange paradoxe. Certains phénomènes, en particulier les phénomènes d'interférence et de diffraction, ne pouvaient s'expliquer que dans le cadre de la théorie ondulatoire ; d'autres, comme l'effet photoélectrique, la structure des spectres atomiques et les différents effets photochimiques également – en particulier l'action sur la plaque photographique – ne trouvaient une explication plausible que par la théorie corpusculaire de la lumière.

Le quanton, nouvel objet quantique

À regarder de près, on se rend compte que tout ce qui a trait à la propagation de la lumière dans l'espace, la répartition spectrale de la lumière, son passage par des trous (ou des fentes), l'existence elle-même des couleurs du spectre s'explique correctement par la théorie des ondes, alors que tout ce qui concerne l'interaction de la lumière avec la matière nécessite le recours à la théorie corpusculaire. Aussi, le physicien du XXe siècle a-t-il été conduit à concilier les deux théories. Il a dû tenter d'établir un compromis entre les deux modèles, en apparence contradictoires, en admettant, suivant les circonstances, la validité de l'un ou de l'autre. Ce compromis a trouvé son expression scientifique : le *quanton*, nouvel objet quantique.

L'expérience de Young avec des électrons

La *dualité onde-corpuscule* demeure, encore aujourd'hui, l'une des caractéristiques les plus déroutantes de l'univers quantique. Comment concevoir que l'onde et le corpuscule ne puissent plus être isolés par la pensée, l'onde d'un côté, le corpuscule de l'autre, comme dans le cadre classique ? Comment admettre que l'électron *n'est pas* une onde, pas plus qu'il *n'est* un petit grain, mais une entité nouvelle, ce que les physiciens appellent un *quanton.*

Pour comprendre ce que cette idée contient a priori de surprenant, il faut nous intéresser de plus près à l'expérience des deux trous, qui avait fourni à Young ses arguments décisifs en faveur de la théorie ondulatoire (voir l'article *ondes* où elle est décrite en détail). Imaginons donc la même expérience, mais en remplaçant le rayon lumineux incident par un faisceau d'électrons projetés un à un en direction d'un écran [1].

1 - Cette expérience a bien été réalisée en 1989 par des chercheurs japonais, qui réussirent à envoyer des électrons un par un vers l'écran à deux trous.

On compte en tout point de l'écran le nombre d'électrons qui y sont parvenus (nombre de grains impressionnés s'il s'agit d'une émulsion photographique). Le résultat obtenu est tout à fait surprenant puisqu'il prend la forme caractéristique des phénomènes d'interférences. La seule façon d'expliquer le phénomène est de dire, comme le fait la physique quantique, que chaque électron a un comportement d'onde, ce qui le conduit à passer à travers les deux trous en même temps et à interférer avec lui-même. C'est cela la fameuse dualité onde-corpuscule du monde de l'infiniment petit (figure *A*).

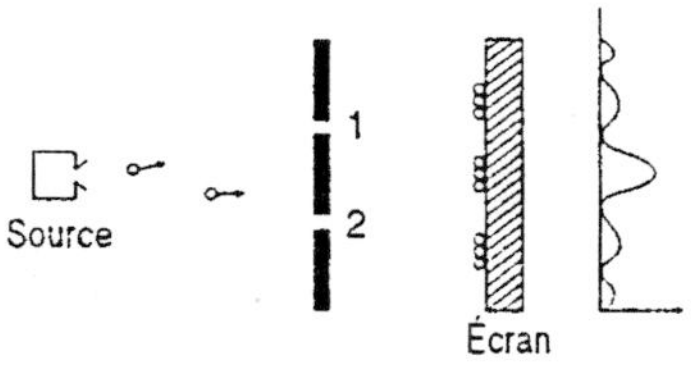

A. Expérience de Young avec des électrons.

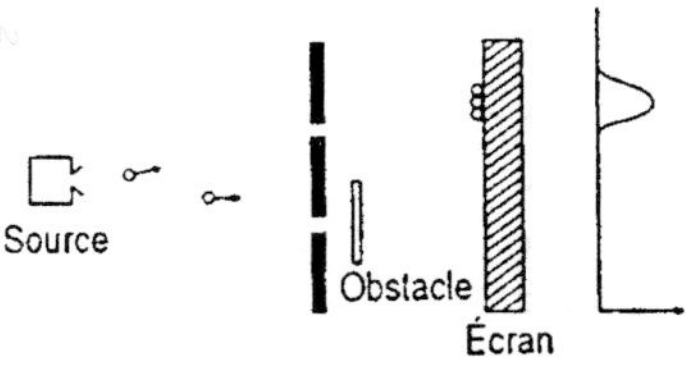

B. Expérience de Young avec des électrons et un trou obturé.

Envisageons à présent la variante de l'expérience précédente qui consiste simplement à interposer un obstacle derrière l'un des trous (figure *B*). Le résultat obtenu est cette fois-ci en accord avec le bon sens puisqu'il prend la forme d'une simple bosse derrière le trou resté ouvert (il s'agit en fait d'une figure de diffraction). Bien qu'on puisse compter leurs impacts localisés sur l'écran, les électrons ne sont donc pas des particules au sens classique ; et, bien qu'ils manifestent des propriétés d'interférence, ce ne sont pas des ondes au sens classique, puisqu'on peut les compter.

La comparaison entre les deux expériences nous amène au cœur du problème. Il est logique de penser que l'état de la particule est le même dans les deux cas tant qu'elle n'a pas atteint l'obstacle. D'une certaine façon, si l'on adopte le point de vue de la physique quantique, *la particule est une onde* qui s'étale sur l'espace des deux trous (plus exactement, elle est étalée sur tout l'espace).

Et maintenant, comprenons bien ce qui suit : si la particule ne rencontre pas d'obstacle, elle conserve un comportement d'onde, et ceci jusqu'à l'écran où elle interfère avec elle-même ; en revanche, si elle se heurte à l'obstacle, elle redevient une particule et peut passer, comme telle, par le trou parce que, d'une manière ou d'une autre, *elle « sait » que l'autre trou est obturé.*

La question soulevée est finalement celle-ci : comment une particule quantique peut-elle savoir qu'un des trous est fermé, et tirer parti de cette information pour se manifester ailleurs, c'est-à-dire à l'autre trou ? Tout ce qu'on peut dire, c'est que la matière qui nous constitue ressemble plus, par certains côtés, à de la *pensée*, à de l'information, qu'à de l'*étendue*.

Nous devons donc admettre que la nature de la lumière est plus riche, plus complexe que la description qui peut en être faite par le seul recours à l'onde ou au corpuscule. Les deux aspects de la lumière sont complémentaires[1], indissociables.

Ils ont été élaborés à partir des données de l'expérience macroscopique quotidienne, et pour expliquer celle-ci. Le photon n'est réductible ni à une corde qu'on agite, ni à une bille qu'on lance. Les concepts d'onde et de corpuscule, que nous comprenons intuitivement, lui sont appliqués, faute de pouvoir produire des concepts directement liés à la nature de l'objet quantique.

L'onde et la particule se fondent en un même tout cohérent. Il s'agit d'une nouvelle entité duale composant tous les objets de l'univers. L'électron nous montre tantôt un côté de sa nature et tantôt l'autre, ce qui ne l'empêche pas d'être un électron tout à fait normal et digne de ce nom ! Le fait de voir un électron sous son aspect d'onde ou sous son aspect de particule dépend seulement de la façon dont nous l'observons, comme nous pourrions observer, s'ils existaient vraiment, un centaure ou une sirène.

Des propriétés fascinantes

Cet aspect complémentaire de la particule et de l'onde devait apparaître comme une catactéristique centrale de la physique nouvelle. Il est inévitable. Toute la mécanique quantique est construite autour de ce concept. En fait, nous procédons un peu à la manière d'un observateur à qui on présenterait un cylindre de façon à ce que son axe corresponde, dans un cas, à l'axe de visée et, dans un autre cas, à une perpendiculaire à l'axe de visée. L'observateur verrait la première fois un disque, et la deuxième fois une surface rectangulaire. Or, il s'agit du même objet, vu de deux façons différentes. L'observateur, s'il n'a pas la possibilité, à partir de ces deux types d'observation, d'imaginer clairement le concept « cylindre » – c'est-à-dire s'il vit dans un monde à deux dimensions – devra construire une théorie pour décrire le comportement du cylindre à partir du concept « disque » et du concept « rectangle » qui lui sont familiers.

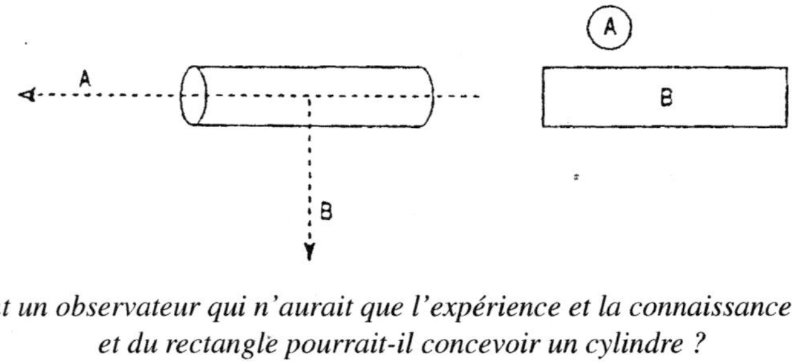

Comment un observateur qui n'aurait que l'expérience et la connaissance du cercle et du rectangle pourrait-il concevoir un cylindre ?

1 - Cette notion fondamentale de *complémentarité* a été introduite par Niels Bohr pour indiquer que la réalité quantique ne peut être épuisée par une représentation unique, mais par une dualité de représentations distinctes, le plus souvent contradictoires et s'excluant mutuellement. Cette interprétation est dite de « Copenhague », en raison des origines danoises de Bohr et de l'Institut scientifique qu'il fonda à Copenhague.

De ce « principe de dualité » surgissent de fascinantes propriétés. Ainsi, deux ondes-particules peuvent « fusionner » : leurs paramètres (énergie, vitesse, position, etc.) se « mélangent » à l'intérieur d'une même équation. Les deux entités ne font plus qu'une, dont les paramètres égalent la somme de ceux des particules initiales. On dit alors que les particules sont en « cohérence quantique ».

Une autre importante conséquence de la dualité onde-corpuscule réside dans le fait que les interactions, telle l'interaction électromagnétique, auxquelles on accordait une nature ondulatoire, doivent pouvoir présenter une nouvelle nature d'origine corpusculaire. En physique classique, l'essentiel de l'interaction électromagnétique peut se résumer en une phrase : une charge électrique qui oscille émet des ondes électromagnétiques. En physique quantique, elle émet des corpuscules appelés photons dont quelques-uns peuvent mettre en mouvement d'autres charges électriques. L'interaction électromagnétique entre charges électriques se transmet donc par échange de photons.

Un quantum d'interaction comme le photon est donc tout autant une particule élémentaire qu'un électron, l'archétype de particule élémentaire de matière. Un pas supplémentaire de grande importance a été fait par Louis de Broglie sur la voie de cette unification. Il a eu l'audace de faire, à propos de la matière, le raisonnement réciproque de celui qui avait été fait à propos des interactions. Puisque, postula de Broglie, les interactions de nature ondulatoire du point de vue classique ont une interprétation corpusculaire du point de vue quantique, pourquoi la matière qui, classiquement, se décrit bien en termes de particules, n'aurait-elle pas une représentation ondulatoire en théorie quantique ?

QUARK

Gell-Mann, Zweig, 1963.
Voir aussi : Bosons et fermions, Interactions, Particule.

Le concept de particule élémentaire

On sait qu'une particule élémentaire est une particule considérée comme une entité simple, non dissociable, par opposition à celles qui sont des assemblages (on dit aussi particule *fondamentale*). Cette qualification d'une particule est liée étroitement à l'évolution des recherches et des techniques : de nombreuses particules considérées jadis comme insécables ont montré par la suite une structure complexe constituée à partir de particules que l'on a qualifiées d'élémentaires. Il suffit de rappeler que, jusqu'au XXe siècle, l'atome et son noyau furent considérés comme indivisibles.

Une énumération actuelle des particules élémentaires ne peut être que provisoire. D'une part, en effet, le nombre des particules que l'on est amené à qualifier d' « élémentaires » s'est énormément accru à partir des années cinquante. D'autre part, leur étude a fait apparaître avec évidence que le terme « élémentaire » au sens d'insécable ne pouvait s'appliquer à toutes. Depuis les années 60, les grands thèmes d'étude dans le domaine des particules ont visé à rechercher des modèles pouvant conduire à l'existence de constituants plus fondamentaux.

Three quarks for Muster Mark !

La recherche de « briques » de plus en plus élémentaires et de moins en moins nombreuses, à la base de l'incroyable variété d'aspects et de propriétés de la nature, date de l'Antiquité. Elle prit des formes scientifiques à la fin du XIXe siècle, avec la découverte des éléments chimiques. Mais 92 briques, c'était beaucoup trop pour répondre à la volonté unificatrice des scientifiques. Celle-ci sembla enfin satisfaite en 1932. À cette époque, on savait que tous les éléments constituant la matière étaient, en fait, des combinaisons de trois particules que l'on considérait comme véritablement élémentaires : le proton, le neutron et l'électron. Après la Seconde Guerre mondiale, on a découvert des dizaines et des centaines d'autres particules et résonances [(1)], et le problème de leur classification se posait avec acuité.

En 1961, le physicien américain Murray Gell-Mann et son collègue israélien Yuval Ne'eman, indépendamment l'un de l'autre, adoptent la théorie mathématique dite « des groupes de transformation » comme outil de cette classification. L'utilisation de groupes mathématiques permet de classer les particules en différentes familles et de prévoir l'existence de particules non encore observées. Pour

1 - Particules à durée de vie extrêmement courte (10^{-23} s). C'est le temps que mettent ces particules pour se désintégrer et former d'autres particules plus légères.

rendre compte de l'usage du groupe de symétrie unitaire SU3 dont les opérations transforment les unes dans les autres les différentes particules appelées hadrons [1], Murray Gell-Mann et George Zweig postulent en 1964 l'existence de particules qui seraient les éléments constitutifs de toutes les autres particules connues mais qui n'existeraient pas à l'état libre [2]. Le modèle des *quarks* [3], tel qu'il fut présenté par ces théoriciens de haut vol, fournissait une remarquable simplification de l'univers des particules et des théories de la matière.

La théorie des groupes

Toutes les particules élémentaires se transforment par désintégration en d'autres particules élémentaires. On a tenté de classer l'ensemble des particules en se servant d'une théorie mathématique appelée la *théorie des groupes*. Un groupe peut être caractérisé par un certain nombre d'opérations portant sur la collection d'objets qui le composent et transforment ces objets les uns en les autres.

Pour représenter les particules élémentaires, on utilise des groupes composés de *matrices* nommées SU_2, SU_3, etc. C'est la représentation de certaines propriétés du groupe SU_3 qui exige l'intervention des quarks. L'étude des symétries du monde subatomique fait intervenir un système auquel Gell-Mann et ses collaborateurs ont donné le nom de *voie octuple* (allusion à une formule bouddhique sur les moyens de parvenir à l'illumination parfaite à partir de l'ignorance).

Des êtres mathématiques

L'hypothèse des quarks est une solution en apparence satisfaisante du problème, puisqu'elle réduit chaque nucléon – proton et neutron – à n'être qu'une combinaison de trois quarks, c'est-à-dire trois éléments fondamentaux, auxquels correspondent trois *antiquarks*. Malgré cette apparente simplicité, les quarks sont tout de même des êtres pour le moins déconcertants. Gell-Mann faisait lui-même remarquer :

> « Je n'ai jamais prédit l'existence de quark réel physique, visible, que l'on puisse détecter. Au contraire, le quark est probablement un être fictif, mathématique. C'est le constituant fondamental d'une particule à interaction forte, mais si on veut le regarder comme particule *physique*, on doit l'imaginer comme emprisonné à jamais à l'intérieur des particules à interaction forte, et, ainsi, on ne peut pas observer un quark. On peut dire que les quarks sont fictifs, mathématiques, qu'ils sont simplement une idée que l'on utilise pour décrire les propriétés des particules à interaction forte. On peut les dire *réels*, mais *emprisonnés* ».

1 - Nom générique des particules sensibles à l'interaction forte, tels les nucléons. Le proton, le neutron, le pion, les particules dites « étranges » sont des hadrons.

2 - À ces particules, il faut adjoindre les quanta de chacun des champs : le *graviton* du champ de gravitation, le *photon* du champ électromagnétique, les trois *bosons intermédiaires* de champ faible, les huit *gluons* de champ fort.

3 - Le mot « quark » est une allusion littéraire au poète irlandais James Joyce, qui conte à sa manière l'histoire de Tristan et Yseut et du roi Marc dans *Finnegan's Wake* en commençant son récit par une parodie poétique dont le premier vers est *Three quarks for Muster Mark* !

La force de couleur

Si l'on admet l'existence de ces constituants élémentaires et ponctuels de la matière que sont les quarks, il faut en effet postuler la présence d'une force qui les tient *confinés* (1). Certains théoriciens ont donc proposé une nouvelle sorte de force, qu'ils ont nommée *force de couleur* et dont les propriétés sont assez complexes. La force qui relie entre eux protons et électrons peut être décrite, comme on le sait, à l'aide d'un échange de photons. Pour la force de couleur, les choses se sont révélées plus compliquées.

Notons d'abord que le mot « couleur » ne doit évidemment pas être pris au sens propre. On admet qu'il existe trois différentes charges de couleur (bleu, rouge et jaune) pour les quarks et trois anticouleurs correspondantes pour les antiquarks. Chaque quark possède une charge de couleur. La force de couleur est transportée par des bosons : on les appelle *gluons*. La prise en considération des symétries entre couleurs amène à prévoir huit sortes différentes de gluons, tous électriquement neutres.

La couleur est une caractéristique essentielle des quarks. C'est grâce à elle qu'ils peuvent interagir entre eux à l'intérieur des hadrons, où elle joue un rôle analogue à celui de la charge électrique dans les interactions électromagnétiques. La théorie qui décrit les forces de couleur s'appelle la chromodynamique quantique.

La chromodynamique quantique

La chromodynamique quantique – par abréviation QCD – représente la formulation mathématique courante de la théorie des quarks, les champs étant associés aux quarks et « chromo » désignant la propriété de ces champs de quarks. La chromodynamique quantique a été modelée sur l'électrodynamique quantique : de même que les interactions électromagnétiques sont déterminées par l'échange de photons entre les particules chargées, de même, avec la chromodynamique quantique, les interactions fortes sont réglées par l'échange de gluons entre les quarks « colorés ». Les gluons ne sont pas des particules réelles mais une espèce particulière de quanta qui « colle » les quarks ensemble pour former des mésons et des baryons.

Les couleurs des quarks se composent de telle manière qu'un hadron est incolore. De même qu'un atome, composé de deux particules chargées, est lui-même électriquement neutre, de même les hadrons sont toujours globalement incolores (un peu comme certaines combinaisons des « vraies » couleurs donnent le blanc).

On recense trois types de quarks, *up*, *down* et *strange* (ces derniers se trouvant dans des hadrons dont le comportement fut, un certain temps, jugé étrange et appelés pour cette raison les particules « étranges »). En 1974, la mise en évidence de

---

1 - L'action entre deux quarks est faible à très courte distance (10^{-16} cm), mais croît très vite lorsqu'ils se séparent ; elle devient tellement importante à 10^{-13} cm qu'il est presque impossible de les éloigner davantage.

l'existence des hadrons dont la durée de vie est plus longue que ne le prévoit la mécanique quantique, amena à introduire une nouvelle caractéristique spécifique, le *charme*, et à postuler l'existence d'un quark *charmé*.

Plus tard, pour d'autres quarks, furent introduites la *saveur*, la *beauté* et la *vérité*. Un dernier quark, le quark t (*top*), activement recherché par les physiciens, a été expérimentalement observé en 1995 au Fermilab de Chicago. Ainsi le modèle simplificateur de 1964 s'est considérablement compliqué.

De nouvelles particules hypothétiques

La découverte des quarks paraît, à première vue, restaurer une certaine simplicité réconfortante au niveau de la réalité. Cependant, de même qu'avant 1960, la nature semblait être seulement composée de trois particules fondamentales, le proton, le neutron et l'électron, de même on peut supposer l'existence de particules encore plus élémentaires dont seraient formés les quarks. La recherche de ces hypothétiques particules deviendrait alors l'un des objectifs majeurs de la physique. Certains modèles dits « supersymétriques » peuvent prétendre répondre aux interrogations actuelles (voir p. 426).

Reste à élucider une question fondamentale : comment les particules subatomiques s'engendrent-elles, et à partir de quelles particules vraiment élémentaires. La théorie la plus élaborée en la matière est la *théorie du bootstrap*, terme introduit en 1961. Les particules existant dans l'univers ne seraient pas engendrées à partir de certaines particules plus élémentaires que d'autres, mais elles représenteraient en quelque sorte le bilan des interactions fortes à un instant donné. Autrement dit l'ensemble des particules s'engendrerait lui-même (*self-consistance*). D'où le nom donné à la théorie (*bootstrap*, en anglais, désigne la boucle par laquelle on peut tirer une botte et l'expression « to lift oneself by one's bootstraps » signifie « s'élever soi-même en se tirant par ses propres bottes »).

Pour conclure, insistons tout de même sur le fait remarquable que de nombreuses propriétés des hadrons puissent être calculées à partir d'un modèle simple où ils seraient constitués de quarks relativement bien individualisés comme les nucléons dans le noyau. Ces quarks restent pour l'instant des *objets mathématiques* servant à construire des états qui sont les bases de représentations de groupes de symétrie.

RADIOACTIVITÉ ARTIFICIELLE

F. et I. Joliot-Curie, 1934.
Voir aussi : Fission, Radioactivité naturelle, Transmutation.

L'étape intermédiaire entre la découverte de la radioactivité et celle de l'énergie atomique fut celle de la radioactivité artificielle. Elle est l'œuvre d'un couple de physiciens français, Irène[1] et Frédéric Joliot-Curie. Durant les trente années qui suivirent la découverte de la radioactivité naturelle, il ne serait venu à l'idée de personne de supposer qu'il puisse exister d'autres corps radioactifs que ceux qui ont une origine naturelle. Pourtant, en 1932, Irène et Frédéric Joliot-Curie commencent à utiliser pour leurs recherches une source de particules alpha émises spontanément par le polonium, un élément naturellement radioactif. Grâce à elle, ils induisent des réactions nucléaires dans les atomes des éléments.

1932, c'est l'année où le physicien américain Carl Anderson découvre les électrons positifs (positrons) postulés deux ans auparavant par l'Anglais Paul Dirac. Un an plus tard, bombardant du béryllium avec les particules du polonium, Irène et Frédéric Joliot-Curie découvrent qu'il y a émission d'électrons positifs dans le béryllium. Puis ils remarquent que des éléments plus légers, en particulier l'aluminium et le bore, éjectent parfois un neutron ou un positron au lieu d'un proton. Ils pensent alors détenir la preuve que le proton n'est pas une particule élémentaire, mais un composite de neutron et de positron.

Le premier radioélément artificiel

Il apparaît clairement que la masse du neutron est, contrairement à ce que l'on supposait, supérieure à celle du proton. En eux-mêmes, leurs travaux sur les électrons positifs, qu'ils appellent « électrons de transmutation », ont déjà eu le mérite considérable de clarifier de nombreuses données de physique nucléaire. En approfondissant leur étude, les Joliot-Curie découvrent un phénomène inattendu : les électrons positifs continuent de se dégager de l'aluminium bombardé même après le retrait de la source. L'aluminium est donc devenu à son tour radioactif :

> « Nous observons, écrivent-ils, que la feuille [d'aluminium] émet un rayonnement dont l'intensité décroît exponentiellement en fonction du temps avec une période de 3 minutes 15 secondes. On obtient un résultat analogue avec le bore et le magnésium, mais les périodes de décroissance sont différentes... »

La seule explication possible, c'est que l'aluminium, le bore et le magnésium, éléments naturellement stables, sont devenus radioactifs. Les Joliot-Curie sont alors convaincus qu'ils ont réussi à trouver le moyen de provoquer une radioacti-

1 - Irène Joliot-Curie était la fille de Marie Curie.

vité artificielle, par la création d'un élément instable et sa désintégration spontanée. Ils proposent très logiquement la réaction probable suivante : le noyau d'aluminium a capturé une particule alpha avec réémission immédiate d'un neutron. L'aluminium s'est vraisemblablement transmué en un isotope (1) instable du phosphore ; puis le phosphore radioactif s'est à son tour désintégré en silicium stable en émettant un positron.

La réaction s'écrit de la manière suivante :

$$ {}^{27}_{13}\mathrm{Al} + {}^{4}_{2}\mathrm{He} \longrightarrow {}^{30}_{15}\mathrm{P} + {}^{1}_{0}\mathrm{n} $$

Le phosphore de masse 30 émettant un rayonnement radioactif β^+ d'environ 3 minutes, il se produit une seconde transmutation :

$$ {}^{30}_{15}\mathrm{P} \longrightarrow {}^{30}_{14}\mathrm{Si} + {}^{0}_{1}\mathrm{e} + \nu \text{ (neutrino)} $$

Le phosphore instable a, par perte d'un électron positif ou positron, produit du silicium isotopique stable.

La découverte est publiée dans les *Comptes rendus de l'Académie des Sciences* du 15 janvier 1934. Elle fait naturellement sensation dans le monde savant. De nombreuses expériences sont refaites alors sur le modèle de celle des Joliot-Curie, non seulement avec l'aluminium, mais aussi avec bien d'autres éléments. Tous ces éléments, bombardés avec des deutons et des protons, ne se prêtent pas également bien à la radioactivité artificielle, jusqu'au jour où l'Italien Fermi établit qu'il est possible de recourir au bombardement neutronique pour fabriquer des radioéléments artificiels.

Un phénomène bien mal nommé

L'appellation de radioactivité artificielle est plutôt mal choisie. Le processus est, en soi, tout à fait naturel et ce sont les isotopes radioactifs qui sont artificiels (créés en général dans les accélérateurs de particules) (1). Définie en 1934, la radioactivité artificielle a été en fait déjà découverte avec la radioactivité naturelle par Marie Curie en 1898, lorsque celle-ci s'est aperçue que l'exposition aux corps radioactifs rendait certaines substances elles-mêmes radioactives. On pourrait, dans ces conditions, parler, de manière plus pertinente, de « radioactivité provoquée » ou « induite ».

1 - Ces isotopes sont en général émetteurs β^+, par opposition à la radioactivité β^-, naturelle. La radioactivité β^+ consiste en la transformation d'un proton en un neutron, un positron et un neutrino, suivie de l'émission de ces derniers. Ses caractéristiques sont tout à fait analogues à celles de β^-.

---

1 - Isotope : chacun des noyaux atomiques d'un même élément chimique, différant par leur nombre de neutrons, mais possédant le même nombre de protons.

On pourrait même aller jusqu'à dire que la découverte de la radioactivité artificielle remonte à Röntgen qui, en produisant des rayons X, « fabriquait » un rayonnement bêta comparable à celui qui est émis lors de la désintégration de la matière. Mais l'époque n'était pas prête à recevoir le concept de radioactivité artificielle, étant à peine prête à recevoir celui de radioactivité naturelle.

Les « retombées » de la radioactivité artificielle

L'importance de leur découverte n'échappa nullement aux époux Joliot-Curie. Outre qu'il s'agit de la première démonstration chimique de la transmutation artificielle, initialement découverte par Rutherford en 1919, elle permettra de fabriquer de nombreux radioéléments pour la médecine. L'une des « retombées » les plus utiles de la radioactivité artificielle est en effet la production d'isotopes utilisés, évidemment à doses infinitésimales, comme traceurs pour l'étude des fonctions organiques (comme l'iode 131, employé pour l'étude des glandes thyroïdes – par scintigraphie –, et l'oxygène 15, utile pour l'étude de la respiration à titre expérimental).

Par ailleurs, la rupture de l'équilibre de l'atome, avec pour conséquence le dégagement d'énergie sous forme d'émission de particules, photons, électrons et de chaleur, allait immanquablement guider les physiciens dans la voie d'une transmutation de type explosif libérant une quantité énorme d'énergie. Cette hypothèse, que Joliot devait évoquer lors de sa réception du prix Nobel de chimie 1935 (partagé avec sa femme pour leur découverte de 1934), deviendra une réalité quelques années plus tard, avec la mise en évidence de la fission nucléaire et la réaction en chaîne.

Il est intéressant de constater que la fission de l'atome d'uranium donnera des fragments qui sont généralement des noyaux d'isotopes radioactifs d'autres éléments : ainsi, les réacteurs atomiques construits après la Seconde Guerre mondiale permettront-ils d'obtenir des quantités croissantes de radioisotopes pour la médecine, l'industrie et la recherche scientifique (notamment le *cobalt 60* des « bombes » au cobalt, et le *technétium* qui n'existe pas dans la nature à cause de la trop grande brièveté de sa vie moyenne).

RADIOACTIVITÉ NATURELLE

Becquerel, 1896 ; P. et M. Curie, 1898 ; Rutherford, 1903 ; Soddy, 1913.

Voir aussi : Radioactivité artificielle, Transmutation.

En 1903, le prix Nobel de physique était décerné à Henri Becquerel, Pierre Curie et Marie Sklodowska-Curie pour la découverte du radium. Ce prix venait justement récompenser le travail considérable et très souvent pénible de trois chercheurs qui allaient « rendre à l'humanité les plus grands services », selon la formule d'Alfred Nobel lui-même.

Le discours de réception du prix Nobel de 1903, lu par Pierre Curie en 1905 (la cérémonie ayant été retardée), mettait l'accent sur l'intérêt immédiat suscité par la radioactivité et se terminait par une interrogation sur les utilisations de la découverte qui serait amplifiée tout au long du siècle :

> « On peut concevoir encore que dans des mains criminelles le radium puisse devenir très dangereux et ici on peut se demander si l'humanité a avantage à connaître les secrets de la nature, si elle est mûre pour en profiter ou si cette connaissance ne lui sera pas nuisible. L'exemple des découvertes de Nobel est caractéristique ; les explosifs puissants ont permis aux hommes de faire des travaux admirables. Ils sont aussi un moyen terrible de destruction entre les mains des grands criminels qui entraînent les peuples vers la guerre. Je suis de ceux qui pensent avec Nobel que l'humanité tirera plus de bien que de mal des découvertes nouvelles. »

Un mystérieux rayonnement

À la fin du XIXe siècle, un nouveau type de phénomène faisait son apparition dans le laboratoire des physiciens : les rayons. Les rayons cathodiques, étudiés par le physicien anglais William Crookes, apparaissaient comme composés de projectiles électrisés négativement. Les rayons X, repérés par le physicien allemand Wilhelm Röntgen, avaient pour principales caractéristiques d'être électriquement neutres et très pénétrants. Un physicien de Nancy, René Blondot, avait même prétendu avoir découvert un autre type de rayonnement qu'il avait baptisé rayons N, mais qui n'avait pas résisté à l'examen.

Issu d'une grande famille de savants, Henri Becquerel s'intéressait alors à un minerai rare, l' « urane », dont il avait étudié les sels. En 1896, il eut l'idée d'envelopper du sulfate potassique d'uranium dans du papier noir qu'il posa sur une plaque photographique et découvrit que ce corps impressionnait faiblement la gélatine de la plaque. Becquerel répéta son expérience et vérifia que l'effet observé était indépendant de la phosphorescence telle qu'on la concevait à l'époque.

Publiées par les journaux scientifiques, ces observations attirèrent l'attention d'une jeune Polonaise, née Marie Sklodowska, élève puis épouse de Pierre Curie[1] depuis 1896. D'où provenait l'énergie de ce mystérieux rayonnement décrit par Becquerel ? Quelle était donc sa nature ? Personne n'ayant encore abordé le sujet, Marie Curie décida d'en faire sa thèse de doctorat.

Marie Curie commence alors par vérifier un phénomène secondaire observé par Becquerel : le rayonnement en question a ceci de commun avec les rayons X qu'il décharge un électroscope, en rendant l'air ambiant conducteur ; il s'agit donc d'un rayonnement qui provoque la formation d'ions, c'est-à-dire qu'il est « ionisant ». En se servant des instruments inventés par son mari, elle mesure cette ionisation et constate que l'intensité du rayonnement est proportionnelle à la quantité d'urane étudiée.

Elle entreprend ensuite de chercher s'il existe d'autres substances ayant la même propriété et s'entoure de tous les échantillons de métaux, de composés métalliques et de minéraux possibles. Au bout de quelques semaines, Marie obtient ses premiers résultats : le thorium rend l'air conducteur et émet des rayons qui ressemblent fort aux rayons « uraniques » de Becquerel.

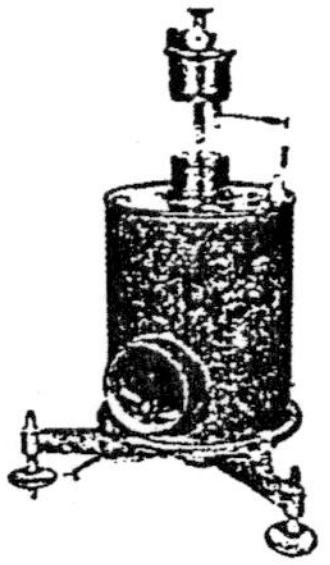

L'électromètre, inventé par Pierre Curie et utilisé auparavant par celui-ci, permit au couple de mesurer l'intensité du rayonnement. L'appareil permet de quantifier le phénomène par une propriété, le fait que les rayons uraniques, comme les rayons X, rendent l'air conducteur d'électricité. Pierre Curie réalisa d'autres instruments divers dont une balance apérodique munie d'amortisseurs à air.

Sans plus attendre, elle commence une autre série d'expériences. La conclusion s'impose : qu'il soit humide ou sec, concassé ou pulvérisé, l'uranium a toujours la même activité. Celle-ci varie uniquement en fonction de sa quantité. Tournant et retournant le problème dans sa tête, Marie envisage une hypothèse audacieuse : le rayonnement ne proviendrait pas d'une réaction chimique classique, c'est-à-dire d'une interaction entre molécules, mais serait une « propriété atomique ». En d'autres termes, le phénomène découlerait d'une propriété qu'ont certains atomes de se transformer spontanément en émettant de l'énergie (sous forme de lumière ou de particules, engendrant dans ce dernier cas des noyaux plus légers et plus stables).

---

1 - Éminent chercheur, Pierre Curie avait déjà découvert, avec son frère Paul Jacques (1855-1941), la piézoélectricité en 1880 (voir p. 98). Il devait également étudier les propriétés magnétiques des corps à diverses températures (voir p. 266). Surtout, il découvrit le principe de symétrie, un des plus fondamentaux de ceux qui régissent la physique, d'une importance chaque jour grandissante..

Or, à l'époque, l'atome, considéré comme brique élémentaire de la matière, est, dans l'esprit des scientifiques, absolument immuable. Marie poursuit ses mesures avec deux nouveaux minerais, la chalcolite et la pechblende. Croyant d'abord se tromper, elle se rend à l'évidence : la chalcolite émet deux fois plus de rayonnements et la pechblende quatre fois plus ! S'il existe un rapport entre la quantité d'uranium et l'activité dégagée, comme ses premiers résultats l'ont montré, ces deux minéraux doivent renfermer de petites quantités d'une autre substance beaucoup plus active que l'uranium lui-même.

Assistés du chimiste Gustave Bémont, Pierre et Marie Curie entreprennent de séparer les divers constituants de la pechblende. En quelques semaines, ils disposent d'un échantillon plusieurs centaines de fois plus actif que l'uranium. En juillet 1899, pleinement convaincue de la présence d'un nouvel élément, Marie le baptise « polonium » en hommage à son pays natal. Le mot « radioactif » est pour la première fois prononcé devant l'Académie.

Pour mettre fin à l'incrédulité persistante des chimistes, Marie s'attelle à l'extraction d'un nouvel élément radioactif dont la présence est suspectée dans la pechblende. Mais cet élément – il s'agit du « radium » – n'existe qu'en quantités si infimes dans le minerai qu'il faut traiter des centaines de kilos de celui-ci. En 1902, au terme de quatre années d'effort, Marie obtient enfin 0,08296 g de radium quasi pur. À quantité égale, le radium rayonne 1,4 million de fois plus que l'uranium. Les rares scientifiques encore sceptiques n'ont plus qu'à s'incliner.

Autour de Marie Curie

En 1899, Becquerel avait soumis les rayons de l'uranium à l'action du champ magnétique et avait constaté que certains d'entre eux étaient déviés dans le même sens que les rayons cathodiques. Des mesures lui avaient permis ensuite de déterminer que l'uranium émettait en fait les mêmes particules négatives (électrons) que ces rayons. D'autres expériences, conduites par le physicien anglais Ernest Rutherford, avaient permis de constater que les radiations des corps radioactifs étaient complexes : certains rayons traversaient une feuille d'aluminium tandis que d'autres étaient arrêtés devant elle. Il appela ceux-ci rayons alpha et les autres (ceux que Becquerel avait déviés) rayons bêta.

Paul Villard découvrit enfin, en 1900, un troisième rayonnement d'une tout autre nature : le rayonnement gamma des corps radioactifs. Ce rayonnement ne subissait aucune déviation dans les champs électriques ou magnétiques. Il ne s'agissait donc pas de particules électrisées, mais d'ondes électromagnétiques semblables à celles de la lumière.

En 1899, nouvelle observation des Curie, la « radioactivité induite » : un sel de radium ou de polonium en poudre, en contact avec une feuille métallique, rend celle-ci radioactive. Très vite, le chimiste allemand Friedrich Ernst Dorn, à propos du radium, et Rutherford, à propos du thorium, montrent que la source radioactive émet un gaz, une « émanation » radioactive, dont le produit de désintégration se dépose sur la surface des corps proches de la source. La même année, les Allemands Julius Elster et Hans Geitel découvraient la « loi de décroissance radioactive » : le nombre de particules émises par seconde diminue exponentiellement en fonction du temps.

Cette loi devait permettre de dégager la notion de *période* d'un élément radioactif (temps nécessaire pour que sa radioactivité diminue de moitié), très différente d'un radioélément à un autre (d'une infime fraction de seconde à des milliards d'années).

En 1902, Rutherford et Soddy aboutissent à la conclusion qui bouleverse l'interprétation du tableau périodique de Mendeleïev : la radioactivité n'est pas une propriété élémentaire, c'est l'indice de la transformation d'un élément en un autre (*transmutation*). Selon Rutherford et Soddy, l' « émanation » du thorium n'est pas produite par le thorium, mais par un produit de désintégration du thorium, le thorium X, et ils construisent l'hypothèse de la *désintégration*.

En 1903, Rutherford découvrait la nature des rayons alpha au terme de longues expériences.

Vers 1908, on disposait d'une vue d'ensemble du phénomène de la radioactivité, complétée en 1913 par la *loi de filiation radioactive* due à Soddy et à Kasimir Fajans, qui la découvrirent indépendamment l'un de l'autre.

Il existe trois familles de radioéléments naturels qui sont celle de l'uranium, celle du thorium et celle du protactinium. Ces éléments se désintègrent spontanément et deviennent, par émission alpha ou bêta, d'autres éléments radioactifs, lesquels se transmutent à leur tour, et ainsi de suite jusqu'à ce que, avec le temps, toute leur masse devienne du plomb stable ; certains radioéléments ne peuvent émettre que des particules alpha, d'autres que des particules bêta, les unes et les autres pouvant être suivies de l'émission de rayons gamma.

Dans sa thèse de doctorat, *Recherches sur les substances radioactives*, soutenue en 1902, Marie Curie détermine le poids atomique du radium, 225 (avec une marge d'erreur de + 1 ou – 1). Après la mort accidentelle de son mari en 1906, elle continue seule les recherches et reçoit en 1911 un deuxième prix Nobel, de chimie. Ces travaux ouvrent la voie à de nombreuses découvertes. En 1934, Irène et Frédéric Joliot-Curie obtiennent le premier radioélément artificiel.

Qu'est-ce que la radioactivité ?

La radioactivité est l'émission spontanée d'énergie par la matière ; ce phénomène est le résultat de la transmutation d'un élément en un autre. C'est l'ensemble des phénomènes liés à l'interaction nucléaire faible. Après la présentation aux physiciens du modèle d'atome dit de Rutherford-Bohr, on commença à comprendre que la radioactivité est le résultat de la tendance de la matière à descendre à un niveau d'énergie minimale. L'énergie en excès est libérée sous forme de rayonnements divers : rayons alpha (radioactivité alpha), rayons bêta (radioactivité bêta) et rayons gamma (radioactivité gamma), qu'on peut séparer simplement par l'action d'un aimant, ou par le passage entre deux armatures chargées d'électricité de signes contraires.

Ces rayonnements sont détectés par leur propriété d'ioniser les gaz qu'ils traversent, en arrachant les électrons périphériques des atomes. Ils ont également des propriétés photochimiques (pouvoir d'impressionner une plaque photographique). Ils ont enfin la propriété de déclencher une décharge électrique lorsqu'ils passent entre deux conducteurs sous tension (c'est le principe des compteurs de Geiger-Muller).

Les rayons alpha sont constitués de particules chargées positivement. Le cas des rayons bêta est plus compliqué : ils peuvent être de charge électrique négative (ils sont alors formés d'électrons) ; mais ils peuvent être chargés positivement et sont alors formés de positrons (de même masse que l'électron mais de signe contraire). Les rayons gamma, de même nature que la lumière, accompagnent généralement les désintégrations alpha et bêta. Leur pouvoir ionisant est faible, mais leur pouvoir pénétrant, élevé.

La compréhension de la radioactivité fut beaucoup moins aisée que l'étude de ses propriétés. En effet, cette découverte d'un phénomène nucléaire totalement inattendu survenait bien avant la découverte du noyau atomique lui-même. Depuis Lavoisier, on sait que « rien ne se perd, rien ne se crée, tout se transforme ». Qu'il s'agisse d'un phénomène naturel ou artificiel, la radioactivité transforme un noyau instable en un autre noyau. Si celui-ci est stable, la transformation s'arrête là, sinon elle continue jusqu'à ce qu'on aboutisse à une substance stable.

La durée de vie

La compréhension de la plupart des phénomènes qui se situent au niveau de l'atome passe par celle de la notion de *durée de vie*. Les particules ne durent pas éternellement. Dans leur grande majorité, ce sont des objets évanescents qui, à peine créés, se désintègrent en d'autres objets souvent très éphémères eux aussi. Le fait que les particules soient stables (ou instables) conduit donc à parler de leur durée de vie. Il faut savoir que la stabilité d'une particule est une notion probabiliste reliée au fait qu'on ne peut déterminer à l'avance à quel moment une particule se désintégrera, mais seulement la probabilité que cela survienne dans un intervalle de temps donné.

Si l'électron et le proton sont stables, c'est qu'ils sont les plus légers de leur espèce et ne peuvent donc se désintégrer en plus légers qu'eux. Le neutron, lui, n'est pas stable : au bout d'une quinzaine de minutes, en moyenne, il subit une désintégration bêta en produisant un proton, un électron et un antineutrino. Dans une désintégration, un certain nombre de grandeurs sont conservées. Tout d'abord l'énergie. À cause de l'équivalence masse-énergie, on peut dire que la masse du neutron est égale à la somme : masse du proton + masse de l'électron + masse de l'antineutrino + énergie cinétique de ces particules. La charge électrique totale et le spin sont, eux aussi, conservés lors de la désintégration.

Dans ces conditions, on peut définir la durée de vie d'une particule comme sa durée d'existence moyenne avant sa désintégration, ou entre sa création et son annihilation, conséquence de la transformation relativiste d'énergie en matière. Certaines particules ont des durées de vie tellement brèves qu'on hésite à leur attribuer le nom de particules (par exemple certains hadrons dont la durée de vie est de l'ordre de 10^{-23} s[(1)]).

---

1 - Une manière de rendre compte de l'interaction forte est de considérer le temps extrêmement court qu'elle met à se manifester, de l'ordre de 10^{-23} s, parfois plus faible encore. C'est par exemple le temps que mettent certaines particules instables, les *résonances*, pour se désintégrer en d'autres particules plus légères.

À l'opposé, la stabilité du proton est une des grandes énigmes de la physique (sa durée de vie moyenne ne peut pas être inférieure à 10^{30} années).

Une désintégration radioactive est donc un phénomène qui affecte le noyau de l'atome et au cours duquel celui-ci se transforme, change de nature, au point que le nombre de protons qu'il contient varie : on dit qu'il y a transmutation. Un mode de désintégration courant pour les noyaux radioactifs lourds est l'émission de particules alpha : on appelle ainsi l'ensemble formé par deux protons et deux neutrons, qui constitue donc le noyau de l'atome d'hélium. La particule alpha, émise avec une certaine vitesse, emporte avec elle une énergie mesurable.

Un autre type de désintégration est ce que l'on appelle l'émission bêta. Celle-ci correspond à l'émission d'électrons par le noyau. Comme le noyau ne contient pas d'électrons, il faut interpréter cette émission comme la transformation d'un neutron en un proton, un antineutrino et un électron qui est libéré. Au cours d'une telle transmutation, le noyau ne change pas de nombre de masse mais augmente son numéro atomique d'une unité.

On peut transposer ce qui vient d'être dit à un autre type de radioactivité : l'émission d'électrons positifs ou positrons dans la radioactivité artificielle avec émission concomitante de neutrinos. Lorsqu'un électron rencontre un positron, particule qui lui est identique du point de vue de la masse mais de charge opposée, le premier disparaît et entraîne le second dans sa disparition. On dit qu'il y a annihilation. On observe alors l'émission d'un rayonnement analogue à la lumière, transportant son énergie E liée à la masse des particules qui ont disparu, conformément à la relation d'Einstein $E = mc^2$, où c est la vitesse de la lumière.

Il y a lieu de mentionner que les transmutations s'accompagnent pratiquement toujours de l'émission d'un rayonnement gamma, qui n'est autre que de l'énergie sous forme de radiation. Au cours de cette émission, aucune particule (possédant une masse) n'est libérée ; par contre, de l'énergie est perdue par le noyau émetteur. On parle souvent à ce propos de radioactivité gamma : il serait plus juste de dire que l'on a émission de rayonnement accompagnant la radioactivité alpha ou bêta.

L'un des outils les plus utiles de l'archéologie

En 1946, un chimiste éminent, Williard Frank Libby, démontra qu'en plus des substances radioactives naturelles, comme l'uranium 235, dites primordiales parce qu'elles existent depuis la formation de la Terre, il y en a qui sont formées par le bombardement constant de la Terre par les rayons cosmiques, rayonnement gamma qui exerce le même effet que la radioactivité provoquée en laboratoire.

Avant d'atteindre la Terre, ces rayons commencent par traverser la haute atmosphère où, après quelques collisions, ils perdent la plus grande partie de leur énergie et se combinent avec l'azote pour donner la réaction suivante :

$$^{14}_{7}N + ^{1}_{0}n \longrightarrow ^{14}_{6}C + ^{1}_{1}H$$

Chaque neutron produit donc un atome de *carbone 14* – un isotope du carbone [1] – plus un atome d'hydrogène. Quelque 7,5 kg de carbone ou radiocarbone atteignent donc chaque année la surface terrestre, où ils se mélangent aux atomes ordinaires de carbone et sont absorbés par les êtres vivants, végétaux et animaux. Sur cette base, Libby inventa un principe de datation qui est le suivant : le carbone est absorbé par les tissus jusqu'à la mort de la plante ou de l'animal qui marque l'arrêt de l'absorption. Etant donné que ce radiocarbone se désintègre et que sa période ou demi-vie est de 5568 ans, il perd la moitié de sa masse au bout de ce laps de temps.

Si, dans un tissu vivant, on enregistre x désintégrations par minute et que, dans le spécimen, on en enregistre $x/2$, on estime que le carbone 14 du spécimen mort a perdu la moitié de sa masse, donc qu'il a accompli une période entière et qu'il a environ 5568 ans d'âge. Plus l'objet est ancien (jusqu'à une limite inférieure d'une cinquantaine de millions d'années et une limite supérieure de quelques siècles), plus le taux de désintégration est faible. La datation au carbone 14 a été appliquée à des dizaines de milliers d'objets, en dépit de son coût relativement élevé. Elle est l'un des outils les plus utiles de l'archéologie, permettant par exemple d'établir l'ancienneté d'occupation d'un site par l'étude comparative des âges des divers artefacts.

---

1 - Il convient de distinguer le carbone 14 $\left({}^{14}_{6}C\right)$, corps radioactif, du carbone $\left({}^{12}_{6}C\right)$, qui, lui, est stable ; la réaction de désintégration du carbone 14 s'écrit :

$${}^{14}_{6}C \longrightarrow {}^{14}_{7}N + {}^{0}_{-1}e^{-} + \bar{\nu} \text{ (antineutrino).}$$

RELATIVITÉ (Principe de)

Bruno, 1584 ; Galilée, 1632 ; Newton, 1687 ; Einstein, 1905.
Voir aussi : Espace, Éther, Inertie, Lumière, Mouvement, Rotation de la Terre.

Comme la plupart des concepts de la physique, l'idée de relativité est une notion vivante dont le sens s'est précisé peu à peu. Bien loin d'être « instinctive », la notion de relativité, comme celle d'inertie qui lui est associée, a demandé un renversement des évidences, une véritable mutation de l'intellect humain.

Le principe d'inertie établit qu'un mobile qui ne subit aucune force possède un mouvement rectiligne uniforme (vitesse et direction constantes). Mais la mécanique entend aller au-delà en posant le *principe de relativité* qui s'énonce ainsi : « Les lois physiques sont invariantes lorsqu'on passe d'un référentiel à un autre animé par rapport au premier d'un mouvement rectiligne uniforme ». Ce principe signifie que les équations décrivant un phénomène physique quelconque doivent être les mêmes dans deux référentiels distincts. Autrement dit, une balle rebondit exactement de la même manière sur un quai de gare ou dans un train en marche.

L'idée de relativité peut se résumer en une recherche de points de vue équivalents. Par exemple : un matelot laisse tomber une pierre du haut du mât d'un navire. Pour ce matelot, la pierre décrit une ligne droite, verticale. Pour un passant observant l'événement depuis la rive, la pierre décrit une oblique[(1)]. Le principe de relativité affirme : à condition que le navire vogue d'un mouvement uniforme, aucun des deux points de vue n'est plus « vrai » que l'autre : ils sont théoriquement équivalents.

« Toutes les choses qui se trouvent sur la Terre se meuvent avec la Terre. La pierre jetée vers la hune reviendra en bas de quelque manière que le navire se meuve », affirme dès 1584 Giordano Bruno à partir de cet exemple fameux (*La Cena de le Ceneri*). D'une manière analogue, il est impossible de faire apparaître, dans l'air calme, une dissymétrie dans la trajectoire d'un boulet selon qu'il est tiré vers l'est ou vers l'ouest. Une conclusion s'impose à Bruno : il est impossible de déceler le mouvement d'un système mécanique par des expériences réalisées à bord de ce système lui-même.

La relativité galiléenne

Newton, plus tard, énoncera ce concept de la façon suivante : « les mouvements relatifs des corps enfermés dans un espace quelconque sont les mêmes que cet espace soit immobile, ou qu'il se meuve le long d'une ligne droite sans rotation ».

1 - La pierre qui tombe du haut du mât et le navire forment deux systèmes (mécaniques) distincts en ce qui concerne la chute de la pierre par rapport au navire. Ils constituent par contre un système unique si l'on considère le mouvement du bateau par rapport à la rive. Mais la pierre aboutit au pied du mât quel que soit le mouvement du bateau par rapport à la rive (à condition que ce mouvement soit rectiligne uniforme).

Rejoignons cependant Galilée qui, le premier, sur la base des remarquables observations de Bruno, formula clairement l'idée du principe d'inertie et du principe de relativité [1], idée qu'il énonça en 1632 au début du *Dialogue sur les deux grands systèmes du monde* [2] :

> « Pour les marchandises dont un navire est chargé, le mouvement de Venise à Corfou et à la Syrie est comme non existant et ne change rien à leurs rapports mutuels, et cela parce qu'il est commun à eux et que tous y participent également et si, parmi les marchandises qui se trouvent dans ce navire, une des balles s'écartait d'un seul pouce d'une caisse, ce serait là pour elle, un mouvement plus grand par rapport à la caisse que le voyage de deux mille fait par elles ensemble. »

Deux critères sont affirmés dans cet énoncé de la relativité qui sera dite *galiléenne* (l'un et l'autre interviennent comme fondements de la relativité einsteinienne) :

1 - d'une part, l'impossibilité de mettre en évidence le mouvement d'un système physique par des expériences internes. Le mouvement est « imperceptible » pour l'observateur entraîné ; il est « comme rien ». Ce premier critère définit une *relativité physique*, c'est-à-dire une *équivalence* des observateurs en ce qui concerne les expériences réalisées dans leur système propre.

2 - d'autre part, la nécessité d'une description commune de la part d'observateurs également privés de ce mouvement. Le second critère se rapporte donc à une *relativité descriptive*. Cette équivalence des observateurs pour la description d'un certain mouvement entraîne l'unicité d'une description, l'invariance d'une loi relative à un même mouvement.

Le principe de relativité galiléen est donc à la fois physique (« le mouvement est comme rien » ; il n'affecte pas les phénomènes liés aux systèmes mobiles) et descriptif, ou cinématique (identité des « apparences d'un mouvement » unique pour des observateurs soustraits à ce mouvement).

Au total, ce qui est affirmé dans cet énoncé très concret du principe de relativité, c'est l'indifférence du mouvement partagé vis-à-vis d'un mouvement d'ensemble uniforme. C'est ce que les physiciens appellent *principe d'invariance*. Autrement dit, la physique classique repose sur un postulat fondamental. Selon ce postulat, les lois de la nature sont invariantes pour un certain nombre d'opérations ou de transformations (dont celle qui fait passer de la situation du passant sur le rivage à la situation du matelot sur le navire).

Notons ici le fait que l'*invariance* dont il s'agit porte sur les relations entre grandeurs physiques (les « lois physiques ») et non sur les valeurs de ces grandeurs elles-mêmes.

---

1 - Jusqu'à la Renaissance, les vicissitudes de l'idée d'inertie avaient pratiquement exclu la notion tant soit peu claire de relativité. Pour les prédécesseurs immédiats de Galilée, la connaissance de ces deux principes fondamentaux – inertie et relativité – devait être seulement esquissée.

2 - Dans ce grand texte, Galilée fait s'affronter les conceptions aristotélicienne et copernicienne du monde, avec une préférence marquée pour cette dernière. Le fond de l'ouvrage porte en fait sur la nature du mouvement .

Principe d'invariance

Les lois de la physique sont les mêmes sur la Terre et sur la Lune, la nuit et le jour, dans un laboratoire immobile et dans une voiture en mouvement rectiligne uniforme. La situation se complique si la voiture accélère ou aborde une courbe. Mais tant que le mouvement se fait sur une droite et tant que la vitesse ne change pas, il est impossible à mettre en évidence sans l'aide d'un repère extérieur. D'un point de vue purement cinématique, il n'y a en effet aucune différence entre le repos et le mouvement rectiligne uniforme.

Ainsi, lors de la *transformation*, dite de Galilée [1], qui fait passer de la situation du passant sur le rivage à celle du matelot sur le navire, la vitesse horizontale de la pierre ne garde pas la même valeur : pour le premier, cette vitesse horizontale est celle qu'observe le second, augmentée de la vitesse du navire lui-même. La vitesse horizontale de la pierre n'est donc pas invariante.

De nos jours, le principe de relativité de Galilée est formulé de la manière suivante : « À l'aide d'une expérience mécanique purement interne [2], on ne peut mettre en évidence le mouvement d'un repère galiléen par rapport à un autre. »

Référentiel inertiel

On nomme référentiel en physique le corps par rapport auquel on repère (ou « réfère ») le mouvement que l'on veut étudier. Un référentiel « inertiel » est un référentiel en translation rectiligne uniforme (mouvement en ligne droite et à vitesse constante). Un référentiel qui serait lié à trois étoiles fixes et dont l'origine serait au centre de masse du système solaire répondrait à la définition avec une excellente approximation.

La mécanique classique met en évidence une transformation laissant invariantes les lois de la physique, transformation dans laquelle l'espace et le temps sont étroitement mêlés. Il s'agit du *changement de référentiel inertiel* (on dit aussi galiléen).

Les référentiels inertiels sont une classe de référentiels « privilégiés » dans lesquels un corps suffisamment éloigné d'autres corps persiste dans son état de repos ou de mouvement rectiligne et uniforme. Cela revient à définir le référentiel inertiel comme un système dans lequel ne doivent être introduits ni les forces d'inertie ni le champ de gravitation.

1 - Si on connaît un système d'inertie, il est possible d'en déduire une infinité d'autres satisfaisant à un mouvement de translation rectiligne uniforme. La description d'un mouvement passe nécessairement par la *transformation de Galilée*. La transformation de Galilée est l'expression de l'équivalence physique et cinématique de deux observateurs.

2 - Sans rapport physique avec le monde extérieur.

De Galilée à Einstein

À partir de Galilée, la démarche de la physique consistera, sur le fond, d'une part, à dégager les transformations par lesquelles les lois doivent être invariantes (c'est la *recherche des principes d'invariance*) et, d'autre part, à ne retenir comme lois physiques que les relations qui sont invariantes par ces transformations (c'est l'*exigence d'invariance*). Le principe de relativité n'est du reste qu'une invariance parmi d'autres, l'une de ces « super-lois » auxquelles les lois de la physique sont soumises.

Parmi ces autres lois, citons l'*invariance par translation dans le temps* (l'énoncé des lois de la physique ne doit pas dépendre de l'origine choisie pour le repérage des instants) ; ou encore l'*invariance par translation dans l'espace* (les lois de la physique doivent être les mêmes à Paris et à Tokyo, sur la Terre et sur la Lune). L'invariance imposée par la relativité est évidemment moins « triviale » : elle est liée aux propriétés de l'espace-temps, théâtre des phénomènes physiques. C'est une géométrie de l'espace-temps.

Il ne s'agit pas là, en définitive, d'une théorie, mais d'un principe que l'on pose, d'un cadre dans lequel on choisit de travailler. On décide en quelque sorte de ne considérer que les théories qui respectent le principe de relativité. Restait aux physiciens à élaborer une « mécanique » compatible avec ce principe. Lorsque l'on parle de relativité, il faut en effet bien distinguer le principe de relativité et les théories de la relativité, c'est-à-dire les théories qui respectent ce principe. Une chose est d'affirmer qu'il y a des points de vue équivalents, que celui du matelot sur un navire est équivalent à celui du promeneur sur la rive ; une autre chose est de comparer ce que l'un voit et mesure, et ce que l'autre voit et mesure. Ils *ne* voient pas, ils *ne* mesurent pas la même chose ; mais les relations entre ce qu'ils voient et mesurent sont *les mêmes*.

Relativité n'est pas relativisme

Le principe de relativité a, de tout temps, permis l'énoncé de lois cohérentes, favorisé la conception d'une objectivité des phénomènes. Peu de concepts ont cependant donné lieu à tant de confusions et à tant de méprises. La relativité suppose une équivalence et s'exprime par une invariance : ce point est capital. L'indifférence de la description d'un phénomène, ou l'équivalence des observateurs à l'égard de cette description, constitue le fondement même du principe de relativité.

Contrairement à une idée largement répandue, la théorie de la relativité traite donc en fait des aspects du monde physique qui ne sont pas relatifs – c'est-à-dire qui restent inchangés lorsque l'observateur change de point de vue. On sait qu'Einstein lui-même préférait appeler sa nouvelle théorie non pas *théorie de la relativité*, mais *théorie des invariants*. Selon lui, cette dernière dénomination traduisait mieux ses idées. Il est certain qu'elle aurait permis d'éviter un certain nombre de confusions qui ont entouré la relativité depuis sa conception. En effet, relativité n'est pas relativisme, et l'on peut même dire que, depuis Galilée, la relativité s'est édifiée et a progressé aux dépens du relativisme.

La confusion naît du fait qu'une articulation essentielle entre les deux, le mouvement relatif, semble procéder de façon réciproque et quasi interchangeable. Tout relativisme implique une identification de l'objet aux apparences.

La relativité permet au contraire - grâce en particulier à la négation des absolus d'espace et de temps - de définir des structures invariantes, support d'une réalité objective, indépendante, intrinsèque.

Il y a donc des formules de transformations qui permettent d'exprimer les résultats de l'un en fonction des résultats de l'autre. C'est là qu'Einstein intervient. Il intervient pour dire que, contrairement à ce que nous croyons, par exemple le temps qui s'écoule entre deux événements, n'est pas nécessairement le même pour ces deux observateurs (1). Einstein introduit alors de nouvelles formules de transformation, dites « de Lorentz », pour passer d'un point de vue à l'autre (2). C'est cette nouveauté qui fait, si l'on peut dire, passer d'une certaine théorie de la relativité, celle de Galilée, à une théorie plus exacte, celle d'Einstein. Mais il est important de voir que sa base, le principe de relativité – c'est-à-dire l'équivalence des points de vue – n'a pas changé.

Ajoutons que cette théorie d'Einstein, la *relativité restreinte*, ne diffère de l'invariance galiléenne que par l'addition d'un seul principe supplémentaire, celui de la *constance de la vitesse de la lumière*, qui vaut toujours, par rapport à tout repère, 300 000 km/s (jusqu'à preuve du contraire (3), c'est la vitesse la plus élevée qui puisse exister). Les conséquences de l'adjonction de cette unique condition sont capitales et ont conduit à une révision fondamentale des concepts physiques de base.

---

1 - Grâce à la négation des absolus de temps et d'espace, la relativité einsteinienne permet de définir des structures invariantes, support d'une réalité objective, indépendante, intrinsèque

2 - L'utilisation de la transformation de Lorentz conduit précisément à quelques conséquences étranges : une contraction des longueurs et une dilatation du temps...

3 - Voir à ce sujet les théories qui ont donné corps au concept de vitesses supraluminiques (p. 439).

RENDEMENT

Papin, 1690 ; Savery, 1698 ; Newcomen, 1711 ; Watt, 1776 ; Carnot, 1824.

Voir aussi : Chaleur, Chaleur et Travail, Mouvement perpétuel, Réversibilité, Vide.

Pompes à feu et machines « atmosphériques »

À la suite des expériences de Pascal (1647) et de Otto von Guericke sur la puissance du vide (1650), les physiciens songent à exploiter les forces considérables que la pression atmosphérique est capable d'exercer (1).

Pour la première fois dans l'histoire, la science et la technique vont, pendant plusieurs décennies, cheminer ensemble pour jeter les bases de la machine à vapeur, véritable moteur de la révolution industrielle. Autour de Huygens, Papin, Leibniz et d'autres savants du XVIIe siècle, se crée une véritable émulation à propos de la pression atmosphérique et de l'utilisation de la chaleur pour dompter l'« énergie du néant ».

On voit donc bientôt apparaître des projets de « machines atmosphériques ». Leur principe est simple : on fait le vide (au moins partiellement) dans un cylindre muni d'un piston. La pression atmosphérique enfonce ensuite le piston en fournissant un certain travail que l'on peut mettre à profit. Pour réaliser le vide préalable, on commence par imaginer des « machines à poudre » dont le cylindre est le siège d'une explosion. On fait évacuer l'excès de gaz brûlant ; lorsque le gaz résiduel se refroidit, la pression baisse ; un vide partiel est réalisé. De nombreux chercheurs, dont Christian Huygens, vont essayer d'exploiter ce principe, sans parvenir – on s'en doute – à rendre ces machines opérationnelles.

L'un d'eux, toutefois, s'intéresse à la vapeur d'eau. Son nom : Denis Papin. En 1687 (2), dans sa *Description et usage de la nouvelle machine à élever l'eau*, il propose une machine dans laquelle le vide préalable est réalisé par condensation de la vapeur d'eau. Cette machine est dotée d'un piston coulissant dans un cylindre vertical contenant un peu d'eau. On vaporise l'eau à l'aide d'un brasier, mais le temps nécessaire au refroidissement du cylindre et de la vapeur est trop long. Ce défaut suffit à condamner la machine.

---

1 - La puissance de la vapeur est connue depuis l'Antiquité. Au 1er siècle de notre ère, l'ingénieur et mathématicien grec Héron d'Alexandrie décrit sous le nom d'*éolipile* un tourniquet à vapeur qui demeura à l'époque une simple curiosité technique sans que l'on songe à lui trouver d'autres applications. La grande aventure de la vapeur ne prit véritablement son essor que lorsque fut mise en évidence la force de la pression atmosphérique.

2 - Denis Papin a déjà inventé, en 1681, le « digesteur », ancêtre de l'autocuiseur, dans lequel la pression souhaitée est maintenue grâce à une soupape de sûreté. Un peu plus d'un demi-siècle après les travaux de Papin, Joseph Cugnot réalisait en 1770 une voiture à vapeur et, en 1771, une seconde version de ce véhicule, appelé « fardier » (il était destiné à transporter de lourds fardeaux), aujourd'hui conservé au musée des techniques du Conservatoire national des arts et métiers.

En 1698 apparaît la première machine qui va effectivement fonctionner, la « pompe à feu » de Thomas Savery. Il s'agit d'une pompe à eau destinée à épuiser l'eau des mines, travail qui, jusque-là, ne pouvait se faire qu'au moyen de seaux hissés par des hommes ou des chevaux (Savery est un ancien ouvrier des mines anglaises devenu ingénieur). Cette « amie du mineur », comme l'appelle son inventeur, apporte un perfectionnement décisif à l'idée de Papin. On condense toujours de la vapeur pour réaliser un vide partiel dans un récipient métallique, mais on oblige la vapeur à se condenser plus vite en arrosant d'eau froide le récipient.

En 1711, la pompe à feu de Savery se voit détrôner par la machine « atmosphérique » de Newcomen. Cette machine se composait d'une chaudière produisant de la vapeur à la pression atmosphérique et d'un cylindre muni d'un piston en contact direct avec l'air ambiant (d'où son nom de « machine atmosphérique »). Le piston était accroché à un balancier muni d'un contrepoids. Ce dernier, faisant monter le piston, permettait à la vapeur d'entrer dans le cylindre. L'admission de la vapeur était interrompue lorsque le contrepoids atteignait le sommet du cylindre. Elle était alors condensée par injection d'eau froide à l'intérieur du cylindre.

L'action conjuguée du vide, provoquée par la condensation de la vapeur et de la pression atmosphérique, rappelait le piston et soulevait le contrepoids. L'idée d'injecter l'eau dans le cylindre représentait une innovation importante. Le succès ne se fait pas attendre : l'une après l'autre, les mines de Cornouailles s'équipent de machines de Newcomen.

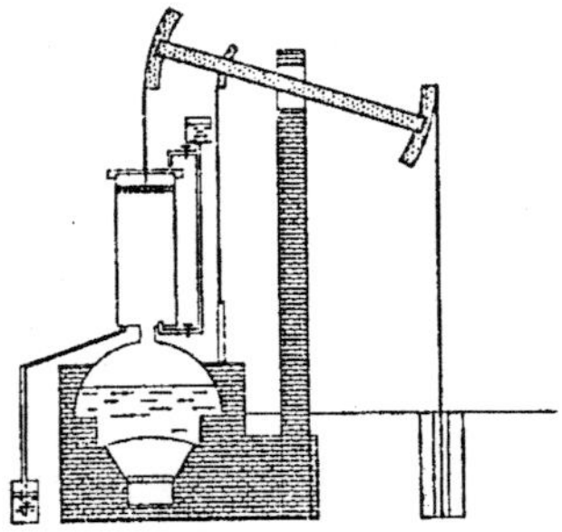

La « machine atmosphérique » de Newcomen servant à l'épuisement des eaux de fond des mines.

Comme leur nom l'indique, ces premières machines n'utilisaient pas la pression de la vapeur dans le cycle moteur, mais l'action de la pression de l'air sur le piston lors de la phase de condensation. Celle-ci étant créée par un jet d'eau froide, on se rend compte des pertes inhérentes au système de par les constants refroidissements et chauffage de la partie cylindre-piston.

Le concept de rendement

Trois étapes et de nombreux concepts expérimentaux furent nécessaires pour que l'invention de la machine à vapeur prenne forme. La première de ces étapes fut la mise au point de la machine atmosphérique par Newcomen (1709-1715) ; puis vinrent la machine à condenseur de Watt (1765) et la machine à haute pression de Trevithick (1798).

Un concept, qui appartient aussi bien à l'économie qu'à la physique, joua un rôle important dans le développement de la machine à vapeur après l'avancée initiale de Newcomen : c'est celui de *rendement*. Il correspondait à la quantité de pieds-livres d'eau pompés par boisseau de charbon. On ne sait qui en eut l'idée le premier. Sans doute s'agissait-il, plutôt que d'un chercheur, d'un directeur d'une mine de Cornouailles, obstiné et peu enclin à gaspiller son argent, qui remarqua que certaines de ses machines pompaient avec plus d'efficacité que d'autres.

L'avenir de la machine de Newcomen fut d'abord incertain car, sauf pour les mines les plus profondes, elle revenait à peine moins cher que les pompes actionnées par des chevaux.

Après dix-sept années de recherches, Watt parvint à mettre au point une machine d'un rendement au moins quatre fois supérieur à celui de la meilleure machine de Newcomen (de la même manière qu'un moteur commercialisable ayant la même puissance que les moteurs existants, mais consommant « huit litres aux cent » au lieu de dix).

Les belles inventions de Monsieur Watt

Dans les années 1760, James Watt, un ancien garçon de laboratoire devenu ingénieur, songe à faire travailler directement la vapeur. Mais il commence par s'attaquer à un problème fondamental : celui de la rentabilité. Son attention a été attirée par la vapeur gaspillée à réchauffer les parois du cylindre entre deux coups de piston. Après avoir évalué l'importance de ce gaspillage, il procède à de nombreux essais et constate qu'il est impossible de maintenir le cylindre très chaud tout en y condensant suffisamment la vapeur.

Au lieu de condenser la vapeur dans le cylindre où se déplace le piston, Watt imagine de le faire dans un second cylindre réuni au premier : il a inventé le « condenseur ». On ne saurait trop souligner l'importance de cette découverte. Non seulement, elle augmente considérablement l'efficacité de la machine atmosphérique, mais elle va permettre à Watt de réaliser tout naturellement la première « vraie » machine à vapeur. C'est aussi l'existence du condenseur qui contribuera de façon décisive à la « théorie des machines », telle que l'énoncera Sadi Carnot.

La machine à vapeur naît dès le printemps 1765. Cette naissance s'est faite, en quelque sorte, tout naturellement, comme un perfectionnement secondaire de la machine atmosphérique à condenseur. Car c'est pour gaspiller encore moins de vapeur (et donc moins de combustible) à réchauffer le cylindre que Watt décide d'utiliser la vapeur pour enfoncer le piston.

La machine de Watt (1765)

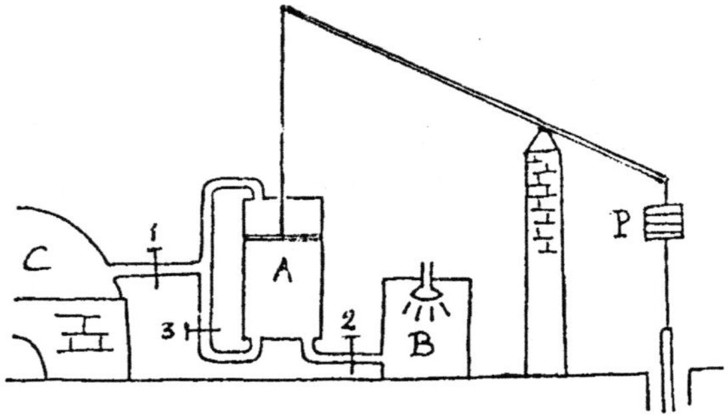

1 - Le piston est en haut du cylindre (*A*). Les robinets 1 et 3 sont fermés, le robinet 2 est ouvert. Il règne dans le cylindre la même pression faible que dans le condenseur (*B*).
2 - Le robinet 1 est ouvert. La vapeur qui s'est échappée de la chaudière (*C*) enfonce le piston.
3 - Le robinet 1 est fermé, le robinet 3 est ouvert; la même pression règne maintenant sur les deux faces du piston : le contrepoids (*P*) du balancier suffit à le ramener en haut du cylindre. La vapeur passe du compartiment du haut à celui du bas du cylindre, sans apport supplémentaire de vapeur.
4 - Les robinets 1 et 3 sont maintenant fermés, le robinet 2 est ouvert, le cycle est bouclé.

Notons que, dans la pratique, les robinets sont commandés directement par les mouvements du piston.

D'après J.-P. Maury : *Carnot et la machine à vapeur.*

Une nouvelle étape sera franchie en 1769. Toujours en recherchant la rentabilité et le rendement, Watt invente la détente. Jusqu'à présent, la vapeur était admise derrière le piston jusqu'à l'arrivée de celui-ci au fond du cylindre. Puis, cette même vapeur, toujours à la pression de la chaudière, se trouvait mise en communication avec le condenseur où elle se précipitait avec une force inutile. Pour éviter ce gaspillage d'énergie, il suffisait d'arrêter l'admission de la vapeur dans le cylindre avant l'arrivée du piston en bas. La vapeur ainsi « détendue » entrait beaucoup moins violemment dans le condenseur. Encore une fois, le résultat pratique était une économie importante de combustible.

Watt avait donc inventé successivement la machine à vapeur, le condenseur et la détente. D'autres inventions suivront. Dès 1781, Jonathan Hornblower fait breveter une idée fondée sur la détente de la vapeur : la machine « compound » à deux cylindres (la vapeur admise dans un petit cylindre se détend ensuite dans un plus grand). Puis, au début du XIXe siècle, Richard Trevithick élabore la machine à haute pression qui permet une réduction des éléments de la machine (à effet égal), ainsi que la suppression du condenseur par expulsion directe de la vapeur détendue dans l'atmosphère...

L'avenir était aux machines à haute pression.

Carnot et la loi du rendement

En 1824, étudiant pour la première fois la rentabilité des machines « sous un point de vue assez général », Sadi Carnot édicte un théorème qui en fixe la valeur. On sait que l'énergie est une grandeur qui existe sous de multiples formes qu'il est souvent possible de transformer. Dans une pile par exemple, l'énergie chimique est transformée en énergie électrique. Si une quantité d'énergie W_1 est transformée en une quantité d'énergie W_2, le rendement physique de l'opération est (théorème de Carnot) :

$$R = \frac{W_2}{W_1}$$

Bien que, globalement, l'énergie se conserve, R est, dans tous les cas, inférieur à 1. Il existe en effet des pertes que l'on ne peut négliger : en plus de W_2 apparaît une énergie « parasitaire » w qui se manifeste souvent sous forme de chaleur, telle que $W_1 = W_2 + w$ (ceci démontre, entre autres, l'impossibilité du mouvement perpétuel, l'un des plus vieux rêves de l'humanité).

Dans le cas d'une machine thermique, le théorème de Carnot stipule que le rendement thermique maximum est :

$$R_T = \frac{T_C - T_F}{T_C}$$

où T_C est la température de la source chaude, T_F celle de la source froide. Il ne peut être atteint que si la transformation est réversible. Le rendement d'une machine quelconque (où il est impossible de négliger les pertes dans un frottement des engrenages ou des turbines sur leur axe, etc.) est donc inférieur à celui d'une machine réversible (1).

En résumé, l'idée de Carnot était qu'aucune chaleur n'est jamais créée ni détruite ; elle passe simplement d'un corps dans un autre (dans une machine à vapeur, de la source ou foyer, au récepteur ou condenseur). Dans une machine idéale donc, il devrait être possible, au moins en théorie, de faire revenir le calorique (la chaleur) du récepteur vers la source et l'état de choses serait identique à ce qu'il avait été au commencement du processus.

En d'autres termes, le cycle de la chaleur est réversible bien qu'il n'en soit certainement jamais ainsi en pratique. Carnot était parvenu à la conclusion que « la chaleur n'est rien d'autre que de la force motrice, ou plutôt du mouvement qui a modifié sa forme ».

---

1 - La valeur du rendement, tout en étant toujours inférieure à 1, varie considérablement, en fonction de la forme de l'énergie au départ et de sa forme à l'arrivée, et aussi en fonction du procédé utilisé pour opérer le transfert. Selon les cas, des moteurs thermiques (machines à vapeur, moteurs à combustion interne dits « à explosion » et diesels, réfrigérateurs, pompes à chaleur, centrales thermiques, y compris les centrales nucléaires) ont des rendements qui varient de 15 à 45 %.

Les grands noms de la machine à vapeur

Papin Denis (1647-1712), physicien français. Son « digesteur », ou *marmite de Papin*, est l'ancêtre de l'autocuiseur. Il imagina la première machine à vapeur comportant cylindre et piston. De type atmosphérique, cette machine utilisait le travail fourni par la pression de l'atmosphère. Il fit également naviguer le premier bateau à vapeur, sur la Fulda, en Allemagne. Protestant, il fut chassé de France par la révocation de l'édit de Nantes (1685) et mourut misérablement oublié, à Londres, en 1712.

Savery Thomas (1650-1715), mécanicien britannique. Pour assurer le pompage des eaux dans les mines anglaises, il construisit en 1698 la première « pompe à feu », machine atmosphérique qui dérivait d'une idée de Denis Papin. Il travailla avec Newcomen.

Newcomen Thomas (1663-1729), ingénieur anglais. Il construisit la première machine à cylindre et piston qui fut exploitée avec succès. Il s'agissait d'une machine atmosphérique, où l'agent moteur est la pression de l'air, la vapeur n'étant qu'un moyen commode de réaliser dans le cylindre le vide préalable à l'action motrice de l'atmosphère. L'eau de refroidissement était envoyée à l'intérieur du cylindre, ce qui rendait le fonctionnement plus économique.

Watt James (1736-1819), ingénieur anglais. Partant d'un modèle réduit de la machine atmosphérique de Newcomen, destinée aux démonstrations de cours, il fut frappé par les énormes pertes que subissait la machine. Il entreprit alors une série d'expériences sur la vaporisation de l'eau qui aboutirent à la construction de son premier modèle (1765) ; créant en particulier le « condenseur » (pour une meilleure utilisation de la chaleur), le « tiroir » (pour employer la vapeur sur les deux faces du piston), le « parallélogramme déformable » (pour obtenir indifféremment un mouvement linéaire ou rotatif), le « régulateur à boules » (pour éviter les ruptures de rythmes), Watt ouvrit la route à l'ère de la vapeur : de 1776 à 1800, associé à un constructeur de Birmingham, Mathias Boulton, il construisit environ 500 exemplaires de ses machines, faisant ainsi de la machine à vapeur le véritable instrument de la *Révolution industrielle* (expression introduite en 1837 par l'économiste français Adolphe Blanqui).

En 1881, les physiciens donnèrent son nom à l'unité internationale de puissance : le *watt* (symbole *W*). On lui doit également la notion de « cheval-vapeur » qu'il détermina après des essais réalisés en 1783.

Hornblower Jonathan (1717-1780), ingénieur britannique établi aux États-Unis à partir de 1750. Il a réalisé, avec son frère Josiah, la première machine à vapeur utilisée en Amérique et il imagina la machine à double expansion.

Trevithick Richard (1771-1833), ingénieur gallois. Il mit définivement au point la première machine à vapeur à haute pression. Ingénieur des mines, où le problème de pompage se posait, il avait compris qu'en portant la vapeur à haute pression, il pourrait supprimer le condenseur, encombrant et lourd. Trevithick fit aussi fonctionner, en 1803, la première locomotive digne de ce nom.

RÉVERSIBILITÉ

Carnot, 1824 ; Clausius, 1850.
Voir aussi : Chaleur et Travail, Désordre, Rendement.

À certaines époques, les philosophes ont été préoccupés par l'idée d'un éternel retour des choses. « Socrate revivra » proclamaient les stoïciens. Bien des religions ou des doctrines mystiques ont fondé leur enseignement sur ce principe. L'expression bien connue « éternel retour » de Nietzsche s'inscrit à peu près dans le même sens que celui des stoïciens.

Les physiciens ont longtemps réfléchi sur un problème semblable, celui de la *réversibilité* des transformations. Ils n'ont toutefois pas envisagé tous les phénomènes de l'univers, mais seulement quelques transformations simples : les oscillations d'un pendule, les variations de pression dans un fluide, ou ... le rebond d'une balle. Dans le cas du rebond, une balle élastique lâchée à une hauteur de 1 m ne remonte jamais à la même hauteur. Pour concevoir que le rebond rétablit la situation première, nous sommes obligés de supposer que tous les frottements, toutes les espèces de viscosité, etc., sont exclus.

Le deuxième principe de la thermodynamique

L'espoir d'un éternel retour des choses ne se limite pas au retour d'une balle à son altitude première. La plupart des transformations que nous expérimentons quotidiennement semblent irréversibles. On peut brûler une bougie, mais pas la « débrûler ». On sait obtenir de l'eau tiède avec de l'eau chaude et de l'eau froide, mais on ne sait pas, sans apport d'énergie, effectuer l'opération inverse. Un œuf frais, chauffé, devient un œuf dur, mais jamais on ne verra un œuf dur redevenir un œuf frais, pas plus qu'un vieillard ne redevient un jeune homme ou qu'une plante ne retourne à l'état de graine. Tous ces processus sont *irréversibles*.

Que peut-on dire des *transformations thermiques* à ce sujet ? Sadi Carnot a étudié ce problème dans un essai intitulé : *Réflexions sur la puissance motrice du feu et sur les machines propres à developper cette puissance*.

En fait, Carnot a découvert le deuxième principe de la thermodynamique, qui indique le *sens* des transformations. Mettons en contact un corps chaud A et un corps froid B. B se réchauffe jusqu'à ce que A et B soient à la même température moyenne. L'expérience nous montre que la chaleur passe de A vers B, mais non en sens inverse. Ce fait nous permet d'affirmer : les transformations thermiques entre deux corps à des températures inégales sont irréversibles.

Le deuxième principe de la thermodynamique exprime cette idée d'irréversibilité mécanique en indiquant qu'un système isolé évolue vers une plus grande homogénéité. Les différences de température, de pression, etc., ont tendance à disparaître[1]. L'énoncé du deuxième principe de la thermodynamique est qualitatif. Il existe une formulation quantitative de ce principe, établie à l'aide d'une grandeur clairement spécifiée : l'*entropie* (voir ci-dessous). Le deuxième principe de la thermodynamique indique que la quantité d'entropie est croissante dans un système isolé (un système est dit isolé s'il n'échange ni matière, ni énergie avec son environnement).

Ainsi défini, le deuxième principe de la thermodynamique infirme la réversibilité implicitement contenue dans la mécanique newtonienne. Il différencie nettement le passé du futur. Le monde évolue dans un sens privilégié. La thermodynamique s'accorde mieux au sens commun que la réversibilité newtonienne.

Énoncé du principe de Carnot

« Partout où il existe une différence de température, il peut y avoir production de puissance motrice ». Ce principe s'applique immédiatement à la machine à vapeur : une machine thermique ne peut fonctionner qu'avec au moins deux sources de chaleur, une source chaude et une source froide.

L'agent de transformation est la vapeur d'eau, la source chaude la chaudière, où la vapeur est échauffée (ce qui augmente sa force de pression et lui permet de mouvoir le piston), la source froide est l'atmosphère dans laquelle la vapeur est expulsée.

Réversibilité et entropie

Si l'on se contente d'un point de vue macroscopique, l'entropie, outil indispensable pour toute étude quantitative, est une notion difficile à percevoir d'une manière intuitive.

Qu'est-ce que l'entropie ?

Dans un système isolé, il existe une fonction, appelée *entropie*, qui ne peut que croître, ou rester constante à l'équilibre. Pour une transformation réversible, la variation d'entropie est nulle. Or, toute transformation réelle qui survient dans la nature est nécessairement irréversible et s'accompagne donc d'une augmentation d'entropie qui ne s'arrête qu'à l'équilibre. Le second principe de la thermodynamique précise de cette manière le sens de l'évolution de la nature, tout au moins à l'échelle macroscopique.

---

1 - La situation serait tout à fait différente si nous nous trouvions en présence de deux corps à la même température. Si un corps *A* est à la même température que *B*, une petite modification de *A* peut se transmettre à *B* et inversement. Le phénomène devient *réversible* : une transformation réversible est une succession continue d'états infiniment voisins d'états d'équilibre. Un exemple de cette condition de réversibilité est donné par la célèbre expérience de Joule (1842), dans laquelle la transformation du travail obtenu n'est pas une transformation réversible.

C'est à partir de la forme classique des énoncés déduits de Carnot que Rudolf Clausius a bâti, en 1850, la définition originelle du concept d'entropie, gratifié depuis d'une longue postérité. Initialement, il s'agissait d'un échange de chaleur entre une source chaude (la chaudière, dans la machine à vapeur) et une source froide (l'atmosphère ou le condenseur, quand la machine à vapeur en est pourvue). L'échange se fait par l'intermédiaire de la vapeur.

Entre deux instants très rapprochés, la source chaude cède une très petite quantité de chaleur désignée par dQ (1) ; dQ est une variation d'énergie thermique (elle s'exprime en joules) (2). Si T est la température absolue de ladite source, Clausius appelait *variation d'entropie* de la source, désignée par dS, le rapport :

$$dS = \frac{dQ}{T}$$

Il déduisait de cette relation que, dans le cas d'une transformation réversible, la variation d'entropie est nulle. C'est aussi le cas de la variation d'entropie d'un système isolé. Si cette variation est nulle, l'entropie du système est constante. Quand la transformation est irréversible, l'entropie augmente.

Si un changement spontané intervient au sein d'un système, l'entropie de l'état final est supérieure à celle de l'état initial. Le système ne reviendra donc jamais, de lui-même, à sa situation précédente. On voit que le second principe de la thermodynamique introduit une *direction dans le temps*, propriété absente de toutes les autres branches de la physique.

La signification de l'entropie ne s'est révélée que bien des années après la formulation du second principe, avec l'avènement de la mécanique statistique, à laquelle reste attaché le nom de Boltzmann. Les dégagements de chaleur proviennent alors des chocs des molécules les unes contre les autres (agitation thermique). Plus ces chocs sont fréquents, c'est-à-dire plus le système est désordonné, plus la température augmente et plus le nombre des chocs s'accroît. Et plus l'entropie dudit système augmente elle aussi (et donc également le désordre). L'entropie est alors devenue, par extension, la *mesure du désordre* d'un système quel qu'il soit (3).

Enfin, on peut admettre que l'entropie est nulle à la température du zéro absolu. C'est ce qu'on appelle (abusivement, selon les puristes) le troisième principe de la thermodynamique, qui permet de fixer une valeur absolue de l'entropie, jusqu'ici définie comme une différence.

---

1 - La lettre d exprime une très petite variation de la grandeur physique représentée par la lettre Q.

2 - Dans le système international, l'énergie est exprimée en joules quand la masse est exprimée en kilogrammes et la vitesse en mètres par seconde.

3 - Il s'agit là du « principe d'évolution » établi par Boltzmann en 1877. Il existe entre entropie et probabilité thermodynamique un lien qui s'exprime par la formule :

$$S = K \log W$$

S étant l'entropie du système, K la constante de Boltzmann et W la probabilité thermodynamique de l'état macroscopique considéré. Le principe de Carnot-Clausius acquiert ainsi une valeur statistique ; il n'est applicable qu'à des systèmes dont le nombre des paramètres moléculaires est très grand (une masse de gaz par exemple).

Les « pères fondateurs » de la thermodynamique

- 1824-1832. Sadi Carnot introduit l'idée d'une chute du calorique (la chaleur) d'une température élevée à une température plus basse. Il s'agit d'une « circonstance » qui accompagne toujours le fonctionnement d'une machine, à vapeur en l'occurrence. Cette circonstance, Carnot en fait un principe, c'est-à-dire en postule la vérité universelle : « La production de puissance motrice est due, dans les machines à vapeur, non à une consommation réelle du calorique, mais à son transport d'un corps chaud à un corps froid » (*Réflexions*). Origine plausible de cette idée : l'analogie avec la chute d'eau dans une machine hydraulique. Notons que Carnot énonce en même temps un principe de « réciprocité » : en dépensant du travail, on peut faire naître une différence de température :

- 1834. Émile Clapeyron sort de l'indifférence générale et d'un oubli prématuré les idées de Carnot avec la publication, dans le *Journal de l'École polytechnique*, d'un mémoire, traduit en anglais dès 1837, et en allemand en 1843, ce qui fera connaître le travail de Carnot à Kelvin d'une part et à Clausius d'autre part.

- 1841-1845. Joule présente sa démonstration expérimentale de la *transformation* du travail en chaleur – et en déduit que ces deux manifestations sont deux formes d'un même être : l'énergie. C'est celle-ci qui se conserve, et non pas l'une ou l'autre de ses formes (1). La conservation de l'énergie remplace celle du calorique.

- 1845-1850. William Thomson (lord Kelvin) est tiraillé entre deux pôles pour lui inconciliables : la « chute du calorique » de Carnot et l'équivalence chaleur-travail de Joule. Il établit en 1848 une nouvelle échelle de température absolue s'exprimant en « kelvins » (2).

- 1850. Clausius publie dans les *Annalen der Physik und Chemie* l'article intitulé : *De la force motrice de la chaleur, et des lois sur la chaleur qui peuvent s'en déduire*. Clausius ne voit pas pourquoi l'équivalence chaleur-travail serait contradictoire avec la « chute en température » ; la machine transforme en travail une partie de la chaleur reçue de la source chaude (donc Joule a raison), mais une partie seulement, et doit nécessairement céder le reste à une source froide (donc Carnot a raison).

- 1851. Kelvin se rallie à la synthèse de Clausius.

- 1854. Clausius pose la deuxième pierre de l'édifice thermodynamique : le concept d'*entropie*.

1 - C'est à partir de la chaleur dégagée par un courant électrique (l'« effet Joule ») que Joule en vient à envisager la transformation du travail en chaleur et l'inverse (1841).
2 - Kelvin est également l'inventeur du mot « thermodynamique ».

ROTATION DE LA TERRE

Héraclide du Pont, IVe siècle av. J.-C. ; Berkeley, vers 1710 ; Foucault, 1851 ; Mach, 1872.

Voir aussi : Circonférence terrestre, Gravitation, Masse.

La Terre tourne sur elle-même en 23h 56 et autour du Soleil en une année (à peu près 365 jours 1/4). De ce double mouvement résulte le mouvement apparent journalier du Soleil et des étoiles, qu'on appelle le mouvement diurne, et le mouvement apparent annuel du Soleil qui semble décrire en un an le grand cercle de l'écliptique, incliné de 23°27' sur l'équateur. Ajoutons que le Soleil lui-même se dirige en ligne droite à la vitesse de 20 km par seconde environ vers une étoile appelée Véga de la Lyre. Aussi, la trajectoire de la Terre dans l'espace est-elle en fait analogue à un pas de vis.

L'hypothèse de la rotation de la Terre autour de son axe a été énoncée pour la première fois dans l'Antiquité. La tradition a retenu le nom de plusieurs savants et philosophes grecs des Ve et VIe siècles avant J.-C. qui auraient expliqué le mouvement diurne en attribuant à la Terre une rotation uniforme d'ouest en est autour de son axe par rapport à un ciel immobile. Simplicius, le commentateur d'Aristote, fait allusion à ces philosophes qui, « tels Héraclide du Pont et Aristarque de Samos, croient possible de sauver les apparences en maintenant immobiles le Ciel et les astres et en faisant tourner la Terre d'occident en orient autour des pôles de l'équateur, et cela de telle manière qu'elle fasse chaque jour à peu près un tour ».

L'idée d'Héraclide est très largement acceptée par les astronomes. Elle permet d'expliquer simplement l'alternance des jours et des nuits. On peut alors se demander pourquoi il aura fallu attendre la seconde moitié du XIXe siècle pour voir se réaliser une démonstration concrète de la rotation de la Terre.

Cette démonstration fut l'œuvre du physicien français Léon Foucault. Elle porte la marque d'une ingéniosité remarquable.

Un autodidacte de génie : Léon Foucault

Véritable autodidacte, Foucault a travaillé avec de grands savants tels que Fizeau et Arago. Il s'est fait d'abord connaître en 1850 par sa détermination de la vitesse de la lumière à l'aide d'un miroir tournant (voir p. 257), ainsi que par son explication de l'existence de courants induits dans les masses métalliques (nommés depuis « courants de Foucault »). Son invention du gyroscope (1852) est bien connue.

En 1851, Foucault déclare :

> « La notion du mouvement de rotation de la Terre est aujourd'hui tellement répandue, elle a si victorieusement passé du domaine de la science pure dans celui des idées vulgaires, qu'il pourra sembler superflu d'en donner une preuve nouvelle. Cependant, si l'on considère que les principaux arguments à l'appui

de ce mouvement sont tirés de l'observation des phénomènes célestes, on accordera peut-être quelque attention au résultat d'une expérience qui permet de conclure à la rotation de la Terre par l'inspection d'un phénomène produit à domicile et sans jeter un coup d'œil sur le ciel ».

En fait, pour apprécier l'importance et même la nécessité d'une expérience telle que celle que Foucault entend bien tenter, il faut savoir que l'influence de la rotation de la Terre sur elle-même n'est pas négligeable comparativement au mouvement orbital de la planète autour du Soleil. En réalité, l'influence de ce dernier mouvement existe bel et bien, mais elle est assez faible. La Terre mettant une année pour accomplir sa révolution autour du Soleil, la direction de son mouvement varie très lentement et son écart par rapport à une trajectoire rectiligne est, dans un bref laps de temps, suffisamment négligeable pour ne pas véritablement affecter la plupart des observations. En revanche, la rotation de la Terre autour de son axe change significativement la direction du mouvement d'un point de la surface du globe [(1)].

Début janvier 1851, Léon Foucault installe, au Panthéon à Paris, la très spectaculaire expérience qui doit démontrer la rotation diurne de la Terre et, le 8 du même mois, il obtient le résultat attendu : « Le pendule a tourné dans le sens du mouvement diurne de la sphère céleste » [(2)]. Une foule nombreuse de visiteurs a défilé devant le gigantesque pendule suspendu au sommet de la coupole. C'est une attraction unique, même si, pour beaucoup, l'importance de l'expérience n'est pas réellement perçue.

Voir tourner la Terre

L'expérience de Foucault sur l'orientation du plan d'oscillation d'un pendule n'est pas sans antécédents. Dans un mémoire publié en 1828, le mathématicien Denis Poisson proposait un type de démonstration à partir de l'« effet Coriolis » ; cet effet est responsable d'une force déviatrice produite par l'accélération complémentaire due à la rotation terrestre sur tous les corps en mouvement à la surface du globe [(3)].

C'est ainsi qu'une balle de revolver, tirée plein nord, verrait (en l'absence de la résistance de l'air qui masque en réalité tout phénomène de ce genre) sa trajectoire déviée latéralement pour atterrir au nord-nord-est de son point de départ ; la déviation observée serait de l'ordre de 0,2 m par kilomètre. Poisson pensait que cet effet pourrait être cumulatif s'il s'exerçait sur les oscillations successives d'un pendule orienté de l'est à l'ouest. Mais il se borna à supposer la rotation terrestre et à calculer l'effet produit.

---

1 - Elle affecte même diversement différents points de la surface de la Terre, un objet sur l'équateur se mouvant à une vitesse relativement grande par rapport à un autre placé sur l'un des pôles.

2 - Il n'est pas étonnant que cette conclusion ait frappé Henri Poincaré (*La Science et l'Hypothèse*) : « Si le ciel était sans cesse couvert de nuages, si nous n'avions aucun moyen d'observer les astres, nous pourrions néanmoins conclure que la Terre tourne ; nous en serions avertis par son aplatissement ou bien encore par l'expérience du pendule de Foucault ».

3 - Tout corps pesant qui tombe à la surface de la Terre ou dans l'atmosphère tend à dévier vers l'est dans l'hémisphère boréal, vers l'ouest dans l'hémisphère austral. Cette *force* ou *accélération de Coriolis* (de Gaspard Coriolis, 1792-1843, ingénieur et mathématicien français), en général peu visible car les frottements et les résistances agissent sur l'objet en mouvement, a surtout une influence sur les vents (alizés), les courants marins et, au bout du compte, sur le climat de la Terre.

Dans un premier temps, Léon Foucault imagine une expérience ingénieuse basée sur les oscillations d'une tige élastique de 5 cm fixée au centre d'un tour. Lorsqu'on imprime au tour un mouvement de rotation, le plan d'oscillation de la tige ne suit pas ce mouvement mais reste fixe. En effet, les forces élastiques de rappel qui déterminent les vibrations se répartissent en conservant une symétrie par rapport à un plan fixe, déterminé une fois pour toutes par l'impulsion initiale. C'est un tel résultat qui incite Foucault à monter la célèbre expérience du pendule. Réalisée tout d'abord au Panthéon de Paris, cette expérience met en évidence, par des effets mécaniques, l'existence d'un mouvement « absolu » de rotation, celui de la Terre sur elle-même, autour de son axe.

Sous le dôme du Panthéon était fixé un pendule de 70 mètres de long qui permettait à une masse de 28 kg d'osciller au-dessus d'un anneau de sable de 6 m de diamètre [(1)]. Le pendule, suspendu librement, a naturellement tendance à osciller dans le plan d'oscillation (supposé invariable) correspondant à la première oscillation. Cependant, en raison de la rotation de la Terre, l'observateur voit tourner le plan d'oscillation dans le sens des aiguilles d'une montre (le plan d'oscillation tournait de 360° en 32 heures) [(2)].

Cette expérience fut ensuite réalisée à la cathédrale Saint-Isaac de Saint-Pétersbourg dont la latitude, plus septentrionale que celle de Paris, déterminait une rotation beaucoup plus rapide du plan d'oscillation. Au pôle, cette rotation serait de 360° en vingt-quatre heures et, dans l'hémisphère austral, la rotation s'effectuerait en sens inverse.

Lorsqu'on examine les traces laissées sur le sable par l'extrémité du pendule, tout se passe comme si les trajectoires du pendule matérialisaient la position du plan d'oscillation, tandis que la Terre tourne uniformément en sens inverse.

Voilà donc démontré un mouvement de rotation par rapport à un système de référence fixe [(3)]. L'expérience du pendule de Foucault, expérience interne ne faisant, à aucun moment, intervenir la présence des étoiles fixes, traduisait donc, selon toute apparence, la possibilité de mettre en évidence, par une méthode dynamique, un mouvement de rotation relativement à l'espace absolu.

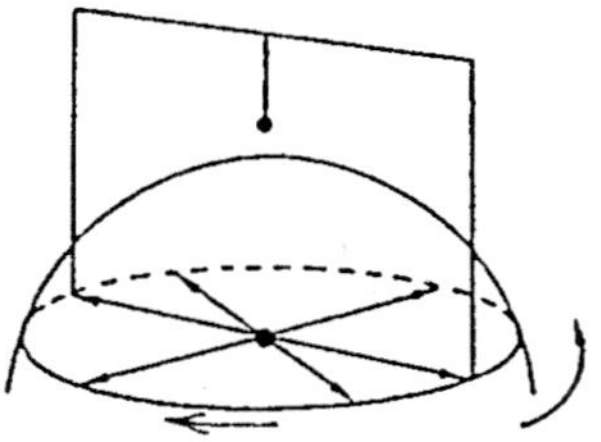

Réalisation théorique de l'expérience du pendule au pôle.

1 - L'expérience de Léon Foucault a été présentée une nouvelle fois au Panthéon d'octobre 1995 à juin 1996 avec le pendule d'origine.
2 - En 1912, Harress, puis en 1913, Sagnac et Pogany, ont réalisé d'autres expériences sur la rotation de la Terre, constituant l'équivalent optique de celle de Foucault.
3 - Le résultat de l'expérience pouvait, il est vrai, également s'interpréter d'une autre façon, en supposant la Terre immobile. Dans ce cas, il fallait supposer que c'était le plan d'oscillation qui tournait, ce qui était en contradiction avec les lois fondamentales de la dynamique... et intuitivement peu plausible.

L'espace absolu « n'est rien en soi »

De nos jours, peut-on affirmer que Foucault a réussi à démontrer, comme il le souhaitait, le caractère *absolu* du mouvement de la Terre ? Cela n'est pas certain, car, en toute rigueur, le concept de rotation absolue paraît bien discutable. Au XVIIIe siècle, l'évêque irlandais George Berkeley fit, pour la première fois, un exposé très pénétrant de cette question. Son point de vue était étonnamment moderne pour l'époque : il supposait la Terre au repos et la voûte céleste en rotation autour de l'axe des pôles ; dans ces conditions, le mouvement des étoiles devait engendrer sur la Terre des forces semblables en intensité et en direction aux forces d'inertie centrifuges.

Newton donne lui aussi des indications intéressantes sur cette délicate question : « Les effets qui distinguent un mouvement absolu d'un mouvement relatif sont les forces qui, dans le mouvement circulaire, se traduisent par une tendance à s'écarter de l'axe (forces centrifuges). » À l'appui de cette affirmation, Newton imagine un seau rempli d'eau en rotation par rapport à la margelle d'un puits. La surface de l'eau est d'abord plane. Mais le seau, en communiquant graduellement son mouvement à l'eau (par l'intermédiaire de forces de frottement), va commencer à la faire tourner de façon sensible ; l'eau va peu à peu s'écarter du centre et s'élever vers les bords du seau. Plus le mouvement devient rapide, plus l'eau va monter jusqu'à ce qu'enfin elle réalise ses révolutions en même temps que le seau, c'est-à-dire qu'elle atteigne le repos relatif par rapport à lui.

On attribue tout naturellement ce comportement de l'eau aux forces centrifuges qui éloignent le liquide de son axe de rotation. Cependant, si l'on se borne à une description cinématique, la rotation de l'eau est identique au mouvement inverse qui consisterait à faire tourner la margelle autour du seau immobile. D'une manière analogue, l'existence des marées prouve le caractère absolu des forces de gravitation.

Après Newton, Kant tentera pour sa part de déduire le principe d'inertie de la donnée de mouvements purement relatifs. Dans les *Premiers principes métaphysiques de la Science de la nature*, il écrit :

> « Tout mouvement en tant qu'il est objet d'une expérience possible, peut à volonté être considéré soit comme le mouvement d'un corps dans un espace au repos soit, au contraire, comme le mouvement de l'espace dans le sens opposé et avec une égale vitesse, le corps étant au repos. »

En toute rigueur, il n'existe donc pas de mouvements absolus, c'est-à-dire de mouvements « se rapportant à un espace non matériel ». C'est dire que l'espace absolu, s'il n'est pas « un objet », n'est « rien en soi ».

À partir de 1872, le physicien autrichien Ernst Mach entreprend une étude critique des principes de la mécanique newtonienne. Positiviste convaincu, profondément hostile à la manifestation des propriétés « absolues » d'un milieu par ailleurs inobservable, Mach professe un scepticisme total à l'égard des idées reçues. Il est évident que l'aspect « non copernicien » de l'expérience de Foucault est de nature à susciter sa réaction : comme Berkeley, et avec la même indépendance d'esprit, la même hardiesse de vue, Mach nie l'existence d'un espace absolu et la possibilité de mouvements absolus. Comme Berkeley, toujours, il dénie toute valeur à la notion d'accélération absolue. Dans son *Histoire et fondement du principe de conservation de l'énergie*, il écrit de façon péremptoire :

> « Pour moi, il n'existe que des mouvements relatifs. Si un corps tourne relativement aux étoiles fixes, des forces centrifuges sont produites. S'il tourne relativement à quelques corps différents, non relativement aux étoiles fixes, il n'y a pas de force centrifuge qui soit produite. De toute évidence, cela n'a guère d'importance que nous pensions que la Terre tourne autour de son axe, ou qu'elle est immobile tandis que l'univers dans sa totalité (étoiles fixes) tourne autour d'elle. Géométriquement, il s'agit dans les deux cas d'un mouvement relatif ».

Mach pense que les propriétés manifestées par les mouvements accélérés des corps résultent d'une interaction de ces corps avec les masses éloignées. C'est donc la présence de matière à grande distance – planètes, étoiles, galaxies – que traduisent les effets qualifiés de forces fictives. Ce que décèle la « rotation » du plan du pendule de Foucault, ce n'est pas le mouvement de rotation de la Terre par rapport à l'espace absolu, dont Mach nie l'existence.

Cette rotation est due aux masses éloignées mais aucune mesure ne permet de s'en rendre compte. Si ces masses disparaissaient, le plan d'oscillation cesserait d'effectuer son mouvement de rotation. Il serait impossible de détecter une rotation qui n'aurait alors aucun sens.

SON

Ptolémée, IIe siècle av. J.-C. ; Galilée, 1638 ; von Guericke, 1650 ; Cagnard de la Tour, 1819 ; Arago, Riche de Prony, 1822.

Voir aussi : Éther, Onde, Vide.

Le son peut être caractérisé par sa production, sa propagation et sa réception. Les ondes sonores sont provoquées par la mise en vibration d'un corps : la corde d'un piano, le bronze d'une cloche ou les cordes vocales. La propagation se réalise sous formes d'ondes « longitudinales » uniquement en milieu matériel, dans l'air par exemple (*a contrario*, le son ne se propage pas dans le vide).

Le son consiste en une vibration qui provoque de la *pression*, ou plus exactement une suite de compressions et de dépressions, perçues ensuite par le tympan [1]. La vitesse de propagation ne dépend ni de la nature de la source sonore, ni des caractéristiques du son, mais uniquement du milieu, de sa température et de sa pression. Elle est de 340 m/s environ dans l'air dans les conditions normales, de 1 000 à 1 500 m/s dans l'eau et dans le verre, de 6000 m/s dans l'acier.

Différents phénomènes peuvent intervenir durant cette propagation. Les ondes sonores peuvent être absorbées par les matériaux dans lesquels elles se propagent et être ainsi complètement amorties. Elles peuvent se réfléchir contre les objets ; c'est ainsi que fonctionnent les sonars dont les ondes sonores, de très haute fréquence, réfléchies, permettent de détecter le relief sous-marin et même des bancs de poissons. Lorsqu'un avion dépasse la vitesse du son dans l'air, il produit une onde de choc, le « bang » sonique ; c'est le fameux « mur du son ».

Le mur du son

Le mur du son est l'ensemble des phénomènes aérodynamiques (onde de choc et turbulences) que rencontre un objet se déplaçant dans l'air à une vitesse proche de celle du son. Le « bang » est dû à la brutale dilatation de l'air autour de l'objet. Le nombre de Mach (du physicien autrichien Ernst Mach) exprime la vitesse d'un véhicule par rapport à celle du son dans l'air (Mach 1). Un avion volant à Mach 0,8 (type Airbus) a une vitesse de croisière de 960 km/h. Concorde vole à Mach 2, c'est-à-dire à deux fois la vitesse du son (avion dit « supersonique »). Au delà de Mach 5, on parle d'engins hypersoniques ; seules les fusées et certains missiles vont plus vite encore.

1 - Même si elle n'est pas capable de percevoir toutes les fréquences, l'oreille humaine est cependant un détecteur d'une extrême sensibilité ; elle est capable de détecter les mouvements de l'air d'une amplitude de l'ordre du diamètre de l'atome. Elle est sensible aux harmoniques, contrairement à l'œil, incapable de distinguer les diverses composantes d'une vibration électromagnétique.

Notons encore que c'est la transformation du son en signal électrique puis, sous cette forme, son transport, sa conservation et sa restitution au moment voulu, qui a donné naissance aux télécommunications et à la « Hi-Fi ».

Un bruit n'est pas un son...

Sujet parmi les plus anciens de la physique, l'étude du son et de tous les phénomènes qui s'y rapportent (*acoustique*) est née à partir du moment où les Anciens commencèrent à établir la distinction entre les bruits et les sons plus ou moins purs. Cette science remonte au VIe siècle avant J.-C. avec les premiers travaux de Pythagore. Celui-ci proposa la première échelle musicale. La qualité de l'acoustique des théâtres grecs témoigne déjà d'une connaissance intuitive de l'acoustique architecturale.

Vers 330, Aristote aurait étudié l'écho, phénomène attribué à la réflexion des sons. Le premier, Héron d'Alexandrie explique les phénomènes sonores par la propagation de vibrations longitudinales. Au second siècle, dans ses *Harmoniques*, Claude Ptolémée rassemble le savoir de son temps et explique, en particulier, la production des sons par les chocs et le rapide mouvement vibratoire qui en résulte.

On va en rester là pendant des siècles, jusqu'en 1638, année qui marque les débuts de l'acoustique en tant que science : Galilée, dans ses *Discorsi*, montre que la hauteur des sons dépend de la fréquence des oscillations et que la fréquence d'une corde vibrante dépend de sa masse, de sa tension et de sa longueur. Il étudie les ondes stationnaires et découvre que les cordes peuvent vibrer par résonance.

Quant à la vitesse de propagation du son, elle fait l'objet, à la même époque, d'expériences conduites simultanément par l'abbé Marin Mersenne, un ancien élève français de Galilée, et par Pierre Gassendi. Ce dernier obtient la valeur de 1473 pieds par seconde (477 m/s), ce qui est trop élevé. Cependant, la nature véritable du son ne semble pas être unanimement connue.

Les qualités d'un son

Un son est caractérisé par sa *hauteur*, son *intensité* et son *timbre*. La hauteur est liée à la fréquence : un son aigu est associé à une fréquence élevée, un son grave à une basse fréquence. On définit ainsi les sons entre 16 et 20 000 Hz[1], les infrasons inférieurs à 16 Hz et les ultrasons supérieurs à 20 000 Hz. L'intensité est fonction de l'amplitude de l'onde vibratoire. Le son perçu peut être faible ou fort.

Afin de mesurer l'intensité relative des différents sons, on détermine le rapport entre l'intensité à mesurer et l'intensité la plus basse perceptible. L'unité est le décibel (dB) qui est égal au logarithme décimal de rapport. Un son de 0 dB représente le son le plus faible audible, alors qu'à 130 dB le son est douloureux.

Un son musical n'est jamais produit par une onde simple – une seule fréquence – mais par plusieurs ondes se chevauchant. Un son complexe est composé d'un *son fondamental* (qui donne la hauteur) et de ses *harmoniques* dont les fréquences sont

1 - Hertz (symbole Hz) : unité de fréquence égale à un cycle par seconde.

des multiples entiers de la fréquence fondamentale [1]. C'est leur proportion, le timbre, qui, indépendamment de l'intensité et de la hauteur, donne au son sa personnalité et permet à l'oreille de distinguer aisément la même note produite par un violon, un orgue ou une trompe de chasse.

En 1862, le physicien et physiologiste allemand Helmholtz parvint à interpréter le timbre des sons par l'existence de leurs harmoniques et à identifier celles-ci en s'aidant d'un appareil de son invention, le *résonateur.*

1 - Seul le diapason des musiciens émet un son « pur » ne comportant aucune harmonique.

Dans la seconde moitié du XVIIe siècle, on commence à mieux cerner les notions d'ondes et de propagation des vibrations sonores. En 1683, Newton se trouve en possession des éléments de ses célèbres *Principia* qui vont lui permettre de calculer la vitesse du son en fonction de la densité et d'autres caractéristiques du milieu dans lequel se propagent les ondes.

C'est également à cette époque que Christian Huygens donne une explication unitaire des phénomènes lumineux et sonores : dans les deux cas, il s'agit de vibrations longitudinales du milieu, l'éther pour la lumière, les corps élastiques pour les sons. Le physicien allemand Otto von Guericke établit de son côté un fait fondamental : le son ne se propage pas dans le vide, contrairement à la lumière, comme il le démontre en agitant une sonnette à l'intérieur d'une cloche où le vide a été fait [1]. C'est cependant le physicien et chimiste Robert Boyle qui tirera les conclusions logiques de cette découverte lorsqu'il attribuera plus tard la propagation des sons à l'élasticité de l'air.

Peu à peu, à partir de 1700, les recherches théoriques en matière d'acoustique finiront par intéresser les meilleurs mathématiciens. Joseph Sauveur, créateur de l'acoustique musicale, explique le phénomène des ondes stationnaires, imaginant la notion de nœuds et de ventres et découvre le phénomène des battements. Brook Taylor calcule la fréquence des vibrations et la forme des cordes vibrantes en connaissant la longueur, la masse et la tension de celles-ci.

Dans la seconde moitié du XVIIIe siècle prendront définitivement corps les notions d'onde et de propagation des vibrations sonores suivant un mouvement ondulatoire. C'est alors que vont se multiplier les expériences destinées à calculer la vitesse de propagation du son, d'abord dans l'air, puis dans divers autres milieux.

Plus tard, Louis Joseph Gay-Lussac constatera, lors d'une ascension en ballon, que l'intensité du son décroît en altitude par suite de la raréfaction de l'air (1804), tandis que Charles Cagniard de La Tour étudiera les phénomènes de résonance [2].

---

1 - Von Guericke avait entrepris, à partir de 1650, une série d'expériences sur les effets du vide. Il avait également constaté que les corps enflammés s'y éteignent et que les animaux y meurent. En 1654, sa célèbre expérience des « hémisphères de Magdebourg » mettait en évidence la pression atmosphérique.
2 - Cagniard de La Tour est également l'inventeur de la sirène (1819).

Arago et Prony mesurent la vitesse du son (1822)

Sur le plan théorique, une première formule de la vitesse de propagation du son dans l'air est donnée en 1687 par Isaac Newton. En 1738, une expérience basée sur l'échange de coups de canon entre Montmartre et Montlhéry – soit une distance de 29 km – donne la valeur de 337,18 m/s à la température atmosphérique de 6 °C, très proche de la valeur réelle.

En 1802, Pierre-Simon de Laplace s'interroge sur le manque de concordance constaté avec la formule de Newton et les valeurs mesurées expérimentalement. Alors que l'on pensait généralement – et Newton en particulier – que la température demeure constante pendant la propagation des ondes sonores, Laplace trouve que cette propagation est un phénomène donnant lieu à des échanges de chaleur avec l'air ambiant. Or, toutes les autres conditions restant égales, la célérité du son dépend de la température locale du milieu ambiant.

À la demande du savant français, une nouvelle expérience (1), beaucoup plus rigoureuse, va être tentée, les 21 et 22 juin 1822, sous la conduite de François Arago assisté du baron Marie Riche de Prony. On a choisi pour cette expérience les buttes de Villejuif et Montlhéry et, « par un temps serein et presque complètement calme », on y fait tirer le canon, mais en utilisant cette fois-ci la méthode des coups croisés.

Celle-ci « consiste à produire deux sons pareils au même instant dans deux stations, et à observer dans chacune d'elles le temps que le son de la station opposée emploie à y arriver : le vent produisant alors des effets contraires sur les deux vitesses, la moyenne des deux résultats doit être aussi exacte que si le vent avait été parfaitement tranquille ». En relevant les valeurs sur les meilleurs chronomètres utilisés à l'époque (2), les deux savants trouvent les valeurs de 340,88 m/s à la température de 16° C et de 332,25 m/s à celle de 0° C, valeurs qui prouvent le bien-fondé des précisions apportées en 1802 par Laplace.

D'autres déterminations suivront au cours du XIXe siècle : dans différents gaz, par des mesures effectuées par Pierre Louis Dulong, sur les tuyaux sonores ; dans les liquides, avec les expériences de l'ingénieur suisse Daniel Colladon et du mathématicien Charles Sturm, expériences conduites en 1827 dans les eaux du lac Léman (valeur trouvée : 1 435 m/s dans une eau à 8 °C) ; dans les solides, notamment la fonte des canalisations parisiennes que choisit Jean-Baptiste Biot en 1809 pour terrain de ses expériences (valeur mesurée 3 170 m/s).

Par la suite, on effectuera des mesures encore plus précises. Vers 1850, Victor Regnault, avec des méthodes d'enregistrement mathématique, trouvera, à 0 °C, des valeurs comprises entre 330,1 m/s et 331,7 m/s.

1 - L'expérience est relatée dans un compte rendu intitulé *Résultats des expériences faites, par ordre du Bureau des longitudes, pour la détermination de la vitesse du son dans l'atmosphère.*
2 - La température, la pression et l'état hygrométrique de l'air avaient été également l'objet de mesures précises.

Effet Doppler et « décalage vers le rouge »

En 1842, le mathématicien et physicien autrichien Johan Christian Doppler découvre le phénomène qui porte son nom, et qui fut redécouvert en 1848 par le physicien Armand Fizeau de manière indépendante comme on a tout lieu de le croire. L'*effet Doppler ou Doppler-Fizeau* peut se définir de la manière suivante : la fréquence d'un son tel qu'il est perçu par un auditeur fixe varie selon que la source s'approche ou s'éloigne, devenant plus aigu dans le premier cas et plus grave dans le second [1].

Doppler a saisi toute la portée de sa découverte : il extrapole le phénomène à toute source de vibrations (ultrasons) ou de rayonnements électromagnétiques (lumière, ondes radio, etc.). Il en expose la teneur de manière théorique dans un petit traité d'astronomie intitulé : *De la lumière colorée des étoiles doubles.*

Indispensable aux vérifications de la théorie de la relativité, l'effet Doppler-Fizeau a permis d'établir que la lumière d'un corps céleste tend vers l'extrémité rouge du spectre quand l'astre et la Terre s'éloignent l'un de l'autre, par allongement de la fréquence d'ondes, et vers le violet quand l'astre et la Terre se rapprochent, par un effet naturellement inverse du premier.

Le *décalage vers le rouge* de l'immense majorité des corps célestes a fondé la théorie cosmologique du Big Bang qui postule que l'univers est en expansion constante ; l'espace s'étendant et se gonflant, tout ce qui s'y trouve s'éloigne de l'observateur avec une vitesse proportionnelle à leur distance. Plus loin se trouve un objet, plus rapide est son mouvement et plus rouge il apparaît. Tout suggère ainsi que les galaxies s'éloignent les unes des autres, leur vitesse étant proportionnelle à leur distance (les vitesses « de récession » atteignent jusqu'à 120 000 km/s).

L'utilisation de l'effet Doppler s'est étendue à de nombreux autres domaines. À l'échelle atomique, cet effet est responsable de l'élargissement thermique des raies spectrales. Il est largement utilisé en médecine, où il permet de mesurer la vitesse de circulation du sang dans les vaisseaux et rend de grands services pour le diagnostic et la surveillance des maladies vasculaires.

---

1 - De même le son d'une voiture devient de plus en plus grave au fur et à mesure que la voiture s'éloigne de l'observateur.

SPECTRE

Newton, 1672 ; Fraunhofer, 1814 ; Kirchhoff et Bunsen, 1859.
Voir aussi : Lumière.

La décomposition de la lumière solaire en sept couleurs – le *spectre* de la lumière blanche – qui fonda un grand chapitre de l'optique, ne fut d'abord qu'une curiosité. En l'an 1666, sir Isaac Newton « s'amuse » à observer que la lumière solaire, en passant à travers un prisme de verre, s'étale en une bande brillante où se succèdent les couleurs de l'arc-en-ciel.

Newton refait peu après l'expérience de manière plus approfondie (voir ci-dessous) en perçant un trou dans une persienne afin d'obtenir un faisceau lumineux plus fin et il place une feuille de papier sur le trajet du faisceau dispersé, afin de noter l'ordre des couleurs : rouge à une extrémité, violette à l'autre, orangée, jaune, verte et bleue dans l'espace intermédiaire. En 1704, le savant anglais poursuit ses observations en se servant de bulles de savon qui permettent de montrer que plusieurs couches très minces et transparentes produisent une diffraction caractéristique de l'irisation.

Une idée prometteuse

La théorie de Newton, qui postulera un peu plus tard que l'arc-en-ciel est le produit d'une *réfraction analytique*, est le fruit d'une intuition magistrale. Mais à l'époque de l'expérience de 1666, la théorie existait à peine. C'était seulement une idée prometteuse, comme le rappelle Richard Westfall, le biographe du savant anglais. Avant Newton, les théories sur les couleurs étaient en effet restées imprégnées des idées d'Aristote, lequel énonçait que les couleurs résultent d'une modification de la lumière pure provoquée par la réflexion et la réfraction.

Cette modification provenant nécessairement d'un affaiblissement, la couleur n'était donc en fait qu'une lumière *moins forte*, moins éclatante, en quelque sorte mêlée d'obscurité. Au cours du XVIIe siècle, la question de la couleur intéressa plusieurs savants. Descartes lui consacra ses *Météores* en 1637. Robert Boyle en discuta dans ses *Experiments and Considerations touching Colours* de 1664.

Robert Hooke, l'un des membres de la Royal Society, l'évoqua dans sa *Micrographia* de 1665, mais c'est aussi lui qui fit une critique bien peu fondée de la théorie de Newton, sans du reste très bien la comprendre.

Outre l'aspect théorique de la question, se posait à l'époque un problème pratique : les instruments d'optique souffraient d'aberration chromatique(1) et ne permettaient pas une mise au point correcte. Quoi qu'il en soit, l'idée que la lumière blanche n'est pas homogène – qu'elle est le résultat de sa décomposition en sept couleurs – était en soi révolutionnaire.

---

1 - Inégalité de réfraction de différentes couleurs.

Mais, elle exigeait, pour être acceptée par tous les physiciens, une preuve expérimentale irréfutable. Cette « expérience décisive », l'*experimentum crucis* (1), Newton la donne en 1672.

« Experimentum crucis »

La question fondamentale que se pose Newton est la suivante : les couleurs font-elles partie de la lumière ou sont-elles produites par la surface réfractante (comme le suppose Descartes) ? Partant du principe que « les géomètres sont dans l'erreur », Newton se lance, en 1666, dans une série d'expériences visant à réfuter la théorie des couleurs de son époque, qui reste toujours basée sur le concept de la « modification » de la lumière blanche. Comme le souligne Westfall : « la lumière blanche, la lumière solaire est [pour Newton] un mélange confus. Les composants individuels du mélange [...] provoquent les sensations des couleurs individuelles quand elles sont séparées du mélange et tombent sur la rétine ».

> « En l'an 1666..., nous le rappelle Newton, je me suis procuré un prisme triangulaire en verre pour faire des expériences sur les fameux phénomènes des couleurs. Après avoir fait l'obscurité dans la chambre et percé un trou dans le volet pour laisser pénétrer une quantité convenable de lumière solaire, j'ai placé mon prisme devant l'ouverture afin que la lumière soit réfractée sur le mur opposé. Ce fut d'abord un divertissement très plaisant de contempler les couleurs vives et intenses ainsi produites. »

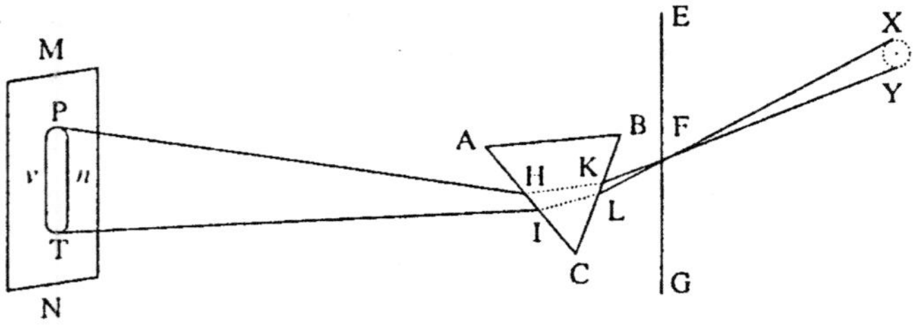

Un faisceau de lumière solaire traverse un prisme *ABC* après avoir été limité par un diaphragme circulaire *F*. Newton observe sur un écran *MN*, situé à sept mètres du prisme (1), une bande étroite arrondie aux deux extrémités : de *P* à *T* se succèdent les couleurs violette, bleue, verte, jaune, orangée et rouge. Ce spectre est bien, selon Newton, la preuve de l'hétérogénéité de la lumière solaire, laquelle est constituée de rayons différemment réfrangibles qui se distinguent par leurs couleurs. Cependant, rien ne prouve que la dispersion de la lumière blanche lors de son passage à travers le prisme n'est pas due à un quelconque effet du prisme lui-même. L'*experimentum crucis* va démontrer une fois pour toutes que les rayons du spectre sont bien les constituants fondamentaux de la lumière solaire.

1 - Cette distance importante augmentait l'effet prismatique et produisait un spectre plus étiré, ce qu'aucune expérience antérieure (Descartes, Boyle) n'avait permis.

---

1 - Une telle expérience permet de rejeter définitivement une théorie physique ou, au contraire, de la vérifier.

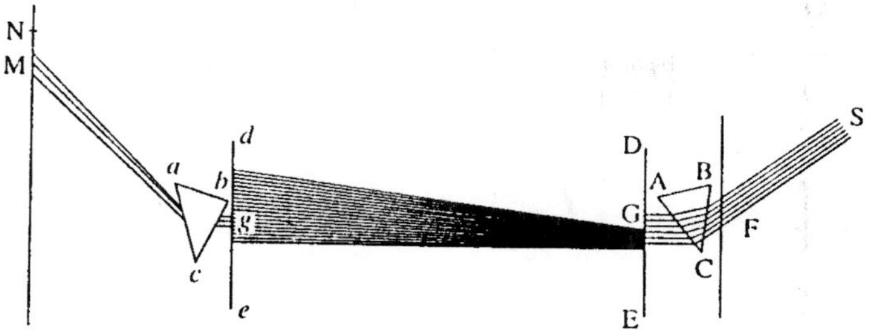

Le dispositif précédent est maintenu ; mais, cette fois-ci Newton a percé l'écran *DE* d'un trou *G*. Il est suivi d'un diaphragme *d e* qui va isoler un pinceau lumineux appartenant à une partie étroite du spectre, laquelle va éclairer un second prisme *a b c*. Lorsqu'on fait tourner le premier prisme *ABC*, le second prisme *a b c* reçoit successivement, et sous une incidence croissante, les rayons qui s'identifient aux différentes parties du spectre. L'écran *MN* reçoit les « images » de différentes couleurs ordonnées entre *M* et *N* comme dans le spectre initial.

Ainsi, Newton détient la preuve irréfutable que le second prisme ne fait que dévier les rayons, sans les disperser aucunement. On peut affirmer que « les rayons de lumière qui diffèrent en couleur diffèrent aussi en degré de réfrangibilité » et que « la lumière du Soleil est composée de rayons différemment réfrangibles ». Une dernière expérience permettra à Newton de reconstituer la lumière blanche initiale en faisant converger les rayons colorés du spectre au foyer d'une lentille.

Au-delà du foyer, les couleurs réapparaissent, mais dans un ordre inverse, ce qui montre bien que « puisque les rayons individuels conservent leur identité propre, les couleurs réapparaissent quand elles se séparent à nouveau au-delà du foyer ». Les couleurs font donc partie de la lumière solaire. L'image obtenue au-delà du foyer peut être appelée *spectre solaire* et le phénomène qui le produit *dispersion des couleurs*.

Une revanche éclatante

Newton fait part de ses conclusions à la Royal Society mais il les accompagne d'une explication postulant une nature corpusculaire de la lumière. Cette dernière hypothèse heurte la majorité des membres de l'Académie, en particulier Hooke, qui interprètent, quant à eux, l'apparition des couleurs comme une sensation produite par des vibrations. Vexé, Newton prend très mal l'opposition de ses collègues et continue « pour son seul plaisir » ses recherches, mais sans les publier.

Ce n'est que dix ans plus tard, en 1686, qu'il fait parvenir à l'Académie le manuscrit des *Principia* dans lequel il démontre la gravitation universelle et propose son « système du monde » en l'étendant à de nombreux domaines – dont l'optique. Sa théorie de la lumière y est exposée à grands traits à partir d'une description précise des trajectoires qu'elle suit et en les justifiant par l'action d'une force qui s'exerce sur des particules matérielles. La publication de l'ouvrage, reçu comme un choc, rallie la plupart des savants. C'est une belle revanche que prend Newton sur ses anciens détracteurs.

La spectroscopie

Près d'un siècle et demi s'écoula avant que cette curiosité de la science fût reprise. Ce n'est en effet qu'en 1814, grâce aux observations de l'Allemand Joseph von Fraunhofer, que naquit ce dérivé essentiel de la découverte de Newton, lequel consiste en l'étude des spectres de différentes sources lumineuses : la spectroscopie. Comme on l'a vu, la décomposition de la lumière blanche à l'aide d'un prisme de verre fait apparaître un éventail de rayons colorés ; chacun de ces rayons correspond en fait à une *fréquence* ou *énergie* de la lumière du Soleil. Il faut en effet se rappeler qu'un rayonnement est rarement homogène et comporte, en général, en proportions diverses, plusieurs radiations caractérisées par des fréquences différentes.

Or, le rayonnement qu'une substance émet, absorbe ou diffuse lui est caractéristique et son spectre est une sorte d'image à notre échelle de la structure intime de la matière. Celle-ci est révélée à travers les échanges d'énergie, entre le rayonnement, électromagnétique dans la plupart des cas, et les constituants de la matière.

L'invention de Fraunhofer : le spectroscope

Un spectroscope est un appareil qui permet d'analyser la lumière. En 1814, l'opticien munichois Joseph von Fraunhofer imagina d'envoyer la lumière à analyser, par l'intermédiaire d'un dispositif dit *collimateur* comportant une fente fine, sur un prisme logé dans un réceptacle fixe. La lumière dispersée est reçue sur une loupe (lentille convergente) qui fait converger les diverses radiations dans son plan focal image. Une plaque photographique disposée dans ce plan recueille les images de la fente pour chaque catégorie de radiations. Ces images ont la forme de petites raies brillantes ou sombres : ce sont les *raies spectrales*, dont l'ensemble constitue le *spectre* de la lumière étudiée.

C'est avec cet appareil que Fraunhofer remarqua que l'arc-en-ciel artificiel de Newton était coupé de nombreuses raies fines et sombres. En fait, ces raies avaient été entrevues auparavant, mais personne ne s'était soucié comme Fraunhofer de les étudier et de les inventorier. Il publia alors la liste de près de 600 de ces raies qui maintenant portent son nom [(1)].

En 1859, les physiciens allemands Gustav Kirchoff et Robert Bunsen [(2)] montrèrent que les « raies de Fraunhofer » qui sont sombres dans le *spectre d'absorption* solaire, sont les mêmes que celles que l'on retrouve, brillantes, dans les *spectres*

---

1 - Fraunhofer remarqua que ces mêmes raies se retrouvaient dans les spectres de la Lune et des planètes, qui ne sont lumineuses que parce que leur surface réfléchit les rayons du Soleil. Mais on découvrit d'autre part que le spectre d'une source chauffée à blanc en laboratoire, vu au spectroscope, était une bande d'arc-en-ciel continue, absolument dépourvue de raies transversales sombres, ce qui tendait à prouver que les raies de Fraunhofer étaient d'origine solaire. Signalons en outre que l'exemple de Fraunhofer, qui associa un travail théorique en optique à l'amélioration des procédés de fabrication du verre, ainsi qu'à la précision et à l'adresse mécaniques (ses instruments d'optique inégalés acquirent une renommée mondiale), influença durablement l'industrie optique allemande.

2 - Robert Wilhelm von Bunsen est resté célèbre pour ses inventions pratiques (tels que son bec et sa pile) ainsi que pour son travail en chimie organique et en photochimie. Son grand exploit, partagé avec Kirchoff, fut le développement de l'analyse spectrale, qui conduisit à la découverte du césium et du rubidium.

d'émission des gaz incandescents des flammes. Cette découverte était transcendante, car il devenait alors possible d'identifier les éléments présents dans toute flamme ou lumière, proche ou lointaine.

Examinons de plus près cette interprétation des raies de Fraunhofer. Soit un faisceau de lumière blanche. Observé au spectroscope, il présente un spectre continu. Faisons-le passer à travers une flamme contenant des atomes de sodium (une telle flamme s'obtient aisément en plaçant sur le brûleur du sel de cuisine ; la flamme prend alors sa belle couleur jaune). Le spectre continu est barré par une raie noire. La traversée de la flamme a provoqué l'absorption d'ondes d'une fréquence bien définie.

Si par contre on observe au spectroscope la lumière de la flamme elle-même sur fond noir, on distingue, exactement à l'emplacement de la raie sombre précédente, une raie jaune brillante. C'est grâce à ce genre d'observations que Kirchoff put énoncer la loi qui porte son nom : un *faisceau de lumière traversant un gaz chaud est absorbé suivant un spectre identique au spectre d'émission de ce gaz.*

Le modèle proposé pour le rayonnement solaire est le suivant : la lumière blanche émise par la surface chaude du Soleil (photosphère) traverse des couches de gaz raréfié (chromosphère), dont les atomes absorbent de façon sélective diverses longueurs d'onde du spectre. La loi de Kirchhoff constitue ainsi la base de l'*analyse spectrale* qui permet aux physiciens de connaître la composition du Soleil et des étoiles sans avoir à en prélever le moindre échantillon [(1)]. La composition peut même être obtenue de manière quantitative à partir des intensités relatives des raies.

Origine des raies spectrales

Ce ne fut qu'au XXe siècle que l'on parvint à expliquer l'origine des différentes bandes colorées dans le spectre solaire, et cela seulement après que l'Anglais Ernest Rutherford eut démontré, en 1911, que les atomes sont constitués de noyaux chargés positivement et entourés d'électrons chargés négativement. Et ce fut Niels Bohr qui, en 1913, établit que les atomes ont des niveaux dits d'énergie discrète et produisent une lumière de longueur d'onde spécifique.

Une raie spectrale ne peut être émise par un atome que lorsqu'il passe d'un état énergétique supérieur à un état inférieur (en valeur absolue).

L'égalité suivante : $$f = \frac{E_n - E_m}{h}$$

exprime ce passage, f étant la fréquence, E_n étant l'état supérieur, E_m l'état inférieur et h la constante de Planck. Ce résultat de formulation très simple n'a pu, en réalité, être atteint qu'après un siècle environ d'hésitations, d'expériences et d'hypothèses. L'existence des spectres caractéristiques de chaque substance – sorte de carte de visite de chaque type d'atomes – fut en effet établie bien avant la découverte de la structure de l'atome.

---

1 - En 1868 déjà, indépendamment l'un de l'autre, deux astronomes, Jules Janssen et Norman Lockyer, remarquèrent, en étudiant la lumière du Soleil, l'existence de raies spectrales qui ne correspondaient à aucun corps connu sur Terre. Ils découvrirent ainsi un nouvel élément chimique, baptisé hélium, du grec *helios* (Soleil).

Les spectres de la lumière envoyée ou absorbée par la matière suggéraient un ou plusieurs modèles possibles de l'arrangement interne de ses constituants. Une étude ultérieure des spectres permettait de tester la validité de chaque modèle, d'en abandonner certains, d'en proposer d'autres. En définitive, c'est bien l'étude des raies spectrales qui a permis de comprendre comment sont disposés les électrons à l'intérieur de l'atome et qui a amené finalement les physiciens à remettre en cause la mécanique classique elle-même et à en proposer une autre : la mécanique quantique.

Notons pour terminer qu'à partir du spectre visible, la spectroscopie s'est rapidement étendue à d'autres rayonnements électromagnétiques, depuis l'infrarouge (dont les fréquences sont de l'ordre de celles de certains mouvements à l'intérieur des molécules) et les ondes hertziennes, jusqu'aux rayons X et gamma, pour englober ensuite, entre autres, les rayonnements corpusculaires (notamment les particules alpha et bêta, les neutrons, les électrons), qui rendent possible, par exemple, l'étude de la composition du noyau atomique. Le perfectionnement constant des techniques spectroscopiques permet de pousser de plus en plus loin aussi bien l'exploration de la matière que les tests expérimentaux des théories fondamentales de la physique.

SPIN

Stern et Gerlach, 1922 ; Uhlenbeck et Goudsmit, 1925 ; Dirac, 1927.
Voir aussi : Atome planétaire, Bosons et fermions, Élément, Particule.

Pendant longtemps, on a considéré que les particules matérielles étaient entièrement caractérisées par deux constantes : leur masse et leur champ électrique. Mais l'existence de divers phénomènes (effet Zeeman [1], structure fine de certaines raies, etc.) impossibles à interpréter a montré la nécessité d'attribuer aux électrons, en dehors de leur masse propre et de leur charge, une troisième caractéristique essentielle, leur *spin.*

Introduit initialement en 1925 par George Uhlenbeck et Samuel Goudsmit à partir de données expérimentales avancées en 1922 par Otto Stern et Walter Gerlach, puis réinterprété par Paul Dirac en 1927 comme le nombre décrivant le mouvement de rotation de l'électron sur lui-même, le spin rendait parfaite l'image d'un système planétaire en miniature. Si, comme pour le reste des propriétés de l'électron, l'analogie dut être abandonnée au profit d'une expression purement mathématique, le concept s'avéra pertinent et le nom de spin est resté (ce mot vient de l'anglais *spin* qui signifie simplement « rotation »). Ajoutons qu'en 1925, Pauli a montré qu'il existait un spin du noyau d'hydrogène (c'est-à-dire du proton) et, plus généralement, un spin du noyau d'un atome quelconque.

Les deux moments de l'électron

Le concept de spin est l'un des plus délicats de toute la physique à approcher. Lorsqu'un corps tourne sur lui-même autour de son axe, comme par exemple la Terre autour de l'axe des pôles, il est commode de caractériser son mouvement par un vecteur. On appelle ce vecteur le *moment cinétique* ; il peut se décrire en traçant une flèche le long de l'axe de rotation. La direction de la flèche pointe dans la direction d'un tire-bouchon que l'on visserait dans le même sens.

Or, à l'intérieur de l'atome d'hydrogène, il y a un électron en mouvement, et un électron en mouvement, c'est un courant électrique. Nous allons donc voir se créer une induction magnétique atomique et, pour l'étudier, nous allons associer à l'électron un *moment magnétique* le caractérisant. Ainsi, il existe deux mouvements de l'électron ; l'un autour du noyau, sur une orbite circulaire (même si l'électron ne décrit pas une orbite vraiment circulaire, sa position variant d'une manière aléatoire

1 - *Effet Zeeman* : découvert en 1896 par le physicien hollandais Pieter Zeeman, l'effet qui porte son nom est la démultiplication des raies du spectre d'un élément excité dans le champ d'un aimant puissant. Un effet analogue, l'*effet Stark*, montre que les raies spectrales se divisent lorsque les atomes d'une source de rayonnement se trouvent dans un champ électrique puissant. La séparation est en général proportionnelle au carré de l'intensité du champ électrique.

par rapport au noyau) ; l'autre sur lui-même : c'est le *spin* (ce mouvement interne de l'électron ressemble à un moment cinétique qui resterait présent même quand la particule est au repos). Nous pouvons donc envisager de munir l'électron de *deux* moments magnétiques. L'un proprement *orbital* et l'autre, plus spécifique en quelque sorte, dit *intrinsèque*.

Une propriété étrange du spin, qui est également vraie de toutes les rotations quantiques, est que l'axe du spin ne peut pas pointer dans n'importe quelle direction. Si une expérience mesure le nombre de particules dont l'axe pointe dans une certaine direction, on remarque que le spin doit pointer soit dans cette direction, soit dans la direction opposée, mais jamais entre les deux. Les particules de Dirac ont ainsi des « niveaux » de spin discrets aussi bien que des niveaux d'énergie discrets.

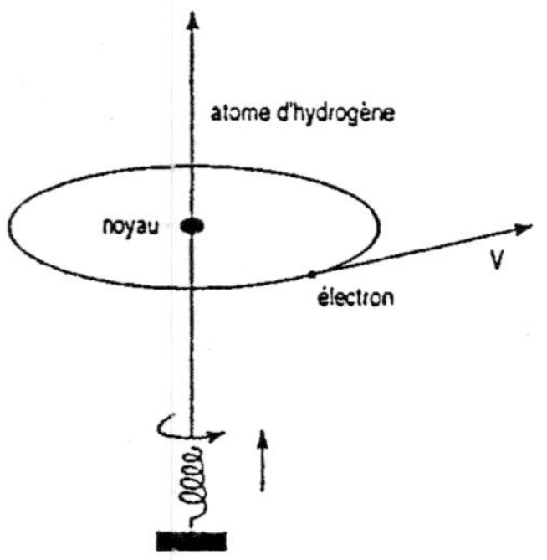

Moment cinétique orbital de l'électron.

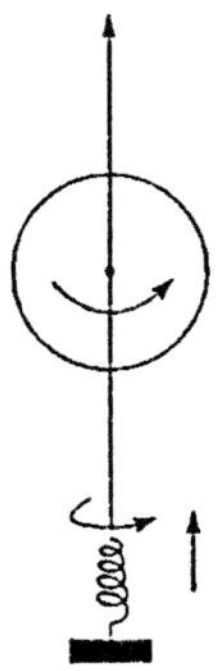

Moment magnétique de spin de l'électron.

Moment cinétique orbital et moment cinétique intrinsèque (spin de l'électron).

<u>Moment cinétique orbital</u> : c'est un vecteur perpendiculaire au plan de l'orbite. Il est orienté selon la règle du tire-bouchon (le tire-bouchon tourne dans le sens de l'électron sur son orbite et s'enfonce dans le sens du vecteur).

<u>Spin de l'électron</u> : c'est un vecteur porté par l'axe de rotation de l'électron et orienté selon la règle du tire-bouchon.

L'expérience de Stern et Gerlach

Les spectres atomiques suggéraient depuis longtemps qu'il devait y avoir une sorte de moment cinétique intrinsèque causant de petits effets inexpliqués. Par exemple, un électron orbitant dans un atome crée un champ magnétique qui interagit avec le champ magnétique intrinsèque dû au spin. L'électron se comporte comme un aimant minuscule et tente de s'aligner sur le champ magnétique causé par son mouvement. Il se crée un écart d'énergie, faible mais mesurable, entre les électrons dont le spin est parallèle et ceux dont le spin est anti-parallèle au champ orbital.

La différence apparaît dans le spectre comme un dédoublement des lignes spectrales, deux lignes proches apparaissant à la place d'une ligne unique. Cette séparation est appelée *structure fine*. Elle confirme directement l'existence du spin et montre qu'il y a, en gros, deux types d'électrons, ceux avec le spin – 1 et ceux avec le spin +1.

Dès 1922, Otto Stern et Walther Gerlach donnèrent une démonstration très éloquente de l'hypothèse du spin, laquelle ne devait être interprétée correctement en fait que trois ans plus tard par George Uhlenbeck et Samuel Goudsmit. Cette expérience permettait, grâce à un gradient de champ magnétique, de séparer spatialement les deux états quantiques d'une composante donnée du moment magnétique d'atomes d'argent. Le principe en était simple : Stern et Gerlach utilisaient un champ magnétique fortement inhomogène dans une direction perpendiculaire à celle du jet des atomes.

Dans une telle configuration, les atomes sont soumis, lors de la traversée du champ, à une force faisant intervenir le moment magnétique des atomes. Stern et Gerlach observèrent la décomposition du faisceau initial en deux faisceaux plus fins. Le dédoublement de la raie fut élucidé trois ans plus tard par deux jeunes physiciens hollandais, Uhlenbeck et Goudsmit. Ils découvrirent que l'électron avait un moment magnétique propre et donc un moment cinétique propre « comme si l'électron tournait sur lui-même. »

Valeur du spin, hélicité, principe d'exclusion

Tout comme une toupie, le mouvement de pivotement d'une particule peut s'effectuer soit dans le sens des aiguilles d'une montre, soit dans le sens inverse. Pour définir le sens de cette rotation, on fait appel à la notion d'*hélicité*, qui peut être définie comme la composante du spin d'une particule sur la direction de son mouvement. Les seules valeurs que l'hélicité puisse prendre sont 0, ± 1/2, ± 1, ± 3/2, ± 2, en unité de $\hbar$. Les spins correspondants sont 0, $\hbar/2$, $\hbar$, $3\hbar/2$, $2\hbar$... Ce sont donc des grandeurs dites quantifiées.

Une implication immédiate du spin est l'organisation des électrons dans l'atome. Il semble mystérieux qu'un atome ne puisse avoir tous ses électrons rassemblés sur le niveau le plus bas. C'est en tout cas ce qu'affirme le principe d'exclusion de Pauli. En fait, comme il y a deux directions de spin, des électrons peuvent occuper le niveau le plus bas à condition qu'ils aient des spins opposés. Une fois ce niveau rempli, les électrons suivants doivent occuper les niveaux supérieurs remplissant successivement des couches superposées.

Il n'est pas sans intérêt de noter encore une étrange corrélation entre la valeur du spin d'une particule et sa façon de se comporter en société, c'est-à-dire parmi ses semblables. On peut en effet montrer que les *fermions* (asociaux) ont nécessairement un spin demi-entier, tandis que les *bosons* (grégaires) ont un spin entier (ou nul). Ce critère peut servir de définition aux deux familles de particules. Le théorème fondamental qui stipule que les fermions ont un spin demi-entier peut se démontrer de manière rigoureuse dans le cadre de la relativité quantique. Le principe d'exclusion de Pauli pour les fermions traduit l'*impénétrabilité* de la matière et le théorème qui attribue un spin demi-entier aux fermions traduit l'*indestructibilité* de la matière.

SUPRACONDUCTIVITÉ

Kammerlingh-Onnes, 1911 ; Bardeen, Cooper, Schriffer, 1957 ; Bednorz et Müller, 1986.

Voir aussi : Bosons et fermions, Température.

C'est à des températures très basses, voisines du zéro absolu (0 K[1]) qu'apparaissent certains comportements étranges de la matière. L'agitation thermique est alors presque nulle et ne perturbe plus les interactions directes entre particules. À des températures inférieures à 10 K, certains métaux deviennent *supraconducteurs* : ils laissent circuler le courant électrique sans aucune résistance, donc sans aucune perte d'énergie. Manifestation à grande échelle de la mécanique quantique, le phénomène, extrêmement complexe, a été découvert en 1911 par le physicien néerlandais Heike Kammerlingh-Onnes.

Son intérêt est à la fois scientifique et technique. Scientifique parce que la supraconductivité ouvre des aperçus sur la structure de la matière et du comportement des particules qui sont loin d'être complètement explorés. Technique, parce que la suppression de la résistance électrique de matériaux réduit la perte dans les transmissions électriques, élimine l'échauffement, autorise à imaginer l'emmagasinement de l'électricité.

L'explication théorique

La compréhension de la supraconductivité est l'un des succès les plus éclatants de la théorie quantique dite des systèmes collectifs. Elle est due à trois physiciens, John Bardeen, Léon N. Cooper et John R. Schrieffer qui, en 1957, ont eu le mérite de surmonter les difficultés considérables qu'elle présentait en proposant une théorie, aujourd'hui connue sous le nom de théorie BCS.

Un courant électrique peut être considéré comme un mouvement d'ensemble des électrons les plus mobiles[2] d'un milieu matériel, donc comme un écoulement fluide dont les molécules seraient des électrons. Dans ces conditions, la résistance électrique, comparable au freinage des électrons dû aux chocs qu'ils subissent, n'est autre que la *viscosité* du fluide d'électrons. La supraconductivité n'est donc rien d'autre que la disparition de cette viscosité : c'est en définitive une sorte de superfluidité des électrons dans la matière.

La superfluidité

Cette superfluidité des électrons ressemble à l'écoulement de l'hélium à l'approche du zéro absolu, sans viscosité. Mais, alors que dans le cas de l'hélium liquide, le superfluide est composé de *bosons*, les électrons qui constituent le courant

1 - Le kelvin est une unité de température (symbole K) définie par le zéro absolu (0 K = – 273,15 ° Celsius) et le point triple de l'eau (273,16 K = 0,01 ° Celsius).

2 - Ces électrons les plus mobiles, un en moyenne par atome, sont appelés « électrons libres ».

électrique sont des *fermions*. Il s'avère cependant qu'à de très basses températures le réseau cristallin de certains métaux peut amener les électrons à se grouper par paires (*paires de Cooper*). Pour vaincre la répulsion électrique entre les électrons et former les paires, il faut une force attractive susceptible de l'emporter sur cette répulsion.

Dans certains métaux une attraction entre les électrons peut apparaître à partir des ions positifs. Quand un électron se meut dans un réseau cristallin, il attire à lui ces ions, ce qui déforme localement le réseau. Un autre électron peut alors être attiré dans cette nouvelle concentration de charges positives, ce qui crée l'appariement souhaité. Dès lors, les paires de Cooper assurent le passage d'un courant bosonique étrange. Appariés, devenus bosons, les électrons perdent du coup toute leur individualité. Ils ont tous le même mouvement, la même vitesse, la même énergie et forment tous ensemble une seule onde quantique. C'est cette cohérence qui explique l'absence de toute résistance électrique.

Soumise, de 1911 à 1913, à des contre-vérifications bien imaginables, cette découverte étonnante fut complétée par une contre-expérience cruciale : l'absence quasi totale de perte d'électricité dans un circuit maintenu pendant deux ans à une très basse température. Cela signifiait à peu près que les très basses températures « gelaient » les électrons à l'intérieur de la matière, et cela indéfiniment.

En 1933, les Allemands Meissner et Ochsenfeld découvrirent un autre phénomène curieux : aux très basses températures, le champ magnétique à l'intérieur d'un système en état de supraconductivité passe également à zéro (en supraconductivité, les courants tendent à circuler. La surface du supraconducteur se comporte à la fois comme un conducteur parfait et comme un corps diamagnétique parfait.).

Enfin, dernière découverte spectaculaire découlant de celle d'Onnes : en 1945, en jetant un aimant sur une plaque de plomb en supraconductivité, le physicien russe Arkadiev constata que l'aimant flotte au-dessus de la plaque, en état d'apesanteur ! (le phénomène s'explique par l'induction d'un champ magnétique secondaire, répulsif, dans la plaque de plomb, dû à la création de courants circulaires induits par la proximité de l'aimant). L'expérience eut lieu, non pas à la température ambiante, mais dans un récipient rempli d'hélium liquide.

La superfluidité

Champion incontestable des basses températures, Kammerlingh-Onnes a, dans son laboratoire à Leyde aux Pays-Bas, non seulement découvert la supraconductivité mais également mis en évidence un autre phénomène, la *superfluidité*. Les fluides ordinaires sont toujours visqueux. Einstein a montré, dès 1902, que la *viscosité* des fluides résulte des chocs moléculaires, de sorte qu'un mouvement ordonné perd une part de son énergie, qui se dissipe en mouvements moléculaires désordonnés, donc en chaleur. Telle est l'origine de ce « freinage » qu'on appelle viscosité.

L'hélium, à la pression ordinaire, se condense aux alentours de – 269 °C. Si l'on continue à abaisser la température, à l'approche du zéro absolu le comportement du liquide change très brusquement. Baptisé alors « hélium II », c'est un fluide (on pourrait dire « superfluide »), auquel sa très faible viscosité confère des propriétés étonnantes.

L'hélium II traverse facilement les capillaires les plus fins. Son exceptionnelle mobilité lui permet de grimper par viscosité le long des parois d'un récipient et de s'écouler spontanément au dehors. Il est le siège de phénomènes thermiques, mécaniques et « acoustiques » étranges (l'hélium II diffuse et propage la chaleur de manière ondulatoire, comme un son). On assiste à une véritable transition de phase, au passage d'un état de la matière à un autre. Cette transition est due à l'apparition de propriétés collectives spécifiquement quantiques de la matière et, plus précisément, au caractère bosonique de l'atome d'hélium.

Il est constitué, en effet, de quatre fermions - un nombre pair - soit : deux protons et deux neutrons dans le noyau, plus deux électrons périphériques. Aux très basses températures, l'agitation thermique ne masque plus le panurgisme d'un système de bosons. Les atomes d'hélium, solidaires, ne peuvent plus être ralentis individuellement par collisions avec les parois du tube où s'écoule cet hélium superfluide : il y a *superfluidité.*

Curieusement, ce beau phénomène n'a encore reçu aucune application pratique. Beaucoup d'efforts sont aujourd'hui consacrés à de nouveaux fluides quantiques, tel l'hydrogène polarisé. On attend de nouveaux résultats expérimentaux qui viendraient appuyer la connaissance de la superfluidité, comme celle d'autres effets quantiques collectifs.

La supraconductivité « tiède »

De 1911 à 1986, la supraconductivité ne fut réalisable qu'à des températures extrêmement basses, voisines du zéro absolu ; elle n'était donc acquise qu'au prix d'une dépense d'énergie de loin supérieure à celle que l'on pensait pouvoir économiser. Or, en 1981, les Français Claude Michel et Bernard Raveau synthétisèrent des oxydes métalliques de cuivre et de lanthane « dopés » au baryum et au strontium présentant la propriété d'être d'excellents conducteurs dans des circonstances particulières ; le dopage modifiait les modalités de passage des électrons dans les mailles cristallines des oxydes (1).

C'est en se basant sur ces travaux que, en 1986, les Suisses Georg Bednorz et Alex Müller observèrent sur des oxydes du type mis au point par les Français une chute considérable de la résistance, de 23,3 K à plus de 30 K. La même année 1986, le Japonais Koichi Kitazawa, l'Américain Paul Chu, puis les laboratoires ATT-Bell obtenaient des effets supraconducteurs au-dessus de 40 K.

Puis on enregistrait la supraconductivité à 52 K (sous pression de 12 kilobars) et même entre 80 et 93 K, correspondant à environ – 183°C, dans le cas de céramiques supraconductrices récemment découvertes. Quant à la possibilité d'obtenir la supraconductivité à température ambiante, elle n'est plus aujourd'hui du domaine de l'utopie.

---

1 - La résistance, qui s'annule totalement au-dessous d'une certaine température dite critique, vaut 4,15 K pour le mercure, premier supraconducteur découvert, 1,19 K pour l'aluminium, 7,19 K pour le plomb, mais déjà plus de 10 K dans le cas de certains alliages de niobium.

SYMÉTRIE

Platon, V^e^-IVe s. av. J.-C. ; Lagrange, 1770 ; Vandermonde, 1774 ; Galois, 1832 ; Jordan, 1870 ; Noether, 1916.
Voir aussi : Conservation, Cordes, Fractale, Isomérie, Unification.

Le concept de symétrie est sans doute l'un des plus élémentaires et des plus profonds dont l'esprit humain fasse usage pour organiser sa compréhension du monde. Il est universel, tant il est vrai qu'il s'applique des particules au cosmos, des minéraux aux êtres vivants. D'une commune évidence visuelle, il s'insère en une riche et féconde théorie mathématique, la théorie des groupes. Ses limites mêmes – symétries approchées, symétries brisées – offrent à la physique contemporaine l'occasion de nombreux développements. Enfin, la recherche scientifique et la création artistique s'y rencontrent et s'y confrontent. Bâtir le système du monde sur des considérations de symétrie n'est pas une gageure nouvelle.

La symétrie comme principe de connaissance

Les Grecs ne se sont pas intéressés au concept de symétrie de façon explicite, en termes mathématiques, géométriques. Certes la géométrie grecque a porté un grand intérêt aux figures présentant des symétries, se reproduisant identiquement après certaines transformations géométriques. Mais les transformations elles-mêmes restent implicites dans la géométrie grecque. Les figures en question sont, par exemple, le cercle, qu'on peut faire tourner sur lui-même et qui se superpose toujours à lui-même. Il est, comme on dit, « invariant » par toutes les rotations dans le plan autour de son centre. La sphère a la même propriété, mais, cette fois-ci, l'invariance est par toutes les rotations *dans l'espace* autour de son centre. Dans l'espace, il existe donc certaines figures qui se reproduisent identiquement par certaines rotations, mais elles sont en nombre fini.

Les polyèdres réguliers, par exemple, qui ont été étudiés par la géométrie grecque, ne sont qu'au nombre de cinq : le tétraèdre régulier (une petite pyramide à base triangulaire), le cube (dont les six faces sont des carrés), l'octaèdre régulier (dont les huit faces sont des triangles équilatéraux), le dodécaèdre (qui a douze faces pentagonales) et l'isocaèdre (dont les vingt faces sont des triangles équilatéraux).

Toutes ces figures étaient connues de la géométrie grecque. Euclide leur consacra le treizième livre des *Éléments*. On les appelle communément les « solides platoniciens », car Platon avait élaboré une théorie cosmologique, exposée dans le *Timée*, où les éléments fondamentaux de la nature (l'eau, la terre, le feu et l'air) étaient constitués par ces solides. Platon envisageait la transformation d'un élément en un autre, la dissolution d'un élément réapparaissant sous une autre forme, etc. Il ouvrait ainsi la voie en utilisant la symétrie comme principe de connaissance.

Symétrie et invariance

Il n'est pas exagéré de dire que presque toute la physique repose sur des considérations de symétrie. C'est ce qui fait sa force extraordinaire et lui permet de donner un tableau cohérent du monde, alors qu'on ignore encore bien des réalités plus profondes. Une figure est dite symétrique lorsqu'on peut tracer une ligne médiane et, de cette façon, la diviser en deux parties qui sont le reflet exact l'une de l'autre. La symétrie par réflexion dans un miroir n'est pas l'unique opération associée à la symétrie : par exemple, une figure est dite également symétrique si elle ne change pas après qu'on l'ait fait pivoter sous un certain angle.

Autrement dit, le concept de symétrie peut être rattaché à toute opération appliquée à un système physique qui le laisse *invariant* ; le système reste identique à ce qu'il était avant l'opération. Ce faisant, on a dégagé le concept d'*invariance*, c'est-à-dire une clôture de l'objet sur lui-même qui maintient son autonomie et sa stabilité au cours de certaines transformations. Il existe de très nombreux types d'invariances, correspondant à la recherche d'invariants globaux (c'est l'activité essentielle de la géométrie) :

- L'*invariance topologique* : un triangle reste toujours un triangle, quelle que soit sa forme.

- L'*invariance de la mesure* : on peut déformer un cercle sans pour autant modifier sa surface intérieure.

- L'*invariance par transformation de symétrie* : un ensemble d'objets peut toujours être soumis à des transformations qui déplacent les objets. La *permutation d'objets* peut très bien ne pas modifier l'allure globale de l'ensemble ; on dit que l'ensemble est symétrique par rapport à cette transformation.

- Le *cercle* est une figure remarquablement symétrique, car il est symétrique par rapport à toutes les permutations de part et d'autre de tous les diamètres.

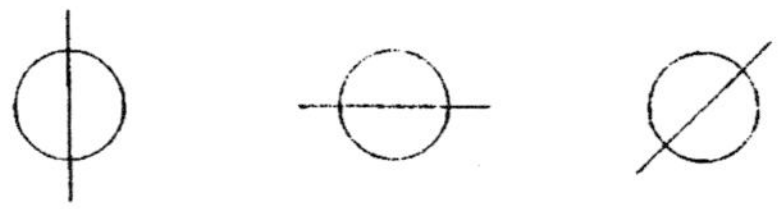

- Il est également symétrique par rapport à une rotation autour de son centre avec un angle quelconque.

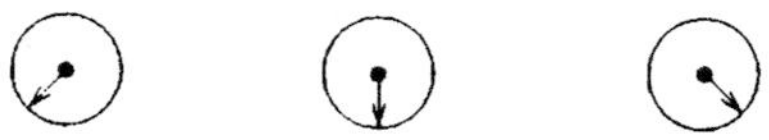

- Cette symétrie de rotation manifeste le caractère du cercle comme figure limite de polygones réguliers à nombre croissant de côtés (on peut imaginer dans un cercle un polygone régulier avec un nombre quelconque de côtés).

En revanche, lorsqu'on passe du cercle à la sphère, c'est-à-dire du plan (dimension 2) à l'espace ordinaire (dimension 3), on modifie les propriétés de symétrie. On ne peut alors inscrire dans la sphère plus de cinq polyèdres réguliers (polyèdres dont toutes les surfaces sont identiques), par limitation du nombre de formes régulières possibles. Cette limitation était déjà connue de Platon, d'où l'appellation des cinq polyèdres : les cinq *corps platoniciens.* On voit ici émerger le rôle considérable et décisif joué par la symétrie dans la sélection et la limitation des formes possibles, et, par là, dans la *détermination des phénomènes naturels.*

En faisant un grand bond dans le temps, on voit naître et se développer, à partir du XVe siècle essentiellement, la théorie de la perspective que sous-tend le concept de symétrie. Des artistes comme Alberti, Brunnelleschi, Dürer, Piero della Francesca élaborent cette théorie qui repose essentiellement sur la préservation de l'alignement et l'idée que les parallèles vont se rejoindre à l'infini. On imagine l'œil comme étant le sommet d'un cône et les différents objets qu'on voit sont représentés par les rayons lumineux, droits, qui joignent l'œil à ce qui est vu.

Puis, c'est Kepler qui tente, en 1596, d'expliquer la structure de tout le système solaire sur la base d'une structure utilisant des sphères et des corps platoniciens.

Lagrange, Galois, Nœther et l'idée moderne de symétrie

Progressivement, on avance à la fois dans l'appréhension et dans la conceptualisation de l'idée de symétrie. Vers la fin du XVIIIe siècle, on s'intéresse à la structure des équations algébriques, c'est-à-dire d'un polynome à une inconnue qu'on égale à zéro. On cherche à déterminer l'inconnue. On le fait en transformant une équation donnée en une autre plus simple, et la structure des transformations possibles se reflète dans les propriétés de symétrie des racines de l'équation. Une équation dont le degré est n, a n racines réelles ou complexes. Cela peut être des nombres imaginaires. Mais ces n racines ont des propriétés de symétrie : elles peuvent s'échanger entre elles, se permuter.

Préparée par Lagrange et Vandermonde à la fin du XVIIe siècle, cette théorie des équations trouve en Évariste Galois (mort à 21 ans en 1832[1]) un mathématicien profondément lucide : il comprend la nature de cette théorie en associant à chacune des équations un certain ensemble de permutations des racines, qu'il appelle le *groupe*. Le groupe de permutations est l'ensemble de toutes les substitutions des racines permises, ces substitutions pouvant se composer les unes avec les autres.

1 - Évariste Galois fut mortellement blessé dans un duel au pistolet dont les circonstances n'ont jamais été éclaircies. La nuit précédant sa mort, il écrivit une lettre à son ami Auguste Chevalier, dans laquelle il rassemblait ses idées principales.

C'est seulement vers 1870 que l'idée de Galois est pleinement comprise, admise et répandue avec l'emploi généralisé de la *théorie des groupes*. À cette époque, Camille Jordan publie son *Traité des substitutions et des équations algébriques* qui développe systématiquement les idées de Galois. Il fait par ailleurs le lien entre l'espace géométrique et les transformations géométriques. Au XIXe siècle encore, la classification des formes extérieures des cristaux met en évidence l'existence de trente-deux classes de symétrie. En 1826, Ampère présente un modèle de molécules où les atomes occupent la place des sommets de polyèdres réguliers. En 1916, l'Allemande Emmy Nœther, algébriste influente, démontre que l'invariance géométrique implique l'invariance de certaines quantités physiques au cours du temps.

Un outil puissant en physique des particules

C'est donc en élargissant peu à peu le concept commun de symétrie et en lui conférant une signification plus abstraite que les physiciens furent capables d'en faire un outil puissant qui s'avéra extrêmement utile, notamment dans la classification des particules.

La raison pour laquelle les opérations de symétrie sont si fécondes tient au fait qu'elles sont étroitement liées aux « lois de conservation ». Dans le monde des particules, chaque fois qu'un processus révèle une certaine symétrie, il existe une quantité mesurable qui est *conservée* (c'est-à-dire qui demeure *constante* durant le processus). Ces quantités fournissent des données constantes et sont donc idéales pour décrire les interactions de la particule. Certaines quantités sont conservées dans toutes les interactions, d'autres seulement dans quelques-unes, de telle sorte que chaque processus est associé à un ensemble de quantités conservées. Les symétries dans les propriétés des particules apparaissent ainsi comme des *lois de conservation* dans leur interaction.

Il existe quatre lois fondamentales de conservation, trois d'entre elles étant associées aux simples opérations de symétrie dans le temps et l'espace ordinaire. La première de ces symétries est liée à la *conservation du moment magnétique*, la seconde à la *conservation de l'énergie* : cela signifie que le moment total de toutes les particules impliquées dans une interaction et leur énergie totale seront exactement les mêmes avant et après l'interaction. La troisième symétrie fondamentale est celle qui concerne l'orientation dans l'espace : en conséquence de cette symétrie, la quantité totale de rotation impliquée dans un processus comprenant les spins des particules individuelles subsiste toujours.

Il existe encore plusieurs lois de conservation qui correspondent à des opérations de symétrie dans les espaces mathématiques abstraits, comme celle de la *conservation de la charge*.

La supersymétrie

Le thème central de la physique est la compréhension du monde qui nous entoure, par l'établissement des lois fondamentales qui gouvernent l'univers. Par « monde qui nous entoure », on doit comprendre aussi bien la structure à très grande échelle que celle aux dimensions infimes du niveau subatomique. Le « très petit » et le « très grand » se sont rencontrés assez récemment en physique d'une manière sans précédent. On veut évoquer ici les théories unifiées, qui tentent d'unifier toutes les interactions observées dans la nature et qui font intervenir des énergies colossales, de l'ordre de 10^{15} GeV [(1)]. Le seul endroit où de telles énergies aient pu être atteintes, selon la théorie du Big Bang chaud, est l'univers primordial. L'unification conventionnelle – elle est dite de *jauge* – pose en fait de nombreux problèmes. Ceux-ci ne peuvent être résolus que par l'introduction de la *supersymétrie.*

La matière et le rayonnement (ou l'interaction) peuvent-ils être les deux faces d'une seule et même chose ? Les bosons n'obéissent pas au principe d'exclusion de Pauli ; les fermions, si. Les deux catégories semblent plus dissemblables que l'eau et le feu. Pourtant, il existe une théorie très en faveur de nos jours, qui répond par l'affirmative à la question posée : c'est la *supersymétie.*

Ce que nous voyons dans nos expériences – dont nous sentons l'effet dans la vie quotidienne – ne serait que la moitié de l'univers. Chaque photon – de genre boson – devrait avoir un partenaire supersymétrique – un fermion – appelé *photino.* Chaque quark – de genre fermion – devrait avoir un partenaire supersymétrique – un boson appelé *squark.*

« La proclamation de la symétrie entre bosons et fermions garde cependant un caractère scandaleux pour tous ceux qui croient à la distinction entre particules et force », écrit John Gribon dans son livre *À la poursuite du Big Bang*. Mais, après tout, est-ce si outrancier ? La supersymétrie ne fait rien d'autre, en effet, que pousser jusqu'à son extrême limite la dualité onde-particule. Elle ne dit rien d'autre que ceci : une particule-onde est une onde-particule ; c'est la même chose.

Très peu de temps après le Big Bang, cette supersymétrie aurait été *brisée* spontanément. Les partenaires supersymétriques des particules standard (*sleptons, squarks*, etc.) auraient des masses plus élevées que les partenaires ordinaires. Si ces particules étaient découvertes, il s'agirait d'une prodigieuse avancée scientifique.

Enfin, il semblerait que les premières preuves de l'existence de la supersymétrie puissent être trouvées dans les noyaux lourds, dans le cadre du modèle des bosons intermédiaires, modèle dans lequel le noyau lourd se composerait d'un cœur rigide à l'extérieur duquel les nucléons se grouperaient en paires se comportant comme des bosons.

En combinant la supersymétrie et la structure en cordes, on obtient la théorie des *supercordes*, qui est considérée par certains théoriciens comme pouvant déboucher sur la *théorie de tout*, unifiant toutes les interactions, forte, électrofaible et gravitationnelle. Le grand rêve d'Einstein, celui de la théorie unitaire de toutes les particules, sortirait peu à peu du domaine de l'utopie.

---

1 - Le GeV est un multiple de l'électronvolt : 1 GeV = 10^9 eV. L'électronvolt est l'énergie acquise par un électron soumis à une tension de 1 volt.

SYNTHÈSE ORGANIQUE

Scheele, 1779 ; Wöhler, 1828 ; Berthelot, 1860.

Voir aussi : Dissymétrie moléculaire, Évolution, Génération spontanée, Isomérie, Molécule.

Même lorsqu'il n'aboutit pas dans l'immédiat à des succès industriels comme ceux qui valurent à l'Allemagne sa renommée, le programme de *synthèse organique* se développa de manière spectaculaire dans la seconde moitié du XIXe siècle grâce aux concepts nouveaux sur lesquels les chimistes se mirent progressivement d'accord.

Monde minéral et monde organique

Jusqu'au milieu du XIXe siècle, on a cru que les substances des corps inertes, dites *minérales*, et les substances composant ou produites par les êtres vivants, dites *organiques*, étaient de natures différentes. On pensait que les dernières exigeaient la présence d'un mystérieux « principe vital » – d'origine probablement divine – sans lequel elles ne pouvaient se former [1]. Il ne s'agit pas ici de la différence entre le corps et l'esprit ou entre la chair et l'âme, mais d'une distinction spécifique entre matière vivante et matière inerte, l'une ne pouvant se réduire à l'autre, ni être créée à partir de l'autre.

Berzelius écrivait : « Tout ce qui tient à la nature organique annonce un but sage et se distingue comme production d'un entendement supérieur » ... Ou encore :

> « Quand même nous parviendrions avec le temps à produire avec des corps inorganiques plusieurs substances d'une composition analogue à celle des produits organiques, cette imitation incomplète est trop restreinte pour que nous puissions espérer produire des corps organiques, comme nous réussissons, dans la plupart des cas, à confirmer l'analyse des corps inorganiques en faisant leur synthèse. »

À propos de sa classification, Gerhardt soulignait en 1842 :

> « J'y démontre que le chimiste fait tout l'opposé de la nature vivante, qu'il brûle, détruit, opère par analyse ; que la force vitale seule opère par synthèse, qu'elle reconstruit l'édifice abattu par les forces chimiques . »

Ainsi, au début du XIXe siècle, les chimistes restaient divisés sur la question de savoir s'il est possible de synthétiser une substance appartenant au vivant. Certains doutaient même que les substances organiques obéissent aux lois de la chimie.

---

1 - Un fait a pu accréditer cette idée : en chimie organique, les réactions sont rarement violentes et les températures auxquelles on travaille moins élevées que pour les composés minéraux. Les innombrables substances organiques naturelles, qui sont le fruit de la biosynthèse chez les animaux et dans les plantes, se sont formées dans des conditions assez douces, dans des limites de température qui sont les mêmes que celles qui permettent l'existence et l'activité de ces organismes vivants.

Les opinions étaient toutefois, selon les chimistes, plus ou moins nuancées. Certains se rattachaient à un vitalisme schématique et, dans la forme, attardé ; d'autres, à la suite des synthèses de Wöhler, tenaient pour déterminante l'influence du hasard et déclaraient que les résultats obtenus n'étaient pas significatifs. Berzelius se rangeait dans la première catégorie ; Gerhardt dans la seconde.

Cette distinction entre un monde minéral et un monde organique devait finir, comme on le sait, par être abandonnée [1], et cela pour plusieurs raisons. Tout d'abord, des chimistes réussirent à fabriquer par synthèse, à partir des corps simples les constituant, des substances organiques : synthèse de l'urée (Wöhler), en 1828, des hydrocarbures (Frankland et Wurtz) et des amines (Hofmann) en 1850, des corps gras en 1854, de l'alcool éthylique et de l'acide formique en 1855, du méthane en 1858, synthèse de l'acétylène par Marcellin Berthelot, en 1860, sur laquelle nous reviendrons, de l'éthylène en 1865, du benzène en 1866, toujours par Berthelot.

Ensuite, parce que la chimie des structures a largement établi l'*unité de la matière*, quelle que soit son origine. Enfin, parce qu'on a mille fois montré que l'inorganique et l'organique s'interpénètrent à tous les niveaux. Dans un organisme, il y a de nombreuses substances minérales, eau, ions métalliques, carbonates, phosphates. Les progrès énormes de la synthèse chimique permettent de fabriquer les produits organiques les plus divers, depuis les hormones synthétiques jusqu'au tergal ou au plexiglas.

C'est pourquoi, à la question : « Qu'est-ce que la chimie organique ? » on doit répondre, non pas en l'opposant à la chimie inorganique, mais en la définissant comme la *chimie des composés du carbone* [2]. Celle-ci a une place à part dans la chimie en général, parce qu'il se trouve que le carbone forme la majeure partie de la matière vivante.

Un chimiste de la IIIe République

Marcellin Berthelot (1827-1907) est *le* chimiste de la IIIe République. Professeur de chimie organique au Collège de France, à l'école de pharmacie, il est nommé inspecteur général de l'Enseignement supérieur en 1876, sénateur inamovible en

---

1 - Cette distinction a fait place à une compartimentation plus pragmatique. Ainsi, la *chimie physique* s'applique à utiliser les lois et les propriétés physiques pour rechercher les configurations et les réactions chimiques. La *chimie nucléaire* se charge d'étudier les structures et infrastructures atomiques. La *biochimie* se penche sur l'étude des réactions propres à l'univers biologique. La *chimie analytique* vise à mettre au point des méthodes permettant de déterminer la composition des corps composés. La *chimie appliquée* s'efforce de mettre au service de l'industrie les découvertes de la chimie expérimentale.

2 - L'élément carbone possède en effet au plus haut degré la capacité, que l'on observe rarement chez les autres éléments (silicium, soufre et bore), de se lier avec lui-même pour former des chaînes souvent assez longues et des systèmes cycliques complexes dans lesquels on rencontre les phénomènes d'*isomérie* (pour le seul hydrocarbure C_{30} H_{26}, on a supputé 4 x 10^9 isomères possibles). Le nombre des composés organiques connus est donc très élevé (aujourd'hui certainement supérieur à un million) et celui des composés possibles, préparables plus ou moins facilement par synthèse chimique, est pratiquement illimité. Les éléments autres que le carbone entrant dans la grande majorité des composés organiques sont tout de même relativement nombreux. Tous contiennent de l'hydrogène, de très nombreux même, de l'oxygène et de l'azote, quelques-uns du soufre, du phosphore et des halogènes (S, Cl, Br et I).

1881, ministre de l'Instruction publique fin 1886, secrétaire perpétuel de l'Académie des sciences en 1889, ministre des Affaires étrangères en 1896. La France lui consacra des funérailles nationales.

Marcellin Berthelot, qui avait subi l'influence de Balard, dont il fut l'assistant au Collège de France avant de travailler avec Pelouze, Dumas et Regnault, fut sans doute un des chimistes les plus prolifiques de son temps. C'est sous sa plume qu'on trouve pour la première fois le mot « synthèse ». Après Lavoisier, fondateur de la chimie d'analyse, vint Berthelot, champion du programme de synthèse.

Comment concevoir la synthèse chimique ? Pour un Berthelot, adversaire de l'atomisme, partisan obstiné de l'équivalentisme[(1)], la synthèse est l'opération inverse de l'analyse ; une recomposition à partir des éléments. Et ce va-et-vient entre simple et composé résume toute la chimie (*La chimie organique fondée sur la synthèse, 1860*).

On peut apprécier aujourd'hui le contraste entre chimies de l'analyse et de la synthèse. Dans le système lavoisien, le contrôle de la réaction s'effectuait aux entrées et aux sorties, grâce à la balance. Dans la synthèse, le contrôle des produits reste important, mais il faut aussi contrôler les processus.

L'essor de la chimie organique

Le début de la chimie organique comme « science » remonte seulement à la seconde moitié du XVIIIe siècle. Durant la période préparatoire, il faut rappeler les travaux de Carl Wilhelm Scheele, chimiste et pharmacien suédois auquel on doit l'isolement des acides organiques les plus communs (citrique, tartrique, malique, lactique, etc.) et de la glycérine.

La mémorable synthèse de l'urée réalisée en 1828 par Friedrich Wöhler à partir d'une substance minérale (cyanate d'ammonium) apporta un démenti formel au vitalisme. Cette synthèse fut suivie, comme on l'a vu plus haut, de nombreuses autres produisant des composés de plus en plus complexes ; il devint alors évident qu'il n'existait aucune barrière entre les composés organiques et les minéraux. La découverte de substances douées de pouvoir rotatoire moléculaire induisit, pour un temps, les esprits en confusion.

On avait en fait observé que quelques produits naturels, comme l'acide tartrique, l'acide malique, l'acide lactique jouissaient en solution, à l'état liquide ou à l'état de vapeur, de la propriété de dévier le plan de polarisation de la lumière polarisée, propriété dont étaient dépourvus les mêmes composés préparés au laboratoire et tous les produits synthétiques. Les recherches de Pasteur (1860) sur la dissymétrie moléculaire (voir ce mot) démontrèrent que les composés de synthèse correspondant à des produits naturels optiquement actifs sont inactifs parce qu'ils sont formés d'un mélange de deux antipodes optiques de pouvoir rotatoire égal et de signe contraire qu'il réussit à séparer par des méthodes originales.

---

1 - Ce sont les chimistes allemands Wenzel et Richter qui cherchèrent à caractériser l'affinité relative des corps à partir de tables d'équivalents de bases et d'acides. Les quantités « équivalentes » de base sont les quantités respectives de chaque base nécessaires pour neutraliser une quantité donnée d'acide, et vice versa pour les quantités équivalentes d'acides. De cette observation dérive la « loi des proportions multiples » et celle des « proportions définies ».

L'essor de la chimie organique, considérée au cours de la seconde moitié du XIXe siècle comme la chimie des composés du carbone, fut l'œuvre de chercheurs brillants comme Eugène Chevreul, Jean-Baptiste Dumas, Justus von Liebig, Charles Frédéric Gerhardt, Adolphe Wurtz, Adolf von Baeyer, August Kekulé, Edmond Fischer et, bien entendu, Marcellin Berthelot. Plus près de nous, les progrès accomplis par la chimie organique dans la connaissance de la constitution et de la synthèse des substances naturelles les plus complexes (colorants, sucres, terpènes, alcaloïdes, vitamines, hormones, antibiotiques) ont permis l'élaboration d'architectures moléculaires compliquées comme celle de la strychnine et de la chlorophylle.

L'ambitieux programme de Berthelot

Berthelot présente un ambitieux programme de synthèses progressives à peu près en ces termes : d'abord, combiner le carbone et l'hydrogène pour former les carbures d'hydrogène, « qui constituent à proprement parler la clé de voûte de l'édifice scientifique ». Ensuite, synthétiser les alcools, substances ternaires formées de carbone, d'hydrogène et d'oxygène et qui sont, à leur tour, le point de départ d'un troisième plan : combiner les alcools et les acides pour former les « éthers » (appelés de nos jours *esters*) ou bien les alcools et l'ammoniaque pour former les « alcalis artificiels » (strychnine, morphine, quinine, nicotine et colorants dérivés du goudron de houille). Puis, oxyder les alcools pour obtenir des acides organiques qui sont à leur tour la base de nouvelles synthèses : les esters et les amines ; enfin, avec l'urée, on arrive aux frontières du vivant.

De ce mirifique programme, Berthelot n'accomplira qu'une petite partie. Il n'a effectivement réalisé que la première pierre de l'édifice projeté : la synthèse des hydrocarbures (1). En 1863, il fabrique de l'acétylène par passage de l'hydrogène gazeux dans l'œuf électrique et, en 1866, le benzène – que l'on appelle alors le benzole – en introduisant de l'acétylène dans un tube chauffé au rouge (2).

---

1 - On lui doit également par ailleurs la synthèse de l'alcool éthylique par action de l'éthylène sur l'acide sulfurique suivie d'hydrolyse et, inversement, la préparation des oléfines (carbures éthyléniques) à partir des alcools.

2 - Le benzène, le plus simple de tous les hydrocarbures aromatiques, ne fut longtemps qu'une curiosité de la chimie. Découvert en 1825 par un amateur de génie, Michael Faraday, à partir d'huile de baleine dont il parvint à extraire un gaz, redécouvert en 1833 par l'Allemand Eilhardt Mitscherlich, ce corps posa longtemps une énigme aux chimistes. Liquide incolore, volatil, à l'odeur caractéristique, le benzène connaîtra, dès le début du XXe siècle, une extension extraordinaire en chimie industrielle en raison de ses propriétés de solvant. Ce ne fut qu'en 1931 que Linus Pauling, en recourant à la mécanique quantique, établit que la molécule de ce corps, le plus simple de tous les hydrocarbures aromatiques, avait une structure singulière. De fait, la distance normale d'un atome de carbone à l'autre dans une structure double normale est de 1,34 A et celle d'une liaison simple de 1,50 A, alors que, dans ce cas, les atomes de carbone sont distants de 1,39 A, distance intermédiaire exceptionnelle. Ce fait a été vérifié par analyse aux rayons X.

La synthèse de l'acétylène

En 1863, sous la plume de Berthelot, paraît dans les *Annales de chimie et de physique*, le compte rendu de la synthèse de l'acétylène [1] par le moyen de l'arc électrique : « Les carbures d'hydrogène [au nombre desquels l'acétylène] et les alcools sont le point de départ de la formation des autres composés organiques : aussi, après avoir réussi à opérer la synthèse des alcools et celle de leurs éthers au moyen des carbures d'hydrogène, j'ai tourné tous mes efforts vers la formation des carbures d'hydrogène eux-mêmes au moyen des éléments. [...]

J'eus enfin recours à la pile et à l'arc électrique qui se produit entre deux pointes de charbon, avec élévation successive de température et transport du charbon d'un pôle à l'autre. J'ai pris soin de purifier les baguettes de charbon de toute matière goudronneuse et hydrogénée, par l'emploi du chlore.

Dans ces conditions nouvelles, l'expérience réussit pleinement. La combinaison de l'hydrogène et du carbone s'effectue à l'instant. Dès que l'arc jaillit, l'acétylène prend naissance et c'est le seul produit que j'ai reconnu dans la réaction. Sa production continue, tant que l'arc électrique passe. Elle peut être reproduite indéfiniment avec les mêmes charbons, tant que le transport de matière qui s'opère entre les pôles ne les a pas désagrégés entièrement :

$$\underset{\text{Carbone}}{2C} + \underset{\text{Hydrogène}}{H_2} \longrightarrow \underset{\text{Acétylène}}{C_2H_2}$$

[...]
L'acétylène, ainsi formé par la synthèse directe de ses éléments, n'est pas un être isolé, mais un point de départ. En effet, j'ai dit comment on pouvait aisément le changer en gaz oléifiant par une simple addition d'hydrogène :

$$\underset{\text{Acétylène}}{C_2H_2} + \underset{\text{Hydrogène}}{H_2} \longrightarrow \underset{\text{Étylène}}{C_2H_4}$$

Avec le gaz oléfiant on forme l'alcool, et l'on entre ainsi dans cette chaîne de composés dont l'ensemble constitue la Chimie organique. À toutes ces synthèses et formations progressives, celle de l'acétylène donne désormais pour premier fondement une synthèse directe. »

1 - Hydrocarbure non saturé à triple liaison $CH \equiv CH$, premier terme des hydrocarbures acétyléniques, l'acétylène est un gaz incolore, plus léger que l'air, pur, dont l'odeur est éthérée ; il brûle en présence d'oxygène, avec une flamme lumineuse et un grand dégagement de chaleur (permettant d'atteindre une température d'environ 2 800° C dans le chalumeau oxyacétylénique). Toxique, il doit être manipulé avec précaution. L'acétylène est utilisé dans de nombreuses synthèses chimiques et particulièrement dans le domaine de la fabrication des monomères pour résines vinyliques. On l'utilise en outre pour la taille et la soudure des métaux.

TEMPÉRATURE

Héron d'Alexandrie, 1er siècle av. J.-C. ; Galilée, 1597 ; Fahrenheit, 1714 ; Réaumur, 1730 ; Celsius, 1742 ; Kelvin, 1848.

Voir aussi : Chaleur, Chaleur et travail, Gaz, Plasma, Rendement.

La distinction commune entre chaleur et température n'est pas toujours évidente. Les qualificatifs *chaud* et *froid* sont relatifs et éminemment subjectifs. Un exemple classique est celui de trois récipients remplis d'eau, très chaude dans le premier, tiède dans le second, froide dans le troisième. Quand la même personne trempe la main dans le premier récipient, puis le second, elle a l'impression que l'eau de ce dernier est froide ; quand elle la trempe dans le troisième, puis le second, elle a l'impression que cette même eau (qui lui paraissait froide) est chaude. Dans un même lieu, quelqu'un prétendra avoir « trop chaud » alors que son voisin déclare « avoir froid ».

La définition précise de grandeurs physiques est nécessaire, de même qu'il faut mettre au point des procédés (et des appareils) permettant de les mesurer, ou de les évaluer en les comparant à d'autres grandeurs. Les premières tentatives que l'on connaisse remontent à l'Antiquité. À Alexandrie, l'école péripatéticienne explique la dilatation et la contraction de l'air par l'action du chaud et du froid en introduisant l'idée d'une structure lacunaire de la matière. Leurs recherches dans ce domaine conduisent Philon de Byzance, vers 250 av. J.-C., et Héron d'Alexandrie, vers 10 av. J.-C., à construire des *thermoscopes*.

Des thermoscopes aux thermomètres

Les *Pneumatiques* de Héron, publiés en latin en 1575, puis en italien en 1589, servent de base aux études thermoscopiques effectuées à cette époque, le plus souvent par des médecins et des météorologues. Vers 1597, constatant qu'un gaz chauffé se dilate, Galilée fait construire par des maîtres verriers ses propres *thermoscopes* : branchés sur un petit vase en verre, trois tubes verticaux de formes assez inattendues laissent circuler une petite boule colorée. Quand la température augmente, l'air contenu dans le vase se dilate et les boules montent ; elles descendent quand la température baisse : Galilée est bien l'inventeur du thermomètre.

Après les études de Boyle et de Mariotte sur la dilatation des gaz, les physiciens s'intéressèrent davantage à celle des liquides, d'utilisation plus facile. À la fin du XVIIe siècle et au début du XVIIIe siècle apparaissent différents thermomètres. La plupart ont une échelle thermométrique à huit ou dix degrés, avec une division moyenne tempérée. Dans les Flandres, le chimiste Jan Baptist van Helmont construit les premiers thermoscopes à liquide constitués par une boule pleine d'eau surmontée d'un tube long et fin. À partir de 1660, en Italie, on a l'idée de remplacer l'eau par de l'esprit-de-vin (de l'alcool) dont le coefficient de dilatation, plus élevé, fournit de plus grands déplacements.

On doit au physicien Robert Boyle le choix, comme repère des températures, du niveau du liquide lorsque le ballon se trouve dans la glace. En 1694, Carlo Renaldini propose une échelle de température divisée en parties égales, prenant la température d'ébullition de l'eau comme limite supérieure et la fusion de la glace comme limite inférieure. Cette proposition ne fut malheureusement pas retenue puisqu'on sait que Newton lui-même, vers 1700, utilisait encore une échelle empirique à six repères : glace fondante, température du corps humain, fusion de la cire, ébullition de l'eau, fusion d'un alliage et fusion du plomb.

Enfin, en 1714, Daniel Fahrenheit, ayant appris à souffler le verre, se consacre à la fabrication d'appareils de physique. Il construit des thermomètres à alcool mais, substituant le mercure à l'alcool, il donne au thermomètre à liquide sa forme définitive, pourvue d'une échelle malheureusement quelque peu compliquée.

Vers 1730, René Antoine Ferchault de Réaumur recherche des points fixes aisément reproductibles : la glace fondante, l'ébullition de l'eau. Ayant mis en évidence l'absence de proportionnalité entre les dilatations de différents liquides thermométriques : eau, esprit de vin, mercure, il fait le choix d'un matériau thermométrique de référence. Vers 1730, il construit un thermomètre à alcool coloré pour lequel il retient l'échelle 0 – 80. C'est le premier appareil dont les indications soient comparables les unes aux autres.

Les progrès de la thermométrie au cours du XVIIIe siècle servent aussi bien la météorologie naissante que la physique qui s'intéresse de plus en plus aux échanges de chaleur, aux dilatations des corps. Il est plus que probable que les progrès de la machine à vapeur et l'extension de son utilisation n'ont pas été étrangers à cet accroissement d'intérêt.

Vers 1760, divers physiciens remarquent que les températures des différents solides et liquides ne subissent pas, dans des conditions expérimentales identiques, les mêmes variations. Avec Black, Watt, puis Lavoisier et Laplace sont définis les concepts et mises au point les techniques permettant, à partir de ces variations de température, de déterminer certaines caractéristiques physiques de corps donnés. Tout cet ensemble constitue la *calorimétrie*, les mesures s'effectuant généralement dans un récipient fermé, aussi bien isolé de l'extérieur que possible. Ainsi est définie la notion de « quantité de chaleur »(1).

Pour un corps de masse M, dont la température s'élève de t_2 à t_1, la quantité de chaleur Q est proportionnelle à M, à l'élévation de température $(t_1 - t_2)$ et à un coefficient C appelé *chaleur spécifique* qui est caractéristique de la nature du corps :

$$Q = MC\,(t_1 - t_2)$$

Le problème se complique dans le cas des gaz, pour lesquels il convient de définir une « chaleur spécifique à volume constant » et une « chaleur spécifique à pression constante ».

Naissance de la thermodynamique

Jusqu'à la fin du XIXe siècle, on pensait que la chaleur était une propriété due à la présence, dans un corps chaud, d'une substance baptisée *calorique,* et qui pouvait être cédée d'un corps à un autre. La présence du calorique dans un corps se

1 - Tant que n'interviennent que des transformations d'ordre thermique, la quantité de chaleur apparaît – tout comme la masse, ou quantité de matière, dans le cadre de la mécanique newtonienne – comme indestructible, ce qui a pour un temps conforté l'idée du calorique.

manifestait par une augmentation de la température qu'on savait mesurer grâce au thermomètre et à la définition d'échelle de température par Fahrenheit et par Celsius (voir ci-après). Dès la fin du XVIIIe siècle, on abandonne la théorie du calorique ; la chaleur devient une propriété due à l'état énergétique du corps. On fabrique des machines à vapeur pour actionner des pompes à eau...

Désormais, les physiciens vont surtout étudier l'influence de la température sur l'état d'un gaz et les transformations mutuelles de la chaleur et de l'énergie mécanique. L'ensemble de tous ces faits va être unifié en une théorie homogène nommée *thermodynamique*.

Le modèle calorique

Vers 1800, Pierre Simon de Laplace écrit un grand livre de physique newtonienne en cinq volumes, la *Mécanique céleste*, véritable corps de doctrine qui connaît un immense succès. À la fin de l'ouvrage, le savant français parle du *calorique* : le calorique est une substance, la substance de la chaleur dont on suppose qu'elle se compose de petites particules ayant une force répulsive ; ces particules se désintègrent très rapidement avec la distance. Laplace parvient à résoudre certains problèmes importants avec son modèle calorique. Il est capable de fournir la première dérivation de la vitesse du son dans l'air. Il obtient à peu près la vitesse observée alors que les dérivations de Newton ne donnaient qu'une réponse assez éloignée de la vérité.

Aujourd'hui, nous ne croyons plus en l'existence d'une substance telle que le calorique et nous avons remplacé la théorie de la chaleur de Laplace.

Les échelles de température

Ce n'est qu'au XVIIe siècle que la nécessité se fit sentir d'une approche plus quantitative de la température. Les innovations techniques entraînèrent une évolution conceptuelle et théorique des notions de chaleur et de température. Aujourd'hui, il reste encore une trace de la multiplicité de ces approches dans l'usage fait de différents types de thermomètres (1) et d'*échelles de température*.

Les thermomètres usuels donnent la température en degré Celsius (symbole ° C), du nom du physicien suédois qui créa, en 1742, l'échelle thermométrique qui est finalement restée. En fait, la lettre « C » est l'initiale de Celsius et non de l'adjectif « centigrade » ; l'échelle Celsius comporte 100 degrés de 0 à 100, de manière purement conventionnelle, et cela induit une tendance à parler de « degré centigrade », d'échelle centésimale. L'échelle Celsius permet de *repérer* une température en la comparant à une autre, mais *elle ne la mesure pas* : 0° C ne signifie pas une température nulle, mais une température bien déterminée, celle dite du *point triple de l'eau* (2).

1 - Outre le thermomètre (et ses variantes plus ou moins sophistiquées) qui reste le plus utilisé, il existe d'autres instruments de mesure des températures : les pyromètres optiques, les thermocouples.

2 - Le point triple de l'eau est un macroétat type où l'eau est en même temps sous ses trois formes, solide, liquide et gazeuse. Pour atteindre cet équilibre (la température est alors égale à 0,01 °C), on utilise un récipient scellé, privé d'air, dans lequel on a placé de l'eau pure dont une partie est à l'état liquide et l'autre à l'état vapeur. Lorsqu'on plonge la cellule dans un mélange réfrigérant, il se forme de la glace : le point triple de l'eau est atteint, s'il reste du liquide.

L'échelle absolue de température

En 1848, William Thomson (lord Kelvin) publiait un article dans lequel il fournissait le moyen de construire une échelle absolue de température. L'idée de Thomson était de définir la température à l'aide d'un moteur de Carnot, qui est strictement indépendant du fluide employé. Il adhérait, comme Carnot, à l'hypothèse de la conservation de la chaleur et admettait ainsi que la quantité de chaleur que reçoit le moteur à haute température est la même que celle qu'il cède à basse température. Voici ses propres mots :

> « La propriété caractéristique de l'échelle que je propose maintenant est que tous les degrés ont la même valeur ; c'est-à-dire qu'une unité de chaleur descendant d'un corps *A* à la température *T*° de cette échelle, à un corps *B* à la température *T*° – 1 donnerait le même effet mécanique quel que soit le nombre *T*°. On peut l'appeler avec raison une échelle absolue, car sa caractéristique est tout à fait indépendante des propriétés physiques d'un corps spécifique. »

Assurément les fondements de l'échelle étaient faux, puisque la quantité de chaleur fournie par *A* n'est pas égale à celle reçue par *B*, mais on put facilement adapter la méthode à la conservation de l'énergie quelques années plus tard.

Il est possible de comparer la température de deux systèmes macroscopiques en utilisant une variable caractéristique appelée *température absolue* (dite aussi température Kelvin), désignée par la lettre T.

La température Celsius est reliée à la température absolue par la relation :

$$\theta = T - 273{,}15.$$

Bien que l'utilisation des températures Celsius soit légale aussi bien en Grande-Bretagne qu'aux États-Unis, les Anglo-Saxons utilisent encore une autre échelle, celle du physicien allemand Fahrenheit (vers 1709), à peu près contemporaine de celle de Celsius (1742) et de celle de Réaumur (vers 1730). Dans ces deux derniers cas, les points de base choisis sont la température de la glace fondante θ_1 et la température de l'eau distillée portée à l'ébullition θ_2. L'intervalle fondamental $\theta_2 - \theta_1$ est divisé en 100 parties ou *degrés*. La comparaison des trois échelles est donnée ci-après :

Point fixe	**Échelle Celsius (1742)**	**Échelle Réaumur (vers 1730)**	**Échelle Fahrenheit (1709)**
θ_1	0	0	32
θ_2	100	80	212
$\Delta = \theta_2 - \theta_1$	100	80	180

TEMPS

Aristote, IVe siècle av. J.-C. ; Galilée, 1638 ; Huygens, 1673 ; Newton, 1687 ; Einstein, 1905.

Voir aussi : Antimatière, Chute des graves, Désordre, Échelle, Espace, Réversibilité, Trou noir.

Selon une hypothèse très répandue, de Descartes à Kant et au-delà, les êtres humains seraient équipés, en quelque sorte naturellement, de modalités spécifiques de liaison des événements, au nombre desquelles se trouverait le temps. Admettre une telle synthèse *a priori* impliquerait que les hommes ne possèdent pas seulement une aptitude générale à établir de telles liaisons, mais aussi une disposition les contraignant à établir des liaisons *spécifiques* et à construire les concepts correspondants, tels que « temps », « espace », « substance », « lois de la nature », « causalité », etc., toutes notions présentant l'aspect du non-appris et de l'immuable.

La thèse philosophique selon laquelle nous enchaînerions les événements par une synthèse *a priori*, de manière pour ainsi dire automatique et sans aucun apprentissage, en vertu d'une aptitude innée liée à notre nature d'êtres rationnels, reflète en partie le caractère limité des connaissances empiriques à l'époque de Descartes, de Kant et de leurs successeurs. Cette thèse dérive pour une part de leur conception même de l'expérience : parlant d'expérience, ils avaient en vue celle de l'individu compris comme une unité parfaitement autonome, et non pas les expériences et instruments de réflexion élaborés au cours des siècles par l'humanité.

L'idée que les hommes auraient depuis toujours appréhendé les séries d'événements sous la forme qui domine dans les sociétés contemporaines, celle de séquences temporelles intégrées dans un flux régulier, uniforme et continu, est contredite par toutes sortes de faits observables aussi bien dans le passé qu'aujourd'hui. C'est finalement à Einstein que revient le mérite d'avoir mis en évidence que le temps est une forme de relation et non, comme le croyait Newton, un flux objectif, élément de la création au même titre que les fleuves et les montagnes visibles.

Le temps, nombre du mouvement

Alors que, pour Aristote, l'espace est fini, le temps, lui, est un nombre, et comme nombre du mouvement, il est infini, du moins infini en puissance. On peut toujours ajouter une unité à celle qu'on a déjà atteinte. Aristote pense que le mouvement des sphères (célestes) est éternel. Cela tient à sa définition du mouvement. Sans entrer dans la démonstration aristotélicienne de l'éternité du mouvement, on peut dire que le temps apparaît comme une propriété du mouvement, propriété que nous abstrayons en mesurant des intervalles de temps dont les bornes se nomment l'*avant* et l'*après*.

Chez Aristote toutefois, le temps et le mouvement ne sauraient être confondus. Le mouvement a la propriété d'être continu ; le temps est une mesure qui appartient à tous les mouvements à la fois. Aristote utilise déjà la notion de simultanéité. Il y a un seul temps pour tous les mouvements du monde (il n'y a évidemment pas de critique de la simultanéité, qui n'apparaîtra en Occident qu'avec Einstein). Comme le monde est éternel, il peut, par conséquent, régresser dans le passé autant qu'on veut. C'est un point qui distingue Aristote de Platon. Pour Platon, le monde a un commencement puisqu'il est créé par le Démiurge. Étant anticréationniste, Aristote pense, certes, que tout le monde visible dépend de moteurs invisibles, mais que cette structure du monde est éternelle [1].

Selon Aristote, non seulement le temps est le nombre du mouvement, mais il est continu, car, dit-il, il appartient à un continu qui est le mouvement. On aperçoit bien ici qu'Aristote veut réfuter les arguments de Zénon d'Élée, disciple de Parménide (voir p. 330).

Le temps « physique » de Galilée

L'œuvre de Galilée illustre de manière saisissante le tournant pris dans le développement du concept de « temps » à partir du Moyen Âge. Galilée a décrit avec précision ses mémorables expériences sur l'accélération d'un corps en chute libre – représentée en fait par le mouvement d'une boule roulant sur un plan incliné (voir p. 67) – expériences qui contribuèrent au lancement de la nouvelle conception centrée sur la nature du « temps physique » (*Discours et démonstrations mathématiques à propos de deux sciences nouvelles*, 1638).

Le dispositif expérimental de Galilée était d'une géniale simplicité. Il permet de saisir très clairement ce que le savant mesurait en réalité lorsqu'il disait avoir mesuré le « temps ». Le terme de « temps » désignait un mouvement physique, celui de l'étalon de mesure du temps, soit l'écoulement d'un très fin jet d'eau.

> « Pour mesurer le temps, nous prenions un grand seau rempli d'eau que nous attachions assez haut ; par un orifice étroit pratiqué dans son fond s'échappait un mince filet d'eau que l'on recueillait dans un petit récipient, tout le temps que la boule roulait dans le canal. Les quantités d'eau ainsi recueillies étaient à chaque fois pesées à l'aide d'une balance très sensible, et les différences et proportions entre les poids nous donnaient les différences et proportions entre les temps ; la précision de l'expérience était telle qu'aucune discordance significative n'apparut jamais entre les expériences, maintes et maintes fois répétées. »

Galilée n'aurait jamais pu déterminer avec certitude l'accélération d'un corps en chute libre s'il n'avait disposé d'un cadre de référence constitué par un mouvement relativement uniforme, c'est-à-dire d'une échelle de mesure du temps. Certes, la clepsydre dont il se servait pour mesurer les modifications de positions intervenant successivement ne possédait pas ce degré de régularité et d'uniformité auquel nous sommes habitués aujourd'hui quand il s'agit de situer les phénomènes dans le temps.

---

1 - On voit par là que, bien qu'Aristote ait étudié de près la biologie, les différences des espèces, à aucun moment il n'a formulé l'idée d'une quelconque évolution, au contraire des penseurs présocratiques.

Mais le mouvement était assez uniforme pour permettre de reconnaître avec certitude que la vitesse d'un corps en chute libre, le « temps » mis par ce corps pour passer d'une position à une autre, n'était, lui, pas uniforme. Il lui permit même de déterminer le taux d'accélération de ce corps en chute libre, par référence à son étalon de mesure [(1)].

La clepsydre améliorée dont Galilée se servait pour ses expériences était un instrument traditionnel de mesure du temps dans les affaires humaines. Elle était une échelle de mesure de caractère social. La mesure du temps avait été centrée sur l'homme. L'imagination novatrice de Galilée l'amena à changer la fonction de ce vieil instrument en l'utilisant systématiquement comme étalon de mesure de processus physiques (et non plus d'événements sociaux). Ainsi prit naissance un nouveau concept de « temps », un « temps physique » qui s'écartait de l'ancien concept, relativement plus unitaire et centré sur l'homme.

Temps absolu et temps local

La dynamique de Newton considère le temps comme une réalité existant par elle-même. Le temps newtonien, celui de notre expérience quotidienne, est universel et absolu ; de même qu'il s'écoule uniformément, indépendamment de tout événement, de même il se montre parfaitement homogène (quel que soit l'endroit où est placée l'horloge qui le mesure, les durées sont toujours identiques). Et de même aussi, l'ordre temporel ou la chronologie sont absolus : un événement donné est postérieur ou antérieur à un autre indépendamment de l'observateur.

Derrière les inévitables écarts des horloges, Newton conçoit confusément le temps en lui-même, comme une majesté invisible. « Le temps absolu, vrai et mathématique, sans relation à rien d'extérieur, court uniformément et s'appelle durée » (*Principes*). La théorie de la relativité d'Einstein a remis en question l'idée de ce temps universel. Einstein pose le principe de la constance de la vitesse de la lumière dans le vide. À partir de là, il observe qu'il est impossible d'établir la simultanéité absolue de deux événements séparés par une très grande distance, puisque la lumière (le signal le plus rapide pour nous informer de l'événement) voyage à une vitesse finie.

Ainsi, un temps propre ou local caractérise chaque système de référence particulier. Et ce temps s'écoule d'autant plus lentement, à l'intérieur du système en question, que la vitesse de ce système par rapport aux autres est grande (c'est la dilatation relativiste du temps, corrélative de la contraction de l'espace). Concrètement, les passagers d'un avion volant vers l'est vieillissent moins vite (de quelques milliardièmes de seconde) que les hommes restés sur Terre.

Par ailleurs, les développements de la thermodynamique conduisent à penser que la flèche du temps n'a qu'un seul sens : ainsi le principe de Carnot établit que, dans un système isolé, la transformation de l'énergie mécanique en énergie thermique constitue une dégradation irréversible. L'entropie croît inexorablement. Ainsi, l'émergence, en physique, d'un temps local et irréversible réanime le vieux débat

1 - Grâce à ses expériences, Galilée put mettre à l'épreuve et confirmer une hypothèse selon laquelle la distance parcourue par les corps en chute libre était proportionnelle au carré du temps écoulé.

philosophique sur la nature du temps : propriété de la matière comme le pensait Newton, ou catégorie de l'esprit comme l'affirmait Kant [1] ?

Mesurer le temps

On peut dire que la préoccupation de mesurer le temps remonte à la plus haute Antiquité. Les premiers instruments chronométriques apparurent en Égypte vers le XIIIe siècle avant J.-C. Les pères de l'astronomie, les Mésopotamiens, avaient choisi le mouvement de la Lune comme base de la mesure du temps. Au VIIIe siècle, les Chinois imaginèrent un mécanisme régulateur freinant par saccade une roue dentée : l'échappement.

On peut aussi supposer que les hommes ont, depuis toujours, été impressionnés par la succession des jours et des nuits. C'était une mesure du temps qui ne nécessitait aucun appareil ; elle leur donnait une unité de temps précise. La Terre tourne en effet sur elle-même comme une toupie autour de son axe nord-sud. Comme elle décrit aussi une orbite elliptique autour du Soleil, ce qui donne la succession des saisons, on dispose d'une autre unité, d'une autre façon de mesurer le temps : l'année. On peut voir, au musée archéologique de Mexico, un monolithe gravé qui n'est autre qu'un calendrier aztèque datant de la fin du XIVe siècle. Le Soleil est représenté au centre entouré par les quatre âges du monde et les divisions de l'année. Cet exemple n'est pas le seul que l'on connaisse.

Depuis l'humanité primitive jusqu'à nos jours, nous disposons donc du *jour solaire* qui est la durée de l'alternance des jours et des nuits. Mais l'observation des étoiles a, dès l'Antiquité, permis de trouver une autre alternance : le *jour sidéral*. Le jour sidéral est le temps compris entre deux passages consécutifs d'une étoile à un même méridien terrestre. Comme le Soleil n'a pas, par rapport à la Terre, la même fixité que les étoiles en raison du mouvement annuel de la Terre autour de lui, le jour solaire *vrai* est donc plus long que le jour sidéral d'environ 4 minutes.

En outre, on s'est aperçu que le mouvement de rotation de la Terre allait en ralentissant très légèrement (de 2 millisecondes par siècle !) [2]. La durée du jour n'est donc pas immuable et les astronomes comprirent que, pour donner l'unité du temps (qui est la seconde), il leur fallait des horloges. Ils passèrent donc de l'échelle de temps fournie par les astres à l'intervalle de temps d'une seconde fourni par les battements du balancier. Il est donc naturel qu'ils aient cherché à perfectionner leurs horloges au sens large du terme.

Ces horloges furent d'abord des procédés d'écoulement rappelant la façon dont le temps s'écoule : avec la *clepsydre*, l'horloge la plus développée dans l'Antiquité, il s'agissait de mesurer le temps que mettait une certaine quantité d'eau à s'écouler et qui simulait un écoulement du temps uniforme. Il y eut le *gnomon* qui, à partir de

1 - Pour certains penseurs, le temps, en fait, n'existerait pas en soi, n'étant ni une donnée objective, comme le soutenait Newton, ni une structure *a priori* de l'esprit humain, comme le prétendait Kant. Il serait avant tout un symbole social, résultant d'un long apprentissage.

2 - Les irrégularités du mouvement de la Terre sont à l'origine des réformes de calendrier dont les plus célèbres sont celles de Jules César et du pape Grégoire XIII.

Le cadran solaire

Le gnomon (cadran solaire) a été une invention très utilisée dans l'Antiquité. Composé d'une tige (style) verticale faisant ombre sur une surface plane, cet instrument astronomique fractionne la journée suivant la longueur de l'ombre qu'il produit. On sait que le Soleil revient régulièrement au même méridien. Cependant, il résulte de la rotation de la Terre autour du Soleil un jour sidéral de plus dans l'année. Comme la Terre décrit une orbite elliptique, sa vitesse de rotation autour du Soleil n'est pas la même au périhélie (lorsque la Terre est près du Soleil) où elle va plus vite et à l'aphélie (lorsqu'elle est loin du Soleil) où elle va moins vite.

En conséquence, ce décalage (4 minutes) entre le jour sidéral et le jour solaire ne se produit pas d'une façon régulière. Un cadran solaire peut donc donner des indications qui sont erronées de 5 ou 10 minutes selon les saisons ; ceci explique, sur les cadrans solaires, la présence de certaines courbes curieuses indiquant les corrections à effectuer selon la saison.

l'ombre que portait le Soleil sur un plan où l'on mettait quelques graduations, permettait de « lire l'heure ». On voyait que l'ombre variait en direction et en grandeur pendant la journée, et l'on repérait ainsi le temps.

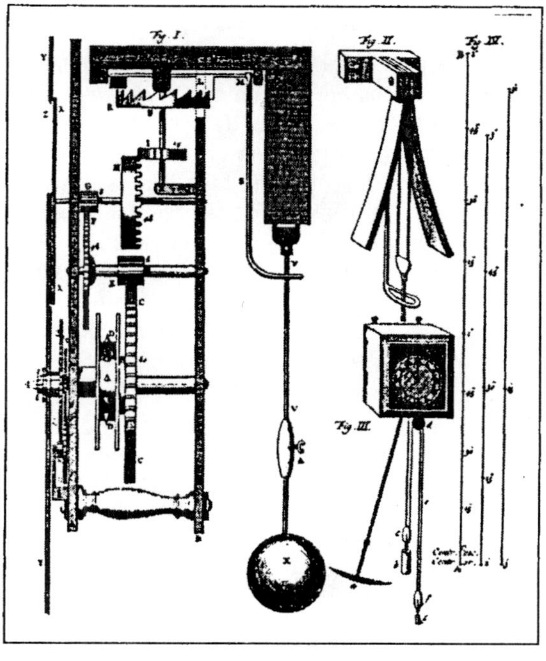

Extrait de l'« Horologium oscillatorium » qu'écrivit Huygens, ce schéma présente une horloge utilisant un pendule cycloïdal rigoureusement isochrone indépendamment de l'amplitude des oscillations, comme le montra le savant hollandais. Mais la réalisation pratique de l'horloge ne fut pas tout à fait à la hauteur de ses raffinements théoriques.

D'autres instruments existèrent sans doute ; les plus connus furent bien entendu les horloges qui apparurent avec Galilée. Parallèlement, l'horloge de poche, ou montre, se répandit dès le XVe siècle. Tout au long de sa vie, Huygens s'intéressa passionnément aux horloges, aux pendules et à la mesure du temps, en particulier à leurs applications à la navigation. Dans son *Horologium oscillatorium*, dédié à Louis XIV (1673), il imagina une horloge qui utilisait un pendule cycloïdal rigoureusement isochrone indépendamment de l'amplitude des oscillations (voir la figure ci-avant). Il proposa pour les montres l'emploi du ressort spiral et inventa l'échappement à ancre.

Mais il fallut attendre le XVIIIe siècle pour que se perfectionne l'horloge marine qui permit aux navigateurs de déterminer leur position avec davantage de précision. Le XIXe siècle inventa le chronographe, qui transcrit les variations électriques d'un phénomène donné en fonction du temps. Au XXe siècle, on exploita les propriétés vibratoires de la matière, qu'il s'agisse d'un quartz piézoélectrique (1933) ou du césium (1954).

Il est un fait que la mesure du temps exige de nos jours des instruments de haute précision, au nombre desquels il faut citer l'horloge atomique. L'horloge à vapeur de rubidium mesure les temps avec une précision de l'ordre du millionième de seconde.

Le temps atomique et le temps einsteinien

La définition de l'unité de temps a fait l'objet de remaniements successifs. Longtemps, le temps des physiciens a été fondé sur la durée du jour solaire moyen ou du jour sidéral : la seconde est égale a 1/86 400e du jour solaire moyen ; mais les irrégularités de la rotation terrestre ont conduit, en 1956, à une nouvelle définition, calculée cette fois sur le temps des éphémérides : la seconde égale 1/31 556 925,9747^e du temps mis par la Terre au 31 décembre 1899 pour faire le tour du Soleil. Enfin, en 1968, une décision du Bureau international des poids et mesures a proposé une nouvelle définition fondée sur la *période* d'une radiation du césium 133.

Dans ce cas, on appelle seconde la durée de 9 192 631 770 périodes de la radiation correspondant à la transition entre les deux niveaux hyperfins de l'état fondamental de l'atome de césium 133.

Du point de vue scientifique, une référence atomique est extrêmement intéressante, et cela pour plusieurs raisons. En effet, un atome est remarquable par la précision de ses oscillations internes, c'est-à-dire des références de fréquences qu'il peut donner pour faire des mesures de temps.

À cette définition s'ajoute une interprétation spécifique du temps présent. Depuis Einstein, il faut associer, à chaque événement ayant lieu dans des systèmes de références en mouvement relatif l'un par rapport à l'autre, des temps différents. Tout événement est donc nécessairement repéré non par trois mais par quatre nombres (trois pour l'espace et un pour le temps) qui constituent les coordonnées de l'espace-temps. Dans ce schéma, le présent, pour un observateur donné, est constitué de tous les événements desquels ne lui parvient aucun signal, et auxquels il ne peut en envoyer.

TRANSMUTATION

Jabir ibn Hayyan, IXe siècle ; Newton, vers 1700 ; Rutherford et Soddy, 1902 ; Rutherford, 1919 ; Blackett, 1925.

Voir aussi : Fission, Radioactivité artificielle, Radioactivité naturelle.

À l'origine, l'alchimie

La transmutation, c'est-à-dire la transformation d'un corps en un autre, a d'abord été un projet alchimique dont l'origine semble se situer dans l'Égypte ancienne. Au IIIe siècle avant notre ère, la Chine passe pour avoir fait sien ce rêve de la science, l'un des plus vieux qui soit ; puis on le retrouve chez les philosophes grecs d'Alexandrie. Cette quête vise essentiellemnt la transformation de métaux vils en métaux précieux. Rédigé au IIIe siècle, le papyrus de Leyde propose de nombreuses « recettes » permettant d'imiter ces métaux précieux, comme, bien entendu, l'aurification du plomb.

Plus tard, à partir du IXe siècle, les textes grecs sont traduits par les Arabes qui comptent alors les plus grands alchimistes de ce temps. L'un d'eux, Jabir ibn Hayyan, plus connu en Occident sous le nom de Geber, rédige un important corpus de textes alchimiques, la *Summa perfectionis*. Il enseigne la transmutation des métaux, mais nie l'influence des astres sur leur production. L'histoire a retenu également le nom de Muhammed al-Razi, connu sous le nom de Rhazès, auteur de deux encyclopédies remarquables. C'est par ses travaux, ainsi que par ceux de deux grands médecins iraniens, Avicenne et Averroès, que le savoir alchimique pourra se transmettre en Occident.

Mélangeant superstitions, occultisme, philosophie et magie, les alchimistes du Moyen Âge recherchent un principe qui doit permettre d'atteindre l'immortalité. Cette quête peut passer soit par l'élaboration d'un liquide, d'une panacée – l'*élixir de longue vie* –, soit par celle d'une substance solide – la *pierre philosophale*. Ajoutée à du métal vil en fusion, la pierre philosophale est supposée le transformer en or ou en argent.

Cependant, à la poursuite de leur chimère, les alchimistes vont d'échec en échec, multipliant les expériences faites avec toutes sortes de substances. Certains d'entre eux parviennent à obtenir quelques résultats en faisant véritablement œuvre de chimiste. Le dominicain germanique Albert le Grand trouve une méthode d'affinage de l'or et fabrique de l'acide nitrique ; l'Anglais Roger Bacon perfectionne la poudre à canon dont il redécouvre la formule, déjà mise au point par les Arabes. Le médecin catalan Arnaud de Villeneuve invente peut-être la fabrication des liqueurs spiritueuses. Basile Valentin étudie l'antimoine ; ses travaux, dont un *Traité sur les sels*, seront réunis dans les *Scripta chimica*, paru en 1700.

S'ouvre alors une période qui marque la transition entre l'alchimie et la chimie moderne, superstitions et magie perdant beaucoup de terrain. De grands savants occupent la scène, comme le médecin et chimiste allemand Georg Bauer, dit

Agricola, qui s'intéresse à la minéralogie et à la métallurgie ; son ouvrage le plus connu, *De re metallica* (1556), est une description de l'extraction des minerais, de leurs traitements chimiques et de l'affinage des métaux à cette époque. En France, Bernard Palissy fait œuvre originale en étudiant la céramique et les émaux, les applications de la chimie à l'agriculture. Enfin, le Flamand Jan Baptist van Helmont s'occupe principalement de magnétisme minéral, et de médecine magnétique (c'est également lui qui a imaginé le terme « gaz », tiré du mot latin signifiant « chaos »).

Au XVIIe siècle, l'Anglais Robert Boyle établit la chimie sur des bases solides et rationnelles. En fait, à aucun moment de son histoire, l'alchimie n'a permis de réaliser la transmutation des éléments ; on peut alors penser que son pouvoir se limite aux procédés de distillation et de purification des substances. Cependant, la croyance dans la possibilité de transmutation des métaux vils en or reste tenace, jusqu'au XIXe siècle. Newton lui-même devait y consacrer de nombreuses années de travail.

Un alchimiste impénitent : Isaac Newton

Les études d'alchimie de Newton n'apparaissent que dans ses manuscrits personnels. Il ne publie pratiquement rien à leur sujet. Son génie ne s'étendait pas jusqu'à la chimie et le fondateur de la physique mathématique est sans importance dans l'histoire de la chimie. Et pourtant, à partir de 1699, date à laquelle il fut promu directeur de la Monnaie, Newton se tourne de plus en plus vers des études de théologie et d'alchimie.

Par sa nature même, son travail alchimique était secret et quasiment mystique. En réalité, il semble que Newton n'ait pas reconnu la différence de valeur qu'il y avait entre ses recherches scientifiques et mathématiques et ses autres activités intellectuelles. D'après un témoin, son propre copiste, il poursuivait ses études d'alchimie tout en rédigeant les *Principes*, une tâche presque surhumaine étant donné la rapidité de leur rédaction. Il gardait un four allumé et :

> « Pendant six semaines environ au printemps et six semaines à l'automne, le feu de l'élaboratoire [*sic*] ne s'éteignit pour ainsi dire jamais ; il était bien fourni en matériaux chimiques tels que des corps, des ballons, des têtes, des creusets, dont on se servait très peu, hormis les creusets dans lesquels il faisait fondre ses métaux ; parfois, quoique rarement, il consultait un vieux livre moisi qui se trouvait dans l'élaboratoire [*sic*]. Il me semble qu'il avait pour titre Agricola de Metallis, car il cherchait avant toute chose à transmuter des métaux ; à cette fin l'antimoine était un ingrédient fort important... »

L'exploit de Rutherford

La première transmutation scientifique fut fortuite et se produisit au cours d'une série de recherches sur les phénomènes atomiques. En février 1896, Antoine Henri Becquerel, professeur de physique a l'École polytechnique, observait que la substance radioactive de l'uranium, qu'il appela uranium X, perdait son activité avec le temps, ce qui impliquait une modification spécifique. Becquerel attribuait à l'uranium la propriété d'émettre des radiations actives que l'on appela les *rayons uraniques*.

Cependant, ce nom était trop restrictif, car d'autres éléments chimiques émettent des rayonnements analogues. En 1898, Marie Curie découvrit que le thorium émettait ces rayonnements. Avec son mari, elle découvrit un nouvel élément, le radium, qui est plusieurs millions de fois plus actif que l'uranium. Cette même année, les époux Curie appelèrent radioactivité le nouveau phénomène.

L'Anglais Ernest Rutherford avait observé, en 1907, avec son compatriote Royds, qu'il existe au moins deux sortes de rayonnements qu'il appela rayonnements alpha et bêta, et que le premier est constitué de noyaux d'hélium. En 1919, au laboratoire Cavendish de Cambridge, Rutherford effectua de nombreuses expériences de bombardement d'atomes aux rayons alpha (1). Il bombarda ainsi de l'azote et vit apparaître quelques ions hydrogène ou protons. Pour la première fois (2), il réussit, fût-ce involontairement, la transformation d'un élément en un autre, l'azote en oxygène. L'intérêt de la découverte dépassait de très loin la réalisation du rêve alchimique.

La première transmutation scientifique

En 1919, au laboratoire Cavendish de Cambridge, Rutherford, assisté de Ernst Marsden, veut enquêter sur le comportement d'atomes d'éléments légers bombardés par des particules alpha. Rutherford utilise une chambre en laiton remplie d'hydrogène sous pression ; des particules alpha émises par un tube de radon percutent les noyaux d'hydrogène. Ceux-ci sont projetés vers un écran scintillateur et y laissent des traces.

Après avoir évacué l'hydrogène de la chambre qui s'est à nouveau remplie d'air, Rutherford observe de nouvelles et mystérieuses scintillations. Ayant tour à tour rempli la chambre de dioxyde de carbone et d'oxygène, il constate une nette diminution du nombre de scintillations sur l'écran. Rutherford interprète le phénomène de la façon suivante : « Puisque l'effet anormal a été observé dans de l'air et non dans du dioxyde de carbone ou dans de l'oxygène, il doit être dû soit à l'azote (1), soit aux autres gaz présents dans l'air atmosphérique ».

L'expérience est renouvelée avec de l'azote pur. Elle confirme le raisonnement de Rutherford, les scintillations étant encore plus nombreuses qu'avec l'air. Cela permet au physicien britannique d'avancer une nouvelle hypothèse : les scintillations sur l'écran proviennent de noyaux d'hydrogène issus de l'interaction des particules alpha avec les atomes d'azote. « Il est difficile, note Rutherford, de ne pas admettre que les atomes [...] qui proviennent de la collision de particules alpha avec de l'azote ne sont pas des atomes d'azote. [...] Si tel est le cas, nous devons en conclure que l'atome d'azote a été désintégré [...] et que l'atome d'hydrogène qui est libéré était une partie intégrante du noyau d'azote. »

On peut dire que, dès 1919, Rutherford avait touché moins le phénomène de désintégration que celui de *transmutation artificielle*, la première jamais réalisée. Il avait réalisé le rêve des alchimistes en démontrant comme possible la transformation d'un élément en un autre par modification de son noyau.

1 - L'azote entre pour 4/5 dans la composition de l'air.

---

1 - Ces expériences permirent à Rutherford de construire le modèle d'atome planétaire, un noyau .

2 - Si l'on excepte le phénomène de désintégration – naturelle et nullement provoquée – du thorium radioactif en argon, observé par Rutherforf et Soddy en 1902.

Le processus même de la transmutation intrigua naturellement les physiciens qui répétèrent l'expérience de Rutherford de maintes façons. En 1925, l'Anglais Patrick Blackett, observant à la chambre de Wilson quelque 400 000 trajectoires de particules alpha sur des atomes d'azote, constata huit cas de transmutation. La réaction qu'il note alors :

$$^{14}_{7}N + ^{4}_{2}He \rightarrow ^{17}_{8}O + ^{1}_{1}H$$

ne donnait pas seulement de l'hydrogène, mais également de l'oxygène. Il y avait eu transmutation de deux corps en deux autres corps. La réaction pouvait se décrire ainsi : la particule alpha, noyau d'hélium de masse atomique 4, est capturée par le noyau d'azote, de masse atomique 14, qui a éjecté de son noyau un ion hydrogène – un proton – de masse atomique 1, dont la trace a été observée sur l'écran à scintillations. Le résultat net, 14 + 4 – 1, a donné un nouvel atome d'oxygène, l'isotope $^{17}_{8}O$.

On se rapproche de la fission...

On peut dire que, dès 1919, Rutherford avait touché le phénomène de la fission, que découvrira avec incrédulité vingt ans plus tard Otto Hahn, par le biais de la réorganisation énergétique de l'atome bombardé. En 1934, Irène Curie et Frédéric Joliot bombardent du béryllium avec les particules émises par le polonium, découvrent qu'il y a émission d'électrons positifs dans le béryllium, mais que des photons se matérialisent dans le champ du noyau, à l'intérieur même de l'atome. Ce phénomène, qu'ils appellent « matérialisation interne », pose des problèmes théoriques.

En effet, ayant réitéré leurs expériences avec d'autres corps, fluor, bore, sodium, aluminium, ils trouvèrent qu'il y avait aussi émission d'électrons positifs, ce qui n'est pas explicable de la même manière. En effet, il y avait là transmutation de ces éléments, avec tantôt émision d'un proton de grande énergie et tantôt émission d'un neutron, ainsi que d'un électron positif. La leçon de l'affaire rapprochait encore les physiciens de la fission, puisqu'elle démontrait que le bombardement alpha d'un corps pouvait aboutir à la production d'un rayonnement bêta plus puissant, avec émission de neutrons et de positrons.

Notons enfin que ce n'est que dans les années 1970 que le rêve des alchimistes devint réalité. On parvint, à grands frais comme on le devine, à obtenir quelques microgrammes d'un isotope de l'or en bombardant du mercure avec des neutrons rapides, de manière à en éliminer un proton.

L'intuition des alchimistes anciens était étonnamment juste, il convient de l'observer au passage, car les deux métaux les plus proches de l'or par leur numéro atomique sont bien le mercure et le plomb... donc les plus aisément transmutables.

TROU NOIR

Michell, 1784 ; Schwarzschild, 1916 ; Oppenheimer, 1939 ; Hawking, 1972.
Voir aussi : Big Bang, Échelle, Gravitation.

Une idée vieille de deux cents ans

En 1919, l'astronome anglais Eddington vérifiait pour la première fois les prévisions de la théorie de la relativité générale portant sur la déviation des rayons lumineux dans un champ de gravitation. Il était amené en même temps à déduire de cette courbure l'existence de lentilles et de mirages gravitationnels (en 1979 fut détecté le premier mirage gravitationnel, image double d'un objet unique, le quasar 0957+561). Autre vérification importante, le décalage gravitationnel des fréquences dans un champ, par Pound, Rebka et Snider en 1960-1964, au moyen d'expériences de laboratoire utilisant le champ gravitationnel terrestre.

En fait, l'influence exercée par la matière sur le comportement des ondes électromagnétiques (tel est bien le cas de la déviation des rayons lumineux et du décalage des fréquences) correspond à une idée déjà ancienne. Dès 1784, l'Anglais John Michell fait remarquer qu'une étoile suffisamment massive doit avoir un champ gravitationnel si intense que la lumière émise à la surface de l'étoile ne peut s'en échapper. À la même époque, Laplace conçoit une théorie semblable : si, pour échapper à l'attraction d'un astre, il faut atteindre une vitesse de libération supérieure à celle de la lumière, alors cet astre est obscur, impossible à observer.

Ces corps célestes dont la gravité est si puissante qu'elle retient et absorbe la lumière et qui deviennent des astres obscurs, véritables abîmes du ciel, nous les appelons à juste titre de nos jours des *trous noirs*.

Les hypothèses de Michell et de Laplace pouvaient en fait logiquement être déduites de la théorie corpusculaire de la lumière. Au fond, ils traitaient un peu la lumière comme on le fait des projectiles dans la théorie newtonienne de la gravitation : tout boulet de canon tiré en l'air est ralenti par la gravité. Sa trajectoire s'infléchit d'abord légèrement, puis de plus en plus, et enfin le boulet tombe au sol.

Au cours du XIXe siècle, la théorie ondulatoire prit le pas sur la théorie corpusculaire. Dans ce nouveau cadre, il ne fut plus aussi facile d'expliquer comment la lumière pouvait être influencée par la gravitation.

Ce n'est qu'en 1915, avec la théorie de la relativité générale, que le bien-fondé des idées de Laplace reprit le dessus. On admit à nouveau qu'il pouvait exister des astres hyperdenses incapables d'émettre ou de réfléchir des photons lumineux ou électromagnétiques. De tels corps célestes étaient condamnés au silence et à l'obscurité (on ne peut en effet les observer ni au télescope optique, ni au télescope à infrarouge, ni au radiotélescope).

La vitesse de libération

Pour faire monter le ballon jusqu'au panier situé au-dessus de lui, un basketteur doit lancer ce ballon à une certaine vitesse minimum, l'attraction terrestre le tirant vers le bas. C'est facile tant que le panier n'est pas situé très haut. Mais si on le place de plus en plus haut, le joueur devra envoyer le ballon avec une vitesse de plus en plus grande. À quelle vitesse devrait-il lancer le ballon pour que celui-ci s'élève à 6 400 km ? Environ 11,2 km/s, soit 40 000 km/h (en négligeant la résistance de l'air).

C'est la vitesse de départ minimum que doit avoir une fusée pour échapper à l'attraction terrestre. On l'appelle « vitesse de libération » pour la Terre. La vitesse de libération nous donne une indication de la force de gravitation à la surface de la Terre. On peut se servir de cette notion pour comparer les forces de gravitation des divers objets astronomiques. En général, pour un objet sphérique de masse *M* et de rayon *R*, la vitesse de libération est donnée par la même formule que pour la Terre :

$$V = \sqrt{\frac{2GM}{R}}$$

(*G* est la constante dite de gravitation : elle vaut $6{,}66.10^{-8}$, si on exprime les distances en centimètres et les masses en grammes).

À la surface de la Lune, la vitesse de libération ne vaut que 2,7 km/s. Plus l'attraction gravitationnelle d'un objet est grande, plus la vitesse de libération doit être élevée. Pour une étoile à neutrons dont la densité est environ un million de milliards de fois celle de l'eau, la vitesse de libération correspond aux 2/3 de la vitesse de la lumière.

La physique nous dit que la plus grande vitesse de libération possible est en principe celle de la lumière. Pour un objet dont le rayon serait donné par la formule :

$$R = \frac{2GM}{c^2}$$

(*c* étant la vitesse de la lumière),

la vitesse de libération est égale à la vitesse de la lumière. Autrement dit, la lumière elle-même est tout juste capable de quitter cet objet. Or, les astronomes utilisent, pour observer les objets, les radiations électromagnétiques sous leurs diverses formes (radio, lumière, rayons X). Ils ne peuvent pas observer un objet pour lequel la vitesse de libération serait supérieure à celle de la lumière. Un tel objet ne pourrait être détecté que par sa puissante attraction gravitationnelle. Nous rencontrons ici pour la première fois le concept de *trou noir*.

Le rayon de Schwarzschild

Très peu de temps après la publication de la théorie de la relativité générale, en 1916, l'astrophysicien allemand Karl Schwarzschild offrait aux savants la possibilité d'élaborer une description des trous noirs conforme aux nouvelles équations du champ et à leurs solutions. Il fixait une valeur critique au rayon de toute étoile suffisamment massive s'effondrant sur elle-même. Cette valeur du rayon gravitationnel, dit aussi « rayon de Schwarzchild », est égale au produit du double de la masse de l'étoile par la constante gravitationnelle, divisé par le carré de la vitesse de la lumière ($R = 2\ GM/c^2$). Pour une étoile dont la masse serait celle du Soleil, le rayon de Schwarzchild est d'un kilomètre. Pour une masse voisine de celle de la Terre, il représente neuf millimètres !

Lorsqu'une étoile a épuisé ses réserves en combustible thermonucléaire, il lui manque la chaleur et la pression indispensables pour neutraliser la gravité. Elle se contracte alors jusqu'à ce que son rayon atteigne le seuil critique de la solution de Schwarzchild, c'est-à-dire la valeur du rayon gravitationnel. Un observateur théorique situé à la surface de l'étoile devrait logiquement voir l'effondrement se poursuivre jusqu'à ce que l'étoile ne soit plus qu'un point là où se trouvait le centre de l'astre. En revanche, le même observateur éloigné observera un ralentissement de la contraction du fait du décalage gravitationnel vers le rouge.

À l'approche du rayon de Schwarzchild, le ralentissement est si prononcé que le processus d'effondrement paraît s'arrêter. L'étoile a atteint le stade irréversible du « collapse gravitationnel ». Aucun signal émis par l'observateur subissant l'effondrement ne peut s'échapper au-delà de l'« horizon » limité par le rayon de Schwarzschild. L'une des solutions exactes des équations de champ est donc obtenue pour un corps idéal consistant en une masse quasi ponctuelle. Cette solution (dite de Schwarzschild) correspondant à une sphère de rayon égal au rayon gravitationnel est un lieu étrange au point de vue mathématique. Certains coefficients d'espace-temps y deviennent infinis.

Comment se forme un trou noir ?

Le comportement de la matière à l'échelle très petite des atomes et des noyaux ne peut être décrit que par les lois de la physique quantique. Ces lois imposent des limitations à la façon d'« entasser » des particules identiques dans un volume donné. Si on applique ces restrictions aux neutrons entassés dans une étoile à neutrons [(1)], on s'aperçoit que cette nouvelle matière possède un nouveau type de pression. Cette pression tend à résister à un entassement plus serré des neutrons. C'est une pression dirigée vers l'extérieur, qui contrebalance l'effet de la gravitation et tend à maintenir l'équilibre.

Il y a toutefois une limite au poids que ce type de pression est capable de supporter. Le calcul montre que si une étoile à neutrons dépasse trois fois la masse du Soleil ($3M_0$), cette pression est incapable de maintenir l'équilibre (la limite réelle est du reste peut-être seulement $2M_0$).

Que se passe-t-il si le reste d'une supernova a une masse supérieure à cette limite ? De toute évidence, ce reste ne peut se maintenir à l'état d'étoile à neutrons. Sa pression interne est incapable de s'opposer à l'écrasement dû à sa propre gravitation. L'étoile continue à se contracter et devient un trou noir. Les physiciens attribuent un caractère « pathologique » à ce comportement. Ils le désignent sous le vocable de « singularité », autrement dit une aberration engendrée par la théorie elle-même. On appelle souvent ce processus « effondrement gravitationnel ».

---

1 - L'*étoile à neutrons* se forme à la fin de la vie d'une étoile normale, quand celle-ci explose en *supernova*. Notre compréhension des supernovas est encore imparfaite, mais les travaux les plus récents dans ce domaine de l'astrophysique laissent supposer que ce qui reste après l'explosion c'est le noyau central chaud de l'étoile. Ce noyau se contracte et devient une étoile à neutrons, si sa pression interne est capable de résister à l'écrasement de l'étoile sous l'effet de sa propre gravitation. Ces neutrons sont entassés à raison de 6.10^{38} par centimètre cube.

À partir de sa contraction progressive initiale, l'étoile évolue vers une « implosion » catastrophique quand sa gravitation devient si forte que rien ne peut empêcher l'étoile de s'effondrer. L'explication de ce phénomène complexe peut être tentée dans le cadre newtonien. Mais, quand ils ont affaire à des effets gravitationnels, ce qui est le cas ici, les physiciens préfèrent utiliser la relativité générale qui introduit des caractéristiques essentielles nouvelles. Pour un physicien relativiste, un trou noir c'est d'abord l'espace-temps courbe créé par l'effondrement continu d'une étoile qui a implosé. La matière qui était dans l'étoile a disparu ; elle n'est plus présente nulle part dans l'espace, bien que, « vu » de l'extérieur, un trou noir possède une « surface » d'une aire finie.

À l'intérieur de cette surface se trouve un espace infini où se déroule l'inverse temporel du Big Bang c'est-à-dire une « fin des temps », l'espace intérieur tout entier cessant d'exister au bout d'un temps très court. Quant à la surface du trou noir, c'est une bulle de lumière, telle qu'elle pourrait être engendrée par un bref « flash » lumineux qui, par rapport à l'extérieur du trou noir, fait du « sur place » tout en se déplaçant localement « à la vitesse de la lumière » ! Le caractère paradoxal de ces phénomènes provient du fait que l'on essaye de décrire des processus

Effets curieux en logique du temps

Selon la relativité générale, le champ gravitationnel d'une étoile modifie dans l'espace-temps les trajectoires des rayons lumineux. Cela peut se voir dans la courbure de la lumière venant des étoiles lointaines lors d'une éclipse de Soleil. Au fur et à mesure que le diamètre de l'étoile diminue, il devient de plus en plus difficile à la lumière de s'échapper de l'étoile qui apparaîtra de plus en plus rouge et sombre à un observateur éloigné (effet Doppler).

Enfin, lorsque l'étoile se condense jusqu'à un certain rayon critique, le champ gravitationnel à sa surface devient si intense que la lumière ne peut plus s'échapper. Comme rien ne peut voyager plus vite que la lumière, si celle-ci ne peut plus s'échapper, rien d'autre ne le pourra non plus, aucun signal électromagnétique, aucune particule... aucun astronaute intrépide qui se serait imprudemment trop approché du piège dévorant, tout sera happé par le fantastique champ gravitationnel.

La forte courbure de l'espace-temps autour des trous noirs n'empêche pas seulement tout leur rayonnement de nous atteindre ; elle exerce également un effet curieux sur le temps. Si une horloge émettant des signaux était fixée à la surface d'une étoile en cours de désagrégation, nous observerions que les signaux ralentissent à mesure que l'étoile s'approche de la phase finale.

Par conséquent, la disparition totale de l'étoile prend un temps infini. Pour l'étoile elle-même, toutefois, il ne se passe rien d'étrange : le temps continue à s'écouler normalement et la disparition survient après une période déterminée, lorsque l'étoile s'est contractée jusqu'à un point de densité infinie.

Ainsi, on peut se demander combien de temps dure réellement l'implosion, un temps fini, ou un temps infini ? Dans l'univers relativiste, une telle question n'a pas de sens. La durée de désintégration d'une étoile, comme tout autre laps de temps, est relative et dépend du système de référence de l'observateur.

hors du cadre de la relativité générale, alors qu'ils expriment les manifestations du profond bouleversement apporté à la structure usuelle de l'espace et du temps par le champ gravitationnel intense créé lors de l'effondrement de l'étoile.

La théorie d'Oppenheimer-Volkoff

Historiquement, l'existence des étoiles à neutrons et des trous noirs, considérés aujourd'hui comme des résidus d'étoiles, est postulée pour des raisons théoriques dans les années 1930. Ce travail de pionniers est mené par Robert Oppenheimer, le père de la bombe atomique américaine, et un de ses étudiants George Volkoff. L'hypothèse selon laquelle une étoile suffisamment massive fabrique un « cœur de neutrons » dès qu'elle a épuisé sa source d'énergie thermonucléaire est testée par ces deux chercheurs en comparant deux traitements gravitationnels du phénomène : l'un, fondé sur la théorie de Newton, et l'autre en accord avec la relativité générale d'Einstein.

La théorie d'Oppenheimer-Volkoff, qui s'appuie en fait sur les travaux d'Einstein et sur les résultats théoriques acquis, en particulier la solution de Schwarzschild, prédit des forces gravitationnelles plus intenses et plus précises que celles prévues par la théorie de Newton. Elle décrit également la structure d'une étoile à neutrons, posant ainsi les bases de la théorie relativiste de la structure stellaire.

En 1939, Oppenheimer et Hartland Snyder, un autre de ses élèves, publient un article intitulé *De la contraction gravitationnelle continue* où ils décrivent comment une étoile massive, ayant épuisé sa source interne d'énergie nucléaire, continue à s'effondrer sur elle-même en l'absence d'énergie thermonucléaire capable de compenser la gravitation ; la lumière rayonnée par le cœur de l'étoile est de plus en plus décalée vers le rouge et sa trajectoire est de plus en plus déviée jusqu'à se refermer sur elle-même. En élaborant cette description, Oppenheimer et Snyder fournissaient le premier calcul montrant comment un trou noir se forme.

Il fallut toutefois attendre les années soixante et un certain renouveau de la relativité générale pour entendre à nouveau parler des trous noirs ; et ce n'est qu'en 1969 que l'on vit apparaître l'appellation de « trou noir », forgée par le savant John Wheeler pour désigner une idée vieille en fait de deux cents ans...

L' « évaporation » des trous noirs

Au début des années 70, un jeune physicien américain Jacob Bekenstein révéla un aspect très surprenant relatif aux trous noirs et à la gravitation. Il remarqua en effet que les lois d'évolution des trous noirs s'expriment de façon curieusement semblable aux lois de la thermodynamique.

Or, parmi ces lois, figure le célèbre deuxième principe : tout ne peut devenir que de plus en plus désordonné. L'intuition remarquable de Bekenstein fut de supposer que, bien plus qu'une analogie et un hasard, il s'agissait d'une identité et que l'on devait associer à chaque trou noir une grandeur caractérisant son désordre. En jargon scientifique, le nom de cette mesure du désordre est l'entropie. Or, en physique, parler de désordre, c'est évoquer en même temps une grandeur qui en mesure en quelque sorte l'intensité, à savoir la température. Mais comment parler de la température d'un trou noir, qui suppose de la chaleur émise par un corps, dès lors que rien ne semble pouvoir en émerger ? C'est l'astrophysicien anglais Stephen Hawking qui, deux ans plus tard, démontra que Bekenstein avait raison de supposer que les trous noirs possèdent une température et émettent donc de l'énergie même si, dans la plupart des cas, cette émission d'énergie est si faible qu'il est pratiquement impossible de la mesurer[1].

Le plus intéressant dans cette hypothèse d' « évaporation » des trous noirs concerne ses conséquences théoriques : cela signifie que la notion de matière perd totalement son sens. Car, si une étoile de dix masses solaires s'effondre sous son propre poids et devient un trou noir, son destin ultime sera de se dissiper par rayonnement thermique, puisque, vu de l'extérieur, il a une température non nulle. Mais quand un corps rayonne de la chaleur, du moins aux températures ordinaires, il n'émet en fait rien d'autre que des photons. Comme les photons sont leur propre antiparticule, toute trace du contenu de la matière qui constituait le trou noir aura disparu une fois qu'il se sera évaporé !

Des trous noirs un peu partout dans l'univers ?

Concernant l'identification des trous noirs – identification problématique puisque, par définition, ils n'émettent aucune lumière visible –, il existe un cas intéressant : les systèmes où l'on n'observe qu'une seule étoile visible tournant autour d'un compagnon invisible. Il s'agit d'un phénomène dans lequel un objet nécessairement compact (naine blanche, étoile à neutrons ou trou noir) est associé à une étoile massive. De puissantes « marées » sont exercées par l'objet compact sur l'atmosphère de l'étoile, et des lambeaux de matière, arrachés à celle-ci, sont attirés vers l'objet compact. Un intense flux de substance circule entre les deux « protagonistes ». Ce flux, chauffé par la vitesse, dégage alors des rayons X ou gamma tout à fait caractéristiques.

Parmi les premières sources X astronomiques, il en est une que l'on a pu qualifier à peu près sûrement de trou noir. Il s'agit de Cygnus X-1, répertoriée en 1962 dans la constellation du Cygne. L'examen des données recueillies par satellite a permis de conclure à la présence d'une étoile supergéante chaude de masse comprise entre 12 et 20 masses solaires, en orbite autour d'un compagnon invisible qui n'est autre que la radiosource X. Une information essentielle a permis d'affirmer que cette radiosource est bien un trou noir (et non pas une étoile à neutrons par exemple). Le flux des rayons X subit des variations correspondant à des intervalles de temps inférieurs à la seconde.

Ce flux ne peut donc provenir que d'une région ne s'étendant pas au-delà de la distance parcourue par la lumière en une seconde. L'un des bords de la région émettrice est « en phase » avec l'autre côté. Au centre de la région émettrice, il existe bien un corps compact. Ce compagnon invisible a une masse évaluée à huit fois celle du Soleil, ce qui exclut a priori l'hypothèse d'une étoile à neutrons, et parle plutôt en faveur d'un trou noir.

---

1 - Pour un trou noir de la masse du Soleil, par exemple, le temps d'évaporation est de l'ordre de 16^{66} ans... de très loin supérieur à l'âge actuel de l'univers, de l'ordre de 10^{10} ans.

Les astrophysiciens ont aujourd'hui des arguments concluant à l'existence d'autres candidats au « statut » de trou noir, comme cet objet compact identifié dans une source binaire de rayons X situé dans le Grand Nuage de Magellan ; on pense qu'il s'agit d'un trou noir. Le nombre des trous noirs dans l'univers est sans doute très élevé. Au cours des temps, de nombreuses étoiles ont dû brûler toutes leurs réserves nucléaires et s'effondrer sur elles-mêmes, donnant chaque fois naissance à une nouvelle étoile à neutrons ou à un nouveau trou noir.

À noter une autre idée : alors que les trous noirs, classiquement issus d'effondrements d'étoiles ou de noyaux galactiques, ont, au minimum, une masse supérieure à trois fois celle du Soleil, il pourrait exister des trous noirs dits « primordiaux », d'origine différente et de masse plus petite. Nés de fluctuations de densité de l'espace lors des premiers âges de l'Univers, ces *mini-trous noirs* engloutiraient régulièrement des comètes dans une débauche de rayons gamma.

Enfin, on pense actuellement que les *quasars*, ces noyaux de galaxie très lointains (6 à 8 milliards d'années-lumière), possèdent un trou noir central, ce qui expliquerait l'intensité de leur rayonnement (1).

Si la relativité générale a permis d'échafauder une théorie remarquable sur la formation et le comportement des objets hyperdenses de l'univers, il faut reconnaître qu'il est très difficile en revanche de disposer de tests quantitatifs relativistes permettant de construire un modèle définitif de trou noir. Plus de trente ans d'observation et de travaux d'analyse théorique intensifs n'ont pas permis de lever complètement le voile sur cette « singularité » de la nature. Les trous noirs ne sont en réalité que l'un des nombreux membres d'une famille d'objets astronomiques découverts dans l'immensité de l'univers.

---

1 - Les quasars, ou *quasi stellar objects*, découverts en 1963, intriguent les astrophysiciens par les variations rapides et irrégulières de leur éclat, par leurs prodigieuses vitesses radiales (de l'ordre de 40 000 km/s), par leur luminosité et leur masse, des dizaines et des milliers de fois supérieures à celle des géants connus du cosmos.

UNIFICATION

Newton, 1687 ; Maxwell, 1873 ; Einstein, 1905 ; Glashow, Weinberg et Salam, 1967.

Voir aussi : Cordes, Échelle de Planck, Électromagnétisme, Interactions fondamentales, Lumière, Quark, Relativité (principe de).

« Une théorie de la science ne peut être qu'une théorie de l'unité de la science » a dit Jean Cavaillès dans un livre sur la logique et la théorie de la science. On peut dire en effet que la tendance historique de la physique est d'évoluer vers un nombre de plus en plus restreint de théories à partir d'une synthèse de phénomènes de plus en plus nombreux. L'émergence de la physique d'aujourd'hui est due en grande partie aux efforts de quelques physiciens pour déterminer quelles sont les entités réellement élémentaires et unifier certaines forces entre elles.

En d'autres termes, le but ultime de la science est de trouver une seule loi englobant la totalité des phénomènes. Ce projet, même s'il est souvent masqué par des objectifs de recherche plus immédiats et, partant, moins ambitieux, n'en reste pas moins celui qui anime depuis toujours les physiciens.

Les synthèses newtonienne et maxwellienne

Mouvement, chaleur, son, lumière, gravité sont autant de phénomènes apparemment différents les uns des autres ; très tôt, on cherche à les comprendre et en tirer des lois, jusqu'à ce que... Newton entre lui aussi dans le jeu. Par la puissance de son génie, il lègue au monde les lois du mouvement. Isaac Newton fut le premier unificateur. Aux alentours de 1680, il affirme que la force responsable de la chute des pommes vers le sol (la gravité « terrestre ») est la même que la force responsable du mouvement des planètes autour du soleil (la gravité « céleste »).

À partir de la synthèse newtonienne, on se rend compte que les phénomènes apparemment les plus disparates comme le son (mouvement des molécules de l'air) et les phénomènes caloriques peuvent probablement être synthétisés en une seule théorie simple.

Les phénomènes de mouvement, de son, de chaleur, etc. (c'est-à-dire les phénomènes mécaniques) ayant été unifiés (seule la gravitation se révéla irréductible aux autres phénomènes[(1)]), de nouveaux phénomènes, d'origines électriques et magnétiques, sont alors mis en évidence.

1 - À l'échelle cosmique, la force gravitationnelle l'emporte sur les autres, bien que plus faible qu'elles, parce que les forces nucléaires faible et forte sont de courte portée et parce que la force électromagnétique n'intervient pas à l'échelle cosmique, du fait que les corps célestes sont globalement neutres électriquement.

Jusque vers 1850, l'électricité et le magnétisme étaient considérés comme deux forces distinctes. Préparée par de très grands savants comme Faraday, Œrsted et Ampère, l'unification de ces deux forces fondamentales – c'est-à-dire l'*électromagnétisme* – sera à la base de toute la technologie du XIXe siècle qui reposait sur la production de courants électriques par la rotation d'une bobine de fil entre les deux pôles d'un aimant. Entre 1865 et 1873, James Clerk Maxwell élabore cette nouvelle synthèse, sur la base d'un modèle pseudo-mécanique provisoire.

On peut dire que l'électromagnétisme classique a culminé avec les travaux de cet Écossais de génie. Maxwell a montré que, lorsqu'une charge électrique est accélérée (c'est-à-dire que sa vitesse ou la direction de son mouvement change), elle émet de l'énergie sous forme de radiations électromagnétiques – les ondes électromagnétiques. L'une des conséquences des équations de Maxwell est que ces ondes se propagent à la vitesse de la lumière (300 000 km/s) et possèdent, entre autres propriétés, toutes celles que Young et Fresnel avaient attribuées à leurs ondes lumineuses pour rendre compte de l'expérience.

Maxwell unifie l'optique et l'électromagnétisme. Cet accord parfait entre les expériences et la théorie de la lumière a fait des équations de Maxwell un autre grand pilier de la physique classique au même titre que la mécanique dont Newton avait jeté les bases.

Portée des équations de Maxwell

Les équations de Maxwell résument toutes les lois de l'électricité et du magnétisme. On connaît la célèbre phrase de Hertz : « La théorie de Maxwell est le système d'équations de Maxwell ». Moyennant quelques additions, elles sont applicables au domaine électronique. Elles ont, notons-le, servi de point de départ à Einstein lorsqu'il établit la théorie de la relativité.

Ensuite, les équations de Maxwell mettent un terme aux questions que l'on se posait sur la nature du magnétisme de la matière : les seules sources d'induction magnétique sont des courants électriques. Si donc certaines substances ont des propriétés magnétiques (aimant naturel), cela provient de l'existence de courants électriques microscopiques au sein de la matière, conformément à l'hypothèse émise par Ampère.

Les grandes unifications du XXe siècle

Une synthèse non moins magistrale fut élaborée au début du XXe siècle par Albert Einstein qui est le père de nombreuses idées unificatrices d'une grande portée. Sa théorie de la relativité (1905) mettait sur un pied d'égalité d'une part l'espace et le temps, d'autre part la masse et l'énergie avec la célèbre équation $E = mc^2$ [1].

---

1 - Notons pour mémoire qu'Einstein consacra essentiellement les trente dernières années de sa vie à une tentative, pathétique et demeurée inachevée, d'élaboration d'une théorie dite de champ unitaire qui devait faire la synthèse de l'électromagnétisme et de la gravité, dans un premier temps, puis celle des quatre interactions (électromagnétique, gravitationnelle, nucléaire forte et nucléaire faible), dans un deuxième temps.

Il s'agissait à l'origine de régler des problèmes de circonstance, qui étaient des problèmes d'électromagnétisme, de théorie de la lumière. Selon Einstein, quel que soit le phénomène physique auquel on a affaire, lumineux ou pas, la description de l'espace-temps dans lequel prend place ce phénomène doit être la même. C'est en ce sens-là que les physiciens modernes parlent de structure unifiée de l'espace-temps.

L'unification suivante n'est pas moins extraordinaire car elle concerne, en partie au moins, les phénomènes inaccessibles à l'observation directe. Il faut savoir que, de nos jours, le terme unification désigne essentiellement le traitement, au sein d'une même théorie, des interactions fondamentales. Cette unification concerne en particulier la force électromagnétique et la force faible, qui agit au cœur du noyau atomique pour provoquer sa désintégration radioactive. À des énergies extrêmement élevées, qu'on suppose avoir existé pendant un bref instant après le Big Bang, ces deux interactions n'auraient été que les deux manifestations d'une même *force* dite *électrofaible*. De la même manière, la force nucléaire forte, qui règne à l'intérieur du noyau atomique et en assure la cohésion, aurait été impossible à distinguer des autres forces pendant la première 10^{-35} seconde de l'existence de l'univers.

À la fin des années 60, trois théoriciens de haut vol, les Américains Sheldon Lee Glashow, Steven Weinberg et le Pakistanais Abdus Salam sont parvenus à unifier l'électromagnétisme et la force faible, confirmant ainsi l'hypothèse du *champ électrofaible* (1). Depuis plusieurs décennies, les physiciens tentent d'élaborer un formalisme mathématique englobant les trois interactions (électromagnétique, nucléaire faible et nucléaire forte) : cette ambitieuse démarche est appelée *Grande Unification*. L'étape suivante, encore plus ambitieuse, consisterait à incorporer l'interaction gravitationnelle, mais la gravitation est la seule interaction fondamentale pour laquelle on n'arrive toujours pas à trouver de traitement quantique.

Cette avancée passionnante (et passionnée) puise sa justification dans l'idée selon laquelle, aux tout premiers instants du Big Bang, il n'y aurait eu qu'une seule force, une superforce appelée *supergravité*, correspondant à une supersymétrie de l'univers. Au cours de l'expansion et du refroidissement de ce dernier, une suite de ruptures de symétrie aurait partagé la superforce pour donner les quatre forces ordinaires, la gravité, la force nucléaire forte, la force nucléaire faible et l'électromagnétisme.

Symétrie et théorie de jauge

La théorie de Grande Unification énonce en fait que l'électromagnétisme, l'interaction faible et l'interaction forte (seule la gravitation échappe à ce schéma unificateur) sont la conséquence d'une symétrie particulière (de type mathématique) que possèdent les particules. Cette *symétrie*, dite *de jauge*, donne son nom à la *théorie de jauge*. Quand cette symétrie est vérifiée, les interactions sont identiques ; quand la symétrie n'est pas respectée (on dit qu'elle est « brisée »), les interactions se différencient, ce qui est le cas aujourd'hui.

---

1 - De la même manière que l'unification de l'électricité et du magnétisme avait rendu nécessaire l'onde électromagnétique, la théorie unifiant les interactions électromagnétique et faible rendit prévisible l'existence de trois particules massives « médiatisant » l'*interaction électrofaible* : les bosons intermédiaires W^+, W^-, Z^0 découverts au CERN en 1983.

Le serpent de Glashow

L'univers ne fut pas toujours tel qu'il se présente aujourd'hui. Le cosmos s'est considérablement refroidi depuis le moment où il est né. En remontant dans le temps jusqu'au moment même où se produisit le Big Bang, ou très peu de temps après, les physiciens ont mis au point un scénario retraçant ce qui a bien pu se passer. À cet instant précis, les quatre forces ont dû exister pendant une infime fraction de seconde sous la forme d'une force unique au sein de l'immense énergie du cataclysme primordial, force si fondamentale que celles qui lui furent postérieures n'en sont que les « descendantes ».

Si les physiciens parvenaient un jour à construire une théorie unifiée, celle-ci pourrait sans doute ouvrir un nouvel âge d'or de la science. Pour certains, la théorie unifiée s'apparenterait à une conception quasi religieuse, une vision de la réalité comparable au Zen, et où toutes les forces et toute la matière existante proviendraient d'une source unique.

Quoi qu'il en soit, le grand physicien Sheldon Glashow, auteur, avec Steven Weinberg et Abdus Salam, de l'unification de l'électromagnétisme et de la force faible, a eu l'idée de représenter l'ultime unification par un serpent dévorant sa propre queue. Cette image de la théorie finale tant désirée symbolise la microphysique à l'échelle de Planck (10^{-33} cm) rencontrant la macrophysique à l'échelle de l'univers (10^{28} cm).

Elle suggère, notons-le, l'idée d'un univers en « accordéon » : expansion suivie d'une contraction jusqu'à un nouveau Big Bang, suivi d'une nouvelle expansion, puis d'un nouveau Big Crunch...

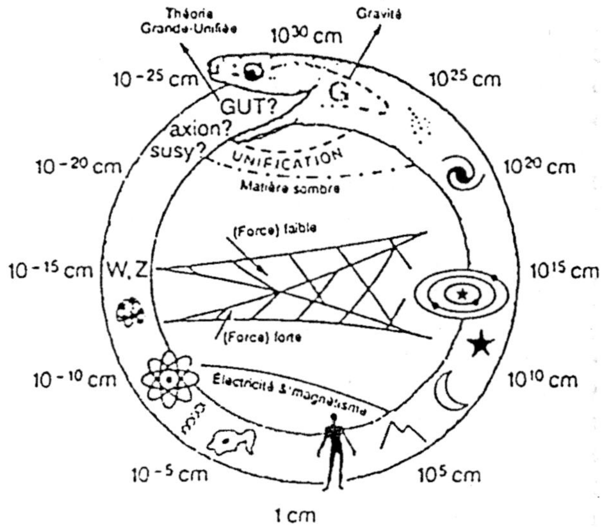

Le serpent de Glashow : une représentation hautement symbolique.

La théorie prévoit que cette symétrie est vérifiée à des températures de l'ordre de 10^{28} K, qui sont celles de l'univers à ses débuts, et qu'elle s'est brisée ensuite, après le Big Bang, au cours du refroidissement de l'univers dû à l'expansion.

Une question se pose alors aux astrophysiciens. La brisure de cette symétrie doit entraîner l'apparition d'un très grand nombre de particules hypermassives – les *monopoles magnétiques* – qui ne peuvent se désintégrer en particules plus légères. Pour s'en débarrasser, il faut soit modifier la théorie de Grande Unification, ce qui les rendrait instables, soit adopter d'autres modèles, comme celui de l'inflation de l'univers.

La Théorie de Tout

De nombreux physiciens croient et espèrent que, dans quelques décennies, peut-être plus tôt, on aura expliqué toutes les forces et toutes les particules par une seule théorie unifiée, retrouvant ainsi la supersymétrie originelle. Cette tentative d'unification serait plus profonde que toutes les précédentes, car elle équivaudrait à supprimer la distinction entre les *bosons* et les *fermions*, en imaginant une opération permettant de transformer les uns en les autres (voir encadré). Le grand inconvénient de cette théorie est qu'au lieu de réduire le nombre des particules, elle le double au contraire, en introduisant un *partenaire supersymétrique* pour chaque particule actuellement connue.

Superunification et modèles composés

Bien que les modèles unifiant en un même cadre les interactions subatomiques n'aient pas encore été validés, on a proposé des théories ultimes incluant la gravitation. En effet, la relativité générale d'Einstein se trouve être une théorie de jauge car, lorsqu'on déplace un système dans l'espace ou le temps, ses propriétés sont inchangées : ces transformations de jauge globale conduisent à la conservation de la quantité de mouvement et de l'énergie. L'utilisation de transformations locales (des translations qui varieraient de point en point) déforme l'espace-temps, ce qui est justement l'effet des champs de gravitation d'Einstein.

Pour réaliser une superunification, il faut donc une théorie englobant des symétries d'espace-temps et des symétries internes (spin, couleur, etc.) On montre qu'une telle théorie doit mettre sur le même pied fermions et bosons, alors qu'apparemment la matière est composée de fermions, et les champs de bosons. Dans les modèles supersymétriques (SUSY), on imagine que chaque particule connue a un partenaire supersymétrique : à tout fermion correspond un boson (slepton, squark) et à tout boson un fermion (photino, gluino). Aucun de ces nouveaux objets n'a encore été observé.

Indépendamment de la superunification, certains pensent que le niveau ultime de la matière n'a pas encore été atteint et qu'il existe des sous-structures pour expliquer la variété des particules déjà observées.

Dans le modèle de H. Harari, il y a deux « rishons », fermions de spin 1/2 et de charges respectives $-e/3$ et 0, qui combinés 3 par 3, reproduisent leptons et quarks colorés, et, en nombre pair, donnent les bosons. Les rishons interagiraient par une force intense d'hypercouleur. Notons qu'une sous-structure ne pourrait qu'avoir une taille inférieure à 10^{-3} fermi.

Certains théoriciens proposent également une théorie des *cordes*, dans laquelle les particules ne sont plus ponctuelles, mais assimilables à de minuscules cordes vibrantes en fonction de leur tension. Une théorie des *supercordes* regrouperait peut-être les cordes et la supersymétrie en un seul modèle.

Ce modèle unique montrerait comment toutes les particules et toutes les interactions ne sont que des aspects différents d'un même principe de base, tout cela se situant dans un espace très abstrait comportant, en plus d'une dimension de temps et de trois dimensions de l'espace ordinaire, six dimensions d'espace « enroulées », non perceptibles à notre échelle. Cette théorie est censée déboucher sur ce que certains théoriciens se plaisent à appeler la « Théorie de Tout ».

VIDE

Galilée, 1638 ; Torricelli, 1643 ; Pascal, 1648 ; Einstein, 1905.

Voir aussi : Champ, Espace, Infini, Matière, Rendement.

« Le vide, c'est tout ce qui reste quand on a tout enlevé. » James Clerk Maxwell, le grand physicien britannique, aurait donné cette définition du vide au XIXe siècle. Mais de quel « tout » s'agit-il ? Ce tout contient bien évidemment les particules matérielles comme les protons, les neutrons et les électrons, mais aussi, comme on le verra, le rayonnement électromagnétique d'origine thermique émis par les parois d'une enceinte, tant que celles-ci ne sont pas refroidies au zéro absolu – ce que l'on ne sait pas faire en pratique.

Même si l'on parvenait au zéro absolu, il resterait toujours un rayonnement irréductible, appelé « rayonnement de point zéro », qui s'explique par le célèbre principe d'indétermination de Heisenberg (selon ce principe, de même qu'une particule ne peut rester au repos complet, le champ électromagnétique ne peut être partout nul en permanence, d'où les fluctuations d'énergie correspondant à ce rayonnement résiduel). Qui plus est, toute portion d'espace de l'univers est traversée par un champ gravitationnel dont la portée est infinie. Ainsi peut-on douter de l'existence du « vide absolu » et même de la pertinence d'une telle expression.

Le vide au cœur des réflexions philosophiques

C'est par un paradoxe que commence l'histoire du vide, ou, si l'on préfère, par une tautologie [1] due à un certain Parménide, philosophe éléate (vers 515 - vers 440 av. J.-C.) qui fut le maître de Zénon d'Élée, un autre célèbre facteur de paradoxes. Selon Parménide, « *le non-être n'est pas, l'être est* ». Si l'être changeait, il deviendrait ce qu'il n'est pas ; il participerait donc au non-être, ce qui est impossible puisque le non-être n'est pas. À la fois invraisemblable et inattaquable dans son essence, la conception parménidienne du monde heurte de front le sens commun. Elle porte à la philosophie, dès son origine, un rude coup de bélier, en la confrontant à l'un des problèmes les plus épineux de ceux que connaîtra son histoire.

Comment concevoir le vide alors qu'il n'est rien et que ce qui n'est rien, par définition, n'existe pas ? L'être de Parménide représente en quelque sorte la face cachée de la nature, ce qui existe au-delà des apparences, une sorte de matière-espace qui ne peut être saisie que par l'intellect.

1 - Proposition complexe qui reste vraie en vertu de sa forme seule, quelle que soit la valeur de vérité des propositions qui la composent.

Du point de vue qui nous intéresse, ce concept implique la négation de la divisibilité, de la discontinuité de la matière, ainsi que la négation du vide, dont l'existence va être, au contraire, le thème essentiel de la théorie atomique de Leucippe et Démocrite (Ve-IVe siècle av. J.-C.) ; car le postulat des « atomes » implique la présence d'un « tout » vide les contenant. Ainsi, dans l'Antiquité grecque, la question du vide ouvre sur un débat métaphysique fondamental, dont dépend, dans une large mesure, l'image qui est donnée du monde. La conception du vide, clairement formulée par les atomistes, occupe une place centrale au sein de leur représentation de la structure de la nature et du monde.

Un siècle plus tard, cette conception du vide est violemment critiquée par Aristote. Aristote développe les notions de rareté et de densité. Ce ne sont pas les petits « vides séparés » qui pourraient expliquer la raréfaction et la condensation (1), mais le passage d'une même chose de la puissance à l'acte. L'existence du vide est réfutée de manière radicale : « L'existence d'un vide séparé est impossible ». En fait, les arguments anti-atomistes développés par Aristote montrent à quel point sa vision de la nature, fondée essentiellement sur l'aspect « qualitatif » des choses, est éloignée de celle de Démocrite. Pour ce dernier en effet, les qualités n'existaient que par convention, alors que les atomes et le vide, eux, existaient par nature.

« La nature a horreur du vide... »

Cette sentence de la scolastique médiévale qui a pour inspirateur Aristote (2) traduit bien l'horreur supposée de la nature pour le vide qui sera érigée en dogme durant tout le Moyen Âge. L'enseignement de l'existence du vide est l'une des 219 « erreurs exécrables » dénoncées en 1277 par l'évêque Étienne Tempier à l'instigation du pape et des théologiens. On admet toutefois en privé que Dieu a en son pouvoir de créer surnaturellement le vide, ce que Jean Buridan prononcera publiquement.

Galilée va adopter une position plus nuancée. S'il ne croit pas en cette horreur de la nature pour le vide, il en admet *in fine* la possibilité, attitude qu'il soulignera dans son *Discours concernant deux sciences nouvelles*, publié en 1638. En 1638 justement, le grand-duc de Toscane fait appel au savant pisan car il souhaite installer dans ses jardins fontaines, cascades et bassins. Mais il faut hisser l'eau à 13 mètres environ au-dessus du niveau de l'Arno. Or, les pompes aspirantes dont disposent les fontainiers s'avèrent incapables de le faire. Cela est incompréhensible car le fonctionnement des pompes repose sur le principe universellement reconnu de « l'horreur du vide ». En s'élevant dans le corps de pompe, le piston crée au-dessous de lui un vide. Le liquide monte dans le tuyau de la pompe pour éviter le vide.

---

1 - Dans le cas de la condensation, bien que le volume d'air soit supérieur à celui de l'eau produite, le phénomène, pour Aristote, ne s'explique pas par l'existence de petits vides mais par le fait que la matière, étant en puissance l'une et l'autre chose, peut devenir en acte aussi bien eau que air.

2 - Le même Aristote conçoit en revanche la présence d'un « cinquième élément », la *quintessence* (*quinta esentia* en latin) ou éther (substance des astres), en fait un des principaux avatars du vide. Cette substance du monde supralunaire qui n'est pas soumise à la génération et à la dégradation sera utilisée sur Terre par les alchimistes comme médiateur universel entre les éléments. La quintessence apparaîtra toutes les fois que l'on voudra trouver un universel concret ou abstrait, recours épistémologique en temps de crise ou secours symbolique pour les problèmes non résolus (le vide quantique se présente aujourd'hui avec un statut fort voisin de celui de la quintessence antique et médiévale).

Seulement, il ne s'élève que de 10 m environ, malgré les efforts des puisatiers. « Le maître fontainier, précise Galilée, ajouta qu'il n'était pas possible, ni avec les pompes, ni avec les autres machines qui font monter l'eau par attraction, de la faire monter un cheveu plus haut que 18 brasses (1) que les pompes soient larges ou étroites ». Ce phénomène s'explique, selon Galilée, par le fait que la force de cohésion de la colonne d'eau se rompt passée cette limite, dix mètres représentant le seuil de résistance de l'eau au vide.

À cette époque, le problème semble donc plus ou moins lié à ce que nous appelons la résistance des matériaux. Une colonne de pierre cylindrique, suspendue par l'une de ses extrémités ne pourrait dépasser sans se rompre une certaine longueur, toujours la même, quel que soit son diamètre. Quoi de plus étranger à la pensée médiévale, de plus moderne que cette quantification d'un « principe »? L'horreur du vide est ainsi, qu'on le veuille ou non, devenue une théorie effective, quantifiable, mesurable...

La pression atmosphérique

L'explication qui a échappé à Galilée va être trouvée par son élève Evengelista Torricelli en 1643. Torricelli a l'idée de remplacer l'eau par du vif argent (du mercure), qui est 14 fois plus dense (2). Pourquoi cette substitution ? Tout simplement parce que cet expérimentateur de génie a compris que ce qui fait monter l'eau dans le tuyau n'est pas la prétendue horreur du vide, mais une pression, c'est-à-dire une *force*. Cette force est le poids de l'air qui s'exerce sur la surface du liquide autour du tuyau (et pas dans celui-ci, puisqu'on y a fait le vide) ; elle est la pression des kilomètres d'atmosphère qui surplombent la Terre.

C'est donc pour cette raison, et non à cause d'une hypothétique limite de résistance au vide, que la hauteur d'une colonne d'eau se trouve limitée à dix mètres. Et Torricelli le prouve en montrant que la hauteur de la colonne de mercure (76 cm) correspond au 1/14e de la hauteur maximale d'une colonne d'eau. De plus, cette hauteur varie légèrement d'un jour à l'autre, et il conclut logiquement à des variations de la pression atmosphérique. Torricelli a démontré la pesanteur de l'air et inventé le baromètre qui permet de la mesurer. De plus, il a obtenu le vide dans une enceinte fermée, ce qui prouve que la nature n'a nullement horreur du vide.

En Allemagne, dès 1650, Otto von Guericke entend pousser plus loin et conçoit une pompe à vide qui n'est autre qu'une sorte de grande seringue, avec laquelle il réalise de nombreuses expériences spectaculaires. Il met en évidence la puissance du vide, au cours de la célèbre démonstration publique des « hémisphères de Magdebourg » : ayant évacué l'air de deux hémisphères de cuivre placés bord contre bord, il démontre que deux forts attelages de chevaux tirant en sens inverse, ne peuvent les séparer l'une de l'autre (3). Cette expérience aura une

---

1 - Soit environ 10 mètres.

2 - En réalité, Torricelli confiera la réalisation de l'expérience à un autre disciple de Galilée, Vincenzo Viviani. Celui-ci remplira de mercure un long tube en verre hermétiquement scellé à une extrémité qu'il renversera dans une cuvette pleine de mercure.

3 - À partir du début du XXe siècle, l'évolution de l'électronique et, par la suite, la conception de nombreux instruments (accélérateurs de particules, etc.) seront étroitement dépendantes des techniques de réalisation du vide et de leurs progrès, et aussi, par ailleurs, du maintien de ce vide (problème de la fiabilité des joints). Aujourd'hui, la physique expérimentale tente de s'approcher toujours plus du vide absolu, en réalisant des pressions de plus en plus basses.

importance considérable. Dans l'immédiat, elle permet par exemple à Robert Boyle de constater que le son ne se propage pas dans le vide, alors que la lumière le fait.

La pompe de Guericke fut bientôt perfectionnée par Christian Huygens aux Pays-Bas et par Robert Boyle et Robert Hooke en Angleterre. Robert Boyle est le premier, au XVIIe siècle, à observer que, sous vide, l'eau se met spontanément à bouillir. Rien n'illustre mieux le succès du programme de ce grand savant, dont nous reparlerons un peu plus loin, que la référence faite à « son » vide par Isaac Newton dans le *Scolie* général qu'il ajoute à la deuxième édition des *Principia*, en 1713.

> « Les projectiles n'éprouvent ici bas d'autre résistance que celle de l'air, et dans le vide de M. Boyle, la résistance cesse, en sorte qu'une plume et de l'or y tombent avec une égale vitesse. Il en est de même des espaces célestes au-dessus de l'atmosphère de la Terre, lesquels sont vides d'air. »

Newton reconnaît le rôle joué par l'évidence expérimentale pour sortir des débats métaphysiques, et aider à définir l'espace vide qui sert de cadre à sa mécanique, cet « espace absolu, [qui] est, de par sa nature même, sans relation avec aucune chose externe, toujours semblable et immobile », l'espace homogène, isotrope, dépourvu de matière.

De la leçon de Boyle et de celle de Newton, le XVIIIe siècle retiendra un double message ; le vide de la pompe ouvre la perspective de nouveaux développements techniques (les machines à feu). L'espace vide newtonien est le bon support mathématique de la mécanique.

Une curiosité scientifique : le radiomètre

À la pression atmosphérique et à la température ambiante, il existe environ 25 milliards de milliards de molécules par centimètre cube. Elles se cognent les unes aux autres plusieurs milliards de fois par seconde, et la distance moyenne qu'elles parcourent entre deux collisions successives, appelée *libre parcours moyen* (voir p. 191), augmente quand la pression diminue.

Un récipient est dit « vide » lorsque les molécules qu'il contient se cognent beaucoup plus souvent contre les parois du récipient qu'elles ne se cognent entre elles, c'est-à-dire lorsque le libre parcours moyen devient supérieur aux dimensions du récipient. Cette notion prend toute son importance dans l'étude des gaz raréfiés, avec l'expérience du *radiomètre* de Crookes par exemple.

Cet appareil est constitué d'un moulinet à quatre pales, chacune étant blanche sur une facette et noire sur l'autre, placé dans une ampoule remplie d'air à très basse pression. Les molécules percutent les facettes. Les facettes noires étant plus chaudes que les blanches subissent un phénomène de recul plus important ; le moulinet est entraîné. L'expérience montre que le radiomètre fonctionne de manière optimale si le libre parcours moyen avoisine le diamètre de l'ampoule.

Si le vide à l'intérieur était absolu, le moulinet tournerait dans le sens contraire sous l'effet de la pression du rayonnement (qui est plus grande sur la face claire).

La querelle des « vacuistes » et des « pleinistes »

Tout au long du XVIIe siècle, la question du vide est âprement discutée par les philosophes divisés en deux camps : les partisans du vide – les « vacuistes – et les tenants du plein – les « pleinistes ». En fait, cette joute se rattache aux interrogations fondamentales que suscite l'éternel mythe atomique. L'existence même des atomes et celle du vide est sans cesse remise en question. Spinoza pour sa part n'admet qu'une seule substance dans le monde. Pour ce qui est du rejet du vide, il échangera une correspondance avec le chimiste Robert Boyle qui, lui, en admet tout à fait l'existence.

Expérimentateur remarquable, issu de la haute noblesse britannique, Boyle publie, en 1660 et 1662, les résultats des expériences menées avec une pompe de son invention, et notamment la fameuse loi qui porte son nom. Critiqué par le philosophe Thomas Hobbes qui, comme Descartes, rejette l'existence du vide, Boyle refuse de se laisser entraîner sur le terrain métaphysique. Il entend limiter les débats entre savants aux faits positifs et donne une définition opérationnelle du vide, n'impliquant pas de prise de position sur l'existence ou non d'un « vrai » vide. À travers la question du vide, l'enjeu, pour Boyle, est particulièrement de définir « une nouvelle manière de travailler, de parler, de nouer des relations sociales entre philosophes de la nature [...], les divergences étant sans conséquence, voire fécondes et nécessaires ».

Richard Bentley, chapelain de l'évêque de Worcester, est à la fois un atomiste convaincu acceptant la réduction du monde matériel aux atomes et au vide, un protagoniste ardent des vues de Newton (avec lequel il échange une correspondance suivie) et un compagnon de Robert Boyle dans sa croisade contre l'athéisme. Les aspects originaux de son argumentation en faveur de l'adjonction d'un facteur divin à la vision strictement mécaniste du monde reposent, pour l'essentiel, sur la perception de l'immensité du vide, dont Bentley souligne la prépondérance extrême sur la matière dans l'univers.

Par des calculs aussi savants que fantaisistes, il arrive à la conclusion que chaque particule élémentaire devrait avoir autour d'elle dans l'univers, en moyenne, une sphère d'espace vide quelque « cent millions de millions de fois » plus grande que ses propres dimensions. Quelle que soit la signification du nombre qu'il propose, Bentley décrit là une des caractéristiques tout à fait fondamentales de la structure de l'univers, celui-ci n'étant essentiellement que du vide. Il semble le premier à l'affirmer aussi explicitement.

Au contraire de Richard Bentley, le grand Leibniz est un antiatomiste décidé, c'est-à-dire un opposant déclaré de la théorie antique, sans être pour autant un adversaire du concept même d'une structure « atomique du monde ». Le meilleur des mondes possibles est, pour lui, formé de « monades » spirituelles, substances simples, non matérielles dépourvues d'extension ou de parties, donc indivisibles, en nombre infini, sans naissance ni fin naturelles, créées par Dieu. Ce « meilleur des mondes possibles » peut-il comporter du vide ? La réponse de Leibniz est négative.

À la base du raisonnement de Leibniz se trouve l'affirmation que la matière est plus importante et « plus parfaite » que le vide. Dans sa *Lettre à la Princesse de Galles* du 12 mai 1716, il écrit : « La perfection de la matière est à celle du vide comme quelque chose à rien ». Cette opinion est conjuguée, notons-le, au « principe de raison suffisante » dont Leibniz fait, d'une manière générale, grand usage. Il écrit :

> « Vouloir du vide dans la Nature, c'est attribuer à Dieu une production très imparfaite ; c'est violer le grand Principe de la nécessité d'une raison suffisante, que bien des gens ont eu dans la bouche... Figurons-nous un espace entièrement vide. Dieu y pourrait mettre quelque matière, sans déroger en rien à toutes les autres choses : donc il l'y a mise : donc il n'y a point d'espace entièrement vide : donc tout est plein. » Et ailleurs : « Tous ceux qui sont pour le vide se laissent plus mener par l'imagination que par la raison ». Leibniz reconnaît du reste que, quand il était jeune garçon, « il donnait aussi dans le vide et dans les atomes », mais que, heureusement, « la raison le ramena dans le droit chemin ».

De manière assez semblable, Descartes refuse la distinction entre espace et objet. La distinction entre espace et être, entre contenant et contenu, n'est qu'une simple facilité de vocabulaire. Il est donc absurde de parler d'espace vide. Dans le vide, il n'y aurait même pas d'espace. Le vide n'existe pas. Le monde est habité par Dieu. Comme Dieu est parfait, il ne saurait connaître le défaut de vacuité. Descartes reprend donc à son compte le paradoxe du vide. Sa pensée est dominée par l'idée de l'*horror vacui*. Il en déduira toute sa cosmologie.

La « grande expérience de l'équilibre des liqueurs »

Le grand adversaire de Descartes fut Blaise Pascal. Le jeune savant allait verser une nouvelle pièce au dossier. Le premier, il déclarera :

> « que la nature n'a aucune répugnance pour le vide, qu'elle ne fait aucun effort pour l'éviter ; que tous les effets qu'on a attribués à cette horreur procèdent de la pesanteur et pression de l'air, qu'elle en est la seule et véritable cause, et que, manque de la connaître, on avait inventé exprès cette horreur imaginaire du vide, pour en rendre raison. »

Pascal le physicien allait triompher de Descartes le métaphysicien et le vide existerait bel et bien. Pascal ne dit pas explicitement que « la nature ne peut avoir horreur du vide ». Il reproche d'abord à ce principe d'être faux. Nous jugeons aujourd'hui tout à fait anthropomorphique l'explication de l'inexistence du vide par l'horreur que la nature éprouverait pour lui. La nature n'étant pas un être doué de conscience, comment pourrait-elle éprouver de l'horreur ? Mais le XVIIe siècle est étranger à cette vision de la science, et Pascal lui-même ne présentait pas la question ainsi.

Il a bien entendu suivi avec intérêt les expériences de Torricelli. En 1647, il fait le point sur la question en publiant ses *Expériences nouvelles touchant le vide*. Son intention est d'aller plus loin et de démontrer que si la pression de l'air est bien la cause des phénomènes observés, elle doit diminuer progressivement avec l'altitude. Ce qu'il prépare n'est alors rien moins que la « grande expérience de l'équilibre des liqueurs ».

L'expérience du « vide dans le vide » et celle du Puy-de-Dôme (1648)

Pascal était d'opinion que le phénomène observé par Torricelli était dû à la pression de l'air sur le mercure du bassin. Pour le vérifier, il mena l'extraordinaire expérience du « vide dans le vide ». Un tube étroit, long de trois pieds (près d'un mètre), rempli de mercure et fermé par une membrane, est accroché à l'intérieur d'un tube plus large, long de six pieds et également rempli de mercure (figure 1).

Le grand tube ayant été renversé sur un bassin et le mercure s'y étant stabilisé à la hauteur attendue, le pied du petit tube plonge dans le liquide. Au moment où la membrane qui ferme le petit tube est percée, tout le mercure qui s'y trouvait s'écoule d'un coup, ce qui s'explique par l'absence d'air dans le haut du grand tube pour équilibrer la pression.

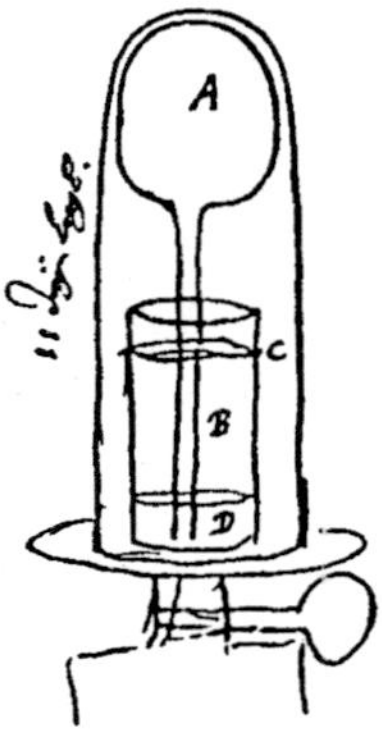

1. Schéma de l'expérience du « vide dans le vide ».

2. Expérience sur la pression atmosphérique. Laurent Périer mesure la hauteur du mercure dans le tube de Torricelli sur le haut du Puy-de-Dôme. Gravure de Yan Dargent.

C'est également Pascal qui organise la « grande expérience de l'équilibre des liqueurs » du 19 septembre 1648 (figure 2), conduite par son beau-frère, Laurent Périer ; ce dernier observe la diminution de la hauteur de mercure à mesure qu'il gravit le Puy-de-Dôme, en ayant pris la précaution de laisser au bas de la montagne un tube témoin.

La différence du niveau de mercure entre les deux tubes (plus de 0,8 cm) établit de manière définitive que la hauteur du mercure dans le tube varie avec l'altitude et que c'est bien la pesanteur de l'air qui provoque la suspension du mercure.

Pascal affirme que cette différence offre « le moyen de connaître si deux lieues sont en mesme niveau », établissant ainsi le principe de l'altimètre et du nivellement barométrique.

Et il conclut : « Du premier de ces trois principes, que la nature a pour le vide une horreur invincible, j'ai passé à ce second, qu'elle en a horreur mais pas de façon invincible ; et de là je suis enfin arrivé à la croyance du troisième, que la nature n'a aucune horreur pour le vide ».

L'expérience du Puy-de-Dôme a si bien réussi que Pascal peut la reproduire « en petit » à la tour Saint-Jacques à Paris. Il est alors en possession des éléments de son *Traité de l'équilibre des liqueurs*, dès 1648, dix ans exactement après que l'attention de Galilée eût été attirée sur le problème. Ainsi, la pression de l'air ayant définitivement remplacé l'horreur du vide, Pascal s'autorise à évaluer, par simple calcul, la masse totale de l'atmosphère : cinq millions de tonnes. Il est désormais clair que la pression atmosphérique peut exercer des forces considérables.

Le vide n'est-il que l'éther ?

On croit souvent que l'histoire du vide se clôt sur la victoire de Pascal. Rejoignons cependant la théorie de Newton. Newton était très conscient des difficultés soulevées par l'action à distance impliquée par sa théorie de la gravitation, et il n'était pas loin d'imaginer un Dieu omniprésent remplissant l'espace et contribuant à assumer l'ordre du monde. Mais Newton avait démontré, par la pratique, la puissance de ses définitions de l'espace et du vide, et elles devinrent pour ses successeurs des données en quelque sorte « techniques », qu'il suffit de prendre comme point de départ pour le calcul.

Cependant, à mesure que le XIXe siècle avance, la physique se complique. L'observation de franges d'interférence révèle la nature ondulatoire de la lumière, pressentie par Huygens. Il faut donc que l'espace soit rempli d'une substance transmettant les ondulations lumineuses : l'éther (voir p. 153). Les propriétés de cet éther se révèlent paradoxales. L'espace est rempli d'éther, soit. Mais l'espace contenant n'est pas affecté directement. On ne demande pas au vide de propager les ondes lumineuses, on demande à l'espace de contenir l'éther.

Vers 1895, Hendrik Lorentz parvient à formuler une théorie microscopique de l'électricité et du magnétisme, dont les équations de Maxwell sont la traduction macroscopique. Cette fois, tout change. Car l'éther de Lorentz est immobile, comme l'espace absolu de Newton. Et si l'éther est immobile, comme l'espace, l'éther ne remplit plus l'espace, il le *remplace*. Exit donc le vide ! La fiction du pur réceptacle n'est plus jouable, et l'éther, doté de propriétés dynamiques, se substitue au pseudo-vide « opératoire », effectif, de l'espace absolu de la mécanique.

Plusieurs expériences tentent de mettre en évidence les effets du mouvement des corps à travers l'éther immobile. Aucune de ces expériences, pas même celle menée par Albert Michelson et Edward Morley, ne parvient à détecter un mouvement par rapport à cet éther immobile. C'est alors que le jeune Albert Einstein prend une position radicale. Retravaillant en profondeur toute notre conception de l'espace et du temps, il décide de se débarrasser de cet éther inutile et inobservable. Son article, publié en 1905 et devenu célèbre, bouleverse profondément la physique. Exit l'éther, retour du vide... mais d'un vide capable notamment d'être le siège des ondes électromagnétiques au sein d'un espace qui a perdu le caractère absolu et immobile de Newton.

Pourtant, à peine Einstein a-t-il fait disparaître l'éther pour laisser la place à l'espace vide, qu'il annonce lui-même, avec sa théorie de la relativité générale, que le vide, en fin de compte, n'existe pas. Car, dit Einstein, « selon la théorie de la relativité générale [...] l'espace ne jouit pas d'une existence indépendante vis-à-vis de « ce qui remplit l'espace ». Avec la relativité générale et, plus tard, avec la théorie quantique des champs, le vide n'a plus rien à voir avec le donné d'une intuition, quelle qu'elle soit.

Le vide, ou plutôt les vides, sont devenus purs construits théoriques.

Du vide matériel au vide quantique

Ainsi, en l'espace d'un peu plus d'un siècle, le concept de vide en physique a beaucoup évolué. Au siècle dernier, on pensait encore que pour rendre absolument vide une enceinte remplie de gaz, il suffisait de retirer complètement celui-ci au moyen d'une pompe à vide idéalement efficace. Mais, à la fin du XIXe siècle, la découverte du rayonnement électromagnétique d'origine thermique conduisit à un nouvel enrichissement de la notion de vide : il s'agit ici du « rayonnement » du corps noir.

Un corps noir est un récepteur constitué pratiquement par une enceinte sphérique aux parois épaisses munie d'une très petite ouverture. Comme tous les corps, quand il est chauffé, le corps noir émet des radiations. Inversement, des radiations peuvent pénétrer dans l'enceinte par l'ouverture, mais elles ne peuvent en ressortir ; elles remplissent l'espace, se réfléchissent sur les parois de l'enceinte et exercent une pression sur celles-ci – la pression de radiation – d'autant plus grande que la température est plus élevée. Cet effet de la pression de radiation peut être comparé à celui exercé par les molécules de l'air, c'est-à-dire à la pression mécanique ordinaire.

C'est seulement après avoir compris ce phénomène que les physiciens sont parvenus, à la fin du XIXe siècle, à la définition du vide toujours en vigueur : le vide est identifié en pratique comme une région de l'espace débarrassée à la fois de toute matière, atomes ou molécules, et du rayonnement thermique grâce à l'abaissement de la température vers le zéro absolu (0 K, soit à peu près – 273,15° C). Un tel vide est aujourd'hui appelé « vide classique »[1].

En 1916, le physicien et chimiste allemand Walther Nernst a tiré la conséquence de ces avancées en affirmant que, même à température nulle, l'espace est le siège de fluctuations permanentes du champ électromagnétique. Ces fluctuations de point zéro du champ électromagnétique, que l'on appelle aujourd'hui « fluctuations du vide », correspondent à une énergie équivalente à la moitié de celle d'un photon par mode du champ électromagnétique (le mode d'un champ est défini par une direction de propagation, une fréquence et une polarisation données). Ces fluctuations de l'énergie du vide sont aléatoires et, aussi petites soient-elles, en font un milieu spécifique, à l'opposé de l'idée d'un vide perçu comme une entité immuable. De plus, leur existence ne fait aucun doute, et l'étude du « bruit quantique » qui leur est associé est devenu un domaine de recherche très actif[2].

---

1 - Le « vide classique » sera donc défini ici empiriquement en tant que limite expérimentale. Les techniques modernes permettent d'ailleurs d'obtenir d'excellents « vides » et même des « ultravides », où la pression descend jusqu'à dix millionièmes de milliardième de la pression atmosphérique. On peut donc admettre raisonnablement qu'il n'y a plus rien. Les ultravides les plus poussés s'approchent des conditions régnant dans certaines régions de l'espace cosmique.

2 - On peut aujourd'hui visualiser ce bruit quantique sur l'écran d'un ordinateur et, malgré son apparence erratique, il peut être caractérisé de manière précise.

À ce niveau, la distinction entre matière et rayonnement n'est d'ailleurs pas pertinente. Et, preuve ultime s'il en est de l'absence du vide totalement vide, les fluctuations de l'énergie peuvent, en vertu de l'équivalence masse-énergie, se manifester par une création de nouvelles particules ; ainsi le vide se remplit. Le « vide quantique » est donc le théâtre de la création et de l'annihilation permanente de particules et antiparticules. En ce sens, il est impossible de dissocier vraiment l'espace et la matière.

La découverte du vide quantique est restée une abstraction jusqu'à ce que certains chercheurs, comme Willis Lamb et Hendrik Casimir, peu après la Seconde Guerre mondiale, mettent expérimentalement en évidence deux curieux effets bien réels et tout à fait mesurables dus à ce rayonnement de point zéro : l'effet Lamb et l'effet Casimir.

Le premier de ces effets s'explique de la manière suivante : quand un atome isolé dans le vide a atteint son niveau fondamental – son niveau d'énergie le plus bas –, il ne peut plus produire d'émission spontanée (processus qui se traduit par l'émission d'un photon). Mais il demeure en interaction avec les fluctuations du vide, comme le montrent des phénomènes aisément observables, tels que la modification des orbites des électrons connue sous le nom d'« effet Lamb ».

Quant à l'« effet Casimir », il provient du fait que l'énergie du vide dans une cavité dont les parois réfléchissent le champ électromagnétique dépend de la disposition de ces parois. Il peut être considéré comme l'effet d'une pression du vide sur les parois, et présente une certaine analogie avec la pression exercée sur les parois d'une enceinte par des molécules d'air ou par le rayonnement thermique. Comme cette force est électromagnétique, on peut considérer qu'elle découle de l'action des champs électriques fluctuants du vide, qui agissent sur les charges électriques et les courants induits par les champs dans les parois conductrices.

Cette force est extrêmement faible, de l'ordre de 10^{-20} fois la pression atmosphérique pour un écart d'un millimètre entre deux plaques conductrices parallèles dans le vide[(1)]. De nombreux effets des fluctuations du vide ont un rapport étroit avec l'effet Casimir.

Parmi ceux-ci figure un phénomène apparemment très différent : l'émission de particules « virtuelles » – lesquelles apparaissent et disparaissent presque instantanément – au voisinage des trous noirs, émission prédite en 1974 par l'astrophysicien anglais Stephen Hawking (rayonnement d'un trou noir). Ainsi, du rien peut émerger quelque chose de spectaculaire, en particulier lorsque les idées de la théorie quantique des champs sont associées à celles de la théorie de la relativité générale.

C'est encore la théorie quantique des champs qui suggère l'idée selon laquelle, plus on augmente l'échelle d'énergie à laquelle on l'étudie, plus le vide se simplifie. Si le vide est décrit comme l'état d'énergie minimale d'un champ d'interaction, il n'en possède pas moins une structure. À très haute énergie, le vide acquiert une simplicité maximale correspondant à l'unification des quatre interactions (voir ce mot) fondamentales. À l'origine de l'univers, les quatre interactions fondamentales pourraient,

1 - Dans le vide, entre les plaques, les longueurs d'onde de champ électrique ne peuvent être que des multiples de la distance (L) qui sépare les plaques. La pression (p) de la force de Casimir s'exerçant sur les plaques est donnée par l'expression $p = 0{,}016/L^4$ dynes/cm^2, où L est mesurée en micromètres.

selon la théorie, n'avoir été que les diverses manifestations d'une interaction unique ; la scission entre ces interactions proviendrait de changements de phase – ou brisures de symétrie – du vide (comme la fonte de la glace en eau) intervenus lors du refroidissement de l'univers primordial.

Le « vrai » vide serait alors un état d'ordre total, de symétrie maximale. Un *sutra* du Bouddha Shakyamuni ne dit-il pas : « Là où il y a la forme, il y a le vide ; là où il y a le vide, il y a la forme » ?

Le vide aujourd'hui

En dépit de la diversité des points de vue, le vide aujourd'hui n'est pas le rien. Il se rencontre à la croisée de toutes choses, serait-ce même de l'univers tout entier. Cependant, le vide « état du champ », ne saurait être perçu comme une substance. C'est bien plutôt une matière « intelligible »... sans que l'on puisse dire si c'est aussi une matière « sensible ». Toile de fond de toute la physique contemporaine, il se présente à la fois comme la matière première d'Aristote, ou comme un médiateur universel informe à l'instar de la quintessence médiévale.

Il est encore l'objet de la « connaissance non connaissante » de Maître Eckhart : « Car l'âme sent bien que c'est, mais ne sait pas ce que c'est, « le » quelque chose, mais je ne sais pas quoi » du philosophe empiriste du XVIIe siècle, John Locke. Lorsqu'on prend la mesure de ce phénomène essentiel de l'histoire des sciences et des techniques au XXe siècle, on ne peut que se rallier à l'opinion de Robert Matthews, correspondant scientifique du *Sunday Telegraph* :

> « L'émission spontanée de photons est déclenchée par les fluctuations du vide, qui les boutent hors de leur état d'énergie instable. Chaque fois que vous allumez la lumière dans votre maison, vous assistez à un phénomène dont les physiciens pensent qu'il pourrait être la clef du Big Bang. Solution au cauchemar du cosmologiste, explication de la gravitation et remède à la crise mondiale de l'énergie ? Le danger est de voir le vide devenir la réponse de tout un chacun pour tout. Mais il semble un peu risqué de parier que les théoriciens du vide rencontreront quelques grandes surprises dans les années à venir. Les philosophes avaient raison : la nature a horreur du vide. Pourtant, il se pourrait bien que les savants du siècle prochain en soient amoureux. »

Ce n'est pas un achèvement, mais la continuation d'une longue quête à laquelle l'homme d'aujourd'hui se voit convié.

VITESSES SUPRALUMINIQUES

Costa de Beauregard, 1947 ; Feynman, 1949 ; Bell, 1960 ; Feinberg, 1965 ; Dutheil, 1972.

Voir aussi : Antimatière, Lumière, Réversibilité, Trou noir.

La relativité prévoit que la vitesse de la lumière est une grandeur indépassable et qu'aucun objet ne peut atteindre et, a fortiori, dépasser cette vitesse ($c \simeq 300\,000$ km/s.). Plus précisément, le premier postulat de la relativité restreinte énonce que la vitesse de la lumière, lorsqu'elle se propage dans un espace vide, est constante pour tout observateur se déplaçant à vitesse constante par rapport à la source lumineuse. Par ailleurs, étant donné l'équivalence entre la masse et l'énergie, l'énergie qu'un objet possède augmente en raison de son mouvement, lequel augmentera sa masse. Plus il ira « vite », plus il aura besoin d'énergie pour accélérer.

À des vitesses modestes, ce surplus d'énergie est négligeable, mais, à des vitesses élevées, il devient nettement perceptible. Et, à la vitesse de la lumière, la masse devient infinie. Autrement dit, seule la lumière ou des objets dénués de masse intrinsèque peuvent atteindre ce seuil.

Que se passerait-il si un objet pouvait atteindre cette vitesse ? La notion de temps perdrait toute signification ; on peut dire que le temps s'arrêterait : c'est bien ce qui se passe dans un trou noir.

Ces particules qu'on appelle « tachyons »

Peu après la publication des travaux d'Einstein, en 1905, et en dépit du postulat d'invariance de la vitesse de propagation de la lumière, certains physiciens ont imaginé l'existence de particules se déplaçant à des vitesses supérieures à celle de la lumière. Ils ont recherché les conséquences que cette hypothèse devrait entraîner. Dès 1917, Richard C. Tolman déclarait que, si des signaux pouvaient être émis à une telle vitesse, il serait possible de communiquer avec le passé[(1)].

En fait, il faudra attendre les années 50 pour qu'apparaisse la première théorie suivant laquelle la vitesse d'une particule pourrait être supraluminique. Nous la devons à Louis de Broglie, qui entreprend alors une réinterprétation « objective » de la mécanique quantique et de la mécanique ondulatoire. Il fait intervenir un milieu « subquantique », un thermostat caché et des variables cachées[(2)]. Dans le milieu subquantique, des particules pourraient dépasser la vitesse de la lumière.

---

1 - Inutile de préciser que la communication avec le passé conduit à des renversements de causalité qui heurtent profondément l'intuition commune. Ce genre de propos faisait alors sourire la plus grande partie des physiciens.

2 - Les *variables cachées* sont des paramètres supplémentaires introduits dans la mécanique quantique pour en éliminer l'indéterminisme fondamental. Par exemple, dans le cas où un photon est émis par un atome, la variable cachée peut être la direction prise par le photon au moment de l'émission. Les variables cachées sont plutôt aujourd'hui considérées comme des hypothèses « ad hoc » compliquées.

Mais c'est vraiment dans la période comprise entre 1960 et 1967 que plusieurs physiciens américains, spécialistes des particules élémentaires, notamment G. Feinberg, montrent, en se basant sur la relativité, qu'une particule dépassant la vitesse de la lumière pourrait avoir une énergie et une impulsion réelles, donc mesurables. Ces particules hypothétiques furent baptisées *tachyons* (du grec « tachus » : rapide), le nom de *bradyons* étant réservé à toutes les particules qui se déplacent moins vite que la lumière et qui constituent notre univers habituel (les électrons, les protons, etc.). Feinberg a décrit les propriétés étranges des tachyons. Par exemple, à mesure que la vitesse d'un tachyon augmente, son énergie diminue ; si sa vitesse est infinie, son énergie est nulle. Pour les tachyons, la vitesse de la lumière constitue une limite inférieure.

Les tachyons : une vue de l'esprit ?

L'existence d'une vitesse indépassable en physique moderne vient entre autres du refus d'Einstein d'admettre des actions immédiates à distance (en particulier l'idée de la gravitation de Newton, qui implique une transmission instantanée d'information). Le refus de telles actions a pour conséquence que, si un événement se produit en *A*, son effet prend un temps fini non nul pour se transmettre à un point *B* situé à une distance finie non nulle. Mais s'il faut un certain temps pour parcourir cette distance, cela signifie qu'il ne peut pas y avoir de vitesse infinie. Il doit donc y avoir une vitesse qui représente la borne supérieure de toutes les vitesses.

En 1983, on pouvait lire sous la plume du célèbre écrivain américain Isaac Asimov : « les tachyons existent seulement en théorie et n'ont pas, en fait, été détectés à ce jour. La plupart des physiciens doutent qu'on en détecte jamais ; et même si les tachyons étaient détectés, personne n'a la moindre idée de la façon dont on pourrait les utiliser. »

En tenant compte de tous ces éléments, Régis Dutheil a tenté depuis 1972 d'édifier une théorie de la relativité s'appliquant à des corps ou à des particules ayant des vitesses relatives supérieures à celle de la lumière.

La question des vitesses supraluminiques commença a être ouvertement posée en 1995 lorsque Günther Nimtz, aidé de son équipe de l'université de Cologne, affirma avoir réussi à faire voyager des microondes plus vite que la lumière et surtout à transmettre de cette manière des bribes de la 40e Symphonie de Mozart avant qu'il ne l'ait écrite...(1)

L'information qui remonte dans le temps

Depuis, des expériences sophistiquées utilisant l'effet tunnel (voir plus loin) ont montré que des particules peuvent atteindre une vitesse 4,7 fois supérieure à celle de la lumière. En conséquence, si des signaux ou des particules voyagent plus vite que la lumière, il est possible d'envoyer des signaux dans le passé. Dès 1960, le théoricien anglais John Bell affirmait qu'un signal est, dans certaines conditions,

1 - L'auteur de ces lignes ne cache pas un certain scepticisme à l'encontre de cette révélation...

susceptible de passer instantanément entre des particules jumelles séparées dans l'espace. Pour expliquer cette « réalité » déconcertante, plusieurs hypothèses ont été formulées : pour Olivier Costa de Beauregard, l'information remonte dans le temps, ce qui donne l'impression que l'échange est instantané ; pour certains autres, l'information voyage plus vite que la lumière entre les deux particules. La question est alors de savoir si ces signaux pourront être interprétés par ceux qui les recevront.

Pour envoyer un signal dans le passé, on peut aussi recourir à l'antimatière. Une solution très sérieuse de ce type a été proposée en 1949 par Richard Feynman, prix Nobel de physique en 1965. Feynman démontra que la formule mathématique d'un positron (un électron en antimatière) se propageant en avant dans le temps est équivalente à celle d'un électron se propageant en arrière dans le temps (remontant le temps). En d'autres termes, il n'est pas seulement possible, mais préférable dans certains cas, de considérer une antiparticule comme une particule se déplaçant vers le passé. Le voyage à rebours du temps n'est donc pas impossible. Dans ce cas, certaines particules pourraient être utilisées pour envoyer des messages à un moment quelconque du passé.

John Wheeler est allé beaucoup plus loin en construisant un modèle encore plus étrange : tous les électrons et positrons que nous observons aujourd'hui dans l'univers ne sont que le résultat d'un *seul* électron aperçu en différents endroits d'un *seul* et long chemin.

L'hypothèse des « trous de ver »

Une autre hypothèse mérite d'être citée : celle des « trous de ver ». Malgré son appellation, la théorie des trous de ver est très sérieuse et suscite un certain engouement de la part des physiciens. Un peu à la manière d'une pomme qui peut être traversée par un tunnel creusé par un ver, différentes régions de l'univers pourraient être reliées entre elles par des tubes. Que se passerait-t-il si l'on parvenait à plonger dans un de ces tubes ? Si l'une des « entrées » de ce trou de ver était réglée pour permettre de voyager à une vitesse proche de celle de la lumière, tandis que l'autre demeurerait sur Terre, il serait possible de sortir du tunnel avant d'y être entré.

Mais comment trouver ou réaliser ces tunnels de l'espace-temps ? L'avenir nous le dira peut-être, mais il faudra d'abord résoudre un problème majeur : augmenter la durée de vie du trou de ver qui est, par définition, désespérément courte et instable. Kip Thorne, un théoricien de l'Institut de Technologie de Californie (Cal Tech) a proposé de l'entourer d'un champ antigravitationnel capable de le maintenir en place pour un temps suffisant.

Aujourd'hui comme hier, quelle que soit la prodigieuse imagination des spécialistes en logique du temps, toute la recherche concernant le renversement des directions temporelles au niveau des molécules ou de quoi que ce soit de plus grand est, en définitive, suspendue au fameux second principe de la thermodynamique. Ce principe établit que l'énergie mécanique peut se transformer intégralement en énergie calorifique, alors que celle-ci ne peut se transformer en celle-là que sous certaines conditions (coprésence d'une source froide et d'une source chaude), et dans certaines limites, ce qui introduit une *irréversibilité* fondamentale dans les phénomènes en tant qu'ils consistent en une succession de telles transformations inverses.

Le temps, de toute apparence, est dépendant de l'entropie (nom donné à la tendance de tous les systèmes physiques de passer de l'ordre au désordre). Des événements renversant le cours du temps – par exemple, retrouver le café dans la tasse et le sucre séparés après qu'ils aient été mélangés – sont « possibles » mais au plus haut point improbables. Les lois de la probabilité nous empêchent d'espérer remonter le temps avec succès, mais celles de la relativité nous rendent théoriquement possible le voyage dans le futur.

Le voyage instantané

Si l'on parvenait à voyager à une vitesse proche de celle de la lumière, il serait théoriquement possible d'aller partout dans l'univers en un instant. C'est bien ce que dit la relativité restreinte. Mais le voyage interstellaire n'est pas seulement une affaire de vitesse. En supposant que nous puissions vraiment voyager à une vitesse quasiment égale à celle de la lumière, une telle vitesse impliquerait un comportement relativiste étrange : pendant que nous ferions notre aller-retour, le temps aurait passé beaucoup plus vite sur Terre.

À notre arrivée, nous découvririons une désolante réalité : notre famille, nos amis, et peut-être toute vie sur Terre auraient disparu. Le temps aurait en effet passé beaucoup plus vite sur notre planète ; d'une certaine manière, un voyage vers Alpha du Centaure, l'étoile la plus proche de la Terre, serait un voyage sans retour.

Le paradoxe de Langevin

La théorie de la relativité débouche immédiatement sur un paradoxe bien connu, proposé par le physicien Paul Langevin dès les années 30. À bord d'une fusée, un voyageur quitte la Terre à une vitesse inférieure de 1/20 000 à celle de la lumière, une vitesse importante mais qui reste dans le domaine du plausible. Ce voyageur s'éloigne pendant un an, puis fait demi-tour et revient. Pour lui, mesuré avec les horloges qu'il a embarquées dans la fusée, le voyage a duré deux ans. À son arrivée, il trouve la Terre vieillie de deux siècles. Il a effectué un étrange bond dans l'avenir...

Ce paradoxe a été immédiatement attaqué au nom de la réciprocité, c'est-à-dire de l'équivalence des situations. On pourrait en effet penser que c'est la Terre qui s'est éloignée à grande vitesse et non pas le voyageur. Dans ce cas, il faudrait admettre que c'est la Terre qui serait restée jeune par rapport au voyageur qui, lui, aurait vieilli.

Autrement dit, pour que l'équivalence des situations puisse s'appliquer dans ce cas, il faudrait que les mouvements de la Terre et du voyageur soient rectilignes, uniformes, de vitesse constante indéfiniment. Or, le voyage à bord de la fusée n'est pas toujours uniforme : le départ à l'aller comporte une phase d'accélération. Au moment où la fusée fait demi-tour, le voyageur subit une importante décélération, et ainsi de suite. Le voyage n'est donc pas symétrique ; il n'y a pas de réciprocité.

Ce paradoxe n'est pas une simple vue de l'esprit. Il a été vérifié expérimentalement à plusieurs reprises. Des horloges embarquées à bord d'une fusée ou d'un avion ont en effet enregistré des décalages de temps par rapport à celles restées au sol.

Une hypothèse a été avancée pour résoudre ce problème. Elle utilise un argument relativiste bien connu. La théorie prévoit en effet que, dans un trou noir, le temps s'immobilise. Il suffirait alors de « domestiquer » un trou noir pour voyager d'un bout à l'autre de l'univers. Mais « plonger » dans un trou noir et voyager dans l'hyperespace pour émerger en un temps record près de Véga paraît plus facile à dire qu'à faire. Dans son best-seller *Black Holes and Time Warps* (1995), le physicien Kip Thorne s'interroge sur cette possibilité d'utiliser les trous noirs pour effectuer des déplacements instantanés.

Selon sa conclusion, l'hypothèse du trou noir comme ouverture d'un chemin extraordinaire à travers l'espace doit être laissée à l'imagination des romanciers. La voracité des trous noirs est telle qu'ils aspirent tous les rayonnements alentour en les accélérant jusqu'à atteindre une immense énergie détruisant tout sur son passage, y compris le vaisseau spatial qui se serait approché bien imprudemment.

Le chercheur Michel Alcubierre, de l'université du Pays de Galles à Cardiff, affirme, quant à lui, avoir trouvé le moyen théorique de passer d'un bout à l'autre de la Galaxie. S'appuyant sur la relativité générale selon laquelle un corps doué d'une masse grave ne crée pas une attraction (comme dans la mécanique newtonienne) mais *courbe* l'espace en son voisinage et raccourcit en quelque sorte les dimensions de cet espace pour un observateur donné, Michel Alcubierre suggère la solution suivante : plutôt que d'augmenter la vitesse des vaisseaux, on raccourcit la distance entre les étoiles...

Reste à trouver le moyen de compresser l'espace-temps, juste devant un vaisseau spatial et de le décompresser derrière lui. « Ma méthode, proclame Alcubierre, ne viole pas la relativité restreinte selon laquelle rien ne peut dépasser la vitesse de la lumière. Je me contente de déformer l'espace-temps de telle sorte que la distance soit éliminée et que le voyage devienne instantané. »

Comment parvenir à comprimer l'espace-temps pour le rétablir ensuite ? En relativité générale, on peut envisager une telle compression par l'intermédiaire d'un effondrement gravitationnel intense qui transformerait en un instant un morceau de matière ordinaire en véritable trou noir. Ensuite, pour parvenir à rétablir l'espace-temps, on ne voit pour l'instant qu'une « solution » : susciter une force gravitationnelle répulsive – ou antigravitationnelle – comme celle dont serait dotée cette mystérieuse matière « exotique » dont parlent les plus récentes théories du Big Bang.

Effet tunnel et vitesses supraluminiques

La plupart des expériences sur le franchissement de la vitesse de la lumière font référence à l'*effet tunnel*. Selon la mécanique quantique, il y a une probabilité non nulle qu'une particule traverse une barrière même si son énergie est insuffisante pour le faire. Plus la barrière est épaisse et plus la probabilité décroît (dans la pratique, l'épaisseur de la barrière ne dépasse pas quelques couches d'atomes)[1].

1 - L'effet tunnel a des multiples applications pratiques qui jouent un rôle important dans la fusion nucléaire, les microscopes, la photosynthèse, les composants électroniques.

En 1996, les physiciens ont observé une étrange propriété des particules de lumière : dans l'instant où ils traversent le tunnel, les photons voyagent plus vite que la lumière. Dès 1932, un chercheur, MacColl, des laboratoires Bell aux États-Unis, déclarait : « Quand une particule traverse une barrière, elle le fait sans délai mesurable. »

La mécanique ondulatoire postule – et en l'occurrence démontre – que les particules ne peuvent pas être définies seulement en tant qu'entités indépendantes ; elles sont également des ondes. Deux segments de fil électrique peuvent conduire un courant électrique si leurs extrémités sont assez proches. Si la distance entre les deux segments est supérieure à une certaine valeur, calculable, l'onde s'évanouit ; si cette distance est suffisamment réduite, l'énergie de l'onde lui permet de la franchir. Les électrons se comportent alors comme s'ils avaient percé un *tunnel* dans l'obstacle qui leur est opposé. On dit, en mécanique quantique, que la probabilité de présence de la particule (fournie par sa fonction d'onde, solution de l'équation d'onde de Schrödinger) n'est pas nulle à l'extérieur de la barrière.

Il fallut attendre les années 90 pour voir apparaître les premiers résultats sur les échelles de temps dans l'effet tunnel. En 1991, Anedio Ranfagni et ses collègues de l'Institut national de recherche en ondes électromagnétiques de Florence tentèrent une mesure de la vitesse des particules dans un tunnel mais relevèrent une valeur inférieure à celle de la lumière ; ils s'aperçurent que les barrières n'étaient pas assez épaisses. En effet, l'accroissement de l'épaisseur, contrairement à l'intuition, a une influence sur le temps mis à la traverser. Le résultat est paradoxal : plus la route est longue et plus les particules vont vite.

En 1995, Günter Nimtz, à Cologne, réussit pour la première fois à relever des vitesses supérieures à celle de la lumière. Presque en même temps, l'équipe de Raymond Chiao, à Berkeley, obtenait à son tour une vitesse supraluminique ; plus récemment, avec des barrières toujours plus épaisses, Ferenc Krauss, de l'université de Vienne, apportait une nouvelle confirmation du phénomène en utilisant, non pas des photons individuels, mais une série d'éclairs laser. Examinons brièvement l'expérience de Raymond Chiao.

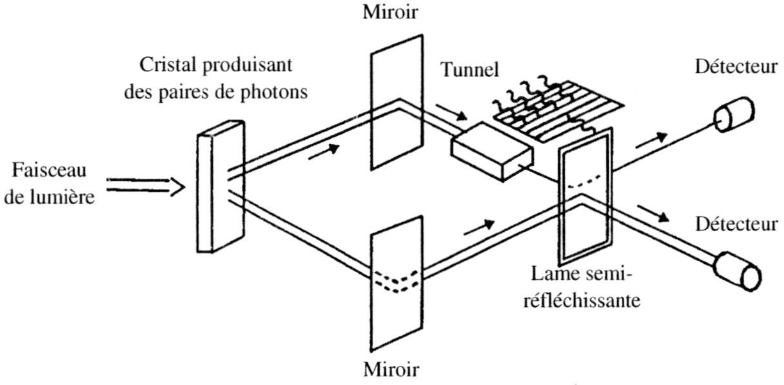

Vitesses supraluminiques : l'expérience de Berkeley (1995).

Des paires de photons identiques sont créées par un cristal (une paire à chaque 10^{-15} seconde). Après réflexion sur un miroir, un des deux photons doit traverser un filtre spécial qui provoque l'effet tunnel, tandis que l'autre photon ne rencontre pas d'obstacle sur son passage. Le filtre, épais d'un micromètre environ, est constitué de couches de verre qui bloquent presque entièrement le passage de la lumière.

Les photons ayant réussi à passer à travers le filtre se dirigent vers une plaque semi-réfléchissante et rejoignent les autres photons. Si les photons arrivent en même temps sur la lame, ils interfèrent entre eux et se dirigent vers le même détecteur. Si l'un des photons arrive plus vite que l'autre, il n'y a pas d'interférence et les deux détecteurs se déclenchent. On calcule ainsi la vitesse à laquelle le tunnel a été traversé : 1,7 fois celle de la lumière dans le cas de l'expérience de Berkeley.

CONCLUSION

Sur la valeur d'être des concepts scientifiques

L'analyse des grands concepts en science et l'étude de leur évolution conduit nécessairement à repenser les notions de connaissance de la réalité extérieure, de mesure objective, d'observation. Ces questions et discussions sur le "réel", sa nature et notre capacité de le connaître demeurent primordiales pour tous les chercheurs qui, dans le cadre des sciences de l'infiniment grand (cosmologie, astrophysique) et de l'infiniment petit (physique des particules) se posent des questions de nature philosophique quant à la "valeur d'être" des objets qu'ils veulent comprendre.

La science physique a beau être précise et rigoureuse, certaines problématiques philosophiques jouent un rôle décisif dans la manière dont elle évolue. La problématique évoquée ici est celle de la capacité qu'a l'être humain de connaître objectivement la réalité qui l'entoure. Albert Einstein fut l'un de ceux qui pensaient qu'une telle connaissance est possible. Ernst Mach était convaincu qu'il s'agissait d'un pseudo-problème, et que l'idée même de réalité extérieure n'avait aucun sens. Mach était l'héritier du philosophe anglais David Hume : toute notre connaissance provient, à l'origine, de notre perception des phénomènes que nous considérons comme extérieurs à notre entendement. L'ensemble des concepts que nous construisons et qui ne possèdent pas leur équivalent direct dans le monde observable (des notions telles que masse, inertie, énergie, champ magnétique, force) sont des notions métaphysiques que les scientifiques doivent apprendre à manipuler avec une extrême prudence.

Ces concepts sont, bien entendu, utiles pour construire un raisonnement ou pour imaginer des hypothèses. Mais leur danger réside dans leur utilisation : en effet, on finit très souvent par les considérer comme des faits certains ; on leur donne alors une valeur d'être, de réel.

Ainsi, chaque discipline scientifique court le risque d'accumuler en son sein, au cours des siècles, des notions complètement hypothétiques mais qu'elle considère comme expérimentalement valables et scientifiquement prouvées.

Pour Mach, il existe une théorie scientifique littéralement infestée de parasites métaphysiques de ce genre : c'est la mécanique classique. Nul n'a jamais pu observer des entités telles que l'espace et le temps absolus, la masse inerte (laquelle se déplace en ligne droite et à vitesse uniforme à l'infini), la force d'attraction, etc. Et pourtant, l'ensemble des "mécanistes" utilisent ces notions pour construire une image du monde qu'ils considèrent comme scientifique, alors qu'elle se fonde d'une manière axiomatique sur des concepts hypothétiques.

Mach écrit : "Les principes mécaniques les plus simples sont précisément d'une nature très compliquée. Ils reposent sur des expériences non réalisées et non réalisables ; ils sont en vérité suffisamment établis au point de vue pratique pour servir de base à la déduction mathématique, étant donnée la stabilité suffisante de notre entourage ; ils ne peuvent en aucune façon être considérés en eux-mêmes comme des vérités mathématiques démontrées, mais au contraire comme des propositions qui, non seulement admettent, mais encore réclament le contrôle perpétuel de l'expérience."

En fait, si personne ne nie l'existence d'une réalité extérieure et l'importance – fondamentale – de l'observation empirique (qu'elle soit uniquement conceptuelle ou que la perception soit aidée par des instruments d'observation), le problème qui se pose et sur lequel les avis divergent est celui des critères selon lesquels on peut admettre la réalité d'un concept, d'un objet théorique qui, comme la force d'attraction, est ontologiquement posé tout en étant interdit d'observation directe.

Du problème de l'être, on passe donc à celui des critères de validité, c'est-à-dire aux conditions de son admission dans le champ scientifique.

La question : "Entre la force d'attraction de Newton et la courbure de l'espace-temps d'Einstein, laquelle existe *réellement* ?" se transforme en une question d'ordre pratique : "Entre ces deux concepts (hypothétiques), quels critères permettent de choisir celui qui serait le plus valable scientifiquement ?"

Le problème de la recherche du réel, en science, n'est donc pas, en définitive, un problème d'ontologie (puisque personne ne nie l'existence de l'être), mais bien plutôt un problème de méthode.

Examinons brièvement quelques-unes des réponses que la philosophie des sciences et même la philosophie classique ont tour à tour apportées à la grave question de la méthode : sur quels critères fonder le choix entre plusieurs concepts théoriques ?

L'idée selon laquelle il existerait une méthode scientifique précise date de Francis Bacon. De l'expérimentation conduite avec précision et fermeté sera tirée par induction la loi générale. Non pas une simple "induction totalisante", se bornant à résumer les données acquises, mais une "induction amplifiante", qui dépasse l'acquis pour entrevoir l'avenir et établir des lois même à propos de faits non encore connus mais assimilables aux faits connus, dans le cadre du déterminisme universel. Ainsi la science devient conquérante et active ; elle permet à l'homme de dominer la nature, dont sa pensée reflète l' "action intime" et le mouvement. Elle échappe à toute autre autorité que celle de la raison.

Galilée émet une hypothèse complémentaire à la règle baconienne : l'introduction des mathématiques (qu'il enseigne à partir de 1592 à l'université de Padoue) pour l'explication des lois physiques. Le savant pisan contribue surtout à créer un état d'esprit, notamment par une proclamation célèbre où il déclare que la nature est écrite en langage mathématique.

La règle est brillamment confirmée par Newton qui construit sa mécanique sur la base de postulats tirés de l'observation et de l'expérimentation.

Pour les philosophes des Lumières, lorsque l'observation et l'expérimentation sont associées à un formalisme mathématique rigoureux, on obtient une représentation du monde qui semble absolument parfaite.

Mais, au XVIIIe siècle déjà, de nombreux philosophes disent des choses graves, mais ne sont guère entendus : nul n'a jamais observé la force d'attraction ; nul ne pourra jamais constater par l'observation l'existence d'un espace et d'un temps infinis ;

nul ne pourra jamais suivre à l'infini une masse inerte pour vérifier expérimentalement si elle poursuit toujours le même chemin en ligne droite et avec une vitesse uniforme. Ces hypothèses sont toutes contraires à la méthode dite baconienne qui consiste à fonder la science uniquement sur des faits observés.

A partir de la fin du XIXe siècle, la question posée est celle de la nature de la théorie physique et de son adéquation avec les faits observés. Avec Henri Poincaré et Pierre Duhem, toutes les théories scientifiques sont affaires de convention. Ernst Mach introduit pour la première fois une critique des principes de la mécanique newtonienne, spécialement du principe d'égalité de l'action et de la réaction, auquel ce grand penseur substitue le principe plus simple, et qui évite bien des difficultés, selon lequel deux corps sont de même masse s'ils se communiquent des actions égales et directement opposées. De plus, Mach introduit le principe qui porte son nom et selon lequel, même dans le cas où l'on ne s'occupe que de l'action mutuelle de deux masses, il est impossible de faire abstraction du reste de l'univers [(1)].

Pour Mach, une théorie scientifique ne peut que contenir des postulats qui ne dérivent pas de la stricte observation du monde. Cette faiblesse de la méthode scientifique impose de faire le tri entre ce qui est observable et ce qui ne l'est pas, et de ne donner une valeur d'être qu'à ce qui est observable. Mais on ne peut éviter les hypothèses et les autres notions théoriques, moteur de la conceptualisation et du progrès de la connaissance.

Selon les positivistes logiques, et contrairement à Mach, les notions théoriques ne sont que des questions métaphysiques oiseuses dont l'origine se trouve dans le langage. Pour être valable, toute connaissance scientifique se doit donc de les éliminer totalement. Seul est autorisé dans le discours scientifique le formalisme logique et mathématique, lequel se contente de décrire le monde sans autoriser la moindre hypothèse ontologique à son sujet.

Une troisième thèse, celle de Karl Popper, est fondée sur la notion méthodologique de la "falsifiabilité". La recherche scientifique procède par essais et erreurs, par conjectures et réfutations, non par induction. Une théorie se fonde donc sur des postulats et enchaîne à leur suite une démonstration qui doit à un certain moment se prêter au contrôle de l'expérimentation ou de l'observation. Aussi, dans la logique popperienne, le propre d'une théorie scientifique, c'est d'être falsifiable (c'est-à-dire qu'elle doit fournir les moyens de sa propre critique et de son éventuelle destruction) ; la "falsifiabilité" doit remplacer la "vérifiabilité" comme critère de démarcation entre ce qui est scientifique et ce qui ne l'est pas. La science est perçue davantage sur le mode d'une "quête inachevée" vers la connaissance objective que sur celui d'un système du savoir.

Il existe une quatrième thèse, celle de Fayerabend. Selon lui, la méthode scientifique est un mythe. La création scientifique ne diffère pas des autres processus humains. L'adéquation de la théorie scientifique à la réalité relève plus de l'idéologie et de l'esthétique que de l'objectivité totale rêvée par Einstein.

---

1 - Plus précisément, cela signifie que les forces d'inertie ne sont pas inhérentes aux corps, mais qu'elles sont dues aux mouvements des étoiles par rapport à eux.

Pour Einstein en effet, comme pour de nombreux réalistes dogmatiques, l'adéquation entre une construction quelle qu'elle soit et le monde des phénomènes perçus devait être totale. Connaître signifie savoir exactement de quoi est composé le monde et les modalités de son fonctionnement, tel qu'il existe indépendamment de notre présence, et de celle de nos instruments d'observation et de mesure.

Einstein n'a jamais posé le problème de la science contemporaine sur le plan de la méthode, mais bien sur celui de l'être. Alors que, depuis Kant, la philosophie de la science ne se pose plus la question de la nature du réel, mais plutôt celle de la possibilité de l'adéquation entre le monde phénoménal, perçu par nous, et le monde théorique construit par les scientifiques, Einstein, pour sa part, continuait à débattre de ce qu'est la réalité et de l'adéquation entre une théorie scientifique et cette réalité. En fait, il se situait dans une problématique métaphysique, tandis que les autres s'intéressaient surtout à une problématique méthodologique. D'où le dialogue de sourds qui l'opposa à ses collègues, notamment à Mach.

L'énergie désespérée avec laquelle Einstein a lutté contre le phénoménalisme de Mach, et contre le strict positivisme de Bohr et de Heisenberg, aurait pu être mieux canalisée s'il avait plus clairement compris que leur position de principe était une question de méthode.

En définitive, si l'on examine les thèses énumérées et quelques autres, on s'aperçoit que certaines d'entre elles interdisent la formulation d'hypothèses ontologiques et que d'autres autorisent au contraire la construction d'hypothèses, à condition de les manipuler avec prudence et de ne jamais les considérer comme des réalités tant qu'elles n'ont pas été vérifiées par l'observation et l'expérience (1).

1 - Sur toute cette question, voir l'excellent petit livre de Nayla Farouki et celui de Yoav Ben-Dov.

INDEX

Cette liste fait état des noms propres, des titres d'œuvres scientifiques et des sujets rencontrés dans l'ouvrage. On a porté en caractères gras les noms des concepts.

Abeille, 251
Aberration, 5 à **8**, 251, 255
Aberration chromatique, 379
Absolu (notion d'), 181
Acausalité, 222
Accélérateur, 79, 82, 139, 140, 141, 150, 291, 316, 317, 318, 345, 430
Accélération, 75, 68, 180, 181, 207, 271, 370, 406
Accélération absolue, 373
Accélération relative, 181, 345
Accommodation, 247
Acétylène (synthèse de), 400
ACHILLE, 330
Achromatopsie, 22
Acide tartrique, 107, 109
Acoustique, 375, 376
Acoustique musicale, 376
Acta eruditorium, 181
Action à distance, 55, 87, 180, 204, 207, 260, 435, 440
Action de contact, 180, 204, 231, 232
Action et de la réaction (principe de l'), 119, 180, 448
Action minimum, 335
ADN, 111, 218, 237
AEPINUS (Franz Ulrich Hoch, dit), 260
Affinité, 9 à **12**, 132, 137
Age de l'univers, 38
Agitation, 187
Agitation moléculaire, 297
Agitation thermique, 33, 272, 325, 367, 388
Agrégation par diffusion limitée, 186
AGRICOLA, *voir* Bauer
Agroalimentaire, 287
Aimant, 56, 260, 265, 293, 386
Aimantation, 121, 259
Aimant brisé, 260
Air (composition de l'), 413
Air déphlogistiqué, 323
Air subtil, 153
Air « vital », 13 à **16**
À la poursuite du Big Bang, 395
ALBERTI (Leon Battista), 393
ALBERT LE GRAND, 9, 411
Alcaloïde, 399
Alchimie, 411, 412
Alchimiste, 293
ALCUBIERRE (Michel), 443
ALEMBERT (Jean LE ROND d'), 182, 205, 279
Aléatoires (phénomènes), 327
Alésage (des canons), 49, 51
Alexandrie, 72, 73
AL-KINDI, 247
Allèle, 217
Alpha du Centaure, 314, 442
Alpha (particule), 25
ALPHER, 39
AL-RAZI (Muhammed), *voir* RHAZÈS
Alternateur, 266
Altimètre, 434
AMAGAT (Émile), 189
Amas de galaxies, 199, 212, 213, 277
Amas de percolation, 184
Ambre, 259
AMPÈRE (André-Marie), 118, 119, 121, 264, 265, 281, 394, 423
Ampère (bonhomme d'), 121
Amplitude de la fonction d'onde, 176, 303, 304, 306
Amplitude de l'onde, 176, 254
Amplitude de probabilité, 43, 44, 176, 328
Analyse spectrale, 382, 383
ANAXAGORE, 32
ANAXIMANDRE, 71, 72, 194
ANAXIMÈNE, 72
ANDERSON (Carl David), 17, 18, 129, 170, 318, 344
ANDRÉOSSY, 10
ANDREWS (Thomas), 189
A New System of Chemical Philosophy, 23, 24, 32
A New System of Chemistry, 23
Angle de Bragg, 96
Angström, 27, 95
ANGSTRÖM (Anders), 27
Anisotropie, 214, 272
Annalen der Physik und Chemie, 320, 368, 400
Anneaux colorés, 91
Anschauligkeit, 36
Antenne, 124
Antibiotique, 399
Antideutéron, 19
Antiferromagnétisme, 266
Antihélium, 19
Antihydrogène, 19
Antimatière, 17 à **21**, 176, 441
Antimoine, 412
Antineutrino, 299, 300, 301, 316, 318, 351
Antineutron, 19, 316
Antiparticule, 17, 46, 237, 299, 318, 420, 437, 441
Antiproton, 19
Antiquark, 341, 342
Antitritium, 19
Apesanteur, 209, 268, 289
Aphélie, 202, 409

AQUIN (Thomas d'), 227, 289
ARAGO (Louis), 107, 118, 121, 157, 250, 256, 281, 369, 377
Arc-en-ciel, 89, 90, 247, 306, 379, 382
ARCHIMÈDE, 5, 100, 102,103, 187, 247, 267, 278, 295
Archimède (principe d'), 5, 101, 102, 187
ARCHYTAS DE TARENTE, 226, 227
Argument EPR, *voir* paradoxe EPR
ARISTARQUE DE SAMOS, 5, 201, 313, 369
ARISTOTE, 15, 31, 47, 67, 71, 72, 142, 153, 161, 194, 200, 201, 227, 249, 294, 369, 375, 405, 406, 429, 438
ARKADIEV, 389
ARNAUD DE VILLENEUVE, 411
ARNOLD, 323
ARRHÉNIUS (Svante), 197, 235
ÁRYABHATA, 201
Ascenseur d'Einstein, 270
ASIMOV (Isaac), 440
ASPECT (Alain), 86
Assouan, 73
ASTON (Francis W.), 169, 241
Astrologie gallicane, 47
Athènes, 72
ATKINSON (Robert), 169
Atmosphère de chaleur, 48
Atome, 22, 25, 31, 32, 34, 74, 79, 129, 131, 140, 144, 153, 169, 184, 192, 219, 239, 240, 242, 244, 245, 253, 254, 259, 264, 272, 273, 275, 276, 280, 281, 284, 288, 297, 302, 319, 325, 340, 346, 348, 349, 383, 384, 387, 394, 410, 429, 432, 433, 436, 437, 439
Atome de Bohr (théorie de l'), 28, 253
Atome des chimistes, **22** à **24**
Atome exotique, 21
Atome planétaire, **25** à **30**, 413
Atome primitif, 37
Atome (structure de l'), 383
Atomiseur, 359
Atomisme, 24, **31** à **36**, 272, 398
Attracteur de Rössler, 65
Attracteur étrange, 64, 65
Attraction de la Terre, 269
Attraction des graves (loi de l'), 204
Attraction universelle (loi d'), 203, 206, 268
ATWOOD (George), 70
Aurore boréale, 326
Autocuiseur, 359
Avance du périhélie de Mercure, 211
AVERROÈS, 411
AVERY (Ostwald), 218
AVICENNE, 411
Avion, 374
AVOGADRO (Amedeo DI QUAREGNA, comte), 15, 24, 33, 132, 189, 264, 281, 284, 285
Avogadro (hypothèse d'), 24, 33, 264, 281, 283, 284
Avogadro (nombre d'), 32, 33, 77, 80, 285
Azote, 14,192

BACHELARD (Gaston), 220
BACON (Francis), 447
BACON (Roger), 411
Baeyer (Alfred von), 399
Balance, 398
Balance apériodique, 348
Balance de Roberval, 268
Balance de torsion, 116, 261, 262, 270
BALARD (Antoine Jérôme), 398
BALIBAR (Françoise), 55
Balistique, 67
BALZAC (Honoré de), 161
Bang sonique, 374
BARDEEN (John), 388
BARKLA (Charles Glover), 95
Baromètre, 429
Barrière, 444, 445
BARROW (Isaac), 91
Baryon, 46, 237, 342
Baryonique, 40
Bateau à vapeur, 364
Battement (acoustique), 376
BAUER (Georg), 411
BAUMÉ (Antoine), 9
Beauté, 343
BECHER (Johann), 14
BECQUEREL (Antoine, Henri), 34, 317, 347, 348, 349, 412
BÈDE LE VÉNÉRABLE, 114
BEDNORZ (Georg), 390
BEKENSTEIN (Jacob), 419, 420
BELL (John), 83, 86, 87, 440
Bell (laboratoires), 130, 443
Bell (théorème de), 83
BÉMONT (Gustave), 349
BENNET, 116
BENOIST DE MAILLET, 162
BENTLEY (Richard), 205, 432
Benzène, 399
BERKELEY (George), 225, 372
BERNOULLI (Daniel), 190
BERNOULLI (Jacques), 279, 286
BERNOULLI (Jean), 279
BERTELSEN (Érasmus), 93
BERTHELOT (Marcellin), 9, 24, 164, 241, 397, 399
BERTHOLLET (Claude-Louis), 9, 10, 11, 12, 13, 15, 264, 281
BERZELIUS (Jacob), 15, 24, 111, 132, 241, 284, 396, 397
BESSEL (Friedrich), 314
BETHE (Hans), 141, 169
Bevatron, 141
Bible, 164, 201
BICHAT (Xavier), 163
Big Bang, **37** à **42**, 38, 40, 41, 42, 112, 113, 302, 326, 378, 395, 418, 424, 425, 438, 443
Big Crunch, 37, 302, 425
Biochimie, 196, 287, 397
Biologie, 168

Biosphère, 322
Biosynthèse, 396
BIOT (Jean-Baptiste), 62, 107, 116, 121, 241, 252, 281, 377
BLACK (Joseph), 48, 402
BLACKETT (Patrick), 414
Black Holes and Times Warps, 443
BLANQUI (Adolphe), 364
BLONDOT (René), 347
BOERHAAVE (Herman), 9
BOHR (Niels), 28, 29, 35, 36, 85, 133, 172, 173, 175, 176, 222, 299, 329, 335, 337, 383, 449
Boltzmann (constante de), 283, 367
BOLTZMANN (Ludwig), 105, 106, 107, 191, 331, 367
Bombardement neutronique, 345
Bombe A, 326
Bombe au cobalt, 346
Bombe H, 326
BONAPARTE, 9, 10
BONDI, 42
Bootstrap (théorie du), 276, 343
BORDA (Charles de), 70
BORELLI (Alfonso), 203
BORN (Max), 30, 36, 177, 276
Born (principe de), 177
BOSCOVICH (Ruggero), 118, 205
BOSE-Einstein (statistique de), 43
BOSE (Satyendranath), 43
Bosons, 43, 46, 60, 213, 236, 342, 387, 388, 395, 426, 427
Bosons et fermions, 43 à **46**
Bosons intermédiaires (W^+, W^-, $Z°$), 43, 238, 318, 341, 395, 424
BOUCHER DE CRÈVECŒUR DE PERTHES (Jacques), 165
Bouddha SHAKYAMUNI, 438
BOULTON (Mathias), 364
BOUSSINGAULT (Jean-Baptiste), 323
Boussole, 259, 263
Bouteille de Leyde, 115
Bouteille thermos, 192
BOUTLEROV (Alexandre), 241
Boveri-Sutton (théorie de), 216
BOVERI (Theodor), 216
Boyle-Mariotte (loi de), 189, 432
BOYLE (Robert), 31, 187, 188, 190, 260, 272, 376, 379, 380, 401, 402, 412, 431, 432
BOYS, 207
BRADLEY (James), 6, 8, 251, 255, 256, 313, 314
BRADWARDINE (Thomas), 227
Bradyon, 440
Bragg (angle de), 96
Bragg (équation de), 96
BRAGG (Laurence), 97
Bragg (loi de), 97
BRAGG (William), 97
BRAGINSKY (Wladimir), 271
BRAHE (Tycho), 6, 202, 231
BRANLY (Édouard), 124
BRAVAIS (Auguste), 95, 98
BRILLOIN (Léon), 105
Brisure de symétrie, 395, 424
Broglie (formule de), 30, 177
BROGLIE (Louis Victor, duc de), 30, 45, 84, 129, 130, 175, 177, 214, 222, 53, 254, 279, 306, 307, 315, 339, 439
BROUGHAM (lord), 250
BROWN (Robert), 33, 192
BRUGMANS (Anton), 260
Bruit quantique, 436
BRUNNELLESCHI (Filippo), 393
BRUNO (Giordano), 228, 229, 354
Buffon (aiguille de), 328
BUFFON (Georges Louis Leclerc, comte de), 93, 161, 162, 163, 196, 275, 328
BUNGE (Mario), 219
BUNSEN (Robert Wilhelm von), 382
Bureau international des poids et mesures, 410
BURIDAN (Jean), 267, 429
BYZANCE (Philon de), 102

CABEO (Niccolo), 260
Cadran solaire, 73, 409
CAGNIARD DE LA TOUR (Charles, baron), 192, 376
CAILLETET (Louis Paul), 192
Calcul infinitésimal, 273
Calendrier, 408
California Institute of technology, 81
Calorimétrie, 402
Calorique, 48, 50, 51, 74, 280, 296, 363, 368, 402, 403
Calorique (chute du), 48, 51, 368
Calorique (conservation du), 51
Calorique (théorie du), 48, 49, 74, 403
CALVIN, 324
Calvin (cycle de), 324
CANNIZZARO (Stanislas), 133, 282, 284
CANTOR (Georg), 235, 330
Capillarité, 305
Carbone (cycle du), 324
Carbone 14, 324, 353
CARLISLE (Antony), 117
Carnot-Clausius (loi de), 106
Carnot (principe de), 297, 298, 366, 367, 407
CARNOT (Sadi), 49, 51, 75, 296, 361, 363, 365, 367, 368
Carnot (théorème de), 76, 363
Cascade radiative atomique, 84
Casimir (effet), 437
Casimir (force de), 437
CASIMIR (Hendrik), 437
CASSIDY (D.), 221
CASSINI (Giovanni), 255
Cataclysme, 162
Catalogue d'étoiles, 313
Catastrophe ultraviolette, 332, 334
Catastrophisme, 167
CAUCHY (baron Augustin Louis), 330

Causalité, 439
Causalité différentielle, 154
Causalité (principe de), 20, 180
CAVAILLÈS (Jean), 422
Cavendish (hémisphères de), 117, 140, 413
CAVENDISH (Henry), 13, 14, 15, 80, 117, 206, 207
Cavendish laboratory, *voir* Laboratoire Cavendisch
Cellule de Kerr, 257
CELSIUS (Anders), 47, 283, 403
Celsius (échelle, degré), 38, 403
Centrale nucléaire, 363
Centrale thermique, 363
Centre de gravité, 278
Céramique, 412
Céramique supraconductrice, 390
CERN, 83, 238, 318, 424
CÉSAR (Jules), 408
CHADWICK (James), 27, 141, 299, 318
Chaleur, **47** à **50**, 75, 105, 263, 276, 296, 297, 359, 363, 365, 367, 390, 401, 402, 403, 420, 422
Chaleur (conservation de la), 404
Chaleur et travail, **51** à **54**
Chaleur (propagation de la), 191
Chaleur (quantité de), 402
Chaleur spécifique, 48, 402
Chaleur spécifique à pression constante, 402
Chaleur spécifique à volume constant, 402
CHALINE, (Jean), 168
CHAMBERLAIN (Owen), 19
Chambre d'ionisation, 348
Champ, **55** à **60**, 121, 122, 207, 264, 276, 320, 321
Champ de gravitation, *voir* champ gravitationnel
Champ électrique, 56, 58, 79, 97, 259, 385
Champ électrofaible, 424
Champ électromagnétique, 57, 58, 59, 320, 341, 415, 427, 436
Champ électromagnétique (équation générale du), 252
Champ faible, 341
Champ fort, 341
Champ gravitationnel, 55, 204, 341, 356, 418, 419, 427
Champ magnétique, 56, 58, 119, 156, 259, 260, 263, 264, 387, 389, 446
Champ magnétique terrestre, 144
CHAMPOLLION (Jean-François), 10, 250
Champ quantique, 182, 316
Champs (théorie des), 56, 65, 120
Champs (théorie quantique des), 60, 276, 437, 438
Champ unitaire (théorie du), 59, 60, 236, 423
CHAMPY (Jean-Pierre), 10
CHAMPY (N.), 10
CHANCOURTOIS (Alexandre de), 133
Changement de phase, 438
Changement d'état, 189, 283
Chaos, **61** à **66**
Chaos déterministe, 61
Chaos (théorie du), 65, 182
CHAPTAL (Jean-Antoine), 9, 15
Charge (conservation de la), 394
Charge (d'une particule), 385
Charge électrique, 74, 176
Charge électrique (conservation de la), 116
CHARLIER (Carl), 40, 235
Charme, 343
CHÉSEAUX (de), 40
CHEVALIER (Auguste), 393
Cheval-vapeur, 364
CHEVREUL (Eugène), 92, 163, 399
CHIAO (Raymond), 444
Chimie analytique, 286, 287, 397
Chimie appliquée, 397
Chimie minérale, 16, 110, 396
Chimie nucléaire, 397
Chimie organique, 16, 110, 396
Chimie physique, 397
Chirale (molécule), 109, 111
Chiralité, 110, 111
Chlorophylle, 323
Chromatique (théorie), 90
Chromatographe, 287
Chromatographie, 286, 324
Chromodynamique quantique, 237, 342
Chromosome, 216, 217, 218
Chromosphère, 383
Chronographe, 410
CHU (Paul), 390
Chute des graves (ou des corps), **67** à **70**, 200, 203, 270, 279
Chute libre (corps en), 406, 407
Chute (loi universelle de), 67
Cinématique, 179, 278, 288, 289, 290
Cinétique des gaz (théorie de la), 190, 282, 283, 285
Cinétique (théorie), 33
Circonférence terrestre, **71** à **73**
Circuit oscillant, 319
CLAPEYRON (Émile), 76, 296, 368
CLARKE, 181
Classification hélicoïdale des éléments, 133
Classification périodique des éléments, 132, 133, 134, 137
CLAUSIUS (Rudolf), 33, 54, 103, 105, 190, 285, 367, 368
CLEGHORN, 48
CLÉOMÈNE, 73
Clepsydre, 69, 101, 406, 407, 408
CLIFFORD (William K.), 274
Cobalt 60, 346
COCKCROFT (John Douglas), 140, 141
Coefficient stœchiométrique, 283
Cœur de neutrons, 419
Cohérence (lumière cohérente), 254
Cohérence quantique, 339
Cohéreur, 124
COLLADON (Daniel), 377
Collapse gravitationnel, 417
Collège de France, 171, 397
COLLET-DESCOTILS (H.-V.), 10
Collier à sphères, 295, 296

Collimateur, 382
Collisions, 29, 317, 319
Colloïdes, 285
Colorants, 399
Combinaisons volumétriques (loi des), 281
Combustion interne (moteur à), 363
Comète, 291, 421
Comète de Halley, 205, 233
Comètes (mouvement des), 233
Commission des sciences et des arts de l'armée d'Orient, 10
Communication avec le passé, 439
Compas gyroscopique, 224
Complémentaire (couleur), 88
Complémentarité, 337
Composant électronique, 443
Composé, 31
Composé du carbone, 397
Composé ionique, 245
Composé organique, 322
Composition des forces concourantes (règle de), 279
Composition des mouvements, 278
Composition des vitesses (loi de), 258
Comptes rendus de l'Académie des Sciences, 345
Compteur Geiger, 300
COMPTON (Arthur), 253, 319
Compton (effet), 28, 319
Concept of mass, 267
Concile de Trente, 31, 32
Condensateur, 115
Condensation, 429
Condenseur, 361, 362, 364, 367
Condenseur (machine à), 361, 364
CONDORCET (Marie Jean Antoine CARITAT, marquis de), 62
Conducteur, 99
Conductibilité, 115
Confinement, 326
Confinement inertiel, 326
Conflit électrique, 263, 264
Congrès de Karlsruhe, 284
Conjugaison de charge, 20
CONON DE SAMOS, 100
Conservation de la charge (loi de la), 116
Conservation de la masse (loi de la), 138, 139
Conservation de l'énergie mécanique (principe de la), 52, 75
Conservation (loi de), 394
Conservation (principe de), 49, **74** à **76**
Conservatoire national des arts et métiers, 359
Considérations sur la théorie mathématique du jeu, 264
Constantes, **77** à **80**, 112, 251, 256
Constante cosmologique, 78
Constantes fondamentales, 77
Continuum, 58, 153
Continuum espace-temps, 208
Contraction de l'espace, 79, 150, 159, 160, 358, 407
Contraction des longueurs, 79, 150, 159, 160, 358
Contraste simultané des couleurs (loi du), 92
COOPER (Léon N.), 388
Coordonnées, 143
Coordonnées de l'espace-temps, 410
Coordonnées galiléen (système de), 180
Copenhague (interprétation de), 337
COPERNIC (Nicolas), 5, 6, 73, 201, 203, 228, 231, 313
Cordes, **81** et **82**
Cordes cosmiques, 213
Cordes hétérotiques (E8 x E8), 82
Cordes (théorie des), 81, 427
Cordes (théorie quantique des), 82
Coriolis (effet), 370
Coriolis (force de), 69, 369, 370
CORIOLIS (Gaspard), 69, 370
CORNU (Alfred), 255, 256
Corps conducteur, 114
Corps en chute libre (mouvement des), 69
Corps noir, 248, 331, 436
Corps noir (postulat du), 248
Corps platoniciens, 393
Corpuscule, 175, 219, 249, 251, 252, 304, 315, 336, 338
Corrélation, **83** à **87**
CORRENS (Carl Erich), 215
Cosmologie, 301
Cosmologie relativiste, 40
Cosmos, 302
COSTA DE BEAUREGARD (Olivier), 83, 441
Couleur, **88** à **92**, 249, 251, 379, 380, 381
Couleur complémentaire, 88
Couleur fondamentale, 92
Couleur (force de), *voir* Force de couleur
Couleurs (théorie des), 248, 336
COULOMB (Charles-Augustin de), 26, 55, 116, 206, 207, 208, 261, 262, 262, 264
Coulomb (loi de), 19, 115, 116, 245
COUPER, 240
Couple, 261
Courant, 264
Courant bosonique, 389
Courant électrique, 264, 265
Courant électrique (effets thermiques du), 53
Courbe sans tangente, 185
Covalence, 243, 245
COWAN (Clide Lorrain), 299, 300, 301
COX (James), 296
Crétacé, 167
Crible, 72
CRICK (Francis), 218
Crise mondiale de l'énergie, 437
Cristal, 88, **93** à **99**, 106, 107, 109, 120, 184, 186, 246, 272, 394, 445
Cristal ionique, 246
Cristallisation de l'univers, 214
Cristallographie, 93, 94, 107
Cristaux liquides, 272
Critère (de validité scientifique), 448
Critique de la mécanique newtonienne, 372

Croissance (mécanisme de), 186
CROMBIE, 295
Crookes (radiomètre de), 431
CROOKES (sir William), 96, 127, 320, 347, 431
Crookes (tube de), 96
Crossing-over, 218
CTÉSIBIOS, 101
Cryptographie quantique, 87
CUGNOT (Joseph), 359
CURIE (Irène), 170, 414
CURIE (Marie, née SKLODOWSKA), 344, 345, 347, 348, 349, 413
CURIE (Paul, Jacques), 98, 120, 348
CURIE (Pierre), 97, 98, 120, 260, 266, 347, 348, 349
CUSE (Nicolas de), 227, 228, 229
CUVIER (Georges), 161, 162, 163, 164, 165
Cycle de Bethe, 302
Cyclotron, 139, 141,
Cyène (Assouen), 73
Cygnus X-1, 420
CYRANO DE BERGERAC (Savinien de), 200

DAL NEGRO, 119
Dalton (hypothèse de), 33
Daltonisme, 22
DALTON (John), 15, 22, 23, 24, 32, 34, 131, 132, 133, 239, 242, 280, 281, 284
D'AQUIN (Thomas), 289
DARWIN (Charles), 162, 164, 165, 166, 167
Darwinisme, 165, 166, 167
Datation au carbone 14, 353
DAVISSON (Clinton J.), 129, 130, 253, 307
DAVY (sir Humphry), 13, 117
De caelo, 72
Décalage des fréquences vers le rouge, 378, 415, 417
Décalage spectral vers le rouge, 213
Décomposition de la lumière, 382
Décroissance radioactive (loi de), 349
Dédoublement des lignes spectrales, 387
Défaut (dans le cristal), 97
Défaut de masse, 171
Déformation de l'espace, 311
De gravitatione, 232
Degré Celsius, 283, 403
Degré kelvin, 38
Degrés de liberté, 50, 144
De immenso, 229
De la contraction gravitationnelle continue, 419
De la docte ignorance, 227, 228, 229
De la force motrice de la chaleur et des lois sur la chaleur qui peuvent s'en déduire, 368
De la lumière colorée des étoiles doubles, 378
De la mesure du cercle, 100
De la nature de l'air, 189
De l'arénaire, 100
De la sphère et du cylindre, 100,
De l'éther aux quantas, 55
DELLA FRANSCESCA (Piero), 393
DELLA PORTA (Giambattista), 247
De l'origine des espèces par voie de sélection naturelle, 164
Déluge, 122
De magnete, 114, 229
De magnete, magneticisque corporibus et de magno magnete tellure, 260
DÉMOCRITE, 9, 31, 131, 194, 247, 273, 429
Démon de Maxwell, 103, 104, 191
De motu, 203
De motu circulari corporum caelestium, 73
De natura rerum, 89, 227, 228, 229
Densité, 37, **100** à **102**, 429
Densité de la Terre, 206, 207
Densité de probabilité, 176, 177, 328
Denton, 345
De re metallica, 412
De rerum natura, 89
De revolutionibus, 228
De revolutionibus orbium coelestum, 201
DESCARTES (René), 54, 90, 91, 93, 142, 143, 153, 154, 175, 204, 228, 230, 232, 247, 249, 255, 260, 273, 379, 380, 405, 432, 433
Descartes (système de), 231
Des corps flottants, 101
Description acausale, 177
Description de l'Égypte, 10
Description et usage de la nouvelle machine à élever l'eau, 359
Des hélices, 100
Désintégration, 350, 351
Désintégration alpha, 351
Désintégration bêta, 299, 300, 302
Désintégration nucléaire, 140
Desmotropie, 240
Désordre, **103** à **106**, 367, 419
Désordre croissant (loi du), 103
Détente, 362
Détermination du foyer d'une lentille, 247
Déterminations du nombre d'Avogadro, 285
Déterminisme, 61, 62, 219, 221, 328
Deuton, 345
Déviation des rayons lumineux dans un champ de gravitation, 415
DEWAR (James), 192
Dewar (vase de), 192
Diagramme de von Laue, 97
Diagrammes de Feynman, 183
Dialogue sur les deux grands systèmes du monde, 6, 32, 354
Diamagnétisme, 56, 260
DICKE (Robert H.), 271
DIDEROT (Denis), 162
Diélectrique (corps), 121
Die Mechanik in ihrer Entwicklung historisch-kritisch dargestellt, 224
Diesel (moteur), 363
Dieu, 227, 229, 232, 273, 432, 433, 435

Diffraction, 90, 129, 175, 230, 248, 250, 252, 303, 305, 336
Diffraction (figure de), 307
Diffusion (phénomène de), 88, 191, 285, 316
Digesteur, 359, 364
DIGGES (Thomas), 228, 229
Dilatation des gaz, 401
Dilatation du temps, 79, 150, 292, 358, 407
Dimension critique, 172
Dimension fractale, 186
Dirac (équation de), 17, 176
DIRAC (Paul), 17, 19, 60, 129, 176, 344, 385, 386
Dirac (théorie de), 318
Direction dans le temps, 367
Discontinuité, 334
Discontinuité de la matière, 22
Discours concernant deux sciences nouvelles (troisième journée du), 68, 429
Discours de la méthode, 230
Discours et démonstrations mathématiques à propos de deux sciences nouvelles, 406, 429
Discours sur les deux grands systèmes du monde, 255
Dispersion des couleurs, 381
Dissymétrie, 97, 241, 271, 296
Dissymétrie moléculaire, **107** à **111**, 241, 398
Distance, 151
Distillation, 192, 412
Divisionnisme, 92
DJABIR IBN HAYYAN, *voir* Geber
DÖBEREINER (Johann), 133
Dominance (loi de), 216
Dopage, 99, 390
DOPPLER (Christian), 252, 378
Doppler (effet), 38, 252, 378, 418
Doppler-Fizeau (effet), 378
DORN (Friedrich Ernst), 349
DOSITHÉE, 100
Drosophile, 216
DRUDE (Paul), 129
Dualité (principe de), 339
DUFAY (Charles-François), 115
DUHEM (Pierre), 35, 72, 252, 448
DULONG (Pierre Louis), 377
DUMAS (Jean-Baptiste), 22, 34, 133, 284, 398, 399
Durée de vie, 151, 315, 351
Durées (dilatation des), 150
DÜRER (Albrecht), 393
DUTHEIL (Régis), 440
Dynamique, 179, 182, 278, 279, 288, 289
Dynamique classique, 179
Dynamique relativiste, 179
Dynamo, 266
Dynamo à disque, 119

Eau lourde 173
Échappement à ancre, 408
Échelle, 184, 213, 404
Échelle absolue de température, 404
Échelle Celsius, 326, 403, 404
Échelle de Planck, 82, **112** et **113**, 425
Échelle de température, 403
Échelle Farenheit, 404
Échelle musicale, 375
Échelle Réaumur, 404
Écho, 375
Échographie, 120
Eckhart, 438
Éclateur, 124
Éclipse, 214
Éclipse de Lune, 72
École d'Alexandrie, 71, 72
École de Copenhague, 329
École d'Oxford, 68
École péripapétitienne, 401
EDDINGTON (Arthur Stanley), 415
Edimbourgh review, 250
Effet parallactique, 312
Effet tunnel, 439, 443
Effluvia magnétiques, 156
Effondrement gravitationnel, 417
Égalité de la masse grave et de la masse inerte, 70
EHRENFEST (Paul), 333
$E = h\nu$ (formule de Planck), 81, 335
EINSTEIN (Albert), 28, 30, 33, 36, 40, 45, 55, 56, 58, 59, 60, 65, 75, 78, 79, 82, 83, 84, 85, 86, 87, 106, 125, 138, 139, 140, 141, 149, 150, 151, 154, 160, 171, 174, 177, 183, 192, 199, 200, 208, 212, 219, 222, 223, 225, 226, 236, 252, 253, 254, 259, 270, 271, 274, 279, 285, 286, 291, 292, 308, 310, 319, 320, 329, 334, 335, 337, 357, 358, 389, 395, 405, 406, 407, 410, 419, 423, 424, 426, 435, 439, 440, 446, 448, 449
Élasticité (de l'air), 376
Électricité, **114** à **120**, 230, 238, 262, 263, 265, 423, 424
Électricité animale, 117, 118
Électricité négative, 116
Électricité positive, 116
Électrochimique (théorie), 284
Électrocinétique, 117
Électrodynamique, 59, 225
Électrodynamique quantique, 318, 342
Électrofaible (théorie), 318, 395
Électrolyse, 117
Électromagnétisme, 43, 58, 103, **121** à **125**, 149, 207, 308, 423, 424, 425
Électromètre, 348
Électron, 25, 27, 28, 34, 36, 46, 60, 77, 84, 99, **126** à **131**, 132, 133, 136, 175, 178, 219, 243, 244, 245, 253, 259, 260, 272, 276, 281, 285, 288, 292, 297, 299, 300, 303, 307, 315, 316, 317, 319, 320, 321, 325, 328, 333, 335, 336, 337, 338, 339, 340, 342, 343, 346, 349, 351, 352, 383, 384, 385, 386, 387, 388, 389, 390, 413, 423, 427, 437, 440, 441
Électron (charge de l'), 77, 80, 128
Électron de transmutation, 344

Électronique, 117, 430
Électron (masse de l'), 77, 80, 128
Électron (théorie de l'), 58
Électrons (diffraction des), 253
Électron-volt (eV), 42, 80, 113, 39
Électroscope, 116, 348
Électrostatique, 116, 117, 207, 261, 262
Électrostatique (loi fondamentale de l'), 207
Électrotechnique, 117
Électrovalence, 245, 246
Élément, 31, **132** à **137**, 340, 391
Élément de réalité, 87
Éléments (classification des), 132
Éléments de chimie générale, 35
Éléments de Stœchiométrie, 22
Éliocentrisme, 6
Élisabeth DE BOHÊME, 230
Élixir de longue vie, 411
ELLIS, 299
ELSTER (Julius), 320, 349
Émanation radioactive, 349
Émaux, 161, 412
E = mc², 40, **138** à **141**, 169, 171, 267, 274, 352, 423
EMERSON, 323
Émission bêta, 352
Émission de la lumière (théorie de l'), 48
Émission spontanée, 437
Émission stimulée, 45, 254
EMPÉDOCLE, 227
Encyclopédie britannique, 57, 123
Énergétisme, 54
Énergétistes, 35, 331
Énergie, 36, 49, 54, 74, 75, 138, 140, 141, 153, 169, 221, 274, 294, 295, 296, 298, 300, 303, 316, 319, 320, 331, 333, 338, 351, 352, 363, 368, 382, 395, 420, 423, 439, 446
Énergie atomique, 75, 344
Énergie au repos (d'une particule), 141
Énergie calorifique, 441
Énergie chimique, 75
Énergie cinétique, 75, 138, 139, 187, 308, 351
Énergie cinétique relativiste, 141
Énergie (conservation de l'), 20, 49, 52, 54, 74, 75, 76, 105, 137, 138, 139, 267, 296, 299, 326, 368, 394, 404, 426
Énergie (dégradation de l'), 105
Énergie du vide, 437
Énergie électrique,75
Énergie mécanique, 75, 105, 296, 297, 403, 441
Énergie nucléaire, 419
Énergie potentielle, 75
Énergie rayonnante, 75
Énergie thermique, 75, 105
Énergie thermonucléaire, 419
Ensembles (théorie des), 330
Entropie, 49, 103, 104, 106, 285, 322, 366, 367, 368, 407, 419, 442
Entropie (variation d'), 367
Éolipile, 101,121, 359
Eötvös (expérience d'), 269
EÖTVÖS (Loránd), 70, 269, 270, 271
ÉPICURE, 31, 89
Épicuriens, 232
Épicycles (théorie des), 201
Épigénèse, 215
Épitomé de l'astronomie copernicienne, 230
EPR (situation), 83
Équations aux dérivées partielles, 59
Équations (théorie des), 393
Équilibre chimique (principe de l'), 12
Équilibre sur le plan incliné, 295
Équipartition de l'énergie (principe de l'), 33
Équivalence, 355, 357, 442
Équivalence d'Einstein (principe d'), 75, 269, 270, 271
Équivalence de la chaleur et du travail, 49, 51, 54, 74, 368
Équivalence masse-énergie, 79, 138, 139, 140, 141, 171, 267, 351, 437, 438, 439
Équivalence (principe d'), 75, 225, 270
Équivalentisme, 398
Équivalents, 22, 398
ÉRATOSTHÈNE de CYRÈNE, 5, 72, 73, 100
Ère cosmologique, 41
ERHENFEST (Paul), 212, 333
Espace, 55, 56, 77, **142** à **152**, 160, 224, 226, 228, 231, 232, 232, 263, 274, 275, 279, 288, 311, 358, 372, 373, 378, 391, 394, 405, 410, 423, 426, 433, 435, 436, 437
Espace absolu, 142, 143, 156, 225, 372, 373, 430, 435, 446
Espace courbe, 145, 147, 208
Espace (courbure de l'), 79, 183, 209, 210, 226, 275
Espace euclidien, 147
Espace hyperbolique, 147, 149
Espace hypersphérique, 147, 149
Espace (propriétés de l'), 144
Espace-temps, 41, 82, 147, 149, 150, 183, 209, 210, 213, 236, 277, 308, 309, 356, 358, 418, 424, 426, 441, 443
Espace-temps (courbure de l'), 200, 209, 237, 418, 447
Espace-temps (symétrie d'), 426
Esquisse de la théorie des espèces, 164
Essai de statique chimique et recherche sur les lois des affinités chimiques, 11
Essai philosophique sur les probabilités, 62
Ester, 399
États (de la matière), 272, 325
État d'équilibre, 49
État des fluides (équation de l'), 326
État gazeux, 325
État liquide, 325
État plasma, 325
État quantique, 43
État stationnaire de l'électron, 36

Éther, 50, 56, 57, 58, 91, 121, 122, 123, 143, 144, **153** à **160**, 157, 158, 205, 249, 250, 252, 256, 274, 275, 306, 333, 429, 435
Éther électromagnétique, 122
Éther luminifère, 124, 154, 156, 306
Étoile, 199, 213, 230, 233, 234, 236, 277, 312, 313
Étoile à neutrons, 199, 212, 416, 417, 419, 420, 421
Étoile double, 212
Étoile fixes, 225, 227, 230, 356
Étoiles (mouvement propre des), 313
Étude expérimentale sur la source de chaleur engendrée par frottement, 74
EUCLIDE, 5, 391
Eugénisme, 165
EULER (Leonhard), 205, 279
Évaporation des trous noirs, 419, 420
Événement, 143
Évolution moléculaire (théorie de l'), 197
Évolution (principe d'), 105, 367
Évolution, 111, **161** à **168**, 196, 216, 406
Évolutionnisme, 164, 165
EWALD (Paul), 96
EWING (James), 266
Exclusion (principe d'), 18, 29, 35, 43, 44, 136, 137, 244, 385, 387, 395
Expansion de l'univers, *voir* Univers en expansion
Expérience de pensée, 84, 270, 326
Expérience du plan incliné, 67, 69
Expérience du Puy de Dôme, 434
Expérience du vide dans le vide, 434
Expériences nouvelles touchant le vide, 433
Expériences pour servir à l'histoire de la génération, 196
Expériences sur des plantes vertes, démontrant leur haut pouvoir de purifier l'air à la lumière solaire, mais de le corrompre à l'obscurité, 323
Expériences sur la génération des insectes, 195
Expériences sur la respiration des animaux et sur les changements qui arrivent à l'air en passant par leur poumon, 15
Experimenta nova, 114
Experiments and Considerations touching Colours, 379
Experiments to Determine the Density of the Earth, 206
Experimentum crucis, 91, 96, 248, 380
Extinction des espèces, 165
Extinction en masse, 167
Extinctions (grandes), 167

FABBRONI (Giovanni Valentino), 117
FAHRENHEIT (Daniel Gabriel), 47, 402, 403, 404
Fahrenheit (échelle, degré), 47, 52
FAJANS (Kasimir), 350
Falsifiabilité (d'une théorie scientifique), 448
Faraday (constante de), 77
FARADAY (Michael), 55, 56, 57, 117, 118, 119, 120, 121, 122, 124, 126, 144, 156, 189, 207, 239, 264, 399, 423
Faraday (théorie de), 55
Fardier, 359
FAYERABAND, 448
FEINBERG (G.), 440
FERMAT (Pierre de), 154
Fermi-Dirac (statistique de), 95
FERMI (Enrico), 21, 43, 169, 172, 173, 174, 300, 345
FERMILAB, 343
Fermion, 43, 46, 60, 213, 236, 387, 389, 390, 395, 426, 427
Fermi (théorie de), 300
Ferrimagnétisme, 266
Ferromagnétisme, 260, 266
Feuille d'univers, 81
FEYNMAN (Richard), 183, 441
Feynman (diagrammes de), 183
Filiation radioactive (loi de), 350
Finalisme, 163
Finnegan's Wake, 341
FISCHER (Edmond), 399
FISHER (Irving), 168
Fission (énergie de), 141
Fission, 169 à **174**, 274, 414
Fission provoquée, 171
Fission spontanée, 171
Fitzgerald et Lorentz (hypothèse de), 160
FITZGERALD (George), 127, 159
Fixisme, 161, 163, 164
Fizeau (expérience de), 157
FIZEAU (Hippolyte), 157, 251, 252, 255, 256, 257, 369, 378
FLAMSTEED (John), 313
Flèche du temps, 17, 105, 106, 407
Flottabilité des corps (principe de la), 278
Fluctuation de l'énergie, 437
Fluctuation de point zéro du champ électromagnétique, 436
Fluctuation du vide, 437, 438
Fluides (dynamique des), 305
Fluorescence, 126
Fonction d'onde, 43, 62, 86, **175** à **178**, 244, 245, 276, 304, 329, 444
Fonctions d'une variable réelle (théorie des), 330
FÖPPL (August), 278
FORBES, 255
Force, 67, **179** à **183**, 223, 279, 290, 293, 316, 430, 446
Force à distance, 154
Force à longue portée, 199
Force centrifuge, 179, 268, 269, 272, 290, 316, 372, 430
Force centrifuge composée, 370
Force centripète, 179, 290
Force de couleur, 237, 342
Force de pesanteur, 69
Force d'hypercouleur, 427
Force d'inertie, *voir* Inertie
Force électrofaible, 41, 424
Force électromagnétique, 422, 424

Force électromagnétique d'induction, 120
Force électromotrice, 263
Force électrostatique, 199
Force faible, 424
Force fictive, 179, 181
Force gravitationnelle, 81, 270, 271, 422
Force motrice, 363
Force nucléaire faible, 422, 424, 425
Force nucléaire forte, 422, 424
Force réelle, 181
Force statique, 179
Force vitale, 110, 396
Force vive, 49, 181, 182
Forces nucléaires, 182
Forces de l'univers (électromagnétique, faible, forte, gravitationnelle), 41
Forces de Van der Waals, *voir* Van der Waals
Forces vives (querelle des), 181
Force vraie, 179
Formule brute, 243
Formule développée, 243
Forte, 395
FOUCAULT (Léon), 214, 251, 252, 256, 257, 369, 370, 371, 372
Foucault (courants de), 369
Foucault (expérience du pendule de), 214, 370, 371, 373
FOURCROY (Antoine François, comte de), 9, 15
Fourier (Joseph), 10, 49
FOURNIER D'ALBE (Edward), 233, 235
FOX (Sidney), 198
Fractale, 65, **184** à **186**
FRANCK (James), 29, 30, 177
Franck et Hertz (expérience de), 29, 177
Frange, 250
Franges d'interférence, 306, 434
FRANKLAND (sir Edward), 397
FRANKLIN (Benjamin), 115, 116
FRAUNHOFER (Joseph von), 314, 382
Fraunhofer (raies de), 382, 383
FREIBERG (Thierry de), 89, 90, 91
Fréquence, 81, 131, 303, 304, 319, 320, 331, 332, 374, 375, 378, 382, 383
FRESNEL (Augustin), 91, 143, 154, 156, 175, 250, 251, 306, 423
FRIEDEL (Georges), 272
FRIEDMANN, 78
FRIEDRICH (Walter), 96
FRISCH (Otto), 170
Frontière cosmique, 227
Fusion (énergie de), 141
Fusion nucléaire, 141, 326, 443
Fusion thermonucléaire, 141, 272, 274, 326

Galapagos (Îles), 164, 165
Galaxie, 42, 78, 234, 235, 236, 277, 288, 378
Galaxie (rayon de la), 212
Galaxies (récession des), *voir* Galaxie
GALILÉE (Galileo GALILEI, dit), 6, 31, 32, 67, 69, 93, 160, 187, 200, 201, 203, 223, 247, 255, 267, 268, 278, 279, 288, 291, 295, 355, 357, 358, 375, 401, 406, 407, 410, 429, 430, 435, 447
Galilée (transformation de), 356
GALISSARD DE MARIGNAC (Jean-Charles), 22, 133
Gallex (projet), 302
GALOIS (Évariste), 393
GALTON (Francis), 165
Galvanomètre, 265
Gamète, 218
Gamma du Dragon (étoile), 313
GAMOW (George), 37, 39, 103, 104
GASSENDI (Pierre), 31, 375
GAUSS (Carl Friedrich), 116, 144, 262, 266
GAY-LUSSAC (Jean-Louis), 281, 376
Gay-Lussac (loi de), 23
GAY-LUSSAC (Louis Joseph), 15, 24
Gay-Lussac (principe de), 23
Gaz, 66, 126, **187** à **193**, 264, 272, 277, 281, 282, 283, 325, 328, 331, 367, 401, 403,412, 436
Gaz carbonique, 323
Gaz parfaits (lois des), 192
Gaz permanents, 192
Gaz raréfiés, 431
Gaz rares, 135, 192, 281
Gaz (théorie cinétique des), 85, 190, 282, 283, 285, 286
GEBER (Djabir ibn Hayyan), 411
Geiger (Hans), 25, 26
Geiger-Muller (compteur de), 350
GEITEL (Hans), 349
Gell-Mann (modèle des quarks de), 318
GELL-MANN (Murray), 318, 340, 341
Gelstat, 98
Gène, 215, 216, 217, 218
Générateur, 266
Génération spontanée, 162, **194** à **198**
Génétique, 215
Genèse, 194
GEOFFROY SAINT-HILAIRE (Étienne), 163
Géologie, 161
GERHARDT (Charles Frédéric), 163, 396, 397, 399
GERLACH (Walter), 385, 387
Germen, 167
GERMER (Lester H.), 129, 130, 253, 307
GILBERT (William), 114, 156, 203, 229, 260, 276
GLASHOW (Sheldon Lee), 424, 425
Globules du sang, 195
Gluino, 426
Gluon, 43, 237, 341, 342
Gnomon, 73, 408, 409
Gnose de Princeton, 42
GŒTHE (Johann Wolfgang von), 92
GOLD, 42
GOUDSMIT (Samuel), 385, 387
GOUY (Louis Georges), 33
GRAHAM (Thomas), 191

GRAMME (Zénobe), 120
Grande unification (théorie de), 20, 424, 426
Grands nombres (loi des), 327
Graves (chute des), 67
Gravimètre pendulaire, 70
Gravitation, 37, 42, 43, 56, 69, **199 à 214**, 236, 270, 271, 276, 311, 335, 418, 419, 422, 426, 438, 440
Gravitation *G* (constante de), 78, 79, 80, 204, 206, 416
Gravitationnelle, 395
Gravitation quantique, 113, 213
Gravitation (théorie de la), 56, 435
Gravitation (théorie quantique de la), 236
Gravité, 67, 237, 267, 417, 422, 424
Gravité céleste, 422
Gravité terrestre, 422
Gravitinos, 302
Graviton, 19, 43, 82, 213, 236, 341
GRAY (Stephen), 114, 115
GREEN (George), 82, 262
GRÉGOIRE XIII, 408
GRIBON (John), 395
GRIMALDI (Francesco), 89, 90, 91, 248, 249
GROU (Pierre), 168
Groupe de position, 99
Groupe de transformations (de Lorentz), 149, 151, 160, 340
Groupe d'orientation, 99
Groupe Local, 277
Groupes (théorie des), 98, 341, 391, 393, 394
GUERICKE (Otto von), 114, 187, 359, 376, 430, 431
GUSMÀO (Bartolomeo Lourenço de), 102
GUTH (Alan), 276
GUYTON DE MORVEAU (Louis Bernard), 9, 14
Gyroscope, 369

Hadron, 237, 341, 342
HAHN (Otto), 170, 173, 174, 414
HALBAN (Hans), 172
HALDAM (John), 168
HALLEY (Edmund), 233, 313
HALLWACHS (Wilhem), 320
Hamlet, 149
HANDERSON (Thomas), 314
Harmonique, 81, 374, 375, 376
HARRESS, 371
HARARI (H.), 426
HART (Clive), 102
HARVEY (William), 163
Hasard, 111, 222, 283, 327, 328
HASENÖHRL (Fritz), 138
Haute pression (machine à vapeur à), 361, 362, 364
Hauteur (d'un son), 375, 376
HAÜY (René Just), 93, 94
HAÜY (Valentin), 93
HAWKING (Stephen), 420, 437
HAWKSBEE (Francis), 126
HEINE (Heinrich), 226
Heisenberg (principe d'indétermination), 221, 427
Heisenberg (relations d'indétermination de), 176, 316, 317
HEISENBERG (Werner), 30, 60, 62, 176, 177, 219, 220, 221, 316, 329, 449
Heitler et London (théorie de), 244
Hélices galvaniques, 265
Hélicité, 387
Héliocentrisme, 6, 32, 313
Hélium, 4, 41, 46, 193, 383, 389, 390
Hélium II, 389, 390
Hélium superfluide, 46
HELMHOLTZ (Hermann von), 54, 75, 92, 275, 376
Hémiédrie, 110
Hémisphères de Magdebourg, 187, 376, 430
HENRY (Charles), 92
HENRY (Joseph), 265
HENSLOW (John Stevens), 164
HÉRACLIDE DU PONT, 369
HERAPATH (John), 190
Hérédité, 111, **215** à **218**
Hérédité de l'acquis, 167
HERMAN, 39
HÉRON D'ALEXANDRIE, 101, 278, 359, 375, 401
HERSCHEL (William), 57, 62, 212, 248
Hertz (expérience de), 29
HERTZ (Gustav), 29, 30, 120
HERTZ (Heinrich), 57, 124, 127, 131, 207, 252, 319, 423
Hétérogénie ou traité de la génération spontanée, 196
Hiéroglyphes, 305
HIÉRON II, 100, 101
Hi-Fi, 375
HIGGHINS, 48
HIPPARQUE, 201
Hiroshima, 174
Histoire de l'Académie royale des sciences, 115
Histoire des animaux, 194
Histoire ecclésiastique de l'Angleterre, 114
Histoire et fondement du principe de conservation de l'énergie, 373
Histoire naturelle générale et particulière, 162
HOFMANN (August Wilhelm von), 397
HOLBACH (Paul Henri THIRY, baron d'), 62
Hologramme, 45, 254
Holographie, 45, 254
HOLWECK (Fernand), 70
Homo sapiens sapiens, 166, 168
HOOBES (Thomas), 432
HOOKE (Robert), 90, 188, 203, 248, 313, 379, 381, 431
Horizon, 417
Horizon cosmologique, 112
Horizon de l'univers, 233
Horloge, 407, 408, 409, 410, 442
Horloge à vapeur de rubidium, 410
Hormone, 399
Hormone synthétique, 397
HORNBLOWER (Jonathan), 362, 364
Horologium oscillatorium, 69, 296, 409, 410

Horreur du vide, 232, 429, 430, 433, 434, 438
Horse power, 364
HOUTERMANS (Fritz), 169
HOYLE (sir Fred), 42
HUBBLE (Edwin), 37, 38, 234, 302
Hubble (loi de), 38
HULSE (Russel), 310
HUMBOLDT (Alexandre von), 266, 281
Hume (David), 446
HUNTER (John), 163
HUYGENS (Christian), 69, 93, 153, 154, 232, 249, 250, 260, 279, 296, 359, 376, 409, 410, 430, 435
Hybridation des orbitales (théorie de l'), 245
Hybridation (génétique), 215
Hybride, 215
Hydraulique, 305
Hydrocarbures (synthèse des), 399
Hydrodynamique, 190, 279, 286
Hydrogène, 28, 102, 169, 178, 192
Hydrogène moléculaire, 277
Hydrostatique, 101
Hypercouleur (force d'), *voir* Force d'hypercouleur
Hyperespace, 443
Hypéron, 46
Hypersphère, 147
Hypomnemata mathematica, 295
Hypothèse « ad hoc », 34, 299, 439
Hypothèse atomiste, 31, 286
Hypothèse catastrophiste, 165
Hypothèse d'Avogadro, 283, 284
Hypothèse de l'éther, 251
Hypothèse héliocentrique, 312
Hypothèse réaliste séparable, 84
« *Hypothèses non fingo* », 155
Hystérésis magnétique, 266

IBN-AL-HAITHAM, 247
IBN HAYYAN (Jabir), 163, 411
Identité masse grave/masse inerte, 269, 270
Ignorance croissante (loi de l'), 103
Illusions perdues, 161
Impénétrabilité de la matière, 387
Impetus, 67
Implosion (d'une étoile), 418
Impulsion, 74, 180, 316, 319, 320
Impulsion (conservation de l'), 74
Incertitude de Heisenberg (principe d'), 62, 220
Indestructibilité de la matière, 387
Indétermination (principe d'), 85, **219** à **222**
Indéterminisme, 84, 439
Indice de réfraction, 241
Induction électromagnétique, 117, 264
Induction magnétique, 265, 266
Inégalités de Bell, 83
Inélastique (collision), 29
Inertie, 138, **223** à **225**, 267, 270, 271, 278, 279, 354, 446
Inertie d'entraînement (force d'), 69
Inertie (force d'), 179, 180, 269, 270, 290, 356
Inertie (loi d'), 211, 223, 225
Inertie (principe d'), 180, 181, 223, 224, 293, 354, 355, 372
Infini, 226 à **235**
Infini (en mathématique), 82
Infinis (théorie cantorienne des), 235
Infinitude du monde, 227
Inflation (théorie de l'), 276, 426
Influence (phénomène d'), 115
Infrarouge (rayonnement), 57, 248, 286, 332, 333, 384
Infrason, 375
INGEN-HOUSZ (Johannes), 323
Insémination artificielle, 215
Instabilité « en Kink », 326
Instabilité « en saucisse », 326
Instabilité exponentielle, 63
Institut d'Égypte, 10
Institut de recherche en ondes électromagnétiques, 444
Institut de Technologie de Californie (CALTEC), 441
Institut d'optique d'Orsay, 86
Institute for Advanced Studies, 60, 83
Institut royal de Londres, 127
Intensité (d'un son), 375
Interactions, 112, 182, **236** à **238**, 315, 316, 395, 426
Interaction à distance instantanée, 79
Interaction (de la lumière avec la matière), 336
Interaction électromagnétique, 33, 182, 213, 236, 237, 238, 317, 319, 339, 342, 423, 424
Interaction électrostatique, 208
Interaction faible, 43, 213, 236, 237, 238, 301, 317, 350, 395, 423, 424
Interactions fondamentales, 424
Interaction forte, 43, 81, 213, 236, 237, 317, 325, 341, 395, 423
Interaction gravitationnelle, 56, 200, 208, 236, 317, 395, 424
Interactions, 112, 182, 395
Interférence, 91, 129, 159, 175, 250, 251, 252, 303, 306, 336
Interféromètre, 158, 159
Interfrange, 306
Interprétation de Copenhague, 337
Interprétation mécanique des températures et des pressions, 283
Intervalle d'espace, 58
Intervalle de temps, 58
Invariance, 357, 391, 392, 394
Invariance de la mesure, 392
Invariance de la vitesse de la lumière, 439
Invariance de la vitesse de la lumière dans le vide, 257
Invariance par changement d'échelle, 186
Invariance par transformation de symétrie, 392
Invariance par translation dans l'espace, 358
Invariance par translation dans le temps, 358
Invariance (principe d'), 355, 358
Invariance topologique, 392

Invariant, 74
Inverse carré (loi de l'), 200, 204, 261
Ion, 94, 245, 272, 325, 348, 389
Ionisation, 245, 325, 348
Ionosphère, 325
Irisation, 379
Irréversibilité des phénomènes, 105, 365, 441
Irréversibilité mécanique, 365
Isolant, 99
Isomérie, 107, **239** à **241**
Isomérie optique, 241
Isomérie spontanée, 240
Isomorphisme, 34
Isotope, 132, 173, 345, 346, 414
Isotrope (cristal), 272
Isotrope (milieu), 144, 272, 304
Isotropie de l'espace, 144, 214

JABIR IBN HAYYAN, *voir* Ibn Hayyan
JACOB (François), 218
JAMMER (Max), 267
JANSSEN (Jules), 383
Jauge (symétrie de), 424
Jauge (théorie de), 424, 426
Jauge (transformation de), 426
Jauge (unification de), 395
JOBLOT (Louis), 195
JOLIOT-CURIE (Frédéric), 18, 27, 169, 170, 172, 344, 345, 350, 414
JOLIOT-CURIE (Irène), 18, 27, 169, 344, 350
JORDAN (Camille), 394
Joule (effet), 368
JOULE (James Prescott), 49, 51, 52, 53, 74, 75, 366, 368
Joule (loi de), 76
Journal de l'École polytechnique, 368
Journal de physique, de chimie et d'histoire naturelle, 281
Jour sidéral, 408, 409, 410
Jour solaire, 408
JOYCE (James), 341
JUNGFLEISCH (Émile), 109
JUSSIEU (Antoine de), 162

Kaiser Wilhelm Institüt, 170, 208
Kalusa et Klein (théorie de), 145
KALUSA (Theodor), 145
KAMEN, 324
KAMMERLINGH-ONNES (Heike), 388, 389
KANT (Emmanuel), 234, 372, 405, 408, 449
Kaon, 46
KASTLER (Alfred), 45, 254
KEKULÉ VON STRADONITZ (August), 240, 241, 399
KELVIN (lord William), *voir* THOMSON
KEPLER (Johannes), 39, 90, 93, 179, 200, 201, 202, 203, 223, 230, 260, 267, 393
Kepler (lois de), 202, 203, 232, 393
KERR, (John), 257
KIRCHOFF (Gustav), 248, 331, 382, 383
KITAZAWA (Koichi), 390
KLEIN (Oscar), 145
KLEIST (Ewald von), 115
KNIPPING (Paul), 96
KOCH (Robert), 195
KOLBE (Hermann), 164
KOLMOGOROV (Andreï), 61
KOSSEL (Walter), 245
KOVARSKI (Lew), 172
KOYRÉ (Alexandre), 67, 205
KRAUSS (Ferenc), 444
Krypton, 193
Kurtchatov (institut), 326

Laboratoire ATT-BELL, 390
Laboratoire Cavendish, 127, 140
La Cena de le Ceneri, 354
La chimie organique fondée sur la synthèse, 398
La découverte des mondes célestes, 232
La déroute de l'atomisme, 35
LAGRANGE (Joseph), 205
LAGRANGE (Louis de), 279, 393
LAMARCK (Jean-Baptiste DE MONET, chevalier de), 162, 163, 196
Lamarckisme, 162
Lamb (effet), 437
LAMB (Willis), 437
LAMBERT (Johann), 234
La monadologie, 273
LANA-TERZI (Franscesco de), 102
LANGEVIN (Paul), 127, 266, 442
LANGMUIR (Irving), 243, 244, 245
L'anisotropie de l'espace, 214
La nouvelle étoile, 230
LAPLACE (Pierre Simon, marquis de), 11, 15, 49, 62, 116, 205, 208, 219, 262, 281, 328, 377, 402, 403, 415
La quête inachevée, 106
LARMOR (Joseph), 160
La science et l'hypothèse, 61, 370
Laser à rubis, 45
Laser (éclairs), 444
Laser (effet), 44, 45, 253, 254
La Strena, 93
L'astronomie nouvelle, 230
La théorie analytique de la chaleur, 49
La théorie des couleurs, 92,
La théorie physique, son objet et sa structure, 35
Laue (diagramme de von), 97
LAUE (Max von), 95, 96, 97, 124
LAURENT (Auguste), 239
LAVOISIER (Antoine Laurent de), 9, 13, 14, 15, 31, 48, 132, 273, 351, 398, 402
LAWRENCE (Ernest), 317
LE BEL (Joseph Achille), 109, 242
Leçons d'anatomie comparée, 162
Le hasard et la nécessité, 198
LEIBNIZ (Gottfried Wilhelm), 49, 142, 181, 182, 204, 273, 330, 359, 432, 433

LEJAY (Pierre), 70
LEMAÎTRE (abbé Georges Henri), 37
LÉNARD (Philipp), 127
Le nouvel esprit scientifique, 220
Lentille à échelons, 251
Lentille gravitationnelle, 415
Lepton, 41, 46, 237, 318, 428
LESAGE (Georges-Louis), 205
Les atomes, 31, 33, 34, 185, 286, 298
Le secret du monde, 230
Les équations du champ gravitationnel, 208
Les grandes expériences scientifiques, 72
L'essayeur, 31
Les trésors de l'optique, 247
Lettres à la princesse de Galles, 432
Lettres cosmologiques, 234
LEUCIPPE DE MILET, 31, 131, 273, 429
LE VERRIER (Urbain), 211, 212
Levier (théorie du), 5, 278, 295
LEWIS (Gilbert), 243, 244, 245
Liaison chimique, 129, 133, **242** à **246**, 280
Liaison covalente, 243, 280
Liaison (énergie de), 171
Liaison ionique, 245
Liaison (longueur de), 243
Liaisons interatomiques, 325
LIBBY (William Frank), 352
Libre parcours moyen, 191, 286, 431
LIEBIG (Justus von), 240, 399
Light Amplification by Stimulated Emission of Radiation (LASER), 45, 253
Ligne de force, 56, 121, 156, 207, 260
Ligne d'univers, 81
Limite cosmique, 226
LINDE (Andrei), 277
L'infini de l'univers, 235
l'infini, l'univers et les mondes, 229
Linkage-group, 218
Liquéfaction, 192
Liquide (état), 272, 325
LOBATCHEVISKI (Nicolaï), 145
Localité (hypothèse de), 87
LOCKE (John), 438
LOCKYER (Norman), 383
Locomotive, 364
Logique du temps, 441
Loi calorifique du courant électrique, 53
Loi du contraste simultané des couleurs, 92
Lois du mouvement, 422
Longueurs (contraction des), 79, 150, 159, 160
LORENTZ (Edward), 61, 63, 64, 160, 279
Lorentz (formule de), 150
LORENTZ (Hendrik Antoon), 58, 129, 139, 159, 160, 279, 435
Lorentz (transformation de), 149, 151, 358
L'origine de la vie, 197
LOSCHMIDT (Joseph), 285, 286
Loupe, 131, 195
LUCRÈCE, 36, 89, 187, 227, 228, 259
Lumière, 57, 88, 143, **247** à **258**, 263, 336, 407, 422, 430, 439, 440, 442,422
Lumière cohérente, 253
Lumière (constance de la vitesse de la), 160, 358
Lumière dans le vide (constance de la vitesse de la), 407
Lumière (déviation apparente de la), *voir* Aberration
Lumière polarisée, 107, 109, 398, 398
Lumière (propagation de la), 250
Lumière (quantum de), 319
Lumière (théorie corpusculaire de la), 143, 250, 252, 304, 336, 381, 415
Lumière (théorie newtonienne de la), 143
Lumière (théorie ondulatoire de la), 175, 250, 251, 252, 305, 306, 336, 415, 435
Lunette de Galilée, 247
LUTHER, 207
LYELL (sir Charles), 164

MACCOLL, 442
MACH (Ernst), 131, 192, 224, 225, 271, 274, 372, 373, 374, 446, 448, 449
Mach (nombre de), 374
Mach (principe de), 225
Machine à condenseur, 361
Machine à double expansion, 364
Machine à feu, 431
Machine à haute pression, 361, 362, 364
Machine à mouvement perpétuel, 293
Machine atmosphérique (dite de Newcomen), 359, 360, 361, 364
Machine à vapeur, 49, 359, 361, 363, 364, 366, 367, 368, 402, 403
Machine compound, 362
Machine de Watt, 362
Machine (poudre à), 359
Machine thermique, 49, 296, 363
Macho (Massive Compact Hallo Object), 277
MACLEOD (Colin), 218
Macromolécule, 280
Magnétisme, 114, 117, 230, 238, **259** à **266**, 423, 424
Magnétisme terrestre, 266
Magnétite, 259
Magnéton de Bohr, 77
Magnétron (théorie du), 266
MALEBRANCHE (Nicolas), 195
MALPIGHI (Marcello), 195
MALTHUS (Thomas Robert), 165
MALUS (Étienne Louis), 107, 143, 250
MANDELBROT (Benoît), 184, 186
MANGUIN (Charles), 98, 286
MARCONI (Guglielmo), 124
Marées (théorie des), 305, 372
MARICOURT, *voir* PÈLERIN DE MARICOURT
MARIOTTE (Edme), 189, 272, 401
Marmite de Papin, 364

Marsden (Ernst), 26, 413
Mascart (Eleuthère), 266
Maser (effet), 45
Masse, 75, 138, 160, 176, 207, **267** à **271**, 274, 317, 385, 402, 423, 439, 446, 448
Masse atomique, 26, 132, 133, 135, 284
Masse au repos, 132, 133, 135, 139, 267
Masse cachée de l'univers, 40, 41
Masse (conservation de la), 75, 138, 267, 280
Masse critique, 172
Masse-énergie (équivalence), 79, 436, 437
Masse gravitationnelle, 209
Masse inerte, 209, 267, 268, 269, 271, 446, 448
Masse magnétique, 262
Masse molaire, 239
Masse moléculaire, 280
Masse (perte de), 141
Masse pesante, 209, 267, 268, 271
Masse relativiste, 138, 139
Masse (variation de la), 138
Masse volumique, 100
Matérialisation interne, 414
Matière, 27, 33, 40, 58, 88, 140, 157, 232, 263, 267, 268, 271, **272** à **277**, 303, 321, 331, 350, 382, 384, 388, 395, 396, 415, 420, 423, 426, 432, 433, 436, 437
Matière (conservation de la), 74, 75
Matière (discontinuité de la), 22, 428,
Matière exotique, 443
Matière inerte, 396
Matière noire (ou sombre), 277, 302
Matière (quantité de), 402
Matière (stabilité de la), 44
Matière subtile, 260
Matière vivante, 396
Matrices SU_2, SU_3, 341
Matter and Motion, 224
Matthews (Robert), 438
Maupertuis (Pierre Louis Moreau de), 162, 196
Maupertuisienne (masse), 268
Maurolico (Francesco), 247
Mauviette (particule massive), 277
Mayer (Julius Robert von), 49, 53, 54, 75, 323
Maxwell (équations de), 317, 319, 326, 423, 434
Maxwell (James Clerk), 33, 55, 57, 58, 59, 92, 103, 104, 105, 117, 120, 121, 122, 123, 124, 125, 144, 190, 191, 207, 224, 252, 285, 423, 428
Maxwell (théorie de), 55
McCarty (Maclyn), 218
Mécanique, 67, 101, 264, 267, 268, 270, **278** et **279**, 288, 293, 354, 358, 423, 431, 446
Mécanique analytique, 279
Mécanique céleste, 403
Mécanique ondulatoire, 30, 129, 175, 253, 279, 307, 335, 439, 445
Mécanique quantique, 17, 20, 56, 60, 84, 85, 87, 222, 277, 303, 319, 329, 335, 338, 342, 343, 384, 388, 399, 439, 443, 444
Mécanique rationnelle, 279
Mécanique relativiste, 267, 279
Mécanique statistique, 85, 190, 333, 367
Mécanisme de la vision, 247
Mécanismes de croissance, 186
Meinesz (Félix), 70
Méiose, 218
Meissner, 389
Meitner (Lise), 170, 299
Mélange allélotropique, 240
Mémoires de la Société d'Arcueil, 281
Mémoire sur la Vallée des lacs du Natron, 10
Mendeleïev (Dimitri Ivanovitch), 32, 133, 134, 135, 136
Mendel (Gregor), 215, 216
Mendel (lois de), 216
Mendélévium, 134
Mercure (planète), 183, 211, 212
Mercure (précession du périhélie de), *voir* Précession
Méridien (mesure du), 72
Mersenne (Marin), 375
Mésolabe, 72
Méson, 46, 237, 288, 292, 301, 316, 342
Méson μ, *voir* Muon
Mésons π, *voir* Pion
Mésons π, ρ, ω, φ, 182, 318
Méson χ, 318
Mesure, 267, 329
Mesure de la pesanteur, 305
Mesure du temps, 407, 408
Mesures de la parallaxe stellaire, 312
Métabolisme 53
Météores, 379
Météorologie, 402
Meteorological Observations and Essays, 22
Méthode des fluxions, 203
Méthode expérimentale, 69
Méthode scientifique, 447, 448, 449
Mètre (définition du), 254
Métrique, 145
Meyer (Julius Lothar), 134
Michell (Claude), 390
Michell (révérend John), 206, 415
Michelson (Albert), 157, 158, 256, 306, 435
Michelson (interféromètre de), 158, 159
Michelson-Morley (expérience de), 158, 159, 160, 310, 435
Microbes (rôle des), 196
Microbiologie, 196
Micrographia, 90, 379
Microorganisme, 195
Microphone, 120
Microscope, 131, 195, 286, 443
Microscope électronique, 315
Microscopie électronique, 324
Microscopique de l'électricité et du magnétisme (théorie), 435
Milieu subquantique, 439

MILLER (Stanley), 198
MILLIKAN (Robert Andrews), 79, 128
Mini-trous noirs, 421
MINKOWSKI (Hermann), 149
Minkowski (espace-temps de), 149, 150
Mirage gravitationnel, 415
Miroir ardent, 247
Miroir de Fresnel, 251
Miroir sphérique, 247
Miroir tournant (méthode du), 255, 257, 369
Mission LISA, 310
Mitose, 216
MITSCHERLICH (Eilhard), 34, 107, 241, 399
MÖBIUS (Auguste), 146
Möbius (ruban de), 146
Mode (d'un champ électromagnétique), 436
Modèle d'atome de Bohr, 35, 36
Modèle des quarks, 318, 341
Modèles « classiques » de l'atome (Thomson, Rutherford), 34, 35
Modèle d'atomes compacts, 242
Modèle d'atomes éclatés, 242
Modèle standard de l'univers, 39, 318
Modérateur, 173
Mole, 285
Molécule, 12, 32, 33, 49, 50, 53, 66, 104, 129, 184, 186, 187, 189, 191, 192, 218, 219, 239, 240, 241, 242, 243, 244, 245, 264, 272, **280** à **287**, 288, 298, 325, 328, 331, 394, 422, 431, 436
Molécule chirale, 109, 110
Molécule (droite) 108
Molécule (gauche) 108
Molécule intégrante, 94
Molécule protéique, 281
Moment, 261, 278, 385
Moment cinétique, 74, 385, 386
Moment cinétique orbital de l'électron, 386
Moment magnétique, 259, 260, 385
Moment magnétique (conservation du), 394
Moment magnétique de spin de l'électron, 386
Monade, 273, 432
MONGE (Gaspard), 9
MONTGOLFIER (Joseph et Étienne de), 102
MONOD (Jacques), 198, 218
Monopole magnétique, 426
Montre, 410
MORGAN (Thomas Hunt), 168, 216, 217, 218
MORICE (Peter), 295
MORIN (Jean-Baptiste), 47
MORLEY (Edward), 158, 159, 256, 435
Mort thermique, 10
MOSELEY (Henri), 135
Moseley (loi de), 135
Moteur à combustion interne (dit « à explosion »), 363
Moteur électrique, 266
Moteur thermique, 49, 51
Moufle, 101
Moulin à eau, 294, 295
Mouvement, 58, 67, 179, 201, 223, 224, 273, 278, 279, **288** à **292**, 298, 355, 372, 405, 422, 439
Mouvement absolu, 289, 290, 291,372
Mouvement absolu de rotation, 371, 372
Mouvement brownien (théorie du), 32, 35, 184, 185, 190, 286, 297
Mouvement (conservation de la quantité de), 426
Mouvement (lois du), 279, 422
Mouvement perpétuel, **293** à **298**, 363
Mouvement (position et quantité de), 219, 220
Mouvement propre des étoiles, 313
Mouvement (quantité de), 28, 85, 175, 253, 268, 320, 326
Mouvement rectiligne accéléré, 289
Mouvement rectiligne uniforme, 180, 181, 223, 225, 289, 293, 354, 356
Mouvement rectiligne uniformément accéléré, 289
Mouvement relatif, 289, 290, 358, 372
Mouvement rétrograde, 201
Mouvement uniformément accéléré, 68
Mouvement (vitesses des), 69
Mr Tompkins explore l'atome, 103, 104
Multiplicités, 145
Muon (méson μ), 46, 151, 288, 301, 318
Mur du son, 374
Museum national d'histoire naturelle, 163
Mutations (théorie des), 168, 218

NAEGELI (Carl von), 33
Nagasaki, 174
Naine blanche, 420
Naine brune, 277
NAPOLÉON, 11
Nasa, 214
Natron (ou natrum), 10
Nature ondulatoire de la lumière, 91
Nature (revue), 169
Naturphilosophie, 54, 263
Navigation par inertie, 224
NÉEL (Louis), 266
NE'EMAN (Yuval), 318, 340
Néguentropie, 103
Néo-darwinisme, 168
Néon, 193
Néoplatoniciens, 227
Neptunium, 173
Nernst (Walter), 436
NEUMANN (John von), 63
Neutralino, 277
Neutrino, 40, 46, 274, 277, **299** à **302**, 318, 345
Neutrino (masse du), 302
Neutrino muonique, 301, 302
Neutrino solaire, 301, 302
Neutrino tauonique, 301
Neutron, 27, 40, 41, 46, 132, 141, 170, 172, 173, 181, 182, 219, 288, 300, 315, 316, 318, 326, 340, 341, 343, 344, 345, 351, 352, 384, 390, 414, 417,428
Neutron (masse du), 344

NEWCOMB (Simon), 210, 212, 256
NEWCOMEN (Thomas), 360, 361, 364
NEWLANDS (John Alexander), 133
Newton (expérimence du seau de), 372
Newton (le), 206
Newton (loi de), 180
Newton (principe de l'action et de la réaction), 119
NEWTON (sir Isaac), 48, 55, 59, 61, 69, 90, 91, 93, 116, 142, 143, 153, 154, 155, 160, 179, 181, 182, 199, 200, 202, 203, 204, 205, 206, 207, 208, 211, 223, 224, 225, 228, 232, 233, 237, 248, 249, 250, 251, 267, 268, 274, 279, 289, 290, 291, 293, 304, 313, 320, 335, 354, 372, 376, 377, 379, 380, 381, 382, 402, 403, 405, 407, 412, 419, 422, 423, 431, 432, 435, 440, 447
Newton (tube de), 68, 268
NICHOLSON (William), 117
NIETZSCHE (Friedrich), 365
NIMTZ (Günter), 439, 444
Niveau d'énergie, 178, 436
Niveau d'énergie de l'électron, 36
Nivellement barométrique, 434
NOBEL (Alfred), 347
NODDACK (Ida), 169, 170
NŒTHER (Emmy), 393, 394
Nœud acoustique, 376
NOEVER (David), 214
NOLLET (abbé Jean Antoine), 117, 126
Nombre d'Avogadro, *voir* Avogadro
Nombre d'or, 93
Nombre quantique, 136, 244
Non-différenciabilité, 184
Non-séparabilité, 83, 84, 86
NOTTALE (Laurent), 168
Nouveau Théâtre de machines, 294
Nouvelle mécanique, 279
Nouvelles expériences physicomécaniques concernant l'élasticité de l'air, 187, 188
Noyau atomique, 26, 27, 28, 128, 140, 141, 169, 171, 236, 237, 244, 259, 275, 316, 326, 340, 348, 351, 352, 383, 384, 385, 424
Nucléon, 27, 46, 132, 171, 182, 277, 301, 316, 341
Numéro atomique, 26, 128, 132, 133, 135, 136, 140, 141, 169, 171, 236, 237, 244, 259, 275, 281, 352, 383, 384, 385, 424

Objet fractal, 186
Objet mathématique, 343
Objet quantique, 45, 176, 254, 315, 317, 336, 338
Obscurité du ciel nocturne, 39, 230
Observables, 220
Observables incompatibles, 219, 221
Observations sur le natrum, 10
Observatoire de Paris, 189, 255
OCHSENFELD, 389
Octaves (loi des), 134
ŒRSTED (Christian), 118, 121, 144, 262, 263, 264, 265, 423
Ohm (loi d'), 326
OLBERS (Wilhem), 40, 46
Onde-corpuscule (dualité), 30, 43, 253, 319, 336, 337, 339
Onde de choc, 374
Onde électromagnétique, 57, 123, 124, 349, 415, 423, 435
Onde (fonction d'), *voir* Fonction d'onde
Onde ψ (fonction d'), 175
Onde (front de l'), 304
Onde longitudinale, 374
Onde (longueur d'), 88, 91, 92, 95, 96, 131, 250, 251, 254, 303, 304, 333
Onde-particule (dualité), 319, 320, 336, 337, 395
Onde stationnaire, 375, 376
Ondes, 123, 143, 153, 175, 250, 251, 252, 253, 276, **303** à **307**, 315, 337, 338, 376, 444
Ondes gravitationnelles, 199, **308** à **311**
Ondes hertziennes, 124, 125, 251, 252, 264, 384
Ondes (paquet d'), 175
Ondes radio, 57
On physical lines of force, 122
On the Space Theory of Matter, 275
OORT (Jan Hendrik), 212
OPARINE (Alexandre), 197, 198
Opérateur, 60
OPPENHEIMER (Robert), 419
Oppenheimer-Volkoff (théorie d'), 419
Optique, 253, 381, 423
Optique cristalline, 251
Optique géométrique, 247, 248, 304
Optique ondulatoire, 251
Orbitale, 30, 245
Orbitales (théorie des), 244
Orbite electronique, 35
Orbites elliptiques, 30, 168
Oreille humaine, 131, 374
Origine de la vie, 194
ORTHMANN, 299
Oscillations du pendule, 69
Oscillations isochrones, 268
OSTWALD (Wilhelm), 35, 192, 331
Ovule, 218
Oxydoréduction, 323
Oxygène, 15, 169, 322, 323,

Paires de Cooper, 46, 389
PAIS (Abraham), 135
Paléontologie, 168
PALISSY (Bernard), 161, 162, 412
Panspermie, 197
Panthéon (de Paris), 370, 371
Papillon de Lorentz, 64, 65, 66
Papillon (effet), 63, 64
PAPIN (Denis), 359, 360, 364
Papin (marmite de), 364
PAPPUS, 278
Papyrus de Leyde, 411

Paradoxe, 330
Paradoxe de Langevin, 442
Paradoxe de Mach, 271
Paradoxe de Zenon d'Élée, 330
Paradoxe EPR, 84
Parallaxe, 8, **312** à **314**
Parallélogramme déformable, 364
Parallélogramme des forces (loi du), 279
Paramagnétique (substance), 56, 57
Paramagnétisme, 260, 266
Paratonnerre, 115
Parfumerie, 287
PARMÉNIDE, 406, 428
Particule, 31, 33, 46, 79, 81, 129, 182, 219, 236, 237, 253, 259, 274, 276, 280, 283, 286, 299, **315** à **318**, 320, 321, 328, 337, 338, 351, 385, 395, 403, 426, 428, 437, 439, 440, 443, 444
Particule à interaction forte, 341
Particule alpha, 26, 140, 275, 317, 344, 350, 352, 384, 413, 414
Particule bêta, 350, 384
Particule élémentaire, 340
Particule (énergie d'une), 17
Particule étrange, 318, 341
Particule hypermassive, 276
Particule quantique, 337
Particule virtuelle, 182, 221, 316, 317, 436
PASCAL (Blaise), 272, 359, 433, 434, 435
PASCHEN (Friedrich), 333
PASTEUR (Louis), 98, 107, 109, 110, 196, 241, 398
Pasteur (œuvres de), 111
Patagonie, 164
Pauli (principe d'exclusion de), *voir* Exclusion (principe d')
PAULI (Wolfgang), 35, 36, 60, 137, 244, 299, 300, 385, 387
PAULING (Linus), 399
PEARSON (Karl), 157
PÈLERIN DE MARICOURT (Pierre), 259, 293
PELOUZE (Jules), 398
Pendule, 268, 365, 370, 371, 410
Pendule de Foucault, *voir* Foucault (pendule de)
Pendule de torsion, 70, 206
PENZIAS (Arno), 38, 39, 41
Penzias et Wilson (rayonnement de), 41
Perception des couleurs, 88, 91
PÉRIER (Laurent), 434
Périhélie, 202, 335, 409
Périhélie de Mercure (précession du), 311
Période, 303, 304, 350
Période d'oscillation, 268, 296
Période (d'un élément radioactif), 350
Période inflationnaire, 277
Périodicité, 303
Permanent (aimant), 260
Perpétualiste, 293, 296
Perpétuité (principe de la), 74
Perpetuum mobile, 294, 295
PERRIN (Jean), 25, 33, 34, 35, 127, 185, 285, 286, 297, 298
PERROTIN, 255
Perturbation, 178
Pesanteur, 69, 70, 200, 268
Pesanteur (champ de), 69, 270, 271
Pesanteur de l'air, 430
Pesanteur (force de), 69
Phénomène magnétocalorique, 266
Phénotype, 167
PHILON DE BYZANCE, 101, 401
Philosophes des Lumières, 447
Philosophiae naturalis principia mathematica, 203
Philosophia magnetica, 260
Philosophie zoologique, 163
Phlogistique, 322
Phlogistique (théorie du), 13, 14, 15, 280
Photino, 277, 395, 426
Photoélectrique (cellule), 320
Photoélectrique (effet), 28, 79, 319, 320, 336
Photon, 28, 39, 43, 45, 46, 60, 84, 85, 86, 87, 182, 183, 213, 219, 237, 253, 254, 300, 303, 306, 307, 315, 316, **319** à **321**, 328, 334, 338, 339, 341, 342, 345, 346, 395, 415, 420, 436, 437, 438, 439, 444
Photon gamma, 317
Photosphère, 383
Photosynthèse, **322** à **324**, 443
Physicae subterranea, 14
Physicomathesis de lumine, coloribus et iride, 90, 248
Physique classique, 79
Physique de la vision, 305
Physique des particules, 149, 182, 301, 317, 394
Physique quantique, 79, 112, 177, 178, 253, 276, 337, 417
Physique statistique, 283
PICTET (Raoul Pierre), 192
Piège à neutrino, 300
PIERO DELLA FRANSCESCA, *voir* Della Franscesca (Piero)
Pierre d'aimant, 259
Pierre de Rosette, 10
Pierre philosophale, 411
Piézoélectricité, 98, 348
Pile atomique, 173
Pile voltaïque, 168, 263, 296
Pion (méson π), 46, 301, 317, 341
Pixii (Hyppolyte), 119
Planck (échelle de), *voir* Échelle de Planck
Planck e = hν (formule de), 81
Planck *h* (constante de), 27, 28, 77, 78, 79, 80, 220, 319, 333, 334, 383, 384
Planck (hypothèse de), 253
Planck (longueur de), 112
Planck (masse de), 112, 113
PLANCK (Max), 30, 36, 79, 112, 113, 140, 160, 252, 253, 279, 285, 297, 320, 329, 331, 332, 333, 334
Planck (température de), 113
Planck (temps de), 112, 113
Plan d'oscillation (du pendule), 370, 371, 373

Planète, 71, 199, 200, 201, 202, 203, 211, 236, 277, 291, 422
Plan incliné, 406
Plan incliné (théorie du), 278
Plasma, 272, **325** et **326**
PLATON, 71, 114, 226, 391, 406
Pleinistes, 432
Plexiglas, 397
PLÜCKER (Julius), 126
Plus-léger-que-l'air, 102
Plus-lourd-que-l'air, 102
Plutonium, 173
Pneumatiques, 401
PODOLSKI (Boris), 83, 84, 86
POGANY, 371
Poids, 223, 267, 268, 270, 274
Poids atomique, 282, 284
Poids moléculaire, 282
POINCARÉ (Henri), 61, 62, 63, 120, 160, 182, 221, 370, 448
Point d'ébullition, 241
Point de Curie, 266
Point de fusion, 240, 241
Pointillisme, 92
Point matériel, 219
Point triple de l'eau, 326, 388, 403, 404
POISSON (Denis), 116, 208, 262, 370
Poisson (équation de), 208
Polarisation, 107, 252
Polarisation de fluorescence, 324
Polarisation rotatoire, 109, 241
Polonium, 349
Pompage optique, 45, 254
Pompe à chaleur, 363
Pompe à feu, 359, 360, 364
Pompe à vide, 429, 430, 432, 436
POPOV (Aleksandr Stepanovitch), 124
POPPER (Karl), 106, 448
Portée (des interactions), 237
Positron, 17, 18, 129, 300, 302, 318, 344, 345, 352, 441
Positronium, 19
Potentiel (théorie du), 262,
POUCHET (Félix), 196
Poudre à canon, 411
Poulie, 101
Pouls, 69
POUND, 415
Pouvoir roratoire, 109
Pouvoir roratoire moléculaire, 398
Pouvoir séparateur, 272
Précession des équinoxes, 199
Précession du périhélie de Mercure, 211, 311
Précis élémentaire de physique expérimentale, 116
Premiers principes métaphysiques de la science de la nature, 372
Présocratiques, 406
Pression, 100, 282
Pression atmosphérique, 187, 359, 360, 376, 430, 431, 434
Pression de radiation, 436
Pression du vide, 437
Prévisibilité, 61
PRIESTLEY (Joseph), 13, 14, 15, 322
Principe cosmologique parfait, 42
Principe de raison suffisante, 433
Principe d'exclusion, 244
Principes de philosophie, 232
Principes mathématiques de la philosophie naturelle (Principia), 91, 142, 154, 180, 203, 223, 233, 274, 290, 376, 381, 407, 412, 431
Principe vital, 396
Principia rerum naturalium, 234
Prisme, 247, 248, 379, 380, 381, 382
Probabilisme quantique, **327** à **329**
Probabilité de présence, 49, 177, 327, 351
Probabilité de présence de la particule, 244, 276, 317, 318, 444
Probabilité (lois de), 283, 327, 328, 442
Probabilités (calcul des), 61, 327
Probabilité statistique, 177, 328
Projet LIGO, 310
Projet VIRGO, 310
PRONY (Marie Riche, baron de), 377
Proportions définies (loi des), 280, 398
Proportions déterminées, 22
Proportions multiples (loi des), 23, 280, 398
Proportions pondérales, 22
Proportions (théorie des), 24
Propriétés magnétiques des corps à diverses températures, 266
Protocellule, 198
Proton, 27, 28, 40, 41, 46, 132, 182, 219, 288, 300, 315, 316, 317, 319, 321, 326, 340, 341, 342, 343, 344, 345, 351, 352, 385, 390, 414, 428, 440
Proton (masse du), 80, 113, 219
Protozoaires, 195
Protyle, 22, 133
PROUST (Joseph), 22, 132
PROUT (William), 22, 131, 133
Pseudosphère, 147, 148
PTOLÉMÉE III, 72
PTOLÉMÉE V, 10, 201, 231, 375
Puissance du vide, 359
Puissance motrice, 51, 366
Pulsar PSR 1913 + 16, 212, 310, 311
Pureté des gamètes (loi de), 216
PURKINGE (Jan), 92
Pyroélectricité, 97, 98
Pyromètre optique, 403
PYTHAGORE, 71, 93, 375
Pythagore (théorème de), 71
Pythagoriciens, 201

Quanta, 320, 329, **330** à **335**
Quanta de lumière, 252, 319
Quanta (théorie des), 28, 248, 335
Quantification, 112

Quantité discrète, 330
Quanton, 219, 317, 318, **336** à **339**
Quantum, *voir* Quanta,
Quantum d'interaction, 339
Quantum élémentaire d'action, 334
Quark, 41, 81, 237, 301, 318, **340** à **343**, 395, 428
Quark charmé, 343
Quarks (modèle des), 341
Quarks up, down et strange, 342
Quark T (top), 343
Quartz piezoélectrique, 410
Quasar, 421
Quasi-cristaux, 97
Quasi stellar objet, *voir* Quasar
Quaternité élémentaire, 31
Quatrième état de la matière, 325
Queen Mary College, 82
Quintessence, 429, 438

Radioactivité, 57, 291, 301, 316, 344, 413
Radioactivité alpha, 25
Radioactivité artificielle, **344** à **346**, 352
Radioactivité bêta, 318, 345, 352
Radioactivité naturelle, **347** à **353**
Radioactivité provoquée ou induite, 345, 349
Radiocarbone, 323
Radiocristallographie, 96, 97, 287
Radioélectricité, 124
Radioélément, 344, 346, 350
Radioisotopes, 346
Radiomètre de Crookes, *voir* CROOKES
Radiosource X, 420
Radiotélescope, 415
Radio X, 420
Radium, 25, 139, 347, 349, 413
Radon, 193
Raie de Fraunhofer, 382
Raie spectrale, 382, 383, 384, 385
Raie spectrale (élargissement des), 378
RAMELLI, 295
RAMSEY (William) 33, 135
RANFAGNI (Anedio), 444
RAVEAU (Bernard), 390
RAYLEIGH (John), 333
Rayleigh (loi de), 333
Rayon alpha, 349, 350
Rayon bêta, 237, 316, 349, 350
Rayon cathodique, 25, 126, 127, 131, 347
Rayon cosmique, 20, 79, 151, 251, 288, 291, 292, 317, 318, 352
Rayon gamma, 57, 131, 349, 350, 351, 352, 384, 420, 421
Rayon N, 347
Rayonnement, 395, 437
Rayonnement alpha, 413
Rayonnement bêta, 316, 346, 350, 413, 414
Rayonnement de point zéro, 427
Rayonnement (discontinuité du), 78
Rayonnement du corps noir, 285, 331, 332, 436
Rayonnement d'un trou noir, 438
Rayonnement électromagnétique, 88, 315, 319, 331, 332, 333, 334, 427, 384
Rayonnement fossile à 3 K, 38, 39, 41, 326
Rayonnement gravitationnel, 308, 309, 310
Rayonnement thermique, 248, 331, 420, 436
Rayons laser, 254
Rayons uraniques, 348, 412
Rayons X, 57, 95, 96, 124, 125, 131, 135, 136, 319, 346, 347, 348, 384, 416, 420
Rayons X (diffraction des), 96, 130
Réacteur à fusion, 326
Réacteur atomique, 346
Réaction en chaîne, 172, 173, 346
Réalité, 219
RÉAUMUR (René Antoine Ferchault de), 402
REBKA, 415
Récession des galaxies, 37, 326
Recherches chimiques sur les corps gras d'origine animale, 164
Recherches sur la meilleure manière de fabriquer des aiguilles aimantées, 261
Recherches sur les hybrides végétaux, 215
Recherches sur les substances radioactives, 350
Recouvrement des orbitales, 244, 245
REDI (Franscesco), 194, 195
REDOUTÉ, 10
Référentiel, 143, 149, 180, 181, 291, 354, 356, 418
Référentiel galiléen, 181, 225, 291
Référentiel inertiel, 356
Réflexion, 90, 101, 157, 175, 249, 252, 304, 368, 379
Réflexions sur la puissance motrice du feu et les machines propres à développer cette puissance, 49, 50, 51, 296, 365
Réfraction, 89, 90, 154, 157, 175, 248, 249, 252, 379
Réfraction analytique, 379
Réfraction (loi de la), 247
Réfrigérateur, 363
Règle de Merton, 68
REGNAULT (Henri Victor), 10, 192, 377, 398
Régulateur à boules, 364
REINES (Frederick), 299, 300, 301
Relation de Mayer, 76
Relations d'indétermination (ou d'incertitude), 62, 176, 219, 220, 316
Relativisme, 357
Relativité, 120, 160, 176, 259, 438, 440
Relativité de l'inertie, 225
Relativité descriptive, 355
Relativité galiléenne, 354
Relativité générale (théorie de la), 60, 70, 79, 81, 82, 147, 183, 205, 208, 209, 210, 211, 212, 214, 225, 226, 236, 237, 270, 271, 276, 277, 308, 311, 335, 407, 415, 418, 419, 421, 423, 426, 435, 437, 442, 443
Relativité physique, 355
Relativité (principe de), 271, **354** à **358**

Relativité restreinte (théorie de la), 17, 59, 79, 80, 87, 125, 149, 160, 253, 256, 271, 274, 292, 320, 358, 407, 423, 442, 443
Relativité (théorie de la), 357, 358, 378, 407, 423, 440, 442
RENALDINI (Carlo), 402
Rendement, 359 à **364**
Rendement (loi du), 363
Repère galiléen, 190, 356
Repos (par opposition au mouvement), 223, 224
Répulsion gravitationnelle, 276
Réseaux de diffraction, 95
Résistance, 390
Résistance des matériaux, 168, 430
Résolution (optique), 131
Résonance (acoustique), 376
Résonance magnétique nucléaire (RMN), 287
Résonance (particule), 317
Résonateur, 319, 340, 376
Respiration végétale et animale, 320
Résultats des expériences faites, par ordre du Bureau des longitudes, pour la détermination de la vitesse du son dans l'atmosphère, 377
Rétrograde, 201
Réversibilité, 365 à **368**
Révocateur de l'édit de nantes, 364
Révolution industrielle, 359, 364
RICHER (Jean), 268
RICHTER (Jeremias Benjamin), 15, 22, 398
RIEMANN (Bernhard), 145, 210, 226
Rishon, 426
RITTER (Johann), 57, 263
RIVAL (Michel), 72
ROBINET, 162
ROMÉ DE L'ISLE (Jean-Baptiste), 93
RÖMER (Olaüs), 143, 249, 255, 256
RÖNTGEN (Wilhelm), 95, 96, 124, 346, 347
ROSEN (Nathan), 83, 84, 86
ROSENFELD, (Léon), 327
RÖSSLER (Otto), 65
Rotation de la Terre, 214, 268, 313, **369** à **373**, 408, 409
Roue dentée (méthode de la), 101, 255, 256
Royal Society, 52, 57, 74, 203, 248, 379, 381
ROYDS, 413
RUBBIA (Carlo), 318
RUBEN, 324
RUMFORD (Benjamin THOMPSON, comte), 49, 51, 76
RUTHERFORD OF NELSON(Ernest), 25, 26, 28, 345, 127, 140, 275, 346, 349, 350, 383, 412, 413, 414

SACHS (Julius von), 323
Sagnac, 371
Saint-Augustin, 161, 162, 194
SAINT-HILAIRE (Geoffroy), 163
SALAM (Abdus),424, 425
Salam et Weinberg (théorie de), 236
Satellites de Jupiter, 255
SAUSSURE (Horace Bénédict de), 323
SAUVEUR (Joseph), 376
SAVART (Félix), 121
SAVERY (Thomas), 360, 364
Saveur, 343
SAVITCH (Paul), 170
SCHEELE (Carl Wilhelm), 398
SCHELLING (Friedrich Wilhelm Joseph von), 263
SCHERK (Joël), 81
SCHLEIDEN (Mathias), 196
SCHRIEFFER (John R.), 388
SCHRÖDINGER (Erwin), 30, 175, 177, 245, 253, 279
Schrödinger (équation de), 43, 175, 176, 178, 245, 444
SCHWANN (Theodor), 196
SCHWARTZ (John), 81, 82
SCHWARZSCHILD (Karl), 416
Schwarzschild (rayon de), 416, 417
Schwarzschild (solution de), 417, 419
Science et méthode, 63
Scolie, 431
Scripta chimica, 411
Second principe de la thermodynamique, 441
SEGRÈ (Emilio), 19, 46
Ségrégation (loi de), 216
Sel de table, 94
Sélection naturelle, 164, 165
Self-consistance, 343
Semi-conducteur, 99
SENEBIER, 323
Séparabilité, 86
Série infinie convergente, 330
Serpent de Glashow, 425
Seuil de création, 274
Sex-linkage (concept de), 217
SCHEELE (Wilhelm), 398
Sigma, 46
SIMPLICIUS, 227, 369
Simultanéité, 204, 406, 407
Singularité, 113, 417, 421
Siphon, 294
SITTER (Willem de), 226
Situation EPR, 83, 87
SKLODOWSKA-CURIE (Marie), *voir* CURIE
Slepton, 395, 426
SMOLUCHOWSKI (Marián), 33, 286
Snell-Descartes (lois de), 247
SNELL van ROYEN (Willebrord), 247
SNIDER, 415
SNYDER (Hartland), 419
Société d'Arcueil, 11, 281
SOCRATE, 365
SODDY (sir Frederick), 350, 413
Soleil (mouvement apparent annuel du), 369
Soleil (mouvement apparent journalier du), 369
Solénoïde, 265
Solides platoniciens, 391
Solution *ad hoc*, 160
Soma, 167
SOMMERFELD (Arnold), 30, 77, 129

Son, 131, 251, 271, 305, **374** à **378**, 390, 422
Sonar, 120, 374
Son fondamental, 375
Son (vitesse de propagation du), 374
SPALLANZANI (Lazzaro), 195, 196, 215
Spath d'Islande, 93
Spectre, 57, 88, 248, 251, **379** à **384**, 386, 387
Spectre d'absorption, 241, 382
Spectre d'émission, 382
Spectrographe de masse, 169
Spectromètre de masse, 141
Spectrométrie de masse, 286
Spectrophotométrie, 324
Spectroscope, 314, 382, 383
Spectroscopie, 382, 384
Spectroscopie infrarouge, 286
Spectroscopie Raman, 286
Spectroscopie ultraviolette, 286
Spermatozoïde, 195, 218
Sphère d'action, 191
Sphère des fixes, 228, 233, 294
Spin, 45, 129, 244, 319, 351, **385** à **387**, 426
Spin (nombre de), 244
Spin (valeur du), 387
SPINOZA (Baruch), 432
Squark, 395, 426
Stabilité du proton, 351
STAHL (Georg), 14, 15
Standard (modèle), 277
STANLEY (S.M.), 167
Stark (effet), 385
Statique, 101, 182, 278
Statistique de Bose-Einstein, *voir* Bose-Einstein
Statistique de Fermi-Dirac, *voir* Fermi-Dirac
Statistique (mécanique), 190
Statistiques, 283, 328
STAUDINGER (Hermann), 280
Steady State Universe (modèle d'univers), 42
Stéréochimie, 109, 241, 242
STERN (Otto), 385, 387
Stern et Gerlach (expérience de), 386
STEVIN (Simon), 279, 295, 296
Stœchiométrie, 323
Stœchiométrique (coefficient), 283
Stoïciens, 161, 227, 232, 365
STONEY (George Johnstone), 128
STRASSMANN (Fritz), 170
Structure amorphe, 94
Structure chirale, 109
Structure cristalline, 95
Structure fine (constante de), 30, 77, 385, 387
Structure fractale, 184
Structure intracellulaire, 323
STRUVE (Wilhelm), 314
STURM (Charles), 377
Substance dextrogyre, 109
Substance diamagnétique, 56
Substance lévogyre, 109
Sucre, 399
SULZER (Johann Georg), 117
Summa Perfectionis, 411
Sunday Telegraph, 437
Superamas (de galaxies), 277
Supercorde, 81, 213
Supercordes (théorie des), 82, 145, 395, 427
Superfluidité, 45, 46, 388, 389, 390
Superforce, 424
Supergravité, 236, 424
Supernova, 301, 417
Supersymétrie, 82, 277, 394, 395, 424, 426
Superunification, 426, 428
Supraconducteur, 388
Supraconductivité, 45, 46, **388** à **390**
Supraconductivité tiède, 390
Surface à courbure constante, 147
Sur la conservation de la force, 54
Sur la dilatation des gaz et vapeurs, 189
Sur la théorie de la loi de la distribution d'énergie du spectre normal, 331
Sur l'équilibre des plans, 101
Sur les hypothèses servant de fondement à la géométrie, 145, 210, 226
Sur les lignes de force de Faraday, 121, 125
Sur l'infini de la Sphère des Fixes, 233
SUSY, 426
SUTTON (Walter), 216
SWEDENBORG (Emmanuel), 234
Syène (Assouan), 73
Symétrie, 94, 97, 107, 144, 299, 342, 348, **391** à **395**, 424
Symétrie (brisure de), 395, 424, 426
Symétrie de position, 97, 98
Symétrie de rotation, 393
Symétrie d'orientation, 97, 98
Symétrie (groupes de), 343
Symétrie par parité, 20
Symétrie par renversement du sens du temps, 20
Symétrie (principe de), 348
Symétrie unitaire SU3 (groupe de), 341
Synchrocyclotron, 139
Synchrotron, 139
Synthèse asymétrique, 111, 107
Synthèse organique, **396** à **400**
Système dynamique non linéaire, 61
Système isolé, 103, 367
Système mécanique, 354
Système réversible, 105
Systèmes collectifs (théorie quantique des), 388
SWAMMERDAM (Jan), 195
SZILARD (Léo), 105, 172, 174

Tableau périodique des éléments, *voir* MENDELEÏEV
Tachyon, 439, 440
Tao (philosophie chinoise), 276
Tauon, 301
TAYLOR (Joseph), 310

Télécommunications, 120, 375
Télégraphe, 265
Téléphone, 265
Télescope, 6, 7
Télescope à infrarouge, 415
Télescope optique, 415
TELLER (Edward), 21
Température, 37, 38, 47, 48, 74, 100, 282, 283, 325, 326, 331, 332, 333, 366, 368, 377, 388, **401** à **404**, 419, 420, 425, 431, 436
Température absolue, 76, 403, 404
Température Celsius, 404
Température du point triple de l'eau, 326
Températures (basses), 389
TEMPIER (Étienne), 428
Temps, 68, 69, 77, 150, 151, 160, 221, 274, 279, 288, 363, 394, **405** à **410**, 423, 426, 435, 436, 439, 440, 441, 442, 443
Temps absolu, 407, 446
Temps atomique, 410
Temps de confinement, 326
Temps-distance (relation galiléenne), 69
Temps einsteinien, 410
Temps et longueur en relativité restreinte, 150
Temps local, 407
Temps physique, 406, 407
Temps propre, 407
Tenseur, 210
Tension, 264
Tentamen theoriae electricitatis et magnetismi, 260
Tergal, 397
Terpène, 399
Terre (masse de la), 8
Terre (mouvement de la), 158
Terres rares, 136
TESLA (Nikola), 120
THALÈS de MILET, 72, 259
The Electrician, 127
The grammar of Science, 157
THÉNARD (Louis Jacques), 133, 281
Théorème H, 191
Théorie atomique, 239, 242, 280, 281, 284, 428
Théorie BCS, 388
Théorie cellulaire, 167, 196
Théorie chromatique, 90
Théorie chromosomique de l'hérédité, 216
Théorie cinétique, 33
Théorie cinétique des gaz, 282, 283, 285, 286
Théorie cinétique du magnétisme, 266
Théorie corpusculaire, *voir* Lumière (théorie corpusculaire de la)
Théorie de la philosophie naturelle, 205
Théorie de Tout (TDT), 82, 395, 426
Théorie du mouvement circulaire des corps célestes, 73, 211
Théorie du mouvement de Mercure, 211
Théorie électromagnétique, 121
Théorie générale du magnétisme terrestre, 266
Théorie géocentrique, 201
Théorie héliocentrique, 201
Théorie locale à paramètres supplémentaires, 87
Théorie M, 82
Théorie ondulatoire, *voir* Lumière (théorie ondulatoire de la)
Théorie quantique, 43, 62, 84, 176, 253
Théorie quantique des champs, *voir* Champs (théorie quantique des)
Théorie unifiée, 395, 425
Théorie unifiée du champ, 236
The Prehistory of Flight, 102
Thermiques (transformations), 365
Thermocouple, 403
Thermodynamique, 47, 48, 54, 85, 293, 326, 331, 366, 368, 402, 403, 407, 419
Thermodynamique (deuxième principe de la), 75, 103, 104, 105, 106, 165, 296, 322, 331, 365, 366, 367, 419, 441
Thermodynamique (premier principe de la), 75, 76
Thermodynamique statistique, 106
Thermodynamique (troisième principe de la), 367
Thermomètre, 47, 52, 283, 401, 402, 403
Thermométrie, 402
Thermoscope, 401
Thermostat caché, 439
The Sceptical Chymist, 31
The Unseen Universe, 275
THOMSON (Benjamin), 74
THOMSON (Joseph John sir), 25, 34, 35, 127, 128, 131, 133, 317
Thomson Rutherford (modèle « classique » de l'atome de), 34, 35
THOMSON (sir William, lord KELVIN), 57, 74, 76, 104, 275, 286, 326, 388, 404
THOMSON (Thomas), 22, 23
THORNE (Kip), 441, 443
Timbre (d'un son), 375, 376
Timée, 114, 391
Tiroir, 364
Tokamak, 326
TOLMAN (Richard C.), 438
Topologie, 146, 147
TORRICELLI (Evangelista), 232, 272, 430, 433, 434
Tour Saint-Jacques (expérience de la), 435
TOWLER, 207
TOWNES (Charles Hard), 45, 253
TOWNSEND (sir John), 127, 128
Toxicologie, 287
Tradition atomiste, 131
Traité complet de mécanique, 279
Traité de dynamique, 279
Traité de la lumière, 153, 249
Traité d'électricité et de magnétisme, 123
Traité de l'équilibre des liqueurs, 435
Traité des substitutions et des équations algébriques, 394
Traité d'optique, 90

Traité du ciel, 72, 227
Traité du monde ou de la lumière, 231
Traité élémentaire de chimie, 48
Traité sur l'électricité et le magnétisme, 57
Traité sur les sels, 411
Trajectoire, 80, 177, 219, 298
Trajectoire fractale, 184
Transformateur, 119, 266
Transformation du boulanger, 65
Transformation du travail en chaleur, 368
Transformation endothermique, 9
Transformation exothermique, 9
Transformisme, 162, 163, 166
Transistor, 99
Transition de phase, 42, 390
Transmision de la chaleur, 326
Transmutation, 25, 317, 350, 352, **411** à **414**
Transmutation artificielle, 346, 413
Transmutation provoquée, 25, 350, 352, 411, 412, 413, 414
Transparence, 88
Transsubtantiation, 31
Transuranien, 170
Travail, 293, 368
Travail mécanique, 49
TREVITHICK (Richard), 361, 362, 364
Triade chimique, 133
TRINH XUAN THUAN, 37
Trois corps (problème des), 61
Trou de vers 441
Trou noir, 113, 199, 210, 212, 309, **415** à **421**, 437, 439, 443
Trou noir (mini), 113, 199
TSCHERMAK (Erich), 215
Tube de Crookes, *voir* Crookes
Tube fluorescent, 326
Tunnel (effet), 439, 443
Turbine, 294
Two New Worlds, 233

UHLENBECK (George), 129, 385, 387
Ultrason, 375, 378
Ultravide, 435
Ultraviolet (rayonnement), 57, 131, 251, 332, 333
Une parfaite description des orbes célestes, 228
Unification, 82, 236, **422** à **427**
Unification des champs d'interaction, 214
Unification des interactions, 437
Unité astronomique, 313
Unité de la matière, 397
Univers, 213, 226, 228, 229, 230, 232, 233, 234, 235, 277
Univers (contraction de l'), 78
Univers (dilatation de l'), *voir* Univers en expansion
Univers (échelle de l'), 82
Univers en expansion, 37, 38, 78, 199, 213, 234, 235, 302, 378, 424, 425
Univers fractal, 234
Univers hiérarchique, 234, 235
Univers (masse de l'), 37, 302
Univers statique, 225
Urane, 347, 348
Uranium, 170, 173, 349, 412
Uranium *235*, 172, 173, 352, 412
Uranium *238*, 172, 173, 235, 412
Uranium X, 412
Urée (synthèse de l'), 15, 397, 398

Vacuistes, 432
Valence, 240, 246
Valence chimique, 137
VALENTIN (Basile), 411
Van Allen (ceinture de), 325
Van de Graaf (générateur de), 140
VANDERMONDE (Alexandre), 393
Van der Waals (forces de), 189, 243
VAN DER WAALS (Johannes Diderik), 192, 243, 286
VAN HELMONT (Jan Baptist), 163, 187, 401, 412
VAN LEEUWENHOEK (Antoine), 195
VAN MUSSCHENBROEK (Petrus), 115
VAN'T HOFF (Jacobus Henricus), 109, 242
Vapeur, 189, 359, 360, 361, 362, 366, 367
Vapeur (machine à), 359, 361, 363, 366, 367
Variable cachée, 83, 84, 439
VARIGNON (Pierre), 279
VAUQUELIN (Nicolas Louis), 9
Vecteur, 223, 265
Vent d'éther, 123, 158
Ventre (acoustique), 376
Vent solaire, 326
Vérité, 343
Verres de correction, 247
Vibration sonore, 376
Vide, 17, 68, 127, 142, 153, 221, 224, 227, 231, 232, 233, 268, 273, 275, 276, 303, 359, 360, 374, 376, **428** à **438**
Vide classique, 436
Vide de la physique des particules, 82
Vide quantique, 429, 436, 437
VILLARD (Paul), 349
VILLENEUVE (Arnaud de), 411
VINCI (Léonard de), 161, 200, 295
Virtualité, 316
Vis d'Archimède, 294
Vision, 247
Vis sans fin, 101
VIRCHOW (Rudolf), 196
Virtuelle (particule), 182
Viscosité, 191, 388
Vitalisme, 163, 164, 196, 397, 398
Vitaliste, 54, 110
Vitamine, 399
Vitesse de déplacement, 69
Vitesse de la lumière, 77, 78, 80, 84, 123, 140, 154, 158, 159, 234, 251, 254, 255, 256, 257, 288, 292, 416, 423, 439, 440

Vitesse de la lumière dans l'air, 252
Vitesse de la lumière dans l'eau, 252
Vitesse de la lumière dans le vide, 80, 251, 254, 274
Vitesse de la lumière (détermination de la), 256, 369
Vitesse de libération, 415, 416
Vitesse de propagation (d'une onde), 304
Vitesse de propagation du son, 376, 377, 403
Vitesse du sang (dans les vaisseaux), 378
Vitesse relative, 150
Vitesses relativistes, 292
Vitesses supraluminiques, 439 à **445**
Vitesses virtuelles (théorème des), 279
VITRUVE, 100
VIVIANI (Vincenzo), 429
Voie lactée, 78, 233, 234, 277
Voie octuple, 341
VOLKOFF (George), 419
VOLTA (Alessandro), 115, 117, 296
Volumes (lois des), 24
Vortex, 231, 234
Vortex annulaire, 274, 275
Voyage d'un naturaliste autour du monde, 164
VRIES (Hugo de), 166, 168, 215, 216

WALLACE (Alfred Russel), 164
WALTON (Ernest), 140, 141
WARBURG (Émil), 266
WATERSTON (John), 190
WATSON (James), 218
WATSON (William), 126
WATT (James), 361, 362, 364, 402
Weber (barre de), 310
WEBER (Joseph), 310
WEINBERG (Steven), 424, 425
WEISMANN (August), 166
WEISS (Pierre), 266
WEIZSÄCKER (Carl von), 169
WENZEL (Karl Friedrich), 9, 398
WESTFALL (Richard), 379, 380
WHEASTONE (sir Charles), 256
WHEELER (John), 172, 275, 419, 441
WIEGAND (Clide), 19
WIEN (Wilhelm), 331, 333
WIGNER (Eugène), 222
Wilson (chambre de), 127, 317, 414
WILSON (Charles), 127, 317
Wilson (rayonnement), 41
WILSON (Robert), 38, 39
Wimps (Weakly Interacting Massive particles), 41, 277
WÖHLER (Friedrich), 15, 163, 240, 397, 398
WOLFF (T. C), 215
WOOSTER, 299
WUCHTERL (Guenther), 214
WURMSER, 323
WURTZ (Adolphe), 241, 397, 399

Xénophane, 194
Xi (hypéron), 46

Young (expérience de), 305, 337
YOUNG (Thomas), 91, 143, 154, 156, 249, 250, 255, 285, 305, 306, 336, 337, 423
YPSILANTIS (Tom), 19
Yukawa (Hideki), 318

Zeeman (effet), 385
ZEEMAN (Peter), 385
Zen, 425
ZÉNON D'ÉLÉE, 330, 406, 428
Zéro absolu (température), 187, 367, 388, 389, 390, 428, 436
Zonca, 294
ZWEIG (George), 318, 341

CHRONOLOGIE

Jalons scientifiques, principales réalisations technologiques
Principaux événements historiques et culturels

Événements historiques et culturels dont philosophie, mathématique et médecine	**Événements scientifiques (physique, chimie, astronomie) et technologiques**
5000 av.J.-C. – Premier calendrier égyptien. 3000 av.J.-C. – Les mathématiques, l'astronomie, l'écriture sont déjà développées. v. 2800 av.J.-C. – Construction de la pyramide du pharaon Djoser à Saqqarah par Imhotep. 2000 av.J.-C. – Papyrus égyptiens : copies de textes de médecine, de mathématique et d'art vétérinaire. v. 850 av.J.-C. – Homère, auteur de l'Iliade et de l'Odyssée. 605 – 520 av.J.-C. – Vie de Lao-Tseu, fondateur du taoïsme. v. 540 av.J.-C. – Première pyramide mexicaine. 530 av.J.-C. – Tunnel de 1,5 km à Samos, dû à Eupalinos de Mégare. 510 av.J.-C. – Gouvernement de Périclès à Athènes. Ve siècle av.J.-C. – Socrate oriente la philosophie vers la morale plutôt que vers la nature. Platon traduit le savoir par des théories d'idées. Hippocrate, le plus célèbre médecin de la Grèce antique, consigne ses observations dans de nombreux ouvrages de médecine scientifique. 495-429 av.J.-C. – Vie de Périclès dont la carrière politique à Athènes a commencé en 462 ("Siècle de Périclès"). 490 av.J.-C. – Parménide d'Élée : l'Etre est éternel, continu et infini. 455 av.J.-C. – Hippodamos de Milet, urbaniste et architecte, popularise le "plan en damier" dans plusieurs cités.	5000 av.J.-C. – Premières utilisations du plan incliné, du levier, du coin. 3200 av.J.-C. – Les Egyptiens connaissent l'encre noire constituée de suie pétrie avec une solution de gomme arabique. 3000 av.J.-C. – Apparition de la roue (Mésopotamie). v. 2800 av.J.-C. – Création du "chadouf", sorte de levier à contrepoids, en Egypte ; il aurait servi à soulever les énormes pierres destinées à la construction des pyramides. 2160 av.J.-C. – Observation de la première éclipse de Soleil attestée en Chine. 2000 av.J.-C. – La roue à rayons et le soufflet. 1500 av.J.-C. – Premières clepsydres. v. 600 av.J.-C. – Le philosophe ionien Thalès de Milet mentionne la découverte de l'aimant. v. 540 av.J.-C. – Invention de la poulie (Assyrie). 570 av.J.-C. – Anaximandre émet l'hypothèse que la Terre flotte dans un espace infini, qu'elle est plate, une seule face étant habitée. On lui attribue l'invention du gnomon (cadran solaire). 510 av.J.-C. – Parménide d'Elée déclare que la Terre est sphérique. Ve siècle av.J.-C. – Démocrite d'Abdère et Leucippe jettent les bases d'un matérialisme mécaniste atomique qui sera repris par Epicure et Lucrèce : la matière est constituée de particules matérielles et indivisibles, les atomes, en mouvement dans un vide infini. 384 av.J.-C. – Naissance d'Aristote. Il s'intéresse autant aux sciences exactes qu'à la métaphysique. Plus biologiste que mathématicien, il fonde l'anatomie et la physiologie comparée. Il crée la logique en tant que système formel. Il est à l'origine de concepts dont s'inspireront savants et philosophes jusqu'au XVIe siècle : contenu et fonction, acte et

Événements historiques et culturels dont philosophie, mathématique et médecine	Événements scientifiques (physique, chimie, astronomie) et technologiques
447-432 av.J.-C. – Construction du Parthénon. 326-321 av.J.-C. -- Conquêtes d'Alexandre. v. 300 av.J.-C. – Euclide écrit les *Éléments de géométrie* : établissement définitif de la géométrie comme théorie hypothético-déductive. 279 av.J.-C. – Le phare d'Alexandrie. 230 av.J.-C. – Ctésibios met au point une clepsydre, invente l'orgue, ainsi que la pompe aspirante et foulante. 200 av.J.-C. – Grande muraille de Chine. – Deuxième guerre punique. 100 av.J.-C. – Destruction de Carthage – Invention du papier en Chine. 90 av.J.-C. – Traité de Vitruve sur l'architecture et les machines. 46 av.J.-C. – Calendrier Julien 25 av.J.-C. – Coupole du Panthéon de Rome.	puissance, matière et forme. v. 350 av.J.-C. – Héraclide du Pont, disciple de Platon, admet l'idée de la rotation de la Terre autour de son axe. 310 av.J.-C. – Naissance d'Aristarque de Samos. Ce mathématicien et astronome grec semble avoir eu, le premier, l'idée que le Soleil est le centre de l'univers, que la Terre est ronde, qu'elle tourne sur elle-même et autour de lui. Il tente de calculer la distance Terre-Lune et déclare que les étoiles sont sans doute beaucoup plus lointaines qu'on ne le croit. Il se voit taxé d'impiété. v. 287 av.J.-C. – Naissance d'Archimède. En coordonnant pour la première fois le langage mathématique et la pratique expérimentale, Archimède donne les premiers résultats exacts concernant la mécanique et dégage la notion de centre de gravité. Il est le fondateur de l'hydrostatique("poussée d'Archimède"). Pour la défense de Syracuse, il met au point de nombreuses machines de guerre. v. 250 av.J.-C. – Eratosthène : calcul de la circonférence terrestre. Méridiens et parallèles. IIe siècle av.J.-C. – Hipparque, l'un des plus grands astronomes de l'Antiquité : précession des équinoxes ; catalogue d'étoiles.
Début de notre ère : v. 30 – Mort du Christ. 10 – Strabon : sa *Géographie* est une représentation du monde antique. 46 – Jules César institue le calendrier Julien (une année bissextile tous les quatre ans). 48 – La bibliothèque d'Alexandrie est détruite par un incendie. 131 – Naissance de Gallien : médecin alexandrin à la cour de Rome, il résume la médecine "classique". 247 – Début des invasions des Goths. v. 260 – Liu Hui, mathématicien chinois, utilise la valeur 3,14159 pour π. 285 – L'Empire romain est divisé en deux par Dioclétien. 354 – Naissance de saint Augustin.	50 – Les Chinois découvrent les propriétés directrices de l'aiguille aimantée. 1er siècle – Héron d'Alexandrie, mathématicien et inventeur, fabrique diverses machines (fontaine de Héron, éolipile). v. 140 – Ouvrage de référence de l'astronomie jusqu'à l'époque de Copernic et de Kepler, l'*Almageste*, de Claude Ptolémée, explique le mouvement des astres errants : la Terre est immobile, les planètes se déplacent sur des courbes engendrées par des cercles dont les centres se déplacent sur d'autres cercles, les épicycles (système du monde géocentrique). 410 – Collier d'attelage et étrier (Chine). 622 – Premières productions de porcelaine (Chine).

Événements historiques et culturels dont philosophie, mathématique et médecine	Événements scientifiques (physique, chimie, astronomie) et technologiques
410 – Prise de Rome par Alaric. 537 – Achèvement de la basilique Sainte-Sophie de Constantinople par Anthémios de Tralles et Isidore de Milet (coupole de 31 m. de diamètre). 622 – L'Hégire. 632 – Mort de Mahomet. 786 – Grande mosquée de Courdoue, observatoire de Bagdad. 987 – Hugues Capet, roi de France. IXe siècle – Les Arabes adoptent le système de numération indien (*chiffres arabes*). Al-Khirezmi fonde l'algèbre.	632 – Moulins à vent en Perse. 678 – Utilisation du feu grégeois par les Byzantins. 786 – Jabir ibn Hayyan, alchimiste arabe, enseigne la transmutation des métaux. Son influence sera considérable sur les alchimistes du Moyen Âge. 923 – Mort de Al Razi, grand chimiste musulman. 999 – Gerbert, astronome et mathématicien, devient le pape Sylvestre II.
v. 1020 – Le *Canon de la médecine*, du médecin iranien Avicenne, décrit avec précision les maladies qu'il a observées et propose une thérapeutique fondée sur l'équilibre de l'alimentation. Il découvre la "petite circulation" sanguine. 1026 – Naissance d'Averroès, commentateur d'Aristote et auteur d'un *Traité universel de la médecine*. 1066 – Caractères mobiles d'imprimerie en Chine. 1095 – Premières voûtes gothiques. Fin du XIe siècle – *La chanson de Roland*, amplification et métamorphose d'un événement historique.	1066 – Roues à aube en Europe. 1000 – Les Arabes utilisent la boussole pour la navigation. – La roue à aubes se répand en Europe. – Ibn al-Haytham : études sur la réflexion, la réfraction de la lumière. Sa pensée inspirera les savants de l'Europe médiévale (Bacon) et, à travers eux, Kepler, Descartes, Huygens.
	1127 – Moulins à vent dans les Flandres, dont celui de Normolin, et en Europe.
v. 1260-1290 – Marco Polo effectue plusieurs voyages en Chine. 1266 – *Somme théologique* de saint Thomas d'Aquin qui adapte l'aristotélisme à la scolastique. 1285 – Avènement de Philippe le Bel. 1337 – Début de la guerre de Cent Ans. 1340-1350 – Les frères Van Eyck découvrent la peinture à l'huile.	v. 1220 – Naissance de Roger Bacon, philosophe et savant anglais. Il s'efforce de dépasser la pensée aristotélicienne, notamment par le recours à la méthode expérimentale. 1269 – Pierre de Maricourt rédige une *Lettre sur l'aimant*, considérée comme la première étude sur le magnétisme et une mise en œuvre sans précédent de la méthode expérimentale. 1285 – Première utilisation des verres correcteurs en Italie. 1328 – Jean Buridan, recteur de l'université de Paris : physique de l'*impetus* (élan communiqué à un mobile).

Événements historiques et culturels dont philosophie, mathématique et médecine	Événements scientifiques (physique, chimie, astronomie) et technologiques
1453 – Prise de Constantinople par les Turcs. Fin de l'empire byzantin. 1484 – Traité d'algèbre de Nicolas Chuquet. 1492 – Premier voyage de Christophe Colomb (découverte de Cuba et Haïti). 1494 – Début des guerres d'Italie. 1497 – Vasco de Gama double le Cap de Bonne Espérance.	1440 – Gutemberg met au point un procédé de composition avec des caractères mobiles fondus en alliage : la typographie. 1474 – Premier haut-fourneau à Nassau.
1515 – Victoire de Marignan. 1545 – Début du Concile de Trente, qui réaffirme l'autorité du Saint-Siège. 1569 – Projection de Mercator, la première grande carte du monde à l'usage des navigateurs. 1582 – Instauration du calendrier grégorien. 1598 – L'Édit de Nantes : catholiques et protestants sont égaux en droit.	1500 – Le ressort spirale permet l'invention de la montre. 1519 – Mort de Léonard de Vinci, grand initiateur de la Renaissance, artiste et savant préoccupé par la connaissance totale de l'univers visible, ainsi qu'en témoignent ses étonnants carnets et dessins. 1543 – Quelques jours seulement avant sa mort, Copernic publie son *Traité sur les révolutions des mondes célestes*. Bien que n'ayant pas complètement perdu son rôle central dans l'univers, la Terre tourne autour du Soleil. 1580 – Bernard Palissy étudie les fossiles et déclare que ce sont des restes d'animaux et de végétaux. 1586 – Stevin étudie l'équilibre des corps sur un plan incliné. 1590 – Invention du microscope par van Leeuwenhoek. 1599 – Van Helmont : premières expériences sur les gaz (gaz carbonique).
1600 – Taxé d'hérétisme, Giordano Bruno est brûlé à Rome : au-delà du système solaire s'étendent d'autres systèmes solaires qui constituent un monde infini. Deux réalités infinies ne pouvant coexister, Dieu et le monde ne sont pas deux substances distinctes, mais deux expressions infinies d'une même réalité (panthéisme). Avant Galilée, Bruno énonce le principe de relativité (*La Cena de le Ceneri*).	1600 – William Gilbert, physicien anglais, initie la science du magnétisme avec *De Magnete* ; il déclare que la Terre n'est qu'un aimant géant. 1609 – Réalisation, par Galilée, de la lunette à oculaire divergent, qui porte son nom. 1609-1619 – Publication des trois lois de Johannes Kepler, à partir des remarquables observations astronomiques de Tycho Brahe. 1610 – Galilée exprime la loi de la chute des corps dans le vide. Par la suite, il donne la première formulation du principe d'inertie ; puis il énonce de manière axiomatique le principe de la relativité du mouvement de deux mobiles en déplacement rectiligne et uniforme l'un par rapport à l'autre. Ce

Événements historiques et culturels dont philosophie, mathématique et médecine	Événements scientifiques (physique, chimie, astronomie) et technologiques
	principe fut repris par Newton avant d'être, au début du XXe siècle, adapté par Lorentz, Poincaré et Einstein pour englober également l'électromagnétisme, et l'ensemble des lois physiques. Il a alors donné lieu à la relativité restreinte (1905) et a été ensuite étendu aux mouvements les plus généraux (non uniformes) par la théorie de la relativité générale (1916).
	1611 – Découverte des phases de Vénus, des librations (balancement) de la Lune par Galilée, grâce à la lunette qui porte son nom.
1615 – L'Anglais William Harvey découvre la circulation du sang grâce à la dissection de cadavres et à l'expérimentation animale.	1615 – La négation de l'immobilité de la Terre – thèse copernicienne – est ouvertement défendue par Galilée dans plusieurs écrits.
1618 – Début de la guerre de Trente ans, conflit généralisé à toute l'Europe.	1620 – Lois de la réfraction par Snell, découvertes également en 1637 par Descartes.
1620 – Francis Bacon, philosophe anglais, prône la méthode scientifique inductive.	
1633 – Procès de Galilée, condamné à abjurer publiquement sa doctrine.	1632 – Publication du *Dialogue sur les deux grands systèmes du monde*, ouvrage déféré à l'Inquisition un an plus tard.
1636 – L'*Harmonie universelle* de Marin Mersenne réunit toutes les connaissances musicales de l'époque.	1643 – Torricelli invente le baromètre à mercure et découvre la pression atmosphérique.
1637 – Descartes établit la méthode du raisonnement déductif dans son *Discours de la méthode*.	1644 – Dans ses *Principes de la philosophie*, Descartes fonde son apport scientifique sur l'emploi d'une méthode et d'une métaphysique nouvelle.
1644 – Machine à calculer de Pascal.	
1648 – Traité de Westphalie.	1647 – Pascal expérimente sur le vide (fondements de l'hydrostatique).
1654 – Création du calcul des probabilités (Pascal, Fermat).	1654 – Les hémisphères de Magdebourg de von Guericke démontrent l'existence de la pression atmosphérique.
	1655 – Découverte des anneaux de Saturne par Huygens. Ce même savant met au point l'échappement à ancre en horlogerie.
1660 – Fondation de la Royal Society de Londres.	1660 – Première machine électrostatique de von Guericke.
1662 – Principe de Fermat, dit "principe du minimum".	1661 – Apparition de la notion d'élément chimique dans *The Sceptical Chymist* de Robert Boyle.
1666 – Création de l'Académie Royale des Sciences de Paris.	1670 – Roberval donne la description d'une "balance" à deux fléaux qui porte son nom.
1671 – Fondation de l'Observatoire de Paris.	1673 – Huygens expose la théorie du pendule composé, première extension de la dynami-que des systèmes matériels, dans *De horologio oscillatorio*. Concept de force centrifuge.
1678 – Après Le Vau, Jules Hardouin-Mansart continue la construction du château de Versailles (galerie des Glaces, chapelle,	

Événements historiques et culturels dont philosophie, mathématique et médecine	Événements scientifiques (physique, chimie, astronomie) et technologiques
etc.) qui devient l'un des foyers de l'art classique français et rayonne sur l'Europe entière. 1681 – Achèvement du canal du Midi (240 km). 1684 – Leibniz, mathématicien et philosophe, invente le calcul différentiel, indépendamment de Newton. Sa *Monadologie*, publiée en 1721, apparaît comme un spiritualisme mathématique. 1686 – Fontenelle publie les *Entretiens sur la pluralité des mondes habités* qui fait pénétrer dans la mentalité de son temps la nouvelle vision du monde résultant des travaux de Copernic et de Descartes (comme Voltaire un siècle plus tard avec Newton). 1689-1697 – La guerre de la ligue d'Augsbourg. 1691 – John Locke publie les *Essais sur l'entendement humain.*	1675 – Première détermination scientifique de la vitesse de la lumière par l'astronome Römer. – Newton propose une théorie corpusculaire de la lumière. 1687 – Newton publie son ouvrage majeur : *les Principes mathématiques de la philosophie naturelle.* On peut encore dire à notre époque que les axiomes de Newton constituent l'introduction la plus naturelle aux lois de la mécanique dite classique, notamment la mécanique des fluides et la mécanique céleste (qui repose sur le concept de gravitation universelle). – Papin met au point son fameux "digesteur", dit encore "marmite de Papin". 1690 – Huygens : théorie ondulatoire de la lumière. 1697 – Théorie du phlogistique (Stahl).
1700 – La France "mère des arts, des armes et des lois". 1715 – Fin du règne de Louis XIV. 1717 – Watteau, peintre des fêtes galantes. 1720 – Banqueroute de Law. – Marseille est décimée par la dernière peste d'Occident. 1733 – Les *Lettres anglaises* de Voltaire, inspirées par les idées de Newton et de Locke. 1734 – Euler introduit la notion d'équation aux dérivées partielles. 1735 – *Systema naturae*, premier grand ouvrage de classification des plantes et des animaux du Suédois Carl von Linné. 1740 – La parthénogenèse naturelle est découverte par le Suisse Charles Bonnet. 1748 – Publication de *De l'esprit des lois*, de Montesquieu. 1749 – Début de la publication de l'*Histoire naturelle* de George Louis Leclerc, comte de Buffon (36 volumes au total). 1751 – Début de l'*Encyclopédie*, monumentale synthèse des connaissances du Siècle des Lumières dirigée par Diderot et d'Alembert et que rédigeront pendant vingt	1705 – Première machine à vapeur de Newcomen. 1706 – Newton publie son *Optique*. – Edmond Halley applique les théories de Newton aux comètes. 1715 – Le Hollandais van Leeuwenhoek découvre les bactéries avec des microscopes de sa construction. 1725 – Bradley découvre l'aberration des étoiles fixes. 1729 – Découverte de la conductibilité électrique par Stephen Grey. 1737 – Jacques de Vaucanson construit son premier automate, le *Joueur de flûte traversière.* 1738 – Recherches fondamentales en hydrodynamique et en théorie de l'élasticité : *Hydrodynamica* de Daniel Bernoulli. 1744 – Le principe de moindre action est énoncé par Maupertuis. 1745 – La "bouteille de Leyde", premier condensateur électrique, est créée par le Hollandais van Musschenbroek. A partir de 1750 – la mécanique classique se développe dans de nombreuses directions ; citons en particulier les méthodes de la mécanique céleste qu'améliore Laplace.

Événements historiques et culturels dont philosophie, mathématique et médecine	Événements scientifiques (physique, chimie, astronomie) et technologiques
ans 150 savants, philosophes et spécialistes de toutes les disciplines (Voltaire, Montesquieu, Rousseau, Helvétius, Condillac, d'Holbach, Daubenton, Marmontel, Quesnay, Turgot, Jaucourt, etc.). 1755 – Rousseau publie son *Discours sur l'origine de l'inégalité*.	1752 – Franklin découvre la nature électrique de l'éclair et invente le paratonnerre. 1760 – L'Anglais James Watt perfectionne la machine à vapeur de Newcomen. 1770 – En introduisant l'usage systématique de la balance, Antoine Laurent de Lavoisier énonce la loi de conservation de la masse et la loi de conservation des éléments. Un peu plus tard (1774), il élucide le mécanisme de l'oxydation des métaux au contact de l'air. – Le "fardier" à vapeur de Cugnot. 1776 – Jouffroy d'Abbans invente la navigation à vapeur.
1781 – Kant publie sa *Critique de la raison pure* : pour qu'une connaissance universelle et nécessaire soit possible, il faut que les objets de la connaissance se règlent sur la nature du sujet pensant et non sur l'expérience. 1787 – Ascension du Mont Blanc par de Saussure. 1788 – Le mathématicien français Lagrange applique le calcul différentiel à l'étude du mouvement des corps et des fluides. – La pomme de terre, aliment nouveau en France. 1789 – Début de la Révolution française. États Généraux. Constituante. 1791-1814 – Les armées françaises conquièrent l'Europe. 1793 – Le système métrique est introduit en France. – Le télégraphe optique de Claude Chappe permet l'annonce, à la Convention, de la reprise de Condé-sur-l'Escaut, sur les Autrichiens. 1793-1794 – La Terreur. 1794 – Fondation de l'Ecole Polytechnique et du Conservatoire National des Arts et Métiers. 1797 – Dans sa *Théorie des fonctions analytiques*, Lagrange fonde le calcul différentiel et intégral indépendamment de toute référence aux notions d'infiniment petit, de limite et de mouvement. 1798 – *L'Essai sur le principe de population* fonde le malthusianisme. 1798-1801 – Expédition d'Egypte.	1781 – Découverte de la planète Uranus par l'astronome William Herschel. 1783 – Ascension en ballon des frères Montgolfier. – Synthèse de l'eau par l'Anglais Cavendish. – Début de la cristallographie (Haüy). 1785 – Charles de Coulomb énonce la loi fondamentale des forces électrostatiques (loi de l'inverse carré). – Rumford : travaux sur la chaleur (idée que la chaleur est un mouvement vibratoire des constituants des corps chauffés). 1786 – Luigi Galvani découvre l'action de l'électricité sur la contraction musculaire. 1787 – Lavoisier, Guyton de Morveau, Berthollet et Fourcroy publient une *Méthode de nomenclature chimique* permettant d'identifier le nouveau nom d'une substance à partir de son nom ancien. 1788 – Lagrange unifie les fondements de la mécanique (*Mécanique analytique*). 1790 – Le célérifère, ancêtre de la bicyclette. 1797 – Garnerin effectue le premier saut en parachute de l'histoire.

Événements historiques et culturels dont philosophie, mathématique et médecine	Événements scientifiques (physique, chimie, astronomie) et technologiques
1799 – Fondation de la Royal Institution à Londres.	
2 déc. 1804 – Napoléon est sacré empereur. Style "Empire". 1805 – Victoire d'Austerlitz. – Von Humboldt dirige la rédaction des trente volumes de son *Voyage aux régions équinoxiales du Nouveau Continent.* 1809 – Lamarck publie sa *Philosophie zoologique* dans laquelle il propose sa théorie explicative de l'évolution des espèces et de l'hérédité des caractères acquis. 1814 – Théorie des fonctions d'une variable complexe (Cauchy). 1815 – Défaite de Napoléon à Waterloo. 1819 – Laennec, inventeur du stéthoscope, décrit les formes de la phtisie. 1821 – Les travaux de Cuvier fondent la paléontologie.	1800 – Volta invente la pile électrique. Jacquard conçoit l'idée d'un métier à tisser programmable. – L'Anglais Thomas Young prend fait et cause pour la théorie ondulatoire de la lumière. – Découverte des effets thermiques du rayonnement infrarouge par Herschel. 1803 – Début des travaux de Dalton sur l'atome. – Berthollet publie son *Essai de statique chimique*. – Première locomotive sur rail (Trevithick). 1804 – Gay-Lussac obtient avec Biot un record d'altitude en ballon à air chaud. 1808 – Lois volumétriques des combinaisons gazeuses de Gay-Lussac. – Lois des proportions multiples de Dalton. – Loi des proportions définies de Proust. – Découverte de la polarisation de la lumière par Malus. 1811 – Hypothèse d'Avogadro : des volumes égaux de différents gaz contiennent le même nombre de molécules. 1814 – Von Fraunhofer développe les travaux de Newton sur le spectre : découverte de raies sombres dans le spectre de la lumière solaire. – Atomes et molécules sont distingués par Ampère. 1816 – Invention de la photographie par Nicéphore Niepce. 1819 – Travaux d'Augustin Fresnel sur la lumière : seule la théorie ondulatoire peut expliquer les phénomènes d'interférences lumineuses. – Dulong et Petit formulent la loi relative aux chaleurs spécifiques des corps simples solides (détermination de nombreuses masses atomiques). 1820 – Oersted, mais aussi Biot et Savart, Arago, Ampère : effets magnétiques du courant électrique. – Arago : aimantation du fer placé à proximité d'un courant électrique. – 1821 – Effet Seebeck (thermoélectricité).

Événements historiques et culturels dont philosophie, mathématique et médecine	**Événements scientifiques (physique, chimie, astronomie) et technologiques**
1822 – Champollion publie la charte de fondation de la lecture des hiéroglyphes.	1822 – Arago et Prony mesurent la vitesse du son dans l'air. 1823 – Découverte de la catalyse par l'Allemand Döbereiner.
1824 – Delacroix expose *Scènes des massacres de Chio*, tableau considéré comme un manifeste de l'école romantique. 1826 – Lobatchevski élabore une nouvelle géométrie : la structure euclidienne de l'espace physique ne peut plus être envisagée comme une vérité absolue.	1824 – Sadi Carnot publie son mémoire *Réflexions sur la puissance motrice du feu et les machines propres à développer cette puissance* qui contient en germe le deuxième principe de la thermodynamique.
1828 – Première synthèse organique (l'urée) par Friedrich Wöhler. – René Caillié réussit à pénétrer dans la ville interdite de Tombouctou.	1827 – Découverte du mouvement brownien. – Ampère publie son mémoire *Sur la théorie mathématique des phénomènes électrodynamiques uniquement déduite de l'expérience* qui crée la théorie de l'électrodynamique et le vocabulaire de l'électricité. – Ohm établit la loi fondamentale du courant électrique et définit la résistance.
1830 – Révolution de Juillet. Début d'une monarchie autocratique en France. – Début de la conquête de l'Algérie. – La *Symphonie fantastique* de Berlioz impose le romantisme en musique. 1831 – Révolte des canuts à Lyon.	1831 – Faraday découvre l'induction électromagnétique et impose le concept de champ. Deux ans plus tard, il établit les lois de l'électrolyse. 1834 – Effet Peltier. Machine frigorifique.
1835-1842 – Auguste Comte publie les six tomes de son *Cours de philosophie positive* : les sciences positives sont le contenu et le moyen d'une réforme intellectuelle radicale.	1835 – Découverte de la self-induction par Henry et Faraday. 1838 – Loi de Faraday en électrostatique. – Le premier grand paquebot transocéanique à vapeur : le Great-Western. 1840 – Chaleur dégagée par un courant électrique dans une résistance : loi de joule. 1842 – Joule et Mayer établissent l'équivalence entre la chaleur et l'énergie mécanique.
1843 – Premiers travaux de Claude Bernard sur le rôle du suc gastrique dans la digestion. Il renouvelle la physiologie.	1843 – Von Liebig, initiateur de l'industrie chimique en Allemagne. – Pont de Wheastone. – Doppler découvre l'effet qui porte son nom (modification des fréquences sonores par une source en déplacement). 1846 – Le Verrier prédit par le calcul l'existence de la planète Neptune. 1847 – Helmoltz énonce le principe de la conservation de l'énergie.
1848 – Les révolutions secouent l'Autriche, l'Allemagne, la France, l'Italie, la Hongrie.	1848 – Pasteur publie un mémoire sur la cristallographie qui le rend célèbre à 26 ans (séparation des formes droites et gauches des cristaux d'acide tartrique). 1849 – Détermination de la vitesse de la lumière par Hippolyte Fizeau. Un an plus

Événements historiques et culturels dont philosophie, mathématique et médecine	Événements scientifiques (physique, chimie, astronomie) et technologiques
	tard, Léon Foucault la mesure à son tour par des moyens différents.
1851 – Riemann développe, sur les multiplicités à courbure positive, une géométrie non euclidienne, sans parallèles (*Sur les hypothèses qui servent de fondements à la géométrie*).	1851 – A l'aide d'un pendule, Foucault démontre le mouvement de rotation de la Terre.
1852 – Napoléon III. Début du Second Empire.	1852 – Etude de la fluorescence par Stokes.
1856 – Premières expériences d'hybridation de Mendel. – Découverte de l'homme de Neandertal.	1858 – Représentation cyclique des composés du carbone (Kékulé). – Détermination du nombre d'Avogadro par Cannizzaro ($N = 6{,}023 \times 10^{23}$).
1859 – Darwin publie *De l'origine des espèces*, qui contient la théorie explicative de l'évolution des espèces.	1859 – Berthelot : rôle de la synthèse en chimie organique : fin des théories vitalistes.
1861 – Pasteur découvre l'anaérobiose (vie des microbes en l'absence d'oxygène).	1860 – Kirchhoff avance le postulat du "corps noir". Avec Bunsen, il établit les bases de l'analyse spectrale. – Maxwell élabore la théorie électromagnétique de la lumière (équations de Maxwell).
1862 – Victor Hugo publie *Les Misérables*. – Réfutation de la "génération spontanée" par Pasteur.	1864 – Procédé Solvay de fabrication de la soude.
1865 – *Introduction à l'étude de la médecine expérimentale* de Claude Bernard.	1865 – Mise au point par Pasteur d'une méthode de conservation du vin par chauffage (la pasteurisation). – Clausius introduit la notion d'entropie en thermodynamique et formule le deuxième principe.
	1867 – Idée du galvanomètre à cadre mobile par lord Kelvin.
	1868 – Ludwig Boltzmann énonce la loi de distribution des vitesses des molécules dans un gaz.
1869 – Inauguration du canal de Suez.	1869 – Mendeleïev : classification périodique des éléments. – Hittorf étudie les rayons cathodiques.
1870 – Guerre entre la France et la Prusse.	1871 – Maxwell développe la théorie cinétique des gaz. Deux ans plus tard, il donne les équations générales du champ électromagnétique et développe sa théorie électromagnétique de la lumière, ébauchée en 1865.
1872 – Monet peint *Impression, Soleil levant*, d'où est venu le nom d' "impressionnisme".	1872 – Ernst Mach énonce son "principe" selon lequel les forces d'inertie ne sont pas inhérentes aux corps mais sont dues aux mouvements des étoiles par rapport à eux.
1874 – Théorie des ensembles de Cantor.	1874 – Le Bel et Van't Hoff fondent la stéréochimie moderne (formules développées dans l'espace).

Événements historiques et culturels dont philosophie, mathématique et médecine	**Événements scientifiques (physique, chimie, astronomie) et technologiques**
1875 – Troisième République en France. 1877 – *L'Assommoir* de Zola.	1875 – Invention de la dynamo par Gramm. 1876 – Invention du téléphone par Bell. – Extension de la thermodynamique à la chimie et création de la physicochimie (Gibbs).
1878 – Charcot, travaillant sur les hystériques, montre que l'état hypnotique est dû à un dérangement cérébral. 1881 – Poincaré découvre une méthode générale de résolution des équations différentielles. 1883 – *Ainsi parlait Zarathoustra* de Nietzsche. – Mort de Marx. 1884 – Création du calcul différentiel absolu par Ricci-Curbastro (appelé calcul tensoriel par Einstein en 1916). 1885 – Traitement antirabique de Joseph Meister par Pasteur.	1878 – Lampe à incandescence (Edison). 1879 – Crookes étudie les décharges électriques dans les gaz raréfiés. 1880 – Découverte de la piézoélectricité par Pierre et Jacques Curie. – Découverte de l'effet Hall, particulièrement important dans les semi-conducteurs. – Théorie des couleurs, par Chevreul, fondée sur l'emploi des cercles chromatiques. 1882 – Marey crée la chronophotographie qui prélude au cinématographe. 1885 – Spectre de l'hydrogène (Balmer). 1887 – Michelson et Morley tentent de mettre en évidence un hypothétique mouvement de la Terre dans l'éther avec leur interféromètre. – Tesla met au point l'alternateur. – Hertz : mise en évidence des ondes radioélectriques (hertziennes) qui confirment les équations de Maxwell. – Théorie ionique de l'électrolyse (Arrhénius). 1888 – Dunlop invente le pneumatique. – Hallwachs découvre l'effet photoélectrique.
1889 – Exposition universelle à Paris. Construction de la tour Eiffel. – "La névrose fin de siècle". Dans *Le disciple*, Paul Bourget montre les dangers pour les sociétés du scientisme ; Brunetière proclame la faillite de la science. 1891 – Découverte du pithécanthrope de Java. 1892 – Weismann publie *La théorie germinale de l'hérédité.* 1893 – Introduction de l'aspirine. 1894 – Début de l'affaire Dreyfus.	1889 – Le "cohéreur" à limaille d'Edouard Branly permet la réception des signaux de télégraphie sans fil. 1890 – Premier vol d'un "plus-lourd-que-l'air" (Clément Ader). 1892 – Lorentz expose sa théorie électronique de la matière et propose ses célèbres formules de transformation liant les longueurs, les masses et le temps de deux systèmes en mouvement rectiligne uniforme l'un par rapport à l'autre. 1895 – Röntgen découvre des rayons de nature inconnue, baptisés "rayons X". – Présentation par Auguste et Louis Lumière du premier film de l'histoire du cinéma, *la sortie des ouvriers de l'usine*.
1896 – Fondation des Prix Nobel (physique, chimie, physiologie et médecine...).	1896 – Découverte de la radioactivité naturelle par Henri Becquerel. – Découverte de l'effet Zeeman (action d'un champ magnétique sur les raies spectrales).

Événements historiques et culturels dont philosophie, mathématique et médecine	Événements scientifiques (physique, chimie, astronomie) et technologiques
1897 – Pavlov développe la conception des réflexes conditionnés. Fin du XIXe siècle – Rivalité croissante entre les puissances européennes dans les sphères économiques, territoriales et coloniales.	– Popov invente l'antenne. 1897 – Thomson établit l'existence de l'électron. 1898 – Découverte de la désintégration radioactive par Pierre et Marie Curie, avec deux nouveaux éléments, le radium et le polonium. – Principe de la fusée à réaction (Tsiolkovski). – La "Jamais Contente", voiture électrique, atteint pour la première fois la vitesse de 100 km/h. 1899 – Identification des rayons alpha et bêta des corps radioactifs par Rutherford.
1900 – Hugo De Vries redécouvre les lois de l'hérédité et l'œuvre de Mendel. 1901 – Mort de la reine Victoria. – Freud publie *Le Rêve et son interprétation.* 1904 – Hilbert commence ses travaux sur les fondements de la géométrie. 1905 – Première révolution russe. 1906 – Picasso peint *Les Demoiselles d'Avignon*, œuvre d'un primitivisme violent. 1912 – Naufrage du Titanic dans l'Atlantique Nord.	1900 – Hypothèse des quanta d'énergie (Planck). Loi du rayonnement. Mise en évidence de la pression de radiation. – Le premier grand dirigeable rigide (von Zeppelin). 1901 – Marconi établit une liaison T.S.F. entre l'Angleterre et Terre-Neuve. – Richardson établit les lois de l'effet thermoionique. 1904 – Marie Curie publie ses *Recherches sur les substances radioactives.* – La diode de Fleming. 1905 – Einstein publie sa théorie de la relativité restreinte. Explication de l'effet photoélectrique par la théorie des quanta de lumière. Interprétation du mouvement brownien. 1908 – Le concept d'espace-temps est élaboré par Minkowski. – Langevin, porte-parole de la relativité en France. 1909 – Blériot traverse la Manche en avion. 1910 – Millikan mesure la charge élémentaire. 1911 – Rutherford propose son modèle d'atome planétaire : un noyau positif autour duquel gravitent des électrons. – Liquéfaction de l'hélium par Kammerlingh Onnes. – Découverte de la supraconductivité (Kammerlingh Onnes). 1912 – *Les Atomes*, de Jean Perrin, contribue à faire définitivement admettre l' "hypothèse atomique".

Événements historiques et culturels dont philosophie, mathématique et médecine	Événements scientifiques (physique, chimie, astronomie) et technologiques
	– Chambre à ionisation de Wilson. – Diffraction des rayons X par les cristaux (von Laue).
1913 – La première chaîne de montage d'automobiles en grande série est mise en service aux usines Ford, aux Etats-Unis. – Roland Garros traverse la Méditerranée en avion. 1914-1918 – Première guerre mondiale.	1913 – Bohr propose son modèle d'atome quantifié et formule son "principe de correspondance". 1916 – Einstein. Relativité généralisée (nouvelle théorie de la gravitation, plus précise que celle de Newton). – Théorie de la liaison chimique (considérée comme un échange d'électrons) de Lewis et Kossel.
1917 – Révolution russe.	1917 – De Sitter montre que la théorie de la relativité générale conduit à imaginer un univers en expansion. 1918 – Rutherford annonce la première désintégration artificielle d'un atome.
1919 – Début des travaux de Morgan sur l'hérédité. 1920 – Fondation de la Société des Nations. 1921 – Calmette et Guérin créent leur vaccin antituberculeux.	1919 – Première vérification expérimentale, par Eddington, de la relativité générale, à l'occasion d'une éclipse du Soleil. – Spectrographe de masse. Transmutation provoquée. Courbure de la lumière par une étoile massive.
1924 – Premières autoroutes.	1924 – De Broglie associe une onde à toute particule en mouvement ("dualité onde-corpuscule") et développe sa mécanique ondulatoire. – L'univers est en expansion (Hubble). Loi sur la vitesse de récession des galaxies. 1925 – Pauli énonce le "principe d'exclusion" selon lequel deux électrons d'un atome ne peuvent avoir les mêmes nombres quantiques.
1926 – Eugène Freyssinet met au point le béton précontraint.	1926 – Schrödinger donne l'équation non relativiste de la mécanique ondulatoire.
1927 – Début des travaux de Konrad Lorentz sur le comportement animal qui contribueront au développement de l'éthologie.	1927 – Heisenberg formule les relations d'indétermination stipulant que la position et la vitesse d'un même objet quantique ne peuvent être simultanément observées. – Hypothèse du spin de l'électron (Uhlenbeck et Goudsmit).
1928 – Fleming découvre la pénicilline. 1929 – Crash à Wall Street. Crise économique mondiale.	1928 – Dirac formule l'équation d'onde de la mécanique ondulatoire relativiste et propose le concept d'antimatière. – Hans Geiger met au point le compteur de particules qui porte son nom, perfectionné ensuite par Müller.

Événements historiques et culturels dont philosophie, mathématique et médecine	Événements scientifiques (physique, chimie, astronomie) et technologiques
1930 – Costes et Bellonte effectuent la première liaison aérienne Paris-New York sans escale. – La mathématicienne Emmy Noether énonce son théorème selon lequel toute propriété d'invariance en physique correspond à la conservation d'une grandeur.	1930 – Bernard Lyot invente le coronographe qui permet d'observer la couronne solaire en dehors des éclipses. – Invention du cyclotron par Lawrence et de l'accélérateur électrostatique de particules par Van de Graaf. – La question de la "réalité" physique est débattue à travers l' "argument E.P.R." (Einstein, Podolsky, Rosen) qui entend battre en brèche le bien-fondé de la mécanique quantique.
1931 – Kurt Gödel : importante contribution à la logique intuitionniste et à la théorie mathématique de la démonstration. – Élie Cartan étudie les fonctions analytiques de la variable complexe.	1931 – L'abbé Lemaître formule l'hypothèse de l'atome primitif selon laquelle toute la matière de l'univers aurait été initialement concentrée dans un très petit volume. – Hypothèse de l'existence du neutrino (Pauli).
1933 – Hitler prend le pouvoir en Allemagne ; Einstein, se trouvant alors aux Etats-Unis, décide de s'y établir.	1932 – Découverte du neutron (Chadwick) et du positron (Anderson). – Urey découvre l'eau lourde et le deutérium. – Invention du microscope électronique. 1934 – Irène et Frédéric Joliot-Curie découvrent la radioactivité artificielle. – Découverte de l'effet Cerenkov. 1938 – Bethe découvre le cycle de réactions thermonucléaires de fusion à l'origine de l'énergie rayonnée par les étoiles chaudes. 1939 – Aidé de Lise Meitner, Otto Hahn découvre que le noyau de l'élément uranium peut être brisé par un processus récemment découvert, la fission, dans lequel le noyau éclate en deux fragments pratiquement égaux.
1940 – Le philosophe des sciences Karl Popper pose la capacité de prédiction comme critère permettant de distinguer la science de la pseudoscience. 1939-1945 – Seconde Guerre mondiale. 18 juin 1940 – Appel aux Français de de Gaulle. 1945 (6 août) – Première explosion atomique à Hiroshima suivie par celle de Nagasaki. – Formation de l'Organisation des Nations Unies.	1940 – Découverte du premier élément chimique transuranien, le neptunium. 1941 – Premier vol d'un avion équipé d'un turboréacteur (Grande-Bretagne). 1942 – Fermi dirige à Chicago la construction de la première pile atomique.
1948 – Proclamation de l'État d'Israël. – Le Centre National de la Recherche Scientifique (CNRS) prend corps.	1948 – Théorie cosmologique de l'explosion primordiale ("Big Bang").

Événements historiques et culturels dont philosophie, mathématique et médecine	**Événements scientifiques (physique, chimie, astronomie) et technologiques**
– Découverte des vertus anti-inflammatoires de la cortisone.	– Découverte du transistor par Bardeen, Brattain et Shockley et de l'holographie (Gabor). 1950 – Kastler invente le "pompage optique" qui est à l'origine de la mise au point du laser. – Satellisation de la chienne Laïka à bord de Spoutnik 2. 1951 – Microscope à effet de champ (Müller).
1952 – Fondation du CERN (Conseil Européen pour la Recherche Nucléaire). 1953 – Elucidation de la structure en double hélice de l'A.D.N.	1952 – Invention de la chambre à bulles pour la détection des particules de haute énergie. – Première bombe H (thermonucléaire) aux îles Marshall. – Premier ordinateur IBM (IBM 701).
1954 – La vaccination antipoliomyélitique est apportée par Lépine.	1954 – Lancement du premier sous-marin à propulsion nucléaire, le Nautilus, aux Etats-Unis.
1955 – Mise au point de la pilule anticonceptionnelle orale.	1955 – Découverte de l'antiproton à Berkeley. 1956 – Découverte de l'antineutrino. – Tsung Dao Lee et Chen Ning Yang montrent que, lors de la désintégration de certaines particules, les électrons et les neutrinos qui sont émis ne choisissent pas indifféremment la droite ou la gauche (la symétrie P n'est pas respectée). 1957 – Deux physiciens russes, Lev Landau et Lev Okun, affirment que l'antimatière est de la matière qui remonte le temps, tandis que John Wheeler estime qu'il n'existe qu'un seul et unique électron dont les allers et retours dans l'espace-temps apparaissent comme la multitude d'électrons et de positrons de l'univers. 1958 – Effet Mössbauer (absorption et émission gamma résonnante sans recul par des noyaux d'un cristal).
1961 – Jacob et Monod élucident le fonctionnement des gènes chez les bactéries et montrent que la commande de la synthèse des protéines par les gènes exige une molécule intermédiaire. 1962 – Gell-Mann et Zweig postulent l'existence des quarks qui seraient les constituants élémentaires de la matière.	1960 – Modèle standard de la physique des particules. – Construction du premier laser à rubis. – Nouvelle définition du mètre. 1962 – Landau mène des travaux sur les basses températures. 1963 – Le météorologue Edward Lorentz met en évidence l'effet papillon qui est à l'origine de la théorie du chaos.

Événements historiques et culturels dont philosophie, mathématique et médecine	**Événements scientifiques (physique, chimie, astronomie) et technologiques**
	1965 – Penzias et Wilson découvrent le rayonnement cosmologique à 3° kelvin, confortant ainsi la théorie cosmologique du Big Bang.
1968 – La contestation étudiante ébranle la République.	1968 – Hewish, Scott et Mullard (Cambridge) : découverte des "pulsars" (sources radioastronomiques périodiques). – Détection du neutrino.
21 juillet 1969 – Transportés par la fusée Apollo II, Armstrong et Aldrin débarquent sur la Lune.	1970 – Weinberg et Salam proposent une théorie d'unification de la force nucléaire faible et de l'électromagnétisme : la théorie électrofaible.
	1971 – Commercialisation du premier microprocesseur (2300 transistors sur une plaquette de silicium de 7 mm de côté).
1973 – Premier choc pétrolier.	1972 – Mise en service du synchrotron à protons de 500 GeV au Fermilab à Chicago.
	1974 – Hulse et Taylor identifient le pulsar binaire 913+16 qui permet de tester de manière significative l'une des prédictions de la relativité générale.
	1976 – Le Concorde, premier avion supersonique commercial, construit en collaboration par la France et la Grande-Bretagne, entre en service en janvier 1976. Il vole à une vitesse de Mach 2, c'est-à-dire 2.200 km/h. – Début, à Orsay, d'une série d'expériences sophistiquées de corrélation à distance de particules confortant l'exactitude de la mécanique quantique (Aspect).
1981 – La première ligne de TGV (Paris-Lyon), conçue en 1968, est inaugurée.	1981 – Mise au point de la microscopie par effet tunnel.
1982 – Une équipe chirurgicale américaine greffe pour la première fois avec succès un cœur artificiel sur un homme. – Premiers appareils d'imagerie médicale par résonance magnétique nucléaire (R.M.N.). – Premiers disques compacts.	
1984 – Naissance en Australie du premier bébé-éprouvette issu d'un embryon congelé. – Le chantier du Grand Louvre est lancé (Pei).	1983 – Rubbia et Van der Meer mettent en évidence les bosons "intermédiaires" de l'interaction faible.
10 nov. 1989 – La libre circulation entre Berlin-Est et Berlin-Ouest, séparées en 1961 par un mur, est rétablie.	1986 – Mise au point d'une céramique supraconductrice à 35 K (Müller et Bednorz).

Événements historiques et culturels dont philosophie, mathématique et médecine	Événements scientifiques (physique, chimie, astronomie) et technologiques
1991 – Effondrement du régime communiste en Union Soviétique. – Henri Cosquer découvre la première grotte paléolithique ornée de Provence. 1993 – Création, dans le cadre de l'Unesco, du premier Comité international de bioéthique. 1994 – Une équipe française au laboratoire Généthon dresse la première carte de l'ensemble du génome humain.	1990 – Première jonction France/Grande-Bretagne, sous la Manche, par Eurotunnel. – Mise en orbite du télescope spatial Hubble. 1992 – Charpak obtient le prix Nobel pour l'invention et le développement de nombreux détecteurs de particules. 1994 – Preuves expérimentales de l'existence du quark top. – Survol du pôle sud du Soleil par la sonde européenne Ulysse. 1995 – Des chercheurs du CEA mettent en évidence, grâce à leurs produits de désintégration, l'existence du dernier quark non encore observé à cette date, le top, et de son antiparticule. – Le Boeing 777, plus gros biréacteur du monde. – Inauguration du pont de Normandie, le plus grand pont à haubans du monde. – Succès fulgurant du réseau Internet (un nouvel abonné chaque seconde). – Lancement de Windows 95, le nouveau système d'exploitation de la firme Microsoft.
	2000 (ou plus) – Construction d'une station spatiale internationale. – Airbus : projet de construction d'un transporteur aérien de 1000 places.

BIBLIOGRAPHIE

AMOURETTI (Marie-Claire), COMET (Georges),*Hommes et techniques de l'Antiquité à la Renaissance*, Armand Colin, 1993.

ASIMOV (Isaac), *Asimov's New Guide to Science*. New York, 1984.

ATKINS (P.W.), *Chaleur et désordre*, Pour la Science, diffusion Belin, 1987.

AUDOUZE (Jean), CASSÉ (Michel), CARRIÈRE (Jean-Claude), *Conversations dans l'invisible*, Belfond.

AUDOUZE (Jean), CASSÉ (Michel), CARRIÈRE (Jean-Claude), *Aujourd'hui l'univers*, Belfond (1989).

AUFFRAY (Jean-Paul), *L'atome*, Flammarion, 1997.

BALIBAR (Françoise), *La science du cristal*, Hachette, 1991.

BARLOW (Nora), *Darwin. La vie d'un naturaliste à l'époque victorienne*, Belin, 1987.

BELORIZKY (Elie), *Les phénomènes quantiques*, Nathan, 1997.

BELORIZKY (Elie), *Probabilités et statistiques*, Nathan, 1998.

BEN-DOV (Yoav), *Invitation à la physique,* Seuil, 1995.

BENSAUDE-VINCENT (Bernadette), KOUNELIS (Catherine), *Les atomes, une anthologie historique*, Presses Pocket, 1991.

BENSAUDE-VINCENT (Bernardette), STENGERS (Isabelle), *Histoire de la chimie*, Editions La Découverte, 1993.

BERKĚS (Istvan), *La physique au quotidien*, Vuibert, 1989.

BERTHON (Maurice-Edouard), *Comprendre la relativité*, Technique et Documentation/Lavoisier, 1994, 5e édition, 1999.

BERTHON (Maurice-Edouard), *Le défi quantique*, Technique et Documentation/Lavoisier, 1997.

BLAY (Michel), *La naissance de la science classique au XVIIe siècle*, Nathan, 1999.

BOHR (Niels), *Physique atomique et connaissance humaine*, Editions Gonthier, 1961.

BORN (Max) et EINSTEIN (Albert), *Correspondances*, Le Seuil, 1988.

BROGLIE (Louis de), *Recherches d'un demi-siècle*, Albin Michel, 1976.

BUICAN (Denis), *Darwin et le darwinisme*, PUF, 1987.

BUICAN (Denis), *La génétique et l'évolution*, PUF, 1986.

BUICAN (Denis), *La révolution de l'évolution*, PUF, 1989.

BUICAN (Denis), *L'évolution et les évolutionnismes*, PUF, 1989.

CAPRA (Fritjof), *La tao de la physique*, Sand, 1985.

CARLES (Jules) et CASSAGNES (Paul), *L'origine des espèces*.

CARTER (Brandon). *The Anthropic Selection Principle*, Cambridge University.

CHARDIN (Gabriel), *L'antimatière*, Flammarion, 1996.

COHEN-TANNOUDJI (Gilles), SPIRO (Michel), *La matière-espace-temps,* Fayard, 1986.

COLLOQUE DE CORDOUE, *Science et conscience*, Stock, 1980.

CRIBIER (Michel), SPIRO (Michel), VIGNAUD (Daniel), *La lumière des neutrinos*, Seuil, 1995.

CROZON (M.) et VANNUCCI (F.), *Les particules élémentaires*, PUF, 1993.

CROZON (Michel), *La matière première*, Editions du Seuil, 1987.

DAHAN DALMEDICO (sous la direction de A.), *Chaos et déterminisme*, Seuil, 1992.

DARWIN (Charles), *L'origine des espèces*, Editions La Découverte, 1989.
DAUDEL (Raymond), *L'empire des molécules*, Hachette, 1991.
DAVIES (Paul), *Les forces de la nature*, Armand Colin, 1989.
DAVIES (Paul), *Superforce*, Payot, 1987.
DAWKINS (Richard), *Le gène égoïste*, Colin, 1990.
DELIGEORGES (sous la direction de Stéphane), *Le monde quantique*, Seuil, 1984.
DÉRIBÉRÉ (Maurice), *La couleur*, PUF, 1989.
DESTOUCHES (Jean-Louis), *La mécanique ondulatoire*, PUF, 1981.
DEVILLERS (Charles) et CHALINE (Jean), *La théorie de l'évolution*, Dunod, 1989.
DI MEGLIO (Jean-Marc), *Les états de la matière*, Nathan, 1998.
DODD (J.E.), *The Ideas of Particule Physics, an Introduction for Scientists*, Cambridge University Press, 1984.
DUPUY (Gaston), *Radioactivité et énergie nucléaire*, PUF, 1941.
DUQUESNE (Maurice), *Matière et antimatière*, PUF, 1958.
DURIS (Pascal) et GOHAN (Gabriel), *Histoire des sciences de la vie*, Nathan, 1997.
EINSTEIN (Albert), *Conceptions scientifiques*, Flammarion, 1990.
EINSTEIN (Albert), *La relativité*, Payot, 1990.
EINSTEIN (Albert), *La théorie de la relativité restreinte et générale*, Dunod, 1982.
EINSTEIN (Albert), *Les idées nouvelles en physique*, France-Loisirs.
EINSTEIN (Albert), *Œuvres choisies* (6 volumes), Seuil, 1989.
EINSTEIN (Albert) et INFELD (L.), *L'évolution des idées en physique*, Flammarion, coll. Champs, 1983.
ESPAGNAT (Bernard d'), *A la recherche du réel*, Gauthier-Villars, 1979.
ESPAGNAT (Bernard d'), KLEIN (Etienne), *Regards sur la matière*, Fayard, 1993.
FAROUKI (Nayla), *La relativité*, Flammarion, 1993.
FEYERABEND (P.), *Adieu la raison*, Le Seuil, 1989.
FEYERABEND (P.), *Contre la méthode*, Le Seuil, 1988.
FEYNMAN (Richard), *Lumière et matière*, Seuil, 1987.
FRÉZAL (Jean), *L'hérédité humaine*, PUF, 1984.
GAMOW (Georges), *M. Tompkins*, Dunod, 1992.
GENNES (sous la direction de Pierre-Gilles de), *L'ordre du chaos*, Pour la Science/Diffusion Belin, 1989.
GILLE (Bertrand), *Les ingénieurs de la Renaissance*, Hermann, 1964.
GILLE (sous la direction de Bertrand), *Histoire des techniques* (La Pléiade), Gallimard, 1978.
GLEICK (James), *La théorie du chaos*, Flammarion, 1991.
GRANGER (Pierre), *Panorama des liaisons chimiques*, Masson, 1997.
GRIBBIN (John), *Le chat de Schrödinger*, Le Rocher, 1988.
GROSSETÊTE (B.) et VANNUCCI (F.), *Interactions et particules*, Eyrolles, 1991.
GUÉRON (Jules), *L'énergie nucléaire*, PUF, 1982.
GUINIER (André), *Les rayons X*, PUF, 1984.
GUITTON (Jean), BOGDANOV (Grichka), BOGDANOV (Igor), *Dieu et la science*, Grasset, 1991.
HARTMANN (Francis), *Les lasers*, PUF, 1985.
HAWKING (Stephen), *Commencement du temps et fin de la physique*, Flammarion, 1992.
HAWKING (Stephen), *Une brève histoire du temps*, Flammarion, 1989.
HEIDMANN (Jean), *L'odyssée cosmique*, Denoël, 1986.

HEISENBERG (Werner), *La Partie et le Tout*, Flammarion, Champs, 1990.

HEISENBERG (Werner), *Physique et Philosophie*, Flammarion, Champs, 1971.

HLADIK (Jean), *Unités de mesure*, Masson, 1992.

HURWIC (Anna), *La physique*, Desclée de Brouwer, 1990.

JACOB (P.), *De Vienne à Cambridge*, Gallimard, 1980.

JACOMY (Bruno), *Une histoire des techniques*, Seuil, 1990.

JACQUARD (Albert), *Qu'est-ce que l'hérédité ? Introduction à la biologie*, Jacques Grancher, 1993.

JAUSSAND (Philippe), *L'exploration des molécules*, Nathan, 1996.

JAY GOULD (Stephen), *Darwin et les grandes énigmes de la vie*, Seuil, 1979.

JORLAND (sous la direction de Gérard), *Des technologies pour demain*, Seuil, 1992.

KASTLER (Alfred), *Cette étrange matière*, Stock, 1976.

KLEIN (Etienne), *Sous l'atome, les particules*, Flammarion, 1993.

LABORIT (Henri), *Dieu ne joue pas aux dés*, Grasset, 1987.

LAPLACE (Pierre-Simon de), *Exposition du système du monde*, Fayard, 1984.

LEPRINCE-RINGUET (Louis), *Noces de diamant avec l'atome*, Flammarion, 1991.
Les physiciens classiques et leurs découvertes, Fayard, 1987.

LÉVY (Elie), *Dictionnaire de physique*, PUF, 1988.

LLOYD (Geoffrey E.R.), *Une histoire de la science grecque*, Seuil, 1990.

LOCHAK (Georges), DINER (Simon), FARGUE (Daniel), *L'objet quantique*, Flammarion, 1989.

LURÇAT (François), *Niels Bohr*, Criterion, 1990

MACH (Ernst), *La mécanique*, Jean Gabay, 1987.

MAURY (Jean-Pierre), *Carnot et la machine à vapeur*, PUF, 1986.

MAYR (Ernst), *Histoire de la biologie*, Fayard, 1989.

MERLEAU-PONTY (J.), *Einstein*, Flammarion, 1992.

MONOD (Jacques), *Le hasard et la nécessité*, Seuil, 1970.

NATAF (R.), *Introduction à la physique des particules*, Masson, 1988.

NEWTON (Isaac), *Principes mathématiques de philosophie naturelle*, Traduction du latin par la marquise du Châtelet, Jean Gabay, 1990.

OLOMUCKI (Martin), *La chimie du vivant*, Hachette, 1991.

ORTOLI (Sven), PHARABOD (Jean-Pierre), *Le cantique des cantiques*, Editions La Découverte, Paris, 1984.

PACAULT (Adolphe), *Du feu*, Hachette, 1995.

PAGELS (Heinz), *L'univers quantique*, InterEditions, 1985.

PÉRÉ (Jean-Pierre), *La microscopie. Techniques d'études en biologie*, Nathan, 1994.

PERRIN (Jean), *Les atomes*, Flammarion, 1991.

PHARABOD (Jean-Pierre), PIRE (Bernard), *Le rêve des physiciens*, Odile Jacob, 1993.

PLANCK (Max), *Initiation à la physique*, Flammarion, 1941.

POPPER (Karl), *La Logique de la découverte scientifique*, Payot, 1982.

PRIGOGINE (Ilya), *La fin des certitudes*, Odile Jacob, 1996.

PRIGOGINE (Ilya), *La nouvelle alliance*, Gallimard, 1986.

PRIGOGINE (Ilya), *Les lois du chaos*, Flammarion, 1994.

PRIGOGINE (Ilya), STENGERS (Isabelle), *Entre le temps et l'éternité*, Flammarion, 1992.

PULLMAN (Bernard), *L'atome*, Fayard, 1995.

DE PUYTORAC (Pierre), *Panorama de la biologie d'hier à aujourd'hui*, Ellipses, 1998.

RADVANYI (Pierre), BORDRY (Monique), *Histoires d'atomes*, Belin, 1988.
RADVANYI (Pierre), Bordry (Monique), *La radioactivité artificielle*, Seuil, 1984.
RAICHVARG (Daniel), *Louis Pasteur : l'empire des microbes*, Gallimard, 1995.
REEVES (Hubert), *Patience dans l'azur*, Le Seuil, 1988.
REEVES (Hubert), *L'heure de s'enivrer*, Le Seuil, 1986.
RICHARDS (Graham), *La chimie*, Pour la Science/Diffusion Belin, 1989.
ROBIN (Jean-Louis), *L'énergie*, Flammarion, 1996.
ROSMORDUC (Jean), *Matière et énergie*, La Farandole, 1991.
ROSMORDUC (sous la direction de Jean), *Histoire de la physique*, Technique et Documentation/ Lavoisier, 1987.
RUHLA (Charles), *La physique du hasard*, Hachette, 1989.
SAGAN (Carl), *Les dragons de l'Eden*, Le Seuil, 1980.
SALAM (Abdus), HEISENBERG (Werner), DIRAC (Paul), *La grande unification*, Seuil, 1991.
SARMANT (Jean-Pierre), *Physique, dictionnaire*, Hachette, 1981.
SCHAEFFER (Raymond), *La relativité d'Einstein aujourd'hui*, Nathan, 1994.
SCHRÖDINGER (Erwin), *Qu'est-ce que la vie ?*, Christian Bourgois, 1986.
SCRIVE (Martine) et BOISSIER (Jean-Michel), *Mille milliards de microbes*, Presses Pocket, 1991.
SEGRÉ (Emilio), *Les physiciens classiques et leurs découvertes*, Fayard, 1987.
SELLERI (Franco), *Le grand débat de la théorie quantique*, Flammarion, 1986.
SERRES (Michel), *Eléments d'histoire des sciences*, Bordas, 1990.
TALBOT (Michaël), *L'univers, Dieu ou hasard ?*, J'ai lu, 1989.
TALBOT (Michaël), *Mysticisme et physique nouvelle*, Le Mail, 1984.
TILLIEU (Jacques), *La thermodynamique*, PUF, 1990.
TONNELAT (Marie-Antoinette), *Histoire du principe de relativité*, Flammarion, 1971.
TRINH XUAN THUAN, *La mélodie secrète*, Fayard, 1988.
TUBIANA (Maurice), DAUTRAY (Robert), *La radioactivité et ses applications*, PUF, 1996.
VIAL (Bernard), *Histoire de la chimie*, PUF, 1985.
WENBERG (Steven), *Le monde des particules*, Pour la Science/Diffusion Belin, 1985.
WEINBERG (Steven), *Les trois premières minutes de l'univers*, Le Seuil, 1978.
WILL (Clifford), *Les enfants d'Einstein*, InterEditions, 1988.

DICTIONNAIRES ET ENCYCLOPÉDIES

Atlas de l'astronomie, Le livre de poche.
Atlas de la biologie, Le livre de poche.
Atlas de la physique, Le livre de poche.
Dictionnaire des inventeurs et inventions, Larousse, 1996.
Encyclopédie des sciences, Le livre de poche, 1998.
Les grandes découvertes de la science, Bordas, 1987.
Les grandes inventions de l'humanité, Bordas, 1988.
Les grandes inventions du monde moderne, Bordas, 1989.

Achevé d'imprimer par Corlet Numérique - 14110 Condé-sur-Noireau
OCT 80° - N° d'Imprimeur : 2558 - Dépôt légal : février 2000 - Imprimé sur DemandStream
Imprimé en UE